第二版

WUJI CAILIAO HECHENG

无机材料合成

刘海涛　杨郦　林蔚　编著

U0285829

化学工业出版社

·北京·

无机材料包括了除有机高分子和复合材料以外的所有材料，其"家族庞大，地位显赫"，在国民经济发展中占有重要地位，是材料科学工作者十分关注的重要方面之一，其合成（制备）方法的研究与应用成为材料科学技术的重点。

　　本书从无机材料合成的科学基础出发，对无机材料合成的主要技术、方法、应用及前沿领域进行了较为详尽的论述，反映了当今无机材料合成的主要研究动态。本书涉及软化学和极端条件下的合成等诸多领域，着重论述了无机材料合成过程中经常应用的如高温、低温、高压、真空、气体净化、气氛控制、分离纯化等实验技术。对气相沉积、溶胶-凝胶、水热与溶剂热合成、自蔓延高温合成、微波与等离子体、微重力、超重力、仿生等合成方法以及新型合金材料、先进陶瓷、新型碳材料、发光材料、无机抗菌材料、催化材料、隐身材料、新能源材料等前沿领域进行了较为详尽的论述，代表了当代无机材料合成的技术水平。

　　本书可作为高等院校材料科学与工程学科各专业学生的教科书，也可供从事相关学科领域的技术人员参考。

图书在版编目（CIP）数据

　　无机材料合成/刘海涛，杨郦，林蔚编著. —2 版.
北京：化学工业出版社，2011.4（2020.8 重印）
　　ISBN 978-7-122-10484-7

　　Ⅰ. 无…　Ⅱ. ①刘…②杨…③林…　Ⅲ. 无机材料-合成　Ⅳ. TB321

　　中国版本图书馆 CIP 数据核字（2011）第 014719 号

责任编辑：仇志刚　　　　　　　　装帧设计：史利平
责任校对：陈　静

出版发行：化学工业出版社（北京市东城区青年湖南街 13 号　邮政编码 100011）
印　　装：北京虎彩文化传播有限公司
850mm×1168mm　1/32　印张 21½　字数 595 千字
2020 年 8 月北京第 2 版第 4 次印刷

购书咨询：010-64518888　　　　　售后服务：010-64518899
网　　址：http://www.cip.com.cn
凡购买本书，如有缺损质量问题，本社销售中心负责调换。

定　　价：68.00 元

第二版前言

《无机材料合成》（第一版）自2003年8月经化学工业出版社出版至今已有七年多的时间了，在这七年多的时间里，无机材料合成领域发生了巨大的变化，具有特殊功能的新型无机材料不断涌现，新型的无机材料合成技术与方法及其研究的前沿领域也有了很大的变化。尤其是近年来随着人们环境生态意识的增强，环境及新能源材料的研发受到了空前的重视。

《无机材料合成》（第二版），保留了第一版的结构体系，对原有部分内容进行了适当的取舍、修改和完善，如删掉了第一版第一篇中的第5章"无机材料的表（界）面"和第四篇中的第20章"配位化合物的合成"。在第一版的基础上，增加了有关发光、抗菌、催化、隐身及新能源材料方面的内容，保留下来的第一版的部分章节也做了适当的修订，力争使本书能够做到"与时俱进"。

无机材料的合成是指通过一定的途径，从气态、液态或固态的各种不同原材料中得到化学上及性能上不同于原材料的无机新材料。无机材料的合成包括两方面的内容，一方面是研究新型无机材料的合成，另一方面是研究已知无机材料的新合成方法及新合成技术。随着当前相关学科研究的迅猛发展，迫切要求无机材料合成能够更多地提出新的行之有效的合成方法、合成技术，制订节能、洁净、经济的合成路线以及开发新型结构和新型功能的无机材料。

本书从无机材料合成的科学基础出发，详细介绍了无机材料合成的主要技术、方法及应用。在编写过程中，考虑到本书面对的不同读者群，在合成科学基础理论上作了较为详尽的论述，在将金属材料和无机非金属材料两大学科的基础理论合理综合编排方面做了一次尝试，此外，在合成技术、方法及应用方面，在兼顾传统的同时，力求能反映当代的最新研究成果。

本书分四篇，共包含 27 章。第一篇是无机材料合成科学基础部分，共分为 4 章，即第 1 章至第 4 章，介绍了与无机材料合成相关的一些基础知识如无机材料结构、热力学、扩散、固相反应与烧结等方面的理论。第二篇是无机材料合成实验技术，共分 6 章，即第 5 章至第 10 章，介绍了无机材料合成实验中经常应用的如高温、低温、高压、真空、气体净化、气氛控制、分离纯化等技术。第三篇是无机材料现代合成方法及应用，共分 8 章，即第 11 章至第 18 章，介绍了气相沉积合成、溶胶-凝胶合成、水热与溶剂热合成、自蔓延高温合成、微波与等离子体合成、微重力合成、超重力合成、仿生合成等技术。第四篇是无机材料合成前沿领域，共分 9 章，即第 19～27 章，介绍了新型合金材料、先进陶瓷、人工晶体、新型碳材料、发光材料、无机抗菌材料、催化材料、隐身材料、新能源材料等领域的研究及发展状况。

全书由第一版的 24 章修订为新版的 27 章，修订内容占本书总篇幅的 1/2 左右。

七年多的时间，本书得到了广大读者的持续关注，并被国内部分高校选作教材使用，至 2010 年 1 月已经先后五次印刷。在此期间，通过编辑部转来了一些热心读者的阅读感言，对书中的部分内容提出了自己的见解和意见，希望我们再版时予以考虑。在此第二版即将出版之际，向给此书予以关注的读者表示谢意，同时也希望广大的读者能够继续将阅读中的一些感想反馈给我们，以便在下一次再版的时候可以进一步的完善。

在本书编写过程中，参考并引用了一些国内外相关文献的有关内容，在此笔者表示由衷的感谢（由于参考文献数量较多、来源广泛，可能在标注时会有挂万漏一之处，请原文作者发现后通知我们）。限于笔者水平，书中还会存在某些不足，恭请各位同行及读者批评指正，以便本书再版时能进行完善。

编者
2011 年 3 月

第一版前言

无机材料的合成是指通过一定的途径，从气态、液态或固态的各种不同原材料中得到化学上及性能上不同于原材料的无机新材料。无机材料的合成包括两方面的内容，一方面是研究新型无机材料的合成，另一方面是研究已知无机材料的新合成方法及新合成技术，随着当前相关学科研究的迅猛发展，越来越要求无机材料合成能够更多地提出新的行之有效的合成方法、合成技术、制定节能、洁净、经济的合成路线以及开发新型结构和新型功能的无机材料。

本书从无机材料合成的科学基础出发，详细介绍了无机材料合成的主要技术、方法及应用。在编写过程中，考虑到本书面对的不同读者群，在合成科学基础理论上作了较为详尽的论述，在将金属材料和无机非金属材料两大学科的基础理论合理综合编排方面做了一次尝试，此外，在合成技术、方法及应用方面，在兼顾传统的同时，力求能反映当代的最新研究成果。

本书分四篇，共包含24章，第一篇是无机材料合成科学基础，介绍了与无机材料合成相关的一些基础理论如无机材料结构、无机材料表界面、扩散、固相反应及烧结等方面的理论。第二篇是无机材料合成实验技术，介绍了无机材料合成实验中经常应用的如高温、低温、高压、真空、气体净化、气氛控制、分离纯化等技术。第三篇是无机材料现代合成方法及应用，介绍了化学气相沉积、溶胶—凝胶、水热与溶剂热合成、自蔓延高温合成、微波与等离子体、微重力、超重力、仿生合成等技术。第四篇是无机材料合成前沿领域，介绍了配位化合物的合成、新型合金材料、高技术陶瓷、富勒烯及碳纳米管等领域的研究及发展状况。

本书在编写过程中，参考并引用了一批国内外相关文献的有关内容（本书内容除另有注明外，均来源于参考文献，在书中不再另注明）。

限于编者水平，书中还会存在很多不足，恭请各位同行及读者批评指正，以便本书再版时能进行完善。

编者
2003 年 4 月

目　录

第二篇　无机材料合成实验技术

第5章　高温技术

第三篇　无机材料现代合成方法及应用

第四篇　无机材料合成前沿领域

绪　论

当今社会，材料、能源、信息并列为现代科学技术的三大支柱，新型材料、信息技术、生物技术被认为是新技术革命的主要标志。材料是人类赖以生存和发展的物质基础，因此，人类一方面从大自然中选择天然物质进行加工、改造获得适用材料。另一方面不断研制、合成新材料来满足生产和生活的需要。纵观人类文明进步的历史，从"石器"、"青铜器"时代到"铁器"时代，逐步进入现代社会，直至被称为"纳米"时代的今天，都是用材料作为划分时代标志的，不难发现，人类进步的历史亦是人类所用材料进步的历史。那些为人类所掌握并广泛使用的材料，为推进人类社会的发展建立了不可磨灭的功勋。可见，材料在人类社会发展的历史进程中所起的作用是多么巨大。

探究材料的发展史，它经历了由简单到复杂，由以经验为主到以知识为主，由全部消耗自然资源到部分合成再生材料的过程。尤其到了人类发展的今天，自然资源日益枯竭，而人类文明的发展对材料的需求又迅速膨胀，其中对材料功能的需求，也远非天然材料或传统材料所能满足。人类有关材料学的现今知识，也使人类有了创造、研制满足人类所需材料的基础和手段。因此，近些年来，人类使用材料的一个明显标志，就是传统材料的地位日渐削弱，代之以优异性能、特殊功能的新材料的日益崛起和壮大。

（1）材料的分类　材料是人类用于制造物品、器件、构件、机器或其他产品的那些物质，包括天然的和人造的。作为营造环境的结构单元，材料是现代技术和重要工业部门的强大启动者。由于材料用途广泛、性能各异，所以很难用统一的标准进行确切分类。下面，我们根据材料的某些共性特点将材料进行分类。

① 按物理化学属性来分，可分为金属材料、无机非金属材料、有机高分子材料和复合材料。

② 按应用领域划分，可分为电子材料、航空航天材料、核材料、建筑材料、能源材料、环境材料、生物材料等。

③ 按功能特征划分，可分为结构材料、功能材料。结构材料是以力学性能为基础，制造受力构件所用材料，当然，结构材料对物理或化学性能也有一定要求，如光泽、热导率、抗辐照、抗腐蚀、抗氧化等。功能材料则主要是利用物质的独特物理、化学性质或生物功能等而形成的一类材料。一种材料往往既是结构材料又是功能材料，如铁、铜、铝等。

④ 按技术成熟程度及发展前景划分，可分为传统材料与新型材料。传统材料是指那些已经成熟且在工业中已批量生产并大量应用的材料，如钢铁、水泥、塑料等。这类材料由于其产量大、产值高、涉及面广，又是很多支柱产业的基础，所以又称为基础材料。新型材料（先进材料）是指那些正在发展，且具有优异性能和应用前景的一类材料。新型材料与传统材料之间并没有明显的界限，传统材料通过采用新技术，提高技术含量，提高性能，大幅度增加附加值而成为新型材料；新型材料在经过长期生产与应用之后也就成为传统材料。

（2）无机材料合成概述　若想深入理解无机材料合成，我们需先从"材料科学"说起，"材料科学"的形成实际是科学技术发展的结果。首先，固体物理、无机化学、有机化学、物理化学等学科的发展，对物质结构和物性的深入研究，推动了对材料本质的了解；同时，冶金学、金属学、陶瓷学、高分子科学等的发展也使对材料本身的研究大大加强，从而对材料的组成、结构、制备与性能，以及它们之间的相互关系的研究也愈加深入，为材料科学的形成打下了坚实的基础。其次，在材料科学这个名词出现以前，金属材料、高分子材料与无机非金属材料都已自成体系，目前复合材料也获得广泛应用，其研究也逐步深入。但它们之间存在着颇多相似之处，对不同类型材料的研究可以相互借鉴，从而促进材料学科的发展。如马氏体相变本来是金属学家提出来的，而且广泛地被用来作为钢热处理的理论基础，但在氧化锆陶瓷中也发现了马氏体相变现象，并用来作为陶瓷增韧的一种有效手段。又如材料制备方法中的溶胶-凝胶法，是利用金属有机化合物的分解而得到纳米级高纯氧化物粒子，成为改进陶瓷性能的有效途径。虽然不同类型的材料各有其专用测试设备与生产装置，但各类材料的研究检测设备与生产手段有颇多共同之处。在材料生产中，许多加工装置的原理也有颇多相通之处，可以相互借鉴，从而加速材料的发展。

　　材料科学所包括的内容往往被理解为研究材料的组成、结构与性质的关系、探索自然规律，这属于基础研究。实际上，材料是面向实际、为经济建设服务的，是一门应用科学，研究与发展材料的目的在于应用，而材料又必须通过合理的工艺流程才能制备出具有实用价值的材料来，通过批量生产才能成为工程材料。所以，在"材料科学"这个名词出现后不久，就提出了"材料科学与工程"的概念。工程是指研究材料在制备过程中的工艺和工程技术问题。第一部《材料科学与工程百科全书》由美国麻省理工学院的科学家主编，由英国 Pergamon 自 1986 年陆续出版。它对"材料科学与工程"下的定义为：材料科学与工程就是研究有关材料组成、结构、制备工艺流程与材料性能和用途之间关系的知识的产生及其运用。因而把组成与结构（Composition-Structure）、合成与生产过程（Synthesis-Processing）、性质（Properties）及使用效能（Performance）称之为材料科学与工程的四个基本要素（Basic elements）。把四要素连结在一起，便形成一个四面体（Tetrahedron），如图 1 所示。

图 1　材料科学与工程要素图

　　可见材料合成（制备）在材料科学与工程中占有重要的地位。传统材料固然需要不断改进生产工艺和流程以提高产品质量，而新材料的发展与合成、加工技术进步的关系就更为密切。20 世纪以来的现代科技史说明了材料合成与加工的重要性。如果没有半导体材料的发现和大规模集成电路工艺的发展，就不可能有今天的计算机技术；如果没有精密锻造、定向凝固与单晶技术、粉末冶金、弥散强化等工艺的发展，就没有高强度、高温、轻质的结构材料，就不可能有今天这样发达的航空航天科技；而分子束外延、液相外延和化学气相沉积等新的合成技术的发展，才使得人工合成材料如超晶格、薄膜异质结等成为可能。另一方面，材料合成与加工中没有解决的问题就会影响新技术的使用。例如太阳能的利用就因为光电转换材料的合成与加工没有取得突破而停滞不前。由此可见，新材料的使用与社会文明的进步密切相关。而新材料的出现、发展和使用又是和材料合成与加工技术的进步密不可分的。每当出现一种新工艺或新技术，材料的发展就可能出现一次飞越。研究某一特定材料也必须对这一材料的合成与加工有所了解。例如材料的很多物理和化学行为决定于材料中的缺陷，而缺陷的类型和密度又取决于制备以及后续的加工（如热处理等）过程。这样，即使是化学成分完全相同的材料也会因为合成与加工的途径不同而呈现迥然不同的性质。

　　无机材料包括了除有机高分子和复合材料以外的所有材料，其"家族庞大，地位显赫"，在国民经济发展中占有重要地位，是材料科学工作者十分关注的重要方面之一，其合成（制备）方法的研究与开发成为无机材料科学技术的重点。所谓无机材料的合成是指通过一定的途径，从气态、液态或固态的各种不同原材料中得到化学上及性能上不同于原材料的无机新材料的工艺过程。无机材料的合成包括两方面的内容，一方面是研究新型无机材料的合成，另一方面是研究已知无机材料的新合成方法及新合成技术。随着学科研究的迅猛发展，越来越要求无机材料合成能够更多地提出新的行之有效的合成反应、合成技术，制定节能、洁净、经济的合成路线以及开发新型结构和新型功能的材料。发展现代无机材料合成，不断地推出新的合成反应和路线或改进和绿化现有的陈旧合成方法，不断地创造与开发新的材料种类，将为研究材料结构、性能与反应间的关系、揭示新规律与原理提供有力保障。

　　无机材料的现代合成工艺或技术往往与极端条件密切相关，在现代无机材料合成中愈来愈广泛地应用极端条件下的合成方法与技术来实现通常条件下无法进行的合成，并在这些极端条件下开拓多种多样的一般条件下无法得到的新材料。例如在模拟宇宙空间的高真空、微重力的情况下，可进行无容器加工，合成出无位错的高纯度化合物。在超高压下许多物质的禁带宽度及内外层轨道的距离均会发生变化，从而使元素的稳定价态与通常条件下有很大差别。由于水热与溶剂热合成化学在材料领域的广泛应用，世界各国都越来越重视这一领域的研究。在高温高压条件下，水或其它溶剂处于临界或超临界状态，反应活性提高。物质在溶剂中的物性和化学反应性能均有很大改变，因此水热或溶剂热化学反应异于常态。一系列中温、高温高压水（溶剂）热反应的开拓及在此基础上开发出来的水（溶剂）热合成，已成为目前多数无机功能材料、特种组成与结构的无机化合物以及特种凝聚态材料，如纳米粒子、无机膜、单晶等合成的重要途径。与极端条件下的无机材料合成相对应的是在温和条件下功能无机材料的合成与晶化，即所谓的软化学合成。无机材料的性质和功能是与其最初的合成或制备过程密切相关的，不同的合成方法和合成路线通过对材料的组成、结构、价态、凝聚态、缺陷等的控制决定了材料的性质和功能。虽然苛刻或极端条件下的合成可以导致具有特定结构与性能材料的生成，但是由于其苛刻条件对实验设备的依赖与技术上的不易控制性，以及化学上的不易操作性而减弱了材料合成的定向程度。而软化学合成，正是具有对实验设备要求简单和化学上的易控性和可操作性特点，因而在无机材料合成的研究领域中占有一席之地。在无机材料合成研究中，通过软化学基础性规律研究，开发温和条件下的合成反应与合成技术，实现具有特殊结构与功能的无机材料的合成研究，既具有理论意义又具有实际意义。

　　无机材料合成还将在生物矿化、有机/无机纳米复合、新能源、环境材料等研究领域发挥重要作用。仿生合成技术的出现与应用，为制备具有特殊物理及化学性能的无机材料提供了有力保证，利用仿生技术，可获得接近或超过生物材料优异性能的新材料，因此，仿生合成无论从理论还是从应用上都将具有非常诱人的前景，相信不久的将来，通过仿生合成技术，更多的多功能无机材料将会诞生。

（3）无机材料合成的发展趋势 各种新材料的发现和发展依赖于材料合成和制备技术的发展，每一次新的材料合成和制备方法的创新，都会推动材料的各项技术指标及使用性能的明显提高。预测无机材料合成的发展趋势无疑是件很困难的事情，但任何事物的发展总是会有一定的规律可循的，这里参考已有的文献，结合作者多年来在无机材料合成教学、科研方面的一些感悟，将无机材料合成的发展趋势进行简要论述。

① 众多学科的交叉和综合 随着国民经济各个领域，尤其是航空、航天、电子等领域的快速发展，对很多材料提出了新的性能要求，传统的无机材料合成方法将无法满足这些要求，众多学科的交叉和综合势在必行，与信息技术、生物技术、能源技术、环保技术相关的无机材料合成技术将得到迅速发展。21世纪是信息时代，无机材料合成方法和技术的改进和创新，应该引入信息技术，包括从基础知识的模型化开始，直到合成过程的数字化控制。随着物质生活的不断丰富，人类对生存条件有了更高的要求，无机材料合成过程的"绿色化"将越来越引起人们的重视，生态与环境的意识将不断引入到无机材料合成方法的研究当中，无机材料的循环再利用技术及其原材料综合利用技术、有毒有害元素的替代技术都将得到长足发展。

② 组装技术及其机制 我们对原子、分子进行熟练地处置、定位和诱导其发生反应的技术的掌握，还仅处于开发的初始阶段，我们需进一步开发和掌握这种组装技术，以利用其设计和组装一些迄今为止采用其他方法还无法合成的新材料。依靠动力学控制组装过程的合成方法很可能成为今后开发的重点。对反应路径的理解和设计，使得人们能够对物质的新亚稳态进行配方设计和调控。在无机材料合成过程中，非共价相互作用力影响将会得到更广泛的利用。这些大量的微弱的相互作用力的协同作用的结果最终决定了材料合成过程中构建基元的组合和进行方式。这种性质使得依赖于这种协同影响的自我组装机制将会有更为广泛的用途。模板法的运用将会精确到专一的程度，甚至达到生物学家满意的水平。

③ 极端条件下的合成技术 世界范围内的航天、航空领域得

到了巨大的发展，人类探索外部空间的脚步越来越快，模拟外太空的环境，在极端条件下合成无机材料的方法和技术的研究将是材料科学工作者的永恒主题之一。

④ 合成仪器及设备　先进的材料合成仪器及设备对新材料的研究和发展起着重要的作用。例如，分子束外延技术及设备的发明使半导体超晶格材料的合成成为可能。

总之，随着无机材料合成技术的发展，我们将会看到更多富有创意的新材料的出现。

第一篇
无机材料合成科学基础

第❶章 无机材料结构

无机材料的成键本质，与其结构和性质密切相关，其中能带理论占有突出的地位，它涉及许多固体物理方面的内容。无机材料结构的研究涉及 3 个层次的问题。

a. 理想晶体的结构。主要是研究非分子型的材料。在分子型物质中，物质的结构和性质属于单个分子，而分子结构则是量子化学的任务。

b. 非晶态结构，表面结构和缺陷结构。缺陷化学是无机材料结构的重要内容。

c. 结晶固体的微结构，如晶界等。

1.1 晶体化学基础

晶体是具有格子构造的固体。一切晶体不论其外形如何，它的内部质点（原子、离子或分子）都是有规律排列的，即晶体内部质点在三维空间均呈周期性重复，构成了格子构造。晶体所具有的性质是由晶体的内部结构决定的，结构发生变化，性质也随之变化。但是，晶体的结构，又与晶体的化学组成紧密联系。因为质点化学组成的改变，意味着质点在本质上存在着差异，因而在结构中的排列结合方式也就发生了变化。所以，晶体化学的任务，主要是研究晶体的组成、内部结构和性质之间的关系。

1.1.1 原子结构

原子由原子核及核外电子两部分组成，是一个非常复杂的电磁系统。原子核包括不带电荷的中子和带正电荷的质子，它们又统称为核子。原子核半径的级序为 10^{-6}nm，而原子半径的级序为 10^{-1}nm，即原子的半径是原子核半径的 10^5 倍，但原子核几乎集中了整个原子的质量，核子的平均密度比电子的密度大 3×10^6 倍。核外电子呈云雾状的"电子云"弥漫于原子核周围的空间，它们处于不同的能量状态。电子的能量状态可以用 n、l、m、s 四个量子数来确定。

（1）主量子数 n 主量子数关系到电子距原子核的平均距离，n 的取值是由 1 到无穷的全部正整数，它是决定一个电子的能量的重要因素。在其他因素相同的情况下，n 值越低，电子能量越低；n 值越高，电子能量越高。

原子序数为 Z 的原子，是由带 Z 个单位正电荷的原子核和 Z 个绕核转动的核外电子所组成的。电子分布在以 K、L、M、N、O、P、…命名的不同壳层中，每一壳层均可以整数 n 表示，即主量子数，其对应关系为：

n：1，2，3，4，5，6，…

壳层：K，L，M，N，O，P，…

其中除 K 层外，又可以分为若干支壳层。原子中的 Z 个电子可以设想为依据主量子数 n 或能级的增加次序，对原子核形成由近而远的若干电子壳层，最外面壳层上的电子通常称为价电子。表征电子在原子中的运动状态，不仅与主量子数（n）有关，而且与角量子数（l）、磁量子数（m）、自旋量子数（s）有关。

（2）角量子数 l 角量子数或称轨道角动量量子数 l，与轨道的形状有关，表征一个电子在一个轨道中旋转的角动量。l 只能取正整数或 0，而且它的极大值受轨道的 n 值所限制，l 可取 0，1，2，…，$(n-1)$。例如，n=1，l=0；n=2，l=0，l=1；n=3，l 能取 0、1、2。根据 l 值给每一轨道一个字母符号：

l：0，1，2，3，4，…

符号：s，p，d，f，g，…

（3）磁量子数 m 磁量子数 m 指示出轨道角动量是如何相对某些固定方向取向的，它粗略地表征空间中电子云的最大伸展方向，它可以取 +1 到 -1 间的全部整数值，共有（2n+1）个值。例如，对一给定量的主量子数 n 以及 m＝0，只可能有一个轨道，即 m＝0 的轨道，所以每一个主量子壳层只有一个 s 轨道，它们标记为 1s、2s、3s、4s 等轨道。对于一个给定的 n 以及 l＝1，m 可以有三个值：－1，0，＋1。除 n＝1 外，对于每一个主量子数，有三个 p 轨道；对于一个给定的 n，l＝2，m 可取 2、1、0、－1、－2，即有五个 d 轨道；同样，f 轨道有七个等。一般情况下，具有相同的 n 和 l 值但 m 不同的轨道的能量相同（除了处在一个强电场或磁场之中例外）。因此，一个壳层中的全部三个 p 轨道具有相同的能量，五个 d 轨道也是如此。p 轨道称为三重简并，d 轨道称为五重简并。

（4）自旋量子数 s 电子可有两种自旋，一种是顺时针方向旋转，另一种是逆时针方向旋转，分别以自旋量子数 $s=\frac{1}{2}$ 和 $m_s=\pm\frac{1}{2}$ 来标记。对于量子数为 n、l 及 m 的每一个空间轨道，一般都可以容纳两个自旋方向相反的电子。

原子中电子运动必须遵守四个量子条件，电子分布还必须服从以下两个基本规律。

① 泡利（Pauli）不相容原理 在同一原子中，最多只能有两个电子处在 n、l、m 三个量子数的同一状态，并且这两个电子的自旋方向必须相反。也就是说，同一原子中不可能有四个量子数都相等的两个或两个以上的电子。从这个原理出发，可以确定在非受激的原子中各个壳层所容纳的最多电子数为：$Z_n=2n^2$。例如，K 层最多只能容纳 2 个电子，L 层为 8 个，M 层为 18 个等。

② 最低能量原理 原子中电子的分布，在不违背不相容原理的条件下，将尽可能地占据最低的能级而使整个原子体系能量为最低。能级主要是由量子数 n 决定的，n 越大能级也越高。一般情况下，最靠近核的壳层首先被电子占据。能级也和角量子数 l 有关，在某些情况下，n 较小的壳层尚未被占满，而 n 较大的壳层中已开始有电子占据。

当内层电子被高能电子激发形成空穴时，原子处于激发态，外层电子立即跃迁填充空穴，并以发射 X 射线或俄歇电子来释放能量，使原子恢复到稳定态。

电子的量子数可归纳如表 1-1。由此可知，亚层内电子的最大容量分别为：s 为 2，p 为 6，d 为 10，f 为 14……，而每个电子层内电子的最大容量应分别为：K 为 2，L 为 8，M 为 18，N 为 32 等。

表 1-1 电子的量子数

n	l	m	m_s
1K 层	0s 亚层	0 轨道数=1	$+\dfrac{1}{2}$
2L 层	1p 亚层	+1,0,−1 轨道数=3	
	2d 亚层	+2,+1,0,−1,−2,−3 轨道数=5	或
4N 层	3f 亚层	+3,+2,+1,0,−1,−2,−3 轨道数=7	$-\dfrac{1}{2}$

核外电子的排布影响着电子的能量状态。一般地说，电子的能量首先随 n 值的增大而增大，同一层内，电子能量随亚层 s、p、d、f 的不同依次增大。不同电子层的亚层的能量也有所不同。因此，多电子的原子具有一系列的能级。在正常状态下，原子内位于最低能级的电子最稳定。一般说来，电子首先充填能量最低的亚层。

由于核外电子互相排斥，尽可能地彼此远离，因此电子亚层充填时，首先单电子占据亚层内各轨道，并且各轨道内电子的自旋方向相同，然后是自旋方向与之相反的电子依次进入各轨道，配成成对电子。

1.1.2 原子半径和离子半径

根据波动力学的观点，在原子或离子中，围绕核运动的电子在空间形成一个电磁场，其作用范围可看成是球形的。这个球的范围被认为是原子或离子的体积，球的半径即为原子半径或离子半径。

但是，在晶体结构中，都采用原子或离子的有效半径。有效半径是指离子或原子在晶体结构中处于相接触时的半径。在这种状态下，离子或原子间的静电吸引和排斥作用达到平衡。在离子晶体中，一对相邻接触的阴、阳离子的中心距，即为该阴、阳离子的离子半径之和。在共价化合物晶体中，两个相邻键合原子的中心距，即为这两个原子的共价半径之和。在金属单质晶体中，两个相邻原子中心距的一半，就是金属原子半径。原子或离子的有效半径能最大限度地与晶体中的实测键长相一致。

在晶体结构中，原子和离子半径具有重要的几何意义，它是晶体化学中最基本的参数之一，它对晶体结构有重要影响。但必须注意，离子半径这个概念不是十分严格的。在晶体结构中，总有极化的影响，往往是电子云向正离子方向移动，其结果是正离子的作用范围比所列的正常离子半径值要大些，而负离子作用范围要小些。但即使这样，原子和离子半径仍不失为晶体化学中的重要参数之一。

1.1.3　球体紧密堆积原理

原子和离子都具有一定的有效半径，因而可看成是具有一定大小的球体。在金属晶体和离子晶体中，金属键和离子键是没有方向性和饱和性的。因而，从几何角度看，金属原子之间或离子之间的相互结合，在形式上可看成是球体间的相互堆积。晶体具有最小的内能性，原子和离子相互结合时，相互间的引力和斥力处于平衡状态，这就相当于要求球体间作紧密堆积。

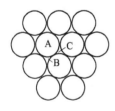

图 1-1　一层球的
最紧密堆积

（1）等大球体的最紧密堆积及其空隙　等大球体在一个平面内的最紧密排列只有一种形式，形成图 1-1 的排列形式。在 A 球的周围有六个球相邻接触，每三个球围成一个空隙。其中一半是尖角向下的 B 空隙，另一半是尖角向上的 C 空隙。两种空隙相间分布。

当紧密堆积向空间发展时，球只能置于第一层球的三角形空隙上才是最紧密的，形成图 1-2 的排列形式。此时，两层间存在两类不同的空隙，一种是连续穿透两层的空隙，另一种是未穿透两层的空隙。

再叠置第三层球体时，将有两种完全不同的堆积方式。一种是第三层球的球体位置重复第一层球的位置（图 1-3）。第二种形式则是第三层球置于第一层和第二层重叠的三角形空隙之上，即第三层球不重复第一层和第二层球的位置（图1-4）。

(a) 第二层球(虚线)置于尖端　(b) 第二层球(虚线)置于尖端
　　指向下方的三角形空隙上　　　指向上方的三角形空隙上

图1-2　两层球体的最紧密堆积方式

 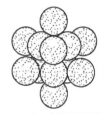

(a) 球的堆积形式　　　(b) 球的堆积形式

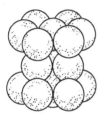

(a) 球的堆积形式

(b) 球中心的分布

图1-3　六方最紧密堆积

(c) 与图(b)相适应的球　(d) 立方面心格子
　　心的分布与立
　　方面心格子相当

图1-4　立方最紧密堆积

　　此时，如果继续堆第四层，可以与第二层重复，第五层又与第三层重复，如此等等。这种紧密堆积方式可用 ABABAB……的顺序来表示（图1-3）。另一种堆积方式是在叠置第四层时与第一层重复（图1-4），第五层和第二层重复，第六层与第三层重复，如此等等。这种紧密堆积方式可用 ABCABC……的顺序表示。

　　对于第一种 ABAB……紧密堆积方式，其球体在空间的分布与空间格子中的六方格子相对应，因此称为六方最紧密堆积。其最紧密排列层平行于（0001）。上述的第二种 ABCABC……层序的堆积。由于在这种堆积方式中可以找出面心立方的晶胞，其中的相当点按面心立方格子分布，所以称为面心立方最紧密堆积，图 1-4(c) 中的每层圆球是与立方体中三次轴垂直的平面，即（111）面相平行的。在这两种堆积方式中，每个球体所接触到的同种球体的个数均为 12 个。

虽然以上两种方式是最紧密堆积，但球体之间还是存在着空隙。如果用空间利用率，即在一定空间中圆球所占体积的百分数来表示球堆积的最紧密程度，那么面心立方和六方最紧密堆积的空间利用率都是 74.05%，而空隙占整个空间的 25.95%。

最紧密堆积中的空隙，可视包围空隙的球体的配置情况，而将空隙分成两种类型：一为四面体空隙，一为八面体空隙。前者由四个球体环围而成，球体中心连线形成四面体形；后者由六个球体环围而成，球体中心连线构成八面体形。若有 n 个等大球体作最紧密堆积时，就必定有 n 个八面体空隙和 $2n$ 个四面体空隙。

（2）不等大球体的紧密堆积 在不等大球体堆积时，可以看成较大的球体成等大球体堆积方式，较小的球则按其本身的大小，充填在八面体或四面体空隙中，形成不等大球体的紧密堆积。在离子晶体中相当于半径较大的阴离子作最紧密堆积，半径较小的阳离子则充填于空隙中。在实际晶体结构中，阳离子的大小不一定能无间隙地充填在空隙中，往往是阳离子的尺寸稍大于空隙，而将阴离子略微"撑开"；或在某些晶体结构中，阳离子的尺寸较小，在阴离子形成的空隙中可以有一定的位移。所以，在离子晶体结构中，阴离子通常只是近似地作最紧密堆积，或出现某种程度的变形。

1.1.4 配位数和配位多面体

（1）配位数 一个原子或离子的配位数是指在晶体结构中，该原子或离子的周围，与它直接相邻结合的原子个数或所有异号离子的个数。在单质晶体中，如果原子作最紧密堆积，则相当于等大球体的紧密堆积，不论是六方还是立方紧密堆积，每个原子的配位数均为 12。若不是紧密堆积，那么，配位将小于 12。在共价键晶体结构中，由于共价键有方向性和饱和性，因此其配位数不受球体紧密堆积规则支配。其配位数一般较低，且不大可能超过 4。在离子晶体结构中，阳离子一般处于阴离子紧密堆积的空隙中，其配位数一般为 4 和 6。若阴离子不作紧密堆积，阳离子还可能出现其它的配位数。

（2）配位多面体　配位多面体是指在晶体结构中，与某一个阳离子（或原子）成配位关系而相邻结合的各个阴离子（或原子），它们的中心连线所构成的多面体。阳离子（或中心原子）位于配位多面体的中心，各个配位阴离子（或原子）的中心则处于配位多面体的角顶上。图 1-5 给出了阳离子最常见的几种配位方式和配位多面体。需要注意的是阳离子在配位数相同的情况下，其配位多面体的形状可能完全不同。

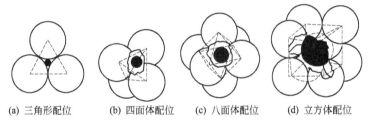

(a) 三角形配位　　　(b) 四面体配位　　　(c) 八面体配位　　　(d) 立方体配位

图 1-5　阳离子的几种典型的配位形式及其相应的配位多面体

1.1.5　离子极化

电子层不是刚性的。当原子或离子位于电场中时，其电子层就可发生变形，并使正负电荷的重心发生相对位移，此时，原子或离子的外形将不再呈球形，大小也将有改变，这种现象即称为极化。

在晶体结构中，一方面离子受到由周围离子所产生的外电场作用而"被极化"；另一方面离子本身的电场作用于周围的离子而使后者极化，本身具有"极化力"。

由于不同离子的电子层构型、半径的大小和电荷的多少不同，因而具有不同的极化性质。一般来说，阳离子半径小，电荷集中，外层电子与核的联系较牢固，因此不易"被极化"，而主要表现是具有使其他离子极化的"极化力",电荷愈多,半径愈小,极化力愈强。而大半径的阴离子则主要表现为被极化。具有 18 电子外层的铜型离子,一方面半径小有强极化力,另一方面外层电子多也容易被极化。

离子极化引起离子的变形和电子层的穿插,从而使离子键向共价键过渡。同时,极化的结果又使离子配位情况发生变化,并促使配位数降低,甚至可导致晶体结构的变化。

1.1.6 电负性

化学键是相互作用着的原子中的电子发生重新配置而产生的作用力。键性决定于电子重新配置的特点,取决于电子作各种不同的重新配置时所放出或吸收的能量的大小。如果以 I 和 E 分别代表电离势和电子亲合能,则在原子 A 和 B 相互作用时,电子由 A 移向 B 的条件为:

$$E_B - I_A > E_A - I_B$$
$$或 \quad I_B + E_B > I_A + E_A$$

$I + E$ 称为元素的"电负性",它标志着某一种元素的原子与其它原子作用时从后者接受电子的能力。

元素的电负性愈高,则该元素的原子接受电子的能力愈强。两个相互作用的原子的电负性之差决定着电子移动情况,因而也就决定着化学键的性质。当两种元素的电负性相差较大时,则电负性低的原子的价电子向电负性高的原子迁移,并将全部集中在这个原子上,从而形成离子键;当两种元素的电负性相同时,则两原子间的电子对对称地分布于两原子之间,为二者所共有,从而形成共价键;当两种元素的电负性之差介于上两者之间时,则电子偏向于电负性较大的一方,从而可形成过渡性的化学键。

电负性的差值(ΔX)与键型的关系如图 1-6 所示。当电负性差值悬殊,接近于 4 时形成离子键;而电负性差值很小,接近于 0 时,形成共价键;电负性差值在 0~4 之间时,根据差值的大小,可确定其过渡情况即离子键和共价键所占的百分比。

电负性取决于原子的核电荷、电价和电子壳层的结构。因此,电负性的大小按元素周期表规律变化,即同一周期内电负性从左到

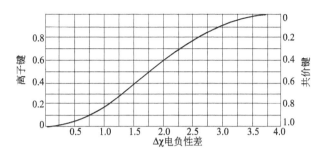

图 1-6　电负性的差值与化学键型的关系

右增大，同一族自下而上增大。因而周期表中右上方的元素电负性高，而左下方的元素电负性低。

由此可得出以下结论。

① 最初几族和最后几族元素相结合时将生成以离子键为主的化合物。

② 中间几族元素彼此相结合或最后几族元素彼此结合时生成共价键为主的化合物，而最初几族元素彼此相结合或长周期中部元素彼此相结合时则形成金属键。

③ 以氧为起点，向周期表的左方和下方看，与其邻近的元素电负性与氧相近，从而与氧形成共价结合，如 $[CO_3]^{2-}$、$[PO_4]^{3-}$、$[SO_4]^{2-}$ 等络阴离子。而与氧相隔较远的元素，由于电负性远低于氧，因而与氧形成离子键结合。

1.1.7　鲍林规则

哥尔德希密特在研究晶体结构时，从以上几个影响晶体结构的因素考虑，提出了哥尔德希密特定律，其内容为：一个晶体的结构，取决于其组成单位的数目、相对大小以及极化性质。在此基础上，鲍林对离子晶体的结构归纳出五条规则。现分别叙述如下。

① 围绕每一阳离子，形成一个阴离子配位多面体，阴、阳离子的间距决定于它们的半径之和，阳离子的配位数则取决于它们的半径之比。

鲍林第一规则表明，阳离子的配位数并非决定于它本身或阴离子半径，而是决定于它们的比值。如果阴离子作紧密堆积排列，则可以从几何关系上计算出阳离子配位数与阴阳离子半径比值之间的关系。图 1-7 为阴离子成最紧密堆积，阳离子处于八面体空隙中，

且相互间正好接触的情况（图中为八面体垂直四次轴的截面）。设阳离子半径为 r_c，阴离子半径为 r_a，从图 1-7 可得到如下关系：

$$\frac{r_c}{r_a} = \frac{(\sqrt{2}-1)r_a}{r_a} = 0.414$$

图 1-7 r_c/r_a 比值
计算图解

显然，当 r_c/r_a 小于 0.414 时，那么阴离子相互接触而阴、阳离子之间不接触，这种状态是不稳定的。阴离子之间的相互排斥将使离子的配位数下降。因此，r_c/r_a 小于 0.414 时，6 次配位就不能稳定存在，所以 $r_c/r_a = 0.414$ 可以看作是 6 次配位的下限。当 r_c/r_a 大于 0.414 时，阴、阳离子仍相互接触，但阴离子被撑开了。随着 r_c/r_a 的增大，则阴离子间被撑开得越大。这时，从结构的稳定性出发，阳离子需要更多的阴离子与之配位。同样，根据几何关系可计算出配位数为 8 时，阴、阳离子正好接触，$r_c/r_a = 0.732$。因此，$r_c/r_a = 0.414$ 是 6 次配位的下限，而 $r_c/r_a = 0.732$ 则是 6 次配位的上限。根据离子晶体中阳离子经常出现的配位数：2、3、4、6、8、12 按几何关系分别计算出 r_c/r_a 值以及相应的配位多面体列于表 1-2 中。

表 1-2 配位数与离子半径比值的关系

离子半径比值 r_c/r_a	配位数	配位多面体的形状	
0.000～0.155	2		哑铃状
0.155～0.225	3		三角形
0.225～0.414	4		四面体
0.414～0.732	6		八面体

续表

离子半径比值 r_c/r_a	配位数	配位多面体的形状	
0.732~1.000	8		立方体
1	12		立方八面体

上述根据阴、阳离子半径比决定阳离子的配位数的规则，在稳定的离子晶体结构中还比较符合晶体结构中的实际情况。但是，晶体结构往往受多种因素的影响，在实际晶体结构中会出现不符合这一规则的情况。特别在阴离子不成紧密堆积排列时，还可能出现5、7、9、11等配位数。此外，当 r_c/r_a 值处于边界值附近（如0.414，0.732等），同一阳离子的配位数可以有不相同的几个。如 Al^{3+} 离子，它和氧离子配位时，既可以是4个氧离子包围一个铝离子成为铝氧四面体，也可以是6个氧离子包围一个铝离子成为铝氧八面体。表1-3列出了氧离子对一些常见阳离子的配位数，可以看出，大多数的阳离子是处于配位数为4到8之间。

表1-3　氧离子对一些常见阳离子的配位数

配位数	阳　离　子
3	B^{3+}, C^{4+}, N^{5+}
4	Be^{2+}, B^{3+}, Al^{3+}, Si^{4+}, P^{5+}, S^{6+}, Cl^{7+}, V^{5+}, Cr^{6+}, Mn^{2+}, Zn^{2+}, Ga^{3+}, Ge^{4+}, As^{5+}, Se^{6+}
6	Li^+, Mg^{2+}, Al^{3+}, Se^{3+}, Ti^{4+}, Cr^{3+}, Mn^{2+}, Fe^{2+}, Fe^{3+}, Co^{2+}, Ni^{2+}, Cu^{2+}, Zn^{2+}, Ga^{3+}, Nb^{5+}, Ta^{3+}, Sn^{4+}
6~8	Na^+, Ca^{2+}, Sr^{2+}, Y^{3+}, Zr^{4+}, Cd^{2+}, Ba^{2+}, Ce^{4+}, $Sm^{3+}-Lu^{3+}$, Hf^{4+}, Th^{4+}, U^{4+}
8~12	Na^+, K^+, Ca^{2+}, Rb^+, Sr^{2+}, Cs^{2+}, Ba^{2+}, La^{3+}, $Ce^{3+}-Sm^{3+}$, Pb^{2+}

② 静电价规则。在一个稳定的晶体结构中，从所有相邻接的阳离子到达一个阴离子的静电键的总强度，等于阴离子的电价数。

对于一个规则的配位多面体而言，中心阳离子到达每一配位阴离子的静电键强度 S，等于该阳离子的电荷数 Z 除以它的配位数 n，即 $S = Z/n$。以萤石（CaF_2）为例，Ca^{2+} 的配位数为 8，则 Ca—F 键的静电强度为 $S = 2/8 = 1/4$。F^- 的电荷数为 1，因此，每一个 F^- 是四个 Ca—F 配位立方体的公有角顶。或者说 F^- 离子的配位数是 4。静电价规则，对于规则多面体配位结构是比较严格的规则，因为，它必须满足静电平衡的原理。

③ 在配位结构中，两个阴离子多面体以共棱，特别是共面方式存在时，结构的稳定性便降低。对于电价高而配位数小的阳离子此效应更显著；当阴、阳离子的半径比接近于该配位多面体稳定的下限值时，此效应更为显著，表 1-4 给出了三种多面体以顶角、棱和面共用时，两个多面体中心的距离，并以共用顶角时的距离为 1。可以看出对于四面体而言，共面时两个中心阳离子的距离仅为共顶时的 33%。因此，中心阳离子之间的斥力很大，这种共面方式是很不稳定的。所以，在 Si—O 四面体中，一般只有共顶方式相连。没有发现有共棱和共面的连接方式。

表 1-4　两个多面体以不同方式相连时中心阳离子之间的距离关系

连接方式	配位三角形	配位四面体	配位八面体	配位立方体
共棱连接	0.50	0.58	0.71	0.82
共面连接	—	0.33	0.58	0.58

④ 在一个含有不同阳离子的晶体中，电价高而配位数小的那些阳离子，不趋向于相互共有配位多面体的要素。

这条规则实际上是第三条规则的延伸，所谓共有配位多面体的要素，是指共顶、共棱和共面。如果，在一个晶体结构中，有多种阳离子存在，则高价、低配位数阳离子的配位多面体趋于尽可能互不相连，它们中间由其它阳离子的配位多面体隔开，至多也只可能以共顶方式相连。

⑤ 在一个晶体中，本质不同的结构组元的种类，倾向于为数最少。这一规则也称为节省规则。

本质不同的结构组元是指在性质上有明显差别的不同配位方

式。如在石榴石的结构中，化学式为 $Ca_3Al_2Si_3O_{12}$。其中 Ca^{2+}，Al^{3+}，Si^{4+} 离子的配位数分别为 8、6、4，阴离子为氧离子。按静电价规则计算静电键强度：Ca—O，$S = 2/8 = 1/4$；Al—O，$S = 3/6 = 1/2$，Si—O，$S = 4/4 = 1$。O^{2-} 离子的电荷数为 2，根据第二条规则可以求得 O^{2-} 离子和那些阳离子相连。一种配位方式是

$$\begin{matrix} & Ca & \\ & | & \\ Al & -O- & Si \\ & | & \\ & Ca & \end{matrix}$$

，实验证明在石榴石结构中就是这种配位方式。此外，满足静电价规则的另一种配位方式是 $\begin{matrix} Al \\ | \\ Si-O \\ | \\ Al \end{matrix}$ 和 $\begin{matrix} Ca\;Ca \\ \diagup \\ Si-O \\ \diagdown \\ Ca\;Ca \end{matrix}$。但这样的一种配位关系在结构中就出现了在性质上有显著差别的不同配位方式，这不符合节省规则。因此，事实上石榴石结构中为第一种配位方式。这说明，在一晶体结构中，晶体化学性质相似的不同离子，将尽可能采取相同的配位方式。从而使本质不同的结构组元种类的数目尽可能少。

鲍林规则由离子晶体结构中归纳出来，符合于大多数离子晶体的结构情况，但它不完全适用于过渡元素化合物的离子晶体，更不适用于非离子晶格的晶体，对于这些晶体的结构，还需要用晶体场、配位场等理论来说明。

1.2 晶体的类型

1.2.1 离子晶体

由阴、阳离子以离子键相联系构成的晶体为离子晶体。在离子晶体中，晶格结点上交替排列着正离子和负离子。大量的氧化物，氮化物，碳化物、硫化物和卤化物均是以离子键结合的晶体而存在，但完全由离子键合的晶体是极少的，只能说许多晶体都具有很大程度的离子键合，把它们划归到离子晶体一类中。

形成这类晶体的控制条件是：在满足电荷中性及离子球堆积的条件下，尽可能降低能量。

① 为了保持晶体的电中性，晶胞中正、负离子含量和价数必

须成一定的比例，对于二元晶体，正、负离子的数目反比于正负离子的价数。如 NaCl 晶体是由一价的 Na^+ 和 Cl^- 离子组成，Na^+ 和 Cl^- 离子数之比为 $1:1$。CaF_2 晶体由二价的 Ca^{2+} 和一价的 F^- 组成，因此，Ca^{2+} 与 F^- 离子数之比为 $1:2$。多元素离子晶体的情况与此类似。

② 离子晶体是通过正、负离子的静电作用结合而成晶体的。为了使晶体具有尽可能低的能量，每类离子周围要有尽可能多的异类离子，从而使结合键数尽可能多。因此，离子晶体的配位数较高。

③ 离子晶体中同类离子不能相切，否则同类离子的斥力将使晶体结构不稳定。离子晶体的特点是有强烈的红外吸收，对可见光透明，低温下电导率低，但高温下离子导电性良好。

1.2.2 分子晶体

在固相中，由甲烷这样的有机分子或惰性气体原子结合而成的晶体属于分子晶体。惰性气体和类似甲烷的非极性分子没有可供晶体键合所需的电子，具有球对称的稳定封闭结构，但在某一瞬间，由于正、负电中心不重合使原子呈现瞬间偶极矩，由此而使得其它原子产生感应，而瞬间偶极矩之间具有很微弱的相互作用，此为范德华引力。靠这种瞬间偶极矩形成的分子间力所构成的晶体为分子晶体。

这类晶体是脆弱的，容易压缩，多数在远低于 0℃ 温度时就熔化。

1.2.3 共价晶体

由具有方向性的共价键联系构成的晶体为共价晶体。共价键有两个特点：一是饱和性，即与一个特定原子键合的近邻数（即配位数）等于 $(8-N)$，N 是该特定原子元素在周期表中的族数，这个法则反映了某个元素在结合成共价晶体时，所能获得的最大成键轨道数目。其二是方向性，各个共价键之间有确定的相对取向。电负性相似且电子结构不接近惰性气体构型者，如：C、Ge、Si、Te 等可以形成共价晶体。

共价晶体具有硬度高、熔点高、导电性差的特点。

1.2.4 金属晶体

晶格结点上排列金属原子时所构成的晶体叫金属晶体。这类材料一般是由第Ⅰ、Ⅱ族元素及过渡元素构成的，它们的最外层电子一般为1~2个。组成晶体时，每个原子的最外层电子都不再属于某个原子，而为所有原子所共有。价电子成为自由电子，使金属具有良好的导电性和导热性。失去了价电子的金属离子和由价电子组成的电子层之间由静电库仑力相互作用，这种键合方式为金属键。金属键无方向性和饱和性，是一种强键，形成晶体时，原子一般是立方密堆或六方密堆的方式，配位数为12，因此，金属中不容易产生位错，而且位错的伯格斯矢量较共价键、离子键晶体小，位错容易在晶体中滑移，使金属具有良好范性变形能力。另外，由于金属晶体的结合能相当高，金属晶体熔点较高，稳定性较高。如 Cu，Ag，Au，Al，Zn 等。

1.2.5 氢键晶体

氢键晶体是指由氢原子和一个负电性较大而原子半径较小的原子（O，F，N 等）相结合而构成的一类晶体，如：冰 H_2O。HF，H_2O 和 NH_3 等，氢键晶体的熔点和沸点比 CH_4 和 Ne 等分子晶体高得多。

表1-5是各种化学键的特征及其在晶体结构和晶体物理性质上的反映。

表1-5　化学键及其在晶体结构和物理性质上的反映

	离子键	共价键	金属键	分子键
键的特性	阴阳离子间静电引力，无方向性和无饱和性	原子间共用电子对，具方向性和饱和性	阳离子溶于电子云中，无方向性和无饱和性	分子间偶极引力，无方向性和无饱和性
晶体结构	高配位数，最紧密堆积	低配位数，非最紧密堆积	高配位数，最紧密堆积	非球型分子的最紧密堆积
物理性质	透明，玻璃光泽，不良导体，但熔体导电，一般膨胀系数小，高熔点，高硬度，但随离子电价和半径有一定变化范围	透明，玻璃-金刚光泽，电绝缘体，熔体也不导电，一般熔点高，硬度大，物性差异取决于原子的化合价和半径的大小	不透明，金属光泽，良导体，一般硬度低，有延展性	透明，玻璃-金刚光泽，熔点低，硬度小

1.3 典型晶体结构类型

1.3.1 典型无机化合物晶体的结构

晶体的结构与化学组成、质点的相对大小和极化性质有关，化学组成不同的晶体，可以有相同的结构类型，同一种化学组成，也可以出现不同的结构类型。

（1）AX 型晶体

① NaCl 型结构　氯化钠晶体，其化学式为 NaCl，晶体结构为立方晶系 Fm3m。NaCl 是一种立方面心格子，见图 1-8。$a_0 =$ 0.563nm。其中阴离子按立方最紧密方式堆积，阳离子充填于全部的八面体空隙中，阴、阳离子的配位数都为 6。若以 Z 表示单位晶胞中的"分子"数（即相当于单位晶胞中含 NaCl 的个数），在 NaCl 晶体中，$Z = 4$。

对于晶体结构的描述通常有三种方法，一是用坐标系的方法，给出单位晶胞中各个质点的空间坐标，就能清楚地了解晶体的结构。对于 NaCl 晶胞而言，分别标出 4 个 Cl^- 和 Na^+ 离子的坐标即可。其中 Cl^-：000，$\frac{1}{2}\frac{1}{2}0$，$\frac{1}{2}0\frac{1}{2}$，$0\frac{1}{2}\frac{1}{2}$；Na^+：$00\frac{1}{2}$，$\frac{1}{2}00$，$0\frac{1}{2}0$，$\frac{1}{2}\frac{1}{2}\frac{1}{2}$。这种方法描述晶体结构是最规范的。但有时为了比较直观地理解晶体结构，还可采用以下两种描述晶体结构的方法。

以球体紧密堆积的方法描述晶体结构。这对于金属晶体和一些离子晶体的结构描述很有用。金属原子往往按紧密堆积排列，离子晶体中的阴离子也常按紧密堆积排列，而阳离子处于空隙之中。例如 NaCl 晶体，可以用 Cl^- 离子按立方紧密堆积和 Na^+ 离子处于全部八面体空隙之中来描述。如果对球体紧密堆积方式比较熟悉，那么，用这种方法描述晶体结构就很直观。

以配位多面体及其连接方式描述晶体结构。对结构比较复杂的晶体，使用这种方法，是有利于认识和理解晶体结构的。例如，在硅酸盐晶体结构中，经常使用配位多面体和它们的连接方式来描述。而对于结构简单的晶体，这种方法并不一定感到很方便。如 NaCl 晶体结构中，Na^+ 离子的配位数是 6，构成 Na-Cl 八面体。NaCl 结构就是由 Na-Cl 八面体以共棱的方式相连而成，是离子晶体中很典型的一种结构。属于 NaCl 型结构的晶体很多。在这些晶体结构中，阳离子即处于 NaCl 结构中 Na^+ 离子的位置，而阴离子处于 Cl^- 的位置，所不同的是晶胞参数有别。

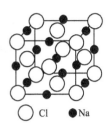

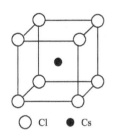

图 1-8 NaCl 晶体的结构   图 1-9 CsCl 晶体的结构

② CsCl 型结构 氯化铯晶体结构为立方晶系，Pm3m 空间群。$a_0 = 0.411nm$，$Z = 1$。CsCl 是立方原始格子，Cl^- 离子处于立方原始格子的八个角顶上，Cs^+ 位于立方体中心。Cs^+ 离子的配位数是 8，同样，Cl^- 离子的配位数也是 8，见图 1-9。用坐标表示单位晶胞中质点的位置时，只须写出一个 Cl^- 和一个 Cs^+ 离子的坐标即可，Cl^-：000，Cs^+：$\frac{1}{2}\frac{1}{2}\frac{1}{2}$。如果取单位晶胞时把坐标原点取在 Cs^+ 离子的位置，那么，离子坐标可写成 Cl^-：$\frac{1}{2}\frac{1}{2}\frac{1}{2}$，$Cs^+$：000；这和上面写法完全等效。属于 CsCl 结构的晶体有 Cs-Br，CsI，TlCl，NH_4Cl 等。

③ β-ZnS（闪锌矿）型结构 闪锌矿晶体结构为立方晶系，F$\overline{4}3m$ 空间群，$a_0 = 0.540nm$，$Z = 4$。ZnS 是立方面心格子，S^{2-} 离子位于立方面心的结点位置，而 Zn^{2+} 离子交错地分布于立方体内的 1/8 小立方体的中心。Zn^{2+} 离子的配位数是 4，S^{2-} 离子的配位数也是 4，图 1-10(a)。若把 S^{2-} 离子看成立方最紧密堆积，则 Zn^{2+} 离子充填于 1/2 的四面体空隙之中。ZnS 晶胞中质点的坐标

是 S^{2-}；000，$0\dfrac{1}{2}\dfrac{1}{2}$，$\dfrac{1}{2}0\dfrac{1}{2}$，$\dfrac{1}{2}\dfrac{1}{2}0$；$Zn^{2+}$：$\dfrac{1}{4}\dfrac{1}{4}\dfrac{3}{4}$，$\dfrac{1}{4}\dfrac{3}{4}\dfrac{1}{4}$，$\dfrac{3}{4}\dfrac{1}{4}\dfrac{1}{4}$，$\dfrac{3}{4}\dfrac{3}{4}\dfrac{3}{4}$。

图 1-10(b) 是 β-ZnS 结构的投影图，相当于图 1-10(a) 的俯视图。图中数字为标高。0 为晶胞的底面位置，50 为晶胞的 $\dfrac{1}{2}$ 标高，25 和 75 分别为 $\dfrac{1}{4}$ 和 $\dfrac{3}{4}$ 的标高。根据晶体结构中所具有的平移特性，0 和 100，25 和 125 等都是等效的。图 1-10(c) 则是按多面体连接方式表示的 β-ZnS 结构。它是由 Zn-S 四面体以共顶的方式相连而成。

属于闪锌矿结构的晶体有 β-SiC，GaAs、AlP、InSb 等。

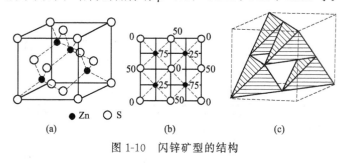

图 1-10　闪锌矿型的结构

④ α-ZnS（纤锌矿）型结构　纤锌矿晶体结构为立方晶系，$P6_3mc$ 空间群，晶胞参数为 $a_0 = 0.382nm$，$c_0 = 0.625nm$，$Z = 2$。六方 ZnS 晶胞中质点的坐标是 S^{2-}：000，$\dfrac{2}{3}\dfrac{1}{3}\dfrac{1}{2}$；$Zn^{2+}$：$00u$，$\dfrac{2}{3}\dfrac{1}{3}\left(u-\dfrac{1}{2}\right)$。其中 $u=0.875$。图 1-11 是六方 ZnS 的晶胞，Zn^{2+} 离子的配位数为 4，S^{2-} 离子的配位数也是 4。在纤锌矿结构中，S^{2-} 离子按六方紧密堆积排列，Zn^{2-} 离子充填于 1/2 的四面体空隙中。属于纤锌矿结构的晶体有 BeO，ZnO 和 AlN 等。

以上讨论了 AX 型二元化合物的几种晶体结构类型。从 CsCl、NaCl 和 ZnS 中阴、阳离子半径的比值看，r^+/r^- 是逐步下降的。

对于 CsCl 和 NaCl 而言，是较典型的离子晶体，离子的配位关系是符合于鲍林规则的。但是，在 ZnS 晶体结构中，已不完全是离子键，而是由离子键向共价键过渡。这是因为 Zn^{2+} 是铜型离子，最外层有 18 个电子，所以在 ZnS 晶体结构中，离子极化是很明显的，从而改变了阴、阳离子之间的距离和键的性质。这在 ZnO 的结构中也可以明显看到。按 ZnO 的 r^+/r^- 值，Zn^{2+} 离子的配位数应为 6，

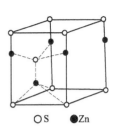

○ S　●Zn

图 1-11　纤锌矿
晶体结构

应属于 NaCl 型结构。而实际上 ZnO 是纤锌矿结构，Zn^{2+} 离子的配位数为 4。其原因是 ZnO 中的离子极化，使 r^+/r^- 值下降，从而导致配位数和键性的变化。

（2）AX_2 型晶体

① CaF_2（萤石）型结构　萤石晶体结构为立方晶系，Fm3m 空间群，$a_0 = 0.545nm$，$Z = 4$。从图 1-12（a）可以看出，Ca^{2+} 位于立方面心的结点位置上，F^- 则位于立方体内八个小立方体的中心。Ca^{2+} 的配位数为 8，而 F^- 的配位数是 4。CaF_2 晶胞中质点的坐标可表示为 Ca^{2+}：000，$\frac{1}{2}\frac{1}{2}0$，$\frac{1}{2}0\frac{1}{2}$，$0\frac{1}{2}\frac{1}{2}$；F^-：$\frac{1}{4}\frac{1}{4}\frac{1}{4}$，$\frac{3}{4}\frac{3}{4}\frac{1}{4}$，$\frac{3}{4}\frac{1}{4}\frac{3}{4}$，$\frac{1}{4}\frac{3}{4}\frac{3}{4}$，$\frac{3}{4}\frac{3}{4}\frac{3}{4}$，$\frac{1}{4}\frac{1}{4}\frac{3}{4}$，$\frac{1}{4}\frac{3}{4}\frac{1}{4}$，$\frac{3}{4}\frac{1}{4}\frac{1}{4}$。如果用紧密堆积排列方式考虑，可以看作由 Ca^{2+} 按立方紧密堆积排列，而 F^- 离子充填于全部四面体空隙之中。此外，图 1-12（c）还给出了 CaF_2 晶体结构以配位多面体相连的方式。图中立方体是 Ca-F 立方体，Ca^{2+} 离子位于立方体中心，F^- 离子位于立方体的角顶，立方体之间是以共棱关系相连。在 CaF_2 晶体结构中，由于以 Ca^{2+} 离子形成的紧密堆积中，全部八面体空隙都没有被充填，因此，在结构中，八个 F^- 离子之间就形成一个"空洞"，这些"空洞"为 F^- 离子的扩散提供了条件。所以，在萤石型结构之中，往往存在着负离子扩散的机制。

属于萤石型结构的晶体有 BaF_2，PbF_2，SnF_2，CeO_2，ThO_2，

UO$_2$ 等。低温型 ZrO$_2$（单斜晶系）的结构也类似于萤石型结构。其晶胞参数为 $a_0 = 0.517$nm，$b_0 = 0.523$nm，$c_0 = 0.534$nm，$\beta = 99°15'$。在 ZrO$_2$ 结构中 $r^+/r^- = 0.6087$，因此，Zr^{4+} 的配位数为 8 是不稳定的。实验证明，ZrO$_2$ 中 Zr^{4+} 的配位数为 7。因而，低温型 ZrO$_2$ 的结构，相当于是扭曲和变形的萤石结构。

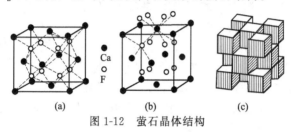

图 1-12　萤石晶体结构

此外，还存在着一种结构与萤石完全相同，只是阴、阳离子的位置完全互换的晶体，如 Li$_2$O、Na$_2$O、K$_2$O 等。其中 Li$^+$、Na$^+$、K$^+$ 离子占有萤石结构中 F$^-$ 的位置，而 O^{2-} 离子占 Ca^{2+} 的位置，这种结构称为反萤石结构。

② TiO$_2$（金红石）型结构　金红石结构为四方晶系，P4$_2$/mnm 空间群。$a_0 = 0.459$nm，$b_0 = 0.296$nm，$Z = 2$。金红石为四方原始格子，Ti^{4+} 离子位于四方原始格子的结点位置，体中心的 Ti^{4+} 离子不属于这个四方原始格子，而自成另一套四方原始格子，因为这两个 Ti^{4+} 离子的周围环境是不相同的，所以，不能成为一个四方体心格子（图 1-13），O^{2-} 离子在晶胞中处于一些特定位置上。晶胞中质点的坐标为 Ti^{4+}：000，$\frac{1}{2}\frac{1}{2}\frac{1}{2}$；O^{2-}：$uu0$，$(1-u)(1-u)0$，$\left(\frac{1}{2}+u\right)\left(\frac{1}{2}-u\right)\frac{1}{2}$，$\left(\frac{1}{2}-u\right)\left(\frac{1}{2}+u\right)\frac{1}{2}$。其中 $u = 0.31$。从图 1-13 中可以看出，Ti^{4+} 离子的配位数是 6，O^{2-} 的配位数是 3。如果以 Ti—O 八面体的排列看，金红石结构由 Ti—O 八面体以共棱的方式排成链状，晶胞中心的链和四角的 Ti—O 八面体链的排列方向相差 90°。链与链之间是 Ti—O 八面体以共顶相连（图 1-14）。此外，还可以把 O^{2-} 离子看成近似于六方紧密堆积，而 Ti^{4+} 离子

位于 1/2 的八面体空隙之中。

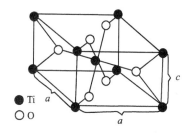

图 1-13　金红石晶体结构

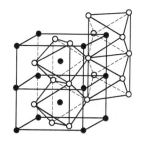

图 1-14　金红石晶体结构中
Ti—O 八面体链的排列

属于金红石型结构的晶体有 GeO_2，SnO_2，PbO_2，MnO_2，MoO_2，NbO_2，WO_2，CoO_2，MnF_2，MgF_2 等。

③ CdI_2（碘化镉）型结构
CdI_2 晶体结构属于三方晶系，$P\bar{3}m$ 空 间 群，$a_0 = 0.424nm$，$c_0 = 0.684nm$，$Z = 1$。晶胞中质 点 的 坐 标 为 Cd^{2+}；000；I^-：$\frac{2}{3}\frac{1}{3}u$，$\frac{1}{3}\frac{2}{3}\left(u - \frac{1}{2}\right)$，其中 $u = 0.75$（图 1-15）。CdI_2 晶体结构按单位晶胞看，Cd^{2+} 占有六方原始格子的结点位置，I^- 离子交叉分布于三个 Cd^{2+}

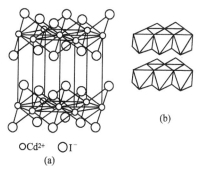

图 1-15　CdI_2 晶体结构（a）及
层状多面体连接方式（b）

离子的三角形中心的上、下方。Cd^{2+} 的配位数是 6；上下各三个 I^- 离子。I^- 离子的配位数是 3，三个 Cd^{2+} 离子处于同一边。因此，CdI_2 结构相当于两层 I^- 离子中间夹一层 Cd^{2+} 离子。如果以这三层作为一个单位，那么，三层与三层之间是由范德华力相连。这是一种较典型的层状结构，层之间的范德华力较弱，而呈现出平行于（0001）的解理；层内则由于极化作用，Cd—I 之间是具有离子键性质的共价键，键力较强。CdI_2 型结构的晶体有 Ca（OH）$_2$，

$Mg(OH)_2$，CaI_2，MgI_2 等。

（3）A_2X_3 型晶体　α-Al_2O_3，（刚玉）型结构：刚玉晶体结构属三方晶系，$R\bar{3}c$ 空间群，$a_0 = 0.514nm$，$\alpha = 55°17'$，$Z = 2$（图

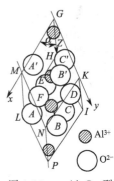

1-16）。如果用六方大晶胞表示，则 $a_0 = 0.475nm$，$c_0 = 1.297nm$，$Z = 6$。α-Al_2O_3 的结构可以看成 O^{2-} 离子按六方紧密堆积排列，即 ABAB……二层重复型，而 Al^{3+} 填充于 2/3 的八面体空隙，使化学式成为 Al_2O_3。由于只充填了 2/3 的空隙，因此，Al^{3+} 离子的分布必须有一定的规律，其原则就是在同一层和层与层之间，Al^{3+} 离子之间的距离应保持最远，这是符合于鲍林规则的。否则，由于 Al^{3+} 离子位置的分布不当，出现过多的 Al-O 八面体共面的情况，将对结构的稳定性

图 1-16　α-Al_2O_3 型晶体结构

不利。图 1-17 给出了 Al^{3+} 离子分布的三种形式。Al^{3+} 离子在 O^{2-} 离子的八面体空隙中，只有按 Al_D，Al_E，Al_F 这样的次序排列才满足 Al^{3+} 离子之间的距离最远的条件。现在，按 O^{2-} 离子紧密堆积和 Al^{3+} 离子排列的次序来看，在六方晶胞中应该排几层才能重复。设按六方紧密堆积排列的 O^{2-} 离子分别为 O_A（表示第一层），O_B（表示第二层），则 α-Al_2O_3 中氧与铝的排列次序可写成：

$$O_A Al_D O_B Al_E O_A Al_F O_B Al_D O_A Al_E O_B Al_F O_A Al_D$$

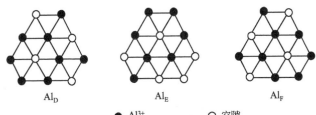

Al_D　　　　Al_E　　　　Al_F

● Al^{3+}　　　○ 空隙

图 1-17　α-Al_2O_3 中 Al^{3+} 的三种不同排列方式

从排列次序看，只有当排列第十三层时才出现重复。

属于刚玉型结构的有 α-Fe_2O_3，Cr_2O_3，Ti_2O_3，V_2O_3 等。

此外，$FeTiO_3$，$MgTiO_3$ 也是具有刚玉结构，只是刚玉结构中的两个铝离子，分别被一个铁和一个钛离子所代替（$FeTiO_3$）。

（4）ABO_3 型晶体　$CaTiO_3$（钙钛矿）型结构：钙钛矿结构的通式为 ABO_3，其中 A 代表二价金属离子，B 代表四价金属离子。它是一种复合氧化物结构，这种结构也可以是 A 为一价金属离子，而 B 为五价金属离子。现以 $CaTiO_3$ 为例讨论其结构。

$CaTiO_3$ 在高温时为立方晶系，$Pm3m$ 空间群，$a_0 = 0.385nm$，$Z=1$。600℃以下为正交晶系，$PCmm$ 空间群，$a_0 = 0.537nm$，$b_0 = 0.764nm$，$c_0 = 0.544nm$，$Z=4$。图 1-18 和图 1-19 列出了 $CaTiO_3$ 的结构。从图 1-18 中可看出，Ca^{2+} 离子占有立方面心的角顶位置，O^{2-} 离子则占有立方面心的面心位置。因此，$CaTiO_3$ 结构可看成由 O^{2-} 和半径较大的 Ca^{2+} 离子共同组成立方紧密堆积，Ti^{4+} 离子充填于 1/4 的八面体空隙之中。图中 Ti^{4+} 离子位于立方体的中心，Ti^{4+} 离子的配位数为 6，Ca^{2+} 离子的配位数为 12（图 1-19）。

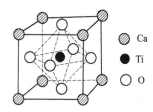

图 1-18　$CaTiO_3$ 晶体结构

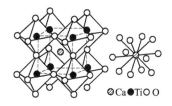

图 1-19　$CaTiO_3$ 晶体结构中配位多面体的连接和 Ca^{2+} 配位数为 12 的情况

若以 r_A 代表 ABO_3 型结构中离子半径较大的 A 离子半径，r_B 代表离子半径较小的 B 离子半径。r_O 代表氧离子半径，在钙钛矿结构中，这三种离子半径之间存在如下的几何关系：

$$r_A + r_B = \sqrt{2}(r_B + r_O)$$

但经实际晶体的测定发现，A、B 离子的半径都可以有一定范围的波动。只要满足下式即可。

$$r_A + r_B = t\sqrt{2}(r_B + r_O)$$

其中 t 为容差因子，其值为 $0.77 \sim 1.10$，由于钙钛矿结构中存在这个容差因子，加上 A、B 离子的价数不一定局限于二价和四价，因此，钙钛矿结构所包含的晶体种类十分丰富，表 1-6 列出一些属于钙钛矿型结构的主要晶体。

表 1-6　钙钛矿型结构晶体举例

氧化物 (1+5)	氧化物 (2+4)			氧化物 (3+3)	氟化物 (1+2)
$NaNbO_3$	$CaTiO_3$	$SrZrO_3$	$CaCeO_3$	$YAlO_3$	$KMgF_3$
$KNbO_3$	$SrTiO_3$	$BaZrO_3$	$BaCeO_3$	$LaAlO_3$	$KNiF_3$
$NaWO_3$	$BaTiO_3$	$PbZrO_3$	$PbCeO_3$	$LaCrO_3$	$KZnF_3$
	$PbTiO_3$	$CaSnO_3$	$BaPrO_3$	$LaMnO_3$	
	$CaZrO_3$	$BaSnO_3$	$BaHfO_3$	$LaFeO_3$	

钙钛矿型结构在高温时属于立方晶系，在降温时，通过某个特定温度后将产生结构的畸变使立方晶格的对称性下降。如果在一个轴向发生畸变（c 轴略伸长或缩短），就由立方晶系变为四方晶系；如果在两个轴向发生畸变，就变为正交晶系；若不在轴向而是在体对角线 [111] 方向发生畸变，就成为三方晶系菱面体格子。这三种畸变在不同组成的钙钛矿结构中都可能存在。由于这种畸变，使一些钙钛矿结构的晶体产生自发偶极矩，成为铁电和反铁电体。从而具有介电和压电性能，并得到了广泛的应用。

（5）AB_2O_4 型晶体　$MgAl_2O_4$（尖晶石）型结构：尖晶石晶体结构属于立方晶系，Fd3m 空间群。$a_0 = 0.808nm$，$Z = 8$。图 1-20 给出了尖晶石型晶体结构的晶胞。其中氧离子可看成是按立方紧密堆积排列。二价阳离子 A 充填于 1/8 的四面体空隙中，三价阳离子 B 充填于 1/2 的八面体空隙中，图 1-21 是单位晶胞中配位多面体的连接方式。其中八面体之间是共棱相连，八面体与四面体之间是共顶相连。若图中 A 为 Mg^{2+} 离子，B 为 Al^{3+} 离子，图 1-20 即为镁铝尖晶石结构。对于这种二价阳离子分布在 1/8 四面体空隙中，三价阳离子分布在 1/2 八面体空隙的尖晶石，称为正型尖晶石。如果二价阳离子分布在八面体空隙中，而三价阳离子一半在四面体空隙中，另一半在八面体空隙中的尖晶石，称为反型尖晶石。例如 $MgFeO_4$（镁铁尖晶石），其中 Mg^{2+} 离子不在四面体中，而在八面体空隙中，Fe^{3+} 离子一半在四面体，一半在八面体空隙中。究竟哪些尖晶石是正型，哪些是反型，这主要从晶体场理论来解释，即决定于 A、B 离子的八面体择位能的大小。若 A 离子的八面体择位能小于 B 离子的八面体择位能，则生成正型尖晶石，反之为反型尖晶石结构。

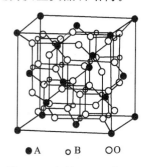

●A   ○B   ○○O

图 1-20　尖晶石型晶体结构

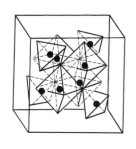

图 1-21　尖晶石型晶体结构中
多面体连接方式

　　在尖晶石结构中，一般 A 离子为二价，B 离子为三价，但这并非是尖晶石型结构的决定条件。也可以有 A 离子为四价，B 离子为二价的结构。主要应满足 AB_2O_4 通式中 A、B 离子的总价数为 8。尖晶石型结构所包含的晶体有一百多种，其中用途最广的是铁氧体磁性材料。

　　（6）金刚石结构　金刚石的化学式为 C，晶体结构为立方晶系，Fd3m，$a_0 = 0.356nm$。从图 1-22 中可以看出，金刚石结构是立方面心格子。碳原子位于立方面心的所有结点位置和交替分布在立方体内的四个小立方体的中心。每个碳原子周围都有四个碳，碳原子之间形成共价键。

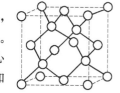

图 1-22　金刚石
晶体结构

　　金刚石中几乎都有 Si、Al、Ca、Mg、Mn 等杂质元素。还常发现有 Na、B、Fe、Ti 等杂质。除了天然产出的金刚石外，可以在高温高压下用石墨合成金刚石。

金刚石是目前所知的硬度最高的材料。纯净的金刚石具有极好的导热性。金刚石还具有半导体性能。因而金刚石可作为高硬切割材料和磨料以及钻井用钻头、集成电路中散热片和高温半导体材料。与金刚石结构相同的有硅、锗、灰锡（α-Sn），以及人工合成的立方氮化硼（BN）等。

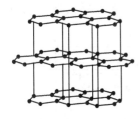

图 1-23　石墨晶体结构

（7）石墨结构　石墨的化学式也为 C，晶体结构为立方晶系，$P6_3/mmc$ 空间群，$a_0 = 0.146nm$，$c_0 = 0.670nm$。石墨结构表现为碳原子成层状排列。每一层中碳原子成六方环状排列（图 1-23），每个碳原子与三个相邻的碳原子之间的距离相等，都为 0.142nm。但是，层与层之间碳原子的距离为 0.335nm。石墨的这种结构，表现为同一层内的碳原子之间是共价键，而层之间的碳原子则以分子键相连。C 原子的四个外层电子，在层内形成三个共价键，多余的一个电子可以在层内部移动，类似于金属中的自由电子。因而，在平行于碳原子层的方向具有良好的导电性。石墨硬度低，易加工，熔点高，有润滑感，导电性能良好。可以用于制作高温坩埚、发热体和电极，机械工业上可做润滑剂等。人工合成的六方氮化硼和石墨结构相同。

金刚石和石墨的化学组成是相同的，但它们在结构上却有很大差别。这是由于它们在形成晶体时的热力学条件不同所造成的。金刚石是碳在高压高温下结晶而成，而石墨仅在高温下形成。因此，我们把化学组成相同的物质，在不同的热力学条件下结晶成结构不同的晶体的现象，称为同质多晶现象。

1.3.2　典型金属结构

面心立方（fcc）是一种密堆积结构，原子占据立方体顶点和各面心位置，密排面为 {111} 面。每个原子有 12 个最近邻原子。按刚球堆积模型可以从几何关系计算出原子的直径 $D = \sqrt{2}/2a$，a 是点阵参数，原子的体积占有率为 74.05%。面心立方中的间隙位置可分成八面体间隙和四面体间隙两类，它们在晶胞中的位置如图 1-24 所示。八面体间隙的体积大于四面体间隙。八面体间隙可以

容纳直径 $d = 0.414D$ 的间隙原子，而四面体间隙只能容纳 $d = 0.225D$ 的间隙原子。

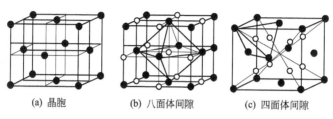

(a) 晶胞   (b) 八面体间隙   (c) 四面体间隙

图 1-24　面心立方结构

另一种密堆结构是密堆六方结构（hcp），它与面心立方的主要差别在于堆积方式，晶胞如图 1-25 所示。为了表示晶体的对称性，习惯上画一个体积为三个单胞大小的六方柱，图中粗线部分为密堆六方结构的一个单胞。

面心立方可看作（111）面在 [111] 方向以 ABCABC…… 方式堆积而成。A、B、C 指原子所在位置，而密堆六方结构是密排面以 ABABAB…… 方式堆积而成。密堆六方结构中的密排面是（0001）面。如果密堆六方结构按理想方式作最密堆积，从原子排列的几何关系可以算出其轴

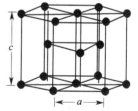

图 1-25　密堆六角结构

比 $c/a = 1.633$。密堆六方结构的配位数、八面体间隙和四面体间隙的大小、原子的体积占有率等都与面心立方相同。

实际上，密堆六方金属的轴比大多不等于理想值 1.633。轴比 $c/a > 1.633$ 时，则层间结合较弱，$c/a < 1.633$ 时，层间结合较强。锌、镉等的轴比大于 1.633，（0001）面上原子之间有某种程度的共价结合，原子的电子云是畸变了的球形。

体心立方（bcc）的密堆程度比面心立方、密堆六方结构稍低。体心立方的配位数为 8，比 fcc 和 hcp 低。最密排面为 {110} 面，从密排面上原子的排列计算出原子直径 $D = 0.866a$，原子的空间占有率为 68.02%，也稍低于 fcc 和 hcp。尽管如此，体心立方结构的稳定性仍然很高，一些单质金属，如碱金属的稳定性甚至比面心

立方、密堆六方结构还高。体心立方的八面体间隙可以容纳间隙原子的直径为 $0.154D$；四面体间隙可以容纳的间隙原子直径为 $0.291D$，比八面体间隙大。尽管四面体间隙位置比八面体间隙大，但当直径大于 $0.291D$ 的原子加入到间隙位置时，往往是占据八面体间隙位置而不是空隙较大的四面体间隙。如 α-Fe 中的碳就是这样。其原因是直径较大的原子加入到四面体间隙时，将引起周围四个原子都发生位移，而加入到八面体间隙时，只引起平行于立方体棱的两个原子位移。

表 1-7 列出了三种典型金属晶体的最近邻、次近邻、间隙位置等几何学特征。

表 1-7　三种典型金属晶体的几何学特征

结构	点阵参数		最近邻		次近邻		原子的空间占有率	间隙原子半径	
	a	c	原子数	间距	原子数	间距		八面体	四面体
面心立方	a		12	$\sqrt{2}/2a$	6	a	74%	$0.414R$	$0.225R$
体心立方	a		8	$\sqrt{3}/2a$	6	a	68%	$0.154R$	$0.291R$
理想密堆六方	a	$\sqrt{8/3}a$	12	a	6	$\sqrt{2}a$	74%	$0.414R$	$0.225R$

注：R 是金属原子半径

1.3.3　晶体结构模型

根据晶体结构中最强的化学键在空间的分布和原子或配位多面体联结形式可将晶体结构作如下的分类。

（1）配位基型　晶格中只有一种化学键存在，它可以是离子键、共价键或金属键。键在三度空间作均匀分布。配位多面体以共用面、棱或角顶联结，同一角顶所联结的多面体不少于三个。

（2）架状基型　最强的键也在三度空间作均匀分布，但配位多面体主要是共角顶，同一角顶联结的配位多面体不超过两个，这是使结构开阔的一个原因。在结构的空隙中有时有水分子或附加离子的充填。组成架状基型的配位多面体经常是四面体（如 SiO_4、

PO_4、BO_4、AlO_4、BeO_4 和 MgO_4），或八面体（如 MoO_6、WO_6、AlF_6）。

（3）岛状基型 结构中存在着原子团（岛），在团内原子联结的键的强度远大于团外的联结，这些原子团是可以单一的，它们可呈线状（如 S_2、AsS、SbS）、三角形（BO_3、CO_3、NO_3）、锥状（SeO_3、TeO_3、IO_3）、四面体（SiO_4、PO_4、CrO_4、BF_4）或八面体（Ti_6、ZrO_6、SiF_6、AlF_6）等。原子团也可以由两个配位多面体如［Si_2O_7］双四面体、［B_2O_5］三角体等，或更多的配位多面体如 S_8 环、［SiO_4］四面体组成的三方环［Si_3O_9］、四方环［Si_4O_{12}］、六方环［Si_6O_{18}］等所组成。

（4）链状基型 最强的键趋向于单向分布。原子或配位多面体联结成链，链间以分子键或低价原子相联结。链又可分为单链如［Se］$_n^0$、［BO_2］$_n^{n-}$、［SiO_3］$_n^{2n}$ 或双链如［Sb_4O_6］$_n^0$、［Si_4O_{11}］$_n^{6n-}$ 等。

（5）层状基型 最强键两向分布，原子或多面体联结成单向网层，层间由分子键或其它弱键相联结。

1.3.4 晶体结构变异

（1）类质同像 晶体的化学成分在一定的范围内是可以变化的，主要原因有，一种是晶体结构中质点的取代，即类质同像；另一种是外来物的机械混入的包体。

类质同像是指在晶体结构中部分质点为其他质点所代换，晶格常数变化不大，晶体结构保持不变的现象。

如果相互代换的质点可以成任意的比例，称为完全的类质同像。它们可以形成一个成分连续变化的类质同像，如 $FeCO_3$（菱铁矿）-$(FeMg)CO_3$-$MgCO_3$（菱镁矿），$FeCO_3$ 和 $MgCO_3$ 称为这一系列的端元。

如果相互的代换只局限于一个有限的范围内，则称为不完全类质同像，如闪锌矿 ZnS 中，Fe^{2+} 代换 Zn^{2+} 局限于一定的范围。在类质同像代换中，常把次要的成分称为类质同像混入物。

当相互代换的质点电价相同时称为等价的类质同像；如果相互代换的质点电价不同，则称为异价的类质同像，必须有电价补偿，以维持电价的平衡，如 Al^{3+} 代 Si^{4+} 的同时伴随着 CO^{2+} 代 Na^+ 等。

类质同像的形成，必须具备下列条件。

① 质点大小相近　相互代替的原子（离子）有近似的半径。如以 r_1 和 r_2 表示相互代换的原子（离子）半径。根据经验数据：$\dfrac{r_1-r_2}{r_2}<15\%$，为完全的类质同像；$\dfrac{r_1-r_2}{r_2}$ 为 $15\%\sim25\%$ 时，一般为有限的代换，在高温的条件下完全类质同像；$\dfrac{r_1-r_2}{r_2}$ 为 $25\%\sim40\%$ 时，在高温条件下形成有限的代换，低温条件下不能形成类质同像。

还应指出，配位数对类质同像代换的影响，如 Al^{3+} 与 O^{2-} 半径之比近于四面体和八面体配位的临界值，而 Si^{4+} 与 O^{2-} 半径之比则大大低于此值，因此，硅酸盐 Al^{3+} 可以置换四面体中的 Si^{4+}，而 Si^{4+} 则不能置换八面体配位中的 Al^{3+}。

在元素周期表中，从左上方到右下方的对角线方向上，元素的阳离子半径相近，一般右下方的高价元素易置换左上方的低价元素，从而形成异价类质同像的对角线法则（表 1-8，单位是 Å，$1Å=0.1nm$）。

表 1-8　异价类质同像置换的对角线法则

Li 0.82						
Na 1.10	Mg 0.80	Al 0.61				
K 1.46	Ca 1.68	Sc 0.83	Ti 0.69			
Rb 1.57	Sr 1.21	Y 0.98	Zr 0.80	Nb 0.72	Mo 0.68	
Cs 1.78	Ba 1.44	TR 1.13~0.94	Hf 0.79	Ta 0.72	W 0.68	Re 0.65

② 电价总和平衡　在离子化合物中，类质同像代换前后，离子电价总和应保持平衡。电价不平衡将引起晶体结构的破坏。对于异价类质同像，电价的补偿可通过下列方式：一是电价较高的阳离子被数量较多的低价阳离子代换，或相反。前者如在云母中

$3Mg^{2+}$ 代换 $2Al^{3+}$；后者如磁黄铁矿中 $2Fe^{3+}$ 代换 $3Fe^{2+}$，此时在晶体结构中某些 Fe^{2+} 的位置将被空着（缺席结构）。二是高价阳离子代换低价阳离子的同时，另有低价阳离子代换高价阳离子，即离子成对的代换以求得电价的补偿。如斜长石中 Na^+、Si^{4+} 置换 Ca^{2+}、Al^{3+}。三是高价阳离子置换低价阳离子伴随着高价阴离子代换低价阴离子。如磷灰石中 Ce^{3+} 代换 Ca^{2+} 伴随着 O^{2-} 代换 F^-。四是低价阳离子代换高价阳离子，所亏损的电价由附加阳离子来补偿。如绿柱石中 Li^+ 代换 Be^{2+}，所亏损的正电荷由附加阳离子 Cs^+ 来补偿。

③ 相似的化学键性 类质同像的置换受到化学键性的限制。键性与离子外层电子壳的构型有关。离子类型不同，极化力强弱各异，惰性气体型离子易形成离子键，而铜型离子趋向于共价结合。这两种不同类型的离子之间，不易形成类质同像代换。如 Ca^{2+} 和 Hg^{2+}，在六次配位中半径分别为 $0.108nm$ 和 $0.110nm$，非常相近，但因离子类型不同所形成的键性各异，所以它们之间不产生类质同像代换。硅酸盐矿物中不易发现铜、汞等元素，相反，在铜和汞等元素的硫化物中也不易发现钠、钙等元素。配位多面体的形状有时也影响类质同像的代换，如辉钼矿 MoS_2、辰砂 HgS、辉铜矿 CuS_2 和雌黄 As_2S_3 等中只允许很少种元素的类质同像代换。

④ 热力学条件 除决定类质同像的内因外，还要考虑外部条件的影响。

温度升高类质同像代换的程度增大，温度下降则类质同像代换减弱。如高温下磁铁矿 $FeFe_2O_4$-钛铁矿 $FeTiO_3$、钠长石 $NaSi_3AlO_8$-钾长石 $KAlSi_3O_8$ 形成固溶体，而低温下发生分解。压力的增大，有时会限制类质同像代换的范围，并促使固溶体分解。

组分的浓度对类质同像也会产生影响。如在磷灰石的形成过程中，若 P_2O_5 浓度很大而钙量不足时，则锶、铈族等元素可以占据钙的位置，从而使磷灰石中可以聚集相当大量的稀有分散元素。

等价类质同像主要分以下几类。

a. 一价元素 Li^+ 与 Na^+ 代换不完全，如在锂辉石中 Na^+ 代 Li^+ 可达 8%。Na^+ 与 K^+ 的代换常见，如钾长石与钠长石在熔融点为连续系列，温度下降发生离溶。Rb^+ 在钾微斜长石和云母中可以代换 K^+。Cs^+ 在云母和光卤石中可以代换 K^+，钾长石中 Cs_2O 可达 0.3%（质量分数）；铯榴石中 K_2O 可达 0.8%（质量分数）。

b. 二价元素 Mg^{2+}、Fe^{2+}、Mn^{2+} 之间的类质同像甚为广泛。Mg^{2+} 与 Fe^{2+} 在辉石、角闪石和石榴石中，可以形成 Fe-Mg 连续类质同像系列。Fe^{2+} 与 Mn^{2+} 在锰橄榄石、石榴石中为连续系列。Mn^{2+}、Mg^{2+} 之间的代换是不完全的。Mg^{2+} 与 Ca^{2+} 的代换不完全，在方解石中 Mg^{2+} 代 Ca^{2+} 达 22%。但是，更为常见的是 Mg^{2+} 和 Ca^{2+} 不形成类质同像而形成复化合物，如白云石、透辉石、透闪石等。Fe^{2+} 与 Ca^{2+} 的代换不完全，在方解石中 Fe^{2+} 代换 Ca^{2+} 可达 18%，在石榴石中 Fe-Ca 为不完全系列。Mn^{2+} 与 Ca^{2+} 的代换常不完全。如在碳酸盐、硅灰石-蔷薇辉石、石榴石中皆为不完全的类质同像。Sr^{2+} 与 Ba^{2+} 的代换见于重晶石、天青石，在碳锶石-毒重石中有巨大间断的不完全系列。Zn^{2+} 与 Mg^{2+}、Fe^{2+} 的有限代换见于碳酸盐、硫酸盐。

c. 三价元素 在高温条件下，Cr^{3+}、Fe^{3+}、V^{3+} 成类质同像。Fe^{3+} 和 Al^{3+} 在石榴石中为连续系列，在绿帘石中 F^{3+} 可达 40%，在正长石中 Fe^{3+} 代换 Al^{3+} 可达 10%。稀土元素的类质同像常分为两组：钇组稀土（配位数为 6 时在 0.094～0.102nm 之间）和铈组稀土（配位数为 6 时半径在 0.103～0.113nm 之间）。稀土元素的离子电价相同，外层电子结构相同，半径相近，因而在矿物中可互相代换。在钪钇石中，Y^{3+} 代 Sc^{3+} 可达 17%。

d. 四价元素 Zr^{4+} 与 Hf^{4+} 经常呈类质同像，如锆石和其他含锆硅酸盐。Zr^{4+} 与 Th^{4+} 亦可成类质同像，但 Zr^{4+} 与 Th^{4+} 的代换极为有限。Ge^{4+} 在硅酸盐中可以代换 Si^{4+}。

e. 五价元素 Nb^{5+} 和 Ta^{5+} 在各种铌钽复杂氧化物中的相互代换是非常常见的，可以形成连续系列。

f. 六价元素 Mo^{6+} 代换 W^{6+} 出现在白钨矿（Mo^{6+} 代换 W^{6+} 达 40%）、黑钨矿中，钼铅矿中 W^{6+} 代换 Mo^{6+} 可达 50%。

以离子晶体类质同像为例，K^+ 与 Ba^{2+}，以 $K^+ + Si^{4+} \rightarrow Ba^{2+} + Al^{3+}$ 的代换方式在长石中形成代换系列；$2K^+ \rightarrow Ba^{2+}$ 的不完全代换见于沸石中。在阳起石、蓝闪石中的 $Na^+ + Al^{3+} \rightarrow Ca^{2+} + Mg^{2+}$，在角闪石中 $Na^+ + Fe^{3+} \rightarrow Ca^{2+} + Mg^{2+}$ 的代换是有限的；在沸石中有 $2Na \rightarrow Ca$ 的代换。Li^+ 和 Fe^{2+}，以 $Li^+ + Al^{3+} \rightarrow 2Fe^{2+}$ 的代换方式在云母中形成连续系列。稀土元素的三价离子常置换 Ca^{2+}。Y^{3+} 和 Zr^{4+} 的代换以 $Y^{3+} + P^{5+} \rightarrow Zr^{4+} + Si^{4+}$ 见于磷钇矿（Zr 代 Y 达 3%）；在锆石中 Y 代 Zr 可达 15%。Mg^{2+}（Fe^{2+}）与 Al^{3+} 的代换，还有 $Mg^{2+} + Si^{4+} \rightarrow 2Al^{3+}$ 在普通辉石、普通角闪石中为不完全系列，$3Mg^{2+} \rightarrow 2Al^{3+}$ 在云母中系列有间断。Al^{3+} 与 Si^{4+} 的代换，还有 $Si^{4+} \rightarrow Na^+ + Al^{3+}$（普通角闪石、霞石中为不完全代换）等。$Nb^{5+}$、$Ta^{5+}$ 和 Ti^{4+} 的代换是经常的，如 $3Ti^{4+} \rightarrow 2Nb^{5+} + Fe^{2+}$。

下面再对以共价键、金属键为主的矿物晶体中的类质同像举例。

铂族元素铑、钌、钯、锇、铱、铂半径近似，它们的类质同像颇为广泛。铁、铜、镍、锌、铼等亦常可以类质同像混入物代换铂族元素。金与银有相似的原子半径、化学性质和晶体结构，常形成完全类质同像。在硫化物和硒化物、碲化物中的类质同像比较复杂。铜和银（黝铜矿中银代铜达 34%，砷硫银矿中铜代银达 36%）、锌和镉（硫镉矿中锌代镉达 58%，闪锌矿中镉代锌达 3.5%）之间形成广泛的类质同像。另外，铜和金、锌、汞之原子半径相近，亦可形成有限的类质同像。在碲化物中，金和银之间表现广泛的类质同像，如碲金银矿。闪锌矿中类质同像混入物的元素多至十几种（铁、镉、锰、汞、镓、锗、铟以及较少的铊、硒、碲等）。某些混入物的出现与温度有关，如锗见于低温浅色闪锌矿，而铟则见于较高温度下生成的深色闪锌矿。高温时，ZnS 和 FeS 可形成类质同像，这是因为温度升高时 Fe^{2+} 和 Mn^{2+} 的配位数将降至 4，因而可以代换锌。当温度降低时，Fe^{2+} 的配位数将增大为

6，则固溶体发生分解。

Fe^{2+}和Ni^{2+}的代换如黄铁矿（镍含量达 20％）、方硫镍矿（铁含量达 16％）。Co^{3+}和Ni^{3+}的完全类质同像系列见于方钴矿中。As^{3+}和Sb^{3+}在黝铜矿中形成完全的连续系列，在硫锑铜银矿中砷代锑达 55％。Sb^{3+}和Bi^{3+}的类质同像，在辉锑矿中 Sb 代 Bi 达 17％，在辉铋锑矿中达 50％，在锑硫镍矿中铋代锑达 12％。Ge^{4+}和Sn^{4+}在硫银锗矿中形成连续代换系列。铼是一种典型的分散元素，但 Re^{4+} 和 Mo^{4+} 的半径相近，化学性质相似，因而铼常代换钼，实际上，铼主要集中于辉钼矿中，其集中程度可达 $0.05 \sim 1.00 \mathrm{g}/1000 \mathrm{kg}$。

阴离子和络阴离子的类质同像代换也有等价和异价、完全和不完全之分，有时阴离子的代换与阳离子的代换平行地进行，如独居石的化学式可写成 $(Ce, La, Th, Ca, Y \cdots)[(PO_4), (SiO_4), (SO_4)]$。

一些阴离子团的形状、大小相似，其中的一些能形成类质同像代替：O^{2-}，F^-，OH^-；S^{2-}，Se^{2-}，Br^-，Cl^-，I^-；$[NO]^-$，$[CO_3]^{2-}$，$[BO_3]^{3-}$；$[ClO_3]^-$，$[B_2O_3]^-$；$[MnO_4]^-$，$[ClO_4]^-$，$[SO_4]^{2-}$，$[SeO_3]^{2-}$，部分的 $[CrO_4]^{2-}$；$[SeO_4]^{2-}$，$[CrO_4]^{2-}$，$[VO_4]^{2-}$，$[AsO_4]^{2-}$，$[PO_4]^{3-}$，$[SiO_4]^{4-}$；$[GeO_4]^{4-}$，$[MoO_4]^{2-}$，$[WO_4]^{2-}$，$[IO_4]^-$，$[MoO_4]^-$。

一定的物理化学条件下类质同像的形成相对稳定，当条件改变就变得不稳定，甚至于发生分解。类质同像混合物分解的主要因素有温度、压力和氧化还原等。

温度升高和压力减小有利于形成类质同像；反之，温度下降和压力增大促使固溶体分解。黄铜矿 $CuFeS_2$-方黄铜矿 $CuFe_2S_3$，镍黄铁矿（$Fe、Ni$）$_9S_8$-磁黄铁矿 $Fe_{1-x}S$，黝锡铁矿 Cu_2FeSnS_4-黄铜矿 $CuFeS_2$，磁铁矿 $FeFe_2O_4$-钛铁矿 $FeTiO_3$，钾长石 $KAlSi_3O_8$-钠长石 $NaAlSi_3O_8$ 等都是温度下降后固溶体分解的实例。固溶体分解时被分离出的物相受晶体结构的控制，因此常在主晶体中成定向排列。

若固溶体中类质同像混入是变价元素，当氧化电位增高时，该元素将从低价状态变为高价状态。同时，阳离子半径减小，因而原矿物晶格发生破坏，类质同像混入物就从主晶体中析出。例如，铁、锰在内生成矿作用中主要呈二价，彼此可成类质同像代换，但在外生条件下，则被氧化为高价（Fe^{3+}、Mn^{4+}），因而从晶格中析离。它们可形成独立矿物，在有利条件下还可以形成矿床。同样，铬、钒在内生造矿作用中主要呈三价离子，与 Fe^{3+}、Ti^{3+} 相互代换，但在外生条件下转变为高价离子（Cr^{6+}，V^{5+}），因而与铁、锰、钛分离，然后再与氧结合成络离子（$[CrO_4]^{2-}$、$[VO_4]^{3-}$）并形成铬酸盐与钒酸盐矿物。类似的实例还有镍与钴、铁与镁、铀等。许多矿物氧化时，不但元素的电价发生改变，而且使元素之间从共价结合转变为离子结合，从而导致类质同像混入物从主晶体中分离出来；黝铜矿、闪锌矿氧化时许多类质同像混入物的分离就可以这样来解释。

类质同像混入物的分解常常能造成某些元素的集中。例如，超基性岩矿物中的类质同像混入物氧化和分离的结果有时可形成铁、锰和镍的次生矿床。了解类质同像分解也有助于分析矿床氧化带和原生矿床的关系，从而进一步寻找原生矿床。

类质同像是矿物中一个极为普遍的现象，它是引起矿物化学成分变化的一个主要原因。地壳中，有许多元素本身很少或根本不形成独立矿物，而主要是以类质同像混入物的形式存于一定的矿物的晶格中。例如，铼经常存在于辉钼矿中，镉、铟、镓经常存在于闪锌矿中。类质同像代换所引起的矿物的化学成分的规律变化，必然相应地会导致矿物相应的物理性质如颜色、光泽、条痕、折射率、密度、硬度、熔点等的规律变化。根据矿物物性的测定还可以系统地研究这些规律变化的相互关系，从而确定矿物组分的变化。

（2）型变（晶变）现象　类质同像的代换只引起晶格常数不大的变化，而晶格结构并不破坏。但类质同像只能在一定条件下产生，超越这些条件的范围将引起晶体结构的改变（型变）而获得新物质。

在化学式属于同一类型的化合物中，随着化学成分的规律变化，引起晶体结构型式的明显而有规律的变化的现象称为型变现象。晶体结构单位的半径和极化性质的巨大差别是引起型变的主要原因。

以二价金属的无水碳酸盐矿物为例。离子半径小于 0.1nm 的二价阳离子 Mg^{2+}、Co^{2+}、Zn^{2+}、Fe^{2+} 和 Mn^{2+} 分别形成方解石族的菱镁矿、菱钴矿、菱锌矿、菱铁矿和菱锰矿，它们都具有属于三方晶系的方解石（$CaCO_3$）型结构（配位数为 6）。随着阳离子半径的改变，它们所形成的晶体的菱面体 $\{10\bar{1}1\}$ 的面角稍有变化。但离子半径大于 0.1nm 的二价阳离子 Sr^{2+}、Ba^{2+}、Pb^{2+} 则分别形成属于斜方晶系的文石（$CaCO_3$）型结构（配位数为 9），随着离子半径的改变，它们所形成的斜方柱面也稍有变化。而离子半径近于 0.1nm 的二价阳离子 Ca^{2+} 则在不同的条件下，分别可以形成三方晶系的方解石和斜方晶系的文石。

类质同像和型变现象体现了事物由量变到质变的规律。型变现象的研究有助于阐明许多晶体结构之间的关系，并把它们系统化起来。

（3）同质多像 同种化学成分的物质，在不同的物理化学条件（温度、压力、介质）下，可以形成不同结构的晶体，这种现象称为同质多像。这些结构不同的晶体称为该种成分的同质多像变体。

例如，金刚石、石墨和富勒烯 C_{60} 就是碳的三种同质多像变体。每一种变体都有自己一定的热力学稳定范围，都具备自己特有的形态和物理性质，因而都是一个独立的矿物种。

同一物质的同质多像变体在晶体学中通常根据形成温度由低到高依次用希腊字母 α-、β-、γ- 等冠于其名称或成分之前加以区别。

同质多像各种变体之间在一定的外界条件下可以发生相互的转变。因为转变的温度是较为固定的，所以自然界矿物中某变体的存在或某种转化过程，常可以帮助我们推测该矿物所存在的地质体的形成温度。因此，它们被称为"地质温度计"。表 1-9 列出了矿物中一些同质多像变体的转变温度，对于同一物质来说，一般是高温变体具有较高的对称。

表1-9 某些矿物同质多像变体的转变温度

同质多相变体	成分	晶系	转变点温度/℃
α-石英、β-石英	SiO_2	三方、六方	573
α-鳞石英、β-白硅石	SiO_2	六方、等轴	1470
硅灰石、假硅灰石	$Ca_3[Si_3O_9]$	三斜、假六方	1190
闪锌矿、纤锌矿	ZnS	等轴、六方	1020
辉铜矿、等轴辉铜矿	Cu_2S	斜方、等轴	91~105
螺状硫银矿、辉银矿	Ag_2S	斜方、等轴	170

压力的变化对同质多像的转变有很大的影响。例如,从表1-10可以看出,在深度不同的地下,由于压力不同,α-石英$\Longleftrightarrow$ β-石英的转变温度发生很大变化。此外,介质的化学成分有时也可以对变体的转变温度产生一定的影响。

表1-10 不同压力下(地下不同深度)α-石英与 β-石英的转变温度

压力/1.013×10^5Pa	1	250	1250	2500	3000	5000	7500	9000
相当于地下深度/km	0	1	5	10	12	20	30	36
α-石英$\Longleftrightarrow$$\beta$-石英的转变温度/℃	573.0	580.3	601.6	626.2	644.0	681.3	734.5	832.0

一些同质多像变体可以在几乎相同的温度与压力下形成,而且都稳定。如 FeS_2 成为白铁矿(斜方)和黄铁矿(等轴);TiO_2 成为金红石(四方)、锐钛矿(四方)和板钛矿(斜方);$CaCO_3$ 成为方解石(三方)和文石(斜方)等。它们的成因比较复杂,一般是与介质成分、杂质以及酸碱度有关。如 FeS_2 在同一温度和压力下,在碱性介质中沉淀生成黄铁矿,而在酸性介质中生成白铁矿;在地壳表面的情况下,在基性岩的风化壳上 $CaCO_3$ 易形成文石,而在其他场合则生成方解石,而在锶存在的情况下,可促使文石结构稳定。

同质多像的转变又可分为单向的(不可逆的)和双向的(可逆的)两种类型。

单向的转变如 $CaCO_3$ 的斜方变体文石在400℃左右可以转变为三方变体方解石,但温度降低则不再形成文石。

双向的转变如 α-石英$\Longleftrightarrow$$\beta$-石英转变在573℃时瞬时完成,而

且可逆。因此，α-石英与β-石英不能在同一热力学条件下存在，自然界中所生成的β-石英晶体已全部变成了α-石英。

同质多像转变的难易一般与变体间结构差异程度有关。差异愈大，转变愈难，且往往是不可逆的。

同质多像变体间晶体结构的差异，有以下几种类型。

① 配位数不同，晶体结构的类型也不一样。如碳的两种变体金刚石（等轴晶系，配位数为 4，配位型结构）和石墨（六方晶系，配位数为 3，层型结构）。

② 配位数不同，但结构类型相同。如 $CaCO_3$ 的两种变体方解石（三方晶系，配位数为 6）和文石（斜方晶系，配位数为 9）配位数不同，都属岛型结构。

③ 配位数相同，但结构类型不同。如 Sb_2O_3 的两个变体锑华和方锑矿，配位数相同，但前者为三方晶系链型结构，后者为等轴晶系、岛型结构；在 TiO_2 的变体金红石和锐钛矿中，Ti 的配位数都是 6，但前者为四方晶系的链型结构，后者为四方晶系的架型结构。

④ 配位数和结构类型都相同，仅晶体结构上有某些差异。如 ZnS 的变体闪锌矿（等轴）与纤锌矿（六方），配位数相同皆为 4，并且结构都属配位型，只是阴离子堆积形式不同，前者为立方最紧密堆积，后者为六方最紧密堆积。又如，SiO_2 的几种变体的晶体结构差异主要在于［SiO_4］四面体之间 Si—O—Si 联结的角度不同（图 1-26）。

 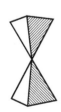 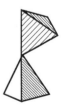 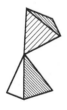

(a) β-白硅石(180℃)　(b) β-鳞石英(160℃)　(c) β-石英(150℃)　　(d) α-石英(137℃)

图 1-26　SiO_2 的变体中 Si—O—Si 联结的角度

（4）多型　多型是一种一维的特殊类型的同质多像。各种多型中虽存在相同的单位层，但单位层的堆积顺序不同，也就是说，同种物质的不同多型仅以堆积层的重复周期不同相区别。

例如，ZnS有两种同质多像变体，即阴离子作立方最密积堆积的闪锌矿和阴离子作六方最紧密堆积的纤锌矿。但在纤锌矿中存在有多种不同的多型。纤锌矿的各种多型在平行层的方向上晶胞参数相等，在垂直层的方向上晶胞参数则等于单位层厚度的整数倍。

在多型的晶体结构中，原子配位的情况是相同的，仅仅有堆积层顺序上的差异，因此，不同多型具有相近的内能，它们在形态物性上也几乎没有差异，甚至不同多型可以在同一块晶体之中共存。多型在矿物学中被看成是同一矿物种的结构变种。

多型在很多具有层型结构的晶体中存在，如碳硅石、石墨、辉钼矿、云母、绿泥石、高岭石等。

（5）有序与无序结构　当两种不同的原子或离子在晶体结构中可以占据相同的位置时，如果它们相互间的分布是任意的，即它们占据任何一个该等同位置的概率都是相同的，则这种结构称为无序结构，如果它们相互间的分布是有规律的，即两种原子或离子各占有特定的位置，则这种结构称为有序结构。

以成分简单的金三铜矿 Cu_3Au 和铜金矿 CuAu 为例。金三铜矿在 395℃ 以上具有无序结构，Au 和 Cu 原子彼此任意分布于立方面心晶胞的角顶和面中心，空间群为 Fm3m。但若将其缓慢冷却，Au 和 Cu 原子在晶胞中的位置便发生分化，Au 原子占据晶胞的角顶，

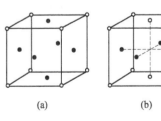

图 1-27　金三铜矿（a）和铜金矿（b）的有序结构
（圆圈表示 Au，黑点表示 Cu）

Cu 原子占据晶胞面的中心，如图 1-27(a) 所示，格子类型变为立方有序结构，空间群变为 pm3m。

铜金矿在高温时亦具无序结构，Au、Cu 原子彼此任意分布于立方面心格子的角顶和面心。但若将其缓慢冷却至 380℃ 左右，Au、Cu 原子将平行（001）面相间成层地分布，从而形成四方晶

胞（$c/a=0.93$），空间群变为 P4/mmm，如图 1-27(b) 所示。

黄铜矿 $CuFeS_2$ 在 550℃ 以上具闪锌矿（ZnS）型结构，即阴离子作立方最紧密堆积，阳离子填充 1/2 四面体空隙，此时，铜和铁离子在原来锌离子所占据的位置上彼此任意地分布，空间群 F$\overline{4}$3m，$a_0=0.529nm$；但如果它的形成温度在 550℃ 以下，则处于四面体配位中的铜和铁离子将规律地相间分布，从而破坏了立方对称，形成两个闪锌矿型晶胞沿 z 轴重叠而成的四方晶胞，空间群 I$\overline{4}$2d，$a_0=0.524nm$，$c_0=1.030nm$。

晶体从无序转变为有序，可能使晶胞扩大，对称性也可能发生变化，而相应的晶体的物理性质也可能产生一些变化。在完全有序和无序之间还存在着过渡情况，即部分有序。结构有序的程度称有序度。

有序和无序是对立统一的、可以互相转化的两种状态。在结晶过程中，质点倾向于按照能量最低的结合方式进入某特定的位置，并尽可能地使此种结合方式贯穿整个晶体，形成有序结构。所以，有序结构放热多，能量较低，较稳定。而无序结构，由于各处质点分布不同，能量有高有低，不是最稳定的状态。因此，温度升高，可使晶体从有序向无序的转变；而温度缓慢降低，则有利于无序结构的有序化。研究晶体结构的有序和无序，有助于确定晶体的形成温度，对探讨晶体物质的形成条件是很有意义的。

1.4 准晶态

1.4.1 准晶态的概念

准晶态物质是传统固态晶体物质与玻璃态物质中间的过渡态新物质，准晶态物质的结构与晶体结构、玻璃态物质结构有本质差别。自然界的矿物结构可以分为具有平移周期的晶体结构，具有数学上严格的有规自相似性的准周期及统计学意义上的无规自相似性准周期的准晶体结构，随机性的非周期性结构以及胶态物质、玻璃物质等。

准晶态物质的发现及晶系、点群和单形的推导，突破了原有晶体学理论中晶系、点群和单形的范围。晶体中原有的晶系 7 种、对称型（点群）32 种、单形 47 种，而新增加准晶态物质晶系有 5 种、对称型（点群）28 种、单形 42 种，从而大大丰富了晶体学理论的宝库。与晶体、玻璃态物质不同，准晶态物质在许多物理性质方面有新的特性，许多物理学家对准晶态物质的特殊物理性质进行了新的研究和探索。不远的将来，准晶态物质与其他物质不同的特性将得到开发利用。准晶体学研究的重要成果，把金属学、材料科学的研究推进到了一个新的阶段，对整个自然科学产生了深远影响。越来越多的科学家认为准晶态物质不仅能在合成材料中发现，而且在地球上、在宇宙物质中都有可能找到准晶态物质。

　　晶体、准晶态物质都具有变换的不变性或变换的对称性，所以都仍为有序结构；只是晶体的质点具有三维空间的周期平移规律，准晶态物质质点具有自相似性变化（放大或缩小）、准周期平移规律。具有平移周期的晶体结构与具有准周期的准晶结构既有明显的不同，又有着密切的关系。无论是天然的还是人工合成的固体物质，以及它们所具有的结构是某一物理化学条件下平移周期与非周期、准周期竞争的结果。天然的、人工合成的固体物质，按其结构特点可以分为有序结构和无序结构。有序结构又可分为周期结构和无公度结构。无公度结构还可进一步分为周期调幅结构、准周期调幅结构（统计意义上的无规自相似性结构）及准周期结构（数学上的严格有规自相似性结构）。

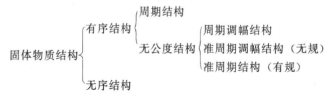

　　人们把一些具有规则几何多面体外形的固体物质称为晶体。实际上，许多晶体在生长过程中受到物理化学条件、时间、空间、环境的影响，难以生成几何多面体外形。因此，仅仅从有无规则的几何外形来区分是否是晶体是不恰当的。准晶态物质在理想条件下也能生成规则几何多面体，但它们的几何对称与晶体又有本质区别。

很明显，规则的几何外形并不是晶体、准晶态的本质，而只是一种外部现象，还有某种内在的、本质的因素存在，这就是它们分别具有的平移周期结构、平移准周期结构。

晶体的目前定义是：内部质点在三维空间成周期性重复排列的固体，或者说具有周期平移格子构造的固体，不论外形是否规则都称为晶体。这样一系列在三维空间成周期性重复的几何点，就构成了一套所谓的空间点阵，其中的等同点则称为阵点或结点。不同晶体在三维空间内成周期性重复的这一性质是相同的，但不同的晶体具有不同的空间格子构造（点阵），它们的质点种类不同，排列的方式和间隔大小相应地也就不同。

如图 1-28 所示，一些细小矿物晶体和准晶态物质的电子显微镜像。

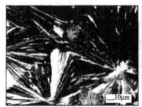 

(a) 细小晶体电子显微像　　(b) 准晶态物质电子显微像

图 1-28　一些细小晶体、准晶态物质电子显微镜像

实际晶体不同于理想的晶体，无论它有多大，终究都是有限的，这是因为晶体内部空间点阵（质点）的重复周期比晶体颗粒的尺寸小得多，因此从微观的范畴讲，可以把晶体周期排列的空间格子构造近似地看成是向三维空间无限延伸的。在一些研究中，可以把晶体看成理想的、具有平移周期的点阵加以研究；但在另一些研究中，则着重研究晶体缺陷结构、调幅结构、准周期或非周期结构等。

实际晶体是由一种或数种具有相同或极为相似晶胞结构和晶胞化学的空间格子（平行六面体）堆砌而成的。每一种晶胞常常可以分为几种相对独立的结构单位，结构单位连接规律也常有不同变化。由于参加堆砌的晶胞结构和晶胞化学的变化、它们的堆砌方式的变化，以及它们堆砌过程的物理化学环境变化等，都使得天然的、人工合成的晶体形成千姿百态的固体物质世界。因为这些变化是不可避免的，所以晶体结构中的有规自相似准周期和无规自相似准周期、非周期等复杂结构现象的产生也同样是不可避免的。

准晶态物质结构虽然不具备经典晶体学意义上的平移周期，但它却具有自相似性平移准周期。准晶态物质是具有准周期平移格子构造的固体，准晶态物质结构具有数学上严格的自相似性准周期及统计意义上的无规自相似准周期。

随着 20 世纪末高新科学技术的进步和发展，现代测试分析方法和技术已经提高到一个空前水平，晶体、准晶态的研究不断向深度和广度发展，特别是晶体与准晶态物质结构的研究有了一个根本性的突破，这些研究成果对晶体与准晶态物质结构中周期、准周期、非周期的基本特征讨论是一个最重要的基础。

表 1-11 对比列出了晶体与准晶态物质结构中周期、准周期、非周期的基本特征。

表 1-11　晶体与准晶态物质结构中周期、准周期、非周期特征

晶体周期结构 周期调幅结构（IMS）	准晶态物质准周期结构 准周期调幅结构（QCS）
电子衍射图均有明锐的衍射斑点	
主反射及伴生反射	仅有一种反射
具平均结构	无平均结构
晶体学点群	准晶体学点群（m$\overline{3}\overline{5}$，10/mmm…）
整数维结构	多重分数维结构
具有调幅函数	具有准周期结构
（如正弦波）	准周期调幅结构
在三维实空间、倒易空间中均无平移对称	
在三维以上多维实空间、倒易空间中均有平移对称	
单一晶胞	组合准晶胞

1.4.2　准晶态的空间格子

从晶体、准晶态的定义可知，晶体与准晶态内部的格子构造是一切晶体、准晶态物质的基本特性和差异的本质因素，它是决定晶体、准晶态物质各项性质相同或不同的内在因素。

　　任何一个晶体，不管它的结构有多么复杂，其质点总是保持着在三维空间按周期性重复的规则排列。如果不具备这一特点，那么也就不成其为晶体了。同样的道理，任何一个准晶态物质，不管它的结构有多么复杂，质点总是在空间按准周期重复地排列。如果不具备这一特点，也就不成其为准晶态物质了。

　　由于任何晶体的内部质点肯定都是在三维空间成周期性重复排列的，因此对应于每一种晶体结构，就必定可以作出一个相应的空间点阵，而点阵中各个结点在空间分布的重复规律，正好体现了相应的结构中质点排列的重复规律。显然，对应于不同晶体结构的各个具体的空间点阵，其结点的具体重复方式将会有所不同，但在三维空间内成周期性重复这一性质则肯定是共同的。也正是这一点，体现了一切晶体所共有的基本特性。

　　晶体在生长发育过程中，物理化学条件的影响常常使晶体生长结果偏离理想的空间点阵结构。晶体形成后，因物理化学条件变化，又会使晶体的点阵结构发生变异。一般说来，这些破坏晶体在三维空间中周期排列的现象称为晶体的缺陷。晶体缺陷分为点缺陷（0 维缺陷）、线缺陷（位错、一维缺陷）、面缺陷（二维缺陷）、体缺陷（三维缺陷）。研究表明，有时这些缺陷分布具有一定的对称规律。

　　准晶态物质在按多重分数维生长发育过程中，物理化学条件的影响常常使准晶态物质生长结果偏离理想的空间准点阵结构；准晶态物质形成后，物理化学条件的变化也会使准晶态物质的准点阵结构发生变异。一般说来，这些破坏准晶态物质在空间中准周期排列的现象称为准晶态物质的缺陷。准晶态物质缺陷分为点缺陷（0 维缺陷）、线缺陷（位错、一维缺陷）、面缺陷（二维缺陷）、体缺陷（三维缺陷）。研究表明，准晶态物质的缺陷较晶体更为普遍一些，这些缺陷分布常常具有分数维生长的对称规律。

1.4.3　准晶生长

　　准晶生长规律还需深入研究，但初步研究结果已反映出准晶生长规律与晶体生长规律的关系十分密切。

　　在急冷淬火过程中，准晶态物质通常是伴随过饱和固溶体和其他金属间化合物一起形成的。某些元素如 Si 和 Ru 的添加有利于准晶态物质的形成并能提高其稳定性。在 Al-Mn-Si、Al-Mn-Zn、Al-V-Si 和 Al-Cu-Li 等合金体系中能获得基本上纯的准晶态物质。从准晶态物质形成过程来看，其自液相成核至长大过程异于金属玻璃，而基本与常规晶体一致，属于一级相变过程。从相图上看，除了接近拓扑密排金属间化合物的化学成分之外，包晶反应区比共晶反应区似乎更易于形成准晶态物质。尽管绝大多数准晶态物质是从液相中直接形成的，但也发现准晶态物质还可从 Al 固溶体和其他合金相中经时效或退火沉淀析出。此外，在 Al-Cr、Al-Mn、Pd-U-Si 等合金中发现自非晶态向准晶态的转变过程。准晶态物质形成过程虽然还不太清楚，但大致可以有以下四种基本情况：气体→准晶态物质；溶体（熔体）→准晶态物质；晶体→准晶态物质；玻璃→准晶态物质。

1.4.4　无公度调制结构

无公度调制是指在基本晶格（周期为 a ）上附加一个周期为 λ 的某种调制，$λ/a$ 为无理数，就得到无公度调制，得到的相为无公度相（图 1-29）。无公度相严格来讲是一种准周期结构。调制可以是一维的如 Na_2CO_3，$NaNO_2$；也可以是二维的，如 $TaSe_2$、石英；甚至可以是三维的，如 $Fe_{1-x}O$。在无公度相中，调制只对基本晶格产生另一周期的微扰，基本晶格的衍射图样仍然保留，但在正常衍射斑点之间偏离有理分数处出现卫星斑点。调制周期 λ 和温度及其他外界条件有关，在一定温度下它和公度结构间发生转变。

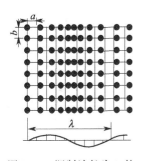

图 1-29　调制波长为 λ 的位移调制型无公度相

1.4.5　准晶和 Penrose 拼砌

在无公度相受到人们关注的同时，数学家开始关注平面的非周期拼砌问题，采用形状不同的基本拼块，无空隙、不重复地布满平面。1974 年，R. Penrose 用两块胖、瘦 ［图 1-30(a)］ 两种菱形实现了这种非周期拼砌，称作 Penrose 拼砌。两种菱形边长相等，角度分别为 36°和 72°，而且这两种拼块还有自相似性，可以通过缩放规则来获得形状相似而尺寸不同的拼块［图 1-30(b)］，比例因子为 t^{-1}（t 为黄金分割数）。利用这两种拼块可以构造出如图 1-31 表示的平面拼砌。从图上可以看出，拼砌的局域结构是相似的，即有局域同构性，而且存在晶体学禁止的五重取向序。图 1-32 是 Penrose 拼砌的光衍射图。

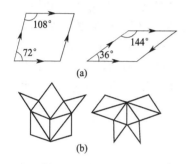

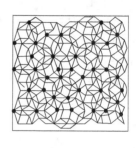

图 1-30　Penrose 拼砌的两种拼块　　　图 1-31　典型的 Penrose 拼砌图

图 1-32　是 Penrose 拼砌
的光衍射图

图 1-33　Al-Mn 二十面体相
的电子衍射图

　　1984 年 Shechtman 等在急冷的 Al-Mn 合金中获得了具有二十面体对称性（包括五重对称轴）、斑点明锐的电子衍射图（图 1-33），这与周期结构是不相容的。Levine 和 Steinhardt 认为，这正是有非晶体学对称性的三维准周期结构，相当于 Penrose 拼砌的三维推广，可取名为准晶（quasicrystal），作为准周期结构晶体的简称。郭可信等也独立地发现了五重对称性的电子衍射图和急冷

Ni-V 合金中的二十面体相准晶。

准晶是固态物质的一种新有序相，同时具有长程准周期平移序和晶体学上不允许的长程取向对称。无公度晶体和准晶都具有准周期性，但两者是有区别的。非晶体学取向对称不仅把准晶从周期和无公度晶体区别开来，并且对准周期性加以限制。三维准晶虽然在多种合金系中观察到，但都超不出二十面体相的范畴。另外科学家们发现了多种旋转轴的二维准晶，其中包括八重、十重与十二重，当然不能排除可能有其它的类型。

1.5 非晶质体

非晶质体是与晶体和准晶体不同的概念，它也是一种固态物体，但其内部质点在三维空间不成周期性重复排列或准周期自相似性排列。非晶质体没有遵循晶体和准晶体所具有的空间周期格子和准周期格子规律，它也不可能有晶体和准晶体所具有的那些基本性质。在外形上，它在任何条件下都不可能自发地成长为规则的几何多面体；在内部结构上，是一种无序结构，其各个部分之间仅仅在统计意义上是均一的，在不同方向上的性质是同一的。非晶质体在外部性质上是一种无定形的固态物体，在内部性质上则是统计上均一的各向同性体。非晶质体被认为是一类过冷却的液体。

非晶质体没有固定的熔点。如果想在晶体、准晶体与非晶质体之间划一绝对严格的界线也是有困难的。在许多具有长链状分子的纤维类物质或高聚合物中，还存在着分子之间成一维的或二维的周期性重复排列的情况。显然，它们是介于晶体、准晶体与非晶质体之间的过渡类型的物体，或许还存在着准玻璃物质。

1.5.1 玻璃化转变

当液体冷却到熔点 T_m 时，并不会立即凝固或结晶，而是先以过冷液体的形式存在于熔点之下。新的晶相形成，首先要经过成核阶段，由于晶核尺寸很小，表面能将占很大的比例，因而将形成能量的壁垒。因此，在熔点之上，成核是不可能实现的。只有当温度下降至熔点以下，即存在一定的过冷度 $\Delta T = T_m - T$ 时，能在熔体中形成晶核。晶核形成后，晶核的长大就主要依靠原子的扩散过程。因此，结晶的速率既和成核的速率有关，又和长大的速率有关。前者取决于过冷度的大小，后者则取决于温度的高低。图1-34 显示了结晶的体积分数为 10^{-6} 的转变曲线，曲线的纵坐标为温度，横坐标为时间的对数。可以看到，曲线的形状类似于字母 C。不同的材料有不同的 C 曲线，但基本形状都是相似的。我们可以看出，如果从液相冷却下来的速率足够快的话，冷却曲线将不与 C 曲线的

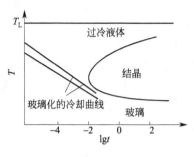

图 1-34　结晶曲线示意图
注：图上 C 形曲线代表
结晶体积分数为 10^{-6}

鼻尖相接触，这样过冷液相就将避免结晶而形成玻璃态。

人类使用玻璃态已经有几千年的历史了。我们通常所说的玻璃，一般是指以 SiO_2 为主要成分的氧化物玻璃。这些氧化物玻璃具有相当复杂的晶体结构，在液态时有很高的黏度，造成原子的扩散相当困难，因此在冷却过程中晶核的形成和长大速率很低。所以一般的冷却速率（$10^{-4} \sim 10^{-1} K/s$）就足以使这些液态的氧化物避免结晶，而形成玻璃。

但对于金属或合金，情况就完全不同了。由于原子的扩散速率很大，因此一般的冷却速率是无法形成玻璃的。1959 年，P. Duwez 在实验室发展了一种泼溅淬火（splat quenching）技术，将液滴泼溅在导热率极高的冷板上，使冷却速率高达 $10^6 K/s$，首次将 Au_3Si 合金制成了玻璃态，开创了金属玻璃的新纪元。后来人们又发展了熔态旋淬（melt spinning），将熔融的合金喷注在高速旋转的冷金属圆筒上，形成金属玻璃的薄带，以 1000m/min 的速率甩出，使金属玻璃的生产工业化。另外还发展了激光玻璃化的技术，以激光束产生快速熔化和淬火，冷却速率可高达 $10^{10} \sim 10^{12} K/s$，甚至可以形成玻璃态的硅，而通常的非晶硅则是用气相沉积的方法来制备的。

目前，除了少数金属元素以外，几乎所有元素和化合物都可以

用熔态淬火的方法来制备玻璃态。可以设想，进一步提高冷却速率，将可能导致所有的物质都可以制备成玻璃态，计算机模拟淬火表明，这一设想是完全可行的。

图 1-35 是液体冷却过程中体积随温度的变化关系曲线，从图中我们可以看出结晶和玻璃化过程的差异。前者在凝固时体积有一跃变（正好相反于晶体熔化时的体积跃变）；而后者的体积变化则是连续的，但在体积连续变化过程中在温度 T_g 处斜率产生了明显的转折，这一转折称为玻璃化转变，对应于过冷液体转变为玻璃态。

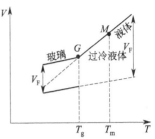

图 1-35　过冷液体冷却过程中
体积随温度的变化
T_m—熔点；T_g—玻璃化转变温度；
V_F—自由体积

有的科学家采用自由化体积理论来描述玻璃化转变。当自由体积不再随温度的变化而变化，即达到一临界值时，对应于该值的温度即为玻璃化温度。此时的自由体积分数 f_F 为

$$f_F = f_g + (T - T_g)(\alpha_L - \alpha_g)$$

式中，α_L、α_g 分别表示液相和玻璃态下的热膨胀系数，f_g 对应于 T_g 的自由体积分数。

玻璃化转变的实质是什么呢？前面我们已经讲过晶体与液体的区别。晶体在结构上是有序的，原子停留在晶格坐位附近，具有定域性。而液体具有流动性，在结构上是无序的，原子是非定域的。原子的定域性是固体的特征。玻璃化转变对应于液体原子非定域性的丧失，原子被冻结在无序结构中，这就是玻璃化转变的实质，即结构无序的液体变成了结构无序的固体。这个过程和液态结晶过程是不同的。在液态结晶过程中，存在两种类型的转变：结构无序向结构有序的转变以及原子非定域化向原子定域化的转变，这两种转变是耦合在一起同时实现的。而在玻璃化转变过程中，这两种转变却脱耦了，只实现了原子非定域化向原子定域化的转变，而结构无序却仍然存在。

玻璃化转变造成了材料黏滞系数的急剧变化。在 T_m 到 T_g 之间过冷液体的黏滞系数可以用经验公式来表示：

$$\eta(T) = Ae^{\frac{B}{T-T_0}}$$

式中，T_0 为小于 T_g 的一个特征温度。可以看出，在这一温度范围内，黏滞系数急剧上升。在 T_g 附近超过了 10^{12} Pa·s。黏滞系数急剧上升使流动性丧失，从而转变成为玻璃态。

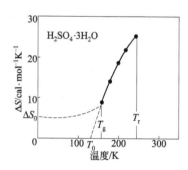

图 1-36　熵的变化与玻璃化转变
注：1cal=4.18J

我们还可以从熵的变化角度来解释玻璃化转变。液体的冷却过程同时也是熵的排除过程。图 1-36 是 $H_2SO_4 \cdot 3H_2O$ 的过剩熵随温度的变化曲线。可以看出，如果 T_g 不存在玻璃化转变，那么沿原曲线外推，在 $T=T_0$ 处将出现过剩熵为零的这一物理上不合理的结果。为了避免这一结果的出现，在 T_g 处将发生玻璃化转变，从而使曲线下降的趋势变缓，避免了一场熵的灾难。降至 $T=0$ 处，仍保留一定的剩余熵，这和热力学第二定律要求平衡系统 $T=0$ 处熵为零的结果并不矛盾，因为玻璃态是非平衡相。

玻璃态的非晶态固体材料已经在许多领域中获得了应用，表 1-12 列出了部分非晶态固体应用的实例。

表 1-12　非晶态固体应用的实例

非晶态固体的类型	代表性的材料	应用	所用的特性
氧化物玻璃	$(SiO_2)_{0.8}(Na_2O)_{0.2}$	窗玻璃等	透明性，固体性，形成大面积的能力
	$(SiO_2)_{0.9}(GeO_2)_{0.1}$	用于通讯网络的纤维光波导	超透明性，纯度，形成均匀纤维的能力
有机聚合物	聚苯乙烯	结构材料，塑料	强度，质量轻，容易加工

非晶态固体的类型	代表性的材料	应　用	所用的特性
硫系玻璃	$Se_{1-x-y}As_xGe_y$	静电复印技术	光导电性,形成大面积薄膜的能力
非晶半导体	$Te_{0.8}Ge_{0.2}$	计算机记忆元件	电场引起非晶↔晶化的转换
	$Si_{0.9}H_{0.1}$	太阳能电池	光生伏打的光学性质,大面积薄膜
金属玻璃	$Fe_{0.8}B_{0.2}$	变压器铁芯	铁磁性,低损耗,形成长带的能力

1.5.2　位置无序的统计描述

由于非晶态的长程无序特征,因此对非晶态的结构描述,一般都是用统计的方法来描述,即用它的径向分布函数来描述。

图 1-37 给出了晶体、玻璃和气体典型的径向分布函数图及相

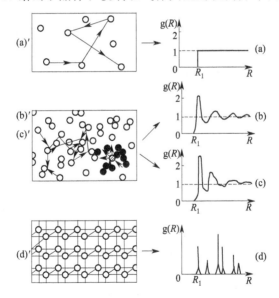

图 1-37　四种状态的物质

(a) 气体;(b) 液体;(c) 非晶;(d) 晶体的径向分布函数 $g(R)$

(a)′(b)′(c)′(d)′分别为它们对应于某时刻的原子分布状态

应的结构示意图。可以看出,晶体的 $g(R)$ 是敏锐的峰,而气体的是平坦的直线;非晶和液体的则介乎其间,在短程范围内是振荡式的,到长程范围就趋于平坦。

通过径向分布函数,我们可以获得表征液体和玻璃态结构的信息,诸如有关短程序和化学键的性质,同时也是检验不同结构模型从而进行甄别的关键。

径向分布函数是对所有原子统计平均的结果,仅仅描述固体中一个平均原子的周围环境,并不能给出非晶态原子分布的全貌,在统计过程中抹去了不少结构信息,如对不同种原子组成的固体,就漏掉了一些有关化学关联及原子键键合性质的有价值的信息。因此,利用径向分布函数来描述非晶态结构信息存在一定的局限性。要获得结构的细节,还得求助于构造模型。下面我们将介绍两类著名的模型。

1.5.3 无机玻璃

(1)无规密堆模型 无规密堆模型是英国晶体学家 J. D. Bernal 于 20 世纪 50 年代末期为阐述液态结构问题所提出的,现在已经成为较成功地说明金属玻璃结构的模型。这一模型的基本思路是:将液体视为均匀的、相干的而且基本上是无规的分子集合,其中并不包含晶态的区域,或在低温下存在大到足够容纳其他分子的空洞。为了回避分子位形所造成的复杂性,只考虑了球形原子的堆集问题。为了获得无规密堆模型,Bernal 制备了多种模型进行研究,如球杆模型,橡皮泥球体的压结,大量滚珠的堆集。他将许多表面粘有粉笔屑的橡皮泥球放在足球胎中,抽去空气,再将它们压紧,然后取出来观察其几何形状。发现有少量十二面体存在,但总的情况比较复杂,而且并不规则,占主导地位的是包含许多五边形的多面体,如图 1-38 所示。于是 Bernal 进一步利用了上千个滚珠进行密堆实验并设计出表示无规密堆的球杆模型,通过计算机模拟获得了相应的伏龙诺伊多面体。在模型中球体的空间占有率为(63.66±0.004)%,显然低于晶体密堆集的对应值 74.05%;多面体的面数平均值为 14.251,各个面的边数平均值为 5.158,相当接近于五边形。后来这一模型得到进一步发展,变得更加精确,并引入了球体的相互作用势（即所谓的软球）来取代原始的硬球，如图 1-39 所示，使模型进一步接近实际情况，结构也得到了调整，产生了类似于非晶体中观察到的结构弛豫。

图 1-38 球体的二十
面体密堆集显示
了五次对称性

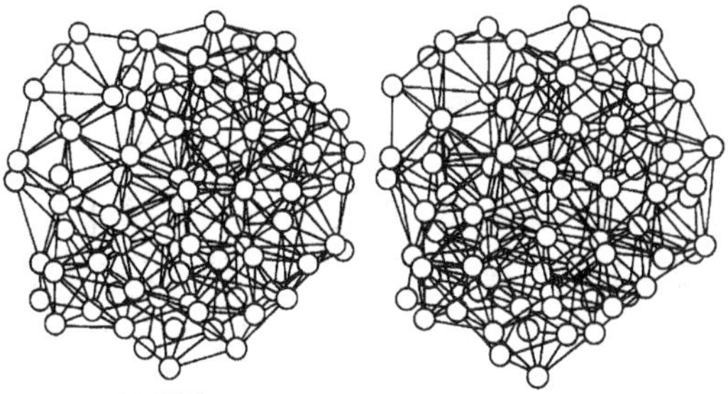

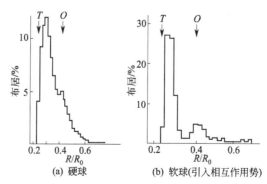

(a) 硬球 (b) 软球(引入相互作用势)

图 1-39 无规密堆的
球杆模型（100 原子）

无规密堆模型还可以从间隙多面体的分布情况来加以表征，如图 1-40 所示。在 Bernal 的原始工作之中，孔隙的分布比较杂乱，虽然以四面体间隙为主，还向八面体间隙连续延伸，间隙的形状也不太规整，但在引入相互作用势后，产生了结构弛豫，间隙形状也得到了调整，主要只剩四面体和八面体两种间隙。

(a) 硬球 (b) 软球(引入相互作用势)

图 1-40 无规密堆模型的间隙分布

(R_0) 为球半径；T 为四面体间隙；O 为八面体间隙

金属玻璃的模型接近于 Bernal 的硬球无规密堆模型，将根据 X 射线测定的径向分布函数的实验结果与理论计算结果进行对比，发现两者基本吻合。

（2）无规网络模型　1932 年美国物理学家 W. H. Zachariasen 在研究 SiO_2 玻璃的结构问题时提出了连续无规网络模型。其基本思路是：结构的基本单元为 4 个氧原子构成的四面体，并与处于中心处的四价硅原子键合；而相邻的四面体是共顶点的，因而无限结构形成后，化学式保持为 SiO_2。这样可以形成一个无规网络结构，无规性的引入使 Si—O—Si 键角可以对平均值产生偏离，键长也可以相应地予以伸缩，还可以沿 Si—O 键来旋转四面体的方位。如图 1-41 所示。

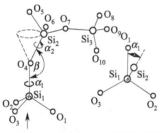

(a) Si-O四面体由共顶点氧原子所联结

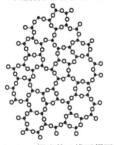

(b) Zachariasen提出的二维无规网络示意图

图 1-41　无规网络模型

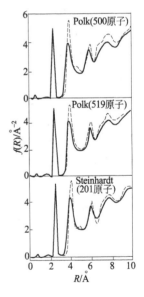

图 1-42　Ge 的径向分布函数
（实线为实验结果，虚线为根据连续无规网络模型的计算曲线）

科学家也利用计算机来模拟无规网络，构筑了几百个四面体单元的 SiO_2 球杆模型，Si—O—Si 键角平均分散度约为 ±20°。对非晶 Si 与 Ge 的模型，则约 12%，键长平均伸长了约 10%。这些模型是按照 Bernal 提出的"基本上无规的集合"方式构筑的，同时继承了 Zachariasen 的维持化学键近程序的传统，与无规密堆集模型一样，根据连续网络模型也可以导出其原子坐标，密度以及构成闭合圈的成员数目的统计数据。图 1-42 显示了连续无规网络模型与 Ge 的实验结果对比，大致还是令人满意的。

（3）硫系玻璃　硫系玻璃是由硫、硒、砷、锗等元素构成的一类具有无规网络结构的玻璃。

一般硒的晶体结构是由八个原子构成一个分子，进而再构成晶体。但是，如果在硒晶体中加入少量的砷和锗，则硒将形成无规网络结构，并呈现非晶态，这有点类似于无机聚合物。$Se_{1-x-y}As_xGe_y$ 的无规网络结构如图 1-43 所示。作为一种光伏材料，这类玻璃在静电复印中有重要应用。

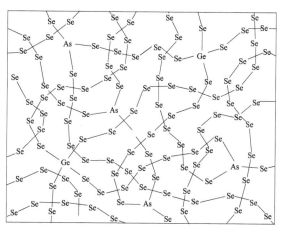

图 1-43　$Se_{1-x-y}As_xGe_y$ 的无规网络结构模型示意图

第②章 晶体结构缺陷

以上讨论晶体结构时都是从理想情况出发，即把它们都看成是严格地遵循空间格子规律。实际上，在真实晶体中，在高于 0K 的任何温度下，都或多或少地存在着对这种理想晶体结构的偏离，即存在结构缺陷。晶体缺陷的存在与否，缺陷类型、数量及其运动规律，对晶体材料的许多性质（力学、物理及化学等）会产生巨大的影响。特别是晶体材料的电、磁、声、光、热和力学等性能，都具有结构敏感特性。晶体缺陷则是研究晶体结构敏感特性的关键问题和研究材料质量的核心问题。因此，在材料合成（制备）（特别是晶体生长）和使用过程中如何控制缺陷的形成、类型及变化均是极其重要的研究课题。

2.1 缺陷化学基础

近几十年来，在晶体缺陷的研究中已取得了许多杰出的成果，已经建立起关于晶体缺陷的一整套理论，并成为材料科学基础理论的重要组成部分。在这个领域中，特别值得提出的是瓦格纳（Wagner）首先把固体的缺陷和缺陷运动与固体物性及化学活性联系起来研究，克罗ený-文克（Kroger-Vink）应用质量作用定律处理晶格缺陷间的关系，提出了一套缺陷化学符号。加上固体科学及现代检测技术的发展以及后人的工作，从而将其逐渐发展成为一个新的学科领域——缺陷化学。缺陷化学就是利用热力学和晶体化学原理来研究固体材料中缺陷的产生、运动和反应规律及其对材料性能影响的科学，也是现代材料化学基础理论的重要内容之一。

2.1.1 点缺陷

在点缺陷中，根据对理想晶格偏离的几何位置及成分来划分，可以分成三种类型：

a.填隙 质子进入晶体中正常结点之间的间隙位置，成为填隙原子或填隙离子。

b. 空位　正常结点没有被原子或离子所占据，成为空结点，称为空位。

c. 杂质原子　外来原子进入晶格，就成为晶体中的杂质。这种杂质原子可以取代原来的原子进入正常结点位置，生成取代式杂质原子，也可以进入本来就没有原子的间隙位置，生成间隙式杂质原子，这类缺陷称为杂质原子。一种杂质原子能否进入基质的晶体中，并取代其中某个原子，这取决于取代时的能量效应（包括离子间的静电作用能、键合能）以及相应的体积效应等因素。若晶体的各组成原子的电负性彼此相差不大，或杂质原子的电负性介于它们之间时，则杂质原子的大小等几何因素便成为决定掺杂过程能否进行的主要因素。在各种金属间化合物或共价化合物中，原子半径相近的（相差不大于 15%）元素可以互相取代。例如，Si 在 InSb 中占据 Sb 的位置，但在 GaAs 晶体中，Si 既可占据 Ga 的位置，也可占据 As 的位置。Ge 在 InSb 中可以占据 In 的位置，但在 GaSb 中则可占据 Sb 的位置。

杂质原子能否进入晶体原子间隙，主要取决于原子的体积效应，只有那些半径较小的原子或离子才能成为间隙式杂质缺陷。例如 H 原子、Li^+ 和 Cu^+ 等。H 原子可以大量地进入由 Zr 原子密堆积所形成的四面体间隙中，生成 $ZrH_{2-\delta}$ 半金属性氢化锆。

杂质原子取代点阵格位上的原子或者进入间隙位置时，一般说来并不改变基质晶体的原有结构，如图 2-1 所示。

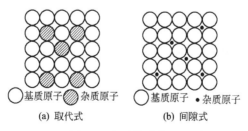

(a) 取代式　　　(b) 间隙式

图 2-1　杂质缺陷类型

杂质进入晶体可以看作是一个溶解的过程，杂质为溶质，原晶体为溶剂，这种溶解了杂质原子的晶体称为固体溶液（简称固溶体）。目前发现的固溶体，绝大部分是取代（置换）型的固溶体。在金属氧化物中，主要发生在金属离子位置上的置换。例如：MgO-CoO，MgO-CaO，$PbZrO_3$-$PbTiO_3$，Al_2O_3-Cr_2O_3 等都属于这种类型。MgO 和 CoO 都是 NaCl 型结构，Mg^{2+} 半径为 0.66Å（1Å=0.1nm，下同），Co^{2+} 为 0.72Å，这两种晶体因为结构相同，离子半径差不多，MgO 中的 Mg^{2+} 位置可以无限制地被 Co^{2+} 占据，生成无限互溶的置换型固溶体。填隙式固溶体在无机非金属固体材料中是不普遍的，在金属系统中比较普遍。例如原子半径较小的 H、C、B、N 进入金属晶格的间隙，成为填隙式固溶体。在固溶体中，也会出现离子空位结构，它们是由于不等价的离子取代或生成填隙离子引起的，不是一种独立的固溶体类型，故不能称为缺位型固溶体。例如 Al_2O_3 在 MgO 中有一定的溶解度，当 Al^{3+} 进入 MgO 晶格时，它占据 Mg^{2+} 的位置，Al^{3+} 比 Mg^{2+} 高出一价，为了保持电中性和位置关系，在 MgO 中就要产生 Mg 空位。又例如在 TiO_{2-x} 中，存在着氧空位，为了保持电中性，晶体中必须有部分 Ti^{4+} 变成 Ti^{3+}。这样，晶体中虽然都是钛离子，但价态不同。具有这样缺陷的晶体，可以看成部分 Ti^{3+} 取代 TiO_2 中的 Ti^{4+} 生成的固溶体。如果外来的杂质原子以离子化的形式存在，当杂质离子的价态和它所取代的基质晶体中的离子的价态不同时，则会带有额外电荷，这些额外电荷必须同时由具有相反电荷的其他杂质离子来加以补偿，以保持整个晶体的电中性，从而使掺杂反应得以进行。例如，在 $BaTiO_3$ 晶体中，如果其中少量的 Ba^{2+} 被 La^{3+} 所取代，则必须同时有相当数量的 Ti^{4+} 被还原为 Ti^{3+}，生成物的组成为 $Li_\delta Ba_{1-\delta} Ti^{3+}_\delta Ti^{4+}_{1-\delta} O_3$，这种材料是一种 N 型半导体。又如彩色电视荧光屏中的蓝色发光粉 ZnS：Ag，Cl 中含有相等数量的大约为 10^{-4} 原子分数的杂质缺陷 Ag'_{Zn} 和 $Cls^{\cdot}$，晶体的电荷才能呈中性。

利用上述掺杂过程按电中性原则进行的原理，可以制备具有指定载流子浓度的材料。

根据产生缺陷的原因，也可以把点缺陷分为下列三种类型。

（1）热缺陷 当晶体的温度高于绝对 0K 时，由于晶格内原子热振动，使一部分能量较大的原子离开平衡位置造成缺陷，这种缺陷称为热缺陷。热缺陷有两种基本形式：弗伦克尔（Frenkel）缺陷和肖特基（Schottky）缺陷。当一个原子从正常位进入到填隙位产生缺陷时——空位和填隙，既形成弗伦克尔缺陷，如图 2-2 所示。在离子化合物、金属和共价化合物中都产生弗伦克尔缺陷。当正负离子跃迁至晶格表面正常晶格位置，同时留下了正负离子空位，即形成肖特基缺陷，如图 2-3 所示。肖特基缺陷一般仅产生于离子化合物中，而且为了使晶体保持电中性，空位以化学计量比形成。

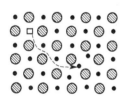

图 2-2 弗伦克尔缺陷

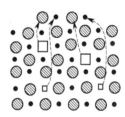

图 2-3 肖特基缺陷

对于弗伦克尔缺陷，间隙原子和空位是成对产生的，晶体的体积不发生改变；而形成肖特基缺陷使晶体体积增加，这是肖特基缺陷的特点。在晶体中，几种缺陷可以同时存在，但通常必有一种是主要的。一般说，正负离子半径相差不大时，肖特基缺陷是主要的，两种离子半径相差大时弗伦克尔缺陷是主要的。典型的例子，前者如 NaCl，后者如 AgBr。

（2）杂质缺陷 由于外来原子进入晶体而产生的缺陷。对于离子晶体来说，杂质离子和主晶格离子相比，在半径大小、电价高低、极化性能等方面可能有所不同，因而当杂质离子进入主晶格后，会造成空位、填隙离子以及晶格变形歪扭等缺陷。

（3）非化学计量结构缺陷 定比定律是化学中的一条基本定律，但在实际化合物中有不少化合物的化学组成会明显地随着周围气氛的性质和压力的大小变化而发生组成偏离化学计量的现象，由此产生的晶体缺陷称为非化学计量缺陷，具有这类缺陷的化合物称非化学计量化合物。从能带理论分析，非金属固体具有价带、禁带或导带。当 0K 时，导带全部空着，而价带全部被电子填满。由于热能作用或其他能量传递过程，价带中电子得到能量而被激发到导

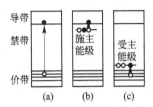

图 2-4 电荷缺陷示意图

带中，此时在价带留一空穴，在导带中也存在一个电子，如图 2-4 所示。这时，虽然未破坏原子排列的周期性，但由于出现了空穴和电子而带正电荷和负电荷。因此在它们周围形成了一个附加电场，进而引起周期性势场的畸变，造成晶体的不完整性而产生的缺陷称为电子缺陷（或称电荷缺陷）。产生电子缺陷的材料其组成都有偏离化学计量的现象，因而电子缺陷也可称为非化学计量缺陷，它是生成 n 型（电子导电）或 p 型（空穴导电）半导体的重要基础。例如，TiO_2 在还原气氛下形成 TiO_{2-x}（$x=0 \sim 1$），它是一种 n 型半导体。

以上所说的是完全纯净的和结构完整的本征半导体的情况，而在实际的晶体中总会含有一些杂质或其他点缺陷，而且在研究和应用半导体材料时，人们总是有控制地把一定量的杂质或缺陷引入晶体中。含量极微的杂质或其他点缺陷的存在，将改变晶体的能带结构，明显地导致电子和空穴的产生，并规定着晶体中电子和空穴的浓度及其运动，从而对晶体的各种性质产生决定性的影响。

2.1.2 线缺陷

实际晶体在结晶时受到杂质、温度变化或振动产生的应力作用，或由于晶体受到打击、切削、研磨等机械应力的作用，使晶体内部质点排列变形，原子行列间相互滑移，而不再符合理想晶格的有秩序的排列，形成线状的缺陷，称位错。如图 2-5 所示，

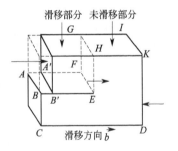

图 2-5 位错示意图

晶体受到压缩作用后，使 A'B'EFGH 滑移了一个原子间距时，造成质点滑移面和未滑移面的交界是一条 EF 线，称位错线，在这条线上的原子配位就和其它原子不同，位错的上部原子间距密，下部疏。原子间距出现疏密不均匀现象，因此它是一种缺陷。位错的特点之一是具有柏格斯矢量 $\vec{b}$，它的方向表示滑移方向，其大小一般是一个原子间距。柏格斯矢量 $\vec{b}$ 与位错线垂直的位错称为刃型位错，用符号 ⊥ 表示。刃型位错有正负之分，当晶体的上半部向右滑移，多余的半个原子面自左向右推移时，相应的刃位错称为正刃位错，用 ⊥ 表示。当晶体的下半部被压缩，多余的半个晶面自右向左推移时，称为负刃位错，用 ⊤ 表示。当这样的一对位错，在同一滑移面上相遇时，它们将相互抵消，因为这两个半原子面将合并为一个完整的原子面，如果两个相反符号刃位错的滑移面之间间距为两个原子距，相遇时生成一个空位。

　　位错的另一种基本类型为螺位错。其特点是位错线和滑移方向（柏格斯矢量 $\vec{b}$）相互平行如图 2-6 所示，由于和位错线 AD 垂直的平行面，不是水平的，而是像螺旋形的，故称螺旋位错，用符号 ⟟ 表示。在实际晶体中，很可能是刃位错和螺位错同时产生，这种位错称为混合位错。

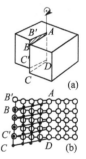

图 2-6　螺旋位错示意图

　　位错理论的应用和研究，至今仍然集中在金属的领域，在无机非金属领域也有巨大的影响。当杂质离子进入主晶格时，因为它们和主晶格离子的半径不同，会在局部造成压应力和张应力，形成应力场。因而，杂质与位错线之间会存在应力交互作用。在这样的系统中，杂质离子聚集在位错附近，其结果会比统计均匀分布在整个晶体内更为稳定。当杂质加入量超过固溶极限时，沿着位错将有沉淀物析出，这种情况对材料的力学性能会有影响。位错由于吸附了杂质离子而能量降低、可动性减少，使其滑移变得困难，材料可塑性降低，材料的脆性会增加并且硬度会提高。位错是扩散的快速通道，它对材料烧结和固相反应有实际意义。位错还能促进晶体在溶液或蒸气中生长。

2.1.3 面缺陷

面缺陷是二维缺陷，主要包括有各种界面、晶面、堆垛层错及孪晶等。

（1）小角度晶界和大角度晶界 小角度晶界和大角度晶界是面缺陷的一种。

陶瓷体是把细的粉末状氧化物或非氧化物颗粒，经过成型在高温下烧结而成的多晶集合体。由于陶瓷多晶体中，晶粒的大小、形状是毫无规则的，因此，晶粒与晶粒之间由于取向不同就出现了边界，通常称为晶界。如果陶瓷中不存在气孔，陶瓷多晶体可以看成是由无数的晶粒及晶界组成的。晶界的形状、性质对材料的各种性能：电性、光性、磁性及机械性能，都有巨大的影响。因此，了解晶界的结构及其性质是极其重要的。

晶界是多晶体中由于晶粒取向不同而形成的，可以根据相邻两个晶粒取向角度偏差的大小，简单地把晶界分为小角度晶界和大角度晶界两种类型。图 2-7 是小角度晶界的示意图，图中 θ 角是倾斜角，通常是二到三度。

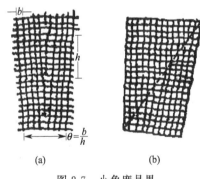

图 2-7 小角度晶界

可以看出，小角度晶界可以看作是由一系列刃型位错排列而成的。为了填补相邻两个晶粒取向之间的偏差，使原子的排列尽量接近原来的完整晶格，每隔几行就插入一片原子，这样小角度晶界就成为一系列平行排列的刃位错。如果原子间距为 b，则每隔 $h = b/\theta$，就可以插入一片原子，因此小角度晶界上位错的间距应当是 h。图 2-7(b) 是小角度晶界的另一种可能结构。

一般认为，多晶体中，晶粒完全无序的排列就可能生成大角度晶界。在这种晶界中，原子的排列近于无序的状态。如果同样认为是一种刃位错的排列，那么在这种排列中位错的间距只有一两个原子的大小，这种模型已经失去意义。
图 2-8 是大角度晶界的示意图。

（2）孪晶界和堆垛层错　堆垛
层错是面缺陷的一种。紧密堆积的
层次为 ABCABC……的，是面心立
方晶体；堆积的层次为 ABAB……
的，是密排六方晶体。如层次发生
错动，就会出现堆垛层错。如：

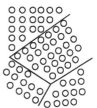

图 2-8　大角度晶界

$$ABCACABCA$$

箭头所指处少了一层 B，即堆垛层错所在。

例如理想的鳞石英结构应为六角形双层排列，但现已观察到，
有些中间杂有一部分按三层顺序的排列层，就是堆垛层错的缘故。

晶体内原子以某一面为对称面而处于对称位置的称为双晶，它
们的分界面就是双晶界（双晶面），如图 2-9 所示。双晶界上的原
子是共格的。在堆垛层错处会出现双晶和两个双晶界，如图 2-10
所示。由于双晶界上原子的共格性，因此双晶界的能量较晶粒间界
的能量低得多。

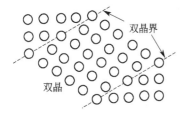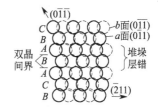

图 2-9　双晶和双晶界　　　　图 2-10　面心立方晶体具有堆垛层
　　　　　　　　　　　　　　　　　错时原子在 $(0\bar{1}1)$ 面上的投影

2.1.4　缺陷反应表示法

（1）缺陷化学符号　为了表示晶体中可能出现的不同类型的缺
陷，有必要采用方便的、统一的整套符号来表示各种点缺陷。目前
采用得最广泛的表示法是克罗格-文克（KrVge-öink）符号，它已
成为国际上通用的符号。

① 在克罗格—文克符号系统中，用一个主要符号来表示缺陷的名称，具体符号是：空位缺陷用 V；杂质缺陷则用该杂质的元素符号表示，异类杂质用 F；电子缺陷用 e 表示；空穴（电子空缺）用 h 表示。

② 缺陷符号右下角的符号是标志缺陷在晶体中所占的位置：用被取代的原子的元素符号表示的缺陷是处于该原子所在的点阵格位上；用字母 i 表示的缺陷是处于晶格点阵的间隙位置。

以 AB 化合物固体为例，如果它的组成偏离化学整比性，那么就意味着固体中存在有空的 A 格位或空的 B 格位，即 A 空位 V_A 或 B 空位 V_B。也可能存在有间隙的 A 原子 A_i 或 B 原子 B_i。若在 AB 化合物晶体中，部分原子互相占错了格位的位置，即 A 原子占据了 B 原子的位置，B 原子占据了 A 原子的位置，则分别用符号 A_B 和 B_A 表示。当 AB 晶体中掺杂了少量的外来杂质原子 F 时，F 可以占据 A 的格位（用 F_A 表示）或 B 的格位（用 F_B 表示），或者处于间隙的位置（用 F_i 表示）。若两种组分原子 A 和 B 在晶体中的格位同时出现空位缔合而形成复合缺陷，则可用 $(V_A V_B)$ 表示。

③ 在缺陷符号的右上角标明缺陷所带有效电荷的符号："×"表示缺陷是中性，"·"表示缺陷带有正电荷，"'"表示缺陷带有负电荷。一个缺陷总共带有几个单位的电荷，则几个这样的符号。

有效电荷不同于实际电荷，有效电荷相当于缺陷及其四周的总电荷减去理想晶体中同一区域处的电荷之差。对于电子和空穴而言，它们的有效电荷与实际电荷相等。在原子晶体中，如硅、锗的晶体，因为正常晶格位上的原子不带电荷，所以带电的取代杂质缺陷的有效电荷就等于该杂质离子的实际电荷。在化合物晶体中，缺陷的有效电荷一般是不等于其实际电荷的。例如从含有少量 $CaCl_2$ 的 NaCl 熔体中生长出来的 NaCl 晶体中，可以发现有少量的 Ca^{2+} 离子取代了晶格位上的 Na^+ 离子，同时也有少量的 Na^+ 离子格位空位。这两种点缺陷可以分别用符号 $Ca_{Na}^{\cdot}$ 和 V_{Na}' 来表示。若在 HCl 气氛中焙烧 ZnS 时，晶体中将产生 Zn^{2+} 离子空位和 Cl^- 离子取代 S^{2+} 离子的杂质缺陷，这两种缺陷则可分别用符号 V_{Zn}'' 和 $Cl_S^{\cdot}$ 来表示。又如在 SiC 中，当用 N^{5+} 取代 C^{4+} 时，生成的缺陷可表示为 $N_C^{\cdot}$。在 Si 中，当

B^{3+} 取代 Si^{4+} 时，生成的缺陷可用符号 BSi' 表示。

(2) 缺陷反应方程式的基本原则

① 质量平衡 缺陷反应方程式两边的物质的质量应保持平衡。注意缺陷符号的下标只是表示缺陷位置，对质量平衡无作用，如 V_A 只表示 A 位置上空位，它不存在质量。

② 位置关系 在化合物 M_aX_b 中，M 位置的数目必须永远与 X 位置的数目成一个正确的比例。例如在 MgO 中，Mg：O＝1：1，在 Al_2O_3 中 Al：O＝2：3。只要保持比例不变，每一种类型的位置总数可以改变。如果在实际晶体中，M 与 X 的比例不符合位置的比例关系，表明存在缺陷。例如在 TiO_2 中，Ti 与 O 位置之比应为 1：2，而实际晶体中由于氧不足而形成 TiO_{2-x}，此时在晶体中就生成氧空位。

③ 位置增殖 当缺陷发生变化时，有可能引入 M 空位 V_M，也可能把 V_M 消除。当引入空位或消除空位时，相当于增加或减少 M 格点数。但发生这种变化时，要服从格点数比例关系。引起格点增殖的缺陷有：V_M、V_x、M_M、M_x、X_M、X_x 等。不发生格点增殖的缺陷有：e'、$h^·$、M_i、X_i 等。例如，发生肖特基缺陷时，晶体中原子迁移到晶体表面（用 S 表示表面格点，如 M 原子从晶体内迁移到表面时，可用 M_s 表示），在晶体内留下空位，增加了格点数目。但这种增殖在离子晶体中是成对出现的，因而它是服从格点数比例关系的。

④ 电中性 在缺陷反应前后，晶体必须保持电中性，即缺陷反应方程式两边的有效电荷应该相同。例如，TiO_2 在还原气氛中失去部分氧，生成 TiO_{2-x} 的反应可写成

$$2TiO_2 \longrightarrow 2Ti'_{Ti} + V_O^{··} + 3O_O + \frac{1}{2}O_2 \uparrow \qquad (2\text{-}1)$$

或写成

$$2Ti_{Ti} + 4O_O \longrightarrow 2Ti'_{Ti} + V_O^{··} + 3O_O + \frac{1}{2}O_2 \uparrow \qquad (2\text{-}2)$$

以上方程式表示，晶体中的氧以电中性的氧分子形式逸出，同时在晶体中产生带正电荷的氧空位和与符号相反的带负电荷的 Ti'_{Ti} 来保持电中性，方程式两边总有效电荷都等于零。Ti'_{Ti} 可以看成是

Ti^{4+} 被还原为 Ti^{3+}，Ti^{3+} 占据了 Ti^{4+} 的位置，因而带一个有效负电荷。而 2 个 Ti^{3+} 替代了 2 个 Ti^{4+}，Ti∶O 由原来的 2∶4 变成 2∶3，因而晶体中出现了一个氧空位。

⑤ 表面位置　在产生肖特基缺陷时，晶格中原子迁移到晶体表面，在晶体内部留下空位的同时，增加了晶格点阵结点的位置数目。由于跑到表面的正负离子及其引起的空位总是成对或按化学计量关系出现，所以以位置关系保持不变。例如在 MgO 中，镁离子和氧离子离开各自所在的位置，迁移到晶体表面或晶界上，反应式如下：

$$Mg_{Mg} + O_O \rightleftharpoons V''_{Mg} + V_O^{\cdot\cdot} + Mg_{Mg}(表面) + O_O(表面) \qquad (2\text{-}3)$$

式(2-3) 左边表示离子都处在正常的位置上，不存在缺陷；反应之后，形成了表面离子和内部的空位。因为从晶体内部迁移到表面上的镁离子和氧离子在表面生成一个新离子层，这一层和原来的表面离子层并没有本质的差别。因此，可把方程(2-3) 左右两边消去同类项，写成：

$$0 \rightleftharpoons V''_{Mg} + V_O^{\cdot\cdot} \qquad (2\text{-}4)$$

式中数字 0 指无缺陷状态。

（3）基本类型

① 弗伦克尔缺陷　二价间隙离子用 $M_i^{\cdot\cdot}$ 表示，则弗伦克尔缺陷反应如下：

$$M_M^{\times} \times \Delta M_i^{\cdot\cdot} + V''_M \qquad (2\text{-}5)$$

弗伦克尔缺陷虽然一般是由半径较小的金属离子造成的，但仍然存在着一种可能性，即由半径较大的非金属离子来形成。典型的例子如 CaF_2 晶体中的 F_i'。但一般在不特指的情况下，这种缺陷也常简称为弗伦克尔缺陷。

$$X_X^{\times} \rightleftharpoons X_i'' + V_X^{\cdot\cdot} \qquad (2\text{-}6)$$

② 肖特基缺陷　肖特基缺陷和弗伦克尔缺陷之间的一个重要差别，在于肖特基缺陷的生成需要一个像晶界、位错或表面之类的晶格上混乱的区域，例如在 MgO 中，镁离子和氧离子必须离开各自的位置，迁移到表面或晶界上，反应如下：

$$0 \rightleftharpoons V''_M + V_X^{\cdot\cdot} \qquad (2\text{-}7)$$

反肖特基缺陷

从形式上说，在同一晶体中存在的两种主要填隙缺陷可能是填隙离子 $M_i^{\cdot\cdot}$ 和 X_i'' 此种情况的缺陷反应式可书写如下：

$$MX \Delta M_i^{\cdot\cdot} + X_i'' \tag{2-8}$$

这种缺陷对又称为反肖特基缺陷，但这种情况至今还未在实际中发现。

③ 缔合中心 一个带电的点缺陷也可能与另一个带有相反符号的点缺陷相互缔合成一组或一群，这种缺陷把发生缔合的缺陷放在括号内来表示，记作 $(V_M'' V_X^{\cdot\cdot})$。在有肖特基缺陷和弗伦克尔缺陷的晶体中，有效电荷符号相反的点缺陷之间，存在着一种库仑力，当它们靠得足够近时，在库仑力作用下，就会产生一种缔合作用。反应可以表示如下：

$$V_M' + V_X^{\cdot} \Longrightarrow (V_M' V_X^{\cdot}) \tag{2-9}$$

当同一种晶体中主要缺陷是位错的 M_X 和 X_M 时，所形成的缺陷对称为反结构缺陷。只有在两种原子尺寸相近和电负性相差不大的化合物中，才会出现这种组成和结构缺陷。这种缺陷主要存在于金属间化合物中，例如 Bi_2Te_3、Mg_2Sn 和 $CdTe$ 等，这些化合物中的两种金属原子可易位。此外，在 $A^{2+}B_2^{3+}O_4$ 尖晶石铁氧材料中，A 与部分 B 可以互调位置，形成 $B^{3+}(A^{2+}B^{3+})O_4$ 反尖晶石结构。

$$M_M^{\times} + X_X^{\times} \Longrightarrow M_X^{\times} + X_M^{\times} \tag{2-10}$$

$$A_A^{\times} + B_B^{\times} \Longrightarrow A_B^{\times} + B_A^{\times} \tag{2-11}$$

④ 阴离子缺位型缺陷 这是一种由于在化学组成上偏离化学计量而产生的缺陷。如 TiO_{2-x}，由于环境中氧不足，TiO_2 晶体中的氧可以逸出到大气中，这时晶体中产生带正电的氧空位，为达到电中性，在氧空位上束缚了二个自由电子而使部分 Ti^{4+} 降为 Ti^{3+}。这些电子并不属于某一固定的 Ti^{4+}，在电场作用下，它可以从一个位置迁移到另一个位置上，而形成电子导电，所以具有这种缺陷的材料是一种 n 型半导体。凡是一个阴离子空位形成的正电荷与受其束缚的一个过剩的金属原子电离产生的电子所形成的一种缺陷又称 F-色心。这种晶体缺陷对可见光选择性的吸收可使晶体着色。其缺陷反应式可写为：

$$X_X^\times \Longrightarrow V_X^\times + \frac{1}{2}X_2(g) \tag{2-12}$$

$$V_X^\times \Longrightarrow V_X^\cdot + e' \tag{2-13}$$

$$V_X^\cdot \Longrightarrow V_X^{\cdot\cdot} + e' \tag{2-14}$$

如缺陷反应按上述过程充分进行反应，则有下式成立：

$$X_X^\times \Longrightarrow V_X^{\cdot\cdot} + 2e' + \frac{1}{2}X_2(g) \tag{2-15}$$

⑤ 阳离子空位型缺陷　这种非化学计量缺陷有正离子空位存在，为了保持电中性，在正离子空位周围捕获电子空穴，具有这类缺陷的材料为 p 型半导体材料。如 $Fe_{1-x}O$，随铁离子空位不断形成，它的密度和晶胞也减小，为了保持电价平衡，由二个 Fe^{3+} 离子代替了三个 Fe^{2+} 离子，同时在晶体中形成一个正离子空位。其缺陷反应如下：

$$\frac{1}{2}X_2(g) \Longrightarrow V_M^\times + X_X^\times \tag{2-16}$$

$$V_M^\times \Longrightarrow V_M' + h^\cdot \tag{2-17}$$

$$V_M' \Longrightarrow V_M'' + h^\cdot \tag{2-18}$$

如缺陷反应按上述过程进行反应，则有下式成立：

$$\frac{1}{2}X_2(g) \Longrightarrow V_M'' + 2h^\cdot + X_X^\times \tag{2-19}$$

从方程(2-19) 可见，正离子空位带负电，为了保持电中性，两个电子空穴被吸引到 V_M'' 周围，形成 V-色心，V-色心可使晶体产生颜色。

⑥ 阳离子填隙型缺陷　$Zn_{1+x}O$ 和 $Cd_{1+x}O$ 具有这种类型缺陷，过剩的金属离子进入间隙位置，它是带正电的，为了保持电中性，等价的电子被束缚在间隙正离子周围，这也是一种色心，其缺陷反应如下：

$$M_M^\times + X_X^\times \Longrightarrow M_i^\times + \frac{1}{2}X_2(g) \tag{2-20}$$

$$M_i^\times \Longrightarrow M_i^\cdot + e' \tag{2-21}$$

$$M_i^\cdot \Longrightarrow M_i^{\cdot\cdot} + e' \tag{2-22}$$

如反应按上述过程进行，则有如下反应式：

$$M_M^\times + X_X^\times \Longrightarrow M_i^{\bullet\bullet} + 2e' + \frac{1}{2}X_2(g) \qquad (2\text{-}23)$$

因此，氧化锌在一定条件下可制成 n 型半导体材料，且氧化锌电导率对氧分压极其敏感，随着氧分压增大，其电导率迅速减小，可用做气敏材料。

⑦ 阴离子间隙型缺陷　由于阴离子一般较大，不易挤入间隙位置，所以这种类型并不常见，UO_{2+x} 具有这样的缺陷。由于阴离子过剩形成填隙阴离子，为了保持电中性，在其近邻引入正电荷，相应的正离子升价。电子空穴不局限于特定的正离子，它在电场中会运动而导电，所以这种材料是 p 型半导体。其缺陷反应可表示为：

$$\frac{1}{2}X_2(g) \Longrightarrow X_i^\times \qquad (2\text{-}24)$$

$$X_i^\times \Longrightarrow X_i' + h^{\bullet} \qquad (2\text{-}25)$$

$$X_i' \Longrightarrow X_i'' + h^{\bullet} \qquad (2\text{-}26)$$

如反应按上述过程充分进行，则有如下反应式：

$$\frac{1}{2}X_2(g) \Longrightarrow X_i'' + 2h^{\bullet} \qquad (2\text{-}27)$$

2.1.5　点缺陷的平衡和浓度

（1）点缺陷的平衡和浓度　点缺陷，是指那些对晶体结构的干扰仅波及几个原子间距范围的晶体缺陷。一类是指空位和填隙原子所造成的点缺陷；另一类是指杂质原子（包括替代杂质原子和间隙杂质原子）。其中空位是最重要的点缺陷，现以肖特基缺陷为例，研究点缺陷的平衡浓度及其计算。

设构成完整的单质晶体的原子数为 N，在温度 T_K 时形成 n 个孤立空位，而每个空位的形成能是 Δh_ν，相应这个过程的自由焓变化为 ΔG，热焓的变化为 ΔH，熵的变化为 ΔS，则：

$$\Delta G = \Delta H - T\Delta S = n\Delta h_\nu - T\Delta S \qquad (2\text{-}28)$$

其中熵的变化分为两部分：一部分是由于晶体中产生缺陷所引起的微观状态数的增加而造成的，称组态熵或混合熵 ΔS_c。根据热力学，$\Delta S_c = k_B \ln W$，式中 k_B 是波兹曼常数，W 是热力学几率，它是指 n 个空位在 $n+N$ 个晶格位置不同分布时排列总数目。即：

$$W = C_{n+N}^n = \frac{(N+n)!}{N!\,n!} \tag{2-29}$$

另一部分振动熵 ΔS_ν，是由于缺陷产生后引起周围原子振动状态的改变而造成的，它和空位相邻的晶格原子的振动状态有关系。若每个原子振动具有相同频率 ν，由于热缺陷存在使和空位相邻原子的振动频率改变成 ν'，每个空位相邻的原子数是 z，则 $\Delta S_\nu = k_B z \ln \dfrac{\nu'}{\nu}$

$$\Delta G = n\Delta h_\nu - T(\Delta S_c + n\Delta S_\nu) \tag{2-30}$$

平衡时，$\dfrac{\partial \Delta G}{\partial n} = 0$。根据斯特令公式 $\ln x! = x\ln x - x$ 或 $\dfrac{\mathrm{d}\ln x!}{\mathrm{d}x} = \ln x$，求出

$$\frac{\partial \Delta G}{\partial n} = \Delta h_\nu - T\Delta S_\nu + kT\ln\frac{n}{N+n} = 0 \tag{2-31}$$

$$\frac{n}{N+n} = \exp\left[\frac{-(\Delta h_\nu - T\Delta S_\nu)}{kT}\right] = \exp\left(-\frac{\Delta G_f}{kT}\right) \tag{2-32}$$

当 $n \ll N$，

$$n = N\exp\left(-\frac{\Delta G_f}{kT}\right) \tag{2-33}$$

ΔG_f 是空穴形成的自由焓，此式表明，空穴随温度升高而呈指数增加。事实证明是和实际情况相符的。其他缺陷也可以得出类似结果。

（2）点缺陷的化学平衡　晶体材料中缺陷的产生与回复是一种动态平衡，缺陷产生的过程可以看成是一种化学反应过程，可以用化学反应平衡的质量作用定律来处理。在算出各种缺陷的平衡浓度的基础上，可求出缺陷反应的平衡常数。

① 肖特基缺陷　MgO 为例，生成肖特基缺陷时，镁离子和氧离子必须离开各自的位置，迁移到表面或晶界上，反应如下：

$$0 \rightleftharpoons V_{Mg''} + V_O^{\cdot\cdot} \tag{2-34}$$

该式平衡常数为：

$$K_s = [V_{Mg''}][V_O^{\cdot\cdot}] \tag{2-35}$$

$$\because [V_{Mg''}] = [V_O^{\cdot\cdot}]$$

$$\therefore [V_O^{\bullet\bullet}] = K_S^{1/2}$$

$$又 \because K_S = k\exp\left(-\frac{\Delta G_f}{kT}\right)$$

$$\therefore [V_O^{\bullet\bullet}] = k\exp\left(-\frac{\Delta G_f}{2kT}\right) \tag{2-36}$$

k 为玻耳兹曼常数，也可用气体常数 R 表示。

② 弗伦克尔缺陷　以 AgBr 为例，弗伦克尔缺陷可写成：

$$Ag_{Ag} \Longrightarrow Ag_i^{\bullet} + V'_{Ag} \tag{2-37}$$

其平衡常数为：

$$K_F = [Ag_i^{\bullet}][V'_{A}g] \tag{2-38}$$

$$\because [Ag_i^{\bullet}] = [V'_{Ag}]$$

$$\therefore [Ag_i^{\bullet}] = K_F^{1/2}$$

$$又 \because K_F = k_0\exp\left(-\frac{\Delta G_f}{kT}\right)$$

$$\therefore [Ag_i^{\bullet}] = k_0\exp\left(-\frac{\Delta G_f}{2kT}\right) \tag{2-39}$$

③ 杂质缺陷　当五价磷原子代替了晶格中四价硅原子，形成 n 型半导体，其反应如下：

$$P_{Si}^{\times} \Longrightarrow P_{Si}^{\bullet} + e' \tag{2-40}$$

此缺陷反应的平衡常数是 $K_e = \dfrac{[P_{Si}^{\bullet}][e']}{[P_{Si}^{\times}]}$ $\qquad$ (2-41)

当三价阳离子代替晶格中的硅原子，形成 p 型半导体

$$B_{Si}^{\times} \Longrightarrow B'_{Si} + h^{\bullet} \tag{2-42}$$

$$K_h = \frac{[B'_{Si}][h^{\bullet}]}{[B_{Si}^{\times}]} \tag{2-43}$$

④ 化学计量结构缺陷　对于 TiO_2 失去氧变成 TiO_{2-x} 的过程，反应如下：

$$O_O \Delta V_O^{\bullet\bullet} + 2e' + \frac{1}{2}O_2(g) \tag{2-44}$$

$$平衡时 K = \frac{[V_O^{\bullet\bullet}][e']^2[P_{O_2}]^{\frac{1}{2}}}{[O_O]} \tag{2-45}$$

ZnO 在锌蒸汽中加热，颜色会逐渐加深变化，缺陷反应如下：

$$ZnO \Longleftrightarrow Zn_i^{\cdot} + e' + \frac{1}{2}O_2(g) \tag{2-46}$$

$$平衡时\ K = \frac{[Zn_i][e'][P_{O_2}]^{\frac{1}{2}}}{[ZnO]} \tag{2-47}$$

2.2　晶体缺陷对材料性能的影响及应用

晶体缺陷对特殊要求的"纯净"材料——如精密结构材料是力求克服的缺点，由于缺陷的存在，破坏了晶体的均匀性周期排列，造成势场畸变、影响材料的力学性能——产生应力，因此在实际工作中往往采取多次提纯和重结晶技术使合成材料逐渐与理想晶体一致。但要获得理论意义上的无缺陷晶体非常困难。而且在绝大多数情况下也没有必要。既然晶体缺陷是普遍存在的，不妨从积极的意义上利用它制备材料。实际上，许多新材料正是利用晶体缺陷来改善提高制作技术，使材料成本降低或合成新的材料。

2.2.1　晶体缺陷与活性烧结

采用物理或化学方法在低温下使材料快速烧结成致密体的方法被称为活化烧结。"活化"是与"非活化"相对而言的。由于烧结过程的推动力是粉体原料的表面能和烧结体晶界能的差异，因此提高粉体表面能即可降低烧结活化能。烧结推动力增大，可使反应快速进行或在低温下完成，而材料的密度则在同等条件下达到较高的程度。

（1）采用物理或化学方法制造特殊活性原料　物理活化法分机械搅拌（静态法）和动态法，使材料达到微米或纳米级。极细的颗粒赋予原料较大的比表面积和较高的表面能。接触面的增大和破键增多使粉体在黏附力作用下具有向自由能减小的方向自发进行。必要的升温可以克服扩散势垒，使烧结得以进行。采用烧结中生成活性分解原料是介于物理与化学法之间的方法，如用可分解原料盐，则在加热过程中，分解温度处于活化范围时，分解产物远离理想晶体状态，使之与其他粉体在气体参与下进行固相反应。如共价键材料 AlN 具有较高的晶界能，且因易氧化而使表面能减低，正常情况下较难致密化，如用爆炸法使之受压变形，形成具有较多内部缺陷的微小粒子，可以烧结成理论密度样品。

化学法是经化学反应获得缺陷粉料的方法。如将 B、Si 的氯盐气化，通入氨气或碳氢化物气体，强制反应并急冷，可获得纳米级 BN、Si_3N_4 粉末。如果结合热压烧结法，则可制造通常难以想象的材料。

（2）外加剂辅助烧结　在固相烧结中，采用适量外加剂与主晶相形成固溶体等缺陷可促进烧结进程。

① 当外加剂与烧结相的粒子大小、晶型电价相近时，可形成固溶体，从而增加晶格畸变缺陷，增大自由能，促进烧结进行。实际工艺中，Al_2O_3 中掺入 $3\%\,Cr_2O_3$ 可以形成连续固溶体，在 1860℃烧结，而 $1\%\sim2\%\,TiO_2$ 掺入可使致密化温度降至 1600℃ 左右。

② 外加剂与烧结相形成化合物，为了防止烧结过程中出现二次再结晶，控制晶体异常长大，引入与主晶格可形成液相的材料。液相起阻隔晶粒接触，抑制晶界移动的作用，对形成细晶结构材料有利。如在烧结 Al_2O_3 时加入 MgO 或 MgF_2，高温下形成尖晶石液相、包裹 Al_2O_3 晶粒表面。

③ 外加剂与多晶转变　外加剂的引入既能阻止又能促进多晶转变。ZrO_2 低温型为单斜晶系，在 1200℃时转变为四方晶系。由于多晶转变，体积变化达 $7\%\sim9\%$，难以烧结。当加入 5%CaO 时，Ca^{2+} 离子进入晶格产生晶格杂质缺陷。反应如下：

$$CaO \xrightarrow{\quad ZrO_2\quad} Ca''_{Zr} + V_O^{\cdot\cdot} + O_O \qquad (2\text{-}48)$$

由于 Ca^{2+} 的引入，改变了阴阳离子的配比，形成稳定的立方晶型固溶体，使得 ZrO_2 加热过程中晶型转变受到抑制，减小或避免了体积的巨大变化，同时由于氧空位的存在，促进了扩散与烧结致密化过程。使这一耐高温（熔点 2680℃）优质材料得以应用。

在耐火材料硅砖生产中，方石英之间的体积变化最为剧烈；石英次之；而鳞石英之间的体积变化最微弱。另外，鳞石英在硅砖中常以矛头双晶存在，它们彼此穿插在一起可以构成骨架提高制品的强度，因此，希望硅砖中含有尽可能多的鳞石英。天然石英过热至

1200～1350℃，α-石英直接转变为介稳的偏方石英（有缺陷的方石英也叫介稳方石英），而不是转变为 α-鳞石英，由 α-石英向偏方石英的晶型转变，产生的体积变化最大，体积变化过程中产生的应力在使用中易于造成炉墙崩溃。生产过程中，加入少量（CaO＋FeO）作矿化剂，于 1000℃ 左右产生一定液相 5％～7％，以促进 α-石英转变为 α-鳞石英。铁的氧化物之所以能促进石英的转化，是因为方石英在易熔的铁硅酸盐中的溶解度比鳞石英的大，所以利用溶解度差异，使方石英溶解而析出鳞石英，避免了过大的体积变化发生。

④ 外加剂与烧结主体形成液相。液相中扩散传质阻力小，流动传质速度快。如 Al_2O_3（95 瓷），烧结中加入 $CaO：SiO_2＝1$。由于生成 CaO-Al_2O_3-SiO_2 液相，使材料在 1540℃ 既可烧结。

⑤ 外加剂扩大烧结范围。适当的外加剂可扩大烧成范围。但过多则妨碍传质过程进行。如 PZT 压电材料烧结范围只有 30℃ 左右，加入适量 La_2O_3 和 Nb_2O_5 以后，烧结范围扩大到 80℃。

2.2.2 晶界对烧结的促进作用

晶界是气孔外溢的扩散通道。在烧结中坯体内空位的扩散，促进了原子的相对扩散。有利于颗粒颈部的扩大与颗粒重排，导致坯体的收缩。溶质偏聚在晶界附近，延缓晶界的移动，有利于排除气孔和避免晶粒的不连续生长，因而加速坯体的致密化。但晶界在多晶体中于位错滑移不利。

2.2.3 气氛的控制与材料致密度提高

烧结气氛的影响是复杂的，在由扩散控制的烧结中，可以改变气孔内气体的扩散和溶解能力。如 Al_2O_3 是由阴离子扩散速率控制，采用还原气氛烧结使晶格产生阴离子空位缺陷，从而加速反应致密化，反之，如果烧结由阳离子扩散控制，则宜采用氧化气氛烧结，以产生阳离子空位，促进烧结进程，一般采用小分子气体较好。气氛烧结对于制备透明材料和自由载流子导电材料很重要。

杂质非化学计量空位的存在，使得烧结得以在远低于本征扩散温度下进行。

2.2.4 工艺控制形成介稳材料

硅酸盐水泥生产中 C_3S 和 $\beta\text{-}C_2S$ 是含量最高的两种水硬性矿物，但当水泥熟料缓慢冷却时，C_3S 将会分解，而 $\beta\text{-}C_2S$ 将转变为无水硬性的 $\gamma\text{-}C_2S$，为了避免这种情况发生，生产上采取急冷措施，将 C_3S 和 $\beta\text{-}C_2S$ 迅速越过分解或晶型转变区，在低温下以介稳状态保留下来，同时介稳态是一种高能量态，有较强的反应能力，从而显现出较高的水硬活性。显然，由于未达到最低能量也是一种缺陷。

缺陷的保留与生成是材料制备与应用的一个重要方面。

对于铁氧体的生产，虽然希望有大的完整晶体产生，但也须通过非均匀晶界扩散来完成，因此也利用了晶体的缺陷特性。

第❸章 热力学及其应用

热力学基础是热力学三个定律，它在包括无机材料在内的众多学科领域中有着广泛的应用。研究无机材料的各种变化过程中的能量转化关系以及过程进行的方向和限度，属于无机材料化学热力学的问题。化学过程的方向可由状态函数自由焓（等温等压势）来判断。但物质的自由焓，除了少数反应可以用测定原电池电动势的方法进行计算外，直接用实验方法测定，一般是十分困难的。化学热力学的特点是可以根据物质的热化学基本数据［如 $C_p = f(T)$、ΔH^0_{298} 相变点和相变热等）］，计算得该物质的反应自由焓 ΔG^0_T 数值，并依此来判断化学过程的方向。

3.1 热效应

利用热力学第一定律，可以计算许多物理及化学过程的热效应，如反应热、化合物的生成热、溶解热、水化热、相变热等。

3.1.1 热容

在没有物态变化和化学组成变化的情况下，若物质吸收热量 Q，温度升高 $\Delta T(T_2 - T_1)$

$$则: \bar{C} = \frac{Q}{\Delta T} \tag{3-1}$$

$\bar{C}$ 称为平均热容（单位：J/mol·K）。

热容分恒压热容（C_p）与恒容热容（C_v）两种。柯普定律指出：固体化合物的分子热容等于其所含元素的原子热容的总和。耐火材料、炉渣、陶瓷与玻璃等的热容，在缺乏实验数据时，可由各组分的热容按加和性近似地计算：

$$C = \frac{\sum C_i [\%i]}{100} \tag{3-2}$$

式中的 ［%i］为 i 组分的百分含量；C_i 为 i 组分的热容。

被加热物体升温速度的快慢与其热容大小有关。利用热容-温度曲线，可以确定晶型转变温度。因为晶型转变时物质的热容发生改变；热容-温度曲线就不连续而中断。

$$\text{恒容过程：} C_V = \left(\frac{\delta Q}{\mathrm{d}T}\right)_V = \left(\frac{\partial U}{\partial T}\right)_V \tag{3-3}$$

$$\text{恒压过程：} C_P = \left(\frac{\delta Q}{\mathrm{d}T}\right)_p = \left(\frac{\partial H}{\partial T}\right)_p \tag{3-4}$$

利用热容可计算在特定条件下系统所吸收的热量。对于 n 摩尔物质，

$$\text{恒容过程：} Q_V = \Delta U = \int_{U_1}^{U_2} \mathrm{d}U = \int_{T_1}^{T_2} nC_V \mathrm{d}T \tag{3-5}$$

$$\text{恒压过程：} Q_p = \Delta H = \int_{H_1}^{H_2} \mathrm{d}H = \int_{T_1}^{T_2} nC_P \mathrm{d}T \tag{3-6}$$

3.1.2　热效应、生成热

（1）热效应　当系统在恒温过程中只作膨胀功，而不作其他功时，系统所吸收或放出的热量，称为该过程的热效应。

恒容下系统所吸收或放出的热量，称为恒容热效应（Q_V）。按式(3-5)：$Q_V = \Delta U$

恒压下系统所吸收或放出的热量，称为恒压热效应（Q_P）。按式(3-6)：$Q_P = \Delta H$

它们可以通过实验测定，也可以利用有关数据按盖斯定律进行计算。在不同温度下进行的反应产生不同的热效应，表示热效应与温度的关系为基尔戈夫公式，即

$$\frac{\mathrm{d}(\Delta H)}{\mathrm{d}T} = \Delta C_P \tag{3-7}$$

$$\text{或 } \Delta H_{T_2} = \Delta H_{T_1} + \int_{T_1}^{T_2} \Delta C_P \mathrm{d}T \tag{3-8}$$

$$\Delta C_P = \sum (C_P)_{产物} - \sum (C_P)_{反应物} \tag{3-9}$$

（2）生成热　在一大气压和某温度下，由处于稳定状态的单质，化合成 1mol 某化合物时的热效应，称为该化合物的生成热。在 298K 下测得的值，就称为该化合物的标准生成热，以 $H_{生,298}^{\ominus}$

表示。

利用化合物的标准生成热，可以计算各种化学反应的热效应。应用盖斯定律可以得出利用标准生成热计算反应热效应的一般公式：

$$\Delta H^{\ominus} = \sum (\Delta H_{生,298}^{\ominus})_{产物} - \sum (\Delta H_{生,298}^{\ominus})_{反应物} \qquad (3\text{-}10)$$

3.1.3 溶解热、水化热

（1）溶解热　1mol 物质完全溶解在某种溶剂中的热效应，即为溶解热。许多物质，其生成热很难直接测定，因为从单质直接生成相当困难，所以常采用溶解热的数据来计算其热效应。例如测量硅酸盐溶解热时，一般用氢氟酸溶液作溶剂。溶剂的性质和数量要保证反应物与产物完全溶解，且反应物与产物生成的溶液必须完全相同。溶解热也与温度和压力有关。习惯上若不注明时，则指的是 25℃和一个标准大气压下的溶解热。

用量热计测定溶解热 $\Delta H_溶$ 时，可按下式进行计算：

$$\Delta H_溶 = \Delta t(gC + w) \qquad (3\text{-}11)$$

式中　Δt——溶解时温度升高的度数；

g——溶剂（通常为氢氟酸）的质量；

C——溶剂的热容；

w——量热计的水当量数（量热计常数）。

（2）水化热　水硬性矿物与水作用形成含水结晶物，并发生硬化时所放出的热量，称为水化热或硬化热，可由这些矿物无水时与完全水化时的溶解热来求得。水化热可以直接测定，但因方法比较复杂，而且有些水化作用进行得很慢，所以也常利用溶解热法间接测定。即测定水化前的反应物与水化产物的溶解热，两者之差就是该物质的水化热。

水泥在水化过程中所放出的热量，就是水泥的水化热。从水泥的水化热对混凝土的危害性来看，既需考虑放热的数量，也要考虑放热的速度。如果放热速度非常快，迅速放出大量的热，对于大体积混凝土就会产生裂缝，严重地损害混凝土的结构，影响混凝土的寿命。降低混凝土内部的发热量，是保证大体积混凝土质量的重要因素。因此，水化热是大坝水泥的主要技术指标之一。

3.1.4 相变热

晶型转变热、熔化热与结晶热、气化热与升华热都属相变热，是物质发生相变时需要吸收或放出的热量。

（1）晶型转变热　物质由一种晶型转变为另一种晶型所需的热量称为晶型转变热。晶型转变热可以用两种晶型的溶解热之差来测定。但是，在某些物质的晶型转变中，某一种晶型在标准温度时不稳定，如 α-石英 $\Longleftrightarrow \beta$-石英，在标准温度下得不到 α-石英，因此，不能应用这种方法测定，而是利用两种晶型的热容—温度的函数关系来测定，即由式

$$\mathrm{d}H = C_p \mathrm{d}T$$

得 $$H_\alpha = \int C_{p,\alpha} \mathrm{d}T \qquad (3\text{-}12)$$

及 $$H_\beta = \int C_{p,\beta} \mathrm{d}T \qquad (3\text{-}13)$$

式中，$C_{p,\alpha}$ 与 $C_{p,\beta}$ 分别为 α 与 β 晶型的摩尔热容；H_α 与 H_β 分别为 α 与 β 晶型的热焓。

由式（3-12）及式（3-13）作 H-T 曲线，如图 3-1 所示。由图可见，在转变温度 $T_{转变}$ 时，由一种晶型的热容变为另一种晶型的热容，热容发生了突变，热焓也就发生突变，在图 3-1 中看出了这种关系。在 $T_{转变}$ 时，α 与 β 晶型两条曲线的纵坐标之差，表示热焓的变化，这就是晶型转变热 $\Delta H_{转变}$，即

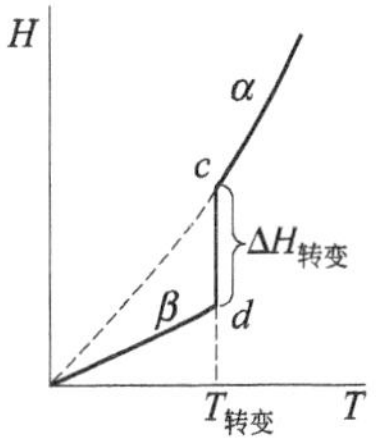

图 3-1　多晶转变的热焓-温度曲线

$$\Delta H_{转变} = H_\alpha - H_\beta = T_{转变} C_{p,\alpha} - C_{p,\beta}$$

式中，$C_{p,\alpha}$、$C_{p,\beta}$ 分别为 α、β 两种晶型在 $T_{转变}$ 时的热容。

（2）熔化热与结晶热　物质熔化时需要吸收的热量称为熔化热。物质在结晶时所放出的热量称为结晶热。在熔点或凝固点，物质的熔化热与结晶热在数值上相等。直接测定物质的熔化热与结晶热是比较困难的。通常是由物质在晶态和玻璃态的溶解热来间接计算。

（3）气化热与升华热　物质由液态或固态转变为气态时所需吸

收的热量称为气化热（蒸发热）或升华热。气化热或升华热都很大。同一物质的气化热或升华热比熔化热往往大十几倍到几十倍。因此在进行热力学计算时切不可忽略。

3.2　化学反应过程的方向性

热力学第二定律认为：任何自发变化过程始终伴随着体系及环境的总熵值的增加，即 $\Delta S > 0$。体系的熵值可以用来量度其混乱程度或几率。实际上在一个自发过程中，体系的总焓有一部分转换为有用功（这部分焓变用自由能变化 ΔG 表示），其余的则用于增加体系的熵值，将两者综合考虑即有：

$$\Delta G = \Delta H - T\Delta S \qquad (3\text{-}14)$$

有时把这个重要的关系式称为吉布斯—赫姆霍兹方程式，或称为热力学第二定律方程式。据此，可把热力学第二定律叙述为"在任何自发变化过程中，自由能总是减少的，即 $\Delta G < 0$"。ΔG 是衡量在恒压下发生的等温可逆过程体系做非体积功的尺度，并且直接指明了化学反应的可能性。所以，我们把化学变化的驱动力定义为 ΔG，称为吉布斯自由能。热力学第二定律有多种表述方法，但各种说法是等效的，从一种说法可以推证出其他的说法。

例如对于化学反应：

$$n_A A + n_B B = n_C C + n_D D$$

则反应自由能为：

$$\Delta G = \Delta G^0 = \sum_i (n_i \Delta G_i)_{\text{生成物}} - \sum_i (n_i \Delta G_i)_{\text{反应物}} \qquad (3\text{-}15)$$

式中 ΔG^0 为物质生成自由能。但是，对于有气相或液相参与的固相反应，在计算反应自由能 ΔG 时，必须考虑气相或液相中与反应有关物质的活度。此时反应自由能依下式计算。

$$\Delta G = \Delta G^0 + RTLn \frac{a_C^{n_C} a_D^{n_D}}{a_A^{n_A} a_B^{n_B}} \qquad (3\text{-}16)$$

式中，a_i 为与反应有关的第 i 种物质的活度，n_i 为化学反应式中各有关物质的式量系数。ΔG 的值主要取决于它所包含的两个内在因素 ΔH 和 $T\Delta S$ 的相互作用。在一个恒温恒压过程中，如果

体系的 ΔH 为负值（放热反应）、ΔS 为正值（在变化中增大了混乱度），那么这两个因素都有利于过程的自发性，这个过程在任何温度下都会自发进行。反过来，如果 ΔH 为正值（吸热过程）、ΔS 为负值（增大有序度，减少混乱度），ΔG 将有正值，这种变化在任何温度下都不能自发进行。因此，ΔG 可以预示一个特定的过程能否自发进行，只需找到相应过程的有关状态函数，通过计算其在变化过程前后的变化值，即可不管过程的途径等细节，就可直接判断自发过程的方向与限度。

熵是表示体系混乱度的热力学函数。对于纯净物质的完整晶体，在绝对零度时，分子间排列整齐，且分子的任何热运动也都停止了，这时体系完全有序化了。因此，热力学第三定律指出：在绝对零度时，任何纯物质的完整晶体的熵都等于零。根据热力学第三定律，可以计算出物质在某一温度时熵的绝对值，称为绝对熵，即

$$\Delta S = S_{298K} - S_{0K}$$

由于 $S_{0K} = 0$，$S_{298K} = S^0$，故 $\Delta S = S^0$ （3-17）

一种物质在标准状态下的绝对熵，称为标准熵 S^0。因此只要求得纯物质从绝对零度到某一温度的熵变 ΔS，就可得该物质在该温度时熵的绝对值。

3.3 过程产物的稳定性和生成序

对于组成计量已经确定并可能生成多种中间产物和最终产物的固相反应体系，应用热力学的基本原理估测固相反应发生顺序及最终产物的种类是近年来将热力学理论应用于解决实际问题的内容之一。

假设一固相反应体系在一定的热力学条件下，可能生成一系列相应于反应自由能 ΔG_i 的反应产物 A_i（$\Delta G_i < 0$）。若按其反应自由能 ΔG_i 依次从小到大排列：ΔG_1，ΔG_2，……ΔG_n，则可得一相应反应产物序列 A_1，A_2，…A_n。根据能量最低原理可知，反应产物的热力学稳定性完全取决于其 ΔG_i 在序列中的位置。反应自由能越低相应的反应生成物热力学稳定性越高。但是由于种种动力学因素的缘故，反应产物的生成序列并不完全等同于上述产物稳定序

列。众多研究表明，就产物 A_i 的生成序与产物稳定序间关系可存在三种情况。

（1）与稳定序正向一致 随着 ΔG 的下降生成速度增大。即反应生成速率最小的产物其热力学稳定性会最小（产物 A_n），而反应生成速率最大的产物，其热力学稳定性也最大（产物 A_1）。此时热力学稳定性最大的反应产物有最大的生成速度。热力学稳定序和动力学生成序完全一致。在这种情况下反应初始产物与最终产物均是 A_1，这就是所谓的米德洛夫-别托杨（Мnедлов-Летроян）规则。

（2）与稳定序反向一致 随着 ΔG 的下降，生成速率亦下降。即反应生成速率最大的产物其热力学稳定性最小，而最大稳定性的产物有最小的生成速率。热力学稳定性与动力学生成序完全相反。显然在这种情况下，反应体系最先出现的反应物必然是生成速率最大、稳定性最小的 A_n，进而较不稳定的产物将依 ΔG 下降的方向逐渐向较稳定的产物转化。最终所能得到的产物种类与相对含量将取决于转化反应的动力学特征。仅当具备良好的动力学条件下，最终反应产物为最小 ΔG 的 A_1，这便是所谓的奥斯特瓦德（Ostward）规则。

（3）反应产物热力学稳定序与动力学生成序间毫无规律性的关系 此时产物生成次序完全取决于动力学条件，生成速率最大的产物将首先生成，而最终能否得到自由能 ΔG 最小的 A_1 产物，则完全依赖于反应系统的动力学条件。

3.4 热力学应用实例

材料化学研究的体系主要是凝聚态（固态、熔融态及水溶液）。由于系统的多相性以及凝聚相中质点扩散速率很小，因此在凝聚态体系中所进行的物理化学过程往往难以达到热力学意义上的平衡，过程的产物有时也处于亚稳状态。在用化学热力学方法处理有关过程（如化学反应过程、相变过程等）时，要注意凝聚态体系的特点。例如，化学反应是凝聚态体系中最常见的一类物理化学过程，对此有两个问题值得特别注意。一是化学反应过程的驱动力，即过程的方向和限度。根据热力学第二定律，只有当反应过程的吉布斯自由能变为负值时，反应才能自发进行，即化学过程自发进行的判据为：$\Delta G \leqslant 0$。当反应自由能减少并趋于零时，过程趋于平衡并有反应平衡常数：

$$\ln K = -\Delta G^0 / RT \qquad (3\text{-}18)$$

因此，对于纯固相间的化学反应，只要体系的 $\Delta G < 0$ 并有充分的反应动力学条件，反应可逐渐进行到底，就不必像溶液中的化学反应过程那样从反应平衡常数中得到反应物及生成物的平衡浓度和反应产率。即固相反应的驱动力可由该反应中相关物质生成自由能变化 ΔG^0 先计算反应的 ΔG 值，进而根据上式计算化学反应平衡常数 K，并进一步判断化学反应进行的限度。二是在材料制备等过程中常会遇到组成计量已定但可能生成多种中间产物和最终产物的固相体系，应用热力学的基本原理和计算方法估测固相反应发生的顺序并确定最终产物的种类也是至关重要的。最后值得一提的是大多数物理化学过程，包括化学反应、质量输运、能量传递及物相转变等过程，都要同时考虑热力学因素和动力学因素，这样才能获得比较客观的结果。

利用化学热力学原理和方法，对各类材料体系作热力学分析和计算所得出的有关数据，可供材料制备、工艺设计和新材料的研究与开发参考。例如，对于平衡反应：

$$ZnO(s) + CO(g) \rightleftharpoons Zn(s/g) + CO_2(g)$$

在 300K（固态锌）和 1200K（气态锌）时的标准焓变和标准熵变为：

$\Delta H^0_{300K} = 65.0\text{kJ} \cdot \text{mol}^{-1}$ $\qquad \Delta H^0_{1200K} = 180.9\text{kJ} \cdot \text{mol}^{-1}$

$\Delta S^0_{300K} = 13.7\text{J} \cdot \text{K}^{-1} \cdot \text{mol}^{-1}$ $\quad \Delta S^0_{1200K} = 288.6\text{J} \cdot \text{K}^{-1} \cdot \text{mol}^{-1}$

可通过计算推断出在 300K 和 1200K 时反应进行的方向，假设所有反应物和产物均处于其标准状态。同时推算出在每一温度下反应的平衡常数 K_p 值（$R = 8.314\text{J} \cdot \text{K}^{-1} \cdot \text{mol}$，$\ln x = 2.303 \lg x$）。应用 $\Delta G^0 = \Delta H^0 - T\Delta S^0$，对于上述反应可计算如下：

$$T = 300K$$

$$\Delta G^0_{300K} = 65000 - (300 \times 13.7)$$

$$= 60890 \ (\text{J} \cdot \text{mol}^{-1})$$

$$T = 1200K$$
$$\Delta G_{1200K}^0 = 180900 - (1200 \times 288.6)$$
$$= -165420 \ (J \cdot mol^{-1})$$

所以，用 CO 还原 ZnO 制得金属锌的过程在 1200K 时（ΔG^0 为负值）是可行的，而在 300K 时（ΔG^0 为正值）则不可行。

再根据式(3-18) 计算反应的平衡常数 K_p，即：

$$\ln K_p = -\Delta G^0 / RT \tag{3-19}$$

在 300K 时 $\lg K_p = \dfrac{-(60890)}{2.303 \times 8.314 \times 1200} = -10.60$

所以 $K_p = 2.512 \times 10^{-11}$

在 1200K 时 $\lg K_p = \dfrac{-(-165420)}{2.303 \times 8.314 \times 1200} = 7.197$

所以 $K_p = 1.574 \times 10^{-11}$

从上面可以看出，在不同温度下反应的 K_p 值差别很大。在 1200K 的高温下，反应向右进行的情况良好；而在 300K 的室温下，则微不足道，实际上是无法进行。

化学热力学原理和方法同样也是无机材料合成（制备）过程中的重要依据和工具。许多无机材料可通过简单的氧化物原料在高温固相条件下反应（煅烧）制得。可通过热力学分析和计算寻找合理的合成工艺途径和技术参数。例如，与镁质陶瓷及镁质耐火材料密切相关的是 MgO-SiO$_2$ 系统，实验证明该系统存在如下固相反应：

$$MgO + SiO_2 \Longrightarrow MgO \cdot SiO_2 \ （顽火辉石）$$
$$2MgO + SiO_2 \Longrightarrow 2MgO \cdot SiO_2 \ （镁橄榄石）$$

首先可由有关手册查得相关物质在不同温度下的热力学数据，进而利用有关公式计算出不同温度下上述两反应的 ΔG^0 值，据此确定适当的料比而获得所需的产物。

第❹章 扩散、固相反应与烧结

4.1 扩散基本理论

4.1.1 固体中质点扩散的特点

发生在气体或液体中的传质过程是一个早为人们所熟悉的现象。在流体中，质点间相互作用比较弱，且无一定结构，质点的迁移可以像图 4-1 中所描述的那样，完全随机地在三维空间的任意方向上发生，每一步的迁移行程也随机地决定于该方向上最邻近质点的距离。流体的密度越小，质点迁移的平均行程（也称自由程）越大。因此，发生在流体中的物质迁移过程往往总是各向同性和具有较大的速率。

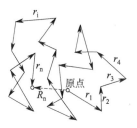

图 4-1 扩散质点的
无规行走轨迹

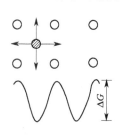

图 4-2 平面点阵中
间隙原子扩散方向与
势场结构示意图

与流体中的情况不同，质点在固体介质中的扩散远不如在流体中那样显著。首先构成固体的质点均束缚在三维结构的势阱中，质点之间相互作用强，故质点的每一步迁移必须从热涨落或外场中获取足够的能量以跃出势阱。实验表明，固体中质点的明显扩散往往在低于其熔点或软化点的较高温度下发生。此外，固体中原子或离子的扩散迁移方向和自由程还受到结构中质点排列方式的限制。如图 4-2 所示，处于平面点阵内间隙位的原子只存在四个等同的迁移方向，每一步迁移均需获取高于能垒 ΔG 的能量，迁移的自由程则相当于晶格常数大小。因此，固体中的扩散具有各向异性和扩散速率低的特点。

4.1.2 扩散动力学方程

（1）菲克定律 虽然在微观上流体或固体介质中，由于其本身结构的不同而使质点的扩散行为彼此存在较大的差异。但从宏观统计的角度看，介质中质点的扩散行为都遵循相同的统计规律。1855年德国物理学家 A·菲克（Adolf Fick）于大量扩散现象的研究基础之上，首先对这种质点扩散过程作出了定量描述，并提出了浓度场下物质扩散的动力学方程——菲克第一和第二定律。

菲克第一定律认为：在扩散体系中，参与扩散质点的浓度因位置而异，且可随时间而变化。即浓度 C 是位置坐标 x、y、z 和时间 t 的函数。在扩散过程中，单位时间内通过单位横截面的质点数目（或称扩散流量密度）J 正比于扩散质点的浓度梯度 ΔC：

$$\boldsymbol{J} = -D \,\vec{\nabla} C = -D \left(i\,\frac{\partial c}{\partial x} + j\,\frac{\partial c}{\partial y} + k\,\frac{\partial c}{\partial z} \right) \tag{4-1}$$

式（4-1）中 D 为扩散系数，其量纲为 $L^2 T^{-1}$（在 SI 和 CGS 单位制中分别为 m^2/s 和 cm^2/s）；负号表示粒子从浓度高处向浓度低处扩散，即逆浓度梯度的方向扩散。

式（4-1）同时表明，若质点在晶体中扩散，则其扩散行为还依赖于晶体的具体结构，对于一般非立方对称结构晶体，扩散系数 D 为二阶张量，此时式（4-1）可写成分量的形式：

$$\left. \begin{array}{l} J_x = -D_{xx}\,\dfrac{\partial c}{\partial x} - D_{xy}\,\dfrac{\partial c}{\partial y} - D_{xz}\,\dfrac{\partial c}{\partial z} \\[2mm] J_y = -D_{yx}\,\dfrac{\partial c}{\partial x} - D_{yy}\,\dfrac{\partial c}{\partial y} - D_{yz}\,\dfrac{\partial c}{\partial z} \\[2mm] J_z = -D_{zx}\,\dfrac{\partial c}{\partial x} - D_{zy}\,\dfrac{\partial c}{\partial y} - D_{zz}\,\dfrac{\partial c}{\partial z} \end{array} \right\} \tag{4-2}$$

对于大部分的玻璃或各向同性的多晶陶瓷材料，可以认为扩散系数 D 将与扩散方向无关而为一标量。

菲克第一定律是质点扩散定量描述的基本方程。它可以直接用于求解扩散质点浓度分布不随时间变化的稳定扩散问题，但同时又是不稳定扩散（质点浓度分布随时间变化）动力学方程建立的基础。

今考虑如图 4-3 所示的扩散体系中任一体积元 $dx\,dy\,dz$，在 δt

时间内由 x 方向流进的净物质增量
应为：

$$\Delta J_x = J_x \mathrm{d}y\mathrm{d}z\delta t - \left(J_x + \frac{\partial J_x}{\partial x}\mathrm{d}x\right)$$

$$\mathrm{d}y\mathrm{d}z\delta t$$

$$= -\frac{\partial J_x}{\partial x}\mathrm{d}x\mathrm{d}y\mathrm{d}z\delta t \qquad (4\text{-}3)$$

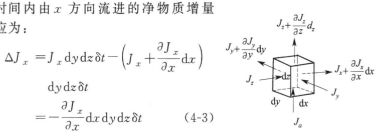

同理在 y，z 方向流进的净物质增量
分别为：

图 4-3　扩散体积元示意图

$$\Delta J_y = -\frac{\partial J_y}{\partial y}\mathrm{d}x\mathrm{d}y\mathrm{d}z\delta t \qquad (4\text{-}4)$$

$$\Delta J_z = -\frac{\partial J_z}{\partial z}\mathrm{d}x\mathrm{d}y\mathrm{d}z\delta t \qquad (4\text{-}5)$$

放在 δt 时间内整个体积元中物质净增量为：

$$\Delta J_x + \Delta J_y + \Delta J_z = -\left(\frac{\partial J_x}{\partial x} + \frac{\partial J_y}{\partial y} + \frac{\partial J_z}{\partial z}\right)\mathrm{d}x\mathrm{d}y\mathrm{d}z\delta t \qquad (4\text{-}6)$$

若 δt 时间内，体积元中质点浓度平均增量为 δc，则根据物质守恒
定律，$\delta c\mathrm{d}x\mathrm{d}y\mathrm{d}z$ 应等于式(4-6)，因此得：

$$\frac{\delta c}{\delta t} = -\frac{\partial J_x}{\partial x} + \frac{\partial J_y}{\partial y} + \frac{\partial J_z}{\partial z}$$

或

$$\frac{\partial c}{\partial t} = -\vec{\nabla}\cdot\vec{J} = \vec{\nabla}\cdot(D\,\vec{\nabla}C) \qquad (4\text{-}7)$$

若假设扩散体系具各向同性，且扩散系数 D 不随位置坐标变化，
则有：

$$\frac{\partial c}{\partial t} = D\left(\frac{\partial^2 c}{\partial x^2} + \frac{\partial^2 c}{\partial y^2} + \frac{\partial^2 c}{\partial z^2}\right) \qquad (4\text{-}8)$$

对于球对称扩散，上式可变换为球坐标表达式：

$$\frac{\partial c}{\partial t} = D\left(\frac{\partial^2 c}{\partial r^2} + \frac{2}{r}\frac{\partial c}{\partial r}\right) \qquad (4\text{-}9)$$

式(4-7)为不稳定扩散的基本动力学方程式，它可适用于不同
性质的扩散体系。但在实际应用中，往往为了求解简单起见，而常
采用式(4-8)之形式。

（2）扩散系数的物理意义　菲克第一、第二定律定量地描述了

质点扩散的宏观行为，在人们认识和掌握扩散规律过程中起了重要的作用。然而，菲克定律仅仅是一种现象的描述，它将除浓度以外的一切影响扩散的因素都包括在扩散系数之中，而又未能赋予其明确的物理意义。

1905 年爱因斯坦（Einstein）在研究大量质点作无规布朗运动的过程中，首先用统计的方法得到扩散方程，并使宏观扩散系数与扩散质点的微观运动得到联系。现将该理论简述如下：

为简单起见先考虑质点扩散发生于一维方向上。设在扩散过程中的某一时刻 t 参与扩散的质点浓度分布为 $c(x,t)$，即在时刻 t 位于 x 和 $x+dx$ 之间（在单位截面之内）的质点数为 $c(x,t)dx$，由于质点运动的无规性，设扩散质点于 t 时刻位于 x 和 $x+dx$ 之间的几率为 $f(x,t)dx$。函数 $f(x,t)$ 称为质点位移的分布函数。显然由于参与扩散的质点总是在一维长棒中，并由于无外场作用任一质点均有相同的几率向 (x) 或 $(-x)$ 方向扩散，故 $f(x,t)$ 应有如下性质：

$$\int_{-\infty}^{\infty} f(x,t)dx = 1 \text{ 和 } f(x,t) = f(-x,t) \qquad (4\text{-}10)$$

扩散经 τ 时间后，质点的浓度分布将由 $c(x,t)$ 变成 $c(x,t+\tau)$。不难理解，它们之间将有下式得到联系：

$$c(x,t+\tau) = \int_{-\infty}^{\infty} f(x-x',\tau)c(x',t)dx' \qquad (4\text{-}11)$$

令 $\xi = x-x'$ 得：

$$c(x,t+\tau) = \int_{-\infty}^{\infty} f(\xi,\tau)c(x-\xi,t)d\xi \qquad (4\text{-}12)$$

可以认为当经历时间 τ 很短时，质点相应的位移量 ξ 也将是一小量，故可将式（4-12）左右两边分别依 τ 和 ξ 的幂级数展开：

$$c(x,t+\tau) = c(x,t) + \tau\frac{\partial c}{\partial t} + \frac{1}{2}\tau^2\frac{\partial^2 c}{\partial t^2} + \cdots \qquad (4\text{-}13)$$

$$c(x-\xi,t) = c(x,t) - \xi\frac{\partial c}{\partial x} + \frac{1}{2}\xi^2\frac{\partial^2 c}{\partial x^2} - \cdots\cdots \qquad (4\text{-}14)$$

代入式（4-12）的右方，求积分，略去高次项并考虑 $f(x,t)$ 的性质见式（4-10）可得：

$$c(x,t+\tau)=c(x,t)+\frac{1}{2}\bar{\xi}^2\frac{\partial^2 c}{\partial x^2} \qquad (4-15)$$

式中
$$\bar{\xi}^2=\int_{-\infty}^{\infty}\xi^2 f(\xi,\tau)\mathrm{d}\xi \qquad (4-16)$$

令上式与式(4-13)相等,并略去式(4-13)中的高次项,则得爱因斯坦一维扩散方程:

$$\frac{\partial c}{\partial t}=\frac{\bar{\xi}^2}{2\tau}\left(\frac{\partial^2 c}{\partial x^2}\right)$$

不难理解,若质点可同时沿空间三维方向跃迁,且具有各向同性,则其相应扩散方程应为:

$$\frac{\partial c}{\partial t}=\frac{\bar{\xi}^2}{6\tau}\left(\frac{\partial^2 c}{\partial x^2}+\frac{\partial^2 c}{\partial y^2}+\frac{\partial^2 c}{\partial z^2}\right) \qquad (4-17)$$

将上式与式(4-8)比较,可得菲克扩散定律中的扩散系数:

$$D=\frac{\bar{\xi}^2}{6\tau} \qquad (4-18)$$

根据式(4-16),$\bar{\xi}^2$为扩散质点在时间τ内位移平方的平均值。对于固态扩散介质,设原子迁移的自由程为r,原子的有效跃迁频率为f,于是有:$\bar{\xi}^2=f\tau\bar{r}^2$。将此关系代入式(4-18)中,

$$D=\frac{\bar{\xi}^2}{6\tau}=\frac{f\bar{r}^2}{6} \qquad (4-19)$$

由此可见,扩散的布朗运动理论确定了菲克定律中扩散系数的物理含义。在固体介质中,作无规则布朗运动的大量质点的扩散系数决定于质点的有效跃迁频率f和迁移自由程r平方的乘积。显然,对于不同的晶体结构和不同的扩散机构,质点的有效跃迁频率f和迁移自由程r将具有不同的数值。因此,扩散系数既是反映扩散介质微观结构,又是反映质点扩散机构的一个物性参数。

4.1.3 扩散推动力

扩散动力学方程式建立在大量扩散质点作无规则布朗运动的统计基础之上,唯象地描述了扩散过程中扩散质点所遵循的基本规律。但是在扩散动力学方程式中并没有明确地指出扩散的推动力是什么。从扩散的热力学观点来看,作用于扩散原子或离子上的推动

力的是化学位梯度。通过这种力表示的扩散方程式，又称奈因斯特-爱因斯坦方程式。

在某一温度与压力下，一体系中加入微量某组分，就会引起体系自由能发生变化。如该组分在某一点的化学位大于另一点的，则原子或离子必定由前一点扩散到后一点，即从化学位高的地方向低的地方扩散，所以化学位梯度是质点扩散的动力。设作用于原子上的力，使该原子具有速率 u_i，而其迁移率为 B_i，很明显 B_i 是由推动力（化学位梯度）产生的迁移速率引起的，B_i 与扩散流量 J_i 可分别用下式表示：

$$-B_i = \frac{速率}{力} = \frac{u_i}{\frac{1}{N}\frac{d\mu_i}{dx}}$$

$$J_i = -\frac{1}{N}\frac{d\mu_i}{dx}B_i C_i \tag{4-20}$$

B_i 又称绝对迁移率，式中 μ_i 为组分 i 的偏克分子自由能或化学位，N 为阿伏加德罗常数。化学位的变化可由下式求出：

$$d\mu_i = RT d\ln C_i$$

式中 C_i 为组分 i 的浓度，将上式代入式(4-20)，并与式(4-1)比较，可以看出扩散系数与原子迁移率成正比。

$$J_i = \frac{-RT dC_i}{N dx}B_i$$

$$D_i = \frac{RT}{N}B_i = KTB_i \tag{4-21}$$

式中，K 为波尔兹曼常数。

由于化学位的影响，扩散有可能由低浓度区向高浓度区扩散，此种扩散又称负扩散，此时扩散系数应为负值。如某一系统由两种原子 i 与 j 组成，只有当每种组分的化学位在系统中各点都相等时该系统才达到热力学的平衡。当进行正扩散时，原子 i 与 j 逐渐分布均匀成为单相，使系统自由能下降。相反，当进行负扩散时，原子 i 与 j 从低浓度区扩散到高浓度区，使系统成为两相，一相富 i，一相富 j。负扩散必定是由于 i—j 键结合力较弱，而 i—i 与 j—j 键结合力较强引起的。

奈因斯特-爱因斯坦方程式在研究带电质点的迁移性，及扩散系数与电导关系方面非常重要。设在一电场下，离子以一定速度迁移，迁移速度与电位梯度成正比：即

$$B_i'' = \frac{u_i}{\partial \phi / \partial \chi}, \quad \frac{\partial \mu_i}{\partial x} = z_i F \frac{\partial \phi}{\partial x}$$

式中，z_i 为离子化合价，F 为法拉第常数，B_i'' 为离子迁移率（离子淌度）。根据以上关系，$B_i'' = \dfrac{z_i F B_i}{N} = z_i F B_i'$，$B_i' = \dfrac{1}{N} B_i$，$B_i'$ 又称化学迁移率。将 B_i 值代入式(4-21) 即可求出用离子迁移率表示的扩散系数。

4.1.4 扩散微观结构及其扩散系数

和气体、液体一样，固体中的粒子也因热运动而不断发生混合。不同的是固体粒子间很大的内聚力使粒子迁移时必须克服一定势垒，这使得迁移和混合过程变得极为缓慢。然而迁移仍然是可能的。根据晶格振动概念，晶体中的粒子都是处于晶格平衡位置附近作微振动，其振幅取决于热运动动能，对于大多数晶体平均约为 0.01nm 左右，即不到原子间距的 1/10，因而并不会脱离平衡位置。但是由于存在着热起伏，粒子的能量状态服从波兹曼分布定律，当温度一定时，热起伏将使一部分粒子，能够获

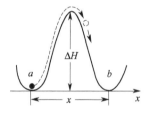

图 4-4 粒子跳越势垒示意图

得从一个晶格的平衡位置跳越势垒 ΔH 迁移到另一个平衡位置的能量，使扩散得以进行（图 4-4）。ΔH 称为扩散活化能。温度愈高，粒子热运动动能愈大，能脱离平衡位置而迁移的数目也愈多。当达到熔化温度时，即从固体转为液体。扩散活化能 ΔH 的大小除了与温度有关外，主要决定于粒子在晶体中的不同境遇和粒子在晶体中迁移的方式。

晶体中粒子迁移的方式，即扩散机构示意如图 4-5。其中：

(1) 易位扩散　指粒子间直接易位迁移，如图 4-5 中(a)。

(2) 环形扩散　指同种粒子间的相互易位迁移，如图 4-5 中(b)。

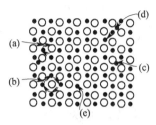

图 4-5 晶体中的扩散

（3）间隙扩散 指间隙粒子沿晶格间隙迁移，如图 4-5 中(c)。

（4）准间隙扩散 指间隙粒子把处于正常晶格位置的粒子挤出，并取而代之占据该晶格位置的迁移，如图 4-5 中(d)。

（5）空位扩散 指粒子沿空位迁移，如图 4-5 中(e)。

在以上各种扩散中，易位扩散所需的活化能最大，特别对于离子晶体，因正、负离子的尺寸、电荷和配位情况不同，直接易位常是困难的。同种粒子间的环形易位扩散在能量上虽然可能，但实际可能性甚小。反之，因处于晶格位置的粒子势能最低，而在间隙位置和空位处势能较高（图 4-6），故空位扩散所需活化能最小，是最常见的扩散机构。其次是间隙扩散和准间隙扩散。

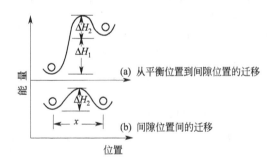

图 4-6 粒子迁移所需的能量

上述扩散机构表明，当不存在外场时，晶体中粒子的迁移完全是由于热起伏引起的。只有在外场作用下，这种粒子迁移才能形成定向的扩散流。也就是说，形成定向扩散流必须要有推动力，这种推动力通常是由浓度梯度提供的。但应指出，在更普遍情况下，扩散推动力应是系统的化学位梯度，因为可以出现这种情况，即存在着浓度梯度而没有扩散流，特别对于多元系统的扩散问题，从化学位梯度考虑往往是必要和方便的。

4.1.5 扩散系数的测定

假如仅考虑 x 方向的扩散，t 时间后，任一点 (x,t) 处之浓度可写成 $C_{(x,t)}$，第二定律有如下形式：

$$\frac{\partial C_{(x,t)}}{\partial t} = D\frac{\partial^2 C_{(x,t)}}{\partial x^2}$$

由于扩散系数 D 值很小，所以当沿 x 方向扩散时，可看成在一单位截面积而沿 x 方向无限长之柱体内的扩散。扩散距离从 0 到 ∞ 时，扩散物质总量 n 等于：

$$\int_0^\infty C_{(x,t)}\,\mathrm{d}x = n$$

此时第二定律一个常用的解是：

$$C_{(x,t)} = \frac{n}{2\sqrt{\pi Dt}}\exp\left(\frac{-x^2}{4Dt}\right) \tag{4-22}$$

当扩散开始时，$t=0$，扩散物质完全集中在 $x=0$ 处，$C_{(0,0)}$ $=n$，其它各处 $C_{(x,t)}$ 都等于零。经过 t 时间后扩散物质分布的情况如图 4-7 所示。

式(4-22)两边取对数，则：

$$\ln C = \ln\frac{n}{2\sqrt{\pi Dt}} - \frac{1}{4Dt}x^2$$

$$\tag{4-23}$$

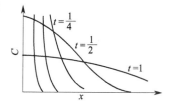

图 4-7 扩散物质分布曲线

以 $\ln C$ 与离表面距离 x 的平方为坐标作图得一直线，如图 4-8 所示，此直线的斜率为 $-\dfrac{1}{4Dt}$，截距为 $\ln\dfrac{n}{2\sqrt{\pi Dt}}$。

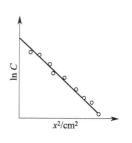

图 4-8 时间 t 时，示踪原子在半无限晶体中的扩散

研究扩散最基本的方法是利用放射性示踪原子。把含有示踪原子的物质涂抹或沉积在经过磨光的固体表面上，然后在某一温度（等温情况）下扩散。某一时间后扩散浓度 $C_{(x,t)}$ 的分布，可以通过逐层测量放射强度来确定，

D 可根据作图从直线斜率求出，也可将测得的 $C_{(x)}$ 值代入式(4-23) 求出。

对于半导体材料，例如锗、硅，当研究第三族的硼、铝、镓及第五族的磷、砷、锑等杂质在其中扩散时，可通过对各层电阻率的测定来确定 $C_{(x)}$ 值。

4.1.6 影响扩散的因素

扩散系数是决定扩散速度的重要参量。可从下式讨论扩散系数对扩散的影响。

$$D = D_0 \exp\left(-\frac{Q}{RT}\right) \tag{4-24}$$

式(4-24) 表明，扩散系数主要决定于温度和活化能。但是扩散活化能除受温度影响外，还受制于多种因素。

(1) 温度的影响 扩散过程往往是由缺陷的产生与缺陷的运动两部分组成。而扩散系数与温度的关系已由式(4-24) 示出。由该式可以看出，扩散系数 D 随温度上升成指数上升的关系，说明温度对扩散过程影响很大。这是由于温度升高不但热缺陷数目增多，而且有更多的离子克服势垒而产生移动。

低温阶段，热缺陷数量较少，晶体中存在的缺陷主要为杂质缺陷，其浓度决定于杂质量而与温度无关。在这种情况下，活化能仅为间隙离子或空位克服势垒迁移时所需之能量，即 $Q = E$。对式(4-24) 两边取对数值得一直线关系：

$$\ln D = \ln D_0 - \frac{E}{KT} \tag{4-25}$$

测定不同温度下之扩散系数 D，以 $\ln D$ 对 $1/T$ 作图为一直线，由直线斜率 E/K 可求出相应扩散活化能 E，直线截距 $\ln D_0$ 为常数。

高温阶段，由于热缺陷的产生与缺陷的移动同时发生，故此时之扩散活化能应包括以上两个方面，即 $Q = \frac{1}{2}u + E$。如 Q 为一固定值，此时以 $\ln D$ 对 $1/T$ 作图得一斜率较大的直线，由直线斜率可求出 Q。NaCl 中 Na^+ 的扩散系数与温度的关系示于图 4-9。图中高温阶段斜率为 $E/K + u/2K$，低温阶段斜率为 E/K。由高温阶段斜率减去低温阶段斜率，所得差数乘以 K，可求出 $u/2$。将测得各数据列于表 4-1，由表可看出，Cl^- 离子扩散活化能比 Na^+ 离子为大，这是由于 Cl^- 离子半径比 Na^+ 离子大，较小的 Na^+ 离子从晶格中一个地方迁移到另一个地方比 Cl^- 离子容易，故所需之扩散活化能较小。

表 4-1 NaCl 中之扩散活化能

离子	扩散活化能/eV		差值 $\dfrac{u}{2}$（形成一个空位的能量）/eV
	低温阶段 E	高温阶段 $E + \dfrac{u}{2}$	
Cl^-	1.67	2.7	1.03
Na^+	0.77	1.8	1.03

比较图 4-9 直线斜率，可以看出，温度对扩散系数 D 的影响在高温阶段更为突出。如测量温度比较窄，则观察不到折点。

(2) 杂质（或加入物）等外来离子的影响　杂质（或加入物）对扩散的影响比较复杂，与杂质（或加入物）的种类和数量有关。这是由于扩散过程与缺陷有密切关系，凡是能增加晶体缺陷浓度、提高扩散速度的杂质或加入物对扩散都有很大影响。以下主要讨论那些杂质或加入物对扩散影响较大及产生影响的原因。

① 如外来离子的半径比晶体结点上离子的半径小得多，则其以间隙离子存在，并以间隙方式扩散，对主晶相离子的扩散影响不大。如外来离子半径与晶体结点上离子半径相差不大，并可以与主晶格形成有限固溶体，假如又为不等价取代，则使主晶格产生大量缺陷，这类杂质及加入物对主晶体离子扩散则影响较大。以下举例加以介绍。

当低价阳离子取代高价阳离子时，产生阴离子空位，有利于阴离子

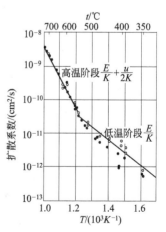

图 4-9　NaCl 中 Na^+ 离子扩散系数与温度关系

注：o 为测定值；·为计算值

扩散。如某些具有 CaF_2 型结构的氧化物（ThO_2、ZrO_2 等），当加入二价或三价阳离子，如 La_2O_3 或 CaO 时形成有限固溶体，由 X 射线与电导研究发现，主晶相结构中氧离子空位浓度由 La_2O_3 与 CaO 加入量所决定，而与温度无关。CaO 加入到 ZrO_2 中其空位形成过程如下：

$$CaO \xrightarrow{ZrO_2} Ca_{Zr}'' + Vo^{\cdot\cdot} + Oo \qquad (4-26)$$

式中的 Ca_{Zr}'' 表示一个二价钙离子取代一个四价锆离子，即钙离子在锆离子的位置上；$Vo^{\cdot\cdot}$ 为氧离子空位；Oo 为正常结点上之氧离子。

当一个二价钙离子取代一个四价锆离子时，由于属不等价取代，所以同时产生一个氧离子空位。在 $Zr_{0.85}Ca_{0.15}O_{1.85}$ 固溶体中，氧离子空位浓度较高。对氧离子来说，系统中氧离子的扩散系数随氧离子空位浓度的增加而增加，所以在这种情况下，有利于氧离子之扩散。

当高价阳离子取代低价阳离子时，产生阳离子空位，有利于阳离子的扩散。如少量 Al_2O_3 加入到 $MgAl_2O_4$ 中形成固溶体时，2 个铝离子取代 3 个镁离子，同时产生一个镁离子空位，形成过程可由下式表示：

$$Al_2O_3 \xrightarrow{MgAl_2O_4} 2Al_{Mg}^{\cdot} + V_{Mg}'' + 3O_O \qquad (4-27)$$

式中，$Al_{Mg}^{\cdot}$ 表示一个三价铝离子取代一个二价镁离子，即铝离子在镁离子的位置上；V_{Mg}'' 为镁离子空位。

类似情况，当 TiO_2 加入到 MgO 中，Fe_2O_3 加入到 FeO 中时，同样使阳离子空位浓度增加。有利于阳离子的扩散。

当低价阴离子取代高价阴离子时，产生阳离子空位有利于阳离子的扩散，如 MgF_2 加入到 MgO 内其空位形成过程如下式：

$$MgF_2 \xrightarrow{MgO} 2F_O^{\cdot} + V_{Mg}'' + Mg_{Mg} \qquad (4-28)$$

式中，$F_O^{\cdot}$ 表示一个负一价氟离子取代一个负二价氧离子，即氟离子在氧离子的位置上。当高价阴离子取代低价阴离子时，产生阴离子空位。

② 如外来离子进入主晶格，能与空位结合形成复合体（或称

缔合体），因复合体扩散速度一般较快，故这类杂质及加入物对扩散影响亦较大。例如通过对 Al_2O_3 与 NiO 系统中互扩散系数的测定发现，当 Al^{3+} 离子扩散进入 NiO 中时，2 个 Al^{3+} 离子取代 3 个 Ni^{2+} 离子，同时产生一个 Ni^{2+} 离子空位。反应如下：

$$Al_2O_3 \xrightarrow{3NiO} 2Al_{Ni}^{\cdot} + V_{Ni}'' + 3O_O \qquad (4\text{-}29)$$

式中，$Al_{Ni}^{\cdot}$ 表示三价铝离子取代二价镍离子，即铝离子在镍离子位置上；V_{Ni}'' 为镍离子空位。

当形成的带正电的 $Al_{Ni}^{\cdot}$ 离子与带负电的阳离子空位 V_{Ni}'' 距离很近时，相反电荷间存在的库仑力增大，由于这一力的作用，使二者缔合变成一种复合体，反应如下：

$$Al_{Ni}^{\cdot} + V_{Ni}'' \longrightarrow (Al_{Ni}^{\cdot}\text{-}V_{Ni}'')' \qquad (4\text{-}30)$$

缔合库仑能 E_a 可按下式计算：

$$-E_a \approx \frac{q_1 q_2}{kr^2} \times r \approx \frac{q_1 q_2}{kr}(eV) \qquad (4\text{-}31)$$

式中，q_1，q_2 为有效电荷（电荷×电价）；k 为静电常数；r 为正负离子（或缺陷）间的距离。式(4-31)为放热反应。E_a 单位为电子伏特（eV），也可换算成热焓。空位与扩散离子结合在一起后，扩散活化能减小，使这种复合体的扩散速度较快，扩散系数较高。

当 MgO 中加入少量 Fe_2O_3 时，Fe^{3+} 离子取代 Mg^{2+} 离子后形成 $Fe_{Mg}^{\cdot}$ 离子及镁离子空位 V_{Mg}'' 当 V_{Mg}'' 与 $Fe_{Mg}^{\cdot}$ 间距离很近时，二者缔合形成复合体 $(Fe_{Mg}^{\cdot}\text{-}V_{Mg}'')'$ 或 $(2Fe_{Mg}^{\cdot}\text{-}V_{Mg}'')$。复合体一般扩散比较容易，但这种复合体相对而言，不够稳定。如晶体中还存在着氧离子空位 $V_O^{\cdot\cdot}$，当其与 $V_O^{\cdot\cdot}$ 接触时，则解离放出阳离子空位 V_{Mg}'' 与 $V_O^{\cdot\cdot}$ 结合，形成双空位（或称空位对）$(V_{Mg}''\text{-}V_O^{\cdot\cdot})$，这种双空位比较稳定。而复合体 $(Fe_{Mg}^{\cdot}\text{-}V_{Mg}'')'$ 释放出 V_{Mg}'' 后，只剩下 $Fe_{Mg}^{\cdot}$ 离子，可再与扩散而来之 V_{Mg}'' 缔合。如此循环下去，铁离子似乎变成了双空位形成的触媒，因而有可能使大部分镁离子空位与氧离子空位结合形成双空位。复合体、双空位的缔合库仑能均可按式(4-31)近似计算。

以钠离子空位与氯离子空位缔合成双空位为例加以计算，其形成反应如下：

$$V_{Na}' + V_{Cl}^{\cdot} \longrightarrow (V_{Na}' \text{-} V_{Cl}^{\cdot}) \tag{4-32}$$

此处 r 为 2.82Å，静电常数为 5.62，而双空位缔合库仑能

$$-E_a \approx \frac{(4.8 \times 10^{-10})^2}{5.62 \times 2.82 \times 10^{-8}} \approx 0.9 \ (\text{eV})$$

式中，4.8×10^{-10} esu 为有效电荷。如考虑其他因素的影响，则比较精确的计算结果为 0.6eV。

（3）气氛的影响　非化学计量氧化物缺陷浓度随气氛的改变而改变，这点与热缺陷不同。气氛对非化学计量氧化物中离子扩散的影响是比较复杂的，阳离子缺位非化学计量氧化物，如 FeO、NiO、CoO、MnO 等，可写成通式 $M_{1-x}O$，存在着大量阳离子空位。特别是过渡性金属氧化物，由于其阳离子电价具有可变性，这类空位数量更大，如在 $Fe_{1-x}O$ 内，即包含有 $5\% \sim 15\%$ 的铁离子空位。阳离子空位形成过程可用下式表示：

$$2M_M + \frac{1}{2}O_2 = O_O + V_M'' + 2M_M^{\cdot} \tag{4-33}$$

式中，M_M 表示没有取代时结点上之离子；$M_M^{\cdot}$ 表示 Co^{3+}、Fe^{3+}、Mn^{3+} 等三价阳离子在二价阳离子的位置上。上式也可看成氧溶解于 MO 晶格中，并写成如下形式：

$$\frac{1}{2}O_2 = O_O + V_M'' + 2h^{\cdot} \tag{4-34}$$

式中，$2h^{\cdot}$ 表示阳离子空位束缚的电子空穴。

对于阴离子缺位的非化学计量氧化物，如 TiO_2 等，可写成通式 TiO_{2-x}。

根据式（4-34）的平衡关系，应用质量作用定律，可求出平衡常数 K：

$$K = \frac{[O_O][V_M''][h^{\cdot}]^2}{p_{O_2}^{1/2}} \tag{4-35}$$

式中的 $[O_O]$ 为氧离子浓度；$[V_M'']$ 为阳离子空位浓度；$[h^{\cdot}]$ 为电子空穴浓度；p_{O_2} 为氧气分压。

由于晶格中氧离子浓度变化不大，可看成常数或1；而电子空穴浓度为阳离子空位浓度的二倍，所以式(4-35)可写成：

$$K = \frac{[V_M''][2V_M'']^2}{p_{O_2}^{1/2}} = \frac{4[V_M'']^3}{p_{O_2}^{1/2}}$$

由上式可以看出如下关系：

$$[V_M''] \propto p_{O_2}^{1/6}$$
$$D_M \propto [V_M''] \propto p_{O_2}^{1/6} \qquad (4-36)$$

式中，D_M 为阳离子扩散系数。同理可得：

$$[V_O''] \propto 1/p_{O_2}^{1/6}$$
$$D_O \propto 1/p_{O_2}^{1/6} \qquad (4-37)$$

式中，$[V_O'']$ 为氧离子空位浓度；D_O 为氧离子扩散系数。

由式(4-36)及式(4-37)可以看出，在非化学计量氧化物中，氧气分压对空位浓度及离子扩散的影响。如为阳离子缺位的非化学计量氧化物，其阳离子空位浓度，阳离子扩散系数与周围气氛中氧分压的 1/6 次方成正比。如为阴离子缺位的非化学计量氧化物，其阴离子空位浓度、阴离子扩散系数与周围气氛中氧分压的 1/6 次方成反比。所以含 TiO_2 陶瓷材料在烧结时，气氛对其影响较大。

(4) 黏度的影响 黏度与扩散系数之间有司托克斯-爱因斯坦关系式：

$$D = \frac{KT}{6\pi\eta r} \qquad (4-38)$$

式中，K 为波尔兹曼常数，r 为迁移微粒的半径。这个关系式是以球形颗粒在均一性介质中的情况下推导出来的，在硅酸盐与氧化物系统中不一定可用。但扩散系数 D 与黏滞系数 η 之间的反比关系是可以肯定的。

(5) 其他影响因素 除前面提到的影响因素外，还有一些重要影响因素，如扩散离子（即溶质）本身性质与扩散介质（即溶剂）性质。相同扩散离子在不同介质中扩散，或不同扩散离子在相同介质中扩散，所需扩散活化能差别很大，其扩散系数也不一样。一般说来，扩散介质结构越疏松，扩散离子越小，扩散越易进行，扩散量越大。扩散离子与扩散介质之间的结合力小时，也便于扩散的

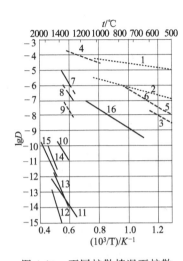

图 4-10　不同扩散情况下扩散
系数 D 与温度关系
┈┈┈ 在玻璃中；—在熔质中；
——在晶体中

进行。

图 4-10 示出的各条线，是按照式(4-24)以 $\lg D$ 对 $1/T$ 为坐标绘出的。总的来看，扩散活化能小的，直线较平，温度对扩散影响也较小；直线斜率大的，扩散活化能较大，温度对扩散系数的影响也较大。线 1 表示氦原子在石英玻璃中之扩散情况，由于扩散介质结构疏松，扩散原子较小，而结合力又弱，所以很易扩散，扩散活化能较小。氖原子比氦原子大，钠钙玻璃比较紧密，所以线 2、线 3 所表示的扩散程度就差多了。如介质为熔体，由于熔体本身结构就疏松，且有相当的活动性，所以，氦在硅酸盐熔体中的扩散（线 4）也就比较容易进行。

在一般钠钙玻璃中，Na^+ 离子具有较大的活动性（所以钠玻璃具有一定的导电性）；在熔体中，由于结构松散，黏度降低，所以直线 5、6 所表示的扩散系数也较大。直线 7 到 9 是不同离子在硅酸钙铝熔体中之扩散情况。O^{2-}、Ca^{2+} 与 Si^{4+} 等高价离子比 Na^+ 离子扩散能力小，这是由于这些高价离子在结构中相对结合比较牢固，所以活动性较小，扩散就相对比较困难。因此 $D_{Si^{4+}}$（硅离子的扩散系数）比 $D_{Mg^{2+}}$（镁离子扩散系数）差一个数量级，如直线 9 与 8 所示。但 $D_{O^{2-}}$（氧离子的扩散系数）却大于 $D_{Ca^{2+}}$（钙离子扩散系数），如直线 7 与 8 所示。从离子大小比较应该是反过来，而实际情况相反，这可能有其他原因，待进一步研究。

直线 10 到 15 说明离子在晶体中的扩散比在熔体中或玻璃中为小，这是由于晶体结构致密，有一定点阵排列，离子在晶体中迁移时遇到的阻力相对较大，所以扩散就比较困难。Mg^{2+} 离子是比较活动的，它在 MgO 单晶中之扩散如直线 10 所示。直线 11 与 12 对比，可以看出阳离子的化合价对 O^{2-} 离子扩散的影响。O^{2-} 离子在 Al_2O_3 中扩散比在 MgO 中为难。比较直线 13 与 14 的位置，可以看出刚玉中 $D_{Al^{3+}}$（铝离子的扩散系数）大于 $D_{O^{2-}}$，一般说来 O^{2-} 离子扩散比阳离子差。比较直线 10、14 与 15 的位置，可以看出：$D_{Mg^{2+}} > D_{Al^{3+}} > D_{Zr^{4+}}$，这一关系，说明扩散系数随阳离子电价增高而减小。直线 16 表示 O^{2-} 离子在以 CaO 作稳定剂的 ZrO_2 中之扩散情况，与以上数据比较显然是一个例外，它的数值要大几个数量级，原因是在这类化合物中氧离子空位占的数量很大，所以 O^{2-} 离子扩散容易。在非化学计量化合物中常出现类似的现象，所以预料这类化合物中的扩散系数也是比较大的。

比较直线 12（为单晶）与 13 还可以看出，多晶中的扩散比单晶中容易，所以单晶中的扩散系数较多晶中的扩散系数小得多。由于离子（或原子）的扩散是随着结构缺陷的增多而增大的。晶体的表面也可看作晶体的缺陷，多晶体的界面也与此类似，所以晶界越多，越易扩散。因而晶格中的扩散系数（或体积扩散系数）$D_{体积}$，界面扩散系数 $D_{界面}$ 和表面扩散系数 $D_{表面}$ 的数值是有差别的。它们之间的比例随着物料和温度的不同而有所变化，但大致有如下数量级关系：

$$D_{体积} : D_{界面} : D_{表面} = 10^{-14} : 10^{-10} : 10^{-7}$$

陶瓷与耐火材料制品大多数为多晶体，所以颗粒愈细，晶界愈多，表面扩散、晶界扩散的作用也越大。另外杂质也常聚集于晶界上，对晶界扩散也有附加的促进作用。

由上述可见，扩散是个比较复杂的问题，它不仅受到外界条件（如温度、气氛、杂质等）的影响，而且还与本身扩散离子的性质（如离子半径、电价高低等）及扩散介质的结构、扩散部位等有密切关系。至于离子晶体中的扩散除阳离子与阴离子的扩散外，电子、电子空穴及电中性的原子或分子也有可能同时扩散，各种质点的扩散速度也不相同。

4.2 固相反应概论

广义地讲，凡有固相参与的化学反应都可称为固相反应。

固相反应在无机非金属固体材料的高温过程中是一个普遍的物理化学现象，属多相化学反应的范围，包括固相与固相、固相与气相、固相与液相间的反应三个方面。但在狭义上，固相反应常指固体与固体间发生化学反应生成新的固体产物的过程。固相反应已是众所周知的一系列合金、传统硅酸盐材料以及各种新型无机材料生产过程中的基础反应，它直接影响这些材料的合成与制备。

4.2.1 固相反应的特点

由扩散基本理论已知，即使在较低温度下，固体中质点也可能扩散迁移，并随温度升高扩散速度以指数规律增长。因此固态物质间可以直接进行反应。在多数情况下，固相反应总是发生在两种组分界面上的非均相反应。对于粒状物料，反应首先是通过颗粒间的接触点或面进行，随后是反应物通过产物层进行扩散迁移，使反应得以继续。因此参与反应的固相相互接触是反应物间发生化学作用和物质输送的先决条件，固相反应一般包括相界面上的反应和物质迁移两个过程。

在低温时，固体在化学上一般是不活泼的，因而固相反应通常在高温下进行。固相反应开始温度常远低于反应物的熔点或系统的低共熔点，通常相当于一种反应物开始呈现明显扩散作用的温度，常称为泰曼温度或烧结开始温度。对于不同物质的泰曼温度与其熔点（T_m）间存在一定的关系。例如，对于金属为 $(0.3 \sim 0.4)T_m$；盐类和硅酸盐则分别为 $0.57T_m$ 和 $(0.8 \sim 0.9)T_m$。由于反应发生在非均一系统，于是传热和传质过程都对反应速率有重要影响。而伴随反应的进行，反应物和产物的物理化学性质将会变化，并导致固体内温度和反应物浓度分布及其物性的变化，这都可能对传热、传质和化学反应过程产生影响。当反应物之一存在有多晶转变时，则此转变温度也往往是反应开始变得显著的温度，这一规律常称为海德华定律。

4.2.2 固相反应机理

固相反应一般是由相界面的化学反应和固相内的物质迁移两个过程构成。

（1）相界面上化学反应机理 傅梯格（Hüttig）研究了 ZnO

和 Fe_2O_3 合成 $ZnO-Fe_2O_3$ 的反应过程。图 4-11 示出加热到不同温度的反应混合物，经迅速冷却后分别测定的物性变化结果。图中横坐标是温度，而各种性质变化是对照 0-0 线的纵坐标标出的。综合各种性质随反应温度的变化规律，可把整个反应过程划分为六个阶段。

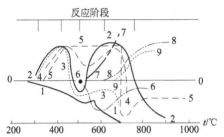

图 4-11　$ZnO-Fe_2O_3$ 混合物在加热过程中的性质变化

1—对色剂的吸附性能；2—在 250℃ 时对 $2CO+O_2 \longrightarrow 2CO_2$ 反应的催化活性；

3—物系的吸湿性；4—在 150℃ 时对 $2N_2O \longrightarrow 2N_2+O_2$ 反应的催化活性；

5—染色（Ostwald 色标）；6—密度；7—磁化率；8—$ZnFe_2O_4$ 的

X 射线、谱线强度；9—荧光性

① 隐蔽期　约低于 300℃。此阶段内吸附色剂能力降低，说明反应物混合时已经相互接触，随温度升高，接触更紧密，在界面上质点间形成了某些弱的键。在这阶段中，一种反应物"掩蔽"着另一种反应物，而且前者一般是熔点较低的。

② 第一活化期　约在 300～400℃ 之间。这时对 $2CO+O_2 \longrightarrow 2CO_2$ 的催化活性增强，吸湿性增大，但 X 射线分析结果尚未发现新相形成，密度无变化。说明初始的活化仅是表面效应，可能有的反应产物也是局部的分子表面膜，并具有严重缺陷，故呈现很大活性。

③ 第一脱活期　约在 400～500℃ 之间。此时，催化活性和吸附能力下降。说明先前形成的分子表面膜得到发展和加强，并在一定程度上对质点的扩散起阻碍作用。不过，这作用仍局限在表面层范围。

④ 二次活化期　约在 500～620℃ 之间。这时，催化活性再次

增强；密度减小，磁化率增大；X 射线谱上仍未显示出新相谱线，但 ZnO 谱线呈现弥散现象，说明 Fe_2O_3 渗入 ZnO 晶格，反应在整个颗粒内部进行，常伴随着颗粒表层的疏松和活化。此时反应产物的分散度非常高，不可能出现新化合物晶格，但可认为晶核业已形成。

⑤ 二次脱活期或晶体形成期　约在 620～750℃ 之间。此时，催化活性再次降低，X 射线谱开始出现 $ZnO \cdot Fe_2O_3$ 谱线，并由弱渐强，密度逐渐增大。说明晶核逐渐成长，但结构上仍是不完整的。

⑥ 反应产物晶格校正期　约大于 750℃。这时，密度稍许增大，X 射线谱上 $ZnO \cdot Fe_2O_3$ 谱线强度增强并接近于正常晶格的图谱。说明反应产物的结构缺陷得到校正、调整而趋于热力学稳定状态。

当然，对不同反应系统，并不一定都划分成上述六个阶段。但都包括以下三个过程：即反应物之间的混合接触并产生表面效应、化学反应和新相形成以及晶体成长和结构缺陷的校正。至于反应阶段的划分主要决定于温度，因为在不同温度下，反应物质点所处的能量状态不同，扩散能力和反应活性也不同。因此，对不同系统，各阶段所处的温度区间也不同。但是相应新相的形成温度都明显地高于反应开始温度，其差值称反应潜伏温差，其大小随不同反应系统而异。例如上述的 $ZnO + Fe_2O_3$ 系统约为 320℃；而 $ZnO + Cr_2O_3$，系统约为 300℃，$NiO + Al_2O_3$ 系统约为 250℃。

当反应有气相或液相参与时，反应将不局限于物料直接接触的界面，而可能沿整个反应物颗粒的自由表面同时进行。可以预期，这时固体与气体、液体间的吸附和润湿作用将会有重要影响。

（2）反应物通过产物层的扩散　当在两反应颗粒间形成一层产物之后，进一步反应将依赖于一种或几种反应物通过产物层的扩散而得以继续。这种迁移扩散可能通过晶体内部晶格、表面、晶界或晶体裂缝进行。

（3）不同反应类型

① 加成反应　这是固相反应的一个重要类型，其一般形式为：$A + B \longrightarrow C$，其中 A、B 可为任意元素或化合物。当化合物 C 不溶于 A 或 B 中任一相时，则在 A、B 两层间就形成产物层 C。当 C 与 A 或 B 之间形成部分或完全固溶时，则在初始反应物中生成一

个或两个新相。当 A 与 B 之间形成成分连续变化的产物时，则在反应物间可能形成几个新相。一般加成反应的开始温度约接近于反应物的泰曼温度。

② 造膜反应　这类反应实际上也属加成反应，其通式也是 A+B ⟶ C。但 A、B 常是单质元素。若生成物 C 不固溶于 A、B 中任一相，或能以任意比例固溶，则产物层中排列方式分别为 A|C|B，A(B)|B 及 A|B(A)。

金属氧化反应可以作为一个代表。例如：

$$Zn + \frac{1}{2}O_2 \longrightarrow ZnO \tag{4-39}$$

伴随上述过程产生的自由焓减少，即气相中 O_2 的化学位 μ_a 与 Zn-ZnO 界面上平衡氧的化学位 μ_i 的差值正是此反应的推动力。当氧化膜增厚速度由扩散控制时，上述氧的化学位降低将在氧化膜中完成。其机构示意如图 4-12 所示。

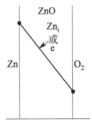

图 4-12　Zn 氧化时 ZnO 层内 $Zn_i^{\cdot}$ 及 e 的浓度分布

由于 ZnO 是金属过量型的非化学计量氧化物。过剩的 $Zn^{\cdot}$ 存在于晶格间隙中，并保持如下的解离平衡：

$$Zn(气) \longrightarrow Zn_i^{\cdot} + e \tag{4-40}$$

故有，

$$\frac{[Zn_i^{\cdot}][e]}{P_{Zn}} = k \tag{4-41}$$

由式(4-39) 得：

$$P_{Zn} \cdot P_{O_2}^{1/2} = 恒值 \tag{4-42}$$

代入式(4-41) 则

$$[Zn_i^{\cdot}][e] = K' P_{O_2}^{-\frac{1}{2}} \tag{4-43}$$

或

$$[Zn_i^{\cdot}] = [e] = K'' F P_{O_2}^{-\frac{1}{4}} \tag{4-44}$$

实验证实此关系是正确的。说明 $Zn_i^{\cdot}$ 与 e 浓度随氧分压或化学位降低而增加。因此，ZnO 膜的增厚过程是 Zn 从 Zn-ZnO 界面进入 ZnO 晶格，并依式(4-40) 解离成 $Zn_i^{\cdot}$ 和 e 的缺陷形态，在浓度梯度推动下向 O_2 侧扩散，在 ZnO-O_2 界面上进行 $Zn_i^{\cdot} + \frac{1}{2}O_2 +$

e $\longrightarrow$ ZnO 反应、消除缺陷形成 ZnO 晶格。

对于形成 O_2 过剩的非化学计量氧化物（如 NiO）时。情况也类似。

③ 置换反应 这是另一类重要的固相反应，其反应通式如下。

$$A+BC \longrightarrow AC+B \qquad (4\text{-}45)$$

或 $$AB+CD \longrightarrow AD+BC \qquad (4\text{-}46)$$

$$ABX+CB \longrightarrow CBX+AB \qquad (4\text{-}47)$$

这时，反应物必须在两种产物层中扩散通过。并将形成种种反应物与生成物层的排列情况。如反应以式(4-46)进行，当 AD 与 AB 固溶但不与别的相固溶，而且仅 D 与 B 扩散迁移进行反应时，由于 B 和 D 是分别从 AB 和 CD 通过产物层向 CD 和 AB 方向扩散的，故其产物层将分别排列成（B、D）A|BC|CD。对于仅是 A 与 C 扩散的情况，则产物层将排成 AB|BC|AD|CD。可见，排列情况主要取决于反应物与产物的固溶性和反应机理。对于三组分以上的多元系统，则产物层的排列就更复杂。

各种硅酸盐、碳酸盐、磷酸盐和硫酸盐与 CaO、SrO、BaO 等 MO 型氧化物间的反应是按式(4-47)进行的：

$$MO+M'XO_n \longrightarrow M'O+MXO_n$$

这些反应的特点是，反应开始温度（T_f）与 $M'XO_n$ 种类无关，仅取决于 MO 的种类。例如对 BaO 约为 350℃，SrO 为 455℃，CaO 为 530℃依次升高。研究指出，T_f 值正与 MO 和 MO 同空气中水蒸气或 CO_2 生成的 $M(OH)_2$ 及 MCO_3 等低共熔温度相符。因此，在 T_f 温度开始发生的并非是固-固反应，而是固-液反应的开始温度。

④ 转变反应 这类反应的特点是：反应仅在一个固相内进行，反应物或生成物不必参与迁移。其次，反应通常是吸热的，在转变点附近会出现比热值异常增大。对于一级相变，比热值变化是不连续的，对于二级相变则是连续的。由此可见，传热对转变反应速度有着决定性影响。

石英的多晶转变反应是硅酸盐工业上最常见的实例。

⑤ 热分解反应 这类反应与转变反应相似，反应常伴有较大

的吸热效应，并在某一狭窄温度范围内迅速进行，所不同的是热分解反应伴随有分解产物的扩散过程。

在上述各类反应中，有时反应不是一步完成的，而是经由几个中间产物而最后完成，这通常称连续反应。连续反应在各不同反应类型和系统中都可能出现，它对于掌握和控制反应进程往往是重要的。通常可根据自由焓来判断各种可能的反应方向和顺序。一般说来，其最初的中间产物常是熔点最高的，各中间产物组成与起始配料中各成分比例无关，但最终产物的组成与起始成分相同。图 4-13 和图 4-14 分别示出 $CaO+SiO_2$ 系统的反应进程和部分反应的自由

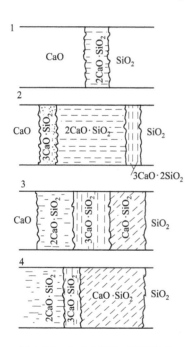

图 4-13　$CaO+SiO_2$ 反应形成钙硅酸盐过程的示意图

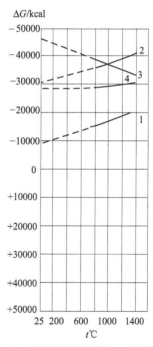

图 4-14　形成钙硅酸盐时自由焓的变化

1—$CaO+SiO_2 \longrightarrow CaO \cdot SiO_2$；

2—$2CaO+SiO_2 \longrightarrow 2CaO \cdot SiO_2$；

3—$3CaO+2SiO_2 \longrightarrow 3CaO \cdot 2SiO_2$；

4—$3CaO+SiO_2 \longrightarrow 3CaO \cdot SiO_2$

$1cal=4.18J$

熔变化。图 4-13 表明，反应首先形成 C_2S，进而是 C_3S_2 和 C_3S，最后才转变为 CS。这与图 4-14 所示的，温度在 $1000\sim1400℃$ 范围内形成各种钙硅酸盐时自由熔变化的大小顺序是一致的。

4.2.3 固相反应动力学方程

（1）固相反应一般动力学关系 固相反应通常是由几个简单的物理化学过程，如化学反应、扩散、结晶、熔融、升华等步骤构成的。因此，整个反应的速率将受其中速率最慢的一环所控制。现以金属氧化为例，建立反应总速度与各阶段反应速率间的关系。

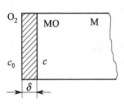

图 4-15 金属表面
氧化反应模型

设反应依图 4-15 所示模式进行，其反应方程式为：

$$M(s)+\frac{1}{2}O_2(g)=MO(s)$$

反应经 t 时间后，金属 M 表面已形成厚度为 δ 的产物层 MO。进一步的反应将由氧气 O_2 通过产物层 MO 扩散到 M-MO 界面上和金属 M 发生氧化反应两个过程所构成。根据化学反应一般原理和扩散定律，单位面积上金属的氧化速率 V_r 和氧气扩散速率 V_d 分别有如下关系：

$$V_r=K_c;V_d=D\left(\frac{dc}{dx}\right)_{x=\delta} \tag{4-48}$$

式中，K 为化学反应速率常数；c 为界面处氧气浓度；D 为氧气在产物层中的扩散系数。显然，当整个反应达到稳定时，反应总速率 $V=V_r=V_d$。由 $K_c=Ddc/dx=D(c_0-c)/\delta$，得界面氧浓度：$c=c_0/[1+K\delta/D]$，故有：

$$\frac{1}{V}=\frac{1}{K_{c_0}}+\frac{1}{D\left(\dfrac{c_0}{\delta}\right)} \tag{4-49}$$

由此可见，由扩散和化学反应构成的固相反应过程总速率的倒数为扩散最大速率的倒数和化学反应最大速率的倒数之和。若将反应速率的倒数理解成反应的阻力，则式(4-49)将具有熟悉的串联电路欧姆定律完全相似的形式：反应的总阻力等于各环节分阻力之和。反应过程与电路的这一类同对于研究复杂反应过程有着很大的方便。例如，当反应不仅包括化学反应、物质扩散，还包括结晶、熔融、升华等物理化学过程，且当这些单元过程间又以串联模式依次进行时，那么固相反应的总速度应为：

$$V = \cfrac{1}{\left(\cfrac{1}{V_{1max}} + \cfrac{1}{V_{2max}} + \cfrac{1}{V_{3max}} + \cdots\cdots + \cfrac{1}{V_{nmax}} \right)} \qquad (4\text{-}50)$$

式中，V_{1max}、V_{2max}、$\cdots\cdots V_{nmax}$ 等分别代表构成反应各环节的最大可能速率。

应该指出，对实际的固相反应过程，掌握所有反应环节的具体动力学关系有时往往十分困难，故需抓住问题的主要矛盾才能使问题比较容易地得到解决。例如，若在固相反应环节中，物质扩散速率较其他各环节都慢得多，则由式(4-50)可知反应阻力主要来源于扩散过程。此时，若其他各项反应阻力较扩散项是一个小量并可忽略不计时，则总反应速率将几乎完全受控于扩散速率。

（2）化学控制反应动力学　化学反应是固相反应过程的基本环节。根据物理化学原理，对于二元均相反应系统，若化学反应依式 $m\mathrm{A} + n\mathrm{B} = p\mathrm{C}$ 进行，则化学反应速率的一般表达式为：

$$V_r = \frac{\mathrm{d}c_c}{\mathrm{d}t} = K c_a^m c_b^n \qquad (4\text{-}51)$$

式中，c_a、c_b、c_c 分别代表反应物 A、B 和产物 C 的浓度；K 为反应速率常数，它与温度间存在阿累尼乌斯关系：

$$K = K_0 \exp\left(-\frac{\Delta G_r}{RT} \right) \qquad (4\text{-}52)$$

此处，K_0 为常数；ΔG_r 为反应活化能。

然而，对于非均相的固相反应，式(4-51)不能直接用于描述化学反应动力学关系。这是因为对大多数固相反应，浓度概念已失去应有的意义。其次，多数固相反应是以反应物间的机械接触为基本条件。因此，在固相反应中，将用反应物的转化率 G 取代式(4-51)中的浓度项，并同时考虑反应过程中反应物间的接触面积。

反应物转化率常定义为反应物在反应过程中被反应了的体积百分数。设反应物颗粒呈球状，反应前半径为 R_0，经时间 t 后反应

物颗粒外层 x 厚度已被反应，则定义转化率 G：

$$G = \left[\frac{R_0^3 - (R_0 - x)^3}{R_0^3}\right] = 1 - \left(\frac{1-x}{R_0}\right)^3 \tag{4-53}$$

根据式(4-51)的含义，有固相反应中动力学一般方程：

$$\frac{dG}{dt} = KF(1-G)^n \tag{4-54}$$

式中，n 为反应级数；K 为反应速率常数；F 为反应截面。当反应物颗粒为球形时，$F = 4\pi R_0^2 (1-G)^{2/3}$。考虑一个一级反应，由式(4-54)得动力学方程：

$$\frac{dG}{dt} = 4\pi K R_0^2 (1-G)^{2/3} = K_l (1-G)^{5/3} \tag{4-55}$$

若反应截面在反应过程中不变（如金属平板的氧化过程），则有：

$$\frac{dG}{dt} = K_l' (1-G) \tag{4-56}$$

积分式(4-55)和式(4-56)，并考虑初始条件 $t=0$，$G=0$，得反应截面分别依球形和平板模型变化时，固相反应转化率或反应度与时间的函数关系：

$$F_l(G) = \left[(1-G)^{-\frac{2}{3}} - 1\right] = K_l t \tag{4-57}$$

$$F_l'(G) = \ln(1-G) = -K_l' t \tag{4-58}$$

碳酸钠 Na_2CO_3 和二氧化硅 SiO_2 在 740℃下进行固相反应：

$$Na_2CO_3(s) + SiO_2(s) \Longequal Na_2SiO_3(s) + CO_2(g)$$

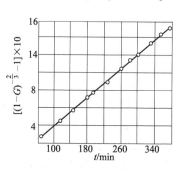

当颗粒半径 $R_0 = 36\mu m$，并加入少许 NaCl 作溶剂，整个反应动力学过程完全符合式(4-57)关系，如图 4-16 所示。这说明上述反应于该条件下，反应总速率为化学反应动力学过程所控制，而扩散的阻力已小到可忽略不计，且反应属于一级化学反应。

图 4-16 在 NaCl 参与下碳酸钠与二氧化硅反应动力学曲线

（3）扩散控制反应动力学 固相反应一般都伴随着物质的迁移。在固相结构内部扩散速率常常较为缓慢，因而在多数情况下扩散速率控制着整个反应的总速率。由于反应截面变化的复杂性，扩散控制的反应动力学方程将彼此不同。在众多的反应动力学方程中，基于平行板模型和球体模型所导出的所谓扬德尔（Jandex）方程和金斯特林格（Ginsterlinger）方程具有相当的代表性。

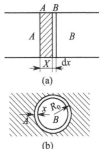

图 4-17 固相反应动力学模型

① 扬德尔方程 如图 4-17(a) 所示，设反应物 A 和 B 以平板模式相互接触反应与扩散，经时间 t 后形成厚度为 x 的产物 AB 层。随后，物质 A 通过 AB 层扩散到 B-AB 界面继续与 B 反应。若界面化学反应速率远大于扩散速率，则可认为固相反应总速率由扩散过程控制。

设 t 到 $t+dt$ 时间内通过 AB 层单位截面的 A 物质量为 dm。显然，在反应过程中的任一时刻，反应界面 B-AB 处物质 A 的浓度为零，而界面 A-AB 处 A 的浓度为 c_0。由菲克扩散定律可得：

$$\frac{dm}{dt} = D\left(\frac{dc}{dx}\right)_{x=\xi} \tag{4-59}$$

又设反应产物 AB 密度为 ρ，分子量为 μ，则 $dm = \rho dx/\mu$；当扩散到达稳定时，有：

$$\left(\frac{dc}{dx}\right)_{x=\xi} = \frac{c_0}{x}; \quad \frac{dx}{dt} = \frac{\mu D c_0}{\rho x} \tag{4-60}$$

积分上式并考虑边界条件 $t=0$ 时 $x=0$，得：

$$x^2 = \frac{2\mu D c_0 t}{\rho} = Kt \tag{4-61}$$

上式说明，反应物以平行板模式接触时，反应产物层厚度与时间的平方根成正比，故常称上式为抛物线速度方程式。当反应物为球状颗粒时，利用式(4-53)可对上式进行修正，得所谓的扬德尔方程积分式：

$$x^2 = R_0^2\left[1-(1-G)^{\frac{1}{3}}\right]^2 = Kt \tag{4-62}$$

或 $$F_J(G) = \left[1-(1-G)^{\frac{1}{3}}\right]^2 = \frac{Kt}{R_0^2} = K_J t \tag{4-63}$$

较长时间以来，扬德尔方程一直作为一个较经典的固相反应动力学方程被广泛地接受。但认真分析扬德尔方程推导的过程，不难发现，将圆球模型的转化率式（4-53）代入平板模型的抛物线速度方程中，就限制了扬德尔方程只能用于反应转化率较小和反应截面 F 可以近似地看成常数的反应初期。图 4-18 和图 4-19 分别表示了反应 $BaCO_3 + SiO_2 \Longrightarrow BaSiO_3 + CO_2$ 和 $ZnO + Fe_2O_3 \Longrightarrow ZnFe_2O_3$ 在不同温度下 $F_J(G)$-t 关系，它们证实了扬德尔方程在反应初期的适用性。图中所示温度变化所引起直线斜率的改变则完全是由反应速率常数 K_J 变化所致。

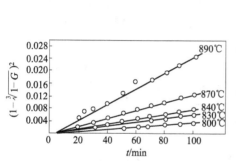

图 4-18　不同温度下碳酸钡与
二氧化硅反应动力学关系

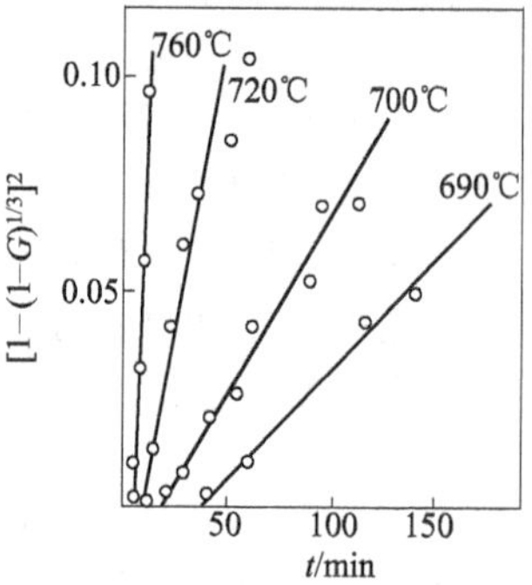

图 4-19　不同温度下铁酸锌
生成动力学的关系

② 金斯特林格方程　金斯特林格针对扬德尔方程只能用于反应转化率较小的情况，考虑了反应截面随反应进程而变化这一事实，认为实际反应一经开始，反应产物层是一个厚度逐渐增加的球壳而不是一个平面。为此，金斯特林格提出了如图 4-20 所示的反应扩散模型。假设反应物之一 A 的熔点低于 B 的熔点，当反应物 A 和 B 混合均匀后，A 可通过表面扩散或气相扩散而布满整个 B 的表面。反应开始并生成产物层 AB 后，反应物 A 在产物层中的扩散速率远大于 B 的扩散速率，且 AB-B 界面上，

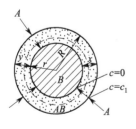

图 4-20　金斯特林格
固相反应模型

由于化学反应速率远大于扩散速率，扩散到该处的反应物 A 可迅速与 B 反应生成 AB，因而 AB-B 界面上 A 的浓度可恒为零。但在整个反应过程中，反应物 A 与生成物 AB 的 A-AB 界面上，扩散相 A 的浓度则恒为 c_0。根据该反应模型，金斯特林格推出反应层厚度随时间变化关系为：

$$x^2\left(1-\frac{2x}{3R}\right)=2K_0t \tag{4-64}$$

将球形颗粒转化率关系式(4-53)代入上式，经整理即可得出以转化率 G 表示的金斯特林格动力学方程：

$$F_K(G)=1-\frac{2G}{3}-(1-G)^{2/3}=2D\mu\frac{tC_0}{R_0^2n\rho}=K_Kt \tag{4-65}$$

式中，K_K 称为金斯特林格动力学方程速率常数。

大量实验研究表明，金斯特林格方程比扬德尔方程能适应于更大的反应程度。例如，碳酸钠与二氧化硅在 820℃ 下的固相反应，测定不同反应时间的二氧化硅的转化率 G 得如表 4-2 所示的数据。根据金斯特林格方程拟合实验结果，在较宽的实验测定范围内（$G=0.246\sim0.616$），$F_K(G)$ 关于 t 有相当好的线性关系，其速率常数 K_K 均为 1.83。但若以扬德尔方程处理实验结果，$F_J(G)$ 与 t 的线性关系较差，速率常数 K_J 从 1.81 偏离到 2.25。图 4-21 给出了实验与拟合的图线。

表 4-2 二氧化硅-碳酸钠反应动力学数据（$R_0=36\mu m$，$T=820℃$）

时间/min	SiO_2 反应度 G	$K_K\times10^4$	$K_J\times10^4$
41.5	0.2458	1.83	1.81
49.0	0.2666	1.83	1.96
77.0	0.3280	1.83	2.00
99.5	0.3686	1.83	2.02
168.0	0.4640	1.83	2.10
193.0	0.4920	1.83	2.12
222.0	0.5196	1.83	2.14
263.5	0.5600	1.83	2.18
296.0	0.5876	1.83	2.20
312.0	0.6061	1.83	2.24
332.0	0.6156	1.83	2.25

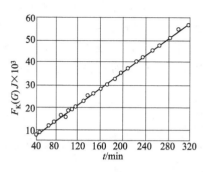

图 4-21 碳酸钠与二氧
化硅反应动力学

由上述反应动力学分析可以看到，反应截面在反应过程中随时间变化的情况不同，反应所表现出的动力学行为也不同。因此，不同形状颗粒的反应物必然对应着不同的动力学方程。例如，对于半径为 R 的圆柱状颗粒，当反应物沿圆柱表面形成的产物层扩散的过程起控制作用时，其反应动力学方程式为：

$$F_C(G) = (1-G)\ln(1-G) + G = Kt \qquad (4-66)$$

然而，应该指出，无论是金斯特林格方程还是扬德尔方程以及圆柱颗粒模型所导出的动力学方程，它们在推导过程中尽管考虑了各自模型中不同的几何细节，但它们均建立在一个稳定扩散过程控制的基本假设上，而实际固相反应中的扩散过程可能会比这一假设更为复杂。因此，这些反应动力学方程并非对所有扩散控制的固相反应都能适用。此外，在上述的动力学方程中没有考虑反应物与生成物密度不同所带来的体积效应。由于实际反应物与生成物密度的差异，扩散相 A 在产物层中扩散的路程并非 R_0-r，而是 r_0-r（此处 $r_0 \neq R_0$，为未反应的 B 加上产物层厚度的临时半径），并且 r_0-r 随着反应的进行而增大。为此，卡特（Carter）对金斯特林格方程进行了修正，得到如下卡特方程：

$$F_{CA}(G) = [1+(Z-1)G]^{2/3} + (Z-1)(1-G)^{2/3} = Z+2(1-Z)Kt$$
$$(4-67)$$

式中，Z 为消耗单位体积 B 组分所生成产物 C 组分的体积。

卡特将该方程用于镍球氧化过程的动力学数据处理，发现该方程与实验数据从 $G=0 \sim 100\%$ 均符合得很好，如图 4-22 所示。H. O. Schmalyrieel 也在 ZnO 与 Al_2O_3 反应生成 $ZnAl_2O_4$ 实验中，证实卡特动力学方程一直到反应度 100% 时仍然适用。

4.2.4 影响固相反应的因素

由于固相反应过程主要包括界面的化学反应和相内部的物质传递两个步骤。因此，除了反应物的化学组成、特性和结构状态以及温度、压力等因素外，凡是可能活化晶格，促进物质的内、外扩散作用的因素都会对反应起影响。

（1）反应物化学组成的影响

化学组成是影响固相反应的内因，是决定反应方向和速度的重

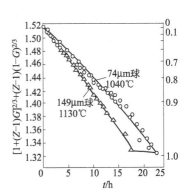

图 4-22　空气中镍球氧化
动力学卡特关系

要条件。从热力学角度看，在一定温度、压力条件下，反应可能进行的方向应是自由焓减少（$\Delta G < 0$）的过程，而且 ΔG 的负值愈大，该过程的推动力也愈大，沿该方向反应的几率也大。从结构角度看，反应物中质点间的作用键强愈大，则可动性和反应能力愈小，反之亦然。

其次，在同一反应系统中，固相反应速率还与各反应物间的比例有关。如果颗粒相同的 A 和 B 反应形成产物 AB，若改变 A 与 B 比例会改变产物层厚度，反应物表面积和扩散截面积的大小，从而影响反应速率。例如增加反应混合物中"遮盖"物的含量，则产物层厚度变薄，相应的反应速率也增加。

当反应混合物中加入少量矿化剂（也可能是由存在于原料中的杂质引起的），则常会对反应产生特殊的作用。表 4-3 列出少量 NaCl 对 Na_2CO_3 与 Fe_2O_3 反应的加速作用。数据表明：在一定温度下，添加少量 NaCl 可使不同颗粒尺寸 Na_2CO_3 的转化率约提高 0.5～6 倍，而且颗粒愈大的，作用也愈明显。关于矿化剂的作用机理则是复杂和多样的。一般认为它可以通过与反应物形成固溶体而使其晶格活化，反应能力增强；或是与反应物形成低共熔物，使物系在较低温度下出现液相加速扩散和对固相的溶解作用；或是与反应物形成某种活性中间体而处于活化状态，或是通过矿化剂离子

对反应物离子的极化作用，促使其晶格畸变和活化等等，矿化剂总是以某种方式参与到固相反应中去的。

表 4-3　NaCl 对 $Na_2CO_3+Fe_2O_3$ 反应的作用

NaCl 添加量（相对于 Na_2CO_3）/%	不同颗粒尺寸的 Na_2CO_3 转化率/%		
	0.06~0.088mm	0.27~0.35mm	0.6~2mm
0	53.2	18.9	9.2
0.8	88.6	36.8	22.5
2.2	88.6	73.8	60.1

（2）反应物颗粒及均匀性的影响　颗粒尺寸大小主要是通过以下途径对固相反应起影响的。首

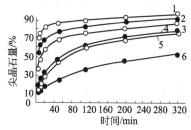

图 4-23　ZnO 和 Al_2O_3 的颗粒尺寸（μm）对形成 $ZnAl_2O_4$ 速度的影响
[ZnO 和 Al_2O_3 粒径分别为（μm）：
1—2~6、2~6；2—2~6、70~90；
3—2~6、150~200；4—70~90、2~6；
5—70~90；6—150~200，2~6]

先，物料颗粒尺寸愈小，比表面积愈大，反应界面和扩散截面增加，反应产物层厚度减少，使反应速度增大。同时，按威尔表面学说，随粒度减小，键强分布曲线变平，弱键比率增加，反应和扩散能力增强。因此，粒径愈小，反应速率愈快，反之亦然。此外，颗粒尺寸的影响也直接反映在各动力学方程中的速率常数项 K，因为 K 值是反比于颗粒半径 R_0^2。图 4-23 表示出不同颗粒尺寸的 ZnO 和 Al_2O_3 在 1200℃ 的形成 $ZnAl_2O_4$ 速率的影响。

其次，同一反应物系由于物料颗粒尺寸不同，反应速率可能会属于不同动力学范围控制。例如 $CaCO_3$ 与 MoO_3 反应，当取等分子比成分并在较高温度（600℃）下反应时，若 $CaCO_3$ 颗粒大于 MoO_3，反应由扩散控制，反应速率主要随 $CaCO_3$ 颗粒度减小而加速。倘若 $CaCO_3$ 与 MoO_3 比值较大，$CaCO_3$ 颗粒度小于 MoO_3 时，由于产物层厚度减薄，扩散阻力很小，则反应将由 MoO_3 的升华过程所控制，并随 MoO_3 粒径减小而加剧。

最后应该指出，在实际生产中往往不可能控制均等的物料粒径，这时反应物料的颗粒级配对反应速度同样是重要的，因为物料颗粒大小对反应速率的影响是平方关系。于是，即使少量较大尺寸的颗粒存在，都可能显著地延缓反应过程的完成。故生产上宜使物料颗粒分布控制在较窄范围之内。

（3）反应温度的影响   温度是影响固相反应速率的重要外部条件。一般随温度升高，质点热运动动能增大，反应能力和扩散能力增强。对于化学反应，因其速度常数 $K = A \exp\left(-\dfrac{Q}{RT}\right)$。式中碰撞系数 A 是几率因子 P 和反应物质点碰撞数目 Z_0 的乘积（$A = PZ_0$），Q 是反应活化能。显然，随温度升高，质点动能增高，于是 K 值增大。对于扩散过程，因扩散系数 $D = D_0 \exp \times \left(-\dfrac{u}{RT}\right)$。式中 $D_0 = \alpha v a_0^2$，即决定于质点在晶格位置上的本征振动频率 v 和质点间平均距离 a_0。故随温度升高，扩散系数 D 增大。说明温度对化学反应和扩散两过程有着类似的影响。但由于 u 值通常比 Q 值为小，因此温度对化学反应的加速作用一般也远比对扩散过程为大。

（4）压力和气氛的影响   对不同反应类型，压力的影响也不同。在两固相间的反应中，增大压力有助于颗粒的接触，增大接触面积，加速物质传递过程，使反应速率增加。有液相或气相参加的固相反应过程，由于传质主要不是通过颗粒的接触，因而加大成型压力对传质过程影响不大，甚至有起相反影响的。例如，易升华物质氧化铅与硫酸铜反应时，随着成型压力的提高，氧化铅升华困难，反应速率反而下降。通常，当成型压力提高到某一程度后，影响即不明显，所以不同情况应通过试验找出合理的成型压力。又如黏土矿物脱水反应和伴随有气相产物的热分解反应以及某些由升华控制的固相反应等，增加压力会使反应速率下降。除压力外，气氛对固相反应也有重要影响，它可以通过改变固体吸附特性而影响其表面反应活性。对于一系列能形成非化学计量的化合物如 ZnO、CuO 等，气氛可直接影响晶体表面缺陷的浓度和扩散机构与速度。

（5）反应物活性的影响

① 反应物晶格活性与晶格类型等有关，一般晶格能大，结构紧密的晶体是比较稳定的，其质点可动性较小。例如：$\gamma\text{-Al}_2O_3$ 与 $\alpha\text{-Al}_2O_3$。两种变体，由于 $\gamma\text{-Al}_2O_3$ 的结构比较松弛，密度为 $3.47\sim3.60g/cm^3$；而 $\alpha\text{-Al}_2O_3$ 结构较紧密，密度为 $3.96g/cm^3$，晶格能也较大。所以二者与 MgO 合成尖晶石时，开始反应温度不同：

$$MgO + \gamma\text{-Al}_2O_3 \xrightarrow{700℃\ (有矿化剂)} MgO \cdot Al_2O_3$$

$$MgO + \alpha\text{-Al}_2O_3 \xrightarrow{920℃\ (有矿化剂)} MgO \cdot Al_2O_3$$

以上两反应开始温度相差 220℃ 左右。由此可见，凡是能促进反应物晶格活化的因素，均可促进固相反应的进行。

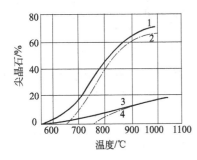

图 4-24 不同原料合成铬镁尖晶石时尖晶石生成量

② 反应物分解生成的新生态晶格，具有很高活性，对固相反应是有利的。例如，合成铬镁尖晶石时，采用不同的原料，则反应速率不同，如图 4-24 所示。该图指出合成的或天然的铬铁矿与 $MgCO_3$（相当于曲线 1 与 2）以及与烧结 MgO（相当于曲线 3 与 4）间的反应速度。当与 $MgCO_3$ 反应时，新生态的 MgO 与铬铁矿的反应非常活跃，反应按如下两式进行：

$$MgCO_3 \xrightarrow{加热} MgO + CO_2$$

$$FeO \cdot Cr_2O_3 + MgO \longrightarrow MgO \cdot Cr_2O_3 + FeO$$

反应产物（合成尖晶石 $MgO \cdot Cr_2O_3$）量较高，当选用烧结 MgO 时，由于 MgO 已结晶良好，晶格活性低，所以反应产物量大大减少。同理，在生产水泥熟料时，CaO 组分是以 $CaCO_3$ 形式加入的，由于煅烧时 $CaCO_3$ 分解产生新生态 CaO，具有很高的活性，对固相反应的进行比较有利。

③ 反应物具有多晶转变时也可以促进固相反应的进行。因为发生多晶转变时，晶体由一种结构类型转变为另一种结构类型，原

来稳定的结构被破坏，晶格中基元的位置发生重排，此时基元间的结合力大大削弱，处于一种活化状态。实验证明，反应物多晶转变温度，往往是反应急速进行的温度。

例如，SiO_2 与 Co_2O_3 的反应中，当温度低于 900℃ 时，反应进行很慢，Co_2O_3 的转化率为 2％；当反应到 900℃ 左右时，由于存在石英向鳞石英的多晶转变，使反应速度大大加快，Co_2O_3 的转化率突增至 19％。又如在 Fe_2O_3 与 SiO_2 的反应中，在石英多晶转变温度下，如 573℃ 和 870℃ 附近，反应速度大大加快，反应产物数量大大增加。

④ 加入矿化剂，使其与反应物或反应物之一形成固溶体，由于固溶体的形成往往引起晶格的扭曲和变形，如图 4-25 所示，产生缺陷（这是由外来杂质质点造成的晶格缺陷），使一些质点处于不平衡位置，具有较大的能量，比较容易发生移动，使晶格相对活化。

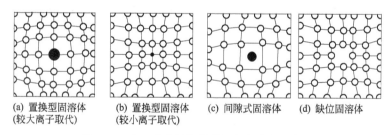

(a) 置换型固溶体　　(b) 置换型固溶体　　(c) 间隙式固溶体　　(d) 缺位固溶体
　(较大离子取代)　　　(较小离子取代)

图 4-25　由于形成固溶体引起点阵畸变示意图

实践证明，同一物质处于不同结构状态时其反应活性差异甚大。一般说来，晶格能愈高、结构愈完整和稳定的，其反应活性也低。因此，对于难熔氧化物间的反应和烧结往往是困难的。为此通常采用具有高活性的活性固体作为原料。例如 $Al_2O_3 + CoO \longrightarrow CoAl_2O_4$ 反应中，若分别采用轻烧 Al_2O_3 和在较高温度煅烧制得的死烧 Al_2O_3 作为原料，其反应速度相差近十倍，表明轻烧 Al_2O_3 具有高得多的反应活性。根据海德华定律，即物质在相转变温度附近质点可动性显著增大、晶格松懈和活化的原理，工艺上可以利用多晶转变伴随的晶格重排来活化晶格，或是利用热分解反应和脱水反应，形成具有较大比表面和晶格缺陷的初生态或无定形物质等措施来提高反应活性。

上面着重从物理化学角度来讨论固相反应问题和影响因素。必须指出，它与实际生产情况常会有距离。因为在推导各种动力学关系时，总是假定颗粒很小，传热很快，而且生成的气相产物（如CO_2等）逸出时阻力可以忽略，并未考虑到外界压力等因素。而在实际生产中这些条件是难于满足的。因此生产上还应从反应工程学角度来考虑影响固相反应速度的因素。

4.3 烧结

在粉末冶金、陶瓷、耐火材料和水泥熟料等无机材料领域，固相反应和烧结是重要的研究课题。烧结的目的是把粉状物料转变为致密体。烧结是一复杂的物理化学过程，除物理变化外，有的还伴随有化学变化，如固相反应，这种由固相反应促进的烧结又称反应烧结。烧结与固相反应的区别主要在于烧结不依赖于化学反应的作用，它可以在不发生任何化学反应的情况下，简单地将固体粉料加热，转变成坚实的致密烧结体，如各种氧化物陶瓷和粉末冶金制品的烧结就是这样。

根据烧结粉末体所出现的宏观变化可以认为，一种或多种固体（金属、氧化物、氮化物、黏土……）粉末经过成型，在加热到一定温度后开始收缩，在低于熔点温度下变成致密、坚硬的烧结体，这种过程称为烧结。这种烧结致密体是一种多晶材料，其显微结构由晶体、玻璃体和气孔组成，无机材料的性能不仅与材料组成有关，还与材料的显微结构密切关系。一般常用烧成收缩、强度、容重和气孔率等物理指标来衡量烧结质量。

4.3.1 烧结的特点与烧结过程

一般烧结过程，总伴随有气孔率降低，颗粒总表面积减少，表面自由能减少及与其相联系的晶粒长大等变化，可根据其变化特点来划分烧结阶段。

（1）初期阶段 烧结前成型体中颗粒间接触有的彼此以点接触，有的则相互分开，保留着较多的空隙，如图 4-26(a) 所示。随着烧结温度的提高和时间的延长，开始产生颗粒间的键合和重排过程，这时粒子因重排而相互靠拢，大空隙逐渐消失，气孔的总体积迅速减少，但颗粒之间仍以点接触为主，总表面积并没缩小，如图4-26(b)所示。当素坯的收缩率在 0～5% 范围内时，烧结过程被称为初期阶段。

（2）烧结中期　开始有明显的传质过程。颗粒间由点接触逐渐扩大为面接触，粒界面积增加，固-气表面积相应减少，但气孔仍然是连通的，此阶段晶界移动比较容易，随晶界的移动晶粒逐渐成长，如图4-26(c)所示。

（3）烧结后期　随着传质的继续，粒界进一步发育扩大，气孔则逐渐缩小和变形，最终转变成孤立的闭气孔。与此同时颗粒粒界开始移动，粒子长大，气孔逐渐迁移到粒界上消失，但深入晶粒内部的气孔则排除比较困难。烧结体致密度提高，坯体可达到理论密度的 95% 左右，如图4-26(d)所示。

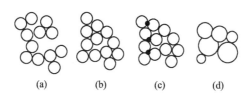

(a)　　(b)　　(c)　　(d)

图 4-26　粉状成型体的烧结进程示意

4.3.2　烧结推动力与烧结模型

（1）烧结过程推动力　由于烧结的致密化过程是依靠物质传递和迁移实现的，因此必须存在某种推动力。近代烧结理论的研究认为：粉状物料的表面能大于多晶烧结体的晶界能，这是烧结过程的推动力，粉体经烧结后，晶界能取代了表面能，这是烧结后多晶材料稳定存在的原因。

粒度为 $1\mu m$ 的材料烧结时所发生的自由能降低约 8.3J/g。而 α-石英转变为 β-石英时能量变化为 1.7kJ/mol，一般化学反应前后能量变化超过 200kJ/mol。因此烧结推动力与相变和化学反应的能量相比还是极小的。烧结不能自发进行，必须对粉体加以高温，才能促使粉末体转变为烧结体。

目前常用 γ_{GB} 晶界能和 γ_{SV} 表面能之比值来衡量烧结的难易，某材料 γ_{GB}/γ_{SV} 愈小愈容易烧结，反之难烧结。为了促进烧结，必须使 γ_{SV} 大于 γ_{GB}。一般 Al_2O_3 粉的表面能约为 $1J/m^2$，而晶界能为 $0.4J/m^2$，两者之差较大，比较易烧结。而一些共价键化合物如 Si_3N_4、SiC、AlN 等，它们的 γ_{GB}/γ_{SV} 之比值高，烧结推动力小，因而不易烧结。

对于固体，表面能一般不等于表面张力，但当界面上原子排列是无序的，或在高温下烧结时，这两者仍可当作数值相同来对待。

粉末体紧密堆积以后，颗粒间仍有很多细小气孔通过，在这些弯曲的表面上由于表面张力的作用而造成的压力差为：

$$\Delta P = 2\gamma/r \qquad (4\text{-}68)$$

式中　γ——粉末体表面张力；

　　　r——粉末球形半径。

若为非球形曲面，可用两个主曲率 r_1 和 r_2 表示：

$$\Delta P = \gamma\left(\frac{1}{r_1} + \frac{1}{r_2}\right) \qquad (4\text{-}69)$$

以上两个公式表明，弯曲表面上的附加压力与球形颗粒（或曲面）曲率半径成反比，与粉料表面张力成正比。由此可见，粉料愈细，由曲率而引起的烧结动力愈大。

若有 Cu 粉颗粒，其半径 $r = 10^{-4}$ cm，表面张力 $\gamma = 1.5$ N/m，由式(4-68) 可以算得 $\Delta P = 2\gamma/r = 3 \times 10^6$ J/m。由此可引起体系每摩尔自由能变化为：

$$\Delta G = V\Delta P = 7.1 cm^3/mol \times 3 \times 10^6 J/m$$
$$= 21.3 J/mol$$

由此可见，烧结中由于表面能而引起的推动力还是很小的。

（2）烧结模型　烧结是一个古老的工艺过程，人们很早就利用烧结来生产陶瓷、水泥、耐火材料等，但关于烧结现象及其机理的研究还是从 1922 年才开始的。当时是以复杂的粉末团块为研究对象。直至 1949 年，库津斯基（G. C. Kuczynski）提出孤立的两个颗粒或颗粒与平板的烧结模型，为研究烧结机理开拓了新的方法。陶瓷或粉末冶金的粉体压块是由很多细粉颗粒紧密堆积起来的，由于颗粒大小不一、形状不一、堆积紧密程度不一，因此无法进行如此复杂压块的定量化研究。而双球模型便于测定原子的迁移量；从而更易定量地掌握烧结过程并为进一步研究物质迁移的各种机理奠定基础。

G. C. Kuczynski 提出粉末压块是由等径球体作为模型。随着烧结的进行，各接触点处开始形成颈部，并逐渐扩大，最后烧结成一个整体。由于各颈部所处的环境和几何条件相同，所以只需确定二个颗粒形成的颈部的成长速率就基本代表了整个烧结初期的动力学关系。

在烧结时，由于传质机理各异而引起颈部增长的方式不同，因此双球模型的中心距可以有两种情况：一种中心距不变如图 4-27（a）；另一种中心距缩短如图 4-27（b）。

图 4-27 介绍了三种模型，并列出由简单几何关系计算得到的颈部曲率半径 ρ，颈部体积 V，颈部表面积 A 与颗粒半径 r 和接触颈部半径 x 之间的关系（假设烧结初期 r 变化很小，$x \ll \rho$）。

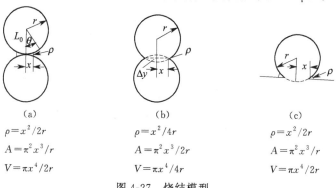

(a)	(b)	(c)
$\rho = x^2/2r$	$\rho = x^2/4r$	$\rho = x^2/2r$
$A = \pi^2 x^3/r$	$A = \pi^2 x^3/2r$	$A = \pi^2 x^3/r$
$V = \pi x^4/2r$	$V = \pi x^4/4r$	$V = \pi x^4/2r$

图 4-27　烧结模型

以上三个模型对烧结初期一般是适用的，但随烧结的进行，球形颗粒逐渐变形，因此在烧结中、后期应采用其他模型。

4.3.3　固相烧结动力学

固相烧结的主要传质方式有：蒸发-凝聚、扩散传质和塑性流动。

（1）蒸发-凝聚传质　蒸发-凝聚传质产生的原因是粉末体球形

颗粒凸面与颗粒接触点颈部之间的蒸汽压差。物质将从蒸汽压高的凸面蒸发，通过气相传递而凝聚到蒸汽压低的凹形颈部，从而使颈部逐渐被填充。球形颗粒接触面积颈部生长速率公式为：

$$x/r = \left(\frac{3\sqrt{\pi}\,\gamma M^{3/2} P_0}{\sqrt{2}\,R^{3/2}\,T^{3/2}\,d^2} \right)^{\frac{1}{3}} r^{-\frac{2}{3}} t^{\frac{1}{3}} \tag{4-70}$$

式中　x——颈部半径；

　　　r——粉体半径；

　　　γ——粉体表面张力；

　　　M——分子的相对质量；

　　　P_0——饱和蒸汽压；

　　　d——密度；

　　　t——烧结时间。

由式(4-70)得出颈部半径与影响颈部生长速率的变量（P_0、r、t）关系。

蒸发-凝聚传质发生的条件要求粉体的粒度需小于 $10\mu m$，蒸汽压最低为 $1\sim10Pa$，才能显示出传质效果。这种传质的特点是烧结时颈部扩大，气孔形状改变，但双球之间中心距不变，因此由蒸发-凝聚单一传质发生烧结，坯体不发生收缩，即 $\Delta L/L=0$。

（2）扩散传质　扩散传质是大多数固体材料烧结传质的主要形式。产生扩散传质的原因是颗粒不同部位空位浓度差。扩散首先从空位浓度最大部位（颈表面）向空位浓度最低的部位（颗粒接触点）进行。其次是由颈部向颗粒内部扩散。空位扩散即原子或离子的反向扩散。因此扩散传质时，原子或离子由颗粒接触点向颈部迁移，达到气孔充填的结果。扩散传质初期动力学方程为：

$$x/r = \left(\frac{160\gamma\Omega D^*}{kT} \right)^{\frac{1}{5}} r^{-\frac{3}{5}} t^{\frac{1}{5}} \tag{4-71}$$

$$\Delta V/V = 3\Delta L/L = 3\left(\frac{5\gamma\Omega D^*}{kT} \right)^{\frac{2}{5}} r^{-\frac{6}{5}} t^{\frac{2}{5}} \tag{4-72}$$

由式(4-71)和式(4-72)可以得出，烧结主要以扩散传质方式进行时，需要控制的变量是时间 t、起始粒度 r 和烧结温度 T。可将式(4-72)各项能够测定的常数归纳写成：

$$Y^P = Kt \tag{4-73}$$

式中　Y——$Y = \Delta L / L$；

　　　K——烧结速率常数。

式(4-73) 取对数得：$\lg Y = \dfrac{1}{P}\lg t + K' \tag{4-74}$

若测定烧结体 Y 与 t 的关系，用式(4-74) 作图，可得直线斜率为 $1/P$，截距为 K'。由斜率可求得烧结传质机制。由 K' 可得烧结速率常数。从中求得烧结材料中的扩散系数 D^*。若测定两个温度下的 K'，可以根据 $\ln K = A - Q/RT$，求得烧结活化能。

扩散传质中期与后期，颈部扩大、气孔通连、晶界移动和晶粒生长。此时动力学公式以气孔率表示。

$$P_t = K(t_f - t) \tag{4-75}$$

式中　P_t——孔隙率；

　　　K——与温度有关常数；

　　　t_f——烧结进入中、后期的时间。

由式(4-75) 表明烧结中、后期气孔率与时间 t 成一次方关系。烧结致密化速率加快。

4.3.4　晶粒生长与二次再结晶

晶粒生长与二次再结晶是伴随烧结中、后期与传质过程同时发生的现象。晶粒生长是无应变的材料在热处理时，平均晶粒尺寸在不改变其分布的情况下，连续增大的过程。

初次再结晶是在已发生塑性形变的基质中出现新生的无应变晶粒的成核和长大过程。这个过程的推动力是基质塑性变形的增加的能量。储存在形变基质里的能量数值与熔融热相比是很小的（熔融热是此值的 1000 倍或更多倍）。但它提供了足以使晶界移动和晶粒长大的足够能量、初次再结晶在金属中较为重要。硅酸盐材料在热加工时塑性变形较小。

二次再结晶（或称晶粒异常生长和晶粒不连续生长）是少数大晶粒在正常的晶粒长大过程停止以后，以自身为核心，不断吞并周围小晶粒而异常长大的过程。

晶粒生长不是小晶粒的简单黏结，它是晶界移动的结果。如图

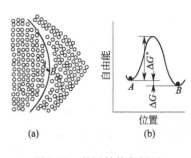

图 4-28 晶界结构与原子
跃迁的能量变化

4-28 所示，弯曲晶界两侧的原子具有不同的自由能。原子 A 的自由能高于原子 B 的自由能，因而原子 A 可以不断越过晶界而进入原子 B 所在的晶粒。此时，两晶粒间的晶界将表现为向原子 A 所在晶粒的曲率中心发生推移，直至晶界变得平直、晶界两侧的原子自由能相等为止。显然，这种表现为晶界移动的结果是原子 B 所在的晶粒长大，同时原子 A 所在的晶粒缩小，晶粒长大的速率决定于晶界移动的速率。

由简单的热力学概念可知，图 4-28 中晶粒 A、B 间晶界移动的推动力源于晶粒表面曲率不同而产生的自由能差：

$$\Delta G = V \Delta p = V \gamma \left(\frac{1}{\rho_1} + \frac{1}{\rho_2} \right) \tag{4-76}$$

考虑晶粒 A、B 上原子双向跃迁的有效频率分别为：

$$A \rightarrow B \quad f_{AB} = \frac{RT}{Nh} \exp \left(\frac{-\Delta G^*}{RT} \right) \tag{4-77}$$

$$B \rightarrow A \quad f_{BA} = \frac{RT}{Nh} \exp \left[\frac{-(\Delta G^* + \Delta G)}{RT} \right] \tag{4-78}$$

可推得晶界的移动速率近似为：

$$v = \lambda (f_{AB} - f_{BA}) = \lambda \gamma V \frac{1}{Nh} \left(\frac{1}{\rho_1} + \frac{1}{\rho_2} \right) \exp \left(\frac{\Delta G^*}{RT} \right) \tag{4-79}$$

式中，N 为阿佛加得罗常数；h 为普郎克常数；γ 为表面能；ρ_1，ρ_2 分别为曲面的主曲率半径；λ 为每次跃迁距离。

由式(4-79) 可以看出，晶粒生长速率或晶界的移动速率随温度成指数规律增加，而与晶界面曲率半径成反比。温度越高、曲率半径越小，晶界向其曲率中心移动的速率越大，因而晶粒长大的平均速度与晶粒的直径成反比 $dD/dt = K/D$，即有：

$$D^2 - D_0^2 = Kt \tag{4-80}$$

式中，D_0 为晶粒的初始直径；D 为时间 t 时晶粒的直径；K

为比例常数。晶粒生长到后期时，$D \gg D_0$，上式可近似写成：

$$D = Kt^{\frac{1}{2}} \tag{4-81}$$

一些氧化物材料的晶粒生长实验表明，晶粒的直径 D 与时间指数常在 $1/2 \sim 1/3$ 之间。这主要是晶界移动时遇到了第二相夹杂物如杂质原子或气孔等而受到阻碍，由此限制了晶粒的长大。图 4-29 描述了晶界移动时遇到气孔的三种情况。烧结初期，晶界上气孔数目很多，晶界移动将被气孔阻碍，使正常晶粒长大终止。若设晶界移动速率为 V_b，气孔移动速率为 V_p，则此时的 $V_b = 0$，如图 4-29 中的（a）所示。烧结中、后期，温度控制适当，气孔逐渐减少，可以出现 $V_b = V_p$，此时晶界带动气孔继续以正常速率移动，使气孔保持在晶界上，如图 4-29 中的（b）所示，并可利用晶界上的快速通道排除，坯体继续致密化。继续维持 $V_b = V_p$，气孔易迅速排除而实现致密化，此时烧结过程已接近完成。但此时若继续升高温度，由于晶界移动速率随温度呈指数增加，过高的温度将使 V_b 远大于 V_p，导致晶界越过气孔并使气孔包入晶粒的内部，如图 4-29 中的（c）所示。气孔离开晶界时，不再能利用晶界的快速通道，包裹在晶粒内部而不易排除，使烧结过程终止，材料的致密度不再提高。

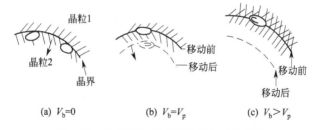

(a) $V_b = 0$ 　　(b) $V_b = V_p$ 　　(c) $V_b > V_p$

图 4-29　晶界移动遇到气孔时的三种情况

在晶粒正常生长过程中，由于夹杂物对晶界移动的牵制可使晶粒长大难以超过某一极限尺寸。曾讷（Zener）曾估计这一极限尺寸为：

$$D_l \propto \frac{d}{f} \tag{4-82}$$

式中，d 为夹杂物或气孔的平均直径；f 为夹杂物或气孔的体积分数。在烧结初期，坯体内有许多小而多的气孔，故 f 值相当大，晶粒的初始尺寸 D_0 总是大于 D_1，所以晶粒无法长大。随着烧结的进行，小气孔不断沿晶界聚集或排除，d 由小增大，f 由大变小，因而出现 $D_1 > D_0$，使晶粒生长得以开始。进入烧结后期，气孔尺寸与体积分数都在进一步减小，其趋于恒定的比值使得烧结体中晶粒的长大逐渐受到抑制直至最后停止。

与晶粒正常生长不同，在烧结的中后期如在均匀基相中存在少数多边界的大晶粒，便会出现以这些大晶粒为核心的异常迅速的所谓二次再结晶。二次再结晶的晶粒往往不仅有较多的边界，同时晶界曲率也较大，以至于晶界可以越过气孔或夹杂物快速向邻近小晶粒中心推进。如此不断吞并周围的小晶粒，直至长大到与邻近大晶粒接触为止。在绝大多数情况下，二次再结晶的出现首先很不利于烧结体的致密化，因为晶界的快速移动使大量气孔包裹在晶粒内部；同时大晶粒的异常快速长大而引入的大量结构缺陷对多晶材料的理化性能往往是有害的。因而工艺上需采取适当措施防止其发生。仅在某些特殊情况下，如要求材料内部晶粒分布具有择优取向（硬磁铁氧体 $BaFe_{12}O_{14}$ 是一例），才有意识地利用二次再结晶现象。从工艺控制角度考虑，造成二次再结晶的原因主要是原始粉料粒度不均匀、烧结温度偏高和烧结速率太快，此外还有坯体成型时压力不均匀、局部有不均匀液相等。因此，制备尽可能均匀的粉料、均匀成型压力、严格控制烧结温度与时间是避免出现二次再结晶的基本措施。此外，有选择地引入适当的添加剂以抑制晶界的快速移动是防止二次再结晶的最好办法。如少量 MgO 加入 Al_2O_3 中可烧结出具有理论密度的制品，还有 Y_2O_3 加入 ThO_2 中或 ThO_2 加入 CaO 中等。

4.3.5 液相烧结和热压烧结

坯体在整个烧结过程中不出现任何液相的烧结是纯固相烧结。然而，不少金属材料与无机非金属材料在烧结时常出现液相，这类烧结过程称之为液相烧结。液相烧结有三个基本的过程：①在颗粒间的液相可以产生毛细管力，从而引起颗粒间的压力并使颗粒易于滑动，导致颗粒重排和改善颗粒的堆积结构；②毛细管力将引起固态颗粒的溶解和再沉淀，其结果是使颗粒在接触部位变得扁平、坯体发生收缩。溶解-沉淀过程是和固态颗粒的 Ostwald 生长密切相关的；③由于液相的存在，溶解-沉淀和流动传质将使烧结致密化速率比纯固相烧结大大提高。此外，液相烧结的具体速率与液相数量、液相性质（黏度、表面张力等）、液相与固相的润湿情况、固相在液相中的溶解度等因素有着密切关系。因此，定量地研究液相烧结较研究纯固相烧结往往更加复杂和困难。

热压烧结是在普通无压烧结的基础之上发展起来的一种特殊烧结技术。它是在烧结的同时在坯体上施加一定的压力，以补偿烧结体内气孔中逐渐增大的气压抵消了作为烧结推动力的界面能，使烧结得以继续进行从而达到制备高致密度材料的目的。

BeO 的热压烧结与普通烧结对坯体密度的影响如图 4-30 所示。采用热压烧结技术可使制品达到理论密度的 99%，甚至 100%。热压烧结尤其适应于共价键材料，如碳化物、硼化物、氮化物等。由于它们在烧结温度下有高的分解压和低的原子迁移率，因此无压烧结难以使其密化。例如 BN 粉粒在 200MPa 的等静压下成型后，在 2500℃ 下无压烧结后相对密度为 0.66，而采用 25MPa 压力在

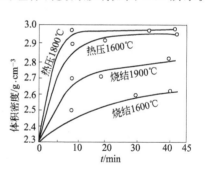

图 4-30　BeO 热压烧结与普通烧结致密化比较

1700℃下热压烧结可得相对密度为 0.97 的 BN 材料。由此可见，热压烧结对提高材料的致密度和降低烧结温度均具有显著的效果。

4.3.6　影响烧结的因素

烧结温度、时间和物料粒度是三个直接影响烧结的因素。因为随着温度升高，物料蒸气压增高，扩散系数增大，黏度降低，从而促进了蒸发-凝聚，离子和空位扩散以及颗粒重排和黏性塑性流动过程，使烧结加速。这对于黏性流动和溶解-沉淀过程的烧结影响

尤为明显。延长烧结时间一般都会不同程度地促使烧结完成，但对黏性流动机理的烧结较为明显，而对体积扩散和表面扩散机理影响较小。然而在烧结后期，不合理地延长烧结时间，有时会加剧二次再结晶作用，反而得不到充分致密的制品。减小物料颗粒度则总表面能增大因而会有效加速烧结，这对于扩散和蒸发-凝聚机理更为突出。

但是，在实际烧结过程中，除了上述这些直接因素外，尚有许多间接的因素。例如通过控制物料的晶体结构、晶界、粒界、颗粒堆积状况和烧结气氛以及引入微量添加物等，以改变烧结条件和物料活性，同样可以有效地影响烧结速率。

（1）物料活性的影响　烧结是基于在表面张力作用下的物质迁移而实现的。高温氧化物较难烧结，重要的原因之一，就在于它们有较大的晶格能和较稳定的结构状态，质点迁移需较高的活化能，即活性较低。因此可以通过降低物料粒度来提高活性，但单纯依靠机械粉碎来提高物料分散度是有限度的，并且能量消耗也多。于是开始发展用化学方法来提高物料活性和加速烧结的工艺，即活性烧结。例如利用草酸镍在 450℃ 轻烧制成的活性 NiO 很容易制得致密的烧结体，其烧结致密化时所需活化能仅为非活性 NiO 的 1/3。

活性氧化物通常是用其相应的盐类热分解制成的。实践表明，采用不同形式的母盐以及热分解条件，对所得氧化物活性有着重要影响。试验指出，在 300～400℃ 低温分解 $Mg(OH)_2$ 制得的 MgO，比高温分解的具有较高的热容量、溶解度和酸溶解度，并表现出很高的烧结活性。图 4-31 示出温度对分解所得 MgO 的晶粒大小和晶格常数的关系。可以看到低温分解的 MgO 晶粒尺寸小、晶格常数大，因而结构松弛且有较多的晶格缺陷，随着分解温度升高，晶粒尺寸长大、晶格常数减小，并在接近 1400℃ 时达到方镁石晶体的正常数值，这说明低温分解 MgO 的活性是由于晶格常数较大、结晶度低和结构松弛所致。因此，合理选择分解温度很重要。一般说来对于给定的物料有着一个最适宜的热分解温度。温度过高会使结晶度增高、粒径变大、比表面和活性下降；温度过低则可能因残留有未分解的母盐而妨碍颗粒的紧密充填和烧结。由图 4-32 可见，对于

$Mg(OH)_2$，此温度约为 900℃。当分解温度给定时，分解时间将直接影响产物的活性。有些研究指出，由 $Mg(OH)_2$ 和天然水镁石分解所得 MgO 的粒度，随分解时间指数的增大，晶格常数也迅速变小，故活性下降。此外，不同的母盐形式对活性也有重要影响。从表 4-4 列出若干镁盐分解所得 MgO 的性质和烧结性能。

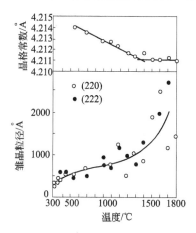

图 4-31　$Mg(OH)_2$ 热分解温度对 MgO 雏晶粒径和晶格常数的关系

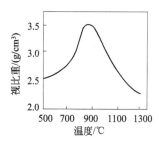

图 4-32　$Mg(OH)_2$ 热分解温度对 MgO 烧结致密化的影响
注：1400℃下烧结 4h

表 4-4　不同形式镁盐分解所得 MgO 的性质

母盐形式	最适宜的分解温度/℃	粒子尺寸/Å	所得 MgO		1400℃烧结 3h 后的试样	
			晶格常数/Å	晶粒尺寸/Å	视比重/(g/cm³)	相当于理论密度百分数/%
碱式碳酸盐	900	500～600	4.212	550	3.33	93
草酸镁	700	200～300	4.216	250	3.03	85
氢氧化镁	900	500～600	4.213	600	2.92	82
硝酸镁	700	6000	4.211	900	2.08	58
碳酸镁	1200～1500	1000	4.211	300	1.76	50

（2）添加物的影响　实践证明，少量添加物常会明显地改变烧结速率，但对其作用机理的了解还是不充分的。许多试验研究表

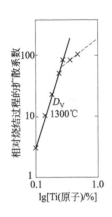

图 4-33　TiO$_2$ 对 Al$_2$O$_3$
烧结时扩散系数的影响

明，以下的作用是可能的。

① 与烧结物形成固溶体　当添加物能与烧结物形成固溶体时，将使晶格畸变而得到活化。故可降低烧结温度，使扩散和烧结速率增大，这对于形成缺位型或填隙型固溶体尤为强烈。例如在 Al$_2$O$_3$ 烧结中，通常加入少量 Cr$_2$O$_3$ 或 TiO$_2$ 促进烧结，就是因为 Cr$_2$O$_3$ 与 Al$_2$O$_3$ 中正离子半径相近，能形成连续固溶体之故。当加入 TiO$_2$ 时，烧结温度可以更低，因为除了 Ti^{4+} 离子与 Cr^{3+} 大小相同，能与 Al$_2$O$_3$ 固溶外，还由于 Ti^{4+} 与 Al^{3+} 电价不同，置换后将伴随有正离子空位产生，而且在高温下 Ti^{4+} 可能转变成半径较大的 Ti^{3+} 从而加剧晶格畸变，使活性更高，故能更有效地促进烧结。图 4-33 表示出 TiO$_2$ 对 Al$_2$O$_3$ 烧结时的扩散系数的影响。因此，对于扩散机理起控制作用的高温氧化物烧结过程，选择与烧结物正离子半径相近但电价不同的添加物以形成缺位型固溶体，或是选用半径较小的正离子以形成填隙型固溶体通常会有助于烧结。

② 阻止晶型转变　有些氧化物在烧结时发生晶型转变并伴有较大体积效应，这就会使烧结致密化发生困难，并容易引起坯体开裂。这时若能选用适宜的添加物加以抑制，即可促进烧结。ZrO$_2$ 烧结时添加一定量的 CaO、MgO 就属这一机理。在 1200℃ 左右，稳定的单斜 ZrO$_2$ 转变成正方 ZrO$_2$ 并伴有约 10% 的体积收缩，使制品稳定性变坏。引入电价比 Zr^{4+} 低的 Ca^{2+} （或 Mg^{2+}）离子，可形成立方型的 Zr$_{1-x}$Ca$_x$O$_2$ 稳定固溶体。这样既防止了制品开裂，又增加了晶体中空位浓度使烧结加速。

③ 抑制晶粒长大　由于烧结后期晶粒长大，对烧结致密化有重要作用。但若二次再结晶或间断性晶粒长大过快，又会因晶粒变粗、晶界变宽而出现反致密化现象并影响制品的显微结构。这时，可通过加入能抑制晶粒异常长大的添加物，来促进致密化进程。例

如上面提及的，在 Al_2O_3 中加入少量 MgO 就有这种作用。此时，MgO 与 Al_2O_3 形成的镁铝尖晶石分布于 Al_2O_3 颗粒之间，抑制了晶粒长大，并促使气孔的排除，因而可能获得充分致密的透明氧化铝多晶体。但应指出，由于晶粒成长与烧结的关系较为复杂，正常的晶粒长大是有益的，要抑制的只是二次再结晶引起的异常晶粒长大。因此，并不是能抑制晶粒长大的添加物都会有助于烧结。

④ 产生液相　已经指出，烧结时若有适宜的液相，往往会大大促进颗粒重排和传质过程。添加物的另一作用机理，就在于能在较低温度下产生液相以促进烧结。液相的出现，可能是添加物本身熔点较低；也可能与烧结物形成多元低共熔物。例如在 BeO 中加入少量 CaO、SrO、TiO_2；在 MgO 中加入少量 V_2O_5 或 CuO 等是属于前者；而在 Al_2O_3 中加入 CuO 和 TiO_2、MnO 和 TiO_2 以及 SiO_2 和 CaO 等混合添加物时，则两种作用兼而有之，从而能更有效加速烧结。例如在生产"九五瓷"（95% Al_2O_3）时，加入少量 CaO 和 SiO_2，可形成 CaO-Al_2O_3-SiO_2 玻璃使烧结温度降低到1500℃左右，并能改善其电性能。

但值得指出的是，能促进产生液相的添加物，并不都会促进烧结。例如对 Al_2O_3，即使是少量碱金属氧化物也会严重阻碍其烧结。这方面的机理尚不清楚，可能与液相本身的黏度、表面张力以及对固相的反应能力和溶解作用有关。此外，尚应考虑到液相对制品的显微结构及性能的可能影响。因此，合理选择添加物常是一个重要的课题。例如作为高温材料的难熔氧化物烧结，形成液相虽可能有利于烧结，但却损害了耐火性，故必须统筹考虑。在作为高温材料的 MgO 烧结时，有人建议采用 LiF 作添加物，可得到良好效果。因为 LiF 是 MgO 的弱化模型物质，熔点仅 844℃，当低温出现的 NaF 熔体，包裹了 MgO 颗粒并形成一层富含 LiF 的熔体膜时，使扩散和烧结加速了。而且在进一步烧结时，LiF 均匀地向 MgO 颗粒内部扩散，使烧结得以继续进行，但浓度逐渐降低。此外，随着温度的升高，LiF 开始挥发逸出，最后残留于 MgO 中的 NaF 量甚少，对 MgO 烧结体的耐火性能几乎没影响。

添加物一旦选定，合理的添加量就是主要因素。从上述各作用

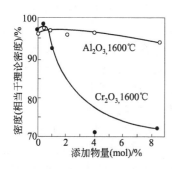

图 4-34　Al_2O_3、Cr_2O_3 加入量
对 MgO 烧结的影响

机理的讨论中可以预期，对每一种添加物都会有一个适宜的添加量。图 4-34 示出 Al_2O_3、Cr_2O_3 添加量对 MgO 烧结的影响。图中表明，两曲线都呈现出不同程度的极值。当加入少量 Cr_2O_3 或 Al_2O_3 时，烧结体致密度提高，但过量后反而下降，其最佳加入量，对于 Cr_2O_3 约 1％，Al_2O_3 约 0.4％。因为加入少量 Al_2O_3 和 Cr_2O_3 可固溶于 MgO 中，使空位浓度提高，加速烧结；但过量后则部分与 MgO 反应生成镁铝尖晶石而阻碍烧结。

（3）气氛的影响　实际生产中常可发现，有些物料的烧结过程对气体介质十分敏感。气氛不仅影响物料本身的烧结，也会影响各添加物的效果。为此常需进行相应的气氛控制。

气氛对烧结的影响是复杂的。同一种气体介质对于不同物料的烧结，往往表现出不同的甚至相反的效果。然而就作用机理而言，不外乎是物理的和化学的两方面的作用。

① 物理作用　在烧结后期，坯体中孤立闭气孔逐渐缩小，压力增大，逐步抵消了作为烧结推动力的表面张力作用，烧结趋于缓慢，使得在通常条件下难于达到完全烧结。这时继续致密化除了由气孔表面过剩空位的扩散外，闭气孔中的气体在固体中的溶解和扩散等过程起着重要作用。当烧结气氛不同时，闭气孔内的气体成分和性质不同，它们在固体中的扩散、溶解能力也不相同。气体原子尺寸越大，扩散系数就小，反之亦然。例如在氢气氛中烧结，由于氢原子半径很小，易于扩散而有利于闭气孔的消除；而原子半径较大的氮则难于扩散而阻碍烧结。有些实验指出，Al_2O_3（添加 0.25％的 MgO）在氢气氛中烧结可以得到接近于理论密度的烧结体，而在氮、氩或空气中烧结则不可能。这显然与这些气体的原子尺寸较大，扩散系数较小有关，对于氩气则还可能与它在 Al_2O_3 晶格中溶解性小有关。

② 化学作用　主要表现在气体介质与烧结物之间的化学反应。在氧气氛中，由于氧被烧结物表面吸附或发生化学作用，使晶体表面形成正离子缺位型的非化学计量化合物，正离子空位增加，扩散和烧结被加速，同时使闭气孔中的氧，可以直接进入晶格，并和 O^{2-} 空位一样沿表面进行扩散。故凡是正离子扩散起控制作用的烧结过程，氧气氛或氧分压较高是有利的。例如 Al_2O_3 和 ZnO 的烧结等。反之，对于那些容易变价的金属氧化物，则还原气氛可以使它们部分被还原形成氧缺位型的非化学计量化合物，也会因 O^{2-} 缺位增多而加速烧结；如 TiO_2 等。

值得指出，有关氧化、还原气氛对烧结影响的实验资料，常会出现差异和矛盾。这通常是因为实验条件不同，控制烧结速率的扩散质点种类不同所引起。当烧结由正离子扩散控制时，氧化气氛有利于正离子空位形成，对负离子扩散控制时，还原气氛或较低的氧分压将导致 O^{2-} 离子空位产生并促进烧结。

但是气氛的作用有时是综合而更为复杂的。图 4-35 是不同水蒸气压下 MgO 在 900℃时恒温烧结的收缩曲线。可以看到，水蒸气分压愈高，烧结收缩率愈大，相应的烧结活化能降低。图 4-36 明显地反映出水蒸气介质对 MgO 烧结的促进作用。对于 CaO 和 UO_2 也有类似效应。这一作用机理尚不甚清楚，可能与 MgO 粒子表面吸附 OH^- 而形成正离子空位，以及由于水蒸气作用使粒子表面质点排列变乱，表面能增加等过程有关。

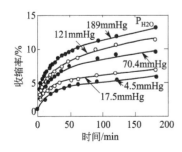

图 4-35　不同水蒸气压下，MgO 成形体在 900℃烧结时的等温收缩曲线

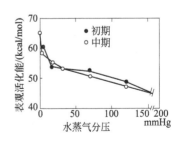

图 4-36　水蒸气压力对 MgO 烧结过程的表观活化能影响

对于 BeO，情况正好相反，水蒸气对 BeO 烧结是十分有害的。因为 BeO 烧结主要是按蒸发-冷凝机理进行的，水蒸气的存在会抑制 BeO 的升华作用 [$BeO(s) + H_2O(g) \longrightarrow Be(OH)_2(g)$，后者较为稳定]。

此外，工艺上为了兼顾烧结性和制品性能，有时尚需在不同烧结阶段控制不同气氛。例如一般日用陶瓷或电瓷烧成时，在釉玻化以前（约 900~1000℃）要控制氧化气氛以利于原料脱水、分解和有机物的氧化。但在高温阶段则要求还原气氛，以降低硫酸盐分解温度，并使高价铁（Fe^{3+}）还原为低价铁（Fe^{2+}），以保证产品白度的要求，并能在较低温度下形成含低铁共熔体而促进烧结。

③ 压力的影响 外压对烧结的影响主要表现在两个方面：生坯成型压力和烧结时的外加压力（热压）。从烧结和固相反应机理容易理解，成形压力增大，坯体中颗粒堆积就较紧密，接触面积增大烧结被加速。与此相比，热压的作用是更为重要的。

对热压烧结机理尚有不同看法，但从黏性、塑性流动机理出发是不难理解的。因烧结后期坯体中闭气孔的气体压力增大，抵消了表面张力的作用，此时，闭气孔只能通过晶体内部扩散来充填，而体积扩散比界面扩散要慢得多。由于这些原因导致了后期致密化的困难。热压可以提供额外的推动力以补偿被抵消的表面张力，使烧结得以继续和加速。此外，在热压条件下，固体粉料可能表现出某种非牛顿型流体性质，当剪应力超过其屈服点时将出现流动，这相当于有液相参与的烧结一样，传质速度加大，闭气孔通过物料的黏性或塑性流动得以消除。故此，采用热压烧结可以保证在较低温度和较短时间内制得高致密度的烧结体，对于有些物料甚至可达到完全透明的程度。上已述及，一般氧化物的塔曼温度约为 0.7~$0.8T_m$，但在热压烧结时，通常可降低到 0.5~$0.6T_m$，有的还可以更低。热压烧结不仅对于烧结本身，而且也对烧结体性质产生重要影响。作为一种新的烧结工艺已被广泛应用于氧化物陶瓷和粉末冶金生产。

第二篇
无机材料合成实验技术

第❺章 高温技术

无机材料合成，尤其是无机固体材料的合成，绝大多数都是在高温条件下进行的。高温是无机材料合成的重要手段之一，所以高温合成技术是无机材料合成中必须掌握的一项技术。

5.1 高温的获得

获得高温的方法有很多种，高温炉是获得高温的传统设备。随着无机材料合成技术的不断发展，微波技术、自蔓延合成技术等也开始应用于一些特殊无机材料的合成。

5.1.1 高温炉

一般称获得高温的设备为高温炉。高温炉就用途不同可分为工业炉和实验用炉。工业炉又分为冶金用炉、硅酸盐窑炉等。高温炉的炉体是由各种耐火材料砌成，能源可采用固体、气体、液体、电，目前工业生产上多用火焰窑炉，但电炉与火焰炉相比有许多优点，如清洁环保、热效率高，炉温调控精确、便于实验工艺控制等，所以实验使用的高温炉基本上都是电炉。根据加热方式的不同，电炉可大致分为以下几类。

（1）电阻炉　当电流流过导体时，因为导体存在电阻，于是产生焦耳热，就成为电阻炉的热源。一般供发热用的导体的电阻值是比较稳定的，如果在稳定电源作用下，并且具备稳定的散热条件，则电阻炉的温度是容易控制的。电阻炉设备简单、易于制作、温控性能好，故在实验室中用得最多。

（2）感应炉　在线圈中放一导体，当线圈中通以交流电时，在导体中便被感应出电流，借助于导体的电阻而发热。感应加热时无电极接触，便于被加热体系密封与气氛控制，故实验室中也有较多使用。升温迅速（可短至数秒就升到约 3000℃），从样品内部升温（而不像普通高温炉加热样品那样由表及里升温）；样品必须是导电的金属或合金，若试料为绝缘体时，则必须通过发热体（导体）间接加热。主要用于金属或合金粉末的热压烧结或熔炼。感应炉按其工作电源频率的不同有中频与高频之分，前者多用于工业熔炼，实验室多用高频炉，其电源频率为 10～100kHz，供高频炉加热用的感应圈是中空铜管制成，管内通水冷却。

（3）电弧炉和等离子体炉　电弧炉是利用电弧弧光为热源加热物体的，它广泛用于工业熔炼炉。在实验室中，为了熔化高熔点金属，常使用小型电弧炉。等离子体炉是利用气体分子在电弧区高温（5000K）作用下，离解为阳离子和自由电子而达到极高的温度（10000K）。

（4）电子束炉　电子束在强电场作用下射向阳极，由于电子束冲击的巨大能量，使阳极产生很高的温度。此种高温炉多用来在真空中熔化难熔材料。在直流高压下，电子冲击会产生 X 光辐射，对人体有害，故一般不希望采用过高的电子加速电压。常用的加速电压为数千伏，电流为数百毫安。可通过改变灯丝电流而调整功率输出，故电子束炉比电弧炉的温度容易控制，但它仅适于局部加热和在真空条件下使用。

（5）微波加热反应炉　微波加热反应炉是一种用微波加热的高温炉，由电源，磁控管，控制电路和反应腔等部分组成。微波加热反应炉具有快速加热、加热均匀、选择性加热、加热效率高、加热渗透力强等特点。

无机材料合成中应用的高温炉，应当具有下列特点：能达到足够高的温度，有合适的温度分布；炉温易于测量与控制；炉体结构简单灵活，便于制作；炉膛易于密封与气氛调整。

各种高温炉及其能达到的温度如表 5-1 所示。

表 5-1 各种高温炉及其能达到的温度

获得高温的方法	温度/K	获得高温的方法	温度/K
各种高温电阻炉	$1273\sim3273$	激光	$10^5\sim10^6$
聚焦炉	$4000\sim6000$	原子核的分离和聚变	$10^6\sim10^9$
闪光放电	>4273	高温粒子	$10^{10}\sim10^{14}$
等离子体电弧	20000		

5.1.2 自蔓延燃烧

自蔓延燃烧是无机材料合成中获得高温的一种特殊方法，是一种利用化学反应（燃烧）自身放热制备材料的新技术。它经加热源点火启动反应后，放出热量，并形成燃烧波向下传播，通过燃烧波的自维持反应得到具有所需成分和结构的产物。自蔓延燃烧的温度通常都在 $2100\sim3500K$ 以上，最高可达 5000K。

5.1.3 激光加热

激光是 20 世纪以来，继原子能、计算机、半导体之后，人类的又一重大发明，它的亮度为太阳光的 100 亿倍，同时也是一种特殊的热源。激光的高亮度使激光较其他光源更易于进行物质加热、蒸发、解离等。

5.2 电热体

电热体是电阻炉的发热元件，合理选用电热体是电阻炉设计的重要内容。

5.2.1 Ni-Cr 和 Fe-Cr-Al 合金电热体

Ni-Cr 和 Fe-Cr-Al 合金电热体是在 $1000\sim1300℃$ 高温范围内，在空气中使用最多的发热元件。这是因为它们具有抗氧化、价格便宜、易加工、电阻大和电阻温度系数小等特点。Ni-Cr 和 Fe-Cr-Al 合金有较好的抗氧化性，在高温下由于空气的氧化能生成 Cr_2O_3 或 $NiCrO_4$ 致密的氧化膜，能阻止空气对合金的进一步氧化。为了不破坏保护膜，此种电热体不能在还原气氛中使用，此外还应尽量避免与碳、硫酸盐、水玻璃、石棉以及有色金属及其氧化物接触。发热体不应急剧地升降温，因其会使致密的氧化膜产生裂纹以致脱落，起不到应有的保护作用。

Ni-Cr 合金经高温使用后，只要没有过烧，仍然比较柔软。Fe-Cr-Al 合金丝经高温使用后，因晶粒长大而变脆。温度越高、时间越长，脆化越严重。因此，高温用过的 Fe-Cr-Al 丝，不要拉伸和弯折，修理时要仔细，需要弯折时，可用喷灯加热至暗红色后再进行操作。

实验室用的 Ni-Cr 或 Fe-Cr-Al 电热体，大部分制成直径为 0.5～3.0mm 的丝状。电热丝一般绕在耐火炉管外侧，有的绕在特制炉膛的沟槽中。

5.2.2 Pt 和 Pt-Rh 电热体

铂的化学性能与电性能都很稳定，且易于加工，使用温度高，故在某些特殊场合下被用作电热体。铂的熔点为 1769℃，高于 1500℃时软化。铂在低于熔点温度的高温下，与氧可形成中间的铂氧化物相，使铂丝细化损失。因此，一般建议在空气中铂的最高使用温度为 1500℃，长时间安全使用温度低于 1400℃，不能在 $P_{O_2} = 0.1MPa$ 下使用。

在高温下，铂与所有的金属和非金属（P、S 等）元素都能形成合金或化合物，故应避免与这些元素接触。当有能被还原的化合物与还原性气氛共同存在时，对铂也是有害的。例如 SiO_2 与还原气氛共存时，在高温下形成气相 SiO_2，所以，即使 SiO_2 与 Pt 无直接接触，也有可能生成 Pt-Si 化合物而使 Pt 遭到破坏。

通常绕在炉管外侧的 Pt 丝要用 Al_2O_3 粉覆盖。要求 Al_2O_3 粉不含 Si 和 Fe 的氧化物杂质。Pt 丝长时间在高温下使用，会因晶粒长大而脆断，此外，Pt 在高温下切忌与含氢或碳的气氛接触，否则使其中毒而导致使用寿命大为缩短。

Pt-Rh 合金与 Pt 比较，具有更高的熔点与更高的使用温度（见表 5-2）。随着 Rh 含量增加，合金最高使用温度也增高。但与此同时，合金的加工性能急剧恶化。

Pt 和 Pt-Rh 合金的电阻率随温度的变化较 Ni-Cr、Fe-Cr-Al 合金更为显著，Pt-Rh 合金的使用条件与 Pt 基本一致，但在高温下，晶粒长大较 Pt 迟缓。Pt-Rh 合金在高温下长时间使用，丝径会因

表 5-2 Pt-Rh 合金电热体性能

化学成分的质量分数/%		熔点/℃	最高使用温度/℃
Pt	Rh		
87	13	1850	1650
80	20	1900	1700
60	40	1950	1750

Rh 的挥发而变细，挥发金属附着于炉体较冷部位。Pt、Rh 均为贵金属，使用后应回收。

5.2.3 Mo、W、Ta 电热体

为了获得更高的温度，在真空或适当气氛下，往往采用高熔点金属（Mo、W、Ta 等）为电热体。钨是金属中熔点最高的，很早就用于电光源做发光灯丝材料。钨的冷加工性能不太好，但还可制成细丝和薄片。钨在常温下很稳定，但在空气中加热便氧化成 WO_3，它能与碱性氧化物生成钨酸盐，钨能同卤族元素直接化合。钨和碳、硅、硼在高温下共热，可生成相应的化合物。在空气或氧化剂存在时，钨溶解于熔碱中生成钨酸盐，并为热的碱性水溶液腐蚀。钨与酸起轻微作用，但在氢氟酸和硝酸混合物中加热溶解很快。

为了获得 2000℃以上的高温，常采用钨丝或钨棒为电热元件，使用气氛应为真空或经脱氧的氢气与惰性气体。

与钨比较，钼的密度小，价格便宜，加工性能好，广泛用作获得 1600~1700℃ 高温的电热元件。钼有较高的蒸气压，故在高温下长时间使用，会因基体挥发而缩短电热元件的寿命。钼在高温下极易氧化生成 MoO_3 而挥发，因此，气氛中的氧应尽量去除。对钼丝炉一般采用经除氧后的 H_2 或 H_2+N_2 为保护气氛，后者应用较多，因为它比较安全，且在实验室中容易获得。

实验室中的钼丝炉，是将钼丝直接绕在刚玉（Al_2O_3）炉管上的，因为刚玉管高于 1900℃ 会软化，故钼丝炉所能达到的最高温度受炉管限制。钼丝炉一般要求有足够缓慢的升降温速度，这主要是为了保护刚玉炉管不被炸裂，因其抗急冷急热性差。

钽不能在氢气中使用，因为它能吸收氢而使性能变坏。钽比钼熔点高，比钨加工性能好，在真空或惰性气氛中稳定，所以作为获得高温的电热体也得到一定的应用，但价格较贵是其不足之处。

5.2.4 碳化硅（SiC）电热体

碳化硅电热体是由 SiC 粉加黏结剂成形后烧结而成。质量优良的碳化硅电热体在空气中可使用到 1600℃，一般使用到 1450℃ 左右，它是一种比较理想的高温电热材料。碳化硅电热体通常制成棒状，故也叫硅碳棒。

硅碳棒有不同规格，它可以灵活地布置在炉膛内需要的位置上，它的两个接线端露于炉外。使用硅碳棒的缺点是炉内温度场不够均匀，并且各支硅碳棒电阻匹配困难。为了减少 SiC 电热体接线电阻，在接线端喷镀一层金属铝，电极卡头用铝或不锈钢片制成。在安装 SiC 电热体时，切忌使发热部位与其他物体相接触，以免高温下互相作用。SiC 电热体有良好的耐急冷急热性能。在 800℃ 左右，SiC 电热体电阻率出现最低点，说明 SiC 在低温区呈半导体特性，而在高温区呈金属特性。因此，高温时炉温控制不困难，因为随炉温升高而元件电阻增大，具有自动限流作用。室温时元件电阻很大，需要较高的启动电压才行。但应注意，启动通电后由于炉温升高（800℃ 前元件电阻下降），电流有自动增加的趋势。

SiC 电热体在使用过程中，电阻率缓慢增大的现象叫"老化"。这种老化现象在高温时尤为严重。SiC 的老化是电热体氧化的结果，在空气中使用温度过高，或空气中水汽含量很多时，都可使 SiC 老化加速。但在 CO 气氛中，SiC 发热体能使用到 1800℃。SiC 发热体不能在真空下与氢气氛中使用。老化后的 SiC 发热体仍可勉强使用，但应提升工作电压并注意安全。一般认为，SiC 发热体有效寿命结束在其常温下电阻值为初始值两倍的时候。

5.2.5 碳质电热体

石墨或碳质电热体具有良好的耐急冷急热性，至少在 2500℃ 以前，其机械强度随温度升高而增大。它的电阻率随温度变化不大，加工性能良好，使用温度极高。故常用作获得高温的电热材料，将石墨加工成筒形发热体的高温炉称为碳管炉。因为碳质材料的电阻率很小（$10^{-3}\,\Omega\cdot cm$），所以常在筒形发热体上作螺旋或横向切口以增大发热体的电阻值。尽管如此，使用碳质发热体时仍需用大电流变压器供电。以碳质发热体为热源的高温炉，最高使用温度可达 $3600℃$，常用温度为 $1800\sim2000℃$。

碳在常温下十分稳定，当加热到高温时，碳的化学活性迅速增加，此时它容易和氧化合，为了防止碳质电热体高温氧化而烧毁，应在真空、还原性气氛或中性气氛中使用。

5.2.6　二硅化钼（$MoSi_2$）电热体

$MoSi_2$ 在高温下使用具有良好的抗氧化性，这是因为在高温下，发热体表面生成 MoO_3 而挥发，于是形成一层很致密的 SiO_2 保护膜，阻止了 $MoSi_2$ 进一步氧化。$MoSi_2$ 发热体在空气中可安全使用到 $1700℃$，但在氮和惰性气体中，最高使用温度将要下降，它也不能在氢气或真空中使用。$MoSi_2$ 电热体不宜在低温下（$500\sim700℃$）的空气中使用，此时会产生"$MoSi_2$ 疫"，即 Mo 被大量氧化而又不能形成 SiO_2 保护膜。故一般认为，$MoSi_2$ 不宜在低于 $1000℃$ 下长时间使用。

$MoSi_2$ 在空气中长时间使用，其电阻率保持不变，无所谓产生"老化"现象，这是 $MoSi_2$ 所特有的优点，为其他电热体所不及。为了使 SiO_2 保护膜不被破坏，应防止电热体与可能生成硅酸盐的材料相接触。当然，电热体表面温度不宜过高，以免 SiO_2 膜熔融下流。

$MoSi_2$ 电阻率较 SiC 小，所以供电需配用大电流变压器。$MoSi_2$ 电热体长时间使用，其力学强度逐渐下降，以致最终破坏，但总的使用寿命比 SiC 长。

$MoSi_2$ 发热体通常做成棒状或 U 形两种，大多在垂直状态下使用。若水平使用，必须用耐火材料支持发热体，但最高使用温度不超过 $1500℃$。$MoSi_2$ 在常温下很脆，安装使用时应特别小心，以免折断，并要留有一定的伸缩余地。

5.2.7　氧化物电热体

ZrO_2、ThO_2 等氧化物可以作为电热体在空气中使用到 $1800℃$ 以上。ZrO_2、ThO_2 具有负的电阻温度系数，属半导体类型材料。

它们在常温下具有很大的电阻值，以致无法直接通电加热。实际上，在氧化物发热体通电之前，先采用其他电热体（如 Pt-Rh、$MoSi_2$、SiC 等）把它加热到 1000℃ 以上，使其电阻大为下降，此时才能对氧化物通电加热升温。因此，使用氧化物电热体的高温炉需要配置两套供电系统。

铬酸镧是以 $LaCrO_3$ 为主成分的可在氧化性气氛中使用的高温电炉发热体，是利用 $LaCrO_3$ 的电子导电性的氧化物发热体。其特点是：热效率高，单位面积发热量大；发热体表面温度可长时间保持在 1900℃，炉内有效温度可达 1850℃；在大气、氧化性气氛中可以稳定使用；使用方法简单，电极安全可靠；较容易得到较宽的均热带，易于实现高精度的温度控制。通常 $LaCrO_3$ 发热体是棒状的，适于制作管式炉。两端的电极部和中间的发热部结合成一体，电极部涂以银浆，用银丝做电极引线。

各种电热体的最高工作温度如表 5-3 所示。

表 5-3　各种电热体的最高工作温度

名　称	最高工作温度/℃	备注	名　称	最高工作温度/℃	备注
镍铬丝	1060		$ThO_2\,85\%$，$CeO_2\,15\%$	1850	
硅碳棒	1400		$ThO_2\,95\%$，$La_2O_3\,5\%$	1950	
铂丝	1400		钽丝	2000	真空
铂 90％铑 10％的合金丝	1540		ZrO_2	2400	
钼丝	1650	真空 $6.65×10^{-1}$ Pa	石墨棒	2500	真空或中性气氛
硅钼棒	1700		碳管	2500	
钨丝	1700	真空 $1.33×10^{-2}\sim3×10^{-3}$ Pa	钨管	3000	

5.3　高温反应受热容器

选择高温反应受热容器，既要考虑容器的耐高温性又要考虑在高温时与介质的相容性。常用的受热容器包括玻璃容器、陶瓷容器、金属容器（如铂坩埚、钽坩埚等）、石墨坩埚、聚四氟乙烯容器等。

玻璃容器主要包括试管、烧杯、烧瓶、坩埚等耐热容器。陶瓷容器主要包括高铝坩埚、刚玉坩埚及各种瓷舟及匣钵等。金属容器主要包括铂金坩埚、铱金坩埚、镍坩埚等。

（1）玻璃容器 玻璃受热容器主要包括试管、烧杯、烧瓶、坩埚等，在科学研究、化学实验、生产检测中广泛使用，制备这些容器的玻璃有时也称为仪器玻璃。从组成的不同区分，仪器玻璃主要有两种，一种是高硅氧玻璃，另一种是高硼硅玻璃。

高硅氧玻璃是仪器玻璃的一个重要品种，它可代替石英玻璃制作耐热器皿、形状复杂的仪器、高压水银灯管和溴钨灯等。在其组成中 SiO_2 含量高达 96％以上。它是利用 Na_2O-B_2O_3-SiO_2 玻璃组成系统易于分相的特点来制造的。首先选取 Na_2O-B_2O_3-SiO_2 系统分相区域适当组成，按普通方法熔制成玻璃，而后在 600℃左右，对其进行热处理，使其分离为两相。分相后的玻璃经退火处理，再用 $3mol \cdot L^{-1}$ HCl 和 $5mol \cdot L^{-1}$ H_2SO_4 溶液进行酸处理，浸出 Na_2O-B_2O_3 相，洗去反应生成物，成为富 SiO_2 的多孔质玻璃，再经 1200℃左右的烧结，制成致密的高硅氧玻璃制品。

仪器玻璃的另一个重要品种是高硼硅玻璃，它的典型代表是美国康宁玻璃公司发明的派来克斯（Pyrex）玻璃，这类玻璃具有热膨胀系数低、热稳定性好、对水和酸的耐侵蚀性强、耐热性能好、机械强度高等一系列优点，广泛用于制造各种耐热仪器玻璃。

（2）石墨坩埚 石墨坩埚具有良好的热导性和耐高温性，在高温使用过程中，热膨胀系数小，对急热、急冷具有一定抗应变性能。对酸、碱性溶液的抗腐蚀性较强，具有优良的化学稳定性。因具有以上优良的性能，所以在冶金、铸造、机械、化工等工业部门，被广泛用于合金工具钢的冶炼和有色金属及其合金的熔炼。坩埚的生产原料，可概括为三大类型：一是结晶质的天然石墨，二是可塑性的耐火黏土，三是经过煅烧的硬质高岭土类骨架熟料。近年来，开始采用耐高温的合成材料，如：碳化硅、氧化铝金刚砂及硅铁等做坩埚的骨架熟料。这种熟料对提高坩埚产品质量，增强坩埚密度和机械强度有着显著效果。

（3）聚四氟乙烯容器 这种材料具有抗酸抗碱、抗各种有机溶剂的特点，几乎不溶于所有的溶剂。同时，聚四氟乙烯具有耐高温的特点，可以加工成高温反应容器套装在金属外壳内。

5.4 高温测量

温度是表征物体冷热程度的物理量。它是物理化学过程中应用最普遍、最重要的工艺参数。多种工业产品的产量、质量、能耗等都直接与温度有关。因此，准确地测量温度具有十分重要的意义。只能借助于冷热不同的物体之间的热交换以及物体的某些物理性质随冷热程度不同而变化的特性来加以间接的测量。希望用于测量物体的物理性质，要连续单值地随着温度而变化，而且重复性要好，以便于精确测量。但实际上并没有一种物体的物理性质能完全符合上述要求。因此，物理性质的选择便是一种复杂而又困难的工作。目前比较常用的物理性质有热膨胀、电阻变化、热电效应、热辐射等。

随着科学技术的发展，又应用了一些新的测温原理，如射流测温、涡流测温、激光测温以及利用卫星测温等。

5.4.1 温标

温度的高低必须用数字来说明，温标就是温度的数值表示方法。各种温度计的数值都是由温标决定的。为了统一国际间的温度量值，目前各国采用的是《1990 年国际温标》。国际温标是以一些纯物质的相平衡点（即定义固定点）为基础建立起来的。这些点的温度数值是给定的（见表 5-4）。国际温标就是以这些固定点的温度给定值以及在这些固定点上分度过的标准仪器和插补公式来复现热力学温标的。固定点间的温度数值，是用插补公式确定的。到目前为止，还不可能用一种温度计复现整个温标。

（1）国际温标采用四种标准仪器分段复现热力学温标

① 0.65～5.0K，3He 和 4He 蒸气压温度计；

② 3.0～24.5561K，3He、4He 定容气体温度计；

③ 13.8033～961.78 K，铂电阻温度计；

④ 961.78 K 以上，光学或光电高温计。

表 5-4 ITS-90 定义固定点

温　度		物　　质①	状　　态②
T_{90}/K	$t_{90}/℃$		
3~5	−268.15~−270.15	He	V
13.8033	−259.3467	e-H_2	T
17	−256.15	e-H_2(或 He)	V(或 G)
20.3	−252.85	e-H_2(或 He)	V(或 G)
24.5561	−248.5939	Ne	T
54.3584	−218.7916	O_2	T
83.8058	−189.3442	Ar	T
234.3156	−38.8344	Hg	T
273.16	0.01	H_2O	T
302.9146	29.7646	Ga	M
429.7485	156.5985	In	F
505.078	231.928	Sn	F
692.677	419.527	Zn	F
933.473	660.323	Al	F
1234.93	961.78	Ag	F
1337.33	1064.18	Au	F
1357.77	1084.62	Cu	F

① 除 ^{3}He 外，所有物质都是天然同位素成分。e-H_2 是正-仲分子平衡态的氢。

② 符号代表的意义是：V 为蒸汽压力点；T 为三相点；G 为气体温度计测定点；M、F 分别为熔点、凝固点。

　　1990 年国际温标（ITS-90）仍以热力学温度作为基本温度，为了区别以前的温标，用"T_{90}"代表新温标的热力学温度，单位为开尔文（符号为 K）。与此并用的摄氏温度记为 t_{90}，单位为"摄氏度"（符号为℃），T_{90} 与 t_{90} 的关系仍为：

$$t_{90} = T_{90} - 273.15$$

　　(2) ITS-90 国际温标具有如下特点。

　　① 固定点总数较 1968 年国际实用温标 IPTS-68（75）增加 4 个，而且，其数值几乎全改了、变得更准确；

　　② 取消了水沸点、氧沸点等，新增加氖、汞等三相点及镓等熔点及凝固点；

　　③ 低温下限延伸至 0.65K；

④ 高温范围的铂铑 10-铂热电偶，作为温标的标准仪器已被取消，代之为铂电阻温度计。

5.4.2 温度测量方法

温度测量方法通常分为接触式与非接触式两种。接触式测温就是测温元件要与被测物体有良好的热接触，使两者处于相同温度，由测温元件感知被测物体温度的方法。非接触式与接触式相反，测温元件不与被测物体接触，而是利用物体的热辐射或电磁性质来测定物体的温度。两种测温方式的特点见表 5-5。

表 5-5 接触法和非接触法的特点

	接 触 法	非 接 触 法
必要条件	(1)检测元件与测量对象有良好的热接触 (2)测量对象与检测元件接触时，要使前者的温度保持不变	(1)由测量对象发出的辐射应全部到达检测元件 (2)应明确知道测量对象的有效发射率或重现性
特点	(1)测量热容量小的物体的温度有困难 (2)测量运动物体有困难 (3)可测量任何部位的温度 (4)便于多点、集中测量和自动控制	(1)因为检测元件不与测量对象接触，所以测量对象的温度不变 (2)可以测量运动物体的温度 (3)通常测量表面温度
温度范围	容易测量 1000℃ 以下的温度	适于高温测量
准确度	测量范围的 1% 左右	一般在 10℃ 左右
响应速度	较慢	较快

5.4.3 常用高温测量仪表

高温测量仪表种类很多，下面介绍几种常用的测温仪表。

(1) **热电偶高温计** 热电偶高温计是以热电偶作为测温元件，以测得与温度相对应的热电动势，再通过仪表显示温度。它是由热电偶、测量仪表及补偿导线构成的。测温范围广，测温精度高，便于远距离测温和自动控制；常用于测量 300～1800℃ 范围内的温度，热电偶温度计具有结构简单、准确度高；使用方便、适于远距离测量与自动控制等优点。因此，无论在生产还是在科学研究中，都是主要的测温工具。

（2）辐射温度计　所有温度高于0K的物体表面都会辐射出电磁波，辐射温度计就是以物体辐射的这种电磁波为测量对象来进行温度测量的。和利用热传导的温度计（热电偶、电阻温度计等）对比，它可进行非接触测温和快速测温。属于非接触式仪表，感温元件不破坏被测物体的温度场，一般只能测高温，低温段不准。辐射温度计有光学高温计、光电高温计及红外辐射温度计等。

① 光学高温计　物体的光谱辐射亮度与温度、波长有关，因此，只要选取一定的波长（通常选 $\lambda = 0.66\mu m$），那么，辐射亮度就只是温度的函数。温度越高，物体越亮。光学高温计采用单一波长进行亮度比较，故也称单色辐射温度计。它是由望远镜与测量仪表构成一体。一般是通过人眼对热辐射体和高温计灯泡在某一波长（$0.66\mu m$）附近一定光谱范围的辐射亮度进行亮度平衡。改变灯泡的亮度使其在背景中隐灭或消失而实现温度测量的高温计，称为隐丝式光学高温计。

光学高温计的灯丝温度不能超过1400℃，否则，钨丝要升华，沉积在玻璃泡上，形成灰暗的薄膜，改变原亮度特性而造成测量误差。所以，当被测物体温度超过1400℃时，要在物镜与灯泡之间安装灰色吸收玻璃，用已经被减弱了的热源亮度和灯丝亮度进行比较。所以，光学高温计有两个刻度，一个为800～1400℃；另一个为1400～2000℃，是插入灰色吸收玻璃后的刻度。在测量温度为1200～3200℃时，可在仪表的物镜前再加一块吸收玻璃。

国产精密光学高温计在900～1400℃、1200～2000℃、1800～3200℃三个测温范围的基本误差分别为±8℃、±14℃、±40℃；工业用光学高温计在700～2000℃的基本误差为±20～±30℃。

② 光电高温计　光学高温计要靠人眼判断，手动平衡亮度，故误差较大。近年由于光电探测器、干涉滤光片及单色器的发展，光学高温计正在被较灵敏、准确的光电高温计所代替。光电高温计可以自动平衡亮度。采用 Si 或 PbSe、PbS、Ge、InGaAs 等作为仪表的光敏元件，代替人的眼睛感受辐射源的亮度变化，并将此亮度信息转换成与亮度成比例的电信号，此信号经放大后送往检测系统进行测量。

光电高温计和光学高温计相比，灵敏度可提高两个数量级；准确度提高一个数量计，使用波长范围不受人眼睛对光谱敏感度的限制，可见光与红外范围均可应用，其测温下限向低温扩展；响应时间短，光电倍增管可在 10^{-6} s 内响应；能自动记录和远距离传送。

③ 红外辐射温度计　红外辐射温度计采用列阵硅光电池，形成了较大的测量视场和捕获晃动目标的能力。该种温度计功能多，量程宽，精度高，稳定性好。测量范围 600～1600℃，基本误差 $\leqslant\pm10$℃。

第6章 低温技术

据统计，在各类温度传感器中，低温温度传感器约占 5%。低温领域的特殊性以及相关技术的复杂性，增加了人们对低温温度的获得和准确测量的难度。近年来，随着近代物理学和电子技术的发展，低温温度传感器作为一门新兴技术，不仅得到发达国家的普遍重视，也一直是各发展中国家竞相进行研究开发的热点，许多国家通过研究各种物理效应，探索新的低温测量方法，采用近代技术开发新产品，扩大测温范围，提高测量精度，占领世界市场，并取得了新进展。

6.1 获得低温的方法

通常获得低温的途径有相变致冷、热电致冷、等焓与等熵绝热膨胀等。按温度高低程度的不同，可将制冷分为普通冷却：173K～室温；深度冷却：4.2～173K；极冷：<4.2K 三种。表 6-1 列出了一些主要的致冷方法。

表 6-1 一些主要的致冷方法

方法名称	可达温度/K	方法名称	可达温度/K
一般半导体致冷	150	气体部分绝热膨胀二级沙尔凡制冷机	12
三级级联半导体致冷	77	气体部分绝热膨胀三级 G-M 制冷机	6.5
气体节流	4.2	气体部分制冷绝热膨胀西蒙氦液化器	4.2
一般气体作外功的绝热膨胀	10	液体减压蒸发逐级冷冻	63
带氦两相膨胀机气体	4.2	液体减压蒸发(^{4}He)	0.7～4.2
作外功的绝热膨胀		液体减压蒸发(^{3}He)	0.3～3.2
二级菲利浦制冷机	12	氦涡流制冷	0.6～1.3
三级菲利浦制冷机	7.8	^{3}He 绝热压缩相变制冷	0.002
气体部分绝热膨胀的三级脉管制冷机	80.0	^{3}He-^{4}He 稀释制冷	0.001～1
气体部分绝热膨胀的六级脉管制冷机	20.0	绝热去磁	10^{-6}～1

6.2 低温源

（1）冰盐共熔体系 将冰块和盐尽量磨细并充分混合（通常用冰磨将其磨细）可以达到比较低的温度，例如下面一些冰盐混合物可达到不同的温度：

$$3 \text{ 份冰} + 1 \text{ 份 NaCl} \qquad -21℃$$
$$3 \text{ 份冰} + 3 \text{ 份 CaCl}_2 \qquad -40℃$$
$$2 \text{ 份冰} + 1 \text{ 份浓 HNO}_3 \qquad -56℃$$

（2）干冰浴 这也是经常用的一种低温浴，它的升华温度 $-78.3℃$，用时常加一些惰性溶剂，如丙酮、醇、氯仿等，以使它的导热更好一些。

（3）液氮 N_2 液化的温度是 $-195.8℃$，它是在合成反应与物化性能试验中经常用的一种低温浴，当用于冷浴时，使用温度最低可达 $-205℃$（减压过冷液氮浴）。

（4）相变致冷浴 这种低温浴可以恒定温度。如 CS_2 可达 $-111.6℃$，这个温度是标准气压下 CS_2 的固液平衡点。经常用的固定相变冷浴见表 6-2。

表 6-2 一些常用低温浴的相变温度

低温浴	温度/℃	低温浴	温度/℃
冰+水	0	CS_2	−111.6
CCl_4	−22.8	甲基环乙烷	−126.3
液氨	−33～−45	液氮	−195.8℃
氯苯	−45.2	液氢	−268.95
氯仿	−63.5	正戊烷	−130
干冰	−78.3	异戊烷	−160.5
乙酸乙酯	−83.6	液氧	−183
甲苯	−95		

6.3 低温测量

低温的温度测量有其特殊测量方法。不仅所选用的温度计与测量常温时的有所不同，而且不同低温温区也有相对应的测温温度计。这些低温温度计的测温原理是根据物质的物理参量与温度之间存在的一定关系，通过测定这些物质的某些物理参量来得到欲知的温度值。常用的低温温度计有以下几种。

6.3.1 低温热电偶

低温热电偶温度计是用来测量低温的常用传感器，其工作原理与高温热电偶类似，即不同金属或合金间的电势随温度而变。$V = KT$（其中 K 为常数，T 为绝对温度，V 为电势）。热电偶的测温范围为 2～300K。表 6-3 示出了各种热电偶的测温范围。

表 6-3 热电偶

名　　称	测温范围/K
铜-康铜（60Cu＋40Ni）	75～300
镍铬-康铜	20～300
镍铬(9:10)-金铁（金＋0.03%或0.07%原子铁）	2～300
镍铬-铜铁（铜＋0.02%或0.5%原子铁）	2～300

低温热电偶与高温热电偶除了在选材方面不相同外，在使用时还应考虑选择丝径更细的线材，以满足低温下漏热少的要求。另外热电偶接点的焊接方法也不相同，这里要求焊接点能承受低温而不易脱离。例如，铜-康铜热电偶可采用电弧碰焊，金铁-镍铬热电偶可采用铟焊。国外为适应市场需要，发展了大量的各种结构的变型品种。以美国为代表的一些发达国家生产的热电偶有这样的特点：a. 装配式热电偶和铠装热电偶并行发展，但装配式廉金属热电偶越来越少，铠装热电偶有最终占领市场的趋势。受工艺影响，装配式廉金属热电偶其价格并不"廉"，只有铠装化才能使金属材料大量节约，成本降低，并且具有耐压、耐冲击、耐腐蚀、热响应时间短、使用寿命长、易于安装的优点。由于热电偶铠装化的明显优点，近年来美国一些主要研究机构花了很大力量研究铠装热电偶的性能，不但廉金属热电偶已经有了各种规格的铠装式，而且连贵金属热电偶也向铠装化发展。b. 热电偶的材料品种多。美国国家标准学会公布的热电偶材料品种、代号和国际电工委员会确认的品种、代号是一致的，即 B，S，K，E，J，T，R，N 共 8 种，但不少厂家还生产许多非标准热电偶，数量达几十种，在这些非标准热

电偶中有一些是很出色的，他们大多是由金、钨、铼、铂、铑、铱、钯、钼等金属的合金制成。碳热电偶保护管材料品种多。

6.3.2 电阻温度计

电阻温度计是利用感温元件的电阻与温度之间存在一定的关系而制成的。制作电阻温度计时，应选用电阻比较大、性能稳定、物理及金属复制性能好的材料，最好选用电阻与温度间具有线性关系的材料。常用的有铂电阻温度计、锗电阻温度计、碳电阻温度计、铑铁电阻温度计等。

用低温热电偶与电阻温度计测量中的主要要求是精度、可靠性、重复性和实际温度标定。选择温度计时应考虑测温范围、要求精度、稳定性、热循环的重复性和对磁场的敏感性，同时还要考虑到布线和读出设备等的费用，最好是用某种温度计测量它本身的最佳适用温度。由于几乎所有的温度计都必须提供一个恒定的电流，这就需要考虑寄生热负载的影响（如沿着导线的热传递和在读出期间的焦耳热）。充分考虑这些影响后选择的温度计，就应是很好的低温温度计了。表 6-4 列出了一些低温温度计的特性。

表 6-4　一些低温温度计的特性

温度计类型	测量范围/K	精度/K	稳定性/mK	热循环/mK	磁场的影响
E-热电偶	30～300	1.0～3.0	<0.5	<1.0	—
铂电阻	20～30	0.2～0.5	<0.1	<0.4	—
CLTS	2.4～270	1.0～3.0	<0.1	<0.5	—
碳玻璃电阻	1.5～300	<0.02	<1.0	<5	小
碳电阻	1.5～30	<0.05	<1.0	大	小
锗电阻	4.0～100	<0.01	<0.5	<1.0	大

6.3.3 红外辐射温度计

辐射式温度计是依据物体辐射的能量来测量其温度的传感器。它属于非接触式，具有测温范围宽、反应迅速、热惰性小等优点。这种传感器适用于腐蚀性场合、运动状态物体的温度测量。由于它的感温部分不与测温介质直接接触，因此其测温精度不如热电偶温度计高，测量误差较大，由于低温时辐射能量大大减小，而且是发射波长较长的红外线，因此在低温场合用来测量的机会相对比较少。随着辐射检测元件的进展，美国正努力将检测元件安装在极低温的全辐射温度计上，将温度延伸到低温范围并可望进行温度的绝对测定。

6.3.4 新型低温温度传感器的测量成果

近年来在低温温度测量方面，一些国家取得了可喜成果。俄罗斯利用声速在气体中与温度的关系，研制了电声气体温度计，在 $2\sim273K$ 温度范围内测定热力学温度的误差约为 $0.01K$，并可得到 $0.001\sim0.0005K$ 的复现性；研制的石英晶体音叉温度传感器，测量范围 $4.2K\sim+250℃$，分辨力 $0.0001K$，精度 $0.02\sim0.2K$；英国的低温气体温度计在 $2\sim20K$ 温度范围内可达 $0.0005K$ 的精度；澳大利亚定容气体温度计在 $2\sim16K$ 温度范围内准确度达 $\pm0.003K$。

6.4 温度传感器的发展趋势

无论在国内还是国外，温度传感器使用范围、应用领域正在迅速扩大。现代微电子、微细加工、计算机、新型材料、超导技术等又为新型温度传感器的研制和发展奠定了基础。下面就其主要发展趋势作以下介绍。

（1）向高精度方向发展　由于自动化程度的不断提高，对测量灵敏度高、精度高、响应速度快的温度传感器需求较多，今后的发展也必将在这方面有所提高。

（2）向高可靠性、长寿命方向发展　温度传感器的可靠性直接关系到测量设备的抗干扰和测量误差问题，也关系到测量结果的准确性，而能在低温环境下工作，具有较长的使用寿命会降低科研生产成本。

（3）向集成化方向发展　温度传感器的集成化是实现其小型化、智能化和多功能化的重要保证，随着微电子技术的不断发展，许多国家已将感温元件、补偿电路、放大电路、处理元件等集中在同一芯片上，甚至将多个传感器集中在一个芯片上，以实现功能与数据处理一体化。

（4）向小型化、微型化方向发展　体积大的温度传感器使用起来不方便，也会对制作材料造成浪费。微型温度传感器可满足特殊场合的使用要求，降低加工制作成本。与此相对应，国际上小型温度传感器普遍发展，如日本研制的极细型热电偶，封装后的外径只有 0.25mm。

（5）向智能化方向发展 传统温度传感器的概念已从单纯的测量温度用的敏感元件发展为以温度传感器为基础的测量系统，即在集成化的基础上，具有信号测量、处理、存储、误差与自诊断能力，扩大了应用范围，增强抗干扰能力，便于与计算机通信。

（6）从传统材料向新材料发展 温度传感器的设计都是利用一些材料的物理、化学性能随温度变化的规律来进行。因此，为了研制出新型温度传感器，还需要研制新材料，发现其新效应、新现象，以满足新产品的设计要求。目前，一些国家正在使用微米、纳米技术，通过控制粉体的平均粒度进行传感器材料掺杂技术的研究。在制造温度传感器的材料中，半导体材料已经占据主导地位，约占 40%，石英、陶瓷材料很有发展前途，一些无机材料、有机合成材料、复合材料以及金属合金，已经或正在成为人们研究的新目标。

（7）从模拟化向数字化发展 传统温度传感器输出的都是电压、电阻等模拟量，测量精度低；传感器与电子技术相结合，可以实现模拟量转换为数字量输出，便于提高检测精度，实现自动控制，减小偶然误差。

（8）向民用方向发展 从国外的一些资料来看，宇航或其他高、精、尖领域的传感器发展一旦成熟，很快就会将技术应用到民用领域，而且每年民用传感器的产值增长迅速，以日本为例，近些年的年增长率约为 30%。

6.5 低温的控制

低温控制有两种，一是恒温冷浴，二是低温恒温器。除了冰水浴外，其他泥浴（相变致冷浴）的制备都是在通风橱里慢慢地加液氮到杜瓦瓶里，杜瓦瓶内预先放上装有调制泥浴的某种液体的容器并搅拌，当泥浴液相成一种稠的牛奶状时，就表明已成了液-固平衡物了。注意不要加过量的液氮。干冰浴也是经常使用的恒温冷浴，低温恒温器通常是指这样的实验装置，它利用低温流体或其它方法，使试样处在恒定的或按所需方式变化的低温温度下，并能对试样进行某种化学反应或某种物理量的测量。

大多数低温实验工作是在盛有低温液体的实验杜瓦容器中进行的。低温恒温器是实验杜瓦容器和容器内部装置的总称。

低温恒温器大体可以分成两大类：第一类是所需温度范围可用浸泡试样或使实验装置在低温液体中的方法来实现。改变液体上方蒸气的压强即可以改变温度，如减压降温恒温器，第二类是所需温度包括液体正常沸点以上的温度范围，例如 4.2～77K，77～300K 等，一般称作中间温度。可以用两种办法获得中间温度：一种是使试样或装置与液池完全绝热或部分绝热，然后用电加热来升高温度；另一种是用冷气流、制冷机或其他制冷方法（例如活性炭退吸附等）控制供冷速率，以得到所需的温度。

实验工作中，经常要使试样或实验装置在所要求的温度上稳定一定的时间，进行工作后再改变到另一温度。在减压降温恒温器中，要用恒压的方法稳定温度；在连续流恒温器中，则要用调节冷剂的流量来稳定温度。最简单的一种液体浴低温恒温器如图 6-1 所示。

它可以用于保持 −70℃ 以下的温度。它制冷是通过一根铜棒来进行的，铜棒作为冷源，它的一端同液氮接触，可借铜棒浸入液氮的深

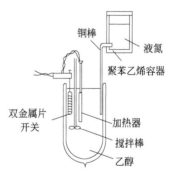

图 6-1　液体浴低温恒温器

度来调节温度，目的是使冷浴温度比我们所要求的温度低 5℃ 左右，另外有一个控制加热器的开关，经冷热调节可使温度保持在恒定温度（±0.1℃）。由于大量气态、挥发性或对水、氧、热等敏感的无机化合物（包括金属有机化合物与配合物、簇合物等）的合成、分离与提纯以及相关的反应往往在低温条件下进行。

第7章 高压技术

7.1 高压合成定义

高压作为一种特殊的研究手段，在物理、化学及材料合成方面具有特殊的重要性。这是因为高压作为一种典型的极端物理条件能够有效地改变物质的原子间距和原子壳层状态，因而经常被用作一种原子间距调制、信息探针和其他特殊的应用手段，几乎渗透到绝大多数的前沿课题的研究中。利用高压手段不仅可以帮助人们从更深的层次去了解常压条件下的物理现象和性质，而且可以发现常规条件下难以产生，而只在高压环境才能出现的新现象、新规律、新物质、新性能、新材料。

高压合成，就是利用外加的高压力，使物质产生多型相变或发生不同物质间的化合，而得到新相、新化合物或新材料。众所周知，由于施加在物质上的高压卸掉以后，大多数物质的结构和行为产生可逆的变化，失去高压状态的结构和性质。因此，通常的高压合成都采用高压和高温两种条件交加的高压高温合成法，目的是寻求经卸压降温以后的高压高温合成产物能够在常压常温下保持其高压高温状态的特殊结构和性能。

通常，需要高压手段进行合成的有以下几种情况：①在大气压（0.1MPa）条件下不能生长出满意的晶体；②要求有特殊的晶型结构；③晶体生长需要有高的蒸气压；④生长或合成的物质在大气压下或在熔点以下会发生分解；⑤在常压条件下不能发生化学反应，而只有在高压条件下才能发生化学反应；⑥要求有某些高压条件下才能出现的高价态（或低价态）以及其他的特殊的电子态；⑦要求某些高压条件下才能出现的特殊性能等情况。针对不同的情况可以采用不同的压力范围进行合成。目前通常所采用的高压固态反应合成范围一般从1~10MPa的低压力合成到几十个吉帕（1GPa 约等于 1 万大气压）的高压力合成。本文所指的高压合成为 1GPa 以上的合成。

7.2 高压合成技术

从高压合成产物的状态变化看，合成产物有两类。一是某种物质经过高压作用后其产物的组成（成分）保持不变，但发生了晶体结构的多型相转变，形成新相物质。二是某种物质体系，经过高压高温作用后，发生了元素间或不同物质间的化合，形成新化合物、新物质。人们可以利用多种高压高温合成方法来获得新相物质、新化合物和新材料。

7.2.1 静高压合成技术

（1）超高压激光加热合成技术　利用微型金刚石对顶砧高压装置（DAC），配合激光直接加热方法，压力可达 100GPa 以上，温度可达 $(2\sim5)\times10^3$K 以上。合成温度和压力范围很宽，加上 DAC 可同时与多种测试装置联用，进行原位测试，对新物质合成的研究和探索，有重要的作用。

（2）静高压（大腔体）合成技术　实验室和工业生产中常用的静高压高温合成，是利用具有较大尺寸的高压腔体和试样的两面顶和六面顶高压设备来进行的。按照合成路线的不同，这类方法还可细分成许多种。①静高压高温直接转变合成法。在合成中，除了所需的合成起始材料外，不加其他催化剂，而让起始材料在高压高温作用下直接转变（或化合）成新物质。②静高压高温催化剂合成法。在起始材料中加入催化剂，这样，由于催化剂的作用，可以大大降低合成的压力、温度和缩短合成时间。③非晶化合成法。以非晶材料为起始材料，在高压高温作用下，使之晶化成结晶良好的新材料。与此相反，也可将结晶良好的起始材料，经高压高温作用，压致转变成为非晶材料。④前驱物高压转变合成法。对一些不易转变，或不适于转变成所需的合成物质，可以通过其他方法，将起始材料预先制成前驱物，然后进行高压高温合成，这种方法十分有效。⑤混合型合成法。将起始材料进行预处理，如常压高温处理，其他的极端条件处理，包括高压条件，然后再进行高压高温合成。⑥高压熔态淬火方法。将起始材料施加高压，然后加高温，直至全部熔化，保温保压最后在固定压力下，实行淬火，迅速冻结高压高温状态的结构。这种方法，可以获得准晶、非晶、纳米晶，特别是可以截获各种中间亚稳相，是研究和获取中间亚稳相的行之有效的方法。

7.2.2　动态高压合成技术

（1）动高压合成技术的基本原理和分类　当炸药爆炸时会产生冲击波。所谓冲击波，就是一种以超音速在物体中传播的波，冲击波的中心处于强烈的压缩状态。这种压缩状态称之为"冲击压缩"。当炸药爆炸时伴有化学反应的冲击波，则称之为"爆轰波"，"冲击压缩"是冲击波到达的瞬间产生的，不会使热传导出去，因此它是一种绝热现象。当固体物质受冲击波扫过时，就会急剧地向冲击波方向压缩，当这种压缩超过某一压力极限时，组成固体的粒子（原子群）就像流体一样飞舞起来。若此时用 X 射线观察"冲击压缩"中的原子排列，则会发现结晶是一种分成几百纳米以下的微结晶，且呈镶嵌状排列。当固体粉末受到冲击波冲击压缩时，伴随粉末粒子间的移动摩擦，以及粉末间气体压缩产生的超高温，使粉末表面得到加热，并在其内部瞬间产生局部的高温分布，此现象在多孔质物体中亦会发生。通常把这种"冲击压缩"产生的瞬态高温高压用于人工合成超硬材料，或用于固化粉状物的技术，均称为动高压合成技术。

动高压合成技术可分成两大类。第一类为爆轰产物法，它是在瞬时的高温高压下伴随化学反应，生成与反应物料不同的另一种物质。第二类为冲击波瞬态高压高温法，它是利用冲击压力产生新的结晶结构。

（2）动高压合成技术的爆炸冲击方法　为进行有效的冲击压缩，获得人工合成超硬材料所必要的高温高压和平面性良好的冲击波，可采用炸药透镜来满足这一要求。炸药透镜是如图 7-1 所示的一个锥状高爆速炸药锥形罩，内侧装有低爆速炸

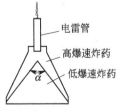

电雷管
高爆速炸药
低爆速炸药

图 7-1　炸药透镜示意图

药。当外侧的高爆速炸药的爆速为 V_1，内侧低爆速炸药的爆速为 V_2 时，炸药锥形罩的顶角 α 满足下式关系：

$$\cos\frac{\alpha}{2} = \frac{V_2}{V_1}$$

锥顶端装有电雷管，起爆以后的爆轰波阵面呈平面状，这种炸药透镜还可以作为原子弹的起爆装置。

使用炸药透镜进行动高压合成的典型处理装置是美国沙恩迪研究所研制的，如图 7-2 所示。

铜质密封盒内以 50% 密度装上冲击压缩物（粉末），当主爆药为梯恩梯/硝酸钡（$33/67$，质量比），对

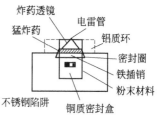

图 7-2　合成处理装置示意图

粉末的最大压力为 $11GPa$。另一种方法是把冲击压缩物装入圆筒状的密封容器内，容器周围装上炸药并使之爆炸冲击，大部分固化金属、固化陶瓷都采用这种方法。但由于达不到足够的高压，因此需要在密封容器中心插一根芯棒，用来反射冲击波而对入射波产生干扰，使压力增大。日本油脂株式会社的荒木正任等人，使用这种方法，在密封容器内装入石墨型氮化硼和铁粉，成功合成了纤锌矿型（立方）氮化硼。

利用爆炸等方法产生的冲击波，在物质中引起瞬间的高压高温来合成新材料的动态高压合成法，也称为冲击波合成法或爆炸合成法。至今，利用这种方法，已合成出人造金刚石和闪锌矿型氮化硼（c-BN）以及纤锌矿型氮化硼（w-BN）微粉，还有一些其他的新相、新化合物。

7.3　高压的测量

静态高压的测量方法有几种，其一是用物质的相变点来测量；其二是利用光谱移动随压力的变化来测量（如利用红宝石的荧光 R 线随压力增大而红移）；其三是利用物质的晶胞参数随压力的变化来测量（如 $NaCl$）。动态压力来自于冲击波，其测量根据激波原理

来得到，与之相关的量是激波在介质中的传播速度、介质的初始密度和介质的质点速度。

利用某些金属在其相变点时其电阻发生突变。这些物质的相变点的压力已准确测定，且为国际所公认。如 Bi（Ⅰ→Ⅱ）（2.5GPa）、Tl（Ⅰ→Ⅱ）（3.67GPa）、Cs（Ⅱ→Ⅲ）（4.2GPa）、Ba（Ⅰ→Ⅱ）（5.3GPa）、Bi（Ⅲ→Ⅳ）（7.4GPa）等。

第8章 真空技术

8.1 概述

真空并不是一无所有的意思，而是指低于大气压的状态。真空度的高低用气体压强表示，其单位按国际单位制（SI）为帕（Pa）。以前习惯上使用的某些单位，它们的换算关系是：$1Torr = 1mmHg = 1/760atm = 133.322Pa$。

为使用方便起见，人们根据压强的大小，把真空度划分为以下几个阶段：粗真空（$1.013 \times 10^5 \sim 1.33 \times 10^3 Pa$）、低真空（$1.33 \times 10^3 \sim 1.33 \times 10^{-1} Pa$）、高真空（$1.33 \times 10^{-1} \sim 1.33 \times 10^{-6} Pa$）、超高真空（$1.33 \times 10^{-6} \sim 1.33 \times 10^{-12} Pa$）、极高真空（低于 $1.33 \times 10^{-12} Pa$）。

可以看出，所谓真空度高，指的是体系压强低。由计算可知，即使在 $1.33 \times 10^{-6} Pa$ 的超高真空下，每立方米内仍有约 3×10^8 个气体分子，每秒钟对单位面积（$1cm^2$）的碰撞次数为 3.84×10^{12} 次，但比常压下的气体稀薄多了。在这种情况下，气体的行为与常压下有重要的区别，致使真空技术在高纯金属和非金属材料的真空熔炼、区域提纯及科学研究等方面都得到了广泛的应用。

8.2 真空的获得和真空泵简介

8.2.1 真空的获得

产生真空的过程称为抽真空。用于产生真空的装置称为真空泵，如水泵、机械泵、扩散泵、冷凝泵、吸气剂离子泵和涡轮分子泵等。由于真空包括 $10^5 \sim 10^{-12} Pa$ 共 17 个数量级的压强范围，通常不能仅用一种泵来获得，而是由多种泵的组合。一般实验室常用的是机械泵、扩散泵和各种冷凝泵。表 8-1 列出了各种获得真空方法的适用压强范围。

表 8-1　各种获得真空方法的适用压强范围

真空区间/Pa	主 要 真 空 泵
$10^3 \sim 10^5$	水泵、机械泵、各种粗真空泵
$10^{-1} \sim 10^3$	机械泵、油或机械增压泵、冷凝泵
$10^{-6} \sim 10^{-1}$	扩散泵、吸气剂离子泵
$10^{-12} \sim 10^{-6}$	扩散泵加阱、涡轮分子泵、吸气剂离子泵
$< 10^{-12}$	深冷泵、扩散泵加冷冻升华阱

通常用四个参量来表征真空泵的工作特性：①起始压强，真空泵开始工作的压强；②临界反压强，真空泵排气口一边所能达到的最大反压强；③极限压强，又称极限真空，指在真空系统不漏气和不放气的情况下，长时间抽真空后，给定真空泵所能达到的最小压强；④抽气速率，在一定的压强和温度下，单位时间泵从容器中抽除气体的体积。了解这四个参量是重要的，如机械泵的起始压强为 101.3MPa，极限压强一般为 0.1Pa，而扩散泵的起始压强为 10Pa。因此，在使用扩散泵之前应先用机械泵将被抽容器的压强抽至 10Pa 以下。由此我们常把机械泵称为前级泵，而将扩散泵称为次级泵。真空泵的种类很多，工作原理各不相同，其应用条件也各异。

8.2.2　真空泵简介

（1）往复式真空泵　它是获得粗真空的设备。一般用于真空蒸馏、真空蒸发和浓缩、真空结晶、真空干燥、真空过滤等过程。运转时，气缸内的活塞作往复运动，活塞的一端从真空系统中吸入气体，另一端将吸入气缸内的气体通过气阀排入气阀箱，再由排气管排入大气。这种泵的极限真空度为 1kPa。它不适于抽出腐蚀性气体或含有颗粒状灰尘的气体。

（2）水蒸气喷射真空泵　运转时，由高速水蒸气喷入抽气机内而建立一个低压空间，被抽系统内的气体，就不断地流向此低压空间而被水蒸气流带向出气口，排到大气中，它的极限真空度可达 0.1Pa。这种泵抽气量大，安装运行和维修均简便，适用于真空蒸发及浓缩、真空干燥、真空制冷、真空冶炼等作业。

（3）滑阀式真空泵　其极限真空度可达 0.07Pa，可单独使用，亦可与罗茨泵联合作为大型真空系统的粗抽泵用。它不适于抽出含氧过高的、有爆炸性的以及对金属及真空泵油能起化学作用的气体。一般用于真空冶炼、真空干燥、真空蒸馏、真空处理等作业。

（4）机械增压泵　又称罗茨泵，由两个 8 字形转子在定子内相对旋转，形成容积的重复变化，达到吸气和排气的目的。由于转子与转子之间、转子与定子之间都不接触，也没有摩擦，因此它的转速高达 1000～3000 r/min。这种泵有抽速大、体积小、噪声低、驱动功率小、启动快等优点，广泛用于冶金、化工、电子等工业中。罗茨泵必须配置合适的前级泵，在 100～1Pa 真空下有较大抽速，弥补了机械泵和蒸气流泵，在该压力范围下抽速小的缺点。在高真空工业中，罗茨泵常作为大型扩散泵或涡轮分子泵的前级泵使用，其极限真空度可达 0.01Pa。

（5）抽真空增压泵　它在 1～0.1Pa 下有较大的抽速，可弥补真空泵和高真空泵在该压力范围抽速较小的缺点，广泛用于冶金、化工、石油、电子、原子能等工业中。它对惰性气体与其他气体有相同的抽力，并有结构简单、无机械转动部分，便于操作、维护，寿命长等特点。

（6）涡轮式分子泵　它是获得超高真空的设备之一。这种泵的转子和定子都装有多层带斜槽的涡轮叶片，转片和定片的斜槽方向相反，每一转片处于两个定片之间。分子泵工作时，转子以 24000～60000r/min 的转速高速旋转，迫使气体分子通过斜槽从泵中央流向两端，从而产生抽气作用。泵两端的气体经排气道被前级泵抽走。分子泵的极限真空度可达 10^{-8}～10^{-6}Pa，残余气体主要是相对分子质量较小的气体，如 H_2。它启动快，抽速平稳，在 10^{-6}～1Pa 范围具有恒定的抽速。在工作中突然冲入空气时，不会使泵的结构和性能受到破坏。

（7）吸附泵　利用分子筛对气体物理吸附的可逆性，即在低温下吸附气体、升温后又解吸的功能来实现抽气。除了氢、氦和氖等极难液化的气体（它们的沸点均在 28K 以下）外，其他气体均能高效率地被吸附泵抽出。吸附泵能在大气压力下开始抽气，常作为无油蒸气污染的前级泵使用，在液氮温度下使用吸附剂时，其极限真空度可达到 1Pa 左右。吸附泵必须装有安全压力释放阀门，以使升温时由吸附剂解吸出来的气体经此阀门逸出，防止压力过高而爆裂。通常用两台吸附泵分别通过阀门与真空系统连接，其中一台在低温环境中进行抽气；另一台与真空系统之间的阀门关闭，在升温环境中排气，使分子筛再生。经过一段时间后，两台泵的作用互换。吸附泵吸气量大、无污染、无噪声、无振动。连续使用较长时间后，分子筛会逐渐粉化，应予以更换。

（8）升华泵和吸气剂泵　它是利用吸气剂对气体的化学吸附来捕集气体实现抽气的。所用吸气剂有蒸散型的（如钛）和非蒸散型的（如锆-铝合金）两类。

钛升华泵在真空下用电子轰击或其他加热方式（如辐射）使钛材（钛-钼合金、钛棒、钛球）升温到 $1200 \sim 1500℃$，升华出的钛蒸气在温度较低的泵壁内表面冷凝，不断形成新鲜的活性膜层，将被抽气体相继吸附。活性气体与钛膜结合成钛的氧化物、氮化物、碳化物等，惰性气体如 Ar、He 等，主要是被"掩埋"在膜层中。这种泵又称为热钛泵，在压力低于 0.1Pa 下开始工作，其极限真空度可达 10^{-9}Pa。

（9）离子泵　常用的是溅射离子泵，又称潘宁泵或冷钛泵。它利用在很低压力下，仍能自持地放电，即所谓潘宁（Penning FM）放电作用，让电子在正交电磁场作用下往复螺旋振荡，与气体分子不断碰撞时使气体分子电离，产生的离子以较大能量轰击阴极钛板。引起钛的溅射，同时释放出二次电子，溅射出来的钛离子沉积在阳极筒内壁，而不断形成新鲜的活性钛膜，对气体产生化学吸附和"掩埋"作用。这种泵内，活性钛膜的形成是由于潘宁放电引起的阴极溅射来实现的，故称为溅射离子泵。它的启动压力为 0.1Pa，极限真空度可达 10^{-8}Pa 以下。其前级泵可用吸附泵或机械泵，但后者必须采用冷阱捕集机械泵产生的油蒸气。

（10）低温冷凝泵　它是利用液氦或制冷机循环气氦作冷却介质，使气体冷凝而实现抽气的。在液氦温度 $-4.2K$ 下，除氦和氢外，其他物质的蒸气压均趋近于零。也可用活性炭作低温吸附剂，获得洁净的真空，但它的造价昂贵（制冷式），或要消耗昂贵的液氦。

（11）旋片式机械泵 旋片式机械泵的结构如图 8-1 所示。

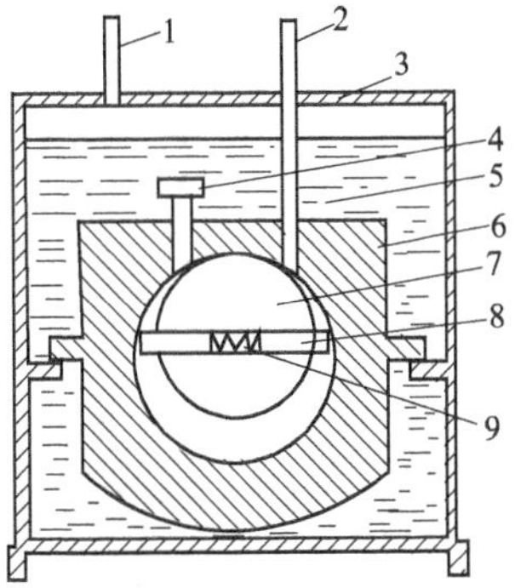

整个泵体浸没在真空泵油 5 中，转子 7 紧贴在定子 6 圆柱形空腔的上部，并和空腔不同轴。转子由电动机带动在空腔内旋转，由于弹簧 9 的作用，转子上的翼片 8 总是紧贴在空腔的壁上。当转子顺时针方向转动时，与进气管 2 相通的空腔逐渐增大并吸入气体，与排气阀门 4 相通的空肺则逐渐缩小，将气体压缩，随之冲开阀门 4，通过油层排及排气管 1 入大气。为使被压缩气体不致漏入抽气空间，就必须保持油的密封。

图 8-1 旋片式机械泵的
结构示意图
1—排气管；2—进气管；3—外壳；
4—排气阀门；5—真空泵油；
6—定子；7—转子；
8—翼片；9—弹簧

上述抽气机制对于抽除永久性气体（即在常温下被压缩时，不会液化的气体）是很有效的；但对于像水蒸气那样的可凝结性气体，在压缩过程中就可能液化，而混入真空泵油内，并随油的运动转移到进气口这一边，并在压力较低时又会重新汽化。如此循环不已，水蒸气就无法排出泵体。为使可凝结气体排出去，以采用一个调节阀门，将少量空气引入翼片压缩了的空间中，使可凝结气体尚未液化前，压缩空间内的气压就超过了大气压力，从而冲开阀门排出泵体。设有这种装置的泵称为气镇式机械泵。

旋片式机械泵可以在大气压下开始工作，常作前级泵用，其极限真空度为 0.1Pa。使用机械泵时应注意：①不能反转，反转会将油压入真空系统造成污染；②停止工作时，先将泵与连接真空系统的阀门关闭，再向泵中放入干燥空气，否则泵油也会进入被抽系统。在实验室中，泵与被抽系统的连接一般通过真空活塞，在停止工作时，立即将三通塞通向大气；③要防止金属屑、玻璃碴之类固体抽入泵中，损害泵体；④泵油不能混入其他易挥发杂质，也不能用泵抽除水分很多的系统，否则会造成翼片腐蚀，降低极限真空度。最好被抽气系统与真空泵之间串联一个干燥管，让系统中的气

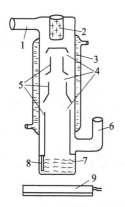

图8-2 三级油扩散泵示意图

1—进气口；2—冷水进口；3—水冷壁；

4—喷嘴；5，8—导管；6—排气口；

7—扩散泵油；9—电炉

体经干燥管脱水后再被抽入泵中；⑤定期更换新油。

（12）扩散泵 扩散泵的结构如图8-2所示。

工作时，先用前级泵将扩散泵及系统抽成预备真空，由泵下部的电炉9加热，使扩散泵油在真空下迅速挥发成蒸气。油蒸气沿导管5上升，由喷嘴4喷出。喷嘴可以设一级、二级、三级、四级不等。高速喷出的油蒸气打在水冷壁3上，又凝结成液体经导管8流回泵底，再重新加热气化，如此不断循环。被抽系统中的气体分子由于热运动扩散，经进气口1进入喷口下边的空间时，在大量的高速定向运动的油分子的碰撞下，被带到泵的下部，经排气口6被前级泵抽走。在这个扩散抽气过程中，存在两个有害的反向扩散：① 被抽气体分子被压到泵的底部，底部与上部就存在被抽气体的密度差，底部的被抽气体分子就会向上部反扩散；② 定向运动的油分子与被抽气体分子相碰撞，有一部分也会改变运动方向进入被抽系统。再加上喷嘴处油蒸气分子密度大于被抽系统的油蒸气密度，油分子也会反向扩散到被抽系统中。上述两个有害的反扩散是影响扩散泵极限真空度提高的原因之一。改善喷嘴设计和提高扩散泵油的质量，在泵的进气端设置液氮冷阱等，可以在一定程度提高泵的极限真空度。普通油扩散泵的极限真空度可达 10^{-5}Pa，超高真空油扩散泵可达 5×10^{-8}Pa。

扩散泵必须在用前级泵将系统压力预先抽到低于扩散泵的起始工作压力后，才能正常工作，故它是一种次级泵。扩散泵在装配前必须清洗，装入足够的工作液体。冷却水套必须充满冷却水。未通冷却水时，不要加热扩散泵油。停机时，先停止加热，待油冷却后再停止冷却水。

8.3 真空的测量

测量真空度的仪器称为真空计或真空规。每一种真空规都有一定的量程范围。在不同的压力范围要选用不同的真空规。真空规可分为两大类：

一类是直接测量压力的，如麦克劳（Mcleod）真空规。它的基础是波义耳定律，即在同一温度下，将与被测系统连通的一定容积的气体压缩到毛细管内的小体积内，测出压力变化，即可求出原来的压力。由于这种真空规操作较慢，不能连续读数，且要用有毒的汞作为工作液，因此人们不愿意直接用它。

测量真空度的量具称为真空计或真空规。真空规分绝对规和相对规两类，前者可直接测量压强，后者是测量与压强有关的物理量，它的压强刻度需要用绝对真空规进行校正。表 8-2 列出了一些常用的真空规和应用范围。

表 8-2　一些常用真空规和应用范围

应用压强范围/Pa	主 要 真 空 规
$10^3 \sim 10^5$	U 形压力计,薄膜压力计,火花检漏器
$10 \sim 10^3$	压缩式真空计,热传导真空规
$10^{-6} \sim 10$	热阴极电离规,冷阴极电离规
$10^{-12} \sim 10^{-6}$	各种改进型的热阴极电离规
$< 10^{-12}$	冷阴极或热阴极磁控规

8.3.1 麦氏真空规（Mcleod gauge）

在绝对真空规中，麦氏真空规是应用最广泛的一种压缩真空计。它既能测量低真空又能测量高真空。麦氏真空规的构造如图8-3 所示。

麦氏规通过旋塞 1 和真空系统相连。玻璃球 7 上端接有内径均匀的封口毛细管 3（称为测量毛细管），自 6 处以上，球 7 的容积（包括毛细管 3）经准确测定为 V，4 为比较毛细管且和 3 管平行，内径也相等，用以消除毛细作用影响，减少汞面读数误差。2 是三通旋塞，可控制汞面的升降。测量系统的真空度时，利用旋塞 2 使汞面降至 6 点以下，使 7 球与系统相通；压强达平衡后，再通过 2

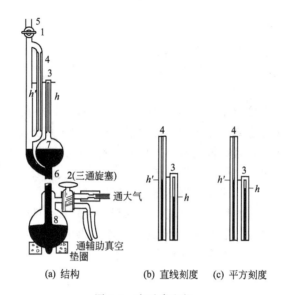

(a) 结构   (b) 直线刻度   (c) 平方刻度

图 8-3 麦氏真空规

1—旋塞；2—三通旋塞；3—毛细管；4—比较毛细管；5—连接管；
6—真空系统与 7、8 的连接处；7—玻璃球；8—泵

缓慢地使汞面上升。当汞面升到 6 位置时，水银将球 7 与系统刚好隔开，7 球内气体体积为 V，压强为 p（即系统的真空度）。使汞面继续上升，汞将进入测量毛细管和比较毛细管。7 球内气体被压缩到 3 管中，其体积：

$$V' = \frac{1}{4} p d^2 h$$

（d 为 3 管内径，已准确测定）。3，4 两管中气体压强不同，因而产生汞面高度差为 $(h-h')$，见图 8-3(b) 和（c）。根据玻义耳定律：

$$pV = (h-h')V'$$

即
$$p = \frac{V'}{V}(h-h')$$

由于 V、V' 已知，$(h-h')$ 可测出，根据上式可算出体系真空度 p。理论上讲，只要改变 7 球的体积和毛细管的直径，就可以

制成具有不同压强测量范围的麦氏真空规。但实际上，当 $d <$ 0.08mm 时，水银柱升降会出现中断，因汞相对密度大，7 球又不能做得过大，否则玻璃球易破裂。因此，麦氏真空规的测量范围一般为 $10^{-4} \sim 10$Pa。另外，麦氏规不能测量经压缩发生凝结的气体。

8.3.2 热偶真空规

热偶真空规是热传导真空规的一种，是测量低真空（$100 \sim 10^{-2}$Pa）的常用工具。它是利用低压强下气体的热传导与压强有关的特性来间接测量压强的。热偶规管由加热丝和热偶组成（见图8-4）。

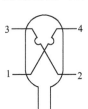

图 8-4　热偶真空规管
1,2—加热丝；
3,4—热电偶丝

热电偶丝的热电势由加热丝的温度决定。热偶规管和真空系统相连，如果维持加热丝电流恒定，则热偶丝的热电势将由其周围的气体压强决定。这是因为当压强降低时，气体的导热率减少，而当压强低于某一定值时，气体热导率与压强成正比。从而，可以找出热电势和压强的关系，直接读出真空度值。

8.3.3 热阴极电离真空规

热阴极电离真空规是测量 $10^{-5} \sim 10^{-1}$Pa 压强的另一种相对规，通常简称电离规。普通电离规管的结构如图 8-5 所示。

它是一支三极管，其收集极相对于阴极为 -30V，而栅极上具有正电位 220V。如果设法使阴极发射的电流和栅压稳定，阴极发射的电子在栅极作用下，以高速运动与气体分子碰撞，使气体分子电离成离子。正离子将被带负电位的收集极吸收而形成离子流。所形成的离子流与电离规管中气体分子的浓度成正比：

$$I_+ = kpI_e$$

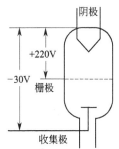

图 8-5　热阴极电离
真空规管

式中，I_+ 为离子流强度（单位为 A）；I_e 为规管工作时的发射电流；p 为规管内空气压强（单位为 Pa）；k 为规管灵敏度，它与规管几何尺寸及各电极的工作电压有关，在一定压强范围内可视为常数。因此，从离子电流大小，即可知相应的气体压强。

热偶规和电离规要配合使用。在 $10^{-1} \sim 10\,\mathrm{Pa}$ 时用热偶规，系统压强小于 $10^{-1}\,\mathrm{Pa}$ 时才能使用电离规，否则电离规管将被烧毁。此外，压强的刻度均是按干燥空气为标准的，如测量其他气体，读数需修正。

校准真空计常用动态比较法。其原理是使用渗漏法将真空系统控制在恒定压强下，把待校真空计与麦氏规进行比较，绘出校正曲线。

8.3.4 冷阴极磁控规

在超高真空领域，冷阴极磁控规是测量小于真空度小于 $10^{-9}\,\mathrm{Pa}$ 的仪器。其原理是利用气体在强磁场和高电场下在冷阴极放电的电离作用，使冷阴极电离规管具有极高的灵敏度，避免了一般热电离式超高真空规管因软 X 射线的影响而限制其对更高真空度的测量。其结构包括冷阴极磁控式电离规管，磁钢（1500Gs）和晶体管测量仪表三部分。测量范围在 $10^{-12} \sim 10^{-3}\,\mathrm{Pa}$。

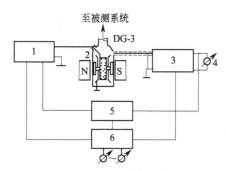

图 8-6　SD-6902 型真空规原理图
1—5kV 直流高压稳压电源；2—磁钢；
3—微电流放大器；4—指示仪表；
5—过载保护装置；6—工作电源

一种冷阴极磁控规的原理，如图 8-6 所示。

8.4 真空管道的连接

真空管道的连接包括不可拆连接及可拆连接两种。金属管道可以相互焊接，玻璃管道之间可以熔接，玻璃管道和金属管道可以焊接，它们都属于不可拆连接。不论是焊接或熔接，都要求两种材料具有相近的膨胀系数。

可拆连接包括金属管道之间的法兰连接、玻璃管道之间或玻璃与石英管道之间制成磨口连接。磨口处涂以真空封油以达到连接和不漏气的效果。另外，橡胶管与金属管、玻璃管的连接处也可以涂真空封蜡或封泥，这些也属于可拆连接。

8.5 真空清洁

各种零件在安装到真空系统上之前都要进行清洁处理，以尽量减少真空系统中的灰尘、油垢等污染物。这些污染物在真空下会放气或挥发成蒸气，降低真空度。清洁处理方法如下。

（1）真空橡胶管和真空橡胶制品 将其用水清洗后，再用5%～20%的 NaOH 溶液煮沸数小时，最后用蒸馏水或去离子水冲洗干净，吹干或烘干后用不吸水的纸将管口两端封好或将零件包好备用。

（2）玻璃零件 将其浸泡在新配的洗液中，并适当加热，经过足够长时间，取出用蒸馏水或去离子水冲洗干净，在烘箱中于$50\sim60℃$下烘干，最好用真空干燥箱来烘干。用不吸水的纸将零件开口处包扎好备用。

（3）金属制品 可用有机溶剂去油，然后吹干或烘干。

8.6 超高真空系统

超高真空系统和一般真空系统的明显差别是清洁度，即对系统中能产生气体的各种污染源的清除程度。真空系统在抽气时，一方面泵的抽气作用使系统压力不断下降；另一方面，系统中各种放气源的放气又使系统压力逐渐增加。这两方面的作用达到平衡时，系统压力就不再继续降低。真空系统中的放气源主要有：①物质的蒸发，特别是蒸气压高的污染物更易蒸发；②器壁内表面吸附的气体，包括物理吸附和化学吸附的气体；③器壁材料内部溶解的气体，在真空下，溶解的气体会向器壁内表面扩散并释放于真空系统内；④空气中的氦可以渗透玻璃或石英器壁；氢气可以透过钢材，缓慢地进入真空系统中。

要达到超高真空，除了要采用合适的真空泵，仔细清洗系统，尽可能减少放气源包括各种能放出气体的污染源，选择合适的真空材料以及改进加工和密封连接工艺外，还要对系统进行烘烤除气，超高真空系统在破坏真空时，也应该用过滤（除尘）后的干燥氮气或空气来充气，不能直接引入空气。烘烤是获得超高真空的一项必要措施，温度增加可以使器壁内表面吸附的气体，更快更完全地解吸出来，加速器壁材料内溶解气体的扩散，可见烘烤之重要。不同部位、不同材质的烘烤温度各异，应视具体情况而定。玻璃器件烘烤允许的最高温度是 400～450℃，金属系统还可适当提高。

除了烘烤外，金属系统还可采用辉光放电技术来清除内壁表面吸附的气体。在系统内设置一个正电极，以系统器壁为负极。清洗时，先抽空，再向系统中充入压力为 3Pa 的氩气，然后在两极间加上电压使系统内产生辉光放电。因气压低，辉光放电可扩展到整个系统，作为负极的器壁受到氩离子的轰击，可使壁面吸附的气体分子解吸，从而使器壁的放气率降低 2～3 个数量级。经氩离子轰击后，还有一些氩原子黏附在器壁表面，还需要烘烤除去这些氩原子。在 350℃ 下烘烤 20h 后，器壁表面氩放气率在室温下可低于 $1.3 \times 10^{-13} \, Pa \cdot m^3$。

8.7 真空检漏

检漏就是找出真空系统上的漏点和漏气的原因并加以堵塞，消灭漏气现象，以保证获得预期的真空度。真空检漏方法很多，本节只介绍实验室玻璃系统常用的检漏方法。

8.7.1 静态实验

通过静态实验可以判断未达到预期真空度的主要原因。安装完毕的真空系统，按操作步骤进行抽气。当抽到足够长的时间后，将系统关闭。以关闭时间为起点，用真空规测出系统压力随时间的变化，绘成曲线，其形状大致有图 8-7 表示的 4 种形式。图中 p_0 为所选用的真空泵的极限真空度。

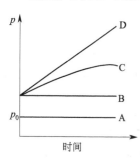

图 8-7 静态实验测压曲线

线 A 表示系统已达到泵的极限真空度。在静态条件下，系统压力不随时间而变，说明系统不漏气，也没有放气源，是一个好的系统。线 B 没有达到泵的极限真空度，但静态下压力不变，说明系统密封良好，不漏气，系统清洁程度也是好的，没有放气源。之所以未能达到预期的真空度，只能是真空泵本身的原因，需要对泵进行检查。线 C 未能达到泵的极限真空度，且在静态下压力逐渐增加，但大到一定值之后就不再增加了。这表明系统不漏气，但系统不清洁，存在放气源。因为随着抽气的进行，系统内吸附了气体的污染物就会放气，能挥发的物质在真空下易变成气体。当放气（包括挥发）率与泵的抽速达到平衡时，系统压力就不再变化，但达不到泵的极限真空度。出现这种情况后，就需要检漏。线 D 表明系统漏气。当漏气率与泵的抽速达到平衡时，真空度再也不能提高了，故达不到泵的极限真空度。在静态下，由于不断漏气，系统压力直线上升，经足够时间后，系统压力与大气压相等。出现这种情况后，就需要检漏。

8. 7. 2　易产生漏气的部位

真空系统中易发生漏气的部位有以下几处：

（1）玻璃器件的熔接处由于熔接质量不好，会有小的砂孔而漏气。另外，玻璃管道上也可能有小漏孔。因此，对整个玻璃管道都要普遍检漏，重点是熔接口附近。

（2）真空橡胶管两端由于与连接件没有连好，也会漏气。特别是橡胶管与机械泵进气口处若没有连好，则真空度根本抽不上去。

（3）玻璃活栓由于磨口质量差，或由于真空封油涂得不均匀也可能漏气。活栓芯和外套之间在涂油均匀后，应该是透明的。如有"气线"，往往容易漏气。

（4）玻璃泵和活塞若加工技术不精，有砂眼会造成漏气。当除了前面三种原因外，仍找不到漏气之处，不妨检查活栓芯和玻璃泵本身是否存在漏气砂孔。

8. 7. 3　检漏工具

除安装在系统上的真空规可作为检漏工具外，对于玻璃系统，高频火花探测器是一种方便的检漏工具。火花探测器又名真空枪或火花检漏器。它是一种高频发生器，在枪的尖端能产生高频电压，引起气体放电而出现火花。当用它在抽空的玻璃系统外表移动时，如遇漏孔，就会形成一束明亮的小火花钻入孔内，从而发现漏点。

火花检漏器还可以激发被抽系统内的稀薄气体放电而发辉光。根据光的颜色可以粗略地估计系统中的真空度。在高频火花检漏器激发下，系统内出现紫光，说明系统内已达到粗真空；深玫瑰色表示系统压力为 10Pa 左右；浅玫瑰色表示压力为 1Pa 左右；浅蓝白色为 0.1Pa 左右；近于无色表示低于 0.1Pa 的高真空。

火花检漏器还可用来激发吸附在管壁上的气体使之解吸。火花检漏器在使用时不宜长期停留在某一点，这会有击穿玻璃的危险。在真空规管附近使用时应当小心，以免将规管击坏。在活栓磨口附近使用时，也应注意勿使高频火花烧坏真空封油。火花检漏器的检漏范围在 0.1Pa 以内。在高真空情况下须采用其他检漏工具。

第 9 章　气体净化及气氛控制技术

在材料实验研究中，常遇到气体的使用问题。这些气体或参与反应，或作为惰性气体用于吹洗、载气或保护气氛。气体的来源不同，纯度也各异。有些实验对气体纯度要求甚高，即使有万分之一或更少的杂质，也会对所研究的体系有不良影响，因此，要将气体净化到所需要的纯净度。此外，气体流量的测定，配制一定组成的混合气体等等，在实验研究中也经常遇到。

9.1　气体净化的方法

实验室中净化气体常用的方法有：吸收、吸附、化学催化和冷凝。

9.1.1　吸收

气体通过吸收剂时，其中的杂质能被吸收剂吸收，吸收剂与被吸收杂质要发生化学反应。液态吸收剂装于洗涤瓶内，让气体以气泡形式从吸收液中通过。固体吸收剂须安置于干燥塔或管中。一种吸收剂可以吸收一种或多种杂质气体。例如，33％KOH 水溶液可以吸收 CO_2、SO_2、H_2S、Cl_2 等气体。含 KI 的碘溶液可以吸收 H_2S 和 SO_2。碱性的焦性没食子酸溶液在 15℃ 以上可以吸收 O_2。固体碱石灰或碱石棉（其中含 NaOH）可吸收 CO_2。加热到 $500\sim600$℃ 的钙或镁屑或加热到 $800\sim1000$℃ 的海绵钛，可以吸收 N_2 和 O_2。

选用吸收剂时，应注意在吸收杂质时，不要把待净化的气体也吸收了。例如，欲除去 CO_2 中的 H_2S，就不能用 KOH 溶液，而只能用含 KI 的碘溶液作吸收剂。待净化气体通过溶液吸收剂后含有不少的水蒸气，须再经过干燥剂脱水。

9.1.2　吸附

实验室中常用多孔的固体吸附剂来吸附杂质气体。吸附与吸收的差别在于吸附仅发生在吸附剂表面。吸附剂的比表面越大，则其吸附量也越大。

在定温下，吸附达平衡时，被吸气体在吸附剂上的吸附量，与被吸气体分压的关系曲线，称为吸附等温线。在被吸气体分压一定时，吸附量与温度的关系曲线称为吸附等压线。

吸附剂表面吸满了被吸物质达到饱和后，就需要更换吸附剂或进行再生处理。吸附剂再生的方法是加热、减压或吹洗。这些方法都是靠提高温度和降低被吸气体分压以促使被吸物质解吸。不同的吸附体系，其再生条件亦不同。例如，分子筛再生要在 350℃ 左右，而硅胶只需在 120～150℃ 即可。

一般说来，当杂质含量较低时，用吸附法净化气体较为合理，这时才能显示出吸附法的优越性——可净化到液体吸收过程常不能达到的程度。

9.1.3 化学催化

借助于催化剂，使杂质吸附在催化剂表面上，并与气体中的其他组分发生反应，转变为无害的物质（因而可以允许留在气体中），或者转化为比原有杂质更易于除去的物质，这也是一种净化气体的有效方法。例如，氢气中含有的少量氧气，在通过 105 催化剂时与氢结合为水蒸气，再经过干燥剂脱水，就可使氢气中的氧降到极低。

9.1.4 冷凝

气体通过低温介质可使其中易冷凝的杂质（如水蒸气）凝结而与气体分离。冷凝温度越低，则冷凝杂质的蒸气压也越低，残留在气体中的杂质就越少。

常用的低温介质是干冰，即固体二氧化碳，其温度为 -78℃，相当于固体二氧化碳的升华点。实验室内制备干冰的方法，是将装有液态二氧化碳的高压钢瓶的瓶口朝下斜放，使瓶口处于最低位置，用布袋套住瓶口，然后打开气门（不必装减压阀）将液态二氧化碳迅速放出。由于大量的高压状态的二氧化碳在瓶口处突然降压膨胀要吸收大量的热（来不及由环境供热，接近于绝热膨胀）而使本身温度下降，液态二氧化碳即可冷凝成雪花状的干冰而被收集在布袋中。由于干冰的导热能力差，常将它与适量的丙酮或乙醇混合，调成糊状，再装入冷阱的管道外壁的容器中。气体只从冷阱管道内通过，不与干冰直接接触。

如欲深冷到-100℃以下，就需要用液态氮作冷凝介质。液态氮的沸点是-195℃，液态氧的沸点是-183℃，液态空气的沸腾温度介于以上二者之间。它们都需要用专门的制冷机来制备。液态氧是助燃剂，使用它并不安全，故用液态氮作冷却剂。

液态氮应保存在杜瓦瓶内。瓶塞上开有小孔，经此孔插入一弯管，以便将不断挥发出来的氮气导出，不能紧塞，否则会由于瓶内气压不断增高，使塞子冲开或发生爆裂。将液氮倒出使用时，动作要慢，并戴手套，以防止液氮溅在皮肤上而造成冻伤。

9.2 气体净化剂

气体净化剂种类很多，下面介绍几种实验室常用的气体净化剂。

9.2.1 干燥剂

一般气体中常含有水蒸气，特别是与水溶液（如吸收液、密封液等）接触过的气体中都不可避免地含有一定的水蒸气。气体含水蒸气饱和时对应的温度称为露点。

实验室中常将气体流经干燥剂（吸水剂）脱水。常用的干燥剂及其脱水能力如表 9-1 所示。

表 9-1　各种干燥剂在 25℃ 的脱水能力

干燥剂	脱水后气体中残留的水含量/g·m⁻³	每克干燥剂能脱除的水量/g	脱水原因	再生温度/℃
五氧化二磷 P_2O_5	2×10^{-5}	0.5	生成 H_3PO_4，HPO_3	不可以
$Mg(ClO_4)_2$（无水）	$5\times10^{-4}\sim2\times10^{-3}$	0.24	潮解	250，高真空
3A 型分子筛	$1\times10^{-4}\sim1\times10^{-3}$	0.21	吸附	250~350
活性氧化铝	0.002~0.005	0.2	吸附	175（24h）
浓硫酸	0.003~0.008	不一定	生成水合物	不可以
硅胶	0.002~0.07	0.2	吸附	150
$CaSO_4$（无水）	0.005~0.07	0.07	潮解	225
$CaCl_2$	0.1~0.2	0.15	潮解	—
CaO	0.2	—	生成 $Ca(OH)_2$	

硅胶是实验室中广泛使用的干燥剂。它是以 SiO_2 为主体的玻璃状物质，是硅酸水凝胶脱水后的产物，其孔径平均为 4nm，比表面 $300\sim800m^2/g$，有很强的吸附能力，也是常用的一种吸附剂。它适用于处理相对湿度较大（＞40％）的气体。相对湿度低于35％时，其吸附容量迅速降低。在真空系统中使用硅胶时，必须将它在真空下加热经过彻底脱水后才能用。硅胶吸水蒸气时要放热，用它来吸附高湿高温气体中的水蒸气时，须加适当冷却装置。硅胶还能吸附别的易液化的气体，但这会使它对水蒸气的吸附容量下降。硅胶为乳白色，为了指示其吸水程度，常将硅胶在氯化钴溶液中浸泡后再干燥而得到蓝色的硅胶。无水氯化钴为蓝色，由于吸水程度的增加，含水氯化钴 $CoCl_2 \cdot xH_2O$ 的颜色随结晶水 x 值的变化如下：

x	6	4	2	1.5	1	0
颜色	粉红	红	淡红紫	暗红紫	紫蓝	浅蓝

当指示颜色变为粉红色时，表示含水量已相当于 200Pa 的水蒸气压力，这时必须更换硅胶。经重新干燥处理后，含 $CoCl_2$ 的硅胶又恢复为蓝色。硅胶的优点是可以再生，即在 $120\sim150℃$ 的烘箱中除水后，可反复使用，更换也较方便，并可借氯化钴含水后颜色的改变来指示其吸水程度。

9.2.2 脱氧剂和催化剂

用金属脱氧和催化脱氧是实验室中常用的气体脱氧方法，后者用于氢气的脱氧。常用催化剂为铂（或钯）石棉或 105 催化剂，可使氢气中的杂质氧与氢结合成水。铂或钯能起催化作用，石棉是其载体。在 400℃ 左右，氢气中的少量氧在催化剂作用下迅速与氢结合成水。硫或砷的化合物易使这种催化剂中毒，须将它们预先由气体中除去。

金属脱氧剂用于除去不活泼气体（如 N_2、Ar）中的微量氧。常用的金属脱氧剂有：铜丝或铜屑（600℃）、海绵钛（$800\sim1000℃$）、金属镁屑（600℃）和 Zr-Al 合金（700℃）。铜屑要预先用有机溶剂洗去其表面上的油脂。各种金属脱氧剂必须加热到一定温度才能保证有足够的脱氧速率。脱氧极限，即脱氧后气体中残留的最低氧分压，可由热力学数据加以估算。

9.2.3 吸附剂

实验室常用的吸附剂有硅胶、活性炭和分子筛。炭经过加热活化处理，可以除去其孔隙中的胶状物质，增加其表面积，即成活性炭。它是具有一定机械强度的黑色颗粒，其比表面可达 $1000m^2/g$，同时它的孔径分布很广，孔隙也大，故吸附容量和吸附速率都较大。它对水蒸气的吸附能力并不强，但却能吸附一些有毒的气体如 Cl_2、SO_2、砷化物等，因此它广泛用于防毒面具上。在气体净化技术中，通常将它置于催化剂前级以避免催化剂中毒。

分子筛是一种广泛应用的高效能多选择性的吸附剂。它是人工合成的泡沸石，是微孔型的具有立方晶格的硅铝酸盐。水是极性分子，分子筛对水有很强的吸附能力，即使在水蒸气分压很低、温度较高和气流速率较大时，分子筛对水亦有较强的吸附作用。所以，分子筛是脱水能力很强的干燥剂，可在较广的范围内使用。

9.3 气体流量的测定

在净化气体过程中，为使气体通过吸附剂或吸收液时能有效地除去杂质，需要控制适当的气流速率，这就要测定气体的流量。有时，为了配制一定组成的混合气体，常将各种气体按规定的流量通入混合室，这也需要准确地测定气体的流量。实验室内常用的气体流量计有转子流量计和毛细管流量计。

9.3.1 转子流量计

转子流量计由一根垂直的带有刻度的玻璃管和放入管中的一个转子所构成。玻璃管内径由下往上缓慢增大。转子在管中可以自由上下运动。工作时，玻璃管必须垂直，气体从管的下口进入管中，并通过转子与玻璃管内壁之间的环形间隙流过，使转子位置上移。气体流量越大，转子上移的位置越高。根据转子位置的高低，即可由刻度上读出相应的流量。转子流量计的刻度用已知流量的空气来进行标定。转子流量计的精度不很高，要更准确地测定流量，可用毛细管流量计。

9.3.2 毛细管流量计

毛细管流量计用玻璃管弯制而成，结构简单，精确度高，在实验室中已广泛使用。毛细管流量计的量程与毛细管内径和长度有关。欲测量较小的流量，就应该选用内径较细的毛细管。例如要测量 $10cm^3/min$ 的流量，可采用汞温度计用的毛细管。或在毛细管中塞入细的金属丝来增加气流阻力。

图 9-1 皂沫上升法示意图

毛细管流量计在使用时的温度，与其标定时的温度不宜相差太大。一般说来，如果相差 $5\sim6℃$，就会对流量测量产生约 1‰ 的误差。毛细管流量计的标定方法有几种。在此介绍一种简便易行的皂沫上升法，如图 9-1 所示。

将一根带有体积刻度的玻璃管（如滴定管）下部接一段软橡皮管，橡皮管内装肥皂水。此玻璃管下侧还开一个支管。标定时，将经过待标定流量计后的气体由此支管引入量气管。待气流稳定后，压迫橡皮管使少许肥皂水上升到支管口而产生肥皂泡。用秒表测量肥皂泡在量气管内上升的速度，换算为气体体积，即可确定流量（一般取三次测量的平均值）。此法在流量不大时，可获得较精确的结果。

9.4 定组成混合气体的配制

配制一定组成的混合气体，有三种方法：静态混合法，动态混合法和平衡法。

9.4.1 静态混合法

将气体按所需比例先后充入贮气袋中，混匀后，使用时由贮气袋放出即可。贮气袋用橡胶制成，如医用氧气袋。在贮气袋上放一重物以维持袋内的气压。此法简便，但贮气量有限，有时不易混匀，气体压力亦不稳定，且贮气袋会渗透，影响组成稳定。若气体用量大，可用高压钢瓶贮气，但必须用压气机将气体压入钢瓶，一般实验室不易办到。

9.4.2 动态混合法

将待混合的各种气体分别通过流量计准确测出各自的流量，然后再汇合，流在一起。各气体的流量比就是混合后的分压比。例如，要配制一定比例的 CO-CO_2 混合气体，可以用图 9-2 的装置。

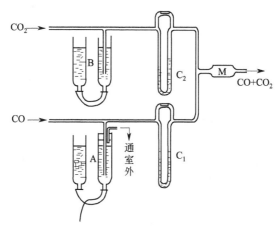

图 9-2 配制 CO-CO_2 混合气体的装置

用两支毛细管流量计 C_1 和 C_2 来分别测量 CO 和 CO_2 的流量。CO_2 由高压气瓶输出经过净化后送入流量计 C_2。在另一支路中，将钢瓶输出的 CO_2 通过加热到 $1150\sim1200℃$ 的活性炭，发生反应 $CO_2 + C \Longrightarrow 2CO$，转变为 CO，再经过碱石棉吸收残余的 CO_2 得到净化后的 CO，送入流量计 C_1。这两种气体最后都进入混合室 M 内混合。此混合气体中 CO 和 CO_2 的分压比就等于 C_1 和 C_2 读出的流量比。

要注意，此混合装置中的稳压瓶 A、B 是不可少的。没有它们就不能保证流量计 C_1 和 C_2 进气端的压力恒定，也就不能使 CO 和 CO_2 的混合比例一定。要改变混合比时，也要相应改变稳压瓶 A、B 内液面的高度。例如，要增加 CO_2 与 CO 之比，就要增加 CO_2 流量，也就要将稳压瓶 B 的液面升高，并维持有气泡从 B 瓶内的分流支管下口处不断放出。

用上述动态混合法可以获得较精确的混合比，并且可根据需要调节混合比。故在实验室中得到更多的应用。

9.4.3 平衡法

如要配制一定比例的氢-水蒸气混合气体，可将 H_2 通过保持在恒定温度的水面或经过水鼓泡而出，使 H_2 中含水蒸气达到饱和。此时 H_2 中的水蒸气分压即为该温度下水的蒸气压。改变水温即可改变混合气体中的水蒸气分压。此法的关键在于使气相与水达到平衡。

9.5 使用气体时应注意的一些技术问题

9.5.1 气体连接管道

输送高纯气体的管道，应尽量避免使用橡胶管，因为橡胶管渗透氢气和 CO_2 较严重。聚四氟乙烯塑料管也能渗透氧和氢。最好使用金属管道，如无缝钢管、铜管或不锈钢管，亦可用玻璃管对口连接，或用磨口管对接。管道在安装前应先用溶剂如无水乙醇、四氯化碳、丙酮等除去油脂或胶质。管道内壁用长纤维织物擦洗，除去黏附的各种金属氧化物、尘埃等物。

通气管道应避免任何轻微的泄漏。否则，即使管内维持正压，外界空气也会反扩散而渗入管内。管道连接以焊接为可靠。

9.5.2 装置中气体的切换

实验室中常遇到这样的问题：反应器中原来充满空气，现在要用别的气体，例如用氩气代替空气，该如何处理？有两个办法：一是将反应器抽成真空，再充入氩气；另一种办法是将氩气以较大流量通入系统内将空气驱赶走。

第一个办法省时。设抽空后残余空气压力为原来的 0.1%，则充入氩气后再抽空，再充入氩气，如此反复进行三次后，反应器内残余空气只剩下原来的 $(10^{-3})^3$。此法特别适合于前后两种气体混合后容易爆炸的场合。例如，反应器内温度为 1000℃，欲用 H_2 或 CO 通入以代替反应器内原存的空气，采用驱赶法就有爆炸的危险。采用抽空法则比较安全。抽空法要求系统结构坚固，能抵抗大气压力而不变形不漏气，并要配置适当的真空泵。往抽空后的反应器内充入新的气体时，开始应缓慢，否则，强烈的气流会使系统中粉状物质被吹散飞扬。

第二个办法即驱赶法，可在常压下进行，不需要真空泵。但其缺点是使残留空气降到规定值，费时较长，且要消耗较多的氩气。

第⑩章 物质的分离与纯化技术

在无机材料的合成过程中，会经常遇到反应产物的分离及纯化问题。近年来，科技人员在分离过程及设备的强化和提高效率、分离技术研究和过程模拟、分离新技术开发几个主要方面，做了大量的工作，取得了一批成果。对板式塔的研究已深入到板式塔内气、液两相流动的动量传递及质量传递的本质研究，开发了新型填料和复合塔；对萃取、蒸发、离子交换、吸附、膜分离等过程，也作了有意义的研究和开发工作。通过这些研究成果的工业应用，改进和强化了现有生产过程和设备，在降低能耗、提高效率、开发新技术和设备、实现生产控制和工业设计最优化等方面发挥了巨大的作用，同时也促进了化学工业的进一步发展。需要说明的是，传质与分离技术不仅仅应用于化学工业。生产实践证明，将地球上的各种各样混合物进行分离和提纯是提高和改善生活水平的一种重要途径。由于发明了冶炼术，把金属从矿石中分离出来，使人类从石器时代进入铜器时代，开始向文明社会进步，放射性铀的同位素分离成功，迎来了原子能时代，原子能的和平利用使人们生活水平大大提高了一步。将水和空气中微量杂质除去的分离技术，大幅度提高了超大规模集成电器元件的成品合格率，使它得以实现商品化生产。深冷分离技术可从混合气体中分离出纯氧、纯氮和纯氢，获得了接近绝对零度的低温，为科学研究和生产技术提供了极为宽广的发展基础，为火箭提供了具有极大推动力的高能燃料。从水中除去盐和有毒物质的蒸馏、吸附、萃取、膜分离等分离技术，使人们能从取之不尽的大海中提取淡水，从工、农业污水中回收干净水和其他有用的东西。

10.1 分离与纯化方法的分类及特征

分离过程可分为机械分离和传质分离两大类。机械分离过程的分离对象是由两相以上所组成的混合物。其目的只是简单地将各相加以分离。例如，过滤、沉降、离心分离、旋风分离和静电除尘等。在无机材料合成上常用的是传质分离。传质分离过程用于各种均相混合物的分离，其特点是有质量传递现象发生，按所依据的物理化学原理不同，工业上常用的传质分离过程又可分为两大类，即平衡分离过程和速率分离过程。

10.1.1 平衡分离过程

该过程是借助分离媒介（如热能、溶剂或吸附剂）使均相混合物系统变成两相系统，再以混合物中各组分在处于相平衡的两相中不等同的分配为依据而实现分离。分离媒介可以是能量媒介（ESA）或物质媒介（MSA），有时也可两种同时应用。ESA 是指传入或传出系统的热，还有输入或输出的功。MSA 可以只与混合物中的一个或几个组分部分互溶或吸附它们。此时，MSA 常是某一相中浓度最高的组分。例如，吸收过程中的吸收剂，萃取过程中的萃取剂等。MSA 也可以和混合物完全互溶。当 MSA 与 ESA 共同使用时，还可有选择性地改变组分的相对挥发度，使某些组分彼此达到完全分离，例如萃取精馏。

当被分离混合物中各组分的相对挥发度相差较大时，闪蒸或部分冷凝即可充分满足所要求的分离程度。如果组分之间的相对挥发度差别不够大，则通过闪蒸及部分冷凝不能达到所要求的分离程度，而应采用精馏才可能达到所要求的分离程度。

当被分离组分间相对挥发度很小，必须采用具有大量塔板数的精馏塔才能分离时，就要考虑采用萃取精馏。在萃取精馏中采用 MSA 有选择地增加原料中一些组分的相对挥发度，而将所需要的塔板数降低到比较合理的程度。一般来说，MSA 应比原料中任一组分的挥发度都要低。MSA 在接近塔顶的塔板引入，塔顶需要有回流，以限制 MSA 在塔顶产品中的含量。

如果由精馏塔顶引出的气体不能完全冷凝，可从塔顶加入吸收剂作为回流，这种单元操作叫做吸收蒸出（或精馏吸收）。如果原料是气体，又不需要设蒸出段，便是吸收。通常，吸收是在室温和加压下进行的，无需往塔内加入 ESA。气体原料中的各组分按其不同溶解度溶于吸收剂中。

解吸是吸收的逆过程，它通常是在高于室温及常压下，通过气提气体（MSA）与液体原料接触，达到分离的目的。由于塔釜不必加热至沸腾，因此当原料液的热稳定性较差时，这一特点显得很重要。如果在加料板以上仍需要有气液接触，才能满足所要求的分离程度，则可采用带有回流的解吸过程。如果解吸塔的塔釜液体是热稳定的，可不用 MSA 而仅靠加热沸腾，则称为再沸解吸。

能形成最低共沸物系统的分离，采用一般精馏是不合适的，常常采用共沸精馏。例如，为使醋酸和水分离，选择共沸剂醋酸丁酯（MSA），它与水所形成的最低共沸物由塔顶蒸出，经分层后，酯再返回塔内，塔釜则得到纯醋酸。

液液萃取是工业上广泛采用的分离技术，有单溶剂和双溶剂之分，在工业实际应用中有多种不同形式。

干燥是利用热量除去固体物料中湿分（水分或其他液体）的单元操作。被除去的湿分从固相转移到气相中，固相为被干燥的物料，气相为干燥介质。

蒸发一般是指通过热量传递，引起汽化使液体转变为气体的过程。增湿和蒸发在概念上是相近的，但采用增湿或减湿的目的往往是向气体中加入或除去蒸汽。

结晶是多种有机产品以及很多无机产品的生产装置中常用的一种单元操作，用于生产小颗粒状固体产品。结晶实质上也是提纯过程。因此，结晶的条件是要使杂质留在溶液里，而所希望的产品则由溶液中分离出来。

升华就是物质由固体不经液体状态直接转变成气体的过程，一般是在高真空下进行。主要应用于由难挥发的物质中除去易挥发的组分。例如硫的提纯，苯甲酸的提纯，食品的熔融干燥。其逆过程就是凝聚，在实际中也被广泛采用。

浸取广泛用于冶金及食品工业。操作方式分间歇、半间歇和连续。浸取的关键在于促进溶质由固相扩散到液相，对此最为有效的方法是把固体减小到可能的最小颗粒。固-液和液-液系统的主要区别在于前者存在级与级间输送固体或固体泥浆的困难。

吸附的应用一般仍限于分离低浓度的组分。近年来由于吸附剂及工程技术的发展，使吸附的应用扩大了，已经工业化的过程有多种气体和有机液体的脱水和净化分离。

离子交换也是一种重要的单元操作。它采用离子交换树脂有选择性地除去某组分，而树脂本身能够再生。一种典型的应用是水的软化，采用的树脂，是钠盐形式的有机或无机聚合物，通过钙离子和钠离子的交换，可除去水中的钙离子。当聚合物的钙离子达饱和时，可与浓盐水接触而再生。

泡沫分离是基于物质有不同的表面性质，当惰性气体在溶液中鼓泡时，某组分可被选择性地吸附在从溶液上升的气泡表面上，直至带到溶液上方泡沫层内浓缩并加以分离。为了使溶液产生稳定的泡沫，往往加入表面活性剂。表面化学和鼓泡特征是泡沫分离的基础。该单元操作可用于吸附分离溶液中的痕量物质。

区域熔炼是根据液体混合物在冷凝结晶过程中组分重新分布的原理，通过多次熔融和凝固，制备高纯度的金属、半导体材料和有机化合物的一种提纯方法。目前已经用于制备铝、镓、锑、铜、铁、银等高纯金属材料。

上述基本的平衡分离过程经历了长时期的应用实践，随着科学技术的进步和高新产业的兴起，日趋完善不断发展，演变出多种各具特色的新型分离技术。

新型多级分步结晶技术是重复地运用部分凝固和部分熔融，利用原料中不同组分间凝固点的差异而实现分离。与精馏相比，能耗可大幅度下降，设备费也低于精馏。

变压吸附技术是近几十年来在工业上新崛起的气体分离技术。其基本原理是利用气体组分在固体吸附材料上吸附特性的差异，通过周期性的压力变化过程实现气体的分离。该技术在我国的工业应用有十多年的历史，已进入世界先进行列，由于其具有能耗低、流程简单、产品气体纯度高等优点，在工业上迅速得到推广。例如，从合成氨尾气、甲醇尾气等各种含氢混合气中制纯氢；从含 CO_2 或 CO 混合气中制纯 CO_2、CO；从空气中制富氧、纯氮等。

　　超临界流体萃取技术是利用超临界区溶剂的高溶解性和高选择性将溶质萃取出来，再利用在临界温度和临界压力以下溶解度的急剧降低，使溶质和溶剂迅速分离。超临界萃取可用于天然产物中有效成分和生化产品的分离提取，食品原料的处理和化学产品的分离精制等。

　　膜萃取是以膜为基础的萃取过程，多孔膜的作用是为两液相之间的传递提供稳定的相接触面，膜本身对分离过程一般不具有选择性。该过程的特点是没有萃取过程的分散相，因此不存在液泛、返混等问题。类似的过程还有膜气体吸收或解吸、膜蒸馏。

10.1.2　速率分离过程

　　速率分离过程是在某种推动力（浓度差、压力差、温度差、电位差等）的作用下，有时在选择性透过膜的配合下，利用各组分扩散速率的差异实现组分的分离。这类过程所处理的原料和产品通常属于同一相态，仅有组成上的差别。

　　膜分离是利用流体中各组分对膜的渗透速率的差别而实现组分分离的单元操作。膜可以是固态或液态，所处理的流体可以是液体或气体，过程的推动力可以是压力差、浓度差或电位差。

　　微滤、超滤、反渗透、渗析和电渗析为较成熟的膜分离技术，已有大规模的工业应用和市场。其中，前四种的共同点是用来分离含溶解的溶质或悬浮微粒的液体，溶剂或小分子溶质透过膜，溶质或大分子溶质被膜截留，不同膜过程所截留溶质粒子的大小不同。电渗析则采用荷电膜，在电场力的推动下，从水溶液中脱出或富集电解质。

　　气体分离和渗透蒸发是两种正在开发应用中的膜技术。气体分离更成熟些，工业规模的应用有空气中氧、氮的分离，从合成氨厂混合气中分离氢，以及天然气中二氧化碳与甲烷的分离等。渗透蒸发是有相变的膜分离过程，利用混合液体中不同组分在膜中溶解与扩散性能的差别而实现分离。由于它能脱除有机物中的微量水、水中的微量有机物，以及实现有机物之间的分离，应用前景广阔。

乳化液膜是液膜分离技术的一个分支，是以液膜为分离介质，以浓度差为推动力的膜分离操作。液膜分离涉及三相液体：含有被分离组分的原料相；接受被分离组分的产品相；处于上述两相之间的膜相。液膜分离应用于烃类分离、废水处理和金属离子的提取和回收等。

正在开发中的液膜分离过程有如下几种。

（1）支撑液膜　将膜相溶液牢固地吸附在多孔支撑体的微孔中，在膜的两侧则是原料相和透过相，以浓度差为推动力，通过促进传递，分离气体或液体混合物。

（2）蒸汽渗透　与渗透蒸发过程相近，但原料和透过物均为气相，过程的推动力是组分在原料侧和渗透侧之间的分压差，依据膜对原料中不同组分的化学亲和力的差别而实现分离。该过程能有效地分离共沸物或沸点相近的混合物。

（3）渗透蒸馏　也称等温膜蒸馏，以膜两侧的渗透压差为推动力；实现易挥发组分或溶剂的透过，达到混合物分离和浓缩的目的。该过程特别适用于药品、食品和饮料的浓缩或微量组分的脱除。

（4）气态膜　是由充于疏水多孔膜空隙中的气体构成的，膜只起载体作用。由于气体的扩散速度远远大于液体或固体，因而气态膜有很高的透过速率。该技术可从废水中除去 NH_3、H_2S 等，从水溶液中分离 HCN、CO_2、Cl_2 等气体，其工艺简单，节省能量。

10.2　吸附分离技术

吸附又称吸着操作，在该过程中，流动相中的溶质选择性地吸着于不溶性固体吸着剂颗粒上。在吸附过程，气体或液体中的分子、原子或离子传递到吸附剂固体的外和内表面，依靠键或微弱的分子间力吸着于固体上。解吸是吸附的逆过程。

10.2.1　概述

（1）吸附过程　气体或液体分子有吸着于固体物质表面的趋势，通常形成单分子层，有时形成多分子层，这种现象称为吸附。

被吸着的物质为吸附质，具有多孔表面的固体为吸附剂。

通常，吸附分离过程包括吸附和解吸（或再生）两部分。解吸（或再生）的目的是回收被吸附的有用物质作为产品，或使吸附剂恢复原状重复吸附操作，或两者兼而有之。所以选择性吸附继而再生是分离气体或液体混合物的基础。

在大多数情况下，吸附剂对吸附质的亲和力比原子之间的共价键要弱，因而吸附是可逆的，随温度的升高或被吸附质分压的降低，吸附质会解吸。很多种吸附剂/吸附质的亲和力可用于选择性分离，吸附过程有一个适宜的键强度范围。如果键强度太弱，几乎没有什么物质被吸附；反之，键太强则解吸困难。

由吸附质与吸附剂分子间化学键的作用所引起的吸附称为化学吸附，其放出的热量与化学反应热的数量级相当，过程往往是不可逆的，如加氢催化中镍催化剂对氢的吸附，固体脱硫剂脱除原料气中的微量硫化物等。

（2）吸附剂　吸附剂的种类很多，工业上常用的吸附剂可分为四大类：活性炭、沸石分子筛、硅胶和活性氧化铝。

吸附剂的主要特征是多孔结构和具有很大的比表面。工业上最常用的吸附剂的比表面约为 $300\sim1200\,\mathrm{m^2/g}$。吸附剂的关键性质是选择吸附性能。根据吸附剂表面的选择性，可分为亲水与疏水两类。吸附剂的性能不仅取决于其化学组成，而且与制造方法有关。

① 活性炭　活性炭是碳质吸附剂的总称。几乎所有的有机物都可作为制造活性炭的原料，如各种品质的煤、重质石油馏分、木材、果壳等。将原料在隔绝空气的条件下加热至 $600\,^\circ\mathrm{C}$ 左右，使其热分解，得到的残炭再在 $800\,^\circ\mathrm{C}$ 以上高温下与空气、水蒸气或二氧化碳反应使其烧蚀，便生成多孔的活性炭。

活性炭具有非极性表面，为疏水和亲有机物的吸附剂。它具有性能稳定、抗腐蚀、吸附容量大和解吸容易等优点。经过多次循环操作，仍可保持原有的吸附性能。活性炭用于回收气体中的有机物质，脱除废水中的有机物，脱除水溶液中的色素等。活性炭可制成粉末状、球状、圆柱形或碳纤维等。活性炭的典型性质如表 10-1 所示。

表 10-1 活性炭吸附剂的性质

物理性质	液相吸附用		气相吸附用粒状煤	物理性质	液相吸附用		气相吸附用粒状煤
	木材基	煤基			木材基	煤基	
CCl₄ 活性/%	40	50	60	堆积密度/(kg/m³)	250	500	500
碘值	700	950	1000	灰分/%	7	8	8

炭分子筛（CMS）已经商业化。与活性炭相比，它有很窄的孔径分布。基于不同组分在该吸收剂上具有不同的内扩散速率，即使 CMS 对这些物质基本上没有选择性，仍能进行有效地分离。例如 CMS 能有效地分离空气、回收 N_2。

② 沸石分子筛 沸石分子筛一般是用 $M_{x/m}[(AlO_2)_x(SiO_2)_y] \cdot zH_2O$ 表示的含水硅酸盐，其中 M 为 I A 和 II A 族金属元素，多数为钠与钙，m 表示金属离子的价数。沸石分子筛具有 Al-Si 晶形结构，典型的几何形状如图 10-1 所示。

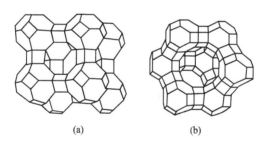

(a)　　　　　　(b)

图 10-1 两种常用沸石的结构

可以看出，沸石分子筛由高度规则的笼和孔构成。每一种分子筛都有特定的均一孔径，根据其原料配比、组成和制造方法不同，可以制成各种孔径和形状的分子筛。某些工业分子筛产品及物理性质见表 10-2。

向制造分子筛的原料溶液中加入其他阳离子，例如钠、钾、锂和钙，以利于最终吸附剂产品呈电中性，在后续操作中，这些阳离子也可被另外的阳离子所交换，新的阳离子使分子筛修饰改性。

表 10-2　工业分子筛产品

费石类型	牌号	阳离子	孔径 /nm	堆积密度 /(kg/m³)
A	3A	K	0.3	670～740
	4A	Na	0.4	660～720
	5A	Ca	0.5	670～720
X	13X	Na	0.8	610～710
丝光沸石	AW-300	Na⁺混合		
小孔	Zeolon-300	阳离子	0.3～0.4	720～800
菱沸石	AW-300	混合阳离子	0.4～0.5	640～720

沸石分子筛是强极性吸附剂，对极性分子如 H_2O、CO_2、H_2S 和其他类似物质有很强的亲和力，而与有机物的亲和力较弱。

③ 硅胶　硅胶的化学式是 $SiO_2 \cdot nH_2O$。用 Na_2SiO_3 与无机酸反应生成 H_2SiO_3，其水合物在适宜的条件下聚合、缩合而成为硅氧四面体的多聚物，经聚集、洗盐、脱水成为硅胶。在制造过程中控制胶团的尺寸和堆积的配位数，可以控制硅胶的孔容、孔径和表面积。硅胶处于高亲水和高疏水性质的中间状态，广泛应用于脱除气体中的水分。

④ 活性氧化铝　活性氧化铝的化学式是 $Al_2O_3 \cdot nH_2O$。用无机酸的铝盐与碱反应生成氢氧化铝的溶胶，然后转变为凝胶，经灼烧脱水即成活性氧化铝。活性氧化铝表面的活性中心是羟基和路易斯酸中心，极性强，对水有很高的亲和作用。与硅胶相似，水分子与氧化铝表面的亲和作用不像与沸石分子筛那样强，所以氧化铝可在适中的温度下再生。

（3）吸附平衡　在一定条件下，当流体（气体或液体）与固体吸附剂接触时，流体中的吸附质将被吸附剂吸附，经过足够长的时间，吸附质在两相中的浓度不再变化，称为吸附平衡。在同样条件下，若流体中吸附质的浓度高于平衡浓度，则吸附质将被吸附；反之，若流体中吸附质的浓度低于平衡浓度，则已吸附在吸附剂上的吸附质将解吸，最终达到新的吸附平衡。由此可见，吸附平衡关系决定了吸附过程的方向和极限，是吸附过程的基本依据。

吸附平衡关系通常用等温下吸附剂中吸附质的含量与流体相中吸附质的浓度或分压间的关系表示，称为吸附等温线。下面按气体吸附平衡和液体吸附平衡分别论述。

① 气体吸附平衡

a. 单组分气体吸附平衡　在一定条件下，当流体与吸附剂接触时，流体中的吸附质将被吸附剂吸附。在吸附的同时，也存在解吸。随着吸附质在吸附剂表面数量的增加，解吸速度也逐渐加快，当吸附速度和解吸速度相当，从宏观上看，吸附量不再增加就达到了吸附平衡。此时吸附剂对吸附质的吸附量称为平衡吸附量，流体中的吸附质的浓度（分压）称为平衡浓度（分压）。平衡吸附量与平衡浓度（分压）之间的关系即为吸附平衡关系。该平衡关系决定了吸附过程的方向和极限。当流体与吸附剂接触时，若流体中的吸附质浓度（分压）高于其平衡浓度（分压），则吸附质被吸附；反之，若流体中吸附质的浓度（分压）低于其平衡浓度（分压）时，则已被吸附在吸附剂上的吸附质将解吸。因此，吸附平衡关系是吸附过程的依据，通常用吸附等温线或吸附等温式表示。

单组分气体的吸附等温线可分为五种基本类型，如图 10-2 所示。图中横坐标为单组分分压与该温度下饱和蒸气压的比值 p/p_0，纵坐标为吸附量 q。吸附等温线形状的差异是由于吸附剂和吸附质分子间的作用力不同造成的。Ⅰ类吸附等温线是最简单的，表示吸附剂毛细孔的孔径比吸附质分子直径略大时的单分子层吸附，如在 $-193℃$ 下氮在活性炭上的吸附；Ⅱ类为完成单分子层吸附后再形成多分子层吸附，如在 $30℃$ 下水蒸气在活性炭上的吸附；Ⅲ

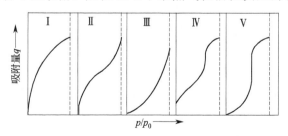

图 10-2　五种类型的吸附等温线

类为吸附气体量不断随组分分压的增加直至相对饱和值趋于 1 为止，如在 20℃下溴在硅胶上的吸附；Ⅳ类为Ⅱ类的变形，能形成有限的多层吸附，如 50℃下苯在 FeO 上的吸附；Ⅴ类偶然见于分子互相吸引效应很大的情况，如磷蒸气在 NaX 分子筛上的吸附。

b. 多组分气体的吸附　工业吸附一般用于分离多组分物系。如果气体混合物中只有一种吸附质 A，其他组分的吸附都可忽略不计，则仍使用单组分吸附平衡关系估算吸附质 A 的吸附量，只是用 A 的分压 p_A 代替 p。如果混合物中两个或多个组分都有相当的吸附量，情况就很复杂。实验数据表明，一个组分的吸附可增加、降低或不影响另外组分的吸附，这取决于被吸附分子的相互作用。

② 液相吸附平衡　液相吸附的机理远比气相吸附复杂，除温度和溶质浓度外，吸附剂对溶剂和溶质的吸附、溶质的溶解度和离子化、各种溶质之间的相互作用以及共吸附现象等都会对吸附产生不同程度的影响。

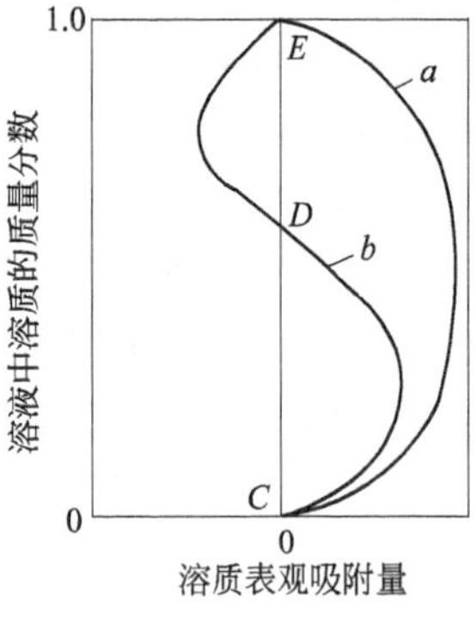

图 10-3　浓溶液吸附曲线

对于浓溶液的吸附可以用图 10-3 来讨论。如果溶质始终是被优先吸附的，则得 a 曲线，溶质表观吸附量随溶质浓度增加而增大。到一定程度又回到 E 点，因为溶液全是溶质时，吸附剂的加入就不会有浓度变化；如果溶质和溶剂两者被吸附的质量分数相当，则出现 b 曲线所示的 S 形曲线。从 C 到 D 的范围内，溶质比溶剂优先吸附，在 D 点两者被吸附的量，表观吸附量降为零。从 D 到 E 的范围，溶剂被吸附的程度增大，所以溶液中溶质浓度反因吸附剂的加入而增大，溶质表观吸附量为负值。

10.2.2　吸附机理

吸附质在吸附剂的多孔表面上被吸附的过程分为下列四步：

（1）吸附质从流体主体通过分子扩散与对流扩散穿过薄膜或边界层传递到吸附剂的外表面，称之为外扩散过程；

（2）吸附质通过孔扩散从吸附剂的外表面传递到微孔结构的内

表面，称为内扩散过程；

（3）吸附质沿孔表面的表面扩散；

（4）吸附质被吸附在孔表面上。

对于化学吸附，吸附质和吸附剂之间有键的形成，第（4）步可能较慢，甚至是控制步骤。但对于物理吸附，由于吸附速率仅仅取决于吸附质分子与孔表面的碰撞频率和定向作用，几乎是瞬间完成的，吸附速率由前三步控制，统称扩散控制。

吸附剂的再生过程是上述四步的逆过程，并且物理解吸也是瞬时完成的。吸附和解吸伴随有热量的传递，吸附放热，解吸吸热。然而，虽然外传质过程的主要方式是对流扩散，但从颗粒外表面穿过围绕固体颗粒边界层的对流传热则只是外传热的一种方式，当流体是气体时，颗粒间的热辐射以及相邻颗粒接触点的热传导是另外两种传热方式。此外，在颗粒内部也有热传导和热辐射，通过孔中的流体也进行对流传热。在装填吸附剂颗粒的固定床中，溶质浓度和温度随时间和位置连续变化。

10.2.3 吸附分离工艺简介

根据待分离物系中各组分的性质和过程的分离要求（如纯度、回收率、能耗等），在选择适当的吸附剂和解吸剂的基础上，采用相应的工艺过程和设备。常用的吸附分离设备有：吸附搅拌槽、固定床吸附器、移动床和流化床吸附塔。

（1）吸附搅拌槽　搅拌槽用于液体的吸附分离。将要处理的液体与粉末状（或颗粒状）吸附剂加入搅拌槽中，在良好的搅拌下，固液形成悬浮液，在液固充分接触中吸附质被吸附。由于搅拌作用和采用小颗粒吸附剂，减少了吸附的外扩散阻力，因此吸附速率快。搅拌槽吸附适用于溶质的吸附能力强，传质速率为液膜控制和脱除少量杂质的场合。吸附停留时间决定于达到平衡的快慢，一般在比较短的时间内，两相即达到吸附平衡。

搅拌槽吸附有三种操作方式：①间歇操作　液体和吸附剂经过一定时间的接触和吸附后停止操作，用直接过滤的方法进行液体与吸附剂的分离；②连续操作　液体和吸附剂连续地加入和流出搅拌槽；③半间歇半连续操作　液体连续流进和流出搅拌槽，在槽中与吸附剂接触。而吸附剂保留在槽内，逐渐消耗。

搅拌槽可以单级操作，也可以设计成多级错流或多级逆流流程。从理论上分析，多级错流和多级逆流吸附操作比单级操作所用的吸附剂量要少，但多级操作的装置复杂，步骤繁多，得不偿失，实际上很少采用。

搅拌槽式吸附操作多用于液体的精制，例如脱水、脱色、脱臭等。吸附剂一般为液体处理量的 0.1%～2.0%（质量分数），停留时间数分钟。价廉的吸附剂使用后一般弃去。如果吸附质是有用的物质，可以用适当溶剂来解吸。如果吸附质为挥发性物质，可以用热空气或蒸汽进行解吸。

（2）固定床吸附 固定床吸附器多数为圆柱形立式筒体设备。在筒体内的多孔支撑板上均匀地堆放吸附剂颗粒，成为固定的吸附床层。欲处理的流体自下而上或自上而下通过固定吸附床层时，吸附质被吸附在吸附剂上，其余流体则由出口排出。典型的固定床吸附流程为两个吸附器轮流切换操作。如图 10-4 所示，图中 1、2 均为固定床吸附器。设备 1 进行吸附操作时，设备 2 则进行解吸操作；然后设备 2 进行吸附，设备 1 进行解吸，如此轮流操作。

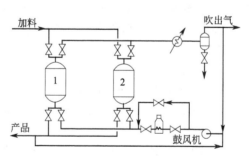

图 10-4 固定床双器流程

立式吸附器的床层高度，对气体吸附可取 0.5～2m，对液体则床层高度为几米至数十米环，形床层具有压力降较低的优点。卧式填充床层，一般床层高度为 0.3～0.8m。对于高床层，为了避免颗粒承受过大的压力，宜将吸附剂分层放置，每层 1～2m。

固定床吸附最大的优点是：结构简单，造价低，吸附剂固定不动,磨损少,可用于从气体中回收溶剂蒸气、气体净化和主体分离、气体和液体的脱水以及难分离有机液体混合物的分离等。主要缺点是:①间歇操作,设备内吸附剂再生时不能吸附;②整个操作过程要不断地周期性切换阀门,操作十分麻烦;③固定的吸附床层传热性差,吸附剂不易很快被加热和冷却。④吸附剂用量大。

(3) 移动床及模拟移动床吸附 典型的移动床吸附分离流程如图 10-5 所示。吸附剂为活性炭。塔的结构使得固相可以连续、稳定地输入和输出,并且使气固两相逆流接触良好,不致发生沟流或局部不均匀现象。进料气从塔的中部进入吸附段下部。其中较易被吸附的组分被自上而下的固体吸附剂所吸附,顶部产品只包含有难吸附组分。固体下降到精馏段,与自下而上的气流相遇,固体上较易挥发的组分被置换出去。

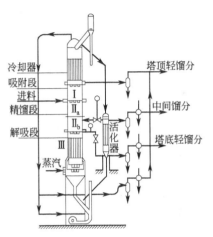

图 10-5 移动床吸附分离流程

固相吸附剂离开精馏段时,只剩下易被吸附的组分,起到增浓作用。再往下一段是解吸段,吸附质在此被蒸汽加热和吹扫。吹出的气体部分作为塔底产品,部分上至精馏段作为回流,固体则下降至提升器底部,经气体提升至提升器顶部,然后循环回到塔顶。进行液体吸附分离时也可采用移动床操作。但由于吸附剂在设备内不能以活塞流的理想流动方式运动,难以得到较高浓度的产品,且动力消耗大,吸附剂易磨损等,因此在使用上受到限制。目前广泛采用模拟移动床。

模拟移动床吸附分离的基本原理与置换解吸的移动床相似。图10-6 是固液相移动床吸附塔的工作原理图。设进料液里只含 A、B两个组分,用固体吸附剂和液体解吸剂 D 来分离它们。固体吸附

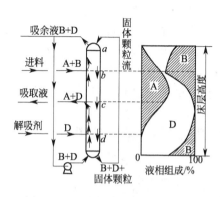

图 10-6　固液相移动床吸附原理图

剂在塔内自上而下移动，至塔底出去后，经塔外提升器提升至塔顶循环入塔。液体用循环泵压送，自下而上流动，与固体物料逆流接触。整个吸附塔按不同物料的进出口位置，分成四个作用不同的区域：ab 段—A 吸附区；bc 段—B 解吸区；cd 段—A 解吸区；da 段—D 的部分解吸区。被吸附剂所吸附的物料称为吸附相，塔内未被吸附的液体物料称为吸余相。

在 A 吸附区，向下移动的吸附剂把进料（A＋B）液体中的 A 吸附，同时把吸附剂内已吸附的部分脱附剂 D 置换出来，在该区顶部将进料中的组分 B 和解吸附 D 构成的吸余液（B＋D）部分循环，部分排出。

在 B 解吸区，从此区顶部下降的含 A＋B＋D 的吸附剂，与从本区底部上升的含 A＋D 的液体物料逆流接触，因 A 比 B 有更强的吸附力，故 B 被解吸出来，下降的吸附剂中只含有 A＋D。

A 解吸区的作用是将 A 全部从吸附剂表面解吸出来。解吸剂 D 自此区底部进入塔内，与本区顶部下降的含 A＋D 的吸附剂逆流接触，解吸剂 D 把 A 组分完全解吸出来，从该区顶部放出吸余液 A＋D。

D 部分解吸区的目的在于回收部分解吸剂 D，从而减少解吸剂的循环量。从本区顶下降的只含有 D 的吸附剂与从塔顶循环返回塔底的液体物料 B＋D 逆流接触，按吸附平衡关系，B 组分被吸附剂吸附，而使吸附相中的 D 被部分地置换出来。此时吸附相只有 B＋D，而从此区顶部出去的吸余相基本上是 D。

当固体吸附剂在床层内固定不动，而通过旋转阀的控制将各段相应的溶液进出口连续地向上移动（图 10-7），这和进出口位置不动，保持固体吸附剂自上而下地移动的结果是一样的，这就是多段串联模拟移动床。在实际操作中，塔上一般开 24 个等距离的口，同接于一个 24 通旋转阀上，在同一时间内旋转阀接通四个口，其余均封闭。如图所示 6、12、18、24 四个口分别接通吸余物（B＋D）流出口（4）、原料（A＋B）进口（1）、吸取液（A＋D）排出口（2）、解吸剂（D）进口（3），一定时间后，旋转阀向前旋转，则进出口变为 5、11、17、23，依此类推，当进出口升到 1 点后又转回到 24，循环操作。

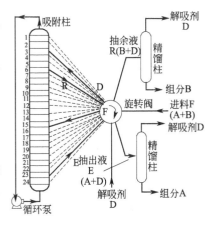

图 10-7 模拟移动床吸附
分离操作示意图

采用模拟移动床连续操作，可以更有效地发挥吸附剂和解吸剂效率，吸附剂用量仅为固定床的 4％，解吸剂用量仅为固定床的一半。模拟移动床成功地应用于混合二甲苯的分离，可以取代深冷、结晶、分离的传统工艺。

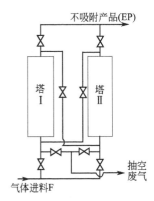

图 10-8 双塔变压吸附流程

（4）变压吸附　由吸附等温线可知，在同一温度下，吸附质在吸附剂上的吸附量随气相中吸附质的分压的升高而增加。可见在温度一定时，加压有利于吸附质的吸附，降压有利于吸附质的解吸。这种在恒温条件下通过改变压力进行吸附-解吸的操作称为变压吸附。图 10-8 为常见的两塔系统变压吸附流程，一塔吸附，一塔再生。每隔一定时间互相交替。加压、吸附、降压、解吸构成一个操作循环。变压吸附操作不需要加热和冷却设备，只需改变操作压力即可吸附-脱附。其循环周期短，吸附剂利用率高，设备体积小，操作范围广，气体处理量大，分离后可获得较高纯度的产品。

10.3 吸收分离技术

工业生产中为了分离混合气体中的各组分，将混合气体与适当的液体接触，气体中的一或几个组分便溶解于该液体内而形成溶液，不能溶解的组分则保留在气相中，然后分别将气液两相移去而达到分离的目的。这种利用各组分溶解度不同而分离气体混合物的操作称吸收。气体吸收是气体混合物一种或多种组分从气相转移到液相的过程。而吸收的逆过程，即溶质从液相中分离出来转移到气相的过程，称为解吸。

10.3.1 吸收分离

吸收过程按溶质数的多少可分为单组分吸收和多组分吸收；按溶质与液体溶剂之间的作用性质可分为物理吸收和化学吸收；按吸收温度状况可分为等温吸收和非等温吸收。

在多组分吸收中，混合气中有几个组分同时被吸收。其实，混合气体中所谓不能溶解的惰性组分，多少也能溶解一些，只是溶解量甚少，可不加考虑而已。能溶解的各组分，在混合气中的含量及其溶解度各不相同，因而它们的分离程度也不一样。

物理吸收指的是气体溶质与液体溶剂之间不发生明显的化学反应，即纯属溶解过程，例如用水吸收二氧化碳。若气体溶质进入液相之后与溶剂或溶剂中的活性组分进行化学反应，则所进行的过程称为化学吸收。按其化学反应的类型，又分发生可逆反应和不可逆反应的化学吸收过程。例如，用乙醇胺溶液吸收二氧化碳为可逆反应，而用稀硫酸吸收氨进行的是不可逆反应。

气体溶解时一般都放出溶解热。化学吸收中则还有反应热。若混合气中被吸收组分的含量低，溶剂用量大，则系统温度的变化并不显著，可按等温吸收考虑。有些吸收过程，例如用水吸收 HCl 蒸气或 NO_2 蒸气，用稀硫酸吸收氨，放热量很大，若不进行中间冷却，则气液两相的温度都有很大改变，成为非等温吸收。

采用吸收操作实现气体混合物的分离必须解决下列问题：①选

择合适的溶剂，使能选择性地溶解某个（或某些）被分离组分；②选择适当的传质设备以实现气液两相接触，使被分离组分得以自气相转移到液相（吸收）或相反（解吸）；③溶剂的再生，即脱除溶解于其中的被分离组分（吸收质）以循环使用。

吸收操作中，原料气中可溶解于液体的组分叫吸收质（B），用来溶解气体的液体叫吸收剂（S），吸收剂溶解了吸收质离开吸收塔叫吸收液，也叫完成液。

10.3.2 吸收剂的选择原则

吸收过程是气体中的溶质溶解于吸收剂中，即两相之间的接触传质实现的。吸收操作的成功与否很大程度上取决于吸收剂性能的优劣。评价吸收剂优劣主要依据以下几点。

（1）溶解度 吸收剂应对混合气中被分离组分（吸收质）有很大的溶解度，或者说在一定的温度与浓度下，吸收质的平衡分压要低。这样从平衡角度来说，处理一定量混合气体所需的溶剂量较少，气体中吸收质的极限残余亦可降低。

（2）选择性 混合气体中其他组分在吸收剂中的溶解度要小，即吸收剂具有较高的选择性。

（3）挥发性 在操作温度下吸收剂的蒸气压要低，因为吸收尾气往往为吸收剂蒸气所饱和，吸收剂挥发度越高，其损失量越大。

（4）黏度 吸收剂在操作温度下黏度越低，其在塔内的流动性越好，有利于传质和传热。

（5）再生性 吸收质在吸收剂中的溶解度应对温度的变化比较敏感，即不仅在低温下溶解度要大，平衡分压要小，而且随温度升高，溶解度应迅速下降，平衡分压迅速上升。

（6）稳定性 化学稳定性好，以免在使用过程中发生变质。

（7）经济性 价廉、易得、无毒、不易燃烧、冰点低。

10.3.3 物理吸收和化学吸收

在吸收过程中，如果气体中的溶质与吸收剂之间不发生显著的化学反应，可以看做是气体单纯地溶解于液相的物理过程，称为物理吸收。在物理吸收中溶质与溶剂的结合力较弱，解吸比较方便。物理吸收操作的极限主要取决于当时条件下吸收质在吸收剂中的溶解度。吸收速率则决定于气、液两相中吸收质的浓度差，以及吸收质从气相传递到液相中的扩散速率，加压和降温可以增大吸收质的溶解度，有利于吸收。物理吸收是可逆的，热效应小。

但是，一般气体在溶剂中的溶解度不高。利用适当的反应，可大幅度地提高吸收剂对气体的吸收能力。例如，CO_2 在水中溶解度甚低，但若以 K_2CO_3 水溶液吸收 CO_2 时，则在液相中发生下列反应：

$$K_2CO_3 + CO_2 + H_2O \Longrightarrow 2KHCO_3$$

又如用硫酸吸收氨

$$H_2SO_4 + NH_3 \Longrightarrow NH_4HSO_4$$

用酸或碱吸收气体中的溶质而实现的吸收操作称为化学吸收。化学吸收提高了吸收质的溶解能力和吸收操作的高度选择性。化学吸收其化学反应满足以下条件。

（1）可逆性　如果该反应不可逆，溶剂将难以再生和循环使用。例如用 NaOH 吸收 CO_2 时，因为生成 Na_2CO_3 而不易再生，势必消耗大量的 NaOH。因此，只有当气体中 CO_2 含量甚低，而又必须彻底加以清除或 Na_2CO_3 为目标产品时才使用。

（2）较高的反应速率　若吸收采用的化学反应速度较慢，则应考虑加入适当的催化剂，加快反应速率。

化学吸收操作的极限主要决定于当时条件下反应的平衡常数。吸收速率则决定于吸收质的扩散速率或化学反应速率。化学吸收常伴有热效应，需要及时移走反应热。

10.3.4　气体吸收工业应用

吸收操作广泛地应用于混合气体的分离，具体应用有以下几种。

（1）净化或精制气体　混合气中去除杂质，常采用吸收方法。用水吸收黄铁矿焙烧产物，除去炉气中的 HF 等气体。

（2）制取某种气体的液态产品　如用水吸收二氧化氮制取硝酸；用水吸收氯化氢气体制取盐酸；用水吸收甲醛以制取福尔马林等。

（3）分离混合气体以回收所需组分　如用硫酸处理焦炉气以回

收其中的氨；从烟道气中回收二氧化硫等。

（4）工业废气的治理　在工业废气中常含有 SO_2、NO、NO_2、HF 等有害气体，直接排入大气对环境危害很大，通过吸收净化排空气体。

10.3.5　吸收塔与解吸塔

吸收设备有多种形式，但以塔式最为常用。图 10-9 为吸收塔示意图。

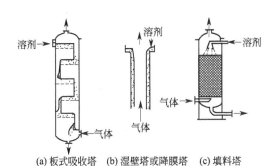

(a) 板式吸收塔　(b) 湿壁塔或降膜塔　(c) 填料塔

图 10-9　吸收塔

图 10-9(a) 所示的板式吸收塔中，气体与液体逆流接触。气体自下而上通过板上小孔逐板上升，在每一板上与吸收剂接触而进行吸收质溶解过程，随着塔内气体上升，溶质浓度下降，吸收剂中自上而下吸收质浓度逐渐上升。

图 10-9(b) 所示为湿壁塔或降膜塔，液体呈膜状沿壁流下。

图 10-9(c) 所示为更常见的填料塔。是在塔内充以如瓷环之类的塔料，液体自塔顶均匀淋下并沿填料表面流下，气体通过填料间的空隙上升与液体作连续的逆流接触，气体中的可溶组分不断地被吸收。工业生产中常用填料塔来完成吸收操作，填料塔属于微分接触操作。

解吸和吸收在应用上密切相关。为了使吸收过程中的吸收剂，特别是一些价格较高的溶剂能够循环使用，就需要通过解吸过程把被吸收的物质从溶液中分出而使吸收剂得到再生。此外，以回收利用被吸收气体组分为目的时，也必须解吸。对于分离多组分气体混合物成几个馏分或几个单一组分的情况，合理地组织吸收-解吸流程就更加重要了。伴有吸收剂回收的流程如图 10-10 所示。

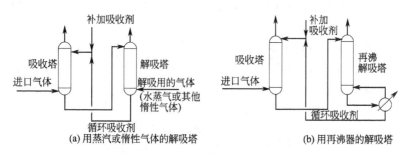

(a) 用蒸汽或惰性气体的解吸塔　(b) 用再沸器的解吸塔

图 10-10　伴有吸收剂回收的流程图

采用惰性气体的解吸过程是吸收过程的逆过程。惰性气体为解吸剂，在解吸塔中，气、液相浓度变化的规律与吸收相反，由于组分不断地从液相转入气相，液相浓度由上而下逐渐降低，而惰性气体中溶质的量不断增加，故气相浓度由下而上逐渐增大。为了使解吸过程在较高的温度下进行，可以用水蒸气作为解吸剂，促使溶质的解吸更趋完全。采用再沸器的解吸塔实际上进行的是用间接蒸汽加热的解吸过程，由于温度升高，溶质从吸收液中解吸为气相。

10.3.6　其他吸收

（1）多组分吸收

对于多组分吸收，由于其他组分的存在使得溶质各组分的气液平衡关系有所改变，所以多组分吸收的计算比单组分复杂，但对于多组分低组成吸收仍可作某些简化处理。当用大量的吸收剂来吸收组成不高的溶质时，所得的稀溶液其平衡关系可认为服从亨利定律，即：

$$Y_{eA} = rn_A X_A \quad （稀溶液时）$$

或

$$Y_{ei} = m_i x_i$$

在同一条件下，溶质的种类不同其相平衡常数 m_i 也不同，即在多组分吸收中，每一种溶质都有自己的平衡曲线。同时，各溶质组分在进出两相中的组成也不相同，因此每一种溶质组分又都有自己的操作线和操作线方程。各组分操作线方程类似于单组分吸收，

组分 i 物料衡算建立，即

$$Y_i = LV^{-1}X_i + (Y_{i2} - LV^{-1}X_{i2})$$

上式表明，不同溶质组分的操作线斜率均为液气比（L/V），亦即各溶质组分的操作线互相平行。

在多组分吸收计算时，需要首先确定"关键组分"，即在吸收操作中必须首先保证其吸收率达到预定指标的组分，然后根据关键组分确定操作液气比或回流比，进而可计算吸收所需填料层高度或理论板数，最后再由理论板数或填料高度核算其他组分的吸收率及出塔组成等。

图 10-11 所示由 H、K 和 L 三个组分构成的某低组成气体吸收过程的操作线和平衡线。直线 OEH、OEK 和 OEL 分别为 H、K 和 L 组分的平衡线，平衡线段 B_HT_H、B_KT_K 及 B_LT_L，分别为三个组分的操作线（各组分在进塔液相中的含量均为零）。从图中可看出：三个组分的相平衡常数的关系为：$m_L > m_K > m_H$。在相同条件下，组分 H 的溶解度最大，称为重组分；组分 L 的溶解度最小，称为轻组分。若 K 组分是关键组分，采用传质单元数法或梯级图解法求出填料高度或理论级数。

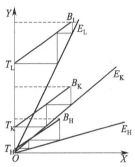

图 10-11 多组分吸收
平衡线操作线

梯级图解法求理论级数步骤为：根据 K 组分的平衡关系和进出塔的组成确定最小液气比，再确定操作液气比，然后根据 K 组分在塔顶的组成及操作液气比做出 K 组分的操作线 B_KT_K。由操作线的一端开始在组分 K 的平衡线 OE_K 和 K 的操作线 B_KT_K 之间画梯线，便可求出达到 K 组分的分离指标所需的理论板数 N_T（图中所得 $N_T = 2$）。

然后根据 N_T 推算其他溶质组分的吸收率及出塔气、液组成。各组分的操作线需经试差法确定。

（2）高组成气体吸收　对于高组成气体吸收，有下列特点。

① 吸收过程有显著的热效应　对于物理吸收，当溶质与吸收

剂形成理想溶液时，吸收热即为溶质的汽化潜热；当溶质与吸收剂形成非理想溶液时，吸收热等于溶质的汽化潜热及溶质与吸收质的混合热之和。对于有化学反应的吸收过程，吸收热还包括化学反应热。

对于高组成气体吸收，由于溶质被吸收的量较大，产生的热量也较多。若吸收过程的液气比较小或者吸收塔的散热效果不好，将会使吸收液温度明显升高，这时气体吸收为非等温吸收。

温度升高对气液平衡关系有较大的影响。若系统温度升高，则平衡分压也将升高，从而导致吸收过程的推动力减小。当平衡分压等于或大于气相溶质的分压时，吸收过程将停止，或转为解吸过程。因此对溶解热较大的过程，如用水吸收氯化氢等，就必须采取措施移出热量以控制系统温度。

② 吸收系数沿塔高不再为常数　高组成气体吸收过程中气膜吸收系数由塔底至塔顶是逐渐减小。液膜吸收系数一般可视为常数。至于总吸收系数不但不为常数，且变化更为复杂。因此，在高组成气体吸收计算时，往往以液膜吸收系数计算吸收速率。

10.4　膜分离技术

膜分离技术作为一门新兴的分离技术，由于其具有能耗低、设备简单、操作方便、分离时物料无相变、选择性好等优点，近半个世纪以来得到了迅猛的发展，已普遍应用于医药、化工、电子、冶金、食品、石油化工及环境保护等领域，世界各国相继投入大量人力、物力以期在此领域取得更大进展。膜分离是指通过特定的膜的渗透作用，借助于外界能量或化学位差的推动，对两组分或多组分混合物的气体或液体进行分离、分级、提纯和富集。它具有以下特点：①大多数膜分离过程不发生相变化，能耗低；②膜分离过程在常温下进行，特别适合于热敏性物质（如酶，药物，果品）的分离、分级和浓缩；③膜分离过程适用的对象广泛，大到肉眼看得见的颗粒，小到离子和气体分子；④膜分离过程装置简单、操作容易、易于控制和维修，投资费用低，因此，受到各工业发达国家高度重视。

1748 年 AbbleNelk 首先创造了 Osmosis 这一词，用来描述水通过半透膜的渗透现象，由此开始了对膜过程的研究。自 20 世纪 50 年代膜技术进入工业应用以后，每 10 年就有一种新型的膜技术得到工业应用。20 世纪 50 年代微滤膜和离子交换膜率先进入工业应用，60 年代反渗透膜进入工业应用，20 世纪 70 年代为超滤膜，20 世纪 80 年代是气体膜分离，20 世纪 90 年代为渗透汽化。此外，一批新型的膜分离过程，如膜萃取、膜蒸馏、亲和膜分离、膜反应器以及膜分离与其他过程结合的集成膜分离等，正日益得到重视和发展。膜技术的应用已从早期的水处理进入化工和石油化工领域。

10.4.1 膜的定义

膜（membranes）更为确切些称为隔膜，它是把两个物相空间隔开而又使之互相关联、发生质量和能量传输过程的一个中间介入相。也就是说，膜可以看成是分隔两相的半透位垒，这种位垒可以是固态、液态或气态，结构上既可以是多孔的也可以是致密的。一种最通用的广义定义是"膜"为两相之间的一个不连续区间。因而膜可为气相、液相和固相，或是它们的组合。定义中"区间"用以区别通常的相界面。简单地说，膜是一个薄的阻挡层，阻挡层两侧物质通过膜的传递是借助于吸附作用及扩散作用。描述传递速率的膜性能是膜的渗透性。一般来说，气体渗透是指在膜的高压侧的气体透过此膜至膜的低压侧。液体渗透是指在膜一侧的液相进料组分渗透至膜的另一侧的液相或气相中。在相同条件下，假如一种膜以不同速率传递不同的分子样品，则这种膜就是半透膜。

一般来说，聚合物薄膜（半透膜中的一种）可以看作是具有结晶区与无定形区交叉相间的结构。具有规整结构的结晶区通常被认为是不透液体和气体的。在无定形区中的聚合物链节可以有热运动，可以使分子挤向一边，空出地方以透过分子。

总之，广义的"膜"是指分隔两相界面，并以特定的形式限制和传递各种化学物质。它可以是均相的或非均相的；对称型的或非对称型的；固体的或液体的；中性的或荷电性的。

10.4.2 膜的分类

膜是膜分离技术的核心，通常对分离膜的要求是：具有良好的成膜性，热稳定性，化学稳定性，耐酸、碱、微生物侵蚀和耐氧化性能。根据这种要求，按制膜材料不同，目前使用的分离膜主要有两类：有机高分子材料膜和无机膜。有机材料主要包括纤维素类、聚酰胺类、芳香杂环类、聚砜类、聚烯烃类、硅橡胶类、含氟高分子类等；无机材料主要以金属、金属氧化物、陶瓷、多孔玻璃等为主。膜的种类繁多，性能各异，现归纳如下。

① 从成膜材料分 有机高分子膜和无机膜。

② 从膜的形状分 有平板式、管式、中空纤维式、毛细管。

③ 从膜的结构分 有不对称各向异性膜、均相致密膜、超薄复合膜和液膜等。

④ 从膜的用途分 有海水膜、苦咸水膜、废水处理膜、医药、化工、食品饮料用膜和电子工业、制取超纯水用膜等。

⑤ 从膜的制备方法分 有溶液浇铸膜、熔融抽丝膜、动力形成膜、等离子体聚合膜、高温烧结膜等。

10.4.3 传统膜分离技术

（1）反渗透 反渗透是与自然渗透过程相反的膜分离过程。渗透和反渗透是通过半透膜来完成的，在浓溶液一侧施加比自然渗透压更高的压力，迫使浓溶液中的溶剂反向透过膜，流向稀溶液一侧，从而达到分离提纯目的。渗透压的大小与溶液性质有关而与膜无关。物质迁移过程常用氢键理论、优先吸附-毛细管流动理论、溶解扩散理论来解释。

（2）超滤 超滤主要是以筛孔作用为主的薄膜过滤。在一定压力下溶剂或小分子量的物质可透过膜，而大分子物质及微细颗粒却被阻留，从而达到净化分离的目的。超滤膜通常为不对称结构，膜孔径的大小和膜表面的性质起着不同的截留作用。

（3）微滤 物质等小于膜孔径的粒子均透过膜，而微细颗粒和超大分子等大于膜孔径的物质被阻留下来，从而达到分离目的。广泛用来解释超滤和微滤分离机理的是"筛分"原理。该理论认为膜具有无数微孔，这些实际存在的不同孔径的孔眼，像筛子一样截留住直径大于孔径的溶质和颗粒，从而达到分离目的。

（4）纳滤　纳滤又称超低压反渗透，是膜分离技术的一个新兴领域，其分离性能介于反渗透与超滤之间，允许一些无机盐和某些溶剂透过膜，从而达到分离目的。纳滤膜特有的功能是反渗透膜和超滤膜无法取代的，它兼有反渗透和超滤的工作原理。

反渗透、纳滤、超滤与微滤之间没有明确的分界线，它们都以压力为驱动力，溶质或多或少被截留，截留物质的粒径在某些范围内相互重叠。

（5）电渗析　电渗析是在直流电场的作用下，以电位差为推动力，利用离子交换膜的选择透过性，把电解质从溶液中分离出来，从而实现溶液的淡化、精制或纯化目的。常用双电层理论和杜南膜平衡理论解释。

（6）膜蒸馏　膜蒸馏是膜技术与蒸发过程相结合的膜分离过程，所用的膜为不被待处理的溶液润湿的疏水微孔膜。膜的一侧与热的待处理溶液直接接触（称为热侧），另一侧直接或间接地与冷的水溶液接触（称为冷侧），热侧溶液中易挥发的组分在膜面处汽化，通过膜进入冷侧并被冷凝成液相，其他组分则被疏水膜阻挡在热侧，从而实现混合物分离或提纯的目的。在膜蒸馏过程中，不存在液体的混合和雾沫夹带现象，对离子、胶体、大分子等不挥发组分和无法扩散透过膜的组分的截留达到 100%。

（7）液膜　液膜分离技术是膜分离技术的重要分支，具有高选择高传质速率。它通过两液相间形成的界面-液相膜，将两种组成不同但又互相混溶的溶液隔开，经选择性渗透，使物质分离提纯。液膜主要由膜溶剂（水或有机溶剂）、表面活性剂（乳化剂）和添加剂组成，按其构型和操作方式不同，可分为乳状液膜和支撑液膜，常用溶解-扩散机理来解释。膜表面的载体提高了特定配体在膜表面的浓度，从而达到分离目的。

10.4.4　几种新型的膜分离技术

（1）膜萃取　膜萃取（Membraneextraction）又称固定界面萃取，它是膜分离与液-液萃取相结合的一种新型膜分离技术。与传统的液-液萃取相比，膜萃取过程的传质是在分隔料液和萃取液的微孔膜表面进行，不存在液滴的分散和聚合。该过程具有溶剂夹带少、传质比表面积大、可以抑制"返混"、无"液泛"限制、可放宽对萃取剂物性的要求等优点。因此，自 Sir-ka 和 Kim 提出膜萃取的概念以来，膜萃取的工作进展迅速。1985 年 Cooneg. D. O. 和 JimCL 使用中空纤维膜对含酚水进行了膜萃取实验尝试。1986 年，CusslerEL 等人又进一步研究了膜的浸润性对膜萃取传质速率的影响。

目前膜萃取的主要研究内容有以下几点：①膜萃取过程的传质机理和数学模型，如何提高膜萃取过程的体积传质系数等；②膜材料的浸润性能及其对传质的影响；③膜萃取过程中的两相渗透问题；④膜萃取过程中膜孔溶胀及其对传质速率的影响；⑤膜萃取过程付诸应用的可能性及膜器结构和操作条件优化等。

（2）亲和膜 亲和膜分离技术是将亲和色谱与膜分离技术结合起来的一项新型分离技术。它是把亲和配体结合在分离膜上，利用膜作基质，对其进行改性，在膜内外表面活化并耦合上配基，再按吸附、清洗、洗脱、再生的步骤对生物产品进行分离。与传统的亲和柱色谱相比，它具有如下优点：

① 以高分子膜材料为载体，极大地改善了蛋白质向配基的传质；

② 亲和膜具有良好的流体通透性和机械稳定性，可在高流速下操作；

③ 对离解常数较小的亲和系统，可以有效地保护配基和蛋白质的生物活性。

目前亲和膜分离技术已应用于单抗、多抗、胰蛋白酶抑制剂的分离以及抗原、抗体、血清白蛋白，胰蛋白酶，干扰素等的纯化。

随着生命科学和生物工程的迅速发展，对生物大分子纯化分离的要求越来越高，对一些分子量差别很小的大分子，就要用亲和介质所具有的高选择性和特异性，将一两种能与它产生结合的所需组分从数十甚至数百种物质中分离出来。亲和膜分离技术将成为解决生物工程下游产品的回收和纯化的高效方法。

（3）膜催化反应器 膜催化反应器是将合成膜的优良分离性能与催化反应结合，在反应的同时，选择性地脱除产物，突破反应平衡的限制，提高反应的产率、转化率和选择性。膜催化反应器中使用的膜主要是无机膜。无机膜具有化学稳定性好、耐酸碱、耐有机溶剂、耐高温（800～1000℃）、高压（10MPa）、抗微生物侵蚀能力强等优点，同时很多无机材料本身就是良好的催化剂。因此，近年来在催化领域中基于无机材料的膜催化反应器的研究十分活跃，研究最多的是钯膜、银膜及其合金膜。这种膜催化反应器一般用于平衡转化率低的气相脱氢及气相、液相加氢反应过程。

（4）膜生物反应器　膜生物反应器是由膜分离技术与生物反应器相结合的生物化学反应系统。膜生物反应器最早出现在酶制剂工业中。Blatt 等在 1965 年提出了用膜分离技术进行微生物浓缩。1968 年 Wang 等人成功地运用膜生物反应器制取酶制剂。进入 20 世纪 80 年代中后期，膜生物反应器的研究工作有了很快的发展，其涉及范围不断拓宽。自 1983～1987 年在日本已有 13 家公司使用好氧膜生物反应器处理大楼废水。K. Yamamoto 于 1989 年进行了中空纤维一体式膜生物反应器的研究，1991 年 Tonelli 等研制了处理汽车制造厂含油污水的膜生物反应器系统。AyaHi-denori 等人进行了厌氧膜生物反应器去除磷酸盐的研究。1992 年法国 Chang. J 等人开展了饮用水除氮的膜生物反应器研究。1993 年英国 P. R. Brookes 采用选择性高分子憎水硅橡胶膜制成萃取膜生物反应器，同年，Kh. Krautch（德国）等进行了有压活性污泥法反应器与超滤膜构成的膜生物反应器研究。K. Scott（1994）研究了消除膜污染的方法。Winner（1996）等人研究了膜生物反应器对大分子有机物的降解作用。

国内有关膜生物反应器的研究工作起步较晚，清华大学邢传宏等人进行了平板超滤、管状膜与活性污泥结合的膜生物反应器处理生活污水和模拟废水的性能研究。随着水资源短缺及水污染的日趋严重，膜生物反应器作为一种水污染控制与水回收利用的高新技术将受到越来越多的重视。

（5）集成膜分离　在解决某一分离目标时，往往要综合利用几个膜过程或者将膜分离技术与其他分离技术结合起来，使之各尽所长，以获得最佳的分离效果，取得最佳的经济效益。这种过程称之为集成膜过程（inter-gratedmembraneprocess），它是近年来在膜分离技术的发展中出现的又一项新技术。

集成膜分离技术按分离对象与条件的不同可分为以下几种形式：① 两种或两种以上分离过程的组合，如固体脱硫、膜法脱水用于天然气净化，采用膜法、催化反应以及变压吸附技术组合从低浓度、复杂组分原料中制取高浓度或高纯物质；② 转化过程与分离过程的耦合，如生物发酵与膜法分离耦合，无机膜反应分离一体化等；③ 同一种技术的多级集成，如二级膜法提取高浓度氢气等。

10.4.5 无机膜制备

无机膜的制备始于 20 世纪 60 年代，但真正进入工业应用阶段只有仅 20 年的历史，随着膜分离技术及其应用的发展，对膜使用的条件提出了愈来愈高的要求，其中有些是高分子膜材料无法满足的，如耐高温及强酸碱介质，因而，无机分离膜日益受到重视并取得了重大进展，特别是在微滤、超滤、膜催化反应及高温气体分离中，更充分展示了它的优点。

（1）无机膜的特性 无机膜是指采用陶瓷、金属、金属氧化物、玻璃、硅酸盐、沸石及炭素等无机材料制成的半透膜。它包括陶瓷膜、微孔玻璃、金属膜、沸石膜、碳分子筛膜及金属-陶瓷复合膜等。根据膜的结构不同可分为致密膜、多孔膜及复合膜。与高分子膜相比，无机膜具有许多优良的特性。

① 热稳定性好，即无机膜在 400～1000℃ 的高温下使用时，仍能保持其性能不变，这使得采用膜分离技术进行高温气体的净化具有了实用性。

② 化学性质稳定，能耐有机溶剂、氯化物和强酸强碱溶液，并且不被微生物降解。

③ 具有较大的强度，能在很大压力梯度下操作，不会被压缩和蠕变，因而其机械性能好。

④ 与高分子膜不同，不会出现老化现象，只要不破损，可长期使用，而且容易再生，可采用高压、冲清洗，蒸汽灭菌等。

⑤ 容易实现电催化和电化学活化。

⑥ 容易控制孔径大小和孔径尺寸分布，从而有效地控制分离

组分的透过率和选择性。

无机膜除了具有以上诸多优异性能外，由于目前制造技术的水平所限，也存在着许多不足之处，如无机膜质脆、易破损、加工成本高、装填面积小、高温使用时密封困难、有缺陷时修复难度大、费用高等。

（2）无机膜的制备方法

① 溶胶-凝胶法　溶胶-凝胶法是制备氧化物薄膜的常用方法之一，它是采用无机盐或金属有机化合物如醇盐（即金属烷基化合物）为前驱物。首先将前驱物溶于溶剂（水或有机液体）中。通过在溶剂内发生水解或醇解作用，反应生成物缩合聚集形成溶胶，然后经蒸发干燥从溶胶转变为凝胶。按照溶胶-凝胶合成的途径（见图 10-12），常可以将溶胶分为两类：一是基于水溶液中的胶化路线，通过无机盐或醇盐的完全水解，形成沉淀，再加电解质进行胶

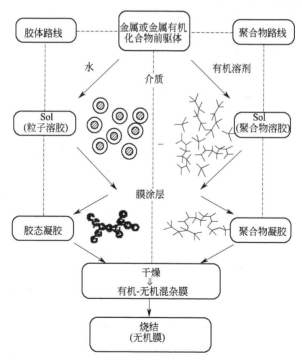

图 10-12　无机膜制备的两种溶胶-凝胶路线工艺流程示意图

溶分散而形成粒子溶胶的路线，所得到的溶胶也称物理胶；另一类则是采用金属有机物前驱体，如醇盐在有机溶剂中控制水解，通过分子簇的缩聚形成无机聚合物溶胶的方式，这种溶胶又叫化学胶。这两种方式都可以用来制备非对称结构支撑体陶瓷膜，但膜层的涂敷必须在溶胶阶段完成，然后通过溶胶向凝胶的转变而获得凝胶膜层，再经干燥和灼烧得到无机陶瓷膜。

在溶胶-凝胶法形成氧化物陶瓷膜的过程中，适当的调节溶胶的黏度和表面张力，通过旋涂和浸渍的方法将溶胶沉积在衬底上得到湿膜，膜的涂敷常用旋转法、浸渍拉提法、注射喷涂法和喷雾法等。当在溶胶中浸渍成膜并尽可能增加膜厚度，湿膜经过干燥成干凝胶，经过干燥，除去低沸点的溶剂后，得到干膜。干膜中凝胶的三维网络仍然存在，膜中还有大量有机成分，将干膜在较高的温度下热分解，使膜中的有机成分分解燃烧，就得到无机非晶薄膜，如果要想得到晶体的薄膜，还必须将非晶薄膜在更高的温度下退火，依靠原子的扩散成核结晶，整个过程要避免凝胶收缩，有机物分解时体积变化过快，应力过于集中而出现裂纹。因为凝胶中的成分是分子级的混合，金属原子无需长程扩散即可成核，因而结晶温度以固体反应显著降低。干凝胶必须在足够高的温度下热处理以获得具有稳定的孔结构和力学、化学性能均稳定的陶瓷膜。

a. 制备 γ-Al_2O_3 陶瓷膜　采用铝或醇铝为前驱体，水解得到勃姆石沉淀，用酸溶沉淀形成勃姆石溶胶，在多孔 α-Al_2O_3 陶瓷膜支撑体上以浸取提拉方式制备一层湿膜，干燥灼烧后可得到孔径分布窄的 γ-Al_2O_3 超滤或纳滤陶瓷膜。其工艺过程如图 10-13 所示。

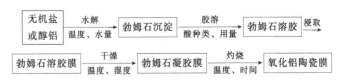

图 10-13　γ-氧化铝多孔膜的溶胶-凝胶制备流程

在制备勃姆石胶体时，水解温度、醇铝与水的比例、水解方式、胶溶剂等制备参数的控制非常重要。

应用二级丁醇铝情况下，水解与胶溶的温度要在 80℃ 以上，以保证形成勃姆石（AlOOH）沉淀而不是三水铝石结构。HNO_3 和 HCl 均可用作胶溶剂，在 pH≈4 形成稳定的溶胶。膜的晶粒尺寸与加水量、胶溶剂/醇铝摩尔比、pH 和溶胶中 AlOOH 浓度有关。浸渍过程中，浸渍时间、溶胶浓度和黏度均影响膜厚，在一定的相对湿度和温度下干燥即获得干凝胶膜，典型的干燥曲线如图 10-14 所示。

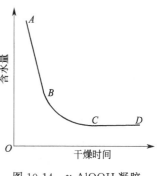

图 10-14 中 AB 段为恒速期，含水量随干燥时间增加而减少，基本上呈直线关系，样品仍处于溶胶状态；BC 段反映溶胶向凝胶转变阶段，干燥速率变慢，而 CD 段含水量不再随时间变化，完成向凝胶的转变，称为干凝胶。干凝胶一般在 450℃ 左右灼烧即可由勃姆石转变成 γ-Al_2O 陶瓷膜，孔径随灼烧温度升高而增大。

图 10-14　γ-AlOOH 凝胶膜的干燥曲线

b. 制备 YSZ 膜　制备钇稳定的氧化锆（YSZ）膜也是采用溶胶-凝胶法，用掺钇的锆醇盐控制水解过程，制备出聚合物的溶胶，其流程如图 10-15 所示。

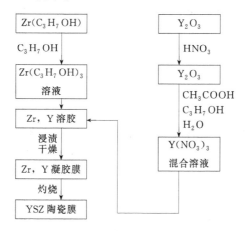

图 10-15　控制水解溶胶-凝胶法制备 YSZ 膜流程图

以正丙醇锆、四水硝酸钇为前驱物，正丙醇为溶剂，加冰醋酸或其它螯合剂调制水解与缩合反应，可能发生的反应有：

水解：

$$\equiv Zr{-}OR + H_2O \longrightarrow \equiv Zr{-}OH + ROH$$

缩合：

$$\equiv Zr{-}OH + HO{-}Zr\equiv \longrightarrow \equiv Zr{-}O{-}Zr\equiv + H_2O$$

$$\equiv Zr{-}OH + RO{-}Zr\equiv \longrightarrow \equiv Zr{-}O{-}Zr\equiv + ROH$$

$$\equiv Zr{=}(OH)_2 \longrightarrow \equiv ZrO{=}H_2O$$

不难看出，醇盐水解缩合过程是一个比较复杂的过程。

在醇盐控制水解的溶胶-凝胶过程中，为获得稳定的溶胶，醇盐与水的摩尔比、溶剂种类与用量、酸碱催化剂量和各种组成的加入顺序以及温度都是关键因素。研究表明，为形成透明的稳定溶胶，水浓度有一定的范围；而在一定水浓度情况下，形成溶胶也有一定的酸度范围，冰醋酸具有抑制胶体形成的作用，但其酸性也促使胶凝作用。

由于过渡金属的烷氧基化合物的反应活性极高，潮湿空气中就可能水解。为控制它们的水解速率，除采用乙酸和强酸如 HNO_3 控制水解外，乙酰丙酮（AcAc）也是有效的水解抑制剂，同时也是一种干燥控制化学添加剂。AcAc 与金属烷氧基化合物发生放热反应，生成比烷氧基（—OR）难以水解的混配螯合物：

$$M(OR)_4 + AcAcH \longrightarrow M(OR)_3(AcAc) + ROH \qquad M=Ti,Zr$$

此外，近年，有报道可以用溶胶-凝胶法化金属表面制备一层对金属表面有良好保护作用的保护增强膜，如 SiO_2 膜或 SiO_2-Al_2O_3 复合薄膜。用 SiO_2、SiO_2、TiO_2、SiO_2-Al_2O_3 和 TiO_2 系统制成的分离过渡膜，可能以 CO_2，N_2 和 O_2 的混合气体中分离出 CO_2 等。同时，具有铁电、压电、导电与超导作用，信息存贮介质材料和敏感特性的功能膜，可以很好地发挥相应的光电效应等新材料的优异性能。

②化学提取法（刻蚀法）　化学提取法的基本原理是：首先将制膜固体原材料进行某种处理，使之产生相分离，然后用化学试剂（刻蚀剂）处理，使其中的某一相在刻蚀剂的作用下溶解提取，即

可形成具有多孔结构的无机膜。

多孔玻璃膜用于制膜的原始玻璃材料中至少含 SiO_2 30%～70%，其他为锆、铪、钛的氧化物及可提取材料，可提取材料中含一种以上的含硼化合物和碱金属氧化物或碱土金属氧化物。该原始材料经热处理分相，形成硼酸盐相和富硅相，然后用强酸提取硼酸盐使之除去，即制得富硅的多孔玻璃膜，其孔径一般为 150～400nm。

金属微孔膜将高纯金属薄片（如铝箔）于室温下在酸性介质（硫酸、草酸、磷酸等）中进行阳极氧化，使之形成多孔性的氧化层，然后用强酸提取，除去未被氧化部分，即制得孔径分布均匀且为直孔的金属微孔膜，膜的孔径可分别达到 100～300Å。

③ 化学气相沉积法（CVD） 化学气相沉积法是一种气相生长技术，也是一类典型的软化学合成路线。已卓有成效的广泛用于高纯物质制备，合成新晶体，沉积各种单晶态、多晶态和非晶态无机功能薄膜材料。该法是在远高于热力学计算临界反应温度条件下，反应产物蒸气形成很高的过饱和蒸气压，然后自动凝聚形成大量的晶核，这些晶核长大聚集成颗粒后，沉积吸附在基体材料上，即制得无机膜。近年来，CVD 技术制备无机膜发展迅速，如通过正硅酸乙酸分解制取氧化硅膜；采用 $ZrCl_4$、YCl_3 制备 YSZ 膜，此外还成功地制备了 TiO_2、Al_2O_3、B_2O_3 等多种无机膜。由该法所制得的无机膜的厚度可以很薄，孔径可小于 2nm。

④ 喷雾热分解法（SprayPyrohysis，SP 法） 喷雾热分解法是将金属盐溶液以雾状喷入高温气氛中，引起溶剂的蒸发和金属盐的热分解，随后因过饱和而析出固相粒子并吸附在载体上，沉积成金属膜或合金膜。该法具有工序少、易于控制组成及纯度、操作方便等优点，可制得成分均匀，具有纳米级粒度的颗粒，沉积形成的膜的厚度 1.5～2μm，孔径小于 5nm。LiZ-y 等人以硝酸钯溶液和硝酸银溶液为原料，采用喷雾热分解法成功地制得了具有良好透氢性的 Pd-Ag 合金催化无机膜，并对其形成机理进行了描述。

⑤ 分子筛炭膜的制备 炭膜的分离性能与制备条件有很大关系，相同的原料可以制备出分离不同组分的炭膜，其孔径可以通过简单的热化学法加以调控，以达到最佳的分离目的。由纤维素酚醛

树脂、聚偏氯乙烯之类聚合物制成的膜，在惰性气氛或真空条件下，加热升温炭化，然后采用 CO_2、水蒸气、微量空气作为氧化介质，使炭膜中部分炭氧化烧蚀成孔，也有采用化学物质（NaOH、$KMnO_4$、HNO_3 等）进行活化处理，控制活化条件即可制得不同孔径分布的炭膜。Rao 和 Sir-car 通过炭化聚合橡胶乳液制得孔径 50~55nm 的分子筛炭膜，该炭膜通过选择性吸收和表面扩散可用于从含 H_2、CO_2、CH_4、C_2H_6 和 C_3H_8 的混合气体中分离提取氢气。

・第三篇・
无机材料现代合成方法及应用

第⑪章　气相沉积法

　　气相沉积法指直接利用气体或者通过各种手段将物质变为气体，使之在气体状态下发生物理或化学反应，最后在冷却过程中于基底上凝聚长大形成微粒或薄膜的方法。依照气相化学反应之是否发生，可划分为化学气相沉积法（Chemical Vapor Deposition，CVD）及物理气相沉积法（Physical Vapor Deposition，PVD）两大类。

11.1　化学气相沉积法

　　化学气相沉积是利用气态或蒸气态的物质在气相或气固界面上反应生成固态沉积物的技术，并且可以根据沉积过程中主要所依靠的是物理过程或化学过程把气相沉积划分为物理气相沉积和化学气相沉积而大类。真空蒸发、溅射、离子镀等属于前者，另外还有直接依靠气体反应或依靠等离子体放电增强气体反应的等离子体增强化学气相沉积。化学气相沉积法是一种历史悠久的合成方法，现代社会又赋予它新的内涵，随科学技术的发展，其内容和手段也在不断更新，物理过程与化学过程日益融合，如利用溅射或离子轰击使金属汽化再通过气相反应生成氧化物或氮化物等就是将这些物理和化学过程相结合的产物，相应地称为反应溅射、反应离子镀及化学离子镀。随半导体和集成电路技术的发展，CVD技术用于生产半导体材料中的超纯多晶硅，经过掺杂后，在集成电路的生产中经过沉积后生产出多种半导体材料，如各种掺杂的半导体单晶外延薄膜、多晶硅薄膜、半绝缘的掺氧多晶硅薄膜；绝缘的二氧化硅、氮化硅、磷硅玻璃、硼硅玻璃薄膜以及金属钨薄膜等。化学气相沉积法从古时的"炼丹术"时代开始，发展到今天已经是日益成熟的合成技术之一。

CVD 技术是将原料气或蒸气通过气相反应沉积出固态物质，这个技术在用于无机合成时具有以下特点。①沉淀反应如在气固界面上发生时沉淀物在原固态底基物上包覆一层，不改变原固体底基物的形状，这个特性也称为保形性，根据这一特点，可利用 CVD 技术对刀具表面进行涂层处理，这一特性在超大规模集成电路制造工艺中特别重要，能否在有限量的 $0.28\mu m$ 线条宽度和 $1\sim2\mu m$ 左右的深度的图形上得到令人满意的保形特性，直接影响到集成电路产品的性能。CVD 技术保形性的优越性是它广泛用于集成电路制造的关键。它使得我们可以精细的合成出我们所希望的物质，使得无机材料的几何形状符合实际需求。②采用 CVD 技术可以得到单一的无机合成物质，并以此作为原材料，制备出更多的产品，如超纯多晶硅材料的制备。③如果采用的某种基底材料，在沉积物达到一定厚度以后，很容易与基底分离，这样就可以得到各种特定形状的游离沉积物器具。碳化硅器皿和金刚石薄膜部件均可以用这种方式制造。④在 CVD 技术中也可以沉积生成晶体或细粉状的物质，可以用来生产超微粉体，在特定的工艺条件下，甚至可以生产纳米级的微细粉末。

通常情况下，化学气相沉积法对原料、产物及反应类型等有一定的要求：反应原料是气态或易于挥发成蒸气的液态或固态物质；反应易于生成所需要的沉积物而其中副产品保留在气相中排出或易于分离；整个操作较易于控制。

11.1.1　化学气相沉积法的化学反应

（1）热分解法　热分解法包括简单热分解和热分解反应沉积，通常ⅣB 族Ⅲ B 族和 VB 族的一些低周期元素的氢化物如 CH_4、SiH_4、GeH_4、B_2H_6、PH_3、AsH_3 等都是气态化合物，而且加热后易分解出相应的元素。因此很适合用于 CVD 技术中作为原料气。其中 CH_4、SiH_4 分解后直接沉积出固态的薄膜，GeH_4 也可以混合在 SiH_4 中，热分解后直接和 Si-Ge 合金膜。例如：

$$CH_4 \xrightarrow{600\sim1000℃} C+2H_2$$

$$SiH_4 \xrightarrow{600\sim800℃} Si+2H_2$$

$$0.95SiH_4+0.05GeH_4 \xrightarrow{550\sim800℃} Ge_{0.05}Si_{0.95}(硅锗合金)+2H_2$$

也有一些有机烷氧基的元素化合物，在高温时不稳定，热分解生成该元素的氧化物，例如：

$$2Al(OC_3H_7)_3 \xrightarrow{-420℃} Al_2O_3+6C_3H_6+3H_2O$$

$$Si(OC_2H_5)_4 \xrightarrow{750\sim850℃} SiO_2+4C_2H_4+2H_2O$$

也可以利用氢化物或有机烷基化合物的不稳定性，经过热分解后立即在气相中和其它原料气反应生成固态沉积物，例如：

$$Ga(CH_3)_3+AsH_3 \xrightarrow{630\sim675℃} GaAs+3CH_4$$

$$Cd(CH_3)_2 \xrightarrow{475℃} CdS+2CH_4$$

此外还有一些金属的羰基化合物，本身是气态或者很容易挥发成蒸气经过热分解，沉积出金属薄膜并放出 CO 等适合 CVD 技术使用，例如：

$$Ni(CO)_4 \xrightarrow{140\sim240℃} Ni+4CO$$

$$Pt(CO)_2Cl_2 \xrightarrow{600℃} Pt+2CO+Cl_2$$

（2）化学合成法 一些元素的氢化物或有机烷基化合物常常是气态的或者是易于挥发的液体或固体，便于使用在 CVD 技术中。如果同时通入氧气，在反应器中发生氧化反应时就沉积出相应于该元素的氧化物薄膜。例如：

$$SiH_4+2O_2 \xrightarrow{325\sim475℃} SiO_2+2H_2O$$

$$2SiH_4+2B_2H_6+15O_2 \xrightarrow{300\sim500℃} 2B_2O_3 \cdot SiO_2+10H_2O$$

$$Al_2(CH_3)_6+12O_2 \xrightarrow{450℃} Al_2O_3+9H_2O+6CO_2$$

卤素通常是负一价，许多卤化物是气态或易挥发的物质，因此在 CVD 技术中广泛地将之作为原料气。要得到相应的该元素薄膜就常常需采用氢还原的方法。例如：

$$WF_6 + 3H_2 \xrightarrow{\text{约 } 300\text{℃}} W + 6HF$$

$$SiCl_4 + 2H_2 \xrightarrow{1150\sim1200\text{℃}} Si + 4HCl$$

还有三氯硅烷的氢还原反应是目前工业规模生产半导体级超纯正硅（＞99.99％）的基本方法。

$$SiHCl_3 + H_2 \xrightarrow{1150\sim1200\text{℃}} Si + 3HCl$$

在 CVD 技术中使用最多的反应类型是两种或两种以上的反应原料气在沉积反应器中相互作用合成得到所需要的无机薄膜或其他材料形式。例如：

$$3SiH_4 + 4NH_3 \xrightarrow{750\text{℃}} SiH_4 + 12H_2$$

$$3SiCl_4 + 4NH_3 \xrightarrow{850\sim900\text{℃}} Si_3N_4 + 12HCl$$

$$2TiCl_4 + N_2 + 4H_2 \xrightarrow{1200\sim1250\text{℃}} 2TiN + 8HCl$$

（3）化学转移反应　通过化学转移反应的沉积也叫化学反应输运沉积，有一些物质本身在高温下会气化分解在沉积反应器稍冷的地方反应沉积生成薄膜、晶体或粉末等形式的产物，如 HgS 的反应，就是较早的化学气相沉积技术"炼丹术"。在气相沉积输运过程中，沉积位置不同所形成的晶体颗粒有大小不同，据古书记载小的叫银朱，大的叫丹砂，其反应如下：

$$2HgS(s) \underset{T_1}{\overset{T_2}{\rightleftharpoons}} 2Hg(g) + S_2(g)$$

也有的时候原料物质本身不容易发生分解，而需添加另一物质（称为输运剂）来促进输运中间气态产物的生成。例如：

$$2ZnS(s) + 2I_2(g) \underset{T_1}{\overset{T_2}{\rightleftharpoons}} 2Zn_2(g) + S_2(g)$$

这类输运反应中通常是 $T_2 > T_1$，即生成气态化合物的反应温度 T_2 往往比重新反应沉积时的温度 T_1 要高一些。但是这不是固定不变的。有时候沉积反应反而在较高温度的地方发生。例如碘钨灯（或溴钨灯）管工作时不断发生的化学输运过程就是由低温向高温方向进行的。为了使碘钨灯（或溴钨灯）灯光的光色接近于日光的光色就必须提高钨丝的工作温度。提高钨丝的工作温度（2800～3000℃）就大大加快了钨丝的挥发，挥发出来的钨冷凝在相对低温（～1400℃）的石英管内壁上，使灯管发黑，也相应地缩短钨丝和灯的寿命。如在灯管中封存着少量碘（或溴），灯管工作时气态的碘（或溴）就会与挥发到石英灯管内壁的钨反应生成四碘化钨（或四溴化钨）。四碘化钨（或四溴化钨）此时是气体，就会在灯管内输运或迁移，遇到高温的钨丝就热分解把钨沉积在那些因为挥发而变细的部分，使钨丝恢复原来的粗细。四碘化钨（或四溴化钨）在钨丝上热分解沉积钨的同时也释放出碘（或溴），使碘（或溴）又可以不断地循环工作。由于非常巧妙地利用了化学输运反应沉积原理，碘钨灯（或溴钨灯）的钨丝温度得以显著提高，而且寿命也大幅度地延长。

$$W(s) + 3I_2(g) \underset{约\,3000℃}{\overset{1400℃}{\rightleftharpoons}} WI_6(g)$$

（4）等离子体增强的反应沉积　在低真空条件下，利用直流电压（DC），交流电压（AC），射频（RF），微波（MV）或电子回旋共振（ECR）等方法实现气体辉光放电在沉积反应器中产生等离子体。由于等离子体中正离子、电子和中性反应分子相互碰撞，可以大大降低沉积温度，例如在硅烷和氨气的反应在通常条件下，约在 850℃ 左右反应并沉积氮化硅，但是在等离子体增强反应的情况下，只需要 350℃ 左右就可以生成氮化硅。这样就可以拓宽 CVD 技术的应用范围，特别是在集成电路芯片的最后表面钝化工艺中，800℃ 的高温会使已经有电路的芯片损坏，而 350℃ 左右沉积氮化硅不仅不会损坏芯片并使芯片得到钝化保护，提高了器件的稳定性。由于这些薄膜是在较低温度下沉积的，它们的分子式中原子比不是很确定同时薄膜中也常含有一定量的氢，因此分子表达式常用 SiO_x（或 SiO_xH_y）来代表。一些常用的 PECVD 反应有：

$$SiH_4 + x\,N_2O \xrightarrow{约\,350℃} SiO_x（或\,SiO_xH_y）+ \cdots$$

$$SiH_4 + x\,NH_3 \xrightarrow{约\,350℃} SiO_x（或\,SiO_xH_y）+ \cdots$$

$$SiH_4 \xrightarrow{约\,350℃} \alpha\text{-}Si(H) + 2H_2$$

上面硅烷热分解的反应式可以用来制造非晶硅太阳能电池等。

此外，也有利用其他能源增强的反应沉积，如采用激光来增强化学气相沉积也是一种有效的方法。例如：

$$W(CO)_6 \xrightarrow{\text{激光束}} W + 6CO$$

通常这一反应发生在 300℃ 左右的衬底表面。采用激光束平行于衬底表面，激光束与衬底表面的距离约 1mm，结果处于室温的衬底表面上就会沉积出一层光亮的钨膜。

其他各种能源例如利用火焰燃烧法，或热丝法都可以实现增强沉积反应的目的。不过燃烧法主要不是降低温度而是增强反应速率。利用外界能源输入能量有时还可以改变沉积物的品种和晶体结构。例如，甲烷或有机碳氢化合物蒸气的高温下裂解生成炭黑，炭黑主要是由非晶碳和细小的石墨颗粒组成。

$$CH_4 \xrightarrow{800\sim1000℃} C(炭黑) + 2H_2$$

把用氢气稀释的 1‰ 甲烷在高温低压下裂解也是生成石墨和非晶碳，但是同时利用热丝或等离子体使氢分子解离生成氢原子，那么就有可能在压强 0.1MPa 左右或更低的压强下沉积出金刚石而不是沉积出石墨来。

$$CH_4 \xrightarrow[800\sim1000℃]{\text{热丝或等离子体}} C(金刚石) + 2H_2$$

甚至在沉积金刚石的同时石墨被腐蚀掉，实现了过去认为似乎不可能实现在低压下从石墨到金刚石的转变。

$$C(石墨) + H_2 \xrightarrow[800\sim1000℃]{\text{等离子体}} CH_4 + C_2H_2 + \cdots \xrightarrow[800\sim1000℃]{\text{等离子体}} C(金刚石) + 2H_2$$

11.1.2 化学气相沉积法的技术装置

化学气相沉积法是一种气相生长技术，广泛用于高能物质的制备、合成新晶体及沉积多种单晶态、多晶态和非晶态无机功能薄膜材料。这种方法是利用气态（蒸气）物质在一热固态表面的基体上进行化学反应，形成一层固态沉积物的过程，适宜在形状复杂的基体上形成致密而又厚度均匀的薄膜。它的装置与其反应条件相关，由气源控制部件、沉积反应室、加热系统、气体压强控制和真空排气系统等主要部分组成。

（1）气相反应室　气相反应室设计的核心问题是使制得的薄膜尽可能均匀。由于 CVD 反应是在基体物的表面上进行的，所以也必须考虑如何控制气相中的反应，能及时对基片表面充分供给反应气。此外，反应生成物还必须能方便放出。表 11-1 列出了各种 CVD 装置的反应室。

表 11-1 各种形式 CVD 的装置

形 式	加热方法	温度范围/℃	原 理 简 图
水平型	板状加热方式	约 500	气体 托架
	感应加热 红外辐射加热	约 1200	
垂直型	板状加热方式 感应加热	约 500 约 1200	气体 托架 气体
圆筒型	诱导加热 红外辐射加热	约 1200	气体 托架 气体
连绕型	板状加热方法 红外辐射加热	约 500	气体 传送带
管状炉型	电阻加热（管式炉）	约 1000	加热器 气体 真空

从表 11-1 中可以看出，气相反应器有水平型、垂直型、圆筒型等几种。其中，水平型的生产量较高，但它沿气流方向的膜厚及浓度分布不太均匀；垂直型生产的膜的均匀性好，但产量不高；后来开发的圆筒状则兼顾了二者的优点。

（2）常用的加热方法 化学气相沉积的基体物的常用加热方法是电阻加热和感应加热，其中感应加热一般是将基片放置在石墨架上，感应加热仅加热石墨，使基片保持与石墨同一温度。红外辐射加热是近年来发展起来的一种加热方法，采用聚焦加热可以进一步强化热效应，使基片或托架局部迅速加热升温。激光加热是一种非常有特色的加热方法，其特点是保持在基片上微小的局部使温度迅速升高，通过移动光束斑来实现连续扫描加热的目的。见表 11-2。

表 11-2　CVD 装置的加热方法

加热方法	原　理　图	应　用
电阻加热	板状加热方式 基片 金属 埋入	低于 500℃时的绝缘膜，等离子体
	管状炉 加热线圈 瓷套管	各种绝缘膜，多线(低压 CVD)
高频感应加热	石墨托架 管式反应器 RF加热用线圈	硅外运及其他
红外辐射加热(用灯加热)	基片　托架(石墨)　灯盒 基板 灯盒　托架(石墨)	硅外运及其他
激光束加热		选择性 CVD

（3）气体控制系统　在 CVD 反应体系中使用了多种气体，如原料气、氧化剂、还原剂、载气等，为了制备优质薄膜，各种气体的配比应予以精确控制。目前使用的监控元件主要有质量流量计和针型阀。

（4）排气处理系统　CVD 反应气体大多有毒性或强烈的腐蚀性，因此需要经过处理才可以排放。通常采用冷吸收，或通过淋水水洗，经过中和反应后排放处理。随着全球环境恶化和环境保护的要求，排气处理系统在先进 CVD 设备中已成为一个非常重要的组成部分。

除上述所介绍的组成部分外，还可根据不同的反应类型和不同沉积物来设计沉积反应室的内部结构，在有些装置中还需增加激励能源控制部件，如在等离子增强型或其他能源激活型的装置中，就有这样的装置存在。下面具体介绍一些反应的生产装置。

（5）半导体超纯多晶硅的沉积生产装置　图 11-1 中沉积反应室是一个钟罩式的常压装置，中间是由三段硅棒搭成的倒 U 形，从下部接通电源使硅棒保持在 1150℃ 左右，底部中央是一个进气喷口，不断喷入三氯硅烷和氢的混合气，超纯硅就会不断被还原析出沉积在硅棒上，最后得到很粗的硅锭或硅块用于拉制半导体硅单晶。

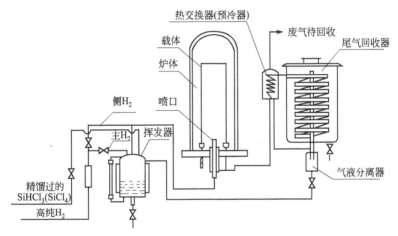

图 11-1　三氯硅烷氢还原生产半导体超纯硅的工业装置示意图

$$SiHCl_3 + H_2 \xrightarrow{1100 \sim 1150℃} Si + 3HCl$$

（6）常压单晶外延和多晶薄膜沉积装置　图 11-2 是一些常压单晶外延和多晶薄膜沉积装置示意图。由于半导体器件制造时纯度要求极高，所有这些反应器都是用高纯的石英作反应室的容器，用高纯石墨为基底，易于射频感应加热或红外线加热。这些装置最主要用于 $SiCl_4$ 氢还原在单晶硅片衬底上生长的几微米厚的硅外延层。所谓外延层就是指与衬底单晶的晶格相同排列方式增加了若干晶体排列层。也可以用晶格常数相近的其它衬底材料来生长硅外延层，例如在蓝宝石（Al_2O_3）和尖晶石都可以生长硅的外延层。这样的外延称为异质外延，在半导体工业和其它行业都有所应用。图

11-2 中的装置不仅可以用于硅外延层生长，也较广泛地用于 GaAs，GaPAs，GeSi 合金和 SiC 等其他外延层生长，还可以用于氧化硅、氮化硅、多晶硅及金属等薄膜的沉积。这些都是一些较通用的常压 CVD 装置。由图 11-2 装置的变化也可以看出能逐步增加每次操作的产量，图 11-2(a) 的装置中有 3～4 片衬底，图 11-2(b) 的装置中可以放 6～18 片/次。图 11-2(c) 的装置可以放置 24～30 片/次。但是这样的变化远远满足不了集成电路迅速发展的需要，终于在 20 世纪 70 年代后期出现了密集装片的热壁低压气相沉积（Hot Wall Low Pressure Chemical Vapor Depostion，简称 LPCVD）装置。

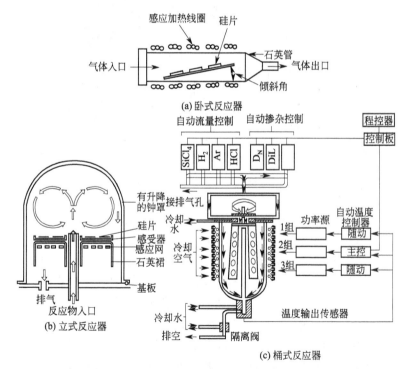

图 11-2　常压硅单晶外延和多晶薄膜沉积装置

（7）热壁 LPCVD 装置　图 11-3 所示的热壁 LPCVD 装置及相

应工艺技术的出现，在 20 世纪 70 年代末被誉为集成电路制造工艺中的一项重大突破性进展。

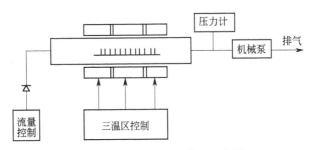

图 11-3　热壁 LPCVD 装置示意图

与常压法 CVD 工艺相比较，LPCVD 具有三大优点：每次的装硅片量从几片或几十片增加到 100～200 片；薄膜的片内均匀性由厚度偏差 ±（10%～20%）改进到 ±（1%～3%）左右。成本降低到常压法工艺的十分之一左右。因此在当时被号称为三个数量级的突破，即三个分别为十倍的改进。这种 LPCVD 装置一直沿用至今，但是随着硅片直径愈来愈大，图 11-3 中的炉体部分目前已旋转了一个 90° 变成立式炉的装置，其工作原理仍然相同。这一工艺中的一个关键因素是必须保证不同位置的衬底上都能得到很均匀厚度的沉积层。LPCVD 膜厚分布模拟的理论模型是在 1980 年提出的，理论计算的结果与实验事实相符，并能指导实验或用于自动控制，有一定的指导意义。

（8）等离子体增强 CVD 装置（PECVD）　通过等离子体增强使 CVD 技术的沉积温度可以下降几百摄氏度，甚至有时可以在室温的衬底上得到 CVD 薄膜。图 11-4 显示了几种 PECVD 装置。图 11-4(a) 是一种最简单的电感耦合产生等离子体的 PECVD 装置，可以在实验室中使用。图 11-4(b) 它是一种平行板结构装置。衬底放在具有温控装置的下面平板上，压强通常保持在 133Pa 左右，射频电压加在上下平行板之间，于是在上下平板间就会出现电容耦合式的气体放电，并产生等离子体。图 11-4(c) 是一种扩散炉内放置若干平行板、由电容式放电产生等离子体的 PECVD 装置。它的

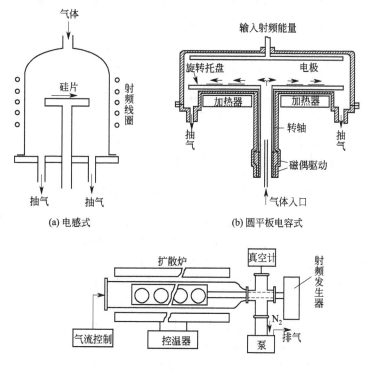

图 11-4 几种等离子体化学气相沉积（PECVD）装置

设计主要为了配合工厂生产的需要，增加炉产量。在 PECVD 工艺中由于等离子体中高速运动的电子撞击到中性的反应气体分子，就会使中性反应气体分子变成碎片或处于激活的状态容易发生反应。衬底温度通常保持在 350℃ 左右就可以得到良好的 SiO_x 或 SiN_x 薄膜，可以作为集成电路最后的钝化保护层，提高集成电路的可靠性。

（9）履带式常压 CVD 装置 为了适应集成电路的规模化生产同时利用硅烷（SiH_4）、磷烷（PH_3）和氧在 400℃ 时会很快反应生成磷硅玻璃（$SiO_2 \cdot xP_2O_5$ 复合物），就设计了如图 11-5 所示的履带式装置，衬底硅片放在保持 400℃ 的履带上，经过气流下方时就被一层 CVD 薄膜所覆盖。用这一装置也可以生长低温氧化硅薄膜等。

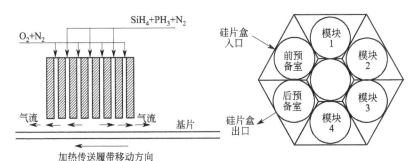

图 11-5　履带式常压 CVD 装置　　图 11-6　模块式多室 CVD 装置

（10）模块式多室 CVD 装置　制造集成电路的硅片上往往需要沉积多层薄膜，例如沉积 Si_3N_4 和 SiO_2 两层膜或沉积 TiN 和金属钨薄膜。这种模块式的沉积反应可以拼装组合，分别在不同的反应室中沉积不同的薄膜，见图 11-6。各个反应器之间相互隔离，利用机器手在低压或真空中传递衬底硅片。因此可以一次连续完成数种不同的薄膜沉积工作，可以把普通 CVD 和 PECVD 组合在一起，也可以把沉积和干法刻蚀工艺组合在一起。这种装置目前较广泛地用于大直径硅片的集成电路生产线上。

（11）桶罐式 CVD 反应装置　对于硬质合金刀具的表面涂层常采用这一类装置，见图 11-7。它的优点是与合金刀具衬底的形状关系不大，各类刀具都可以同时沉积，而且容器很大，一次就可以装上成千件的数量。

（12）砷化镓（GaAs）外延生长装置　从上面一些装置中可以看出 CVD 装置是多种多样的。往往根据反应、工艺和产物的具体要求而变化。例如砷化镓（AsGa）的 CVD 外延生长装置就必须根据实际反应中既有气体源又有固体源的情况专门设计，包括反应器各部分的温度分布都有严格的要求，见图 11-8。反应的开始阶段先由三氯化砷（$AsCl_3$）和液态的镓作用，在液态镓表面生成固体的 GaAs，进一步在 $AsCl_3$、副产物 HCl 和其他反应中间物的作用下发生化学迁移和气相沉积反应来实现 GaAs 的外延生长。整个装置中的反应是很复杂的，以下列举镓源附近的一些反应。

$$4AsCl_3 + 6H_2 \Longrightarrow As_4 + 12HCl$$
$$As_4 + 4Ga \Longrightarrow 4AsGa(s)$$
$$4GaAs(s) + 4HCl \Longrightarrow 4GaCl + 2H_2 + As_4$$
$$As_4 \Longrightarrow 2As_2$$
$$GaCl + 2HCl \Longrightarrow GaCl_3 + H_2$$

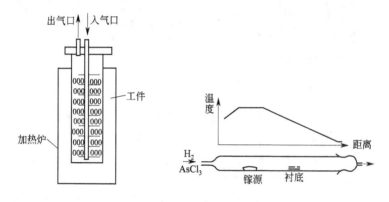

图 11-7　桶罐式 CVD 装置　　图 11-8　砷化镓（AsGa）外延生长装置

11.1.3　化学气相沉积法合成梯度功能材料

用化学气相沉积法合成梯度材料的关键在于气相中原料气之间的相互反应；温度的控制范围；并要求组分物质间热膨胀系数的匹配；就组成物的高温反应及沉积过程中产生的内部应力的控制，同时也要注意不同结晶结构的破坏机理和在实际合成的反应条件。

目前，日本报道了许多这方面研究，如利用物理气相沉积法可合成多层不同性质的薄膜，用于梯度涂层材料，Ti-TiC、Cu-ZrO$_2$等，也利用物理化学气相液合法研制出 SiC-C 梯度材料，利用喷射法制成的 ZrO$_2$-不锈钢梯度材料，其热冲击性能提高了 3 倍，可用于汽车的发动机上。

11.2　物理气相沉积法

在真空条件下，将金属气化成原子或分子，或者使其气化成离子，直接沉积到工件表面，形成涂层的过程，称为物理气相沉积，其沉积粒子束来源于非化学因素。物理气相沉积过程可概括为三个阶段：

①从源材料中发射出粒子；②粒子输运到基片；③粒子在基片上凝结、成核、长大、成膜。

物理气相沉积法包括三种基本方法，即真空蒸镀、溅射镀和离子镀。

11.2.1 真空蒸镀

在真空环境中，将材料加热并镀到衬底或基片上称为真空蒸镀，或叫真空镀膜。真空蒸镀是将待成膜的物质置于真空中进行蒸发或升华，使之在工件或基片表面析出的过程。由于真空蒸镀法主要物理过程是通过加热蒸发材料而产生，所以又称热蒸发法。

(1) 真空蒸镀原理　真空蒸镀包括三个基本步骤。

① 加热蒸发过程　蒸发材料由凝聚相转变为气相（固相或液相-气相）的相变过程。

② 气化原子或分子在蒸发源与基片之间的输运，即这些粒子在环境气氛中的飞行过程。

③ 蒸发原子或分子在基片表面上的沉积过程，即是蒸发凝聚、成核、生长、形成连续薄膜。由于基板温度远低于蒸发源温度，因此，沉积物分子在基板表面将直接发生从气相到固相的转变过程。

(2) 真空蒸镀技术　真空蒸镀技术，按照加热方式可分为电阻法、电子束法、高频法、电弧法和激光法等。

① 电阻法　在电阻加热蒸发中，将丝状或片状的钽、钼、钨、石墨等高熔点材料做成适当的蒸发源，将膜料放在其中，接通电源，加热膜料而使其蒸发。对蒸发源材料的基本要求是：高熔点、低蒸汽压、在蒸发温度下不与膜料发生化学反应或互熔、具有一定的机械强度、与膜材料容易润湿。

图 11-9 为电阻加热蒸发镀膜示意图。蒸发镀膜设备主要包括为蒸发过程提供必要真空环境的真空室；放置蒸发材料并对其进行加热的蒸发源和蒸发加热器；用于接收蒸发物质并在表面形成固态

蒸发薄膜的基板；以及基板加热器、测温器件等。

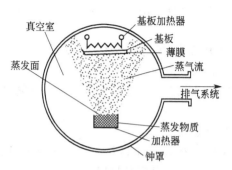

图 11-9　电阻加热蒸发镀膜示意图

电阻加热蒸发的优点：制备工艺简单；电源设备价格低廉；蒸发源形状可根据需要做成各种形状。缺点：由于需先加热电阻片再传热给镀膜材料，因此电阻片多少会与材料起作用，会引起杂质的产生；电阻片能加热之温度有限，对于高熔点镀膜物质如 Al_2O_3、Ta_2O_5、TiO_2 等则无法熔融蒸镀；蒸镀速度较慢；镀膜材料若为化合物，则有被分解的可能。

② 电子束蒸发　这种方法是将蒸发材料放入水冷坩埚中，利用电子束直接加热，使蒸发材料气化蒸发，然后在基板表面沉积成膜。当电子束打到待蒸发材料表面时，电子会迅速损失掉自己的能量，将能量传递给待蒸发材料使其熔化并蒸发。对于活性材料，特别是活性难熔材料的蒸发，坩埚的水冷是必要的。通过水冷，可以避免蒸发材料与坩埚壁的反应，由此可制备高纯度的薄膜。通过电子束加热，任何材料都可以被蒸发，蒸发速率一般在每秒几分之一埃到每秒数微米之间。

电子束蒸发的优点：由于电子束直接加热在被蒸发材料上，且一般装此材料的坩埚都有水冷却，因此会比电阻加热法的污染要少，薄膜品质相对较高；由于电子束可加速到很高能量，一些在电阻加热蒸发法中不能蒸镀的氧化物膜，可利用此法蒸镀；可制作多个坩埚装放不同材料排成一圈，欲镀时就旋转至电子束撞击位置，制备多层膜相当方便。缺点：若电子束控制不当会引起材料分解或游离；对不同蒸发材料所需电子束的大小及扫描方式不同，因此在镀膜过程中使用不同镀膜材料时则必须重新调整。

③ 高频法　高频法是在高频感应线圈中放入氧化铝或石墨坩埚对膜材料进行高频感应加热，此法主要用于铝的大量蒸发。

高频加热法的优点：由于高频感应电流直接作用在蒸发材料上，因此盛装蒸发材料的坩埚的温度比较低，坩埚材料不致造成薄膜污染；蒸发源的温度均匀稳定，不易产生蒸发料的飞溅现象；蒸发速率大，可比电阻加热法大10倍左右；蒸发源一次装料，无需送料机构，温度控制比较容易。缺点：蒸发装置必须屏蔽，以防止射频辐射；需要较复杂和昂贵的高频发生器；如果线圈附近的压强超过10^{-2}Pa，高频电场就会产生气体电离，使功耗增大。

④ 电弧法　与电子束加热法相类似的一种加热方式是电弧放电加热法。它也具有可以避免电阻加热材料或坩埚材料污染，加热温度高的特点，特别适用于熔点高，同时具有一定导电性的难熔金属、石墨等的蒸发。同时，这一方法所用的设备比电子束加热装置简单。

图11-10为电弧蒸发装置，使用欲蒸发的材料制成一对放电电极。在薄膜沉积时，依靠调节真空室内两电极间距的方法来点燃电弧，瞬间的高温电弧可使电极端部产生物质的蒸发从而实现其沉积。

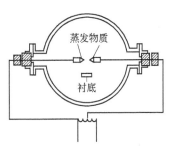

图11-10　电弧蒸发装置的示意图

电弧加热法既可以采用直流加热法，又可以采用交流加热法。这种方法的缺点之一是在放电过程中容易产生微米量级大小的电极颗粒飞溅，影响沉积薄膜的均匀性。

⑤ 激光法　使用高功率的激光束作为热源进行薄膜的蒸镀沉积的方法被称为激光蒸镀沉积法。激光法的优点：真空室内不需任何电器设备，亦无热源，所以非常干净，薄膜品质相对会比较纯，也不会有电荷累积而造成薄膜表面损伤；激光可聚焦在很小的位置，且不受电场或磁场的影响，因此选用可以旋转的多靶蒸镀多层

膜，也可以用多束激光蒸发多种元素混合成膜；蒸镀速度快，材料可摆在较远处（若材料会被污染的情形下），因激光光束不易散开。缺点：设备昂贵；有些材料对激光吸收不佳；蒸镀速度太高，不易镀很薄之薄膜；容易产生尺寸为 $0.1\sim10\mu m$ 大小的物质颗粒飞溅，影响薄膜均匀性。

11.2.2　溅射镀

溅射镀是利用带有电荷的离子在电场中加速后具有一定动能的特点，将离子引向欲被溅射的物质制成的靶电极。在离子能量合适的情况下，入射离子将在与靶材表面原子的碰撞过程中将后者溅射出来。这些被溅射出来的原子将带有一定的动能，并且会沿着一定的方向射向衬底，从而达到沉积成为薄膜的目的。溅射镀膜技术已广泛应用于金属、合金、半导体、氧化物、碳化物、氮化物与高温超导薄膜的制备中。

溅射镀膜的优点：沉积原子的能量较高，因此薄膜的组织更致密，附着力也可以得到显著改善；制备合金薄膜时，其成分的控制性能好；溅射的靶材可以是难熔的材料，因此溅射法可以方便地用于高熔点物质薄膜的制备；可利用反应溅射技术，从金属元素的靶材制备化合物薄膜；由于被沉积的原子均带有一定的能量，因而有助于改善薄膜的平整度。缺点：相对于真空蒸发，它的沉积速率低，基片会受到等离子体的辐照等作用而产生温升。

溅射装置种类繁多，依据其设备和工艺特征的不同可以分为如下七种：直流溅射、射频溅射、磁控溅射、偏压溅射、反应溅射、交流溅射与离子束溅射。

① 直流溅射　直流溅射又称为阴极溅射或两极溅射。在种类繁多的溅射系统中，最简单的系统莫过于辉光放电直流溅射系统，其示意图如图 11-11 所示。

盘状的待镀靶材连接到电源的阴极，

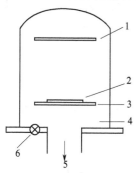

图 11-11　辉光放电直流溅射系统

1—阴极（靶）；2—基片；
3—阳极；4—真空室；
5—接真空泵；6—进气口

与靶相对的基片则连接到电源的阳极。通过电极加上 1～5kV 的直流电压（电流密度 1～10mA/cm²），充入到真空室的中性气体如氩气（分压在 1.3～13Pa）便会开始辉光放电。当辉光放电开始，正离子就会打击靶盘，使靶材表面的中性原子逸出，这些中性原子最终会在基片上凝结形成薄膜。同时在离子轰击靶材时也有大量电子（二次电子）从阴极靶发射出来，它们被加速并跑向基片表面。在输运过程中，这些电子与气体原子相碰撞又产生更多的离子，更多的离子轰击靶又释放出更多的电子，从而使辉光放电达到自持。如果气体压强太低或阴-阳极间距太短，在二次电子打到阳极之前不会有足够多的离化碰撞出现，另一方面，如果压强太大或阴-阳极距离太远，所产生的离子会因非弹性碰撞而减速，这样，当它们打击靶材时将没有足够的能量来产生二次电子。在实际的溅射系统运行中往往需要产生足够数量的二次电子以弥补损失到阳极或真空壁上的电子。

溅射原子与气体原子在等离子体中的碰撞将引起溅射原子的散射，这些被散射的溅射原子以方向无序和能量无序到达阳极。溅射原子因碰撞而无法到达基片表面的几率则随阴极-基片间的距离增加而增加，在压强和电压恒定时，阴极与基片距离较大的系统沉积率较低，薄膜的厚度分布在基片的中心处呈一最大值。Maissel 等人建议确保薄膜均匀性的最佳条件是阴-阳极距离大约为克鲁克斯暗区的 2 倍，阴极平面面积大约是基片平面的 2 倍。

溅射基本上是一低温过程，只有小于 1% 的功率用于溅射原子和二次电子的逸出。大量可观的能量作为离子轰击靶阴极使靶变热的热能而被损耗掉。靶材所能达到的最高温度和温升率与辉光放电条件有关。尽管对于大多数材料来说溅射率会随着靶材温度的升高而增加，但由于可能出现的靶材放气问题，阴极的温度不宜升得太高。相反，对于靶阴极，一般要进行冷却，常用的冷却方式是循环水冷。

对于实际的溅射系统，自持放电很难在压强低于 1.3Pa 的条件下维持，这是因为在此条件下没有足够的离化碰撞。作为薄膜沉积的一种技术，自持辉光放电最严重的缺陷是用于产生放电的惰性气体对所沉积薄膜构成污染。但在低工作压强情况下薄膜中被俘获的惰性气体的浓度会得到有效降低。低压溅射的另一个优点是，溅射原子具有较高的平均能量，当它们打到基片时，会形成与基底结合较好的薄膜。对于在低于 1.3～2.7Pa 压强下运行的溅射系统或者需要额外的电子源来提供电子，而不是靠阴极发射出来的二次电子，或者是提高已有电子的离化效率。利用附加的高频放电装置，可将离化率提高到一个较高水平。提高电子的离化效率也可以通过施加磁场的方式来实现。磁场的作用是使电子不是作平行直线运动，而是围绕磁力线做螺旋运动，这就意味着电子的运动路径由于磁场的作用而大幅度增加，从而有效地提高在已知直线运动距离内的气体离化效率。表 11-3 给出了一些利用直流二极溅射系统制备薄膜材料的例子。

表 11-3   直流二极溅射制备薄膜实例

靶	溅射气体	注 释 说 明
$ErRh_4B_4$	Ar	薄膜由 XRD、SEM、AES 表征
Nb_3Ge	Ar	Nb_3Ge 具有较高的临界温度
TaB_2-Cr-Si-Al,Fe-Cr-Si,Ta-Cr-Si-Al	Ar	压力为 0.8Pa
Ni	Ar	MOS 的金属化
Ta-Si	Ar	薄膜由 XRD、TEM 表征
Ba-Fe	Ar	沿 c 轴取向薄膜，易磁化方向垂直于薄膜表面
Zr_2Rh	Ar	靶为 99.99% 的 Rh 箔与 99.98% 的 Zr 片焊接而成
Bi_2Te_3	Ar	薄膜不具有理想化学配比
PbTe	Ar	薄膜具有理想化学配比
Ti	$Ar+N_2$	在 N_2 压力小于 4×10^{-2}Pa，得到 α-Ti 相
石墨	Ar	得到 α-C 通道层
烧结 SiC	Ar	
Ti 复合材料靶	Ar	
In-Sn 合金	Ar	在各种温度下的退火以获得 ITO 膜
Y-Ba-Cu-O	Ar	压强：4Pa，基片温度：室温到 500℃
$Tl_{2.3}Ba_2Ca_2,Cu_3O_x$	Ar	可得到 $T_c=125$K 的 $Tl_2Ba_2Ca_2Cu_3O_{10}$ 超导膜
$YBa_2Cu_3O_{7-x}$	O_2	在 $SrTiO_2$ 基片上，在大约 650℃ 时得到最佳薄膜
$YBa_2Cu_3O_7$	O_2	$T_c=90$K
Ag-Pd	Ar	单晶(100)

② 射频溅射　使用直流溅射的方法可以很方便地溅射沉积各种成分的薄膜。但这一方法的前提之一是靶材应具有较好的导电性。由于要保证有一定的溅射速率就需要达到一定的靶电流水平，因此要用直流溅射方法溅射导电性较差的非金属靶材的话，就需要大幅度地提高直流溅射时的靶电压，以弥补靶材导电性不足所引起的电压降。因此，对于导电性很差的非金属材料的溅射，就需要采用一种新的溅射方法。

射频溅射法是适用于各种金属和非金属薄膜的一种溅射方法。

射频方法可以被用来产生激射效应的原因是它可以在靶材上产生自偏压效应，即在射频电场起作用的同时，靶材会自动地处于一个负电位，这导致气体离子对其产生自发的轰击和溅射作用。

要理解射频电场对于靶材的自偏压效应，我们来看一下图11-12 所示的射频溅射装置的示意图。

在图 11-12 中，射频电压通过匹配阻抗以及隔离电容 C 耦合到溅射靶上，而接地的阳极则包括了衬底、工件台以及包围着等离子体的整个真空室。我们称这种电极配置形式为非对称的电极

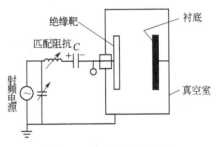

图 11-12　射频溅射装置

形式，因为接地电极的面积远远大于经电容耦合的靶电极的面积。

由于射频溅射可以在大面积基片上沉积薄膜，从经济角度考虑，射频溅射镀膜是非常有意义的。

③ 磁控溅射　溅射技术的最新成就是磁控溅射。一般溅射系统的主要缺点是沉积速率低，特别是阴极溅射在放电过程中只有大约 $0.3\%\sim0.5\%$ 的气体分子被电离。在磁控溅射中引入了正交电磁场，提高了气体的离化率（$5\%\sim6\%$），溅射速率比三极溅射提高 10 倍左右。对某些材料的溅射速率达到电子束蒸发水平。磁控溅射工作原理如图 11-13 所示。

电子 e 在电场 E 作用下向基板的运动过程中与氩原子碰撞，使

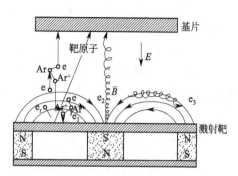

图 11-13 磁控溅射原理

其电离出 Ar^+ 和新的电子 e,其中电子飞向基片,Ar^+ 被电场加速向阴极靶运动,并轰击靶表面发生溅射。在溅射出的粒子中,中性靶原子或分子沉积在基片形成薄膜;二次电子 e_1 离开靶面,就受到电场和磁场的作用,在磁场洛仑兹力的作用下,电子沿 E(电场)×B(磁场)方向运动,电子在正交电磁场作用下的运动轨迹近似一条摆线,被束缚在靠近靶表面的等离子体区域内,该区域中电离出的大量 Ar^+ 用来轰击靶材,提高了溅射沉积速率。随碰撞次数增加,二次电子 e_1 能量消耗殆尽,在电场作用下最终沉积在基片上,这时电子的能量已经很低,不致使基片温升过高。

磁控溅射不仅具有很高的溅射速率,且在溅射金属时可避免二次电子轰击并使基板保持低温,有利于使用单晶与塑料基板。磁控溅射的电源可以采用直流也可以采用射频,因此可以用于制备各种材料。但磁控溅射的缺点是不能用于强磁性材料的低温高速溅射,因为这时在靶面附近不能外加强磁场,在使用绝缘材料作为靶材时会使基板温度上升,此外靶材的利用率较低(约 30%)。

④ 偏压溅射 偏压溅射是在一般溅射装置的基础上,将衬底的电位与接地阳极(即真空室)的电位分开设置,在衬底与等离子体之间有目的地施加一定大小的偏置电压,吸引一部分离子流向衬底,用改变入射到衬底表面的带电粒子的数量和能量的手段,达到改善薄膜微观组织与性能的目的的方法。有时,这种方法又被称为溅射离子镀。加在衬底上的偏压既可以是直流偏压,也可以是射频偏压。

偏压对于薄膜内部结构的影响是显而易见的。带电粒子对于薄膜表面的轰击可提高原子在薄膜表面扩散和参与化学反应的能力，提高薄膜的致密度与成膜能力，诱发各类缺陷，抑制柱状晶生长，细化薄膜组织。

偏压还可以改变薄膜中的气体含量。一方面，适当能量的带电粒子轰击可以清除衬底表面的吸附气体原子，包括吸附较弱的 Ar 以及吸附较强的 O、N 等，从而可以减少薄膜中的气体含量。另一方面，某些气体原子又可能因为偏压下的较高能量的离子轰击而被深埋在薄膜材料之中。通常，衬底负偏压的大小应控制在数百伏之内。

总之，偏压溅射是改善溅射沉积形成的薄膜组织及性能的最常用、而且也是最有效的手段之一。

⑤ 反应溅射　在存在反应气体的情况下，溅射靶材时，靶材会与反应气体反应形成化合物，这样的溅射我们称之为反应溅射。

除了可以利用射频溅射技术制备介质薄膜外，也可以采用反应溅射法。即在溅射中引入活性反应气体改变或控制沉积特性，获得与靶材不同的新物质薄膜。在 O_2 中反应溅射获得氧化物薄膜，在 N_2 或 NH_3 中获得氮化物薄膜，在 $O_2 + N_2$ 混合体中获得氮氧化物，在 C_2H_2 或 CH_4 中获得碳化物，在硅烷气体中获得硅化物，在 HF 或 CF_4 中得到氟化物。反应溅射过程如图 11-14 所示。

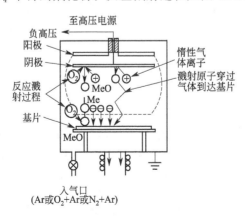

图 11-14　反应溅射过程

根据反应溅射气体压力不同，反应过程可以发生在基片也可以发生在阴极（反应后迁移到基片上）。一般反应溅射气压都很低，气相反应不显著。但由于很高的等离子体流在反应气体分子的分解、激发和电离过程中起重要作用，在反应溅射中产生一股强大的载能游离原子团组成的粒子流，随溅射出来的靶原子从阴极靶向基片运动，在基片形成化合物薄膜。

很多情况下通过简单调整反应气体与惰性气体的比例，就可改变薄膜的性质。例如可以使薄膜由金属变为半导体或非金属。研究结果表明，金属化合物几乎全都形成在基片上，基片温度越高沉积速率越快。在氧化物溅射中没有必要采用纯氧作为溅射气体，一般有 $1\%\sim2\%$ 的 O_2 即可获得与纯氧一样的效果。

值得注意的是，随着活性气体压力的增加，靶材表面也可能形成一层相应的化合物，并导致溅射和薄膜沉积速率的降低。如图 11-15 所示，随着反应气体流量的变化，薄膜的沉积速率会出现明显的变化，且此变化呈现出滞后的特征。在反应气体流量较低时，薄膜的沉积速率较高（图中的 A 点）。

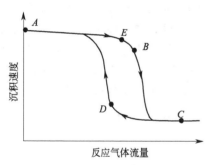

图 11-15　反应溅射法薄膜沉积速率随反应气体流量的变化曲线

当反应气体的流量增加（此时该气体的分压也在增加）至某一临界值时（$B\rightarrow C$ 点），薄膜的沉积速率突然下降。这时，靶材上活性气体的吸附速率已经大于其溅射速率，靶材上发生了相应的化学反应。大量的入射离子不是在对靶材进行溅射，而是在溅射不断吸附到靶材上的气体。因此，反应溅射过程中会出现两种不同的溅射模式，即溅射速率相对较高的金属模式以及溅射速率很低的化合物模式。靶材表面形成化合物造成的溅射模式发生上述变化的现象被称为靶材的中毒。这时，只有当活性气体的流量降低至更低的水平（D 点以后）时，溅射和沉积的速率才会提高到原来的水平。显然，从提高溅射效率的角度考虑，希望在保证薄膜成分的同时，尽量将溅射过程控制在曲线的 E 点附近。

靶中毒以后溅射及薄膜沉积速率下降的原因在于化合物的溅射产额低于金属的溅射产额，而其二次电子的发射能力大于金属，溅射离子的能量被大量用于二次电子发射，即用于溅射的能量大部分减少。

靶材的毒化不仅会降低薄膜的沉积速度，还会损害所沉积的薄膜的质量。因此，反应溅射过程中的靶中毒对溅射工艺的控制提出了极为严格的要求。避免靶材中毒的可能措施包括：

a. 将反应气体的输入位置尽量设置在远离靶材而靠近衬底的地方，提高活性气体的利用效率，抑制其与靶材表面反应的进行；

b. 提高靶材的溅射速率，降低活性气体吸附的相对影响；

c. 采用下面将要重点讨论的中频或脉冲溅射技术。

反应溅射由于采用了金属靶材，因而它不仅可以大大降低靶材的制造成本，而且还可以有效地改善靶材和薄膜的纯度。

⑥ 交流溅射　直流反应溅射法制备化合物薄膜，会发生在阴极、阳极表面沉积化合物层，导致阴极靶的中毒和靶面打火。解决这些问题的方法可以采取对溅射靶周期地施加交变电压的方法，不断提供释放靶电荷的机会。这种依靠使用交变电压进行薄膜溅射的方法被称为交流溅射法。根据所采用的交变电源的不同，交流溅射法又被分为两类，即采用正弦波电源的中频溅射法以及采用矩形脉冲波电源的脉冲溅射法。

在中频溅射的情况下，靶材上将加有数十千赫的中频电压。相对地来讲，靶材将周期性地处于高电位和低电位。当靶材处于低电位时，靶材吸引离子而排斥电子，在靶物质被溅射的同时，正电荷在靶材表面累积下来；当靶材处于高电位时，靶材吸引电子而排斥离子，等离子体中电子的迅速涌入将中和掉靶材表面的累积电荷，从而抑制了靶材表面的打火现象。

脉冲溅射法使用的是输出电压为矩形波的脉冲电源。在负脉冲期间，靶材处于被溅射的状态，而在正脉冲期间，靶材表面的累积电荷将由于电子的迅速流入而得到中和。

交流溅射克服了困扰反应溅射技术的靶电极电荷累积问题，因而靶中毒问题不再是妨碍反应溅射过程进行的限制性因素。这大大促进了化合物薄膜材料制备技术的发展，因而已在实际生产中迅速获得了推广与应用。

⑦ 离子束溅射　离子束溅射又称为离子束沉积，根据薄膜沉积使用离子束的不同功能，分为一次离子束沉积和二次离子束沉积。在一次离子束沉积中，离子束由需要沉积的薄膜组分材料的离子组成，离子能量较低，到达基片后沉积成膜，称为低能离子束沉积；二次离子束沉积中离子束由惰性气体或反应气体离子组成，离子能量较高，轰击到需要沉积材料制

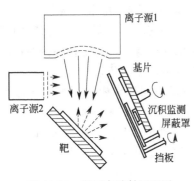

图 11-16　离子束溅射原理图

成的靶上，引起靶原子溅射，再沉积到基片上形成薄膜，称为离子束溅射（IBS）。离子束溅射沉积原理如图 11-16 所示。

从大口径离子束发生源（离子源 1）产生惰性气体离子，作用在靶材上溅射出的粒子沉积在基片上制得薄膜。沉积中经常采用第二个离子源（离子源 2）产生第二种离子束，对形成薄膜进行照射，以控制薄膜性质。这种方法又称为双离子束溅射法。

离子束溅射是在 10^{-3}Pa 高真空条件下非等离子状态成膜，沉积的薄膜纯度高；沉积发生在无场区域，基片不是电路的组成部分，不会被快速电子轰击引起过热，基片温升低；制膜工艺条件可以严格控制，重复性好；可使用各种粉末、介质材料、金属材料和化合物进行溅射；比较容易制取各种金属、氧化物、氮化物与其他化合物薄膜，特别适于饱和蒸气压低的金属和化合物，以及高熔点物质薄膜的制备；适合多成分多层膜制备，特别是多组元金属氧化物薄膜。

11.2.3　离子镀

离子镀（Ion Plating）是在真空条件下，利用气体放电使气体或被蒸发物质部分离化，产生离子轰击效应，最终将蒸发物或反应物沉积在基片上。它属于一种高能等离子沉积方法，是一种混合真

空镀膜方法，兼具真空蒸发和溅射的优点。

实现离子镀，有两个必要条件：一是造成一个具有偏置电压的气体放电的空间；二是将沉积物源（金属原子或非金属原子）引进放电空间，使其部分离化。

离子镀的沉积物源有热蒸发源，物理溅射源，电弧蒸发源，化学汽基质气体源，激光蒸发源。不同的蒸发源与不同的离化、激发方式可以有许多种组合。实际上许多溅射镀从原理上，可归为离子镀，亦称溅射离子镀，而一般说的离子镀常指采用蒸发源的离子镀。两者镀层质量相当，但溅射离子镀的基底温度要显著低于蒸发源的离子镀。

因此，根据镀膜材料所产生的离子来源不同，离子镀可分为蒸发源离子镀和溅射源离子镀两大类。

蒸发源离子镀 通过对镀膜材料加热蒸发产生金属蒸气，金属蒸气在气体放电空间电离成金属离子；

溅射源离子镀 通过对镀膜材料表面采用高能离子（例如 Ar）进行溅射而产生金属原子，金属原子在气体放电空间电离成金属离子。

此外，在目前实际应用中非常广泛的还有复合离子镀。它是将上述方法中两种或两种以上的方法进行组合的镀膜技术。离子镀技术的基本分类见表 11-4。

表 11-4　离子镀技术的基本分类

蒸发源离子镀		溅射源离子镀	
活性反应蒸发式离子镀	电子枪式离子镀	直流放电式离子镀	二极溅射离子镀
	离子束辅助离子镀		三极溅射离子镀
	激光枪式离子镀		四极溅射离子镀
	射频离子镀		
空心阴极放电式离子镀	热空心阴极式离子镀	射频溅射离子镀	
	冷空心阴极式离子镀	离子束溅射离子镀	
高频电离式离子镀	电阻加热蒸发式离子镀	磁控溅射离子镀	平面磁控靶源离子镀
	电子束放电蒸发式离子镀		同轴磁控靶源离子镀
真空电弧放电式离子镀	圆形阴极电弧源离子镀		对靶磁控溅射源离子镀
	矩形阴极电弧源离子镀		双极脉冲磁控溅射离子镀
离子团束离子镀			非平衡磁控溅射离子镀

对离子镀过程的分析和实践已经表明，离子镀技术有以下几个优点。

① 涂层的强附着力　离子的轰击效应是离子镀具有良好附着力的根本原因。离子镀是一种完全没有污染的沉积技术，在沉积前基体表面受到严格的溅射清洗处理，去除了表面的污染和势垒层，并使表面刻蚀粗糙度增加。在沉积过程中，离子沉积的同时还存在着离子溅射过程。溅射可将基体原子溅射下来，然后再与涂层材料的原子一起被电离，再返回基体。在沉积初期，这种反溅射和溅射混合效应，使得在膜基界面形成过渡层或膜材与基体成分的混合层。溅射还可以把与基体或已镀涂层上附着不牢固的膜材原子轰击下来。

高能粒子轰击使表面形成许多晶体缺陷，有利于膜材原子嵌入；离子轰击还能产生离子注入效应。这些都有利于形成膜基过渡层。高能粒子轰击，将能量转变为热使基体表面产生自加热效应，使得在整体不加热的情况下促进扩散和化学反应，在基体和涂层之间形成冶金结合。

② 良好的绕射性　因为蒸发粒子和离子在到达基体以前受到气体分子的多次碰撞而散射，使蒸发粒子散布在基体周围。同时基体是处于负偏压，部分蒸发原子被电离成离子，它们将沿电场的电力线运动，凡是电力线分布之处，离子都能到达。因此，基体的各个表面包括孔、槽，面向蒸发源或背向蒸发源的表面，都处于电场中，膜材的带电粒子都能到达。因而对于离子镀即使形状复杂的基体表面或者背着蒸发源的表面都能得到均匀涂覆。

③ 致密的组织　基体处于负偏压是离子镀的必要条件，它使得在辉光放电中形成的离子以及高能中性粒子带有较高的能量到达基体，并在基体表面上扩散、迁移。一部分蒸气粒子即使在空间飞行时形成蒸气团，但到达基体时被离子轰击碎化，在表面形核生长为细密的等轴晶。其中，高能氩离子对改善膜层组织结构起了重要作用。

④ 广泛的可镀材质　利用离子镀技术可以在金属或非金属表

面，包括石英、陶瓷、玻璃、塑料、橡胶等表面上，涂覆具有不同性能的单一镀层、化合物镀层、合金镀层及各种复合镀层；采用不同的供给材料、不同的气体及相应的工艺参数，能获得表面强化的耐磨层、表面致密的耐蚀镀层、润滑镀层、各种颜色的装饰镀层以及电子学、光学、能源科学所需的特殊功能镀层。

⑤ 高的沉积速率　离子镀的沉积速率通常为 $1 \sim 50 \mu m/min$，而溅射（二极型）只有 $0.01 \sim 1 \mu m/min$。

第⑫章 溶胶-凝胶合成法

1939年，Geffeken 和 Berger 报道了用溶胶-凝胶法制备单一氧化物薄膜，从而使溶胶-凝胶法受到人们的关注。溶胶-凝胶技术经过20世纪80年代的理论探讨与90年代的应用研究，已从聚合物科学、物理化学、胶体化学、配位化学、金属有机化学等有关学科角度探索而建立了相应理论基础，应用技术逐步成熟，形成了一门独立的边缘学科。

12.1 基本原理和技术特点

溶胶-凝胶方法属于无机合成的一种，能从分子水平上设计和控制材料的均匀性和粒度，所制备的材料化学纯度高、均匀性好，可用于制备粉体、纤维、薄膜和块体等多种类型的材料。其基本原理是将无机盐或金属醇盐溶于溶剂（水或有机溶剂），形成均匀的溶液，溶质与溶剂产生水解或醇解反应，反应生成物聚集成1nm左右的粒子形成溶胶，然后使溶质聚合凝胶化，经干燥、焙烧去除有机成分得到无机材料。

溶胶是指有胶体颗粒分散悬浮其中的液体，而凝胶是指内部呈网络结构，网络间隙中含有液体的固体。按所选取原料的不同，溶胶-凝胶工艺可分为胶体工艺和聚合工艺，胶体工艺的前体是金属盐，利用金属盐溶液的水解，通过化学反应产生胶体沉淀，利用胶溶作用使沉淀转化为溶胶，并通过控制溶液的温度，pH值可以控制胶粒的大小。通过使溶胶中的电解质脱水或改变溶胶的浓度，溶胶凝结转变成三维网络状凝胶。聚合工艺的前体是金属醇盐，将醇盐溶解在有机溶剂中，加入适量的水，醇盐水解，通过脱水、脱醇反应缩聚，形成三维网络。反应总体上是经过反应物分子（或离子）在水（醇）溶液中进行水解（醇解）和聚合，由分子态经聚合体、溶胶、凝胶、晶态（或非晶态）的全部过程。对应的化学反应如下：

水解反应：$M(OR)_n + xH_2O \longrightarrow (RO)_{n-x}M-(OH)_x + XROH$

脱水缩聚反应：$-M-OH + HO-M \longrightarrow M-O-M + H_2O$

脱醇缩聚反应：$-M-OH + RO-M \longrightarrow M-O-M + ROH$

R：烷烃基　　M：金属离子

溶胶-凝胶法的技术具有以下特点：

① 通过各种反应物溶液的混合，很容易获得需要的均相多相分组体系；

② 对材料制备所需温度可大幅度降低，从而能在较温和的条件下合成出陶瓷、玻璃、纳米复合材料等功能材料；

③ 由于溶胶的前驱体可以提纯而且溶胶-凝胶过程能在低温下可控制地进行，因而可制备高纯或超纯物质，且可避免在高温下对反应容器的污染等问题；

④ 溶胶或凝胶的流变性质有利于通过某种技术如喷射、旋涂、浸拉、浸渍等制备各种膜、纤维或沉积材料，并且这些过程可以根据需要，在反应的不同阶段进行。

12.2　溶胶-凝胶工艺

12.2.1　无机盐的水解-聚合反应

当阳离子 M^{2+} 溶解在纯水中则发生如下的溶剂化反应：

$$M^{2+}: \quad O\!\!\begin{array}{c} \diagup H \\ \diagdown H \end{array} \longrightarrow [M\leftarrow O\!\!\begin{array}{c} \diagup H \\ \diagdown H \end{array}]^{2+}$$

溶剂化对过渡金属阳离子起作用使化学键由离子键向部分共价键过渡，水分子变得更加显示相对的酸性，溶剂化分子发生如下变化：

$$[M-OH_2]^{z+} \rightleftharpoons [M-OH]^{(z-1)+} + H^+ \rightleftharpoons [M=O]^{(z-2)+} + 2H^+$$

在通常的水溶液中，金属离子可能有三种配体，即水（H_2O），羟基（OH—）和氧基（=O）。若 N 为以共价键方式与阳离子 M^{z+} 键合的水分子数目（配位数），则其粗略分子式可记为：$[MO_N H_{2N-h}]^{(z-h)+}$，式中 h 定义为水解摩尔比。当 $h=0$ 时，母体是水合离子 $[M(OH_2)_N]^{z+}$，$h=2N$ 时，母体为氧合离

子 $[MO_N]^{(2N-z)-}$，如果 $0 < h < 2N$，那么这时母体可以是氧-羟基配合物 $[MO_x(OH)_{N-x}]^{(N+x-z)-}$（$h > N$），羟基-水配合物 $[M(OH)_h \cdot (OH)_{2N-h}]^{(z-h)+}$（$h < N$），或者是羟基配合物 $[M(OH)]^{(N-x)-}$（$h = N$）。金属离子的水解产物（母体）一般可借"电荷-pH 图"进行粗略判断。

在不同条件下，这些配合物可通过不同方式聚合形成二聚体或多聚体，有些可聚合进一步形成骨架结构。如按亲核取代方式（$S_N 1$）形成羟桥 M—OH—M，羟基—水母配合物 $[M(OH)_x \cdot (OH_2)_{N-x}]^{(z-x)+}$（$x < N$）之间的反应可按 $S_N 1$ 机理进行。带电荷的母体（$z - h \geqslant 1$）不能无限制地聚合形成固体，这主要是由于在缩合期间羟基的亲核强度（部分电荷 δ）是变化的。如 Cr(Ⅲ) 的二聚反应：

$$2[Cr(OH)(OH_2)_5]^{2+} \rightleftharpoons \left[(H_2O)_4 Cr \begin{smallmatrix} H \\ O \\ \\ O \\ H \end{smallmatrix} Cr(OH_2)_4 \right]^{4+} + 2H_2O$$

这是因为在单聚体中 OH 基上的部分电荷是负的（$\delta_{(OH)} = -0.02$），而在二聚体中 $\delta_{(OH)} = +0.01$，这意味着二聚体中的 OH^- 已经失去了再聚合的能力。零电荷母体（$h = z$）可通过羟基无限缩聚形成固体，最终产物为氢氧化物 $M(OH)_z$。

从水羟基配位的无机母体来制备凝胶时，取决于诸多因素，如 pH 梯度、浓度、加料方式、控制的成胶速度、温度等。因为成核和生长主要是羟桥聚合反应，而且是扩散控制过程，所以需要对所有的因素加以考虑。有些金属可形成稳定的羟桥，进而生成一种很好并具有确定结构的 $M(OH)_z$，而有些金属不能形成稳定的羟桥，因而当加入碱时只能生成水合的无定形凝胶沉淀 $MO_{x/2}(OH)_{2-x} \cdot yH_2O$。这类无确定结构的沉淀当连续失水时，通过氧聚合最后形成 $MO_{x/2}$。对多价元素如 Mn、Fe 和 Co，情况更复杂一些，因为电子转移可发生在溶液固相中，甚至在氧化物和水的界面上。

聚合反应的另一种方式是氧基聚合，形成氧桥 M—O—M。这种聚合过程要求在金属的配位层中没有水配体，即如氧-羟基母体 $[MO_x(OH)_{N-x}]^{(N+x-z)-}$，$x < N$。如 $[MO_3(OH)]$ 单体（M=

W、Mo）按亲核加成机理（A_N）形成四聚体 $[M_4O_{12}(OH)_4]^{4-}$，反应中形成边桥氧或面桥氧。再如按加成消去机理（$A_N\beta$，E_1 和 $A_N\beta E_2$）聚合的反应如 Cr（Ⅵ）的二聚反应（$h=7$）：

$$[HCrO_4]^- + [HCrO_4]^- \Longrightarrow [Cr_2O_7]^{2-} + 2H_2O$$

又如钒酸盐的聚合反应：

$$[VO_3(OH)]^{2-} + [VO_2(OH)_2]^- \Longrightarrow [V_2O_6(OH)]^{3-} + H_2O$$

$$[VO_3(OH)]^{2-} + [V_2O_4(OH)_3]^- \Longrightarrow [V_3O_9]^{3-} + 2H_2O$$

12.2.2　金属有机分子的水解-聚合反应

金属烷氧基化合物 $[M(OR)_n$ Alkoxide$]$ 是金属氧化物的溶胶-凝胶合成中常用的反应分子母体，n 在这里是金属 M 的化合价，R 是一个烷基。几乎所有金属（包括镧系金属）均可形成这类化合物。$M(OR)_n$ 与水充分反应可形成氢氧化物或水合氧化物。

$$M(OR)_n + nH_2O \longrightarrow M(OH)_n + nROH$$

实际上，反应中伴随着水解和聚合反应是十分复杂的。水解一般在水、水和醇的溶剂中进行并生成活性的 M—OH。反应可分为三步：

$$\longrightarrow M-OH + ROH$$

随着烃基的生成，进一步发生聚合作用。随实验条件的不同，可按照三种聚合方式进行：

（1）烷氧基化作用

$$\longrightarrow M-O-M + ROH$$

（2）氧桥合作用

$$\longrightarrow M-O-M + H_2O$$

（3）羟桥合作用

$$\begin{cases} M{-}OH{+}M \longleftarrow \underset{\overset{|}{H}}{\overset{R\qquad H}{O}} \longrightarrow M{-}O{-}M{+}ROH \\[2em] M{-}OH{+}M \longleftarrow \underset{\overset{|}{H}}{\overset{H\qquad H}{O}} \longrightarrow M{-}O{-}M{+}H_2O \end{cases}$$

12.3 溶胶-凝胶法主要反应设备

溶胶-凝胶法制备不同类型材料的工艺流程如图 12-1 所示。

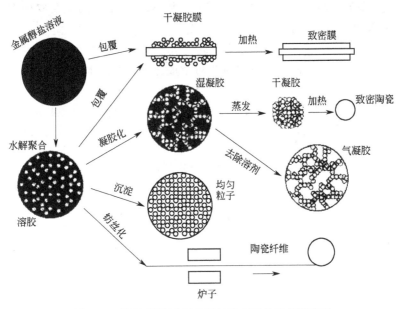

图 12-1 溶胶-凝胶法制备微纳米材料的工艺流程图

溶胶-凝胶法所用反应设备应包括具有所需形状与容积的反应容器，反应器内装配有合适的搅拌混合装置，并装配有对反应物与产物进行加热升温及热处理的配套装置。

12.3.1 原料计量设备

原料计量设备主要用于原材料的准确计量。对于固体原材料，根据精度要求可选择不同精度的电子秤，对于液体原材料，需选用合适的加料装置，如量筒、移液管、吸量管等。若选择液体连续加料工艺，应选择控制精度高的自动加料系统。

12. 3. 2 反应容器

溶胶-凝胶法所采用的反应容器可以有多种形状，但通常多采用圆筒形。反应容器的设计与普通化学反应容器的设计完全相同。当反应器的容积与反应条件确定后，可参照化学反应设计手册进行设计，也可外购标准化工反应设备。反应器的内衬材料可设计采用不锈钢，也可采用搪瓷、陶瓷、玻璃或聚四氟乙烯，这主要根据参与反应的物质及状态所决定。

12. 3. 3 混合分散装置

混合分散装置对溶胶-凝胶反应十分重要，是确保反应均匀进行的关键设备。混合分散有气动与机械搅拌两种形式，但多采用机械搅拌形式。溶胶-凝胶法往往在常压下进行。因此，搅拌装置的轴密封及反应容器的密封问题都可不必考虑，因而设计更简单。

12. 3. 4 陈化干燥设备

陈化干燥装置的主要功能是将溶胶转化为凝胶。通常将该装置设计为圆筒容器，其内衬材料可设计选用不锈钢、玻璃、陶瓷或聚四氟乙烯，一般内部不设计配有搅拌器（某些特殊情况除外），该装置的外部应设计安装可以控温的加热装置。

12. 3. 5 热处理反应设备

热处理反应设备的主要目的是将得到的凝胶进行加热处理。关于加热设备的选择，可选用温度可调的马弗炉或微波炉。盛放溶胶的容器材料可以选用耐高温的陶瓷材料。

12. 4 溶胶-凝胶法在无机材料合成中的应用

溶胶-凝胶法合成的材料主要分为5类：粉体材料、纤维材料、薄膜材料、块体材料、复合材料。

12. 4. 1 高纯超细粉体的合成

溶胶-凝胶法制备的无机材料粉体具有均匀性高、合成温度低等特点，是一种借助于胶体分散系的制粉方法，胶体的粒径较小，通常在几十纳米以下，所以，溶胶有透明性。胶体十分稳定，可以使多种金属离子的均匀稳定地分布于其中，经脱水后变成凝胶，凝胶再经过干燥、煅烧，就可以获得活性极高的超细粉。常用的干燥方法是喷雾干燥、液体干燥、冷冻干燥等。煅烧可除去微粉中残留的有机成分和羟基等杂质。此法广泛用于莫来石、Al_2O_3、ZrO_2彻底的均匀化，所以制得的原料性能相当均匀，具有非常窄的颗粒分布，团聚性小，同时此法易在制备过程中控制粉末颗粒尺度。例如此法制备出平均粒径为 $0.4\mu m$ 的 α-Al_2O_3 粉末，粒度为 $0.1\sim0.5\mu m$ 的 $NaZr_2P_3O_{12}$ 及 $0.08\sim0.15\mu m$ 的钛酸铝晶相粉末。

溶胶-凝胶法可以有下面三种途径进行粉料制备，见图 12-2。

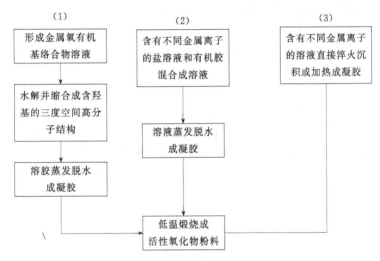

图 12-2 溶胶-凝胶法的不同途径

溶胶-凝胶法制备纳米粒子材料的化学过程是首先将原料分散在溶剂中，经过水解反应生成活性单体，然后，活性单体进行聚合，开始成为溶胶，进而生成具有一定空间结构的凝胶，最后经过干燥和热处理，制备出纳米粒子和所需材料。其最基本的反应如下。

水解反应：
$$M(OR)_n + H_2O \longrightarrow M(OH)_x(OR)_{n-x} + xROH$$

缩合反应：

$$—M—OH+HO—M— \longrightarrow —M—O—M—+H_2O$$
$$—M—OR+HO—M— \longrightarrow —M—O—M—+ROH$$

同一般的纳米粒子制备方法相比有以下的优点。

（1）由于溶胶-凝胶法中所用的原料被分散在溶剂中而形成低黏度的溶液，因此，就可以在很短的时间内获得分子水平上的均匀性，在形成凝胶时，反应物之间很可能是在分子水平上被均匀地混合。

（2）由于经过溶液反应步骤，那么就很容易均匀定量地掺入一些微量元素，实现分子水平上的均匀掺杂。

（3）与固相反应相比，化学反应将容易进行，而且仅需要较低的合成温度。一般认为，溶胶-凝胶体系中组分的扩散是在纳米范围内，而固相反应时组分扩散是在微米范围内，因此反应容易进行，温度较低。

（4）选择合适的条件可以制备各种新型纳米级的材料。

制备 CeO_2 纳米粒子。以草酸铈为原料，经水溶解成糊状后加入浓 HNO_3 和 H_2O_2 溶液，溶解完全后再加入柠檬酸，在70℃以上缓慢蒸发形成溶胶，经干燥后变成凝胶，再经高温处理，可制成 CeO_2 纳米粉体。经检测，CeO_2 的晶粒大小与烧结温度和烧结时间有关，纳米 CeO_2 粒子是球形的，250℃时生成的纳米粒子的平均粒径为8nm，在 $250\sim800$℃之间，均可生成单相的萤石型结构的 CeO_2 纳米粒子材料。

制备 PZT 粉体。采用原料为分析纯的 $Pb(CHCOO)_2\cdot3H_2O$、$Ti(OC_4H_9)_4$、$Zr(NO)_4\cdot5HO$，溶剂为分析纯的 $HOCH_2CH_2OH$。考虑到 Pb 组分在烧结中的挥发损耗，选取原料的摩尔比为 $Pb:Zr:Ti=1.1:0.52:0.48$。将硝酸锆水溶液和钛酸丁酯的乙二醇溶液在60℃反应0.5h后，滴加乙酸铅乙二醇溶液，制备出溶胶。溶胶于100℃恒温干燥直至干凝胶形成，于380℃预烧0.5h，再升温至650℃热处理2h即可得到 PZT 纳米粉体。

制备 $Na_{0.5}Bi_{0.5}TiO_3$ 粉体。以五水硝酸铋 $[Bi(NO_3)_3\cdot5H_2O]$、钛酸四丁酯 $[Ti(OC_4H_9)_4]$、醋酸钠 (CH_3COONa) 分别为 Bi 源、Ti 源、Na 源，乙醇 (CH_3CH_2OH) 为溶剂，聚乙烯

醇（PVA）为溶胶-凝胶形成剂，冰乙酸（CH_3COOH）为 pH 调节剂。按 $Na_{0.5}Bi_{0.5}TiO_3$ 化学计量比称量各原料，在无水乙醇中进行混合，用冰乙酸调节 pH＝1～3，制得透明溶液，然后边搅拌边缓慢滴加 10％的 PVA 溶液，得到透明的黏稠状溶胶，然后加热此溶胶得到泡沫状凝胶，再经高温煅烧便可得到纳米 $Na_{0.5}Bi_{0.5}TiO_3$ 粉体。其工艺过程如图 12-3 所示。

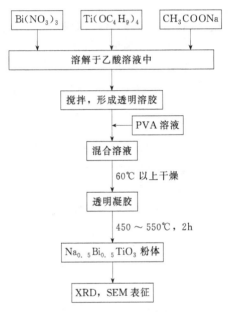

图 12-3　$Na_{0.5}Bi_{0.5}TiO_3$ 合成工艺流程

制备钕掺杂锆钛酸铅纳米粉体。以钛酸四丁酯 [$Ti(OC_4H_9)_4$] 为 Ti 源、五水硝酸锆 [$Zr(NO)_4·5HO$] 为 Zr 源、三水乙酸铅 [$Pb(CH_3COO)_2·3HO$] 为 Pb 源，硝酸钕 [$Nd(NO)_3·6HO$] 为 Nd 源。按 (Pb＋Nd)∶Zr∶Ti＝1.1∶0.52∶0.48 的摩尔比，取不同的钕与铅的摩尔比来控制钕的掺杂量。在硝酸锆水溶液和钛酸丁酯的乙二醇溶液中，60℃反应 0.5h 后滴加硝酸钕和乙酸铅乙二醇溶液，继续 60℃反应 2h 制备溶胶。本溶胶工艺无需稳定剂，简单易行。溶胶经 100℃干燥获得干凝胶，700℃热处理得到淡黄色 PNZT 纳米粉体。

$CoAl_2O_4$ 纳米粉体的制备。量取 10mL 仲丁醇铝溶液加入到盛有 20mL 正丁醇溶液的反应容器中，在 85℃ 恒温水浴中搅拌下进行反应，直至混合液变成透明，在透明溶液里加入一定比例的硝酸钴溶液，硝酸钴的质量按 Co^{2+}：Al^{3+} 摩尔比为 1：2 计算，水解反应 2h 之后，敞开容器口 0.5h，蒸发掉多余的醇，然后再用一定量的硝酸胶溶（调 pH 值为 2 左右），搅拌可形成均匀溶胶，静置陈化 24h，得到均匀透明的凝胶，凝胶于 80℃ 烘干得到干凝胶。将干凝胶经研磨后在马弗炉中于 1000℃ 焙烧 2h，即得到具有尖晶石结构的纳米 $CoAl_2O_4$ 粉体。

合成沸石或全硅分子筛。利用氧化硅凝胶和结构导向剂在充分混合后，混合物中的水使聚合过程活化，因为氧化硅凝胶中含有大量的硅羟基，而硅羟基又具有很高的反应活性，在一定的温度条件下（150～200℃），在反应釜中进行合成。一般合成沸石和分子筛在铝（Al）源条件下进行属于碱性体系，而这种方法也可应用于酸性氟离子体系。如果使用高浓度的结构导向剂，可得到高孔隙度的材料，如沸石、BEA 等。

12.4.2　纤维材料的合成

溶胶-凝胶法制备的纤维制品均匀度高，尤其是制备多组分纤维时优势更加明显。溶胶-凝胶法合成温度低，可以在室温下纺丝成形，烧成温度也比传统工艺低 400～500℃。

12.4.3　薄膜材料

溶胶-凝胶法制备涂层的基本原理是：将金属醇盐或无机盐作为前驱体，溶于溶剂（水或有机溶剂）中形成均匀的溶液，溶质与溶剂产生水解或醇解反应，反应生成物聚集成几个纳米左右的粒子并形成溶胶，再以溶胶为原料对各种基材进行涂膜处理，溶胶膜经凝胶化及干燥处理后得到干凝胶膜，最后在一定的温度下烧结即得到所需的涂层。其基本形成过程如图 12-3 所示。目前此法的主要应用是制备减反射膜、波导膜、着色膜、电光效应膜、分离膜、保护膜、导电膜、敏感膜、热致变色膜、电致变色膜等。

制备薄膜材料是溶胶-凝胶法最有前途的应用方向。一般来说，溶胶-凝胶法制备涂层技术主要包括下列几个工艺步骤。

(1) 光学薄膜 在光学领域，往往需要某种能满足特殊要求的光学膜。如高反射膜、低反射膜、波导膜等。在玻璃表面制得的 SiO_2 薄膜具有良好的减反射作用，通过控制工艺因素可以有效地控制薄膜厚度，以便制得对不同波长光的最优透光膜。此外已制备出 Ta_2O_5、SiO_2-TiO_2、SiO_2-B_2O_3-Al_2O_3、BaO 等组成的反射膜。采用溶胶-凝胶工艺还可制得高反射膜，如 Al_2O_3/SiO_2 多层膜对 1064nm 光的反射率可达 99％ 以上。此外，新近制得的光学膜还包括 ZrO_2、CeO_2、ZnO、SnO_2 等。

(2) 分离膜 分离膜已在化学工业上得到广泛的应用，由于用溶胶-凝胶法在制备无机膜时对其孔径可控等特长，并且无机分离膜具有高化学和热稳定性，此工作受到普遍的重视。现采用此方法已制备出 SiO_2、ZrO_2、Al_2O_3、SiO_2-TiO_2、Al_2O_3-SiO_2 和 TiO_2 等系列的分离膜，采用这些无机膜可以从含有 CO_2、N_2 和 O_2 混合气体中分离出 CO_2 气体。

(3) 保护膜 SiO_2、Al_2O_3、ZrO_2、ZrO_2-Al_2O_3、TiO_2 等氧化物具有良好的化学稳定性，从而可大大提高器件的使用寿命和性能。

(4) 铁电膜 铁电薄膜大量用于记忆电池、光导显示器和热红外探测器等装置上。已制得的铁电薄膜有 $PbTiO_3$、PZT、$LiNbO_3$、$KNbO_3$ 等。采用溶胶-凝胶法可制得压电陶瓷 PZT（锆钛酸铅），通过乙酸的引入可对前驱体进行化学改性，从而获得更稳定和均匀的前驱体，前驱体为无定形，经过 600℃ 热处理可得到 PZT。

(5) 着色膜 通过溶胶-凝胶法已在玻璃基板上制备出各种颜色的涂层，如在 SiO_2 基或 SiO_2-Ti_2O_2 基中掺入 Ce、Fe、Co、Ni、Mn、Cr、Cu 等后可使涂层产生各种颜色。但最近研究表明：溶胶-凝胶法形成膜很薄，要产生较强着色效果，选择胶体着色机制为最佳，不过也有些着色膜是通过掺入无机颜料来达到着色效果的。

(6) 传感膜 这类膜是新近发展势头最好的一种，它广泛应用于各类传感器中，如 ZrO_2、Nb_2O_3、ZnO、SnO_2 等气体敏感膜，此外有 pH 敏感膜、湿敏膜、声敏膜等。

(7) 其他膜　用溶胶-凝胶法还可制得荧光膜、非线性光学膜、折射率可调膜、热致变色膜、催化膜等。

12.4.4 块体材料

溶胶-凝胶法制备的块状材料是指每一维尺度大于 1mm 的各种形状并无裂纹的产物。通过此方法制备的块状材料具有在较低温度下形成各种复杂形状并致密化的特点。现主要用于制备光学透镜、梯度折射率玻璃和透明泡沫玻璃等。孙国忠等采用溶胶-凝胶法制备了 SiO_2 玻璃。该研究采用 TEOS-EtOH-HCl 体系，其中 TEOS 为溶剂，HCl 为催化剂。原料混合搅拌后陈化 4～24h，经室温固形后，置于烘箱和电炉内进行干燥（60～150℃）及热处理（400～600℃）。合成材料耐腐蚀性良好，具有优良的硬度及热稳定性。周建国等采用溶胶-凝胶法制备了直径约为 5nm、折射率变化为 0.03 的 TiO_2-SiO_2 径向梯度玻璃，跟传统的离子交换法相比，溶胶-凝胶法具有合成温度低、折射率和离子浓度易控等优点。但此法制备梯度玻璃的一个主要问题是，凝胶在干燥和烧结过程中极易破裂。造成凝胶破裂的主要原因是，凝胶孔中的液体及其氧化分解产物从凝胶孔中排出时造成的应力以及高温孔烧闭时玻璃内外收缩不均匀等。可通过加入干燥防裂添加剂（如 N,N-二甲基甲酰胺）、减缓干燥及烧结速度等措施，有效地抑制凝胶在干燥及烧结过程中的破裂。以正硅酸乙酯、磷酸三乙酯等为原料，采用溶胶-凝胶法可制得 SiO_2-P_2O_5-ZrO_2 材料，随着 P_2O_5 含量的增加，材料的导电性也随之增大。

12.4.5 复合材料

复合材料是由两种或两种以上异质、异形、异性的材料复合形成的新型材料。一般由基体组元与增强体或功能组元所组成。溶胶-凝胶法制备复合材料，可以把各种添加剂、功能有机物或分子、晶种均匀地分散在凝胶基质中，经热处理致密化后，此均匀分布状态仍能保存下来，使得材料更好地显示出复合材料特性。由于掺入物可多种多样，因而运用溶胶-凝胶法可生成种类繁多的复合材料，主要有：补强复合材料、纳米复合材料和有机-无机复合材料等。如有机掺 SiO_2 复合材料，这类材料可作为发光太阳能收集器、固态可调激光器和非线性光学材料等。

半导体微晶玻璃是以玻璃为分散介质，半导体微晶为分散相的材料，半导体微晶大小一般在 10nm 左右。半导体微晶玻璃作为一种新的三阶非线性光学材料，由于在现代光学中的应用极为广泛，尤其对研制全光学计算机以及全光学通讯体系有重要意义。近年来研究了用溶胶-凝胶法来制备半导体微晶材料，其工艺过程主要包括：溶胶的制备；半导体微晶的引入；基材清洗和镀膜（制备薄膜）或溶胶成形及干燥（制备块体玻璃）；薄膜和干凝胶的热处理制备半导体微晶玻璃。

第⓭章 水热与溶剂热合成法

水热与溶剂热合成是指在一定的温度（100～1000℃）和压强（1～100MPa）条件下利用溶液中的物质化学反应所进行的合成，水热合成反应是在水溶液中进行，溶剂热合成是在非水有机溶剂热条件下的合成。水热合成化学侧重于研究水热合成条件下物质的反应性，合成规律以及合成产物的结构与性质。水热与溶剂热合成是一种重要的无机合成方法，可以用这种方法合成水晶单晶等无机晶体材料和沸石分子筛等介孔材料，并模拟出在水热条件下的海底世界，以期对生命分子从简单到复杂的进化过程给以理论上的说明和研究探索。由于水热与溶剂热合成的研究体系一般是处于非理想平衡状态，通过水热与溶剂热反应，可以制得固相反应无法制得的物相或物种，有很好的可操作性和可调变性，使得化学反应处于相对温和的溶剂热条件下进行。

在高温高压条件下，水或其他溶剂处于临界或超临界状态，反应活性提高。物质在溶剂中的物性和化学反应性能均有很大改变，因此溶剂热化学反应大多异于常态。一系列中、高温高压水热反应的开拓及其在此基础上开发出来的水热合成，已成为目前多数无机功能材料、特种组成与结构的无机化合物以及特种凝聚态材料，如超微粒、溶胶与凝胶、非晶态、无机膜、单晶等合成的越来越重要的途径。

水热与溶剂热合成化学可总结有如下特点。

（1）由于在水热与溶剂热条件下反应物反应性能的改变、活性的提高，水热与溶剂热合成方法有可能代替固相反应以及难以进行的合成反应，并产生一系列新的合成方法。

（2）由于在水热与溶剂热条件下中间态、介稳态以及特殊物相易于生成，因此能合成与开发一系列特种介稳结构、特种凝聚态的新合成产物。

（3）能够使低熔点化合物、高蒸气压且不能在融体中生成的物质、高温分解相在水热与溶剂热低温条件下晶化生成。

（4）水热与溶剂热的低温、等压、溶液条件，有利于生长极少缺陷、取向好、完美的晶体，且合成产物结晶度高以及易于控制产物晶体的粒度。

（5）由于易于调节水热与溶剂热条件下的环境气氛，因而有利于低价态、中间价态与特殊价态化合物的生成，并能均匀地进行掺杂。

13.1 水热与溶剂热反应化学类型

与高温高压水溶液或其它有机溶剂有关的反应称为水热反应或溶剂热反应。水热与溶剂热反应的基本类型总结如下。

（1）合成反应 通过数种组分在水热或溶剂热条件下直接化合或经中间态发生化合反应。利用此类反应可合成各种多晶或单晶材料。例如：

$$Nd_2O_3 + H_3PO_4 \longrightarrow NdP_5O_{14}$$
$$CaO \cdot nAl_2O_3 + H_3PO_4 \longrightarrow Ca_5(PO_4)_3OH + AlPO_4$$
$$La_2O_3 + Fe_2O_3 + SrCl_2 \longrightarrow (La,Sr)FeO_3$$
$$FeTiO_3 + KOH \longrightarrow K_2O \cdot nTiO_2 \qquad n=4,6$$

（2）热处理反应 利用水热与溶剂热条件处理一般晶体而得到具有特定性能晶体的反应，例如：人工氟石棉→人工氟云母。

（3）转晶反应 利用水热与溶剂热条件下物质热力学和动力学稳定性差异进行的反应。例如：长石→高岭石；橄榄石→蛇纹石；NaA沸石→NaS沸石。

（4）离子交换反应 沸石阳离子交换；硬水的软化、长石中的离子交换；高岭石、白云母、温石棉的 OH^- 交换为 F^-。

（5）单晶培育 在高温高压水热与溶剂热条件下，从籽晶培养大单晶。例如 SiO_2 单晶的生长，反应条件为 0.5mol/L NaOH，温度梯度 410～300℃，压力 120MPa，生长速率 1～2mm/d；若在反应介质 0.25mol/L Na_2CO_3 中，则温度梯度为 400～370℃，装满为 70%，生长速度 1～2.5mm/d。

（6）**脱水反应** 在一定温度一定压力下物质脱水结晶的反应。例如：

$$Mg(OH)_2 + SiO_2 \xrightarrow[8\sim23MPa]{350\sim370℃} 温石棉$$

（7）**分解反应** 在水热与溶剂热条件下分解化合物得到结晶的反应。例如：

$$FeTiO_3 \longrightarrow FeO + TiO_2$$
$$ZrSiO_4 + NaOH \longrightarrow ZrO_2 + NaSiO_3$$
$$FeTiO_3 + K_2O \longrightarrow K_2O \cdot nTiO_2 + FeO \qquad (n=4,6)$$

（8）**提取反应** 在水热与溶剂热条件下从化合物（或矿物）中提取金属的反应。例如：钾矿石中钾的水热提取，重灰石中钨的水热提取。

（9）**氧化反应** 金属和高温高压的纯水、水溶液、有机溶剂得到新氧化物、配合物、金属有机化合物的反应。超临界有机物种的全氧化反应。例如：

$$Cr + H_2O \longrightarrow Cr_2O_3 + H_2$$
$$Zr + H_2O \longrightarrow ZrO_2 + H_2$$
$$Me + nL \longrightarrow MeLn(Me=金属离子,L=有机配体)$$

（10）**沉淀反应** 水热与溶剂热条件下生成沉淀得到新化合物的反应。例如：

$$KF + MnCl_2 \longrightarrow KMnF_3$$
$$KF + CoCl_2 \longrightarrow KCoF_3$$

（11）**晶化反应** 在水热与溶剂热条件下，使溶胶、凝胶等非晶态物质晶化的反应。例如：

$$CeO_2 \cdot xH_2O \longrightarrow CeO_2$$
$$ZrO_2 \cdot H_2O \longrightarrow M\text{-}ZrO_2 + T\text{-}ZrO_2$$
$$硅铝酸盐凝胶 \longrightarrow 沸石$$

（12）**水解反应** 在水热与溶剂热条件下，进行加水分解的反应。例如：醇盐水解等。

（13）**烧结反应** 在水热与溶剂条件下，实现烧结的反应。例如：制备含有 OH^-、F^-、S^{2-} 等挥发性物质的陶瓷材料。

（14）**反应烧结** 在水热与溶剂热条件下同时进行化学反应和

烧结反应。例如：氧化铬、单斜氧化锆、氧化铝-氧化锆复合体的制备。

（15）水热热压反应 在水热热压条件下，材料固化与复合材料的生成反应。例如：放射性废料处理、特殊材料的固化成型、特种复合材料的制备。

如按水热与溶剂热反应进行的温度来划分，可分为亚临界和超临界合成反应。在较低的温度范围（100～240℃）属于亚临界合成，如果是在高温高压条件下，作为反应介质的水在超临界状态下，利用水和反应物在高温高压（1000℃，0.3GPa）水热条件下的特殊性质进行的合成为超临界合成反应。

高温加压下水热反应具有三个特征：第一是使重要离子间的反应加速；第二是使水解反应加剧；第三是使其氧化还原电势发生明显变化。在高温高压水热体系中，水的性质将产生下列变化：蒸气压变高、密度变低、表面张力变低、黏度变低、离子积变高。

水的电离常数随水热反应温度上升而增加，它会加剧反应的程度，同时，水的黏度随温度升高而下降，在超临界区域内分子和离子的活动性大为增加，化学反应是离子反应或自由基反应，水是离子反应的主要介质，其活性的增强，会促进水热反应的进行。高温高压的水有时作为化学组分起化学反应；对化学反应和重排起促进作用；同时也可作为压力传递的介质；水本身为溶剂，提高了物质的溶解度，参与容器的反应。在其他有机溶剂中所进行溶剂热合成，与水类似的（如醇类），但因为各类溶剂本身的性质对反应的影响是较大的，所以要根据其性质的差异，适当进行选择。

13.2 水热与溶剂热合成装置

高压容器是进行高温高压水热合成的最基本设备，此外，还有反应控制系统，用来对反应进行温度、压力和封闭系统的控制，对于高压反应容器的要求较高，它的性能的优劣对水热与溶剂热的合成起决定性的作用，高压容器也称反应釜，要求它耐高温高压、耐腐蚀、机械强度大、结构简单、密封性好、安全度高、易于安装和清洗。反应控制系统的作用是对实验安全性的保证，对水热与溶剂热的合成提供安全稳定的环境。反应釜的类型主要有以下几种。

① 按密封方式分类：自紧式高压釜；外紧式高压釜。

② 按密封的机械结构分类：法兰盘式；内螺塞式；大螺帽式；杠杆压机式。

③ 按压强产生分类：内压釜，靠釜内介质加温形成压强，根据介质填充计算压强；外压釜，压强由釜外加入并控制。

④ 按设计人名分类：如 Morey 釜（弹）；Smith 釜；Tuttle 釜（也叫冷封试管高压釜）；Barnes 摇动反应器等。

⑤ 按加热条件分类：外热高压釜，在釜体外部加热；内热高压釜，在釜体内部安装加热电炉。

⑥ 按实验体系分类：高压釜，用于封闭系统的实验；流动反应器和扩散反应器，用于开放系统的实验，能在高温高压下，使溶液缓慢地连续通过反应器，可随时提取反应液。

13.2.1 等静压外热内压容器

最早由 Morey（1917 年）设计，也称莫里釜（弹）。最先是内压垫圈密封，后来改进为自紧式密封和外压垫圈式、自紧式密封。容器和塞头都由工具钢制成，在长时间内，工作温度为 600℃，压力为 0.04GPa。若在短时间，温度可达 700℃，压强达 0.07GPa。由于为垫圈密封，故压强太大，易发生漏气，并且开釜困难。后来改进为自紧式密封，长时间工作温度为 600℃，压强为 0.2GPa。温度为 500℃，压强为 0.3GPa。

莫里高压釜，整体都放入大加热炉中，此种高压釜由于容量大，对大试样的实验是很有用的，被广泛用于测定固体在高压蒸气相中的溶解度。目前实验室内自制反应釜都属于改进后的莫里釜。

13.2.2 等静压冷封自紧式高压容器

这种类型与莫里容器不同之处有两点，一为自紧式密封；二为容器的塞头以上部分是露在加热电炉外部。

13.2.3 等静压锥封内压容器

这种容器只是密封形式不同，所采用的是锥封形式。容器也是塞头以上部分露在加热电炉的外部。

13.2.4 等静压外热外压容器

这种类型高压容器，最先由塔特尔（Tuttle，1948 年）设计，故取名为塔特尔釜，也称冷封反应器或试管反应器。改进后，压强为 1.2GPa，温度为 750℃。在超过 0.7GPa 的所有实验，用氩气做压强介质是因为水在室温条件下，在压强为 0.7GPa 时便冻结，而失去做传送压强介质的能力。由于塔特尔容器结构简单，操作方便，造价低廉而被广泛应用。

13.2.5 等静压外热外压摇动反应器

这种反应器是由巴恩斯（Barens，1963 年）设计，也称巴恩斯反应器（巴恩斯摇摆釜）。反应器是由垫圈密封，它的特点是实验过程中，容器是处在机械摇动状态，以加速反应的平衡。这种装置用以衡定 P-V-T 关系和矿物的溶解度研究。工作条件，在 250℃可达 0.05GPa；400℃时可达 0.03GPa。

反应器由不锈钢制成，容器内层表面镀铬，容积为 1100mL。可有三个加热电炉。固体、液体（水）和气体可按设计量装入反应腔中。在装样前抽真空可避免空气的污染。全部阀门和炉子沿着水平轴成 30°的弧，以 36 次/min 的速率摇动。国此，连接反应器的管道是由柔性毛细管做成。少量的液体或气体试样，可通过一系列操作从中提取并分析。

13.2.6 等静压内加热高压容器

内热外压式容器，是将加热电炉和试样都装在高压容器之内，同时由外部高压系统向容器腔内供给流体压强。这种容器的特点是：内腔较大，实验的温度和压强较外热力容器更高一些。最早的内热压强容器装置于 1923 年由亚当斯设计的，戈朗松 1931 年加以修改，并用它进行硅酸盐溶解度的实验。这种装置传递压强的流体必须不造成电炉的炉丝短路，因此水热实验须进行焊封金属管技术。用氩气做压强是因为：①氩不与釜体金属形成化合物；②它对金属矿物扩散很小；③它比其他可使用的气体压缩性小；④纯态气体使用很方便；⑤使用氩气较之使用别的气体（如 CO_2、N_2）炉丝较少脆断。高压容器除放进试样管和热电偶外，空着的地方要用叶蜡石填满以减少由于高温梯度所造成的热对流。这种装置因为笨重、操作困难而限制了它的使用。

13.3　水热与溶剂热合成程序

　　早期的水热合成主要是模拟地质条件下的矿物合成，成功地合成出沸石分子筛及相关的微孔和中孔物质，现在水热合成已经扩展到功能氯化物或复合氧化物陶瓷，电子和离子导体材料以及特殊的无机配合物和原子簇化合物等多个无机合成领域。

　　在合成中，反应物混合物占密闭反应釜空间的体积分数称为装满度，它与反应的安全性有关，在实验中要保持反应物处于液相传质的反应状态，同时又要防止装满度过高而使反应系统的压力超出安全范围，一般装满度要在 $60\%\sim80\%$ 之间。

　　压力的作用是通过增加分子间碰撞的机会而加快反应的速度。正如气、固相高压反应一样，高压在热力学状态关系中起改变反应平衡方向的作用。如高压对原子外层电子具有解离作用，因此固相高压合成促进体系的氧化。类似的现象是微波合成中液相极性分子间的规则取向问题，与压力对液相的作用是相似的。在水热反应中，压力在晶相转变中的作用是众所周知的。压力怎样影响一个具体产物晶核的形成，目前仍有待研究。在 ABO_3（如 $BaTiO_3$）的立方与四方相转变中，我们看到高温低压和高压低温有利于四方相的生成（水热条件），$BaTiO_3$ 立方到四方相转变的居里温度为 $131℃$。从上述例子中看到压力会影响产物的形成。

　　在高温高压反应中，提高压力往往是由外界提供的，如日机装公司 HTHP-100 型和 Leco 公司的 HTHP 反应系统都是由内外压力平衡原则进行水热反应的。内压是指反应试管（如金、银、石英质）内的压力。封管技术为冰冻法，即在装有溶液的一端用冰浴，同时在管的上端快速点封，防止由于溶液蒸发至管口使得不易封管。内压可由溶液的 $PV=nRT$ 关系估算；外压则根据内压通过反应系统人为设置。实际上对水溶液体系外压的设置往往参考 FC-P-C 图。反应过程中，随温度增加，要随时调节外压，使之与该温度下的内压相近，特别是在恒温期间，更应精细调节外压，否则造成内外压力差别过大而使反应试管破裂。

一个好的水热或溶剂合成实验程序是在反应机制了解和化学经验的积累基础上建立的。水热和溶剂热合成实验的程序决定于研究目的，这里是指一般的水热合成实验程序：①选择反应物料；②确定合成物料的配方；③配料序摸索，混料搅拌；④装釜，封釜；⑤确定反应温度、时间、状态（静止与动态晶化）；⑥取釜，冷却（空气冷、水冷）；⑦开釜取样；⑧过滤，干燥；⑨光学显微镜观察晶体情况与粒度分布；⑩粉末 X 射线衍射（XRD）进行物相分析。

13.4 水热与溶剂热合成实例

13.4.1 水热合成法制备磁性记忆材料

陶瓷钡铁氧体 $BaO \cdot 6Fe_2O_3$ 是一种磁性记忆材料，可以用水热法进行合成。

将 $Ba(NO_3)_2$ 和 $Fe(NO_3)_2$ 按一定摩尔比混合在水溶液中，添加等摩尔以上的 NaOH，则 Ba^{2+} 以 $Ba(OH)_2$，Fe^{3+} 以 FeOOH 形式沉淀出。将其在 100℃ 以上进行水热处理。

$$Ba(NO_3)_2 + 12Fe(NO_3)_2 + 38NaOH \longrightarrow BaO \cdot 6Fe_2O_3 + 38NaNO_3 + 19H_2O$$

在上面反应中，阳离子浓度、pH 值、温度不同时，可分别析出 $\alpha\text{-}Fe_2O_3$（F）、$2BaO \cdot 9Fe_2O_3$（$B_2 \cdot F_9$）和 $BaO \cdot 6Fe_2O_3$（$B \cdot F_6$）或它们的混合物，各自的生成区域如图 13-1 所示：

作为反应条件，在硝酸盐溶液中加入足量的 NaOH，使 $Ba(OH)_2$ 沉淀，在 $150 \sim 300℃$ 进行水热处理，则析出 $0.1\mu m$ 六方结

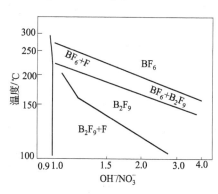

图 13-1 $BaO\text{-}Fe_2O_3\text{-}H_2O$ 系水热反应
（在硝酸盐溶液中添 NaOH）

构的 $BaO \cdot 6Fe_2O_3$ 结晶。

13.4.2 介孔材料的合成

沸石分子筛是一类典型的介稳微孔晶体材料，这类材料具有分子尺寸、周期性排布的孔道结构，其孔道大小、形状、走向、维数及孔壁性质等多种因素为它们提供了各种可能的功能。沸石分子筛微孔晶体的应用从催化、吸附以及离子交换等领域，逐渐向量子电子学、非线性光学、化学选择传感、信息储存与处理、能量储存与转换、环境保护及生命科学等领域扩展。水热合成是沸石分子筛经典和适宜的方法之一，而溶剂热合成沸石分子筛是从 1985 年 Bibby 和 Dale 在乙二醇（EG）和丙醇体系中合成全硅方钠石开始的。之后，Sugimoto 等人，报道了在水和有机物如甲醇、丙醇和乙醇胺的混合物中合成了 ISI 系列高硅沸石。1987 年，Van ErpWA 等人也报道了非水体系中沸石的合成，所使用的溶剂有乙二醇、甘油、DMSO、环丁砜、$C_5 \sim C_7$ 醇、乙醇和吡啶等。

1987 年，吉林大学徐如人院士及其研究集体对 $NaOH\text{-}SiO_2\text{-}EG$ 体系进行了深入的研究，改进了晶化条件，获得了全硅方钠石单晶、Silicalite-I，ZSM-39 和 ZSM-48，并进行了单晶 X 射线结构分析，同时详细地研究了全硅方钠石的晶化机理。他们在新型微孔晶体的非水合成方面作了大量的研究工作，于 1992 年报道了国际最大微孔（20 元环）晶体 JDF-20 的溶剂热合成工作。

13.4.3 特殊结构、凝聚态与聚集态的制备

在水热与溶剂热条件下的合成比较容易控制反应的化学环境和实施化学操作。又因为水热与溶剂热条件下中间态，介稳态以及特殊物相易于生成，因此能合成与开发特种介稳结构、特种凝聚态和聚集态的新合成产物，如特殊态化合物、金刚石和纳米晶体等。

1996 年吉林大学庞文琴教授等人成功地在水热体系中合成了特种五配位钛催化剂 JDF-L1（Jilin-Davy-Faraday，Layered solid no. 1；$Na_4Ti_2Si_8O_{22} \cdot 4H_2O$）。JDF-L1 是目前唯一人工合成的含五配位钛化合物，研究发现该化合物具有良好的氧化催化性能，可望成为新一代催化材料。另外的例子是具有特殊四配位质子结构的锗硅酸盐的水热合成以及美国学者在水热体系中金刚石的合成。

中国科技大学钱逸泰院士及其研究团队在非水合成研究方面获得了重要的研究成果。他们成功在非水介质中合成出氮化镓、金刚石以及系列硫属化物纳米晶。这类特殊结构、凝聚态与聚集态的水热与溶剂热制备工作是目前的前沿研究领域，大量的基础和技术研究已经开展起来。

13.4.4 复合氧化物与复合氟化物的合成

吉林大学冯守华教授及其研究小组应用温和水热合成路线合成了系列复合氧化物和复合氟化物。温和水热合成技术应用变化繁多的合成方法和技巧已经获得几乎所有重要的光、电、磁功能复合氧化物和复合氟化物。水热条件下的一次性合成大大降低了以往高温固相反应的苛刻合成条件。水热合成的产物有 $BaTiO_3$，$SrTiO_3$，$KsBO_3$，$SrTi_{1-x}Sn_xO_3$（$x = 0.1 \sim 0.5$），$NaCeTi_2O_6$，$NaNdTi_2O_6$，$MMoO_4$，MWO_4，$M = Ca$，Sr，Ba，$Na_xLa_{2/3-x/3}TiO_3$，$Na_xAg_yLa_{2/3-(x+y)/3}TiO_3$，$Na_xLi_yLa_{2/3-(x+y)/3}TiO_3$。应用水热氧化还原反应制备混合价态复合氧化物 $Ce(Ⅳ)_{1-x}Ce(Ⅲ)_xO_{2-x/2}$，$H_xV_2Zr_2O_9H_2O(x=0.43)$，双掺杂二氧化铈 $MO/Bi_2O_3/CeO_2$，巨磁阻材料 $M_xLa_{1-x}MnO_3(M=Ca, Sr, Ba)$，以及 $Na(K)$-Pb-Bi 系超导材料。功能复合氟化物 ABF_3 与 ABF_4，$A=$ 碱金属，$B=$ 碱土金属或稀土，如 $KMgF_3$，$LiBaF_3$，$LiYF_4$，$NaYF_4$，KYF_4，$BaBeF_4$ 等，并实现了稀土离子 Ce^{3+}，SM^{3+}，Eu^{3+} 和 Tb^{3+} 等的水热掺杂。发现水热反应的价态稳定化作用与非氧嵌入特征，开发出一条反应温和、易控、节能和少污染的氟化物或复合氟化物功能材料的新合成路线。

13.4.5 PZT 粉体的水热合成

以硝酸铅 $[Pb(NO_3)_2]$、硝酸锆 $[Zr(NO_3)_4 \cdot 5H_2O]$、钛酸四丁酯 $[Ti(OC_4H_9)_4]$ 分别为 Pb 源、Zr 源、Ti 源，NaOH 为矿化剂。按 $Pb(Zr_{0.52}Ti_{0.48})O_3$ 化学计量比称量各原料，在氢氧化钠水溶液中进行混合，注入 50mL 内衬聚四氟乙烯的反应釜内，填充度为 70%，然后在 $170 \sim 270℃$ 保温 2h，制得钙钛矿型纳米 $Pb(Zr_{0.52}Ti_{0.48})O_3$ 粉体。其工艺过程如图 13-2 所示。

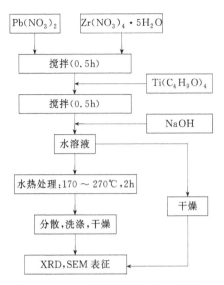

图 13-2 PZT 粉体水热合成工艺流程

13.4.6 半导体材料的溶剂热合成

（1）Bi_2S_3 纳米棒的合成 Bi_2S_3 是 V-Ⅵ族的一个重要化合物，是一种直接能带间隙为 1.3eV 的层状半导体材料，因其具有光、热、电等性质而广泛应用到热电材料和光电材料等领域。Bi_2S_3 由于具有 Peltier 效应而广泛应用于冷却技术中。经纳米化的 Bi_2S_3 不仅能引起吸收波长与荧光发射发生蓝移，而且还能产生非线性光学响应，并增强纳米粒子的氧化还原能力，具有更优异的光电催化活性，在发光材料、非线性光学材料、光催化材料、热电冷却技术和光电子等方面有着广阔的应用前景。

反应试剂采用硝酸铋 [$Bi(NO_3)_3 \cdot 5H_2O$]、L-胱氨酸、N,N-二甲基甲酰胺（N,N-dimethylformamide，DMF）、乙醇和乙二醇，均为分析纯。将 2mmol $Bi(NO_3)_3 \cdot 5H_2O$ 溶解在 15mL DMF 溶剂中，作为溶液 A。将 3mmol L-胱氨酸加入 15mL DMF，并用 2mol/L NaOH 调节其 pH 值至 10~11，作为溶液 B。在不断地搅拌下将溶液 B 加入溶液 A 中，搅拌 10min；倒入容积为 50mL 的聚四氟乙烯内衬压力釜中，密封，在 160℃恒温 120h，自然冷却至室温。将所得的产物分别用蒸馏水和无水乙醇洗涤数次，除去可溶性物质。最后在真空干燥箱中在 60 ℃干燥 5h，得到黑色 Bi_2S_3 纳米棒粉体。

（2）Sb_2S_3 纳米带的合成　选用试剂为氯化锑（$SbCl_3$），L-胱氨酸（L-cystine），氢氧化钠（NaOH），均为分析纯。将 0.4566g $SbCl_3$ 溶解在 15mL 蒸馏水和 6mL 乙二醇组成的混合溶剂中，作为溶液 A。将 0.7205g L-胱氨酸溶解在 15mL 去离子水中，并用 4mol/L NaOH 溶液调节其 pH 值至 10~11，作为溶液 B。在不断地搅拌下将溶液 B 加入溶液 A 中，搅拌 10min；倒入容积为 50mL 的聚四氟乙烯内衬压力釜中，密封，在 180 ℃恒温 24h，自然冷却至室温。将所得的产物分别用蒸馏水和无水乙醇洗涤数次，除去可溶性物质。最后在真空干燥箱中在 60 ℃干燥 24h，得到黑色 Sb_2S_3 纳米带粉体。

（3）花状 β-In_2S_3 纳米微球合成　将 0.001mol $InCl_3 \cdot 4H_2O$ 和 0.002mol 硫代水杨酸（TSA）分别溶于 20mL 无水乙醇中，在氯化铟溶液中磁力搅拌下缓慢加入 2mL CS_2 和 TSA 溶液，持续搅拌 30min，将上述混合溶液转移到 50mL 带有聚四氟乙烯内衬的反应釜中，密封反应釜，保持 180℃加热 8h，待反应完全后自然冷却至室温，离心分离，经蒸馏水和无水乙醇反复洗涤数次，最后在 60℃条件下真空干燥 4h 即得花状 β-In_2S_3 纳米微球粉体。

（4）Bi_2Se_3 纳米片的合成　选用试剂为氯化铋（$BiCl_3$），硒粉（Se），亚硫酸钠（Na_2SO_3），浓氨水，二甘醇（DEG），N,N-二甲基甲酰胺（DMF），乙二醇（EG），聚乙二醇（PEG2400），二乙醇胺（DEA）。首先将 0.005mol $BiCl_3$ 溶于 30mL DEG，磁力搅拌条件下加入适量浓氨水调节 pH 值约为 8~9，然后在持续搅拌的条件下依次加入 0.01mol Na_2SO_3 和 0.0075mol Se 粉；持续搅拌 15min，将上述混合溶液转移到 50mL 带有聚四氟乙烯内衬的反应釜中，加 DEG 至反应釜总容积的 80%，密封反应釜，保持 160℃加热 22h，待反应完全后自然冷却至室温，将所得黑色粉末离心分离，经蒸馏水和无水乙醇反复洗涤数次，最后在 60℃条件下真空干燥 10h 即得 Bi_2Se_3 纳米片粉体。

（5）Cu_3SbS_3 纳米棒的合成　　在磁力搅拌下于 40mL 乙二醇溶液中加入 3mmol $CuCl_2$，1mmol $SbCl_3$，3mmol L-胱氨酸（L-cystine），持续搅拌 30min 后将混合溶液转移到 50 mL 带有聚四氟乙烯内衬的反应釜中，密封反应釜，保持 200℃ 加热 12h，待反应完全后自然冷却至室温，离心分离，经蒸馏水和无水乙醇反复洗涤数次，最后在 60℃ 条件下真空干燥 4h 即得黑色的 Cu_3SbS_3 纳米棒粉体。

（6）Ag_3SbS_3 纳米棒的合成　　在磁力搅拌下于 40mL 乙二醇溶液中加入 3mmol $AgNO_3$，1mmol $SbCl_3$，3mmol L-胱氨酸（L-cystine），滴加 2mol/L HCl 溶液得到透明溶液，持续搅拌 30min 后将混合溶液转移到 50mL 带有聚四氟乙烯内衬的反应釜中，密封反应釜，保持 200℃ 加热 15h，待反应完全后自然冷却至室温，离心分离，经蒸馏水和无水乙醇反复洗涤数次，最后在 60℃ 条件下真空干燥 4h 即得 Ag_3SbS_3 纳米棒粉体。

第⓮章 自蔓延高温合成方法

自蔓延高温合成（Self-propagation High-temperature Synthesis，简称 SHS），又称为燃烧合成（Combustion Synthesis）技术，是利用反应物之间高的化学反应热的自加热和自传导作用来合成材料的一种技术，当反应物一旦被引燃，便会自动向尚未反应的区域传播，直至反应完全，是制备无机化合物高温材料的一种新方法。燃烧引发的反应或燃烧波的蔓延相当快，一般为 0.1～20.0cm/s，最高可达 25.0cm/s，燃烧波的温度或反应温度通常都在 2100～3500K 以上，最高可达 5000K。SHS 过程的基础是能发生强烈的放热反应，使反应本身得以以反应波的形式持续下去。SHS 以自蔓延方式实现粉末间的反应，与制备材料的传统工艺比较，工序减少，流程缩短，工艺简单，一经引燃启动过程后就不需要对其进一步提供任何能量。由于燃烧波通过试样时产生的高温，可将易挥发杂质排除，使产品纯度高。同时燃烧过程中有较大的热梯度和较快的冷凝速度，有可能形成复杂相，易于从一些原料直接转变为另一种产品。并且可能实现过程的机械化和自动化。另外还可能用一种较便宜的原料生产另一种高附加值的产品，成本低，经济效益好。

14.1 自蔓延高温合成法（SHS）发展简史

早在 2000 多年前，中国人就发明了黑色炸药（KNO_3＋S＋C），这是自蔓延高温合成（SHS）方法的最早应用，但不是材料制备。所谓自蔓延高温合成材料制备是指利用原料本身的热能来制备材料。

1900 年法国化学家 Fonzes-Diacon 发现金属与硫、磷等元素之间的自蔓延反应，从而制备了磷化物等各种化合物。

在 1908 年 Goldschmidt 首次提出"铝热法"来描述金属氧化物与铝反应生产氧化铝和金属或合金的放热反应。

1953 年，一个英国人写了一篇论文《强放热化学反应自蔓延的过程》，首次提出了自蔓延的概念。

1967 年，前苏联科学院物理化学研究所 Borovinskaya、Skhiro 和 Merzhanov 等人开始了过渡金属与硼、碳、氮气反应的实验，在钛与硼的体系中，他们观察到所谓固体火焰的剧烈反应，此外他们的注意力集中在其产物具有耐高温的性质，他们提出了用缩写词 SHS（self-propagating high-ternperature synthesis）来表示自蔓延高温合成，受到燃烧和陶瓷协会一致赞同，这便是自蔓延高温合成术语的由来。

我国从 1986 年起也开始了这方面的研究。

14.2　自蔓延高温合成法的原理

14.2.1　化学反应原理

通常的燃烧反应，可以解释为某种元素与氧高速反应，从而放出大量的热能。然而就自蔓延的观点而言，任何具有化学特征、结果能生成有实用价值的凝聚物的放热反应都可称为燃烧，在此状态下能够相互作用的物质可以是各种聚集状态（固态、气态、液态、混合态），重要的是燃烧产物在冷却之后都是固态物质，且是有利用价值的物质，主要是氮化物、硼化物、碳化物和硅化物等难熔化合物，这些化合物键能高，形成时可释放出大量热能，而且具有高的热稳定性，其反应形式主要有两种。

（1）直接合成法　以生产 TiB_2、TaC、BN 为例：

$$Ti + 2B \longrightarrow TiB_2$$
$$Ta + C \longrightarrow TaC$$
$$2B + N_2 \longrightarrow 2BN$$

直接合成往往需要特制的反应器，设备复杂，多用于粉末冶金领域中制取难熔的金属间化合物和金属基陶瓷等。

（2）Mg 热、Al 热合成法　此法是采用活泼金属 Al、Mg 等首先把金属或非金属元素从其氧化物中还原出来，之后通过还原出的元素之间的相互反应来合成所需的化合物，这种合成方法也被称为 Mg 热法或铝热法，例如：

$$3Mg + Cr_2O_3 + B_2O_3 \longrightarrow 2CrB + 3MgO + G$$

$$Al + \frac{1}{3}Fe_2O_3 + \frac{1}{12}B_2O_3 \longrightarrow \frac{1}{6}FeB + \frac{1}{6}Fe_3Al + \frac{1}{12}Al_2O_3 + G$$

在上述反应中 CrB、FeB、Fe_3Al 皆为所需的金属间化合物，而 MgO、Al_2O_3 则为反应的副产物，由于其比重小，在表面冶金过程中可依靠重力实现相分离（轻的氧化铝等浮在上面，而重的难熔化合物则沉在下面），反应完之后将副产物打磨掉。两种方法皆为强烈的放热反应，尤其是 Al 热法的反应温度高于所有产物的熔点，可达 3200～4000K，是自蔓延表面冶金的理想体系。采用 Al 热合成法可生产周期表中第Ⅵ族和Ⅶ族过渡金属的碳化物、硼化物、硅化物等金属间化合物，是表面冶金中最有效的方法。在 SHS 方法中采用何种反应物并无限制，反应物可以是纯金属、氧化物、合金粉、聚合物、甚至无机原料，关键在于要能为所需的产物组成必要的化学放热反应。

14.2.2 自蔓延传播原理

当粉末混合物点燃之后，依靠强烈的放热反应的感应和传播，使燃烧波推移前进，反应物便转化为生成物，通过控制燃烧波面的传播速度以及在燃烧波后部所形成的高温领域，便能达到高纯化合物的形成。根据不同的反应系列，反应温度一般为 2000～4000K，反应速度约为 0.1～15cm/s。图 14-1 为 SHS 表面强化的模拟图，燃烧波自右向左进行，在燃烧波的后面存在着高温反应区（合成区），在其前面是预热区，自燃烧波后部的高温反应区提供热量，以引发和维持其次的反应。

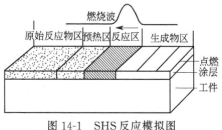

图 14-1 SHS 反应模拟图

在反应过程中所能达到的最高温度称为绝热燃烧温度，尽管在燃烧过程中由于热量的损失绝热燃烧温度很难达到，但它可大致地表示燃烧波的温度，并可定量地判断能否用 SHS 法完成给定材料的合成。实验证明：要使燃烧反应能自我维持，绝热燃烧温度必须大于 1800K。此温度与 Fe 的熔点（1811K）接近，故凡能自我维持的燃烧反应所生成的涂层与钢铁基体之间的结合便可能实现冶金结合；当绝热燃烧温度接近或高于产物的熔点时，反应很容易进行，因反应中有液相，能促进原子的扩散。

14.3 自蔓延高温合成法反应类型

SHS 反应通常分为固态-固态、气态-固态、金属间化合物和复合物等 4 种类型。

14.3.1 固态-固态反应

固态-固态反应已广泛用于制备各种碳化物材料，其中以 TiC 的研究尤为突出。很多难熔金属碳化物在相当宽的成分范围内可形成均匀相和固溶体（C<3t%，原子分数）。

除难熔碳化物外，硅和硼的碳化物也受人们的重视，不过不像碳与难熔金属间的反应那样，碳与硅或碳与硼之间的反应都是弱放热反应。因此，在引燃并使其成为自持续燃烧之前，还需要给予像通电加热等特殊处理。

硼与钛以及硼与其他难熔金属的反应是另一类固-固反应，这类反应的特点是既可以采用这些元素直接进行反应，又可以采用它们的金属氧化物与硼反应来制取产物。不过，后者通常用于金属不能直接与硼进行燃烧反应的场合，例如铬（钨也可以）的硼化物的合成可以通过下述反应制取产物。

$$Cr_2O_3 + 4B \longrightarrow 2CrB + B_2O_3$$
$$Cr_2O_3 + 6B \longrightarrow 2CrB_2 + B_2O_3$$

其中氧化硼可以溶于热水中，从而从产物中去除它。

14.3.2 气态-固态反应

以氢化物的合成为例，说明气态-固态反应。实践表明，在相当多的场合下，金属与氢能进行自持续燃烧反应，用 SHS 法可合成 ZrH_2、TiH_2、ScH_2 等。

一般认为，采用 SHS 工艺合成氢化物过程中，可分成两个阶段，第一阶段是在金属中形成固溶体，第二阶段则为氢化物相的形成过程，这是受热力学限制的结果。氢化物与其他化合物相比，它是属不稳定产物，在 $500\sim600℃$ 之间倾向于分解。因此，即使在燃烧波传播期间形成的氢化物，在燃烧波传播温度下，似乎也没有以氢化物形式被保留下来的可能。然而，在燃烧波通过之后，随着温度的下降则会形成氢化物。

14.3.3 金属间化合物型的燃烧合成

一般金属间化合物的反应所释放的热量要比金属与非金属（如 B、C 和 N）之间反应所释放的热量少。不过，这些金属间化合物有极高的稳定性，表明这些元素的燃烧反应具有迅猛剧烈的性质。用 SHS 法进行金属间化合物合成的研究，主要集中在铝的金属间化合物（如 NiAl、CoAl，TiAl、CuAl、ZrAl、PdAl、PtAl），镍钛化合物（NiTi 形状记忆合金）以及其他一些金属相（如 TiFe）等方面，其中铝的金属间化合物对高热稳定性、耐蚀性和抗氧化性以及适应高温力学性能等方面的应用特别引人关注。但是，由于金属间化合物都具有相对较低的 T_a 值（除铝与铂、钯的化合物外）。因此，想用自持续反应来制取这些金属间相是有一定困难的。目前采用的补救办法大多是对反应物先进行预燃烧，其中加热速度在燃烧过程中起着重要作用，近来，在研究铝铜化合物燃烧合成中也得到与铝镍化合物相类似的情况，即铜铝之间的反应也是先以固态传播过程开始、继而导致液态通过共晶反应形成。

14.3.4 复合相型的合成

曾对能形成多相产物的各种 SHS 反应进行了研究，其中经济方面是原因之一。例如，用 TiO_2 按下述反应来合成 TiC 相对比直接利用 Ti 和 C 进行反应来得到 TiC 产物要经济得多。

$$TiO_2 + 2Mg + C \longrightarrow TiC + 2MgO$$

此反应式可看作由两个相继发生反应的综合结果，第一个反应为氧化钛被金属镁还原的镁热反应，第二个反应为钛与碳之间形成产物的反应。

类似于上述方程的反应还有 SiC 和 B_4C_3。应该指出，按上述方程反应都是高放热的铝热剂反应，而且其绝热温度（T_a）大多数高于产物相的熔点。

在许多情况下，通过形成复合物即增加第二相可用来改善控制相（母相）的性能，例如在 Al_2O_3 和 SiC 中添加氧化钛是为了提高这两种陶瓷材料的断裂韧性。典型的办法是将某些添加物用机械方法使之与母相混合，然后通过处理形成复合相。

用 SHS 工艺制取复合物还应包括制取陶瓷/金属的复合材料。例如 TiB_2+Ti、$TiC+N$ 和 $ZrB+Fe$、$TiC+MnN$、烧结镍-铬碳化物、TiB_2+Fe、$TiC+Mo/Re$ 以及 $TiC+Ni$ 等，该方法还可制取陶瓷/陶瓷复合材料。例如 $TiC-Al_2O_3$、MoS_2-NbS_2、TiB_2-TiC 以及包括三元系在内的其他复合材料。

14.4 自蔓延高温合成法（SHS）材料制备的特点及相应技术

14.4.1 自蔓延高温合成法（SHS）材料制备法的特点

SHS 材料制备法之所以引起世界各国有关学者的兴趣在于其潜在的显著优点：利用自我维持反应可节省能源；设备、工艺简单；从实验室走向工业生产的转化快；产品纯度因反应高温使杂质挥发而较普通方法更高；可望实现陶瓷材料的合成与致密同步进行、或得到高密度的燃烧产品、或合成材料经过很大的温度梯度变化会存在高浓度的缺陷和非平衡相，这样的粉末产品可能更易烧结；适合制取固溶体、复合相和亚稳相材料。

14.4.2 自蔓延高温合成法（SHS）材料制备法的相应技术

在 SHS 材料制备中大体有 30 多种共分 8 大类的 SHS 技术手段。

（1）制粉技术 这是 SHS 最简单的方法，主要有两类工艺：①化合法，用于气体合成化合物或复合化合物粉末的制备；②还原化合法（带还原反应的 SHS），由氧化物或矿物原料、还原剂和元素粉末（或气体）经还原化合过程制备粉末。制成的粉末产品可用于陶瓷（金属陶瓷）制品的烧结，保护涂层，研磨膏以及刀具制造中所用的原材料。

（2）SHS 烧结技术　就是致力于使 SHS 燃烧过程中使原粉末产品直接发生固相烧结，从而制备出具有一定形状和尺寸的零件。如多孔过滤器、催化剂载体以及耐火材料等。

（3）SHS 致密化技术　采用通常的 SHS 方法生产的陶瓷粉末、气孔率高达 50%，对材料性能影响很大。为提高陶瓷烧结的致密度，通常采用的技术是：加添加剂的无压烧结致密；加少量添加剂的热压烧结致密；微波烧结致密等。称为二步致密法。目前一步法致密技术的研究则主要瞄准以下方面：采用轴向加压（HP-SHS）和等静压自蔓延高温合成；高温等静压自蔓延高温合法（HIPSHS）法；SHS-挤压法；熔铸技术；热爆炸成型、轧制等。目的是使传统陶瓷生产过程所需要的制粉、成型、烧结三步合一，并利用 SHS 反应的高温高热取代传统陶瓷烧结过程所需的高温（约 $1200 \sim 1800℃$）和长时间（$10 \sim 12h$）加热，开创崭新的制备陶瓷工艺。

（4）SHS 熔铸技术　SHS 反应过程放热量很大，燃烧温度如超过产物熔点即可获得液相产品，进行传统的浇铸处理。如果液相产品是难熔物，则意义将更大。熔铸技术包括两个阶段：选用 SHS 制取高温液相产品，再用铸造方法对液相进行浇铸。

（5）SHS 焊接技术　在待焊接的两块材料之间添加合适的 SHS 反应混料，以一定压力夹紧待焊材料，待反应完成后，即可实现材料的焊接。此技术可用以焊接耐火材料-耐火材料、金属-陶瓷、金属-金属等系统。

（6）SHS 涂层技术　包括：①前述熔铸涂层技术；②气相传输 SHS 涂层技术，用于固相-气相 SHS 反应；③离心 SHS 涂层技术。其中离心 SHS 涂层技术是一种已实用化的涂层技术：将被涂材料（如钢管）内装满能进行 SHS 反应的粉体、利用钢管轴向旋转离心的同时点燃 SHS 反应，从而在材料接触面上涂上一层难熔陶瓷物质。

（7）热爆技术　即将 SHS 反应瞬间完成，主要用于合成金属间化合物。

（8）"化学炉"技术　即利用 SHS 反应放出的强热为难以引发

的另一个 SHS 反应体系发生燃烧合成提供热源。如采用包裹方式点燃外层 SHS 反应体系从而引燃内部的 SHS 体系发生自蔓延反应。

14.5 SHS 法的工艺与设备概况

SHS 法的工艺流程大致可归纳为：混粉→压实→装入容器→点火引燃→燃烧反应。

在混粉工序中，粉料颗粒的大小及形状，尤其是粉末的表面积与体积的比值直接影响燃烧反应，它们不仅影响到混粉后的压实工序，而且是对偏离绝热状态必须考虑的主要因素之一。

目前能用作燃烧容器的材料大都是石磨，但也有使用钼板的。

自蔓延燃烧合成的点火方法大致可分为两类：一是局部点火法，即利用电热、热辐射、激光等高能量点燃放热反应物（试样）的一端，使其达到着火温度，一旦点燃，反应就以波的方式自持续传播，用该方法制备的材料有 Al_4C_3、TiC 等；二是整体加热法或叫"热爆炸"法。它是将整个反应物以恒定的加热速度在炉内加热，直到燃烧反应自动发生。后者的特点是反应不以波的方式传播，而是在整个反应物质内同时发生反应，用该方法制备的材料有 Ti_5Si_3，以及镍和铜的铝化物。图 14-2 和图 14-3 分别示出了燃烧合成反应容器以及点火装置的示意图。

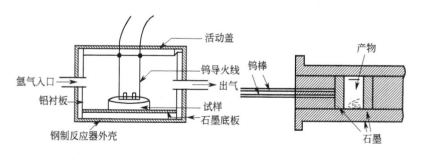

图 14-2　燃烧反应容器示意图　　　　图 14-3　点火装置

SHS 法制成的材料是非常疏松的，这是由于燃烧反应物处于高温条件下的时间较短，缺乏广泛的烧结以及粉料压坯中吸收的气体在反应时放出和坯料本身存在孔隙之故。另外，在燃烧反应过程中某些低熔点金属气化也会影响燃烧产物的密度。为此，人们采取了三种密实措施：同时进行产品合成和烧结；在燃烧波阵面经过（或稍滞后）期间施加压力；在燃烧过程中利用液相促进铸件（致密体）的形成。其中最有效的是燃烧反应同时加压的加压成形法。目前认为同时加压成形法可分为两种，即单轴向加压法和整体加压法，前者方法较简单，且较容易实现，但仅适用于几何形状较简单的产物；后者又叫静水压法，对于形状较复杂的产品只能采用此法。这种加压方法可使燃烧产物的密度达到理论密度的95%（例如 TiC）和98%（例如 TiB）。图 14-4、图 14-5 表示燃烧反应同时加压合成的装置原理图。

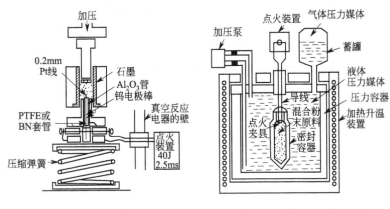

图 14-4　采用弹簧加压的
燃烧合成装置原理图

图 14-5　静水压加压合成
装置原理图

14.6　自蔓延高温合成法（SHS）技术应用

14.6.1　耐高温材料的 SHS 合成

（1）碳化物　碳化物具有熔点高、耐高温和硬度高等特点，使人们对它产生了浓厚兴趣。SHS 法已用于制备各种碳化物材料，尤其以 TiC 合成研究最多。Ti+C 相图比较简单，TiC 可以在相当宽的成分范围内以均质相形式存在，而且合成反应放热量大，易自维持。关于 Ti 和 C 之间的反应机制及控制因素，人们做了不少工作。Vadchenko 等使用 C 涂层和 Ti 丝电加热的方法研究其引燃和燃烧过程，指出温度低于 Ti 熔点时无反应发生，燃烧过程始于 Ti 熔化之后，Ti 液填入 C 涂层微粒间的细孔中，使反应物之间的接触面积增大，从而促进自扩散反应，最后从熔融态液相中结晶出 TiC。Aleksandrov 等的透射电镜研究也表明 Ti 熔化是 TiC 形成的重要先决条件，认为其机制是 Ti 液向 C 组元扩散，进而溶解了这个相，最后在另一端沉淀出 TiC。Kirdyaskkin 等则认为 TiC 的 SHS 合成主要控制因素是 C 穿过已形成的 TiC 层的扩散，因为燃烧激活能与 C 在 TiC 中扩散激活能明显相符。Nekfasov 等报道了两种燃烧模式：扩散模式和毛细扩展模式。前一模式中，燃烧过程受反应物间的扩展过程所控制；后一模式中，受熔融金属相通过毛细扩展的速率所控制。两种模式的共同特点都是其作用与金属微粒的尺寸相关。在由小颗粒金属构成的系统中以扩散控制模式为主，而较大颗粒金属构成的系统中，则以毛细作用的扩展速率所控制。近年来，有关 TiC 的研究大多是如何制取 TiC 致密结构件。如前所述，采用燃烧后材料仍处于韧脆转折温度上的短暂时间里进行单向热压、高速锻造、爆炸的方法，已获得致密度在 95% 以上的 TiC 结构件，其性能也明显提高。在致密化工艺中必须仔细控制好除气、加压时间、试样的体积/表面比值等参数。

（2）硼化物　SHS 已用来合成各种硼化物，如 TiB_2、NbB_2、ZrB 等。其中在 TiB_2 上的研究较多，因为 TiB_2 是具有高硬度、高熔点、高耐蚀和良好导电性的陶瓷材料。Borovinskaya 等用 Ti 和 B 合成 TiB_2 时，指出反应物颗粒尺寸对燃烧速率有显著影响，尺寸越大则速率越小。近来美国 Georgia 技术学院采用 SHS 合成无污染的亚微米 TiB_2 粉末，取得较好效果。他们将 TiO_2、B_2O_3 和还原剂（Al 和 Mg）混合后充填在电阻加热的容器中，然后将一个易熔线插入混合物并电阻加热，引发高能的自蔓延反应，最后将产物中的 Al_2O_3、MgO 等溶去，就得到可用于航天航空工业的超细 TiB_2 粉。佐多延博等将 Ti＋B 混合物用弹簧加压压缩后点火引发 SHS，使合成与成形同步进行，结果表明，20MPa 压力下可使产物达到 95％以上的致密度。Hoke 等证明 Ti＋B 合成时放出的高热使温度接近 3000K，产物 TiB_2 呈塑性状态，马上进行高速锻造可制得致密度达 96％的 TiB（加 1.8％Ni），其显微硬度接近于常规热压 TiB_2。

（3）氮化物　氮化物具有高耐热、高硬度、化学稳定性好等性能，用于制造磨削工具、坩埚等。已采用氮气或液氮以 SHS 方式制备各种氮化物，发现氮化物转化率较低，其原因是反应过程中的高温产生的液相成为进一步反应的动力学障碍。可采取两种解决方法，一个是加入产物相作为稀释剂以降低燃烧温度。加入大比例的氮化物相并配以高的 N_2 压（约 10MPa）可使 Ti 完全转化为 TiN。另一个方法是加入固态 N 与金属粉末可产生 100％的转化率。由于氮化物分解压高，实验中氮气压必须超过氮化物在燃烧温度时的分解压。而且氮气压力越大，氮化物的转化率越高。用这种方法已生产出 Si_3N_4、AlN、BN、TaN、TiN、ZrN 等。

（4）金属间化合物　一般金属间反应所产生的热量要比金属与非金属之间的反应热少，难以达到自维持反应。因此，为能产生自蔓延的燃烧波，多数情况下均须对反应物进行预热，或采取速体加热直至热爆的方式合成。热爆方法容易控制较多的热过程参数，而且从有关粉末烧结的丰富文献中可获得不少信息，故得到格外重视。用 SHS 合成的金属间化合物主要是 TiNi 之类的形状记忆合金和 Al 的金属间化合物（如 NiAl、FeAl，等）。TiNi 具有优异的形状记忆性能，常规的电弧炉或感应熔炼并铸造法生产的合金常存在成分偏析而影响性能，粉末冶金法虽偏析少，但烧结时间长，而 SHS 法则节能省时，铝化物具有热稳定性高、耐腐蚀、抗氧化、良好的高温力学性能，是未来航天飞机的优先备选材料。制备铝化物时，蔓延和热爆两种方式均可使用，反应产生都是一样的。对于蔓延方式，反应物的预热对燃烧速度和燃烧温度有强烈影响。如 NiAl 系中，预热温度升至 500℃时，燃烧温度从 1900K 升至接近 2100K，产物开始变成液态。对于热爆方式，加热速度起重要作用，提高加热速度可使燃烧温度大大升高，并且产物显微组织也产生变化，加热速度越快，产物越致密。

14.6.2 自蔓延高温合成法（SHS）涂层技术

（1）熔融涂覆技术　利用重金属氧化物与活泼金属之间的热化学反应，可在钢、铁基体上制得 SHS 熔体，从而在金属基体上形成熔覆沉积层。由于 SHS 熔体中各种成分比容差别较大，涂层与金属基体之间总存在一个成分渐变的过渡区，厚度约 $0.5\sim1mm$，故 SHS 涂层与基体之间的结合强度均很高，目前可在钻头、刀头、钎头和多层刀片等抗磨损零件上熔敷 TiC、TiB_2 等，在各种铸铁件上熔敷 Cu-Sn 系、Cu-Mn 系和 Fe-B 系合金，提高铸铁件的耐磨、减摩和耐蚀性；也可进行堆焊和补焊等。

（2）离心 SHS 法陶瓷涂层技术　在管道内壁填充反应剂后，在离心力的作用下燃烧，燃烧波面通过离心力的作用首先传播到形成中空状的粉末混合物的内表面，然后向管径方向同时传播，因此只要在一处点火，便会在整个管道内壁进行燃烧反应，同时在离心力的作用下，熔化的产物（例如铝热反应中的 Fe、Al_2O_3）由于密度的差异而分层，密度较大的金属 Fe 同金属管内壁粘接在一起，密度小的陶瓷 Al_2O_3 粘接在金属层上，从而在金属管的内壁形成均匀的陶瓷涂层。由于制备过程中多采用铝热反应并借助离心力的作用，因此这种方法也称作离心 SHS 法。

（3）气体输送 SHS 涂层技术　这项技术，可在各种不同的表面上沉积一层薄的涂层，前苏联对之进行了较深入的研究。该工艺采用气体输送法，将需要涂覆的工件置于 SHS 混合物料中，在气体输送和转换过程中，工件表面上发生化学反应，从而在表面上形成一层所需的 SHS 产物涂层，厚度可控制在 $5\sim150\mu m$ 左右，涂层的均匀性可通过气相输送来调节，该工艺对零件的外型没有要求。目前可处理的零件有 $45^{\#}$ 钢钻套上涂覆 FeB、CrB，硬质合金刀具上涂覆 TiN，石墨热压模具上涂覆 CrC 等，而且涂层与基体之间是冶金结合，成分是逐渐过渡的。

14.6.3 SHS 功能梯度材料技术

近年来，以日本为首的国际材料学术界为了解决未来先进航天飞机和热核反应堆的超级耐热材料，开始设计制造一种概念新颖的功能梯度材料。它在接触高温的一侧使用耐热的陶瓷，赋予材料耐高温性能：在低温侧使用金属，赋予材料良好的导热性和机械强度；在两者之间通过连续地改变化学组成和显微结构，使陶瓷与金属之间不出现界面，以避免因热力学特性不匹配而在热应力作用下发生的破坏。制造方法主要有：喷镀法、CVD 真空镀膜法、薄膜层压烧结法、电镀法、离心力法和 SHS 法。其中 SHS 法合成率高、节能省时、成本低，特别是其过程极快而限制了原料中元素的扩散，故具有独到的优越性。日本国立工业研究院，用 SHS 法制成 TiB_2-Cu 的梯度材料，在制造过程中采用计算机控制所要求的梯度成分，堆积成一定程度后冷等静压、脱气、随即 SHS 和固结。所制成的梯度材料无裂纹和气孔，可制造复杂形状的大尺寸制品和薄板，耐热温度达 1500℃，材料两侧温度差约 800℃。

第⑮章 微波与等离子体合成

微波是指频率为 300MHz～300GHz 的电磁波，是无线电波中一个有限频带的简称，即波长在 1m（不含 1m）～1mm 之间的电磁波，是分米波、厘米波、毫米波和亚毫米波的统称。微波频率比一般的无线电波频率高，通常也称为"超高频电磁波"。微波作为一种电磁波也具有波粒二象性。微波的基本性质通常呈现为穿透、反射、吸收三个特性。对于玻璃、塑料和瓷器，微波几乎是穿越而不被吸收。对于水和食物等就会吸收微波而使自身发热。而对金属类东西，则会反射微波。

微波可以用来加热，这在民用微波炉上已得到了很好的应用。同时，微波作为一种安全的能源，也能加热陶瓷与无机物，它可以使无机物在短时间内急剧升温到 1800℃，所以可用于微波化学合成，如超导材料的合成，沸石分子筛的合成及超微粉体的制备等。

随着温度的升高，物质的聚集状态可由固态变为液态，再变为气态。高温气体分子平均动能很大，经过激烈的相互碰撞，使外层电子获得足够的动能，摆脱原子核的束缚而成为自由电子，失去电子的原子就成为带正电荷的离子。在更高的温度下，当外界所供给的能量足以破坏气体分子中的原子核和电子的结合时，气体就电离成自由电子和正离子组成的电离气体，即等离子体。等离子体实际上是高度电离的气体，无论部分电离还是完全电离，其中的负电荷总数等于正电荷总数，所以叫等离子体，等离子体称为物质的第四种态。等离子体可以用放电方法制得，也可以通过微波加热、激光加热，高能粒子束轰击等方法产生。

微波与等离子合成应用于各种类型的反应，如有机合成及聚合物合成、金刚石薄膜、太阳能电池、超导薄膜、导电膜的微波等离子体化学气相沉积，半导体芯片的微波等离子体注入和亚微级刻蚀，光导纤维的微波等离子体快速制备。微波等离子体作为强有力的光源在原子发射、原子吸收、原子荧光等光谱分析中广泛应用，并成功用于色谱中的微波等离子体离子化检测器，精细陶瓷的快速高温烧结和连接，微波等离子高效率激发强功率激光等科学领域。

15.1 微波与材料的相互作用

15.1.1 材料分类

根据材料对微波的反射和吸收的情况不同可将其分成四种情况，即导体、绝缘体、微波介质和磁性化合物四种材料。

（1）导体 金属物质（如银铜等）为良导体，它们能反射微波，如同可见光从镜面上反射一样，金属导体可用作微波屏蔽，也可以用于传播微波的能量，常见的波导管一般由黄铜或铝制成。

（2）绝缘体 绝缘体可被微波穿透，正常时它所吸收的微波功率极小可忽略不计，微波与绝缘体相互间的作用，与光线和玻璃的关系相似，玻璃使光的一部分反射，但大部分被透过，吸收则很少，玻璃、云母及聚四氟乙烯等和部分陶瓷属于此类。

（3）微波介质 介质的性能介于金属和绝缘体之间，能不同程度吸收微波能而被加热，特别是含水和脂肪的物质，吸能升温效果明显。

（4）磁性化合物 一般性能类似于微波介质，对微波产生反射、穿透和吸收的效果。微波的加热效果，主要来自交变电磁场对材料的极化作用，交变电磁场可以使材料内部的偶极子反复调转，产生更强的振动和摩擦，从而使材料升温，酒精和水以及有机溶剂的加热，主要是偶极子的弛豫效应，高浓度盐的存在，产生电导分布，而产生介电损耗。

15.1.2 相互作用

材料内可极化的因子，依不同层次有电子极化、原子极化、分子极化、晶格极化、电（磁）畴极化及晶粒极化、晶界极化和表面极化等。由于极化区域尺度不同，采用不同的频率偶合而在技术上加以区别，材料吸收微波引起的升温主要是由于分子极化和晶格极化，也就是说，在分子和晶格尺度的极化反转越容易，该材料就越容易吸收微波场能而升温。

在微波加热过程中，处于微波电磁场中的陶瓷制品加热难易与材料对微波吸收能力大小有关，其吸收功率计算公式如下

$$P = 2\pi f \varepsilon_0 \varepsilon'_t \mathrm{tg}\delta |E|^2$$

式中　P——单位体积的微波吸收功率；

　　　f——微波频率；

　　　ε_0——真空介电常数；

　　　ε'_t——介质的介电常数；

　　　$\mathrm{tg}\delta$——介质损耗角正切；

　　　E——材料内部的电场强度。

可见当频率一定时，试样对微波吸收性主要依赖介质自身的 ε'_t、$\mathrm{tg}\delta$ 及场强 E。

影响微波加热效果的因素首先是微波加热装置的输出功率和偶合频率，其次是材料的内部本征状态。

微波加热所用的频率一般被限定为 915MHz 和 2450MHz，微波装置的输出功率一般为 500～5000W，单模腔体的微波能量比较集中，输出功率在 1000W 左右，对于多模腔的加热装置，微波能量在较大范围内均匀分布，因而则需要更高的功率（实验室装置大约 2000W 左右）。

在指定的加热装置上，材料的微波吸收能力，与材料的介电常数和介电损耗有关，真空的介电常数为 1F/m，水的介电常数大约为 80F/m，而多数陶瓷类材料的室温介电损耗一般比较小，所以，对无机陶瓷类材料的加热，一般要采用比家用微波炉功率更大的微波源。

正如前面所述，微波能够穿透绝缘体而不损耗能量，微波不能穿过金属等良导体只能被反射回去，对于介质材料，微波

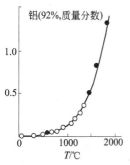

图 15-1　氧化铝陶瓷的微波吸收能力随温度变化

穿过其内部时能量衰减并转化成热能和非热能。

材料的介电损耗越大越容易加热，但是许多材料的介电损耗是随温度而变化的，图 15-1 是氧化铝在微波加热时的介电损耗率的变化情况，图 15-1 反映出在 600℃开始急速增加，在 1800℃附近达到室温时的 100 倍以上，这暗示着微波加热有一定"起动温度"，达到这一温度以上，材料对微波能的吸收迅速增加。

由于大多数材料的介电损耗随温度的增加而增加，许多在室温和低温下不能被微波加热的材料，在高温下可显著吸收微波而升温。

15.2 微波等离子的特点

等离子体在自然界是大量存在的，宇宙中绝大多数（或 99%以上）的物质均是以等离子状态存在的。气态物质可以呈电中性的电离。若把微波加到气态物质中，在一定条件下，形成的电离气体（例如电离度＞0.1%）称为微波等离子气体。等离子体一般可分为热等离子体和冷等离子体，也称为高温等离子体或低温等离子体。

高温等离子体（如焊弧、电弧炉、等离子体炬等）一般接近于局部热力学平衡状态，组成等离子体的各种粒子如电子、离子、中性粒子的速度或动能均服从 Maxwell 分布。粒子的激发或电离主要通过碰撞实现，所以激发态的数目服从 Boltzman 分布。另外，等离子性质的空间变化（梯度）也很小，体系的动力学温度、激发温度和电离温度都相等。

低温等离子体（如辉光放电和等离子体辅助化学气相沉积中所遇到的情况）中，离子和电子间的碰撞频率要小得多。微波等离子体属于低温等离子体，具有电离度高、电子浓度大、具有电子和气体的许多独特的优点。微波等离子体在金刚石薄膜、非晶硅太阳能电池薄膜以及 $YBa_2Cu_3O_{7-x}$ 超导薄膜和导电膜等的低温化学气相沉积（CVD），光导纤维的快速制备，芯片的亚微米级刻蚀，强功率激光的高效激发，合成氮氧化物、氨等无机化合物，进行高分子材料的表面修饰和微电子材料的加工等方面也都获得了许多令人注目的成就。

15.3 等离子反应过程

由微波产生等离子的过程中有许多相应的基元过程存在，主要包括电离过程，分子中电子的激发过程和复合过程，也就是电离的逆过程等。同时，放电等离子体中的荷电粒子，除了电子和正离子外，还会有负离子，这样还存在着原子或分子捕获电子生成负离子或释放电子的附着和脱离过程。其过程变化如图 15-2 所示。

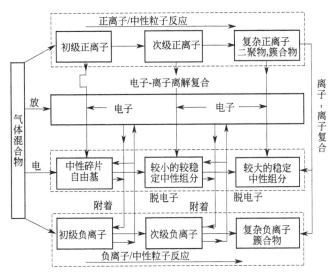

图 15-2 等离子体中可能存在的一些基元过程

产生微波等离子的化学反应有很多，从目前等离子化学发展水平看，比较有用的等离子体反应主要有以下四种类型，即：

① $A(s)+B(g) \longrightarrow C(g)$

② $A(g)+B(g) \longrightarrow C(s)+D(g)$

③ $A(g)+B(g) \longrightarrow C(s)$

④ $A(g)+B(g)+M(s) \longrightarrow AB(g)+M(s)$

就上述第①类反应而言，在工艺技术上若选择合适的气体经辉光放电与固体材料 A(s) 反应，使其全部或表面的一部分形成挥发性生成物除去，则为半导体集成电路工艺中的等离子体刻蚀（PE）。同样是这类反应，尚可利用氧气放电，让有机物质中的碳氢成分变成 CO_2 和 H_2O 等挥发掉，这在半导体干法工艺中用于除去光刻胶，称为等离子体灰化，而在分析化学领域，则采用此法对有机物样品进行"低温"灰化，以便对剩下的无机物成分进行所需分析。再者，如果能使反应中生成的气态物质 C(g) 在反应器的另一端发生逆反应，让 A(s) 重新析出，则为等离子体化学气相输运（PCVT）。

第②类反应表示两种以上气体在等离子体状态下相互反应，新生成的固体物质通常是以薄膜形式沉淀在基片上，这是作为制膜技术广泛应用的等离子体化学气相沉积（PCVD）。如果其中的反应物种之一是先供借助电荷能量将粒子从靶子上溅射下来的，然后再经反应生成薄膜，则属于溅射制膜技术。在此类反应中，反应物也可以是有机单体发生的等离子体，即等离子体聚合。

第③类反应表示气体放电等离子体与固体表面反应并在表面上生成新的化合物。由此能使表面性质发生显著变化，所以称为表面改性或者叫表面处理。表面改性可以在金属表面，也可以在高分子材料表面进行。前者如金属的表面氧化和表面氮化等，后者即为高分子材料的表面改性。

第④类反应中，固体物质 M 的表面起催化作用，促进气体分子的离解和复合等等。

15.4 产生微波等离子体的装置

除了宇宙星球、星际空间及地球高空的电离层属于自然界产生的等离子体外，其他的都是人为产生的等离子体。微波等离子体是通常是靠气体放电等办法获得。

气体放电可分为直流放电、高频放电和微波放电等多种类型，等离子体的主要形成途径见图 15-3。就等离子化学领域而言，直流（DC）放电因其简单易行，特别是对工业装置来说可以施加很

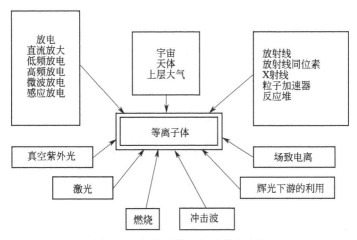

图 15-3　等离子体的主要形成途径

大的功率至今仍被采用。目前，在实验装置和工艺设备中用得最多的是高频放电装置，其常用频率范围为 10～100MHz，由于这属于无线电波频谱范围，故又称为射频放电，最常用的微波放电频率为 2450MHz 和 915MHz。与直流放电和高频放电相比，微波等离子体具有许多优点。产生微波等离子体的装置如图 15-4 所示。

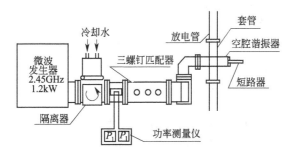

图 15-4　产生微波等离子体的装置简单框图

图 15-5 是一种微波等离子体辅助 CVD 反应器，利用此反应器成功地在非常低的基片温度（约 100℃）下沉积出质量很好的氮化硅膜。稍加修改后，也可用于其他合成化学反应。

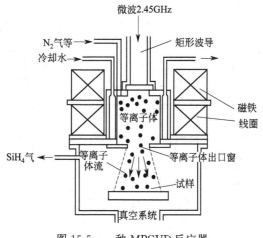

图 15-5 一种 MPCVD 反应器

15.5 微波与等离子体合成及应用实例

15.5.1 沸石分子筛的微波合成

与传统的加热法合成分子筛相比，利用微波辐射法合成反应条件温和、耗能低、反应速度快、粒度均匀。

NaX 是低硅铝比的八面沸石，一般在低温水热条件下合成。因反应混合物配比不同，以及采用的反应温度不同，晶化时间为数小时至数十小时不等。

用微波辐射法合成出 NaX 沸石，是以工业水玻璃作硅源，以铝酸钠作铝源，以氢氧化钠调节反应混合物的碱度，具体配比（物质的量的比）为 $SiO_2/Al_2O_3=2.3$，$Na_2/SiO_2=1.4$，$H_2O/SiO_2=57$。

将反应物料搅拌均匀后，封在聚四氟乙烯反应釜中，将釜置于微波炉中接受辐射。微波炉功率 650W，微波频率 2450MHz，在 1～3 档下（相当于总功率的 10%～30%）使用。辐射约 30min 后，冷却，过滤，洗涤，干燥得 NaX 分子筛原粉，其 X 射线粉末衍射图与文献完全一致。用同样配比的反应混合物，采用传统的电烘箱加热方法，在 100℃下晶化，17h 得 NaX 分子筛。比较反应的时间，可清楚地看出微波辐射方法的优越性。不仅节省了时间，更重要的是大幅度地降低了能耗。

15.5.2 微波烧结

微波烧结不仅可适用于结构陶瓷（如 Al_2O_3、ZrO_2、ZTA-Si_3N_4、AlN、BC 等），电子陶瓷（$BaTiO_3$、Pb-Zr-Ti-O）和超导材料的制备，而且也可用于金刚石薄膜沉积和光导纤维棒的气相沉积。微波烧结可降低烧结温度，缩短烧结时间，在性能上也与传统方法制备的样品相比有很大区别，可以形成致密均匀的陶瓷制品。此外，导电金属中加入一定量的陶瓷介质颗粒后，也可用微波加热烧结，也可以对不同性能的陶瓷用微波将其烧结在一起。

继陶瓷烧结及陶瓷接合之后，利用微波合成陶瓷材料粉料的研究也在增多，Kozuka 等人利用氧化物加热反应，在微波场中分别合成 SiC、TiC、NbC、TaC 等超硬粉料，而只要 10～15min。

材料的合成过程，使用微波加热，可以使化学反应远离平衡态，也就是说，利用微波可以获得许多常用高温固相反应难以得到的反应产物，研究发现，一般加热的 ZrC-TiC 的固溶反应，固溶量只在 5％ 以内，而采用微波加热的固相反应，可以使相互固溶量超过 10％，这是微波能够固溶相快速冷却的结果。Patil 等人用微波合成了尖晶石（$MgO \cdot Al_2O_2 \rightarrow MgAl_2O_4$），研究结果发现，用微波能合成单相的尖晶石，几乎不含其他相，表明了微波促进合成反应和增加固溶相的稳定性。Ahainad 等人的研究也发现，ZrO 与 Al_2O_3 反应生成尖晶石时，微波加热有利于反应进行得更完全。

15.5.3 微波辐射法制备无机物

（1）Pb_3O_4 的制备　Pb_3O_4 属于四方晶系，是二价、四价铅的混合价态氧化物，传统制备方法是把 PbO 在 470℃ 下小心加热 30h。如果采用微波辐射方法由 PbO_2 出发制备 Pb_3O_4，微波功率为 500W，只需 30min 就可定量地制备出 Pb_3O_4，粉末经 X 射线衍射的结果表明其 d 值与 JCPDS 卡片（8～19）d 值吻合得很好，重要的是 PbO_2 能强烈地吸收微波，而 Pb_3O_4 不吸收微波，随着产物的生成，体系温度是下降，而不是升高，这样就可有选择地控制 PbO_2 的热分解反应，使反应只生成 Pb_3O_4，而不生成 PbO 和金属铅。

(2) 碱金属偏钒酸盐的制备　传统制备碱金属偏钒酸盐的方法是制陶法，反应式为 $X_2CO_3 + V_2O_5 \longrightarrow 2XVO_3 + CO_2 \uparrow$ （X＝Li，Na，K），在称量前首先在 200℃ 预加热碱金属碳酸盐 2h，按计量称取干燥过的粉末与 V_2O_5 充分研磨混匀，混合物盛于铂坩埚中，慢慢升温到 700～950℃，熔融烧结 12～14h。

微波辐射法制备碱金属偏钒酸盐的步骤是称取 0.5～5.0g 的 V_2O_5，与按化学计量的碱金属碳酸盐混合后在玛瑙研钵中研磨均匀，放入刚玉坩埚中置于家用微波炉中，在 200～500W 微波功率下作用，制备出 $LiVO_3$ 只需 2min，制备出 $NaVO_3$ 只需 3.5min，制备出 KVO_3 只需 6.5min，样品的 X 射线粉末图谱与文献完全一致。

(3) $CuFe_2O_4$ 的制备　$CuFe_2O_4$ 属于立方晶系，反应原料是 CuO 及 Fe_2O_3，传统的方法制备出产物 $CuFe_2O_4$，需要 23h，用微波加热方法，在微波功率为 350W 下，只需 20min。粉末经 X 射线衍射的结果表明 d 值与 JCPDS 卡片 （25～28）d 值吻合得很好。

(4) MPCVD 制备高临界温度超导薄膜和金刚石薄膜　高临界温度超导薄膜的制备将为微电子学超高速超导计算机的突破带来福音，在现有的许多方法中，MPCVD 的优点是成膜温度低，在 400℃ 左右合成钇系超导薄膜的可行性已经得到证实，1989 年，日本一家公司用 MPCVD 法在单晶 MgO 底上成功获得了 $YBa_2Cu_3O_{7-x}$ 超导薄膜，生长速率达 0.15μm/h，同年我国的中国科技大学也用此法获得了初步实验结果。

1977 年，前苏联的 Deijaguin 第一次用 MPCVD 法成功合成了金刚石薄膜，并在 1981 年发表后，日本国家材料研究部的科学家重复了苏联学者的工作，1984 年用改进的 MPCVD 法获得了更好的结果。此后，美国宾州大学的 Roy 和 Messire 教授模仿日本的方法，借助海军实验室的资助很快取得了成果。他们都是在一石英管中充以恰当比例的 CH_4 和 H_2 （0.5％和 95％），在 13.33Pa 的低气压下，用 1kW 左右的微波功率激发产生等离子体，数小时后便在一具有 900℃ 左右的基片上沉积形成了金刚石薄膜，方法简便，重复性好，到了 20 世纪 80 年代末期，经过若干改进，沉积速率不断提高，厚度增加。原苏联至今已可以 $10\mu m/h$ 的速度沉积出 1mm 厚的金刚石薄膜，日本大阪大学用 MPCVD 沉积出了 $\phi 70\sim 80mm$ 的大面积金刚石薄膜，美国的 Roy 等在 Si 片、MgO 石英玻璃片等多种基本上于低温（365℃）、低气压（799.8Pa）条件下合成了光滑透明的金刚石薄膜，在沉积方法上相比较，MPCVD 法较之直流热丝 PCVD、高频 PCVD、离子束法、喷射法等更能沉积出纯净的金刚石薄膜，而且沉积温度低，适应压强范围宽，容易实现自动控制而广泛被采用，近年出现的直流喷射 PCVD、微波喷射 PCVD 方法沉积速率很高，具有很大发展前途。

吉林大学从 1987 年开始这方面研究，采用 Surfatron 表面波激发放电腔产生微波等离子体合成了金刚石和金刚石膜。用微波等离子体法合成金刚石或金刚石膜具有设备简单，操作方便，较容易控制反应条件，沉积速率快等特点，但是如何获得附着力强、大面积平滑均匀的金刚石膜，降低基片速率，仍是目前研究所面临的一大问题。

第⑯章 微重力合成

16.1 微重力及其特点

宇宙空间任何两个物体之间均存在吸引力，而且其引力大小正比于两物体的质量之积，反比于它们之间的距离，这就是著名的牛顿万有引力定律。自由落体因受到地心的引力，会产生铅直方向的加速运动。若把地球表面的平均重力加速度记为 g_0，则 $g_0 = 980 \text{cm/s}^2$。在太空中的物体，由于与地球作用距离的增加，重力加速度将减少。若重力减少到零，则物体处于零重力失重状态 微重力环境是重力受到大大削弱的特殊环境。严格说来，微重力的准确定义应为 $g = g_0$，这里 g 和 g_0 分别为微重力环境和地球表面的重力加速度。所谓微重力是指重力减少到地球表面重力百万分之一时的重力场。严格说来，在数值上，微重力的精确定义应为 $g = 10^{-6} g_0$，但目前"微重力"概念已延拓，通常把 $g < 10^{-2} g_0$ 的重力环境均称为微重力环境。考虑到未来的星际飞行，对于微重力的概念做些延拓是有意义的。因为月球上的重力场为 $0.16 g_0$，火星上的重力场为 $0.3 g_0$，微重力概念延拓以后，就可以把星际飞行重力环境中的科学实验称为微重力科学实验。微重力的概念延拓以后，对于星际飞行环境中的科学实验，就不区分"弱重力"、"减重力"和"微重力"，而统称为微重力科学实验。

从 20 世纪 60 年代至今，经历了人造卫星、载人飞船、天空实验室、空间站、航天飞机、专用飞行平台之后，人类掌握了太空往返、设站的能力。在这个基础上，已完成了一些空间微重力实验计划，由于远不如地面上那么方便，至今充分评估这种实验的价值仍为时尚早。在进入这个领域之前，只能也必须在宏观上作粗略考察。万有引力是物质世界中 4 种基本相互作用力之一，这个作用力在天体之间表现最明显。在地球上，这种相互作用力是以重力出现的，由于它无处不在，常被忽视。20 世纪中期，航天初期首先碰到的失重问题是燃料管理和各种液体在飞行中的管理。此外，还有一系列的问题：利用相变材料储能热控时的材料凝固，由于表面张力占支配地位，金属熔化后的流动问题等。这引发了微重力环境的研究。通过初期研究，取得了一些认识。

（1）在微重力环境中，浮力引起的对流消失或大大减弱，使过程控制和分析大大简化，使一些在热对流中不易研究的次要流动的研究工作活跃起来。

（2）在微重力环境下，沉淀或斯托克斯沉降的消失，可使多组分的液体有限或无限地保持悬浮，例如具有液相可混性通道系统或具有弥散的第二相系统的凝固，需进行研究观察的过程（如晶体成核和生长、接近临界点的系统），以及为检验理论而进行的实验（如发泡、凝聚、分散漂移诸现象）的稳定性研究。

（3）在微重力环境下静压力消失，可使液体外形受控于表面张力，这将使液体桥或熔融悬浮区扩展到瑞利极限。在晶体生长过程中，由于表面张力太小，不能支持一个合理尺寸的区域的材料，悬浮区扩展将有明显意义。悬浮区扩展也扩大了热量输入面积，使生长界面附近的温度场易于控制，有可能得到较平直的等温线，出现较少的径向偏析和陡峭的轴向梯度，从而有利于防止界面破裂，增加稳定性，提高生长速度或掺杂浓度。

（4）在微重力环境中，可进行无容器加工，用静电力、电磁力、声辐射压力就可克服飞行器剩余加速度，使液滴或熔融体维持在一定位置，不用器壁帮助，这对测量晶体材料的热物理性质和加工超纯材料是有益的。由于没有杂散晶核，故能使熔融材料在凝固前过冷，而过冷对固体最终微结构有重大影响，有可能获得亚稳相和未进入平衡态凝固的固体样品，也有可能在通常不能形成玻璃的系统中获得非晶相，还可能以无容器技术消除杂散晶核来检验各种单晶核理论。在微重力环境下，熔融液体悬浮在气体中，凝固后可形成极圆的球或泡．悬浮在空间形成液滴的力学过程。

16.2 微重力条件下的材料实验系统

微重力条件下的材料实验系统分为地面模拟系统和轨道实验系统两个方面。

16.2.1 地面模拟系统

由于空间实验机会十分难得，耗资巨大，因此，有效地利用空间微重力环境、在地面上进行大量的模拟实验及研制各种模拟微重力条件的设施是非常必要的。地面模拟微重力条件的设施主要有落管、落塔、探空火箭、高空气球和失重飞机等。下面分别概括地介绍获得微重力环境的地面模拟系统的方法和特点。

（1）落塔 落塔是在地球上使用的落体系统，落体为多种舱体，在下落过程中，舱内产生微重力环境，用于进行各种实验，并能完好回收公用设备。现代落塔还可实行实验过程的遥测遥控，落塔需要的是落差，可高出地面，也可深入地下，或两者结合。日本微重力中心（JAMIC）在 20 世纪 90 年代刚建成的落塔，就是利用北海道的废矿井建造的。美国 NASA 刘易斯研究中心 155m 的落塔也在地下，且既可抛升又可下降，与只能进行下落实验的相同高度的落塔相比，可获两倍的微重力时间。这两种落塔均可获 10s 微重力实验时间。

落塔的特点如下：①参数可调，初始状态可预置干扰；②舱体大，可进行多种设备的综合性实验；③可多次重复实验，便于验证结果，补充修改实验方法、程序和设备；④实验观测可多途径实施；⑤塔是永久性设备，舱体备有多种，可并列进行准备和实验；⑥每次使用费用不大。

（2）落管 以竖立的管道代替落塔塔体，该管道同时又是实验设备的一部分，是在实验样品经管道下落时可进行无容器、微重力实验，实验结束后可回收的设施。管道的作用为：产生并维持真空；阻隔大气，保护样品不受污染、氧化；屏蔽光干扰，便于观测，如充以惰性气体；或在管道上加致冷器，可使熔融样品加速凝固，实现过冷或加大样品的目的。管道也是多种多样的，除致冷的外，还有气流式等。管子可以配合实验达到目的。落管的特点是不用笨重舱体，管道既是落管设备又是实验设备的一部分，并可实现无容器加工，简便易行，适用于材料实验中大量、频繁的实验，样品甚小，以便在下落过程中完成实验任务。目前落管实验已被越来越多的国家所采用。美国已建立包括美国宇航局（NASA）Marshall 空间飞行中心的 100m、32m 高的落管在内的一批落管基地。法国在 Grenoble 建立了 50m 高的落管，具有 $10^{-5}g_0$ 的真空度，德国在 bremen 建立了目前世界上最高的 144m 的落管。日本建有 800m 落管。

（3）失重飞机　飞机取得尽可能大而且有上升角度的初速度后，驾驶员保持水平速度为常数，垂直加速度为零，即可飞出抛物线径迹。这时机舱内可获与初速成正比的微重力时间进行实验。飞机必须改装，例如油路加泵、储箱抑振等。所获微重力时间取决于飞机性能，初速越大，获得的时间越长，但往往机种较小。一般运输机可获数十秒的失重，一次起飞可多次实验。但飞机微重力水平不高，受科里奥利力的限制，在 $10^{-3}g_0$ 已可算作是较高精度。精度差但可载人是其特色。

（4）高空气球　利用高空气球可以在预定高度下使实验舱自由下落来创造微重力条件，但这种方法的微重力水平较低（$10^{-3}g_0$）。

（5）探空火箭　以较大的发射角向上发射火箭，实验载荷与箭体分离后以惯性继续上升，克服自旋，稳定姿态，清除了附加加速度，达到大气已足够稀薄的高度，载荷舱内开始处于微重力状态，火箭到达弹道顶点折返下来，降至较稠密大气高度结束，共获数分钟微重力环境，持续时间取决于火箭能力。如果使火箭按抛物线飞行较长路程，实验载荷在异地回收，形成亚轨道飞行。火箭落入稠密大气中，要产生翻滚，有较大过载。离地 10km 以内，多级开伞减速，减至 10m/s 以下落地或水上溅落。火箭方式费用不低，但比轨道飞行如航天飞机、空间站还是低得多。为避免大得多的损失，在重大航天计划实施之前，先以火箭发现飞行实验中的问题和兼容、可靠、安全等飞行问题。由于火箭方式与轨道方式只差一步，火箭成了空间科学与应用发展进程中的阶段性工具。探空火箭可提供 $5\sim10$min 的 $10^{-4}\sim10^{-3}g_0$ 的微重力水平的实验条件，可以进行空间材料加工的许多实验。如美国空间加工用的 SPAR 火箭、德国的 TEXUS 探空火箭等。由于其微重力水平优于载人轨道系统、故对于准备和发展更复杂、费用更高的轨道飞行实验室的实验来说，探空火箭是一种经济有效的方法。

（6）轨道飞行　近地轨道上的航天器，可近似看作以地心为力心的开普勒运动。向上发射的火箭给予航天器非径向初速 V_0，如这个速度足够大，航天器就可进行轨道飞行，其轨道为圆锥曲线，为简化计算，设为椭圆轨道，从地心至航天器的矢径为 R，轨道椭圆的半长轴为 α，则有

$$V_0^2 = \mu_e (2/R - 1/\alpha)$$

式中，μ_e 为地球引力参数，当 $\alpha = R$ 时，$V_0^2 = \mu_e/R$，将地球半径作矢径值，则得到 $V_0 = 7.9\,\mathrm{km/s}$。这就是构成绕地球作轨道飞行的速度条件，满足该条件的航天器才能实施轨道飞行。若 $\alpha \to \infty$ 时，$V_0 = \sqrt{2} \times 7.9\,\mathrm{km/s}$，表示飞行器将飞出地球引力场。

以轨道飞行取得长时间微重力环境，进行微重力实验，除上述初速条件外，还应有适当的轨道设计和运行程序设计，较好地供电和散热条件，还应有回收、资源及运输条件以及与实验规模相配合等技术保证。轨道飞行中的航天器，如人造卫星、飞船、航天飞机、太空站，其内部的微重力实验环境中微加速度场分布较复杂：有非质量中心重力梯度引起的潮汐加速度；有飞行器绕质心旋转的离心、切向加速度；在非惯性系中，有物体相对于飞行器移动引起的科里奥利加速度；还有外部大气阻力、太阳光压引起的加速度，这些都是变化较慢的低频加速度。此外，还有瞬变加速度（如轨道机动、姿态控制推力器点火；内部机械运行、质量迁移；载荷操作，乘员活动等）、慢变为准稳态加速度、瞬变为宽频谱加速度。实际上除由地心引力产生的剩余加速度外，各种来源造成的各加速度的矢量和，都可看作是实验环境中的"微重力"。不同的实验对象，对稳态、瞬变两种加速度有不同反应，提出的技术条件要求和消除办法也不一样。综合实验平台上各种实验及操作，排定程序要有技巧才能将环境条件调整好。

地面模拟系统的主要缺点是微重力水平低、维持时间较短。

16.2.2 轨道实验系统

轨道实验系统包括返地式卫星、航天飞机、载人飞船、太空实验室和空间站等。其维持时间从几天到数月，甚至几年。因此轨道实验系统是材料空间加工的根本场所，而地面模拟系统则是空间制备的准备系统。

16.3 微重力研究历史

微重力环境作为一种实验条件、为科学研究提供了新的途径。随着航天技术的发展，微重力科学和应用已成为高科技发展中的一个崭新领域。微重力科学主要由流体科学、材料科学和生物技术三大部分组成。空间所提供的微重力和真空实验环境。尤其是微重力条件，基本上消除了重力产生的沉降、浮力对流和静压梯度，并且使得许多地面上被掩盖了的流体的次级作用（如 Marangoni 对流）充分地显示出来。凡是与流体有关联的工艺过程，无不因空间微重力环境而产生与地面环境不同的结果，所以，引起了世界范围内许多科学家的广泛兴趣，竞相开展了微重力条件下流体科学、材料科学、生物科学的实验研究，取得了许多重要科研成果。

1969 年，前苏联航空员 B. Kyacob 在联盟-6 号飞船上利用乌克兰科学院巴顿电焊研究所研制的"火神"电子束装置在太空中成功地完成了人类第一次空间焊接和合金熔化及凝固结晶实验。从此揭开了空间材料与加工的序幕。1972 年，美国的 Apllo 飞船与前苏联的联盟号飞船对接，并在其中利用美国的"通用号"太空炉展开了晶体生长、合金定向凝固、固-液界面反应等多方面的实验，空间材料加工研究从此全面展开。

空间材料研究可分为两个阶段，1969～1979 年为空间材料与加工的第一阶段。在这一阶段人们普遍认为空间环境属于"失重"状态。重力引起的多种干扰都已消除，一切与流体相关的物理过程皆由纯扩散来控制。因此，人们把材料科学中至今在地面难以解决的许多问题（诸如晶体中因浮力对流而产生的生长条纹、化学配比的偏离，相对密度偏析中由于相对密度差引起的液相分离等）都寄希望于空间。然而，某些实验结果与预期设想并不相符。其中，差异最大的是偏晶合金空间凝固中的现象，即认为"失重"状态下的偏晶合金因没有相对密度差而不再出现两相分离（期望能得到均匀混合二元复合材料）。然而，实际上得到的并非是单一均匀混合物的多种多样的二相分离形式。这些与预期不相符合的实验结果推动人们对空间物理状态进行深入的探索。

20 世纪 80 年代初，空间材料与加工进入了第二阶段——微重力科学阶段，随着研究工作的深入和不同实验结果的发现，人们不再把空间的重力状态看成是理想的失重状态，而是以微重力一词取代了"失重"，研究工作也由原来的很快实现空间商业化的偏重工艺的空间实验转向以探索科学规律的空间研究上来，普遍采用"空间"、"基地"相结合的方式来发展微重力科学，更加肯定了地基实验对于最终空间实验的重要作用。尤其是 1986 年美国"挑战者"号航天飞机失事，不仅使有关空间微重力科学实验出现了最低潮，而且把研究工作引向了发展飞行实验设备、地面实验设备以及地基实验上。

我国的微重力晶体生长研究始于 20 世纪 80 年代中期，中国科学院半导体研究所和航天部 501 所合作，于 1987 年首先应用我国返回式卫星在空间进行了 GaAs 单晶体的生长实验。随后中国科学院物理研究所又建立了 20m 落管，开展了微重力环境下的金属合金凝固实验。"七五"期间，中国科学院组织了"重中之重"项目——微重力科学基础研究，开展了空间晶体生长方法和机制、金属合金无容器制备过程以及相分离和粗化机制研究，还建立了用于模拟空间晶体生长过程的激光全息原位实时观察台。1987 年以来，我国发射了 6 次科学实验卫星，中国科学院和航天部所属研究所，在空间开展了半导体晶体 GaAs，HgCdTe 和非线性光学晶体 $\alpha\text{-}LiO_3$ 的生长研究，还进行了多种金属合金和复合材料的凝固实验，取得了可喜的成果。其后，在大量坚实的地基工作的基础上。微重力科学发展到了一个较为辉煌的时期。

16.4　微重力技术应用

在地面上材料加工中，流体中的温度和浓度不均匀要产生浮力对流,从而影响材料加工的质量。微重力环境中浮力对流和密度分层都极大地减弱,为研究晶体生长和材料加工提供了极好的条件,可以更好地研究相变界面的成核与凝固过程及流体(熔体、溶液或气体)中各种场(温度、浓度、流动等)变化之间的关系,研究流体中的宏观场与相变后的固体微观结构之间的关系。当然,微重力环境中还有表面张力驱动对流以及热毛细迁移等新的传热、传质过程。从根本上讲,微重力环境可以更好地研究晶体生长和材料加工的机理,可以加工出比地面质量更好地材料。而且,空间材料科学地研究成果还有助于改进地面的加工过程。

16.4.1 微重力环境下玻璃的熔化技术

微重力环境下,玻璃熔体悬浮于空间,不与容器壁接触,人们称之为无容器熔融。由于不用容器熔融,就不会有因容器而带入杂质的问题,只要玻璃原料足够纯,就能熔制出高纯度玻璃。另外,既然是悬浮于空间,也就不会发生异相成核,降低了析晶倾向。再就是不必考虑容器的耐高温问题,熔化温度不受限制,只要加热源能够满足要求,就能熔化出高熔点玻璃。在微重力环境下,可以说不存在热对流(重力对流),熔体中质点的移动或流动仅靠扩散和表面张力差。利用这一特征可熔制出透光率分布或折射率分布均匀的光学功能玻璃。脱离了地心引力后,由于相对密度差造成的相对密度大的质点下沉,相对密度小的质点上浮的沉浮现象不复存在。因此,能将不同相对密度的组分均匀混合而不会发生分层,再结合相分离技术,可以熔制出性能独特的复合材料。在没有静压力的状态下,不会存在因自重而造成的液体形变,这时玻璃的自然成形主要受表面张力或界面张力的支配,因而能够制出非常圆滑的玻璃圆球。如果采用声波或非接触性外力控制成形,则可熔制出具有特殊形状的玻璃。

在微重力环境下,玻璃样品悬浮于空间,不与容器壁接触,由于其飘忽不定,不便进行加热熔化。为了控制其位置,使其在不与任何物体接触的情况下,停留在某一固定位置上,必须采用特制的专用熔化装置。目前使用的熔化装置主要有三种。

(1)声悬浮熔化炉 即利用麦克风等发出的声波控制样品位

置，声波的波型为驻波，样品悬浮在波谷，传播声波的媒体为惰性气体。炉内加热方式为均热炉、聚焦炉（卤灯加热）、激光等。

（2）电磁悬浮熔化炉　即利用电磁场效应控制样品位置。将样品放入金属丝制线圈中，给线圈通电，产生磁场，利用磁场力将悬浮样品定位。炉内加热方式为激光照射。

（3）静电悬浮熔化炉　即利用静电斥力控制样品位置。样品放在电极之间的静电场内，利用静电斥力的作用将悬浮着的样品定位。炉内加热方式为激光照射。

利用微重力环境熔化玻璃，在对玻璃熔体的流动特征进行理论研究的基础上开发研制出尖端科技领域使用的玻璃材料如：超低损失的光学纤维，在三维空间具有折射率、透光率分布的光学功能玻璃，在紫外、红外非可见光区透光性优良的高纯度玻璃，熔化温度高、耐热性好的高熔点玻璃。在微重力环境下，对玻璃熔体进行蒸发、冷却，可以制出具有特殊光性能的玻璃微粒或医用玻璃微粒。比如，将具有放射性的元素掺入玻璃成分中，做成直径只有 $20\mu m$ 左右的玻璃微粒，利用其放射性，将其注入人体内肿瘤组织附近的血管中，令其随血液接近癌变组织，可对癌症进行放射性治疗。这种疗法的优点在于针对性强，避免其他正常部位受放射线照射，没有副作用。选用的放射性元素半衰期短，几天后即可无放射性，不需住院治疗，玻璃微粒成分对人体无害等。

微重力环境下玻璃的熔化具有一定的特点，可以做出在地面正常重力环境下熔化得不到的玻璃材料。但其实验费用高、技术复杂，其中有些问题还有待研究解决。尽管如此，作为一种熔化技术，随着科学技术的发展及对特殊材料的实际需要，它毕竟会发挥越来越重要的作用。

16.4.2　高温氧化物晶体的生长

1996 年 10 月 20 日，我国成功地发射了一颗科学技术探测卫星，在这颗卫星上，进行了空间晶体生长观察装置搭载实验，并就不同生长工艺条件、不同组分的材料进行了科学实验。在空间对高温氧化物晶体材料生长过程的界面形貌变化及其周围的流体运动状态、溶液中胞状结构的形成和发展过程进行了实录，并对比了空间与地面的实验结果，从而找出微重力环境下晶体生长的特点。

该装置能观察和实时记录透明氧化物晶体生长和溶解全过程。最高温度可达1100℃左右。该装置的核心是一台具有4个工位的高温空间显微镜。它具有自动对焦和寻找工位的功能，自动调焦距离值和精度分别为±2mm和0.1mm。选用$Li_2B_4O_7$＋混合物做材料，进行在高温$Li_2B_4O_7$溶液中$KNbO_3$晶体生长和溶解实验，并对比了在同样生长工艺条件下，地面和空间实验结果。

实验测量了空间和地面两种状态下溶液内温度分布。结果表明两种状态下，溶液内同一位置的温度偏差不大于8℃，因此，可采有相同的温控程序进行两种状态的晶体生长。材料溶解时，界面形貌变化的研究结果表明，在空间状态下，溶质界面呈规则的圆形，并均匀地向外流动，这说明溶质的流动以扩散为主。这是首次观察到高温溶质的均匀扩散实验现象。在同样材料和温控程序下的地面实验结果指出，$KNbO_3$呈扇形微结构，分布不均匀。在$Li_2B_4O_7$溶液内，由于重力对流的作用，溶质$KNbO_3$的分布［$KNbO_3$晶体在低温（435℃）处有一个相变，材料变黑，这样便能容易地显示流体效应，这也是我们选用$KNbO_3$的原因］反映了重力对流的轨迹。空间实验首次观察到在表面张力对流的作用下，溶质晶粒以抛物线状的形态，由中心向坩埚边缘流动，最后溶质晶粒均匀地分布在整个溶液内形成胞状组织的全过程。在同样条件下，地面实验的溶质分布很不均匀，由于受到重力对流的作用。阻碍了溶质晶粒的均匀分布，不能构成胞状结构。

科学实验选用$KNbO_3$高温熔体晶体生长和高温溶液中$KNbO_3$晶体生长等两种方法，在同样生长工艺条件下，对比地面和空间的实验结果，得到以下几个结论。

① 实验证实：在空间和地面两种状态下。溶液内同一位置的偏差不大于8℃。因此，可采用相同的温控程序进行两种状态下的晶体生长。

② 首次观察到高温熔质的均匀扩散现象和表面张力对流现象。

③ 首次观察到空间均匀分配的胞状结构的形成和发展。

16.4.3 砷化镓单晶的等效微重力生长

砷化镓（GaAs）材料由于其迁移率高、禁带宽度大等优点，使得 GaAs 超高速集成电路和微波功率器件在毫米波通讯、卫星通讯、超高速计算机、精确制导组件、灵巧武器、电子对抗、相控阵雷达等装备方面成为关键部件。目前，无论是用何种方法（HB、LHC、HFZ、VFZ）制备的砷化镓（GaAs）单晶，位错密度高、均匀性差、微沉淀、微缺陷密度高，仍是大问题。而 GaAs 衬底存在的原生缺陷，外延时要向外延层延伸或转化，使外延层质量下降，直接影响器件参数。如果不提高 GaAs 单晶质量，则必将成为提高 GaAs 器件性能的瓶颈。在空间生长 GaAs 晶体能提高质量，特别是能改善均匀性，消除原生缺陷和生理条纹。这一点已在人造卫星上生长 GaAs 单晶中得到证实，但空间生长不可能产业化。人造卫星生长晶体，重力 $g \to 0$（低轨道卫星 $g \to g_0 \times 10^{-4}$；高轨道卫星 $g \to g_0 \times 10^{-5}$），GaAs 熔体无宏观对流。只要 GaAs 熔体有良好的电导率、磁导率，在熔体内引入磁场，导电熔体在磁场中运动，要受到洛伦兹力的作用而被阻滞。若磁场强度 $B \to B_0$（临界值），熔体无任何宏观对流。扩散是质量输运的唯一机制，根据爱因斯坦的等效性原理，称之为等效微重力生长。达到上述等效微重力生长所施加的临界磁场强度 B_0 可以用下式求得：

$$B_0 = \Delta T g \alpha b^2 (\rho / \sigma) \mu \upsilon^{3/2}$$

式中　B_0——达到等效微重力生长所必须施加的临界磁场强度（高斯）；

　　ΔT——熔体径向温差；

　　g——重力加速度；

　　α——熔体热膨胀系数；

　　b^2——熔体特征尺寸（例如 LFC 法，可为坩埚半径）；

　　ρ——熔体密度；

　　σ——熔体电导率；

　　μ——熔体磁导率；

　　υ——熔体动力黏滞系数。

由于 GaAs 熔体具有良好的电导率，实现 GaAs 单晶的等效微重力生长是完全可能的。在"扩散是质量输运的唯一机制"的物理条件下，GaAs 单晶的均匀性可大大改善。

GaAs 晶体的 As 面与 Ga 面有微弱极性，有重力下，重力将对其起主导作用。等效微重力下，可表现良好的结晶稳定性，GaAs 位错密度可大大降低。

第 ⑰ 章　超重力合成方法

17.1　超重力合成技术及工作原理

在化工、冶金、能源、材料、环保等工业过程中，多相流体间的质量传递与反应是最基本的生产过程之一。在这些过程中大量使用着塔器。这种依赖地球重力场作用进行操作的气液逆流接触设备，受到泛点低和单位体积内有效接触面积小的限制。多年来，塔器虽不断有所改进，但过程的强化并未获得突破性进展。离心力场（超重力场）被用于相间分离，无论在日常生活还是在工业应用上，都已有相当长的历史。但作为一项特定的手段用于传质过程的强化，引起工业界的重视是 20 世纪 70 年代末出现的。"Higee"，这是英国帝国化学公司的 Colin Ramshaw 教授领导的新科学小组提出的专利技术，它的诞生最初是由设想用精馏分离去应征美国太空署关于微重力条件下太空实验项目引起的。

理论分析表明，在微重力条件下，由于 $g \to 0$，两相接触过程的动力因子即浮力因子 $\Delta(\rho g) \to 0$，两相不会因为密度差而产生相间流动。而分子间力，如表面张力，将会起主导作用，液体团聚，不得伸展，相间传递失去两相充分接触的前提条件，从而导致相间质量传递效果很差，分离无法进行。反之，"g"越大，$\Delta(\rho g)$越大，流体相对滑动速度也越大。巨大的剪切应力克服了表面张力，可使液体伸展出巨大的相际接触界面，从而极大地强化传质过程。这一结论导致了"Higee"（High"g"）的诞生。

显而易见，由于 $\Delta(\rho g)$ 的大幅度提高，不仅是质量传递，而且动量、热量传递也与传递相关。特别是传递控制的化学反应过程，也都会得到强化。不仅使整个过程加快，而且气体的线速度也由于液泛限的升高得到了提高。

20 世纪 70 年代末至 80 年代初，英国帝国化学工业公司

(ICI) 连续提出被称之为"Higee"的多项专利。利用旋转填料床中产生的强大离心力——超重力，使气、液的流速及填料的比表面积大大提高而不液泛。液体在高分散、高湍动、强混合以及界面急速更新的情况下与气体以极大的相对速度在弯曲孔道中逆向接触，极大地强化了传质过程。传质单元高度降低了 1～2 个数量级，并且显示出许多传统设备所完全不具备的优点。从而使巨大的塔器变为高度不到 2m 的超重机。因此。超重力技术被认为是强化传递和多相反应过程的一项突破性技术，被誉为"化学工业的晶体管"和"跨世纪的技术"。虽然超重力技术的实质是离心力场的作用，但该技术与以往的传统复相分离或密度差分离有质的区别，它的核心在于对传递过程的极大强化。过程强化是一个具有高度革新内涵的概念，它的目的是把整个工厂的物理尺度缩小，以达到在投资、能耗、环境、安全等全方位的效益。超重力技术正是属于能达到这种全方位效益，而且适用性又广的一种过程强化技术。超重力工程技术的应用基于上述超重力技术具有的特点和性能，它特别适用于下列特殊过程。①热敏性物料的处理（利用停留时间短）；②昂贵物料或有毒物料的处理（机内残留量少）；③选择性吸收分离（利用停留时间短和被分离物质吸收动力学的差异进行分离）；④高质量纳米材料的生产（利用快速而均匀的微观混合特性）；⑤聚合物脱除单体（利用转子内高剪切应力，能处理高黏性物体和停留时间短的特点）。

17.2 超重力装置

17.2.1 超重机的特点

超重机有以下一些特点：

① 极大地强化了传递过程（传质单元高度仅 1～3cm）；

② 极大地缩小了设备尺寸与重量（不仅降低了投资，也增加了对环境的改善）；

③ 物料在设备内的停留时间极短（10～100ms）；

④ 气体通过设备的压降与传统设备相近；

⑤ 易于操作，易于开停车。由启动到进入定态运转时间极短；

⑥ 运转维护与检修方便的程度可与离心机或离心风机相比；

⑦ 可垂直、水平或任意方向安装，不怕振动与颠簸。可安装于运动物体如舰船、飞行器及海上平台；

⑧ 快速而均匀的微观混合。

17.2.2 应用超重力技术的旋转填料床

超重力技术一般使用一个转子，通过电机带动转子高速旋转产生离心力，也就是超重力，转子内加入填料，这种设备通常被叫做旋转填料床。旋转填料床与传统的塔设备有较大的区别，一是液相流动由重力场条件变成了超重力场条件，流体力学特性和气液之间的传质传热规律有所不同；二是设备由传统的静止装置转化为旋转运动装置。在旋转填料床内，不同相间物料作强制性的接触运动，液相被分散成薄膜或细小雾滴，极大地提高了相界面积；剧烈搅动速度、浓度、温度边界层，强化了传递过程。旋转填料床正是利用高速旋转的转子产生的强大的离心力（超重力）来强化传递过程。超重力工程技术曾经在国际上被称为 High Gravity Engineering and Technology，在国内称为超重力工程技术，"超"是指超过常规重力加速度。但现在人们认识其基本本质后，更多人把它称为旋转填料床技术或离心力场强化技术。下面分别介绍两种类型的旋转填料床。

（1）逆流型旋转填料床　逆流型旋转填料床的结构如图 17-1 所示。

其特征是强制气流由填料床的外圆周边进入旋转着的填料床，自外向内作强制性的流动，最后由中间流出。而液体由位于中央的一个静止分布器射出，喷入旋转体，在离心力作用下自内向外通过填料流出，使气液之间发生高效的逆流接触，在环形旋转器的高速转动下，利用强大的离心

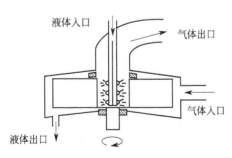

图 17-1　逆流型旋转填料床结构

力,使气液膜变薄,传质阻力减小,增强了设备传质速率和处理能力。据文献报道,与一般情况下的蒸馏塔或吸收塔相比,在相同操作条件下,逆流型旋转填料床的传质单元高度降低了1~2个数量级,可将塔的高度缩为原来的1/10,塔的直径减为原来的1/5,并且显示出许多传统设备所完全不具备的优点。英、美等国于20世纪80年代开始在工业中试用超重力场气液传质反应器,在1000倍于重力场的离心力场作用下,液膜流速可提高10倍以上,体积传质系数可增加一个数量级。

（2）错流型旋转填料床　逆流型旋转填料床的内外环流体通道横截面积相比悬殊,气速变化过大,气体形体阻力高;气体由旋转床的外环沿径向流向内环,需克服离心阻力。这两个因素造成气相流阻过大,不适于大流量的气液传热传质。为在大流量的气液传热传质过程中引入离心力场强化传热传质,人们开始研究采用错流型旋转填料床。错流型旋转填料床结构如图17-2所示。错流

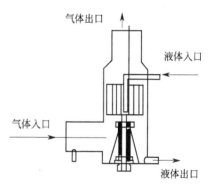

图 17-2　错流型旋转填料床结构

型旋转填料床中的气体流道横截面均匀,气速恒定,且气体沿旋转床轴向流动,无需克服离心阻力,故气相阻力小,适合大流量的气液两相传热传质。逆流型旋转填料床和错流型旋转填料床都是利用超重力场来强化气液两相间的传热传质,与常规重力条件下的传热传质相比,其强化倍数达一个数量级以上。

17.3　超重力反应沉淀法合成纳米材料及其应用

17.3.1　纳米碳酸钙

纳米碳酸钙是最早开发的无机纳米材料之一,它作为一种优质填料和白色颜料,广泛应用于橡胶、塑料、造纸、涂料、油墨、医药等许多行业。近几年来,随着碳酸钙的超细化、结构复杂化及表

面改性技术的发展，极大地提高了它的应用价值。对不同形态超细碳酸钙制备技术的研究，已成为许多先进国家开发的热点。北京化工大学教育部超重力工程研究中心采用超重力技术成功地合成出平均粒度为 15～30nm 的碳酸钙粉体。根据市场需求，迅速进行了工程放大技术的研究，掌握了超重力法合成关键技术的放大规律，在国际上率先开发建成第一条 3000t/a 超重力法制备纳米碳酸钙粉体的工业生产线。现已在广东广平化工有限公司、内蒙古蒙西高新技术材料公司建立了 3000t/a 的工业生产装置，并与新加坡纳米材料科技公司等进行了国际科技合作。

17.3.2 纳米氢氧化铝

随着高分子材料在工业、民用乃至各个领域的应用不断增加，积极发展和推广应用阻燃材料引起了全社会的关注。近年来在美国、欧洲、日本等发达国家阻燃剂保持35％以上较高的年增长率。另一方面由于阻燃剂正向高效、低毒、低烟方向发展，因此有机卤系（溴系及氯系）阻燃剂的用量将逐年递减，而无机系阻燃剂（氢氧化镁、氢氧化铝、氧化锑等）将有大的发展，预计年增长率为 6％。无卤阻燃体系，特别是无卤、低烟、低毒阻燃剂将受到用户的青睐。因此，大力开展性能优异的无卤阻燃剂的研究是非常必要的。为了更好地发挥阻燃效果及添加量增加时减少对材料力学性能的影响，其超细化、纳米化是必然趋势。北京化工大学超重力工程研究中心开发的新型高效铝系阻燃剂-氢氧化铝纳米纤维（改性 ATH），可广泛应用于普通 ATH 所能使用的电工、电线、电缆、日用品、建筑材料、运输等塑料和橡胶制品中以及普通 ATH 不能使用的工程塑料（航空材料、军用舰船等）中。

17.3.3 纳米碳酸钡

纳米碳酸钡材料可用于制造彩色显像管和计算机显示器。碳酸钡有较强的 X 射线屏蔽能力，在彩色显像管和计算机显示器玻璃中加入纳米级碳酸钡材料，可有效吸收 X 射线，对人体有保护作用。纳米碳酸钡粉体可制作磁性材料，它制成的铁氧化体具有高矫顽场强及磁学性能优异的特点。结构陶瓷（如用作室内装饰用的瓷砖等）的生产中加入碳酸钡纳米材料，可改进砖的强度，增加耐磨性和耐化学腐蚀性；还可减少生产过程中的气泡和气孔，扩大烧结范围，增加热膨胀系数。采用碳酸钡粉末作釉料，可提高釉的烧结和耐磨能力，使釉料色泽牢固，光亮稳定。由碳酸钡纳米材料制成的陶瓷电容，具有较大的介电常数和温度特性，可使其具有小型、轻质、大容量和高频率等特点。在玻璃生产中加入纳米碳酸钡粉体，可改变许多光学性能，使玻璃折射率更高，硬度更大，改善了玻璃耐磨划性。普通碳酸钡的比表面积为 $5\sim6\mathrm{m}^2/\mathrm{g}$，目前北京化工大学超重力工程研究中心合成的碳酸钡比表面积为 $20\mathrm{m}^2/\mathrm{g}$。

17.3.4 纳米碳酸锂

锂离子电池具有比能量大、工作电压高、自放电小、安全性能好、充放电循环寿命长以及无公害等一系列优点，作为最新一代可充电电池，在许多便携式电器及军用方面有着广阔的使用前景，因而引起世界各国的广泛重视，而正极材料的选择及制备就是其中一个十分重要的方面。随着电子工业的迅速发展，日用电器变得更加小型化，这就要求化学电源具有高的能量密度，且要求电极材料小型化。插入型化合物正极材料的制备几乎都是以金属氧化物与碳酸锂按等摩尔比，以去离子水为介质进行反应，由于原料粒径较大，因此必须经长时间充分球磨后再进行高温焙烧制得，而经这样的工艺所获得的 $LiNiO_2$ 和 $LiCoO_2$ 粒度几乎都约在 $5\mu m$ 左右。而要获得粒径较小且粒度分布均匀的正极材料，必须将原料的粒度减小，则不用球磨而可以直接烧结得到微型化的电极材料。北京化工大学超重力工程研究中心利用超重力技术，采用气液法制备出纳米碳酸锂粉体，产品平均粒度约 80nm，形貌为薄片状，其粒度分布很窄。整个反应过程在室温下进行，操作简单，易于工业化。

17.3.5 纳米碳酸锶

碳酸锶主要用于彩色显像管（吸收阴极射线管产生的 X 射线，改进玻璃的折射指数及熔融玻璃的流动性）、磁性材料（铁酸锶磁石比起铁酸钡磁石具有高矫顽场强、磁学性能优越的特点，特别适于音响设备小型化）及高档陶瓷（在陶瓷中加入碳酸锶作配料，可以减少皮下气孔，扩大烧结范围，增加热膨胀系数）。然而，国内外关于碳酸锶纳米粉体应用、制备及专利都较少。北京化工大学超重力工程研究中心采用液相法制备了碳酸锶纳米粉体，得到了平均粒径为 30nm 且粒度分布窄的产品。整个反应过程在室温下进行，操作简单，易于工业化。

第 ⑱ 章 无机材料的仿生合成

18.1 仿生合成技术简介及理论基础

18.1.1 仿生合成技术简介

仿生（Biomimetics）通常指模仿或利用生物体结构，生化功能和生化过程的技术。把这种技术用到材料设计，制造中以便获得接近或超过生物材料优异性能的新材料，或用天然生物合成的方法获得所需材料，如制备具有蜘蛛牵引丝强度的纤维；制备具有海洋贝类韧性的陶瓷或贝类结构的复合材料等。模仿生物矿化中无机物在有机物调制下形成过程的无机材料合成，称为仿生合成（Biomimetic Synthesis），也称有机模板法（Organic Template Approach）或模板合成（Template Synthesis）。自 1960 年 T. Steele 正式提出仿生学概念以来，仿生研究逐渐为人们所重视。近年来，随着相关学科的发展及现代技术，尤其是微观技术的进步，更促进了仿生研究的发展。虽然不同学者对仿生材料科学的定名各有不同，但对其主要研究内容的观点是一致的，即仿生材料工程主要研究内容分为两方面，一方面是采用生物矿化的原理制作优异的材料；另一方面是采用其他的方法制作类似生物矿物结构的材料。

20 世纪 90 年代中期，当科学家们注意到生物矿化进程中分子识别、分子自组装和复制构成了五彩缤纷的自然界，并开始有意识地利用这一自然原理来指导特殊材料的合成时，仿生合成的概念才被提出。仿生合成技术模仿了无机物在有机物调制下形成的机理，合成过程中先形成有机物的自组装体，使无机先驱物于自组装聚集体和溶液的相界面发生化学反应，在自组装体的模板作用下，形成无机有机复合体，再将有机物模板去除后即可得到具有一定形状的有组织的无机材料。模板在仿生合成技术中起到举足轻重的地位，模板的千变万化，是制备结构、性能迥异的无机材料的前提。目前用作模板的物质主要是表面活性剂，因为它们在溶液中可以形成胶束、微乳、液晶和囊泡等自组装体，生物大分子和生物中的有机质也是被选择的模板，此外利用先进光电技术制造的模板也被用来合成特殊的无机材料。仿生合成技术的出现与应用为制备具有各种特殊物理、化学性能的无机材料提供了广阔的前景。利用有机大分子作模板剂控制无机材料结构的仿生技术被视为近年来 Sol-Gel 化学发展的新动态，通过调变聚合物的大小和修饰胶体颗粒表面对无机材料形成初期实行"裁剪"，Soft 化学途径能够获得介观尺度的无机-有机材料。近几年无机材料的仿生合成已成为材料化学的研究前沿和热点，尽管目前有关仿生合成的机理尚有待进一步证实和探索，但相信在不久的将来，通过仿生合成技术，更多的多功能无机材料将会诞生。

18.1.2 仿生合成过程中分子作用的机理

（1）机理模型的提出 深入了解生物矿化和仿生合成过程中固体基底（担载膜）、无机离子与有机大分子之间的作用机理，可为不断开辟合成优质无机复合材料的新途径提供理论依据，至今，对这些机理的理解还不甚清晰，有些方面还存在争议。近几年不少科研工作者在做了深入研究后提出了相关的机理模型，为不同的仿生合成路径提供了相应的理论基础。所有的机理模型均认为有自组装能力的表面活性剂的加入能够调制无机结构的形成；就无机前驱体、固体基底与表面活性剂之间如何作用却达不成共识，因为它们之间作用力类型的不同会导致合成路径、复合物形状以及无机材料尺寸级别的不同。

（2）固体基底对结构的影响 基底与表面活性剂分子间作用力的不同，会影响被吸附的表面活性剂层的结构。Aksayia 在不同固-液界面上发现了形如圆柱管和球体等不同三维表面活性剂结构的形成，如在非定向排列的不定形基底石英的表面发现了被吸附的表面活性剂的半胶束结构，而由于云母、石墨的表面对活性剂分子有定向吸附作用，在它们表面上就出现了表面活性剂的同轴柱管结构。生物矿化过程中，有机基质对无机相沉积的晶体形状并无决定作用，它与无机离子和有机模板间的相互作用诱导了无机晶体的成核并进而确定了晶体的生长形态与方向，前期研究成果与 Belcheram 等人对贝壳的生物矿化形成过程研究结果均为此提供了不同的依据。

（3）表面活性剂分子与无机离子间作用机理 1992 年 Mobil-Research and Development Corporation 的研究者们基于表面活性剂自组装液晶与介孔分子筛 M41S 之间的相似提出了 LCT（Liquid Crystal Templating）机理模型，指出了无机离子与有机模板间两种可能的作用路径，如图 18-1 所示。

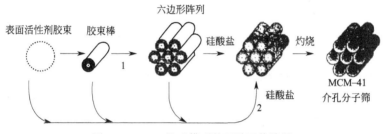

图 18-1 LCT 机理模型的两种可能路径

路径 1 认为表面活性剂预先组装成所需结构，无机相随后沉积于其中间区域；路径 2 则认为无机相的加入在一定程度上调制了表面活性剂自组装体结构的形成。在 LCT 理论的基础上，科学家们分别对介孔分子筛 MCM-41 合成过程进行了试验研究并提出了各自的理论见解。

① Davis 和他的合作者提出了硅酸盐的棒状组装理论。在 Mobil 所说的 MCM-41 合成条件下，发现在过程中并不出现六边形 LC（Liquid crystal）相，认为 MCM-41 的形成始于硅酸盐前驱体在独立的表面活性剂胶棒上的沉积，在 2～3 层后，包有无机相的分散排列的棒状物开始并最终形成六边形的中间结构，加热陈化完成了硅酸盐的缩聚，使 MCM-41 结构得以形成。

② Steel 等人提出了与 Davis 观点相悖的层状硅酸盐的起褶变形理论。在没加入硅酸盐之前，表面活性剂分子直接组装成六边形 LC 相，硅酸盐排列成层状，成排的圆柱棒夹在层与层之间，陈化混合物致使层状结构开始起褶皱并团聚于棒周围，便转化成了

MCM-41 的结构。Monnier 等人却认为层状结构是由阴性的硅酸盐与阳性的表面活性剂头基间的静电引力形成的，随着无机前驱体的缩聚，头基电荷密度减少，为保持与活性剂头基间的电荷密度平衡，层状结构开始变形弯曲，最终形成六边形的中间结构，这种结构转变同样出现用夹层法制取介孔分子筛 FSM 的过程中。

③ SLC（Silicatropic Liquid Crystal）理论成立于诸如低温、高 pH 值这样能够避免硅酸盐水解的条件下，Firouzi 等人的分析结果表明，此类条件下无机相-有机相共同合作进行自组装，硅酸盐阴离子的加入把 CTAB 胶束转变为六边形相态，硅酸盐阴离子与表面活性剂卤化反离子进行离子交换，形成含有包裹着硅酸盐的圆柱胶束的 SLC 相态。

④ 硅酸盐棒状胶束团簇理论。Regev 根据其研究结果认为，在硅酸盐前驱体开始沉积之前，MCM-41 的中间结构是棒状胶束形成的胶棒簇，外表覆有硅酸盐薄层，随着反应的进行，硅酸盐分散并沉积到簇团中的每个胶束表面，直至形成由无机相包裹的胶束组成的簇团，为 MCM-41 的形成提供成核位置。以上的研究成果分别就不同方面回答了探讨分子机理时所面对的问题，虽不够完整、全面，但为仿生合成的研究和应用提供了初步的理论基础。基于对仿生合成概念的理解和分子作用机理的研究，为促使仿生合成技术的进一步发展，科研工作者们对仿生合成技术的实际应用做了大量的研究。

18.2 典型的生物矿物材料

生物矿物材料从概念上来讲应是生物材料的一部分，它是指由生物在生命过程中通过一系列的过程形成的含有无机矿物相的材料。目前，自然界的生物能合成约 60 余种矿物材料，含钙矿物（磷酸钙和碳酸钙）约占整个生物矿物的 50%，其中碳酸钙主要构成无脊椎动物的体内外骨骼，磷酸钙几乎完全由脊椎动物所采用；其次为非晶质氧化硅；含量较少的有铁锰氧化物、硫化物、硫酸盐、钙镁有机酸盐等。生物矿物及其组合体的结构极其复杂多样。下面对几种研究较详细的典型的生物矿物材料即骨材料、贝壳珍珠层、纳米多晶磁铁矿晶体的特征作简单的描述。

18.2.1 骨材料

骨材料是一族生物矿物材料的总称，主要发育于脊椎动物中。虽然每一种类型的骨的结构和组成稍微有些变化，但都有一个共同的特点，它们主要成分都是由胶原纤维、碳羟磷灰石和水组成，三者在骨中所占的重量随动物种类及年龄的不同而不同，一般分别约为 65％、24％及 10％左右。骨是最复杂的生物矿化系统之一，也是最典型的天然有机-无机复合材料。骨在动物中主要承担力学的功能及贮存各种代谢活动所需的钙和磷酸盐。

18.2.2 珍珠层材料

珍珠层是软体动物贝壳中普遍发育的一种结构单元，尤其在双壳类、腹足类及头足类的贝壳中发育最为完善。相对而言，珍珠层的结构比骨材料来讲要简单得多，因此珍珠层是生物矿化中研究最多的典型的生物矿物材料，目前仿生材料工程中许多有关的理论来自于对珍珠层材料的研究。珍珠层是一种优异的天然有机-无机复合材料。其明显特点是高的抗破裂能力，其抗弯强度达到了理论的强度（在人造材料中是不可能达到的），即其结构达到了完美的程度。此外珍珠层另一个突出的特点是阻止裂隙扩展的能力。由于其主要组成为无机相的文石（95％以上），因此，其独特的力学性能是与其独特的结构和微量的有机质有关。晶体粒径小、结构均匀（包括粒径均匀、晶形一致、微层厚度均匀等）及微量的有机质（相对硬度小）是阻止裂隙扩展的重要原因。现代分子生物学研究证实珍珠层中的不溶有机质具有分子延展器的功能，此外，原子力显微镜研究表明珍珠层在形变时，有机分子对无机晶体有强的黏结作用，且具有强的延展能力，这一切表明有机质是珍珠层高的韧性和强度的重要原因。

18.2.3 纳米磁铁矿晶体

目前，在软体动物、部分鱼类、蜜蜂、鸽子及人体中皆发现了生物成因的磁铁矿，但较重要的是 1975 年 Blackemore 在趋磁细菌中发现的纳米级磁铁矿晶体，它为研究磁铁矿的生物功能及形成过程提供了典型例子。磁小体（Magneto-some）常沿细菌长轴呈链状排列。在一特定的细胞种类中，磁小体的粒径、结晶形态及在细胞内的排列都是一致的，不同种类的细胞中则皆有自己独特的特征，但有一个共同的特点是磁小体的大小均在 40～120nm 范围内，即磁小体的大小正好在单个的磁性畴范围内，这样晶体链就提供了一个足够强的永磁矩使细菌在地磁场中取向。

18.3 无机晶体形成的模板

调制利用各类模板与无机晶相之间存在的立体化学匹配、电荷互补和结构对应等关系，来影响晶体颗粒的形状、大小、晶型和取向等，以制备出纳米微粒、无孔薄膜和涂层。清华大学材料科学与工程系的崔福斋等人在钙磷酸盐溶液沉积系统中，利用水-气界面上的十八碳烷酸单层分子膜作为有机模板，得到了与自发沉积不同的试验结果，他解释为 HAP（羟基磷灰石）基面上的 Ca^{2+} 离子与十八碳烷酸呈负电的羧化头基之间的晶格相匹配的原因，并设想出现两步沉积和异种晶形组成的多层微观结构的原因。Belcher 对珠母贝中碳酸钙晶形转变的研究，发现通过转变不同的模板（即不同的蛋白质群）可以形成多种晶形的微米层压结构的复合物。Mann 等人在气-液界面上用压紧的表面活性剂单分子层做模板，诱导了特定形态的 $CaCO_3$ 晶体的取向生长，通过改变表面活性剂的种类或单分子层的紧压程度可以得到不同的晶体状态和生长方向。Jennifernc 等人在类似生物系统中的条件下利用具有生物体中硅蛋白特征的半胱氨酸-赖氨酸合成物作模板诱导调制了 TEOS（正硅酸乙酯）的水解缩聚，在还原与氧化的气氛中分别得到了硬球状的 SiO_2 和无定形 SiO_2 的柱状排列。Akikazum 等人利用大分子预组装特性对复杂固体结构进行合理设计，在晶体中引用功能团使得有机固体可被设计用于分子识别、分离和催化媒体得到高化学选择性的物质。在固-液、气-液界面生长的无机晶体的相态、特征均可通过对界面的化学改性来控制。PNNL（Pacific Northwest National Laboratories）的研究者通过对不同的固体基底如金属、塑料或氧化物的表面进行化学修饰，可以在不同的固-液界面上对沉积无机相的晶体形态和排列方向进行选择，从而形成薄膜与涂层。

18.4　纳米材料仿生合成

生物通过有机模板的调节，使无机晶体的结晶成核、形貌和晶体结晶学定向受到严格的控制，从而形成性能优异的有机-无机复合材料（如骨和珍珠层）或纳米晶体材料（如趋磁细菌中的磁小体）等。通过对生物矿化的研究，认识到有机分子可以改变无机晶体的生长形貌和结构，因而提供了强大的工具用来设计和制造新的材料。目前已成功仿生合成了纳米晶体材料、仿生薄膜及薄膜涂层材料、中孔分子筛材料等。最近二十余年的研究表明，基于生物矿化的原理合成无机材料，即仿生材料工程，是一种全新的材料设计和制造策略。

18.4.1　纳米微粒的仿生合成

仿生方法即采用有机分子在水溶液中形成的逆向胶束，微乳液，磷脂囊泡及表面活性剂囊泡作为无机底物材料（Guest Material）的空间受体（Host）和反应界面，将无机材料的合成限制在有限的纳米级空间，从而合成无机纳米材料。纳米微粒的仿生合成思路主要有两类：一是利用表面活性剂在溶液中形成反相胶束、微乳或囊泡。这相当于生物矿化中有机大分子的预组织。其内部的纳米级水相区域限制了无机物成核的位置和空间，相当于纳米尺寸的反应器，在此反应器中发生化学反应即可合成出纳米微粒。表面活性剂头基对产物的晶型、形状、大小等有影响。二是利用表面活性剂在溶液表面自组装形成 Langmuir 单层膜或在固体表面用 Langmuir-Blodget（LB）技术形成 LB 膜，利用单层膜或 LB 膜的有序模板效应在膜中生长纳米尺寸的无机晶体。Langmuir 膜与 LB 膜中的表面活性剂头基与晶相之间存在立体化学匹配、电荷互补和结构对应等关系，从而影响晶体颗粒的形状、大小、晶型和取向等。目前已合成了半导体、催化剂和磁性材料的纳米粒子，如 CdS、ZnS、Pt、Co、Al_2O_3 和 Fe_3O_4 等。

人工有机模板的稳定性较差。直接采用生物体内的模板可克服上述缺点，例如铁蛋白是许多生物体内的一种可储存铁的蛋白质，它由一个球形的多肽壳和铁氧化物水铁矿（Ferrihy-drite）的核心组成，壳内部的孔隙约 8～9nm（铁蛋白笼），原位的化学反替代其核心可形成一系列的纳米级非天然氧化物矿物，如非晶氧化锰、磁铁矿等，在铁蛋白笼中形成的纳米材料粒径均匀，粒度 6～8nm 左右。

18.4.2　仿生陶瓷薄膜和陶瓷薄膜涂层

仿生合成制膜可以在合成过程中方便地控制孔径，对孔径分布、孔结构进行检测，对膜进行评价，克服了 Sol-Gel 法制膜的缺点。

在云母基片底面上 Tangh 等人合成了有序多孔的 SiO_2 膜，经过 TEM 分析发现了平行于云母表面的扭曲的六边形柱状排列的孔道，并且在灼烧过程中孔径收缩了 3～6μm，他指出这是由于模板的脱除和随之而来的 SiOH 基团的缩合。Aksay 等人在 Yang 工作的基础上把固体基底从亲水性的云母表面拓展到了其他介质表面，结果在憎水性的石墨表面得到了连续的中孔 SiO_2 膜，并在石英表面得到了具有等级结构的中孔 SiO_2 膜。经过理论研究，Aksay 指出仿生制膜过程是一种层层复制的过程：首先表面活性剂在云母表面上自组装形成扭曲柱管状，然后 SiOH 单体在胶束表面聚合，随着聚合的进行，更多的表面活性剂被吸附到新形成的无机表面上，如此层层复制直至溶液内部。对于非担载膜的仿生合成，Yang 本人又在不用固体基底的条件下，于空气溶液表面用 CTAC 形成的胶束为模板合成了多孔膜，该膜可以转移到不同形状的基片上而不受破坏。用于非担载膜的制备也是层层复制的过程，只是为先驱体水解产物提供聚合位置的是水-空气界面上半胶束边缘结构中的表面活性剂头基。Alexanderk 等人考虑非共价键的嵌入会导致位置的不均匀，于是利用带有 3 个侧链的芳香环，通过化学键把侧链上的功能团嵌入 SiO_2 网络的孔壁中。

仿生陶瓷薄膜主要采用单层 L 膜诱导无机晶体生长。在此研究领域，Mann、Heywood 等人做了大量开拓性的工作，对了解生物矿化的机理及制作仿生材料有重要的指导意义。但由于无机晶体的成核密度低，晶体在垂直模板方向的生长不易控制，无法形成连续致密的薄膜，因此离实际应用还有很长一段距离。最近，Xu-

Guofeng (1998) 等的工作具有重要意义，他利用生物矿化的有机质对无机晶体的双重控制原理（即抑制和诱导相结合来控制晶体形貌），采用两亲的卟啉类有机物自组织成半刚性的 L 膜作为模板，诱导无机晶体成核及生长，并在水溶液中添加聚丙烯酸作为抑制剂，抑制晶体在垂直模板方向生长。由于无机方解石晶体在横向上（平行模板方向）生长受到诱导，纵向上（薄膜垂直模板方向）受到抑制，最终形成致密连续的薄膜，厚度为 $0.4 \sim 0.6 \mu m$，晶体 (001) 面平行模板方向，薄膜可以卷曲，透明且具有虹彩色，极类似许多生物体中的方解石薄层。采用诱导-抑制相结合的技术将是仿生陶瓷薄膜合成的主要发展方向。

仿生陶瓷薄膜涂层。传统的陶瓷处理技术如高温烧结在许多应用领域（例如塑料涂层）并不适用，较新的"溶胶-凝胶"技术（包括热处理前驱物）处理的温度需要超过 400℃（很多塑料不能承受 100℃以上的温度），且容易产生微裂纹等缺陷。同时，多晶陶瓷薄膜中的单个晶粒的粒径、形状及结晶学定向等对磁、光及电学性能有重要的影响，它们必须得到控制以使薄膜的各种性能达到最优化。采用生物矿化的原理制造陶瓷薄膜涂层可以有效地克服上述传统薄膜制造技术的弱点，生物陶瓷材料均是在常温常压条件下形成，且对晶体结晶粒径、形态及结晶学定向进行严格的控制，目前仿生陶瓷薄膜涂层制造技术已成为仿生材料工程的重要研究方向之一。生物矿化中诱导无机相结晶的有机质一般富含阴离子基团，因此将功能化基团引入基体表面是仿生薄膜合成的首要步骤，然后将带上功能基团的基体浸入过饱和溶液中，通过控制陶瓷薄膜前驱物溶液的 pH 值、超饱和度及温度等条件，前驱物在功能化表面发生异相成核作用，由于晶核和功能化表面的界面识别，使晶体的定向及形貌得到控制。

18.4.3 复杂结构无机材料的仿生合成

显微结构决定材料的许多特性，如传输行为、催化活性、黏附、贮存和释放动力学。通过材料的表面形貌修饰和引入特殊的显微结构特点（如中孔、多孔）将大大改善材料的上述特性，使材料可用作催化剂、分离膜、多孔生物医用植入体和药物载体等领域。

自然界生物合成的多孔材料结构优越，结构类型多样，为合成这类材料提供了丰富的素材。

(1) SiO_2 多孔分子筛的合成 SiO_2 多孔分子筛的合成是近几年研究最多的一种多孔材料，1992 年美国 Mobil 石油公司的研究人员 Kresage 等首先报道利用表面活性剂的液晶模板合成了具有介晶结构的中孔（Mesoporous）二氧化硅和硅酸铝分子筛（孔径 1.5～10nm），这种分子筛突破了传统分子筛的孔径范围（<2.0nm），从而得到人们的极大关注。Kresage 等合成中孔 SiO_2 分子筛（材料名称为 MCM-41）的主要步骤为：将含十六烷基三甲胺离子（作为表面活性剂）的溶液和四甲基铵硅酸酯（作为 SiO_2 的前驱物）等物种混合，在水热容器中反应 48h（温度 150℃），冷却至室温，用水冲洗，干燥，原合成的产物［约含 40%（质量分数）的表面活性剂］在温度 450℃，流动的氮气中煅烧 1 小时。最后形成规则六方排列的多孔 SiO_2 分子筛材料 MCM-41，孔径约为 4nm 左右，通过改变表面活性剂烷基链的长度和辅助添加剂的组成，孔径可在 3～10nm 范围内变化。

(2) 类生物矿物结构材料的仿生合成 生物矿物的独特的结构使其具有独特的性能，因此合成出具有生物矿物结构的材料本身也是仿生材料工程的重要内容。英国贝兹大学 Mann 领导的小组从 $Ca(HCO_3)_2$-水溶液-十四烷-DDAB（双十烷基二甲基溴化铵）构成的双连续微乳胶出发，仿生合成了类海藻小球（coccosphere）的多孔文石球。Sellinger（1998）等采用浸入涂覆和有机-无机连续自组装技术合成了 PDM（聚十二烷基异丁烯酸盐）/氧化硅间层的类珍珠层结构材料，Oliver 等（1995）合成了与海藻和放射虫贝壳极为相似的磷酸铝盐等类生物矿物材料。

第四篇

无机材料合成前沿领域

随着现代科学技术的发展，新型无机材料的合成与制备得到了迅速的发展，许多具有特殊功能和性质的超微粒、纳米态、无机膜、非晶态、陶瓷、单晶，纤维等各种形式的新材料已被合成出来并相继得到应用，本篇将有选择性地对这些前沿领域作以介绍。

第⑲章 新型合金材料

19.1 非晶态合金

晶体和非晶体都是真实的固体，它们都具有固体的真实属性，区别在于它们微观的原子尺寸结构上的不同。非晶态合金俗称"金属玻璃"，是以极高速度使熔融玻璃态的合金冷却，凝固后的合金呈玻璃态，与金属相比，这种非晶态的固体中原子的排列是无序的，因而性能差异较明显。非晶态合金具有许多优良的性能，表现出高强度、良好的软磁性及耐腐蚀性能等。从 1960 年美国加州理工学院在制备二元合金 Au-Si 以极快的速度冷却制成非晶态的合金后，随各项技术的发展，非晶态合金的制备方法不断增多，以前人们认为只有少量的材料能够制备成非晶态固体，现在则认为形成玻璃的能力几乎是凝固态物体的普遍性质，只要冷却速度足够快和冷却温度足够低，几乎所有材料都可以制备成非金属固体。

19.1.1 非晶态合金的结构特点

研究非晶态材料结构所用的实验技术目前主要沿用分析晶体结构的方法，其中最直接、最有效的方法是通过散射来研究非晶态材料中原子的排列状况。由散射实验测得散射强度的空间分布，再计算出原子的径向分布函数，然后，由径向分布函数求出最近邻原子数及最近原子间距离等参数，依照这些参数，描述原子排列情况及材料的结构。

目前分析非晶态结构，最普遍的方法是 X 射线及电子衍射，中子衍射方法也开始受到重视。近年来还发展了用扩展 X 射线吸收精细结构（EXAFS）的方法研究非晶态材料的结构。这种方法是根据 X 射线在某种元素原子的吸收限附近吸收系数的精细变化，来分析非晶态材料中原子的近程排列情况。EXAFS 和 X 射线衍射法相结合，对于非晶态结构的分析更为有利。

通过 X 射线，电子或电子散射实验的衍射数据可以算出非晶合金的原子尺度结构，其主要的信息是分布函数。在结构上，非晶态原子排列是短程有序的，从总体结构上看是长程无序的，宏观上可将其看作均匀、各向同性的。非晶态结构的另一个基本特征是热力学的不稳定性，存在向晶态转化的趋势，即原子趋于规则排列。

在理论上，可以把非晶态材料中原子的排列情况建立起模型，主要有两类，一类是不连续模型如微晶模型；另一类是连续模型，如连续无律网络模型，硬球无规密堆模型。

微晶模型认为，非晶体材料是由"晶粒"非常细小的微晶粒构成。从这个角度出发，非晶态结构和多晶体结构相似，只是"晶粒"尺寸只有几埃到几十埃。微晶模型认为微晶内的短程有序和晶态相同，但各个微晶的取向是杂乱分布的，形成长程无序结构。从微晶模型计算得出的分布函数和衍射实验结果定性相符，但细节上（定量上）符合得并不理想。同时，只用微晶模型描述非晶态结构中的原子排列情况还存在问题，有一定的局限性。另外还有拓扑无序模型，该模型认为非晶态结构的主要特征是原子排列的混乱和随机性，强调结构的无序性，而把短程有序看做是无规堆积时附带产生的结果。在这一前提下，拓扑无序模型有多种形式，主要有无序密堆硬球模型和随机网络模型。前者是由贝尔纳提出，用于研究液态金属的结构。贝尔纳发现无序密堆结构仅由五种不同的多面体组成，如图 19-1 所示，称为贝尔纳多面体。在该模型中，这些多面体作不规则但又是连续的堆积。无序密堆硬球模型所得出的双体分布函数与实验结果定性相符，但细节上也存在误差。后者的基本出发点是保持最近原子的键长、键角关系基本恒定，以满足化学键的要

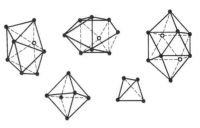

图 19-1 贝尔纳多面体

求。该模型的径向分布函数与实验结果符合得很好。

上述模型对于描述非晶态材料的真实结构还远远不够准确。但目前用其解释非晶态材料的某些特性如弹性、磁性等，还是取得了一定的成功。

19.1.2 非晶态材料的制备

所有的金属熔体都可以通过急冷制成非晶体。也就是说，只要冷却速度足够快，使熔体中原子来不及作规则排列就完成凝固过程，即可形成非晶态金属。但实际上，要使一种材料非晶化，还得考虑材料本身的内在因素，主要是材料的成分及各组分的化学本质。如大多数纯金属即使在 10^6 K/s 的冷却速度下也无法非晶化，而在目前的冷却条件下，已制成了许多非晶态合金。对于一种材料，需要多大的冷却速度才能获得非晶态由其结构因素和动力学因素决定，称为结构判据和动力学判据，结构判据是根据其原子的几何排列，原子间的键合状态及原子尺寸等参数来预测玻璃态等是否易于形成；动力学判据考虑冷却速度和结晶动力学之间的关系，即需要多高的冷却速度才能阻止成核及长大，某些材料的成键形式和非晶转变温度见表 19-1。

表 19-1 某些材料的成键形式和非晶转变温度

玻璃态	成键	T_g/K	玻璃态	成键	T_g/K
SiO_2	共价键	1430	Se	聚合键	310
GeO_2	共价键	820	$Au_{0.8}Si_{0.2}$	金属键	290
Si,Ge	共价键	—	H_2O	氢键	140
$Pd_{0.4}Ni_{0.4}P_{0.2}$	金属键	580	C_2H_5OH	氢键	90
BeF_2	离子键	570	异戊烷	范德瓦尔斯力	65
As_2S_3	共价键	470	Fe、Co、Ni	金属键	—
聚苯乙烯	聚合键	370			

从上表中可知，不同物质形成非晶态的转变温度也不同，对于合金非晶态而言，合金中组元间电负性及原子尺寸的大小对其形成非晶态有一定的影响。一种过渡金属或贵金属和类金属（B，C，N，P，Si）组成的合金易形成非晶态。

19.1.3　非晶态合金的制备方法

要获得非晶态，最根本的条件是要有足够快的冷却速度，为了达到一定的冷却速度，已经发展了许多技术，不同的技术，其非晶态形成过程又有较大区别。制备非晶态材料的方法可归纳为三大类：①由气相直接凝聚成非晶态固体，如真空蒸发、溅射、化学气相沉积等，利用这些方法，非晶态材料的生长速率相当低，一般只用来制备薄膜；②由液态快速淬火获得非晶态固体，是目前应用最广泛的非晶态合金的制备方法；③由结晶材料通过辐照、离子注入、冲击波等方法制得非金属材料；用激光或电子束辐照金属表面，可使表面局面熔化，再以 $4\times10^4\sim5\times10^6\text{K/s}$ 的速度冷却，可在金属表面产生 $400\mu\text{m}$ 厚的非晶层。离子注入技术在材料改性及半导体工艺中应用很普遍。

表 19-2 列出了各种制备方法所得的非晶态材料的形状及应用实例。下面简单介绍几种常用的制备方法。

表 19-2　非晶态材料制备方法

方法		产品形状	应用实例
气相凝聚法	真空蒸发	极薄膜（1～10nm）	Fe，Ni，Mo，W，Si，Ge 等
	离子镀膜	薄膜（10～10^2nm）	稀土-金属系合金
	溅射	薄膜（10～10^2nm）	金属-金属系合金
	化学气相淀积	薄膜（10^2nm 数毫米）	金属-半金属系合金
			Si，Ge 等
			SiC，SiB，SiN，Si，Ge 等
液体急冷法	气枪法	薄片　数百毫克	
	活塞法	薄片　数百毫克	
	离心法	薄带　（宽度≈5mm）	
	单辊法	薄带　（宽度≈100mm）	适用于各种非晶态金属及合金
	双辊法	薄带　（宽度≈10mm）	
	液态拉丝法	细丝	
	喷射法	粉末	

（1）真空蒸发法　真空蒸发法制备元素或合金的非晶态薄膜已有很长的历史了。在真空中（约 1.33×10^{-4}Pa）将材料加热蒸发，所产生的蒸气沉积在冷却的基板衬底上形成非晶态薄膜。其中衬底可选用玻璃、金属、石英等，并根据材料的不同，选择不同的冷却温度。如对于制备非晶态半导体（Si，Ge），衬底一般保持在室温或高于室温的温度；对于过渡金属 Fe，Co，Ni 等，衬底则要保持在液氦温度。制备合金膜时，采用各组元同时蒸发的方法。

真空蒸发法的优点是操作简单方便，尤其适合制备非晶态纯金属或半导体。缺点是合金品种受到限制，成分难以控制，而且蒸发过程中不可避免地夹带杂质，使薄膜的质量受到影响。

（2）溅射法　溅射法是在真空中，通过在电场中加速的氩离子轰击阴极（合金材料制成），使被激发的物质脱离母材而沉积在用液氮冷却的基板表面上形成非晶态薄膜。这种方法的优点是制得的薄膜较蒸发膜致密，与基板的黏附性也较好。缺点是由于真空度较低（$0.133 \sim 1.33$Pa），因此容易混入气体杂质，而且基体温度在溅射过程中可能升高，适于制备晶化温度较高的非晶态材料。

溅射法在非晶态半导体、非晶态磁性材料的制备中应用较多，近年发展的等离子溅射及磁控溅射，沉积速率大大提高，可制备厚膜。

（3）化学气相沉积法（CVD）　目前，这种方法较多用于制备非晶态 Si、Ge、Si_3N_4、SiC、SiB 等薄膜，适用于晶化温度较高的材料，不适于制备非晶态金属。

（4）液体急冷法　将液体金属或合金急冷获得非晶态的方法统称为液体急冷法。可用来制备非晶态合金的薄片、薄带、细丝或粉末，适于大批量生产，是目前实用的非晶态合金制备方法。

用液体急冷法制备非晶态薄片，目前只处于研究阶段，根据所使用的设备不同分为喷枪法［图 19-2（a）］、活塞法［图 19-2（b）］和抛射法［图 19-2（c）］。在工业上实现批量生产的是用液体急冷法制非晶态带材料，主要方法有离心法、单辊法、双辊法。

这些方法的主要生产过程是：将材料（纯金属或合金）用电炉或高频炉熔化，用惰性气体加压使熔料从坩埚的喷嘴中喷到旋转的

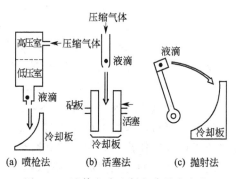

图 19-2　液体急冷法制备非晶态合金

冷却体上,在接触表面凝固成非晶态薄带。

这三种方法各有优缺点,离心法和单辊法,液体和旋转体都是单面接触冷却,尺寸精度和表面光洁度不理想;双辊法是两面接触,尺寸精度好,但调节比较困难,只能做宽度 10mm 以下的薄带。目前较实用的是单辊法,产品宽度在 100mm 以上,长度可达 100m 以上。

19. 1. 4　非晶态合金的性能及其应用

非晶态合金材料在很多方面具有优异的各种性能,在力学性能上,表现为具有极高的强度、硬度和良好的韧性,有些材料的疲劳强度也很高。同时,非晶态合金由于其结构上的无序性特点,不存在磁晶各向异性,而具备软磁特性,易于磁化,没有位错、晶界等晶体缺陷,所以饱和磁感应强度高,矫顽力低,损耗小,是理想的非晶软磁合金。

非晶态合金的高强度、高硬度和高韧性可以被利用制作轮胎、传送带、水泥制品及高压管道的增强纤维;用非晶态合金制成的刀具,如保安刀片,已投入市场。另一方面,利用非晶态合金的机械性能随电学量或磁学量的变化,可制作各种元器件,如用铁基或镍基非晶态合金可制作压力传感器的敏感元件。

目前比较成熟的非晶态软磁合金主要有铁基、铁-镍基和钴基三大类,一般是以钴基和铁基为主,再加入其他合金元素,钴基合金软磁性能好,但成本价格较高,非晶钴基软磁合金主要为

Co、Fe、M、SiB 系，不同性能要求加入不同的 M 元素。这些软磁性能可使非晶软磁合金用于作为磁放大器互感器、电抗器、变压器材料，同时还可以作为磁头材料、磁屏蔽材料、磁致伸缩材料及磁泡材料等。

非晶态金属材料还具有耐腐蚀性，在中性盐溶液和酸性溶液中具有耐腐蚀性要优于晶态金属中耐蚀性能较好的不锈钢。

非晶态合金的耐蚀性主要是由于生产过程中的快冷，导致扩散来不及进行，所以不存在第二相，组织均匀；其无序结构中不存在晶界，位错等缺陷；非晶态合金本身活性很高，能够在表面迅速形成均匀的钝化膜，阻止内部进一步腐蚀。目前对耐蚀性研究较多的是铁基、镍基、钴基非晶态合金，其中大都含有铬。如 $Fe_{70}Cr_{10}P_{13}C_7$、$Ni-Cr-P_{13}B_7$ 等。利用非晶态合金的耐蚀性，用其制造耐腐蚀管道、电池的电极、海底电缆屏蔽、磁分离介质及化工用的催化剂、污水处理系统中的零件等都已达到实用阶段。

非晶态材料在室温电阻率较高，比一般晶态合金高 2～3 倍，而且电阻率与温度之间的关系也与晶态合金不同，变化比较复杂，多数非晶态合金具有负的电阻温度系数，有些非晶态合金还具有良好的催化性能如用 $Fe_{20}Ni_{60}B_{20}$ 作为 CO 氢化反应的催化剂。

从 20 世纪 50 年代开始，人们就发现非晶态金属及合金具有超导电性。1975 年以后，用液体急冷法制备了多种具有超导电性的非晶态合金，为超导材料的研究开辟了新的领域。从发展上看，非晶态超导材料良好的韧性及加工性能应引起人们足够的重视。非晶半导体是一类当代重要的新材料，基本上可以分为共价键非晶半导体和离子键非晶半导体，前者如 Si、Ge、InSb、GaSb 等；后者主要是氧化物玻璃，如 $V_2O_5-P_2O_5$、$V_2O_5-GeO_2-BaO$ 等，这些材料应用于半导体器件上，如非晶硅作为太阳能电池，在太阳光谱最强的范围内，此非晶硅的光吸收系数强，光电转换效率大于 10%。

总之，非晶态材料是一种大有前途的新材料，但也有不如人意之处。其缺点主要表现在两方面，一是由于采用急冷法制备材料，使其厚度受到限制；二是热力学尚不稳定，受热有晶化倾向。解决的办法主要是采取表面非晶化及微晶化。可根据其不同的特殊性能加以利用。非晶态合金的主要特性及应用见表 19-3。

表 19-3 非晶态合金的主要特性及应用

主要特征	实际应用材料
高强度、高韧性	结构加强材料
高电阻率、低温度系数	高电阻材料、精密电阻合金材料
高导磁率、低矫顽力	磁分离、磁屏蔽、磁头、磁芯材料
高磁感、低损耗	功率变压器、磁芯材料
高耐蚀性	刀具材料、电极材料、表面保持材料
恒体积、恒弹性	不胀钢材料、恒弹性合金材料
超导电性	超导材料
高磁致伸缩	应变仪、延迟线、磁致伸缩振子材料
高磁能积	永磁薄膜材料
低居里点	磁温敏感、磁热贮存、复写材料
低熔点、柔软性	钎焊材料
大的霍尔效应	霍尔元件
垂直各向异性	泡畴器件材料

19.2 记忆合金

在研究 Ti-Ni 合金时人们发现：原来弯曲的合金丝被拉直后，当温度升高到一定值时，它又恢复到原来弯曲的形状。人们把种现象称为形状记忆效应（Shape Memory Effect）简称 SME，具有形状记忆效应的金属称为形状记忆合金（SMA）。

形状记忆现象的发现可追溯到 1932 年，美国在研究 Au-Cd 合金时观察到马氏体随温度变化而消长；1938 年美国哈佛大学和麻省理工学院发现 Cu-Sn，Cu-Zn 合金在马氏体相变中的形状记忆效应；同年前苏联对 Cu-Al-Ni，Cu-Sn 合金的形状记忆机理进行了研究；1951～1953 年，美国分别在 Au-Cd，In-Ti 合金中观察到形状记忆效应。20 世纪 30 年代初，形状记忆效应只被看作一种现象，Ti-Ni 合金形状记忆效应发现后，美国研制了最初实用的形状记忆合金 "Nitinol"。

19.2.1 记忆合金的马氏体相变原理

大部分形状记忆合金的形状记忆机理是热弹性马氏体相变。马氏体相变往往具有可逆性，即把马氏体（低温相）以足够快的速度加热，可以不经分解直接转变为高温相（母相）。母相向马氏体相转变开始，终了温度称为 M_s、M_f。马氏体向母相逆转变开始、终了温度称为 A_s、A_f，图 19-3 为马氏体与母相平衡的热力学条件。具有马氏体逆转变，且 M_s 与 A_s 相差很小的合金，将其冷却到 M_s 点以下，马氏体晶核随温度下降逐渐长大，温度回升时马氏体片又反过来同步地随温度上升而缩小，这种马氏体叫热弹性马氏体。在 M_s 以上某一温度对合金施加外力也可引起马氏体转变，

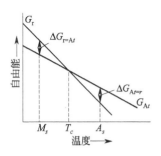

图 19-3　马氏体与母相的
平衡温度

形成的马氏体叫应力诱发马氏体。有些应力诱发马氏体也属弹性马氏体，应力增加时马氏体长大，反之马氏体缩小，应力消除后马氏体消失，这种马氏体叫应力弹性马氏体。应力弹性马氏体形成时会使合金产生附加应变，当除去应力时，这种附加应变也随之消失，这种现象称为超弹性（伪弹性）。

母相受力生成马氏体并发生形变，或先淬火得到马氏体，然后使马氏体发生塑性变形，变形后的合金受热（温度高于 A_s）时，马氏体发生逆转变，回复母相原始状态；温度升高至 A_f 时，马氏体消失，合金完全回复到原来的形状。但是具有热弹性马氏体相变的材料并不都具有形状记忆效应。

形状记忆材料应具备如下条件：马氏体相变是热弹性的；马氏体点阵的不变切变为孪变，亚结构为孪晶或层错；母相和马氏体均为有序点阵结构。

目前已知的一些形状记忆合金，除 In-Ti，Fe-Pd 和 Mn-Cu 合金为无序结构外，其余都是有序结构。一般来说，形成有序晶格和热弹性型马氏体相变是形状记忆合金的基本条件。

形状记忆效应有三种形式。

第一种称为单向形状记忆效应，即将母相冷却或加应力，使之发生马氏体相变，然后使马氏体发生塑性变形，改变其形状，再重新加热到 A_s 以上，马氏体发生逆转变，温度升至 A_s 点，马氏体完全消失，材料完全恢复母相形状。一般没有特殊说明，形状记忆

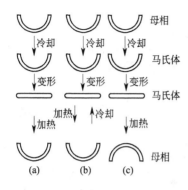

图 19-4 形状记忆效应的
三种形式

效应都是指这种单向形状记忆效应，见图 19-4(a)。

有些形状记忆合金在加热发生马氏体逆转变时，对母相有记忆效应；当从母相再次冷却为马氏体时，还回复马氏体的形状，这种现象称为双向形状记忆效应，又称可逆形状记忆效应，见图 19-4(b)。

第三种情况是 Ti-Ni 合金系中发现的，在冷热循环过程中，形状恢复到与母相完全相反的形状，称为全方位形状记忆效应，见图 19-4(c)。

19.2.2 形状记忆合金

已发现的形状记忆合金种类很多，可以分为 Ni-Ti 系、Cu 系、Fe 系合金三大类。另外，近年发现一些聚合物和陶瓷材料也具有形状记忆功能，其形状记忆原理与合金不同，还有待于进一步研究。

目前已实用化的形状记忆材料只有 Ti-Ni 合金和铜系形状记忆合金。近年来 Ti-Ni 合金基础上，加入 Nb，Cu，Fe，Al，Si，Mo，V，Cr，Mn，Co，Zr，Pb 等元素，开发了 Ti-Ni-Cu，Ti-Ni-Nb，Ti-Ni-Pb，Ti-Ni-Fe，Ti-Ni-Cr 等新型 Ti-Ni 合金。上述合金元素对 Ti-Ni 合金的 M_s 点有明显影响，也使 A_s 温度降低，即使伪弹性向低温发展。Ti-Ni 系合金是最有实用前景的形状记忆材料，性能优良，可靠性好，并且与人体有生物相容性，但成本高，加工困难。

与 Ti-Ni 合金相比，Cu-En-Al 制造加工容易价格便宜，有良好的记忆性能，但由于其热稳定差，晶界易断裂，多晶合金疲劳特性差，脆性强，限制了其应用。

铁系形状记忆合金发展较晚，主要有 Fe-Pt，Fe-Pd，Fe-Ni-Co-Ti，Fe-Mn-Si 等合金，另外，目前已知高锰钢和不锈钢也具有不完全性的形状记忆效应。

铁基形状记忆合金成本较 Ti-Ni 系和铜系合金低得多，易于加工，在应用方面具有明显的竞争优势。目前的研究集中在 Fe-Mn-Si 合金上，近年来许多学者在这方面作了大量研究，在铁基记忆合金中加入 Cr，Ni，Co，Ti 等合金元素，可改善形状记忆效应。$Fe_{14}Mn_6Si_9Cr_5Ni$ 合金形状恢复率可达 5%，具有实用性。有人对铁基形状记忆合金的耐蚀性作了深入研究，结果表明：FeMnSi-CrNi 合金在碱性介质中具有较好的耐蚀性，其耐腐蚀性能是不锈钢的 4~5 倍，抗晶间腐蚀性也优于不锈钢。

19.2.3 形状记忆材料的应用

形状记忆材料主要应用于工程和医学方面，还应用于智能领域。

形状记忆材料在工程上的应用很多，最早的应用就是作各种结构件，如紧固件、连接件、密封垫等。另外，也可以用于一些控制元件，如一些与温度有关的传感及自动控制。

20 世纪 60 年代初 Ti-Ni 合金首次被用于海军飞机液压系统的接头，并取得了成功。普通的管接头由于热胀冷缩，容易引起泄漏，造成飞行事故。据统计，全部飞行事故中 1/3 是由于液压系统接头泄漏而引起的。用形状记忆合金加工成内径比欲连接管的外径小 4% 的套管，然后在低温（M_f 以下温度）将套管扩径约 8%，装配后，当温度升到室温，套管恢复原来的内径，形成紧密的压合。美国已在喷气式战斗机的液压系统中使用了 10 多万个这类接头，至今未有漏油或破损、脱落等事故。这类管接头还可用于舰船管道、海底输油管道的修补，代替在海底难以进行的焊接工艺。据报道，最近研制的宽滞后 Ti-Ni 合金（向 Ti-Ni 合金中加入 Nb，或通过变形使 A_s 温度高于室温），上述管接头扩径、贮存和运输已不必在液氮冷却的条件下进行，可以室温操作，这无疑使形状记忆合金的应用领域更加广阔。

形状记忆合金作紧固件、连接件较其他材料有许多优势：夹紧力大，接触密封可靠，避免了由于焊接而产生的冶金缺陷；适于不易焊接的接头；金属与塑料等不同材料可以通过这种连接件连成一体；安装时不需要熟练的技术。

把形状记忆合金制成的弹簧与普通弹簧安装在一起，可以制成自控元件。如图在高温（A_f 以上温度）和低温时，形状记忆合金弹簧由于发生相变，母相与马氏体强度不同，使元件向左、右不同方向运动。这种构件可以作为暖气阀门，温室门窗自动开启的控制，描笔式记录器的驱动，温度的检测、驱动。形状记忆合金对温度比双金属片敏感得多，可代替双金属片用于控制和报警装置中（见图 19-5）。

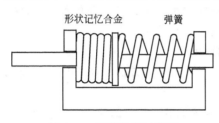

形状记忆合金　　　弹簧

图 19-5　报警装置示意图

医学上使用的形状记忆合金主要是 Ti-Ni 合金，这种材料对生物体有较好的相容性，可以埋入人体作为移植材料。在生物体内部作固定折断骨架的销、进行内固定接骨的接骨板，由于体内温度 Ti-Ni 合金发生相变，形状改变，不但能将两段骨固定住，而且能在相变过程中产生压力，迫使断骨很快愈合。另外，假肢的连接、矫正脊柱弯曲的矫正板，都是利用形状记忆合金治疗的实例。

在内科方面，可将细的 Ti-Ni 丝插入血管，由于体温使其恢复到母相的网状，阻止 95％的凝血块不流向心脏。用记忆合金制成肌纤维与弹性体薄膜心室相配合，可以模仿心室收缩运动，制造人工心脏。

形状记忆合金是一种集感知和驱动双重功能为一体的新型材料，因而可广泛应用于各种自调节和控制装置，如各种智能、仿生机械。形状记忆薄膜和细丝可能成为未来机械手和机器人的理想材料，它们除温度外不受任何其他环境条件的影响，可望在核反应堆、加速器、太空实验室等高技术领域大显身手。

利用形状记忆合金伪弹性的应用实例还不多。在医疗方面最典型的应用是牙齿矫正线，依靠固定在牙齿托架上的金属线（Ti-Ni 合金线）的弹力来矫正排列不整齐的牙齿，这种方法已大量应用于临床。眼镜片固定丝也是伪弹性应用的一个例子，当固定丝装入眼镜片凹槽内时并不紧，利用其伪弹性逐渐绷紧，可使镜片冬季不易脱落。

近年来，日本研制出一种形状记忆塑料-苯乙烯和丁二烯聚合物。当加热至 60℃时，丁二烯部分开如软化，而苯乙烯仍保持坚硬，以此来保持形状记忆功能。形状记忆塑料制成的连接器加热变软，连接两段管子，冷却后变硬恢复原有直径，这种连接器可产生很高的结合强度，可以在家庭内使用。日本几家汽车公司甚至设想把形状记忆塑料制成的汽车保险杠和易撞伤部位，一旦汽车撞瘪，只要稍微加热（如用电吹风），就会恢复原形。总之，聚合物形状记忆材料具有广阔的应用前景。

19.3 贮氢合金

当前，人类面临着能源危机，作为主要能源的石油、煤炭和天然气由于长期的过量开采已濒临枯竭。为了开发新能源，人们想到了利用太阳能、地热、风能及海水的温差等，试图将它们转化为二次能源。氢是一种非常重要的二次能源，它的资源丰富、发热值高，燃烧 1kg 氢可产生 141420kJ 的热量，比任何一种化学燃料的发热值都高。氢燃烧后生成水，不污染环境。鉴于以上种种优点，氢能源的开发引起了人们极大的兴趣。遇到的问题主要是制氢工艺和氢的贮存。目前，倾向于用光解法制氢——利用太阳能，到海水中取氢，这是大量制氢最有希望的方向。

氢的存贮是一个更大的难题。虽然可将氢气存贮于钢瓶中，但这种方法有一定危险，而且贮氢量小（15MPa，氢气重量尚不到钢瓶重量的 1/100），使用也不方便。液态氢比气态氢的密度高许多倍，固然少占容器空间，但是氢气的液化温度是 -165℃，为了使氢保持液态，还必须有极好的绝热保护，绝热层的体积和重量往往与贮箱相当。大型运载火箭使用液氢作为燃料，液氧作为氧化剂，其存贮装置占去整个火箭一半以上的空间。为了解决氢的存贮和运输问题，人们想到了用金属贮氢。最早发现 Mg-Ni 合金具有贮氢功能，随后又开发了 La-Ni，Fe-Ti 贮氢合金，此后，新型贮氢合金不断出现。

19.3.1 贮氢合金的贮氢原理

许多金属（或合金）可固溶氢气形成含氢的固溶体（MH_x），固溶体的溶解度 $[H]_M$ 与其平衡氢压 pH_2 的平方根成正比。在一定温度和压力条件下，固溶相（MH_x）与氢反应生成金属氢化物，反应式如下：

$$\frac{2}{y-x}MH_x + H_2 \rightleftharpoons \frac{2}{y-x}MH_y + \Delta H \quad \Delta H < 0$$

式中，MH_y 为金属氢化物，ΔH 为生成热。贮氢合金正是靠其与氢起化学反应生成金属氢化物来贮氢的。

作为贮氢材料的金属氢化物，就其结构而论，有两种类型。一类是Ⅰ和Ⅱ主族元素与氢作用，生成的 NaCl 型氢化物（离子型氢化物）。这类化合物中，氢以负离子态嵌入金属离子间。另一类是Ⅲ和Ⅳ族过渡金属及 Pb 与氢结合，生成的金属型氢化物。其中，氢以正离子态固溶于金属晶格的间隙中。

金属与氢的反应，是一个可逆过程（如上式）。正向反应，吸氢、放热；逆向反应，释氢、吸热，改变温度与压力条件可使反应按正向、逆向反复进行，实现材料的吸、释氢功能。换言之，是金属吸氢生成金属氢化物还是金属氢化物分解释放氢，受温度、压力与合金成分多种因素的影响。各种氢化物特性比较见表 19-4。

19.3.2 贮氢合金的分类

并不是所有与氢作用能生产金属氢化物的金属（或合金）都可以作为贮氢材料。实用的贮氢材料应具备如下条件。

① 吸氢能力大，即单位质量或单位体积贮氢量大。

② 金属氢化物的生成热要适当，如果生成热太高，生成的金属氢化物过于稳定，释氢时就需要较高温度；反之，如果用作热贮藏，则希望生成热高。

③ 平衡氢压适当。最好在室温附近只有几个大气压，便于贮氢和释放氢气。且其 p-C-T 曲线有良好的平坦区，平坦区域要宽，倾斜程度小，这样，在这个区域内稍稍改变压力，就能吸收或释放较多的氢气。

④ 吸氢、释氢速度快。

⑤ 传热性能好。

⑥ 对氧、水和二氧化碳等杂质敏感性小，反复吸氢、释氢时，材料性能不致恶化。

表 19-4　各种氢化物特性比较

金属氢化物	氢含有率（质量分数）/%	分解压/MPa	生成热/(kcal/mol·H_2)
LiH	12.7	0.1(894℃)	−43.3
MgH_2	7.6	0.1(290℃) 0.1	−17.8
$Mg_2HiH_{4.0}$	3.6	(250℃)	−15.4
$MgCaH_{3.72}$	5.5	0.1(350℃) 0.1	−17.4
Mg_2Cu-H	2.7	(169℃)	−17.4
$CeMg_{12}-H$	4.0	0.3(325℃)	—
AlH_3	10.1	—	−2.7
$LaNi_5H_{6.0}$	1.4	0.4(50℃)	−7.2
$MmNi_5H_{6.3}$	1.4	3.4(50℃)	−6.3
$MmNi_{2.5}Co_{2.5}H_{5.2}$	1.2	0.6(50℃)	−5.5
$MmCo_5H_{3.0}$	0.7	0.3(50℃)	−9.6
$MmNi_{4.5}Al_{0.5}H_{4.9}$	1.2	0.5(50℃)	−5.5
$MmNi_{4.5}Si_{0.5}H_{3.8}$	0.9	2.1(50℃)	−6.0
$MmNi_{4.5}Cr_{0.25}Mn_{0.25}H_{6.9}$	1.6	0.5(50℃)	−7.1
$MmNi_{4.5}Al_{0.45}Ti_{0.05}H_{5.3}$	1.3	0.3(50℃)	—
$MmNi_{4.5}Mn_{0.5}Zr_{0.05}H_{7.0}$	1.6	0.4(50℃)	−7.9
$LaNi_{4.6}Al_{0.4}H_{5.5}$	1.3	0.2(80℃)	−9.1
$TiFeH_{1.9}$	1.8	1(50℃)	−5.5
$TiFe_{0.35}Mn_{0.15}H_{1.5}$	1.8	0.5(40℃)	—
$TiCo_{0.5}Mn_{0.5}H_{1.7}$	1.6	0.1(90℃)	−11.2
$TiCo_{0.75}Ni_{0.5}H_{1.2}$	1.1	0.1(70℃)	−10.1
$TiCo_{0.75}Ni_{0.25}H_{1.5}$	1.4	0.1(156℃)	−15.2
$TiFe_{0.8}Be_{0.2}H_{1.34}$	1.4	0.25(50℃)	3.66(kcal/g)
$TiFe_{0.8}Ni_{0.15}V_{0.05}H_{1.6}$	1.6	0.1(79℃)	−10.2
$TiMn_{1.5}H_{2.47}$	1.8	0.5～0.8(20℃)	−6.8
$Ti_{0.75}Al_{0.25}H_{1.5}$	3.4	0.1(100℃)	−11.3
$TiFe_{0.8}Mn_{0.2}Zr_{0.05}H_{2.2}$	2.0	0.55(80℃)	—
$Ti_{1.2}Cr_{1.2}V_{0.8}H_{4.6}$	3.0	0.4(140℃)	−9.1
$ZrMn_2H_{3.46}$	1.7	0.1(140℃)	−9.3
VH_2	3.8	0.8(50℃)	−9.6
$V_{0.8}Ti_{0.2}H_{1.6}$	3.1	0.3～1(100℃)	−11.8

⑦ 在贮存与运输中性能可靠、安全、无害。

⑧ 化学性质稳定，经久耐用。

⑨ 价格便宜。

能够基本上满足上述要求的主要合金成分有：Mg，Ti，Nb，V，Zr 和稀土类金属，添加成分有 Cr，Fe，Mn，Co，Ni，Cu 等。

目前研究和已投入使用的贮氢合金主要有稀土系、钛系、镁系几类。另外，可用于核反应堆中的金属氢化物及非晶态贮氢合金、复合贮氢材料已引起人们极大兴趣。

(1) 镁系贮氢合金　最早研究的贮氢材料。镁与镁基合金贮氢量大 [MgH_2 约 7.6%（质量分数）]、重量轻、资源丰富、价格低廉。主要缺点是分解温度过高（250℃），吸收氢速度慢，使镁系合金至今处于研究阶段，尚未实用。

日本研制了两种以 Mg_2Ni 型合金为基础的贮氢合金。一种是用 Al 或 Ca 置换 Mg_2Ni 中的部分 Mg，形成 $Mg_{2-x}M_xNi$ 合金（M 代表 Al 或 Ca），其 $0.01 \leqslant x \leqslant 1.0$。这种合金吸、释氢速度比 Mg_2Ni 大 40% 以上，且可通过控制 X 值调节平衡压。另一种是用 V、Cr、Mn、Fe、Co 中任何一种置换 Mg_2Ni 中部分 Ni，形成 $M_2Ni_{1-x}M_x$ 合金，氢化速度和分解速度均比 Mg_2Ni 提高。

Mg 与 Cu 也可形成 Mg_2Cu，$MgCu_2$ 二种金属化合物。Mg_2Cu 与 H_2 在 300℃，2MPa 下反应

$$2Mg_2Cu + 3H_2 \Longrightarrow 3MgH_2 + MgCu_2$$

分解压为 0.1MPa 时，温度 169℃，但最大吸氢量仅为 2.7%（质量分数）。此外，稀土与 Mg 可形成 $ReMg_{12}$，$ReMg_{17}$，Re_5Mg_{41} 等金属化合物，其中 Re 代表 La，Ce 或 Mm（La、Ce、Sm 混合稀土元素）。$CeMg_{12}$ 贮氢量 6%（质量分数）（325℃，3MPa），$LaMg_{12}$ 贮氢量 4.5%（质量分数），分解压与 MgH_2 相当。$LaMg_{12}$ 释氢反应速度较 $CeMg_{12}$ 快。

目前，镁系贮氢合金的发展方向是通过合金化，改善 Mg 基合金氢化反应的动力学和热力学。研究发现，Ni，Cu，Re 等元素对 Mg 的氢化反应有良好的催化作用，对 Mg-Ni-Cu 系，Mg-Re 系，Mg-Ni-Cu-M（M = Cu，Mn，Ti）系，La-M-Mg-Ni（M = Zr，Ca）系及 Ce-Ca-Mg-Ni 系多元镁基贮氢合金的研究和开发正在进行。

(2) 稀土系贮氢合金　$LaNi_5$ 是稀土系贮氢合金的典型代表。

其优点是室温即可活化，吸氢、放氢容易，平衡压力低，滞后小，抗杂质等；缺点是成本高，大规模应用受到限制。

为了克服 $LaNi_5$ 的缺点，在它的基础上相继开发了稀土系多元合金如 $(MmCa)_{0.95}Cu_{0.05}(NiAl)_5$，$Mm_{0.95}Cu_{0.05}(NiAl)_5Zr_{0.1}$ 等。（Mm表示混合稀土合金）多元合金化可以综合提高贮氢特性，并满足某些特殊要求，主要用于制备高压氢。图 19-6 为 $MmNi_5$ 系合金的开发系统图。

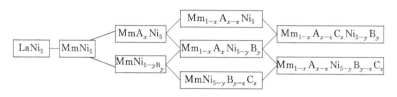

图 19-6 $MmNi_5$ 系合金的开发系统图

M 为过渡金属，钛铁合金是钛和铁可形成 TiFe 和 $TiFe_2$ 两种稳定的金属间化合物，TiFe 基本上不与氢反应，后者贮氢性能好，以过渡金属（M）、Co、Cr、Cu、Mn、Mo、Ni、Nb、V 等置换部分的 Fe，形成 $TiFe_{1-x}M_x$ 后，贮氢和释氢的性能得到增强，在钛锰系合金中，二元合金 $TiMn_{1.5}$ 贮氢性能最佳，室温下可活化，如果 Ti 量增大，吸氢量增大，但有可能形成稳定的氢化物，室温下的释氢量减少。

以 TiMn 为基的多元合金主要有 $TiMn_{1.4}M_{0.1}$（M 为 Fe，Co，Ni 等）；$Ti_{0.8}Zr_{0.2}Mn_{1.8}M_{0.2}$（M 为 Co，Mo 等），$Ti_{0.9}Zr_{0.1}Mn_{1.4}V_{0.2}Cr_{0.4}$ 等。其中 $Ti_{0.9}Zr_{0.1}Mn_{1.4}V_{0.2}Cr_{0.4}$ 贮氢性能最好，室温最大吸氢量 2.1%（质量分数）。氢化物在 20℃ 的分解压为 0.9MPa，室温下最大释氢量 163mL/g，生成热 −7.0kcal/mol。

19.3.3 贮氢合金的应用

（1）作为贮运氢气的容器 如前所述，传统的贮氢方法，如钢瓶贮氢及贮存液态氢都有诸多缺点，而贮氢合金的出现解决了上述问题。首先，氢以金属氢化物形式存在于贮氢合金之中，其原子密度比相同温度、压力条件下的气态氢大 1000 倍。如采用 $TiMn_{1.5}$ 制成贮氢容器与高压（15MPa）钢瓶，液氢贮存装置相比，在贮氢

量相等的情况下，三者的重量比为 1∶1.4∶0.2，体积比为 1∶4∶
1.3。可见用贮氢合金作贮氢容器具有重量轻、体积小的特点。其
次，用贮氢合金贮氢，无需高压及贮存液氢的极低温设备和绝热措
施，节能能量，安全可靠。目前主要方向是开发密度小、贮氢效率
高的合金。

氢贮运装置分两类：固定式和移动式。移动式贮氢装置主要
用于大规模贮存氢气及车辆燃料箱等。贮氢装置的结构有多种，
由于金属-氢的反应存在热效应，所以贮氢装置一般为热交换器
结构，其中贮氢材料多与其它材料复合，形成复合贮氢材料。

（2）氢能汽车 贮氢合金作为车辆氢燃料的贮存器，目前处于
研究试验阶段。如德国曾试验氢燃料汽车，采用 200kg 的 TiFe 合
金贮氢，行驶 130km。我国也于 1980 年研制出一辆氢源汽车，贮
氢燃料箱重 90kg，乘员 12 人，时速 50km，行驶了 40km。当前的
主要问题是贮氢材料的重量比汽油箱重量大得多，影响汽车速度。
但氢的热效率高于汽油，而且燃烧后无污染，使氢能汽车的前景十
分诱人。

（3）分离、回收氢 工业生产中，有大量含氢的废气排放到空
中白白浪费了。如能对其加以分离、回收、利用，则可节约大量的
能源。氢化物分离氢气的方法与传统方法不同，当含氢的混合气体
（氢分压高于合金-氢系平衡压）流过装有贮氢合金的分离床时，氢
被贮氢合金吸收，形成金属氢化物，杂质排出；加热金属氢化物，
即可释放出氢气。如采用一种由 $LaNi_5$ 与不吸氢的金属粉与黏结
材料混合压制烧结成的多孔颗粒作为吸氢材料，分离合成氨生产气
中的氢。另外，可用金属氢化物分离氢与氮，原理与上述的从混合
气体中分离氢大致相同。有试验证明，用 $MnNi_5 + MlNi_{4.5}M_{0.5}$ 二
级分离床分离含 He，H_2 的混合气体，氢回收率可达 99%，可有
效分离 H_2 与 He（Ml 为富含 La 与 Nd 的混合稀土合金）。

（4）制取高纯度氢气 利用贮氢合金对氢的选择性吸收特性，
可制备 99.9999% 以上的高纯氢。如含有杂质的氢气与贮氢合金接
触，氢被吸收，杂质则被吸附于合金表面；除去杂质后，再使氢化
物释氢，则得到的是高纯度氢气。在这方面，$TiMn_{1.5}$ 及稀土系贮

氢合金应用效果较好，德国、日本和我国对氢净化器都有深入研究。如浙江大学研制的净化器，选用了 $MlNi_5$ 型贮氢合金。高纯度氢在电子工业、光纤生产方面有重要作用。已实用氢化物电极合金材料见表 19-5。

此外，由于改变金属氢化物温度，其氢分解压也随之变化，由此实现热能与机械能之间的转换，从而制造出氢气静压机。

到目前为止，已开发了各种氢化物压缩器，如荷兰菲利浦公司研制的氢化物压缩器，使用 $LaNi_5$ 贮氢合金，在 160℃ 和 15℃ 下循环操作，氢压从 0.4MPa 增加到 4.5MPa；美国布鲁克赫文实验室使用 VH_2 氢化物，工作温度 18～50℃，压力由 0.7MPa 增至 2.4MPa；美国 1981 年研制了一台氢压机样机，使用 $LaNi_{4.5}Al_{0.5}$ 贮氢合金，300℃ 氢压力可达 7.5MPa。大多数的氢化物压缩器用于氢化物热泵、空调机、制冷装置、水泵等。上述压缩器只具备增压功能，在 100℃ 以下加热条件下只能获得中等压力的氢气；我国开发的一系列氢化物净化物净化压缩器兼有提纯与压缩两种功能。其中 MH HC17/15 型压缩器使用 $(MnCa)_{0.95}Cu_{0.05}(NiAl)_5$ 作为净化压缩介质，在温度低于 100℃ 的情况下，可获得 14MPa 的高压氢，可直接充灌钢瓶。

表 19-5 已实用氢化物电极合金材料

合金类型		MH 电极合金实例	开发研究单位
	$LaNi_5$ 系	$La_{0.8}Nd_{0.2}Ni_{2.5}Co_{2.4}Al_{0.1}$	荷兰 Philips 公司
		$La_{0.8}Nd_{0.15}Zr_{0.05}Ni_{3.8}Co_{0.7}Al_{0.5}$	日本大阪工业技术研究所
	$MiNi_5$ 系	$MiNi_{3.55}(CoMnTi)_{1.55}$	中国浙江大学东方氢化物技术公司
AB_5 型	$MmNi_5$ 系	$MmNi_{3.55}Co_{0.75}Mn_{0.4}Al_{0.3}$	日本松下电池公司
		$Mm_{0.85}Zr_{0.15}Ni_{4.0}Al_{0.8}V_{0.2}$	日本大阪工业技术研究所
		$MmNi_{4.2-x}Co_xMn_{0.6}Al_{0.2}$	日本东芝电池公司
	MmB_x	MmB_x ($x=4.55～4.76m$, $B=Ni$, Co, Mn, Al)	日本三洋电池公司
	$TiNi$ 系	Ti_2-TiNi 基多元合金（$V, Cr, Zr,$ Mn, Co, Cu 置换部分 Ni）	日本 Tokai 大学
	$C14$ 型	$Ti_{17}Zr_{16}V_{15}Ni_{39}Cr_7$	美国 Ovnie 公司
	$C14$ 型	$ZrMn_{0.3}Cr_{0.2}V_{0.3}Ni_{1.2}$	日本松下电池公司

（5）氢化物电极　20 世纪 70 年代初，发现 $LaNi_5$ 和 TiNi 等贮氢合金具有阴极贮氢能力，而且对氢的阴极氧化也有催化作用。但由于材料本身性能方面的原因，使贮氢合金没有作为电池负极的新材料而走向实用化。1984 年以后，由于 $LaNi_5$ 基多元合金在循环寿命方面的突破，用金属氢化物电极代替 Ni-Cd 电池中的负极组成的 Ni/MH 电池才开始进入实用化阶段。

贮氢合金的应用很多，除上面介绍的几个方面外，在热能的贮存与运输、金属氢化物热泵、空调与制冷、均衡电场负荷方面都有广阔的应用前景，许多潜在的项目也在积极开发。

第⑳章　先　进　陶　瓷

随着陶瓷材料的迅速发展，陶瓷材料应用范围不断扩大，已经覆盖了国民经济的各个领域，成为人类生活和生产中不可或缺的材料。陶瓷（Ceramics）一词来源于希腊词"Keramos"，词义上的解释是"The art of making potty"。近几十年来，陶瓷材料的发展非常迅速，研究的重点转向了由传统陶瓷发展起来的先进陶瓷（Advanced ceramics）。

先进陶瓷又称为新型陶瓷、特种陶瓷、现代陶瓷、高技术陶瓷以及精细陶瓷等。它是采用超细、高纯的无机非金属物质为原料，采用精密的成型和烧结工艺而制成。先进陶瓷与传统陶瓷比较，具有以下的不同。

（1）在原料选择上，传统陶瓷以黏土、长石以及石英为主要原料，基本为天然矿物。先进陶瓷一般以超细、高纯的人工合成化合物为主要原料。

（2）在制备工艺上，传统陶瓷以通用工业窑炉为主要生产设备进行普通烧成。先进陶瓷一般采用热压烧结、真空烧结、微波烧结、等离子烧结等手段。

（3）在组织结构上，传统陶瓷多为非致密坯体表面上釉，先进陶瓷致密不上釉。

（4）在性能上，先进陶瓷具有不同的特殊性质和功能，如高强度、耐腐蚀、导电、绝缘以及在磁、声、光、生物医学各方面具有特殊性能。

20.1　结构陶瓷

结构陶瓷又称为高温结构陶瓷或工程陶瓷。关于结构陶瓷，至今尚无统一的定义，有代表性的表述方法主要有如下几种：发挥材料机械、热、化学和生物等效能的一大类先进陶瓷；一种坚硬耐磨，而且具有耐高温、耐腐蚀、抗压、不老化等结构性能的陶瓷材料；能在高温、一定应力、较高氧化以及腐蚀气氛介质下使用的陶瓷；一类在1000℃高温下抗形变和断裂优于金属的陶瓷材料。结构陶瓷因其具有耐高温、高耐磨、耐腐蚀、耐冲刷等一系列的优异性能，可以承受金属材料和高分子材料难以胜任的严酷工作环境，常常成为新兴科学技术得以实现的关键，在能源、航天航空、机械、汽车、冶金、化工、电子和生物医学等方面具有广阔的应用前景及潜在的巨大经济和社会效益。

20.1.1 结构陶瓷分类

（1）按组分分类

① 氧化物陶瓷　如氧化铝、莫来石、增韧氧化锆等。

② 氮化物陶瓷　如氮化硅、氮化铝、氮化硼等。

③ 碳化物陶瓷　如碳化硅、碳化钛、碳化硼等。

④ 硼化物陶瓷　如硼化钛、硼化锆等。

（2）按用途划分

① 机械陶瓷　如密封件、切削刀具、轴承等。

② 发动机用陶瓷　如燃气轮机叶片、活塞顶等。

③ 化工用陶瓷　如坩埚、热交换器、耐腐蚀部件等。

④ 生物陶瓷　如骨填充料、人工关节等。

⑤ 核陶瓷　产氚技术中的调节棒、慢化剂材料等。

⑥ 提高生活质量日用陶瓷　如陶瓷剪刀、钓鱼竿、高尔夫球棒等。

20.1.2 氧化物陶瓷

（1）氧化铝陶瓷　氧化铝陶瓷是一种以 $\alpha\text{-Al}_2\text{O}_3$ 为主晶相的陶瓷材料，其中氧化铝含量在 $75\%\sim99.9\%$ 之间。习惯上根据陶瓷中氧化铝含量的不同，将其分为 75 瓷、90 瓷、95 瓷等，含 $\alpha\text{-Al}_2\text{O}_3$ 很高的氧化铝陶瓷有时以其主晶相的矿物名称命名，称为刚玉瓷。

氧化铝陶瓷的机械强度较高，绝缘电阻大，具有耐磨、耐腐蚀、耐高温特性，因此可以用作电子陶瓷，如真空器件、装置瓷、电路基板、火花塞绝缘瓷等。利用其强度和硬度高等性能作为纺织

瓷件、磨料磨具、轴承及各种内衬等。利用其良好的化学稳定性和
生物相容性，可以用作化工和生物陶瓷，如催化载体及人工关节
等。透明氧化铝陶瓷具有优异的性能，如对可见光和红外光的透过
性能良好、比体积电阻大、高温强度大、耐热性好、耐腐蚀性强
等。可以用作红外监测窗材料、高压钠灯灯管等。

(2) 氧化锆陶瓷　氧化锆陶瓷也称为氧化锆增韧陶瓷，是采用
稳定或部分稳定氧化锆来制造的。由于 ZrO_2 在加热或冷却过程
中，于 1170℃ 产生可逆晶型转变，并伴随一定的体积变化，因而
纯 ZrO_2 难以制成完好的制品。在实践中，为了制成完好的制品，
在制备时要加入稳定剂进行稳定化处理，所以氧化锆陶瓷的性质与
所含稳定剂的种类和数量有关。常用的稳定剂有 CaO、MgO、
Y_2O_3、CeO_2 和其他稀土氧化物。

氧化锆陶瓷熔点高、密度大、抗弯强度和断裂韧性高，具有半
导性、抗腐蚀性、敏感性等特性。氧化锆陶瓷可以作高温发热元
件，在氧化气氛下工作温度可以达到 1500～2000℃；用作测氧探
头及磁流体发电机组的高温电极材料；在绝热内燃机中，相变增韧
氧化锆陶瓷可用作汽缸内衬、活塞顶、气门导管、进气和排气阀
座、轴承、凸轮和活塞环等零件；在转缸式发动机中可用作转子；
可用作耐磨、耐腐蚀零件，如采矿工业的轴承，化学工业使用的泥
浆泵密封件、叶片和泵体；还可用作模具（拉丝模、拉管模等）、
刀具、喷嘴、隔热件、火箭和喷气发动机的耐磨、耐腐蚀零件及原
子反应堆工程用高温结构材料；可作为导电陶瓷以及生物陶瓷；可
作为隔热涂层，完全稳定氧化锆还可制成纤维、毛毡等绝热材料。

20.1.3 非氧化物陶瓷

非氧化物陶瓷是碳化物、氮化物、硼化物、氟化物、硫化物等
陶瓷材料的总称，它们都是采用人工合成原料来制造的。在这些非
氧化物陶瓷中，碳化物、氮化物陶瓷作为结构陶瓷最为引人注目。

(1) 碳化物陶瓷　碳化物陶瓷的突出特点是高熔点、高硬度、
低热膨胀系数，并且有良好的导热性能，但高温下易氧化。

① 碳化硅陶瓷　碳化硅陶瓷是采用碳化硅原料在高温、甚至
高压下烧成的。由于碳化硅陶瓷高温强度高、高温蠕变小、耐磨、

耐腐蚀、高热导率以及热稳定性好，所以是 1400℃ 以上良好的高温结构陶瓷材料。

在结构陶瓷材料中，碳化硅的市场占有率目前列第二位，是仅次于氧化铝陶瓷的先进陶瓷材料。作为初级的碳化硅产品，在陶瓷工业中已经大规模地用来做炉膛结构材料、匣钵、栅板、隔焰板、炉管、炉膛垫板，使用这些材料可以提高陶瓷产品的质量和产量，并为快速烧成提供条件。碳化硅硬度高，是常见的磨料之一，可制作砂轮和各种磨具。近年来开发的高性能碳化硅陶瓷，为一系列特殊应用环境提供了使用的可能性，如可用来作高温、耐磨、耐腐蚀机械部件。作为耐酸、耐碱泵的密封环。SiC 可作为原子能反应堆结构材料，用来制造火箭尾气喷管、火箭燃烧室内衬等。

② 碳化硼陶瓷　碳化硼（B_4C）是于 19 世纪中叶从制备金属硼化物的副产品中发现的。碳化硼的化学组成十分复杂，可以从较低的 B/C 摩尔比一直到形成 $B_{51}C$。1934 年，Ridgeway 提出将碳化硼以化学式 B_4C 定义，但到目前仍存争议。

碳化硼陶瓷具有低密度、高硬度（仅次于金刚石）、高模量、高热导率、高熔点、优良的耐磨性等优点，并具有较高的抗弯强度和断裂韧度。同时，B_4C 还是一种半导体材料，随 C 含量的降低，可以从 p 型半导体转化为 n 型半导体。

B 元素具有很高的中子吸收截面，是核反应堆中控制棒或防辐射部件的主要选用材料；利用其轻质、超硬和高模量特性，碳化硼可以作为轻型防弹衣和防弹装甲材料；利用其半导体特性和较好的热导性能，可作为高温半导体元器件。B_4C 与 C 结合可用作高温热电偶元件，使用温度高达 1600℃，同时也可用作抗辐射热电元件；利用碳化硼的耐高温、超硬特性和优异的耐磨性能，使它成为喷嘴和机械密封的重要材料；碳化硼的其他应用包括溅射靶材、人工关节、高尔夫球棒等。碳化硼粉体还是重要的磨料、炼钢工业提高 C 含量的填料。

③ 碳化钛陶瓷　碳化钛是典型的过渡金属碳化物，其化学键键性包括共价键、离子键和金属键。这种混合键决定了碳化钛陶瓷具有非常高的硬度和优异的耐磨性能。

作为切削刀具，碳化钛陶瓷的优良性能适合于高速切削，缩短工件加工时间，延长刀具使用寿命。碳化钛也是良好的耐磨材料，可以通过耐磨涂层的方式得到广泛应用，如碳化钛-石墨材料。还可作为熔炼锡、铅、锌、镉等金属的坩埚。透明碳化钛陶瓷也是良好的光学材料。

（2）氮化物陶瓷　氮化物陶瓷，一般是以 Me_xN_y（Me 为金属元素）表示的氮化物。常用的氮化物陶瓷有氮化硅（Si_3N_4）、氮化铝（AlN）、氮化硼（BN）、氮化钛（TiN）和塞隆陶瓷等。

① 氮化硅陶瓷　氮化硅陶瓷具有优异的力学性能、热学性能及化学稳定性，如高的室温强度和高温强度、高硬度、高耐磨性、抗氧化性和良好的抗热冲击及机械冲击性能，因此被材料科学界认为是结构陶瓷领域中综合性能优良、最有应用潜力和最有希望替代镍基合金并在高科技、高温领域中获得广泛应用的一种新材料。

氮化硅陶瓷对多数金属、合金熔体，特别是非铁金属（Zn、Al）熔体是稳定的，因此可制成马弗炉炉膛、燃烧嘴、铝液导管、炼铝熔炉炉衬、热电偶保护套以及冶炼用的坩埚等；用在化工机械上，特别适合于在高速汽轮机和某些钢制轴承无法适应的腐蚀介质等特殊环境下使用；可以做成车刀和铣刀，用于合金钢、铸铁、石墨、纯钼、钨基合金等材料的粗铣、断续车削和湿式加工；可制作发动机的电热塞、增压器涡轮、透平转子、喷射器连杆、汽缸套、燃气轮机的导向叶片和涡轮叶片等；在半导体工业中，用于制造开关电路基片、薄膜电容器；在航空工业中，可以制作雷达天线罩。

② 氮化铝陶瓷　氮化铝陶瓷是一种综合性能优良的新型陶瓷材料，具有优良的热传导性、可靠的电绝缘性、低的介电常数和介电损耗以及与硅和砷化镓相匹配的线膨胀系数等一系列优良特性，被认为是新一代理想的大规模集成电路、半导体模块电路和大功率器件的散热材料和封装材料，受到了国内外研究者的广泛重视。

氮化铝陶瓷可作为金属增强和增硬的填充物、高级耐火材料的添加剂、耐热涂层等，也可制作生产各种工具钢、熔融铝等各种金属和合金、玻璃的容器；可制作防腐涂层、砂轮、切割工具、拉丝模以及制造工具原料；可用作高频信息处理机中的表面波器件；可用来制作紫外光和红外光传感器的观察孔材料以及照明器的发光管；还用于制作钢盔和热交换器等。

③ 氮化硼陶瓷　BN 材料具有耐高温、耐腐蚀、高导热、高绝缘、可机械加工、质轻、润滑、无毒等优良性能。近十年来 BN 材料制造技术的发展和新兴技术对新材料的特殊要求，使得这种新型无机材料在冶金、化工、机械、电子、原子能、航空航天等工程、科学技术和工业生产中获得了广泛的应用。

BN 粉末是一种理想的固体润滑剂，在钟表行业的无油润滑中有着广泛应用；可以用作等离子体焊接工具的高温绝缘部件、加热器的衬套、离子注入机真空室中的绝缘零件、超高压压力传递材料等；在特殊冶炼中用作熔炼多种有色金属、贵金属和稀有金属的坩埚、输送液体金属的通道及铸钢模具；在制造薄膜电容和卷烟包装纸时，用 BN 作为熔融铝、铅蒸发盛器；可作为红外和微波偏振器、红外线滤光片、钠光灯的衬里、激光仪的光路通道材料、微波窗口材料、场致发光材料；可以制作火箭燃烧室内衬、宇宙飞船的热屏障、磁流体发电机的耐蚀件等。

④ 氮化钛陶瓷　氮化钛陶瓷材料具有硬度高、熔点高、化学稳定性好、较高的导电性和超导性，并有金黄色金属光泽。因此，氮化钛既是一种很好的耐温、耐磨材料，又是一种受欢迎的代金装饰材料，具有广阔的应用前景。

在机械切削刀具上，采用化学气相沉积 TiN 涂层，能大幅度提高耐磨性，从而延长了切削刀具的使用寿命；氮化钛涂层俗称钛金，广泛用于表壳、表链、家具及其他一些工艺品，具有很好的仿金效果和装饰价值，并具有防腐、延长工艺品寿命的功能；镀有氮化钛膜的玻璃还是一种新型的"热镜材料"，当薄膜的厚度大于 90nm 时，红外线的反射率大于 75%，提高了玻璃的保温性能。可用作熔盐电解的电极以及电触头等材料，它还具有较高的超导临界温度，是一种优良的超导材料；航天飞机和宇宙飞船是在钛合金主体上用粘接剂粘接数厘米厚的瓷板以便绝热，但在进入大气层时，表面温度高达 2000℃，这时瓷板往往破裂或剥离。采用钛在激光加热下熔融并与氮结合生成耐热性强的几层梯度 TiN，使主体与绝热材料难以剥离，这样能防止出现破裂和剥离现象的发生。

⑤ 塞隆（Siolon）陶瓷　塞隆（Siolon）陶瓷是指 Si_3N_4 中的 Si 原子和 N 原子部分地被 Al 或（Al＋M）（M 为金属离子，如 Mg、Li、Y、稀土等）及 O 原子置换所形成的一大类固溶体的总称。它保留了 Si_3N_4 的优良性质，如强度、硬度、耐热性等，并且韧性、化学稳定性和抗氧化性均优于 Si_3N_4。

塞隆（Siolon）陶瓷可用作磨具材料、金属压延或拉丝模、金属切削刀具；可用于制作引擎及透平材料、汽车发动机的针轴阀和挺杆垫片及其他发动机部件；可用于高炉内衬、出铁沟、混铁炉内衬以及铁水包、盛钢桶及滑动水口和热交换器构件等设备上。

（3）硼化物陶瓷　硼化物陶瓷由于其独特的金属键、共价键和离子键的相互作用，使其具有高熔点、高硬度、高热导率以及优良的导电性和与金属材料间的良好润湿性。

① 硼化锆陶瓷材料　二硼化锆（ZrB_2）具有高熔点、高硬度、良好的导热性和导电性、良好的化学稳定性以及中子控制能力。

可应用于汽车、航空、机械加工、石油化工、冶金、电子、高温材料、钢铁、玻璃、核能等工业领域。如以 ZrB_2 和石墨为原料制成的套管式热电偶具有比常用的金属热电偶和辐射温度计更优良的抗熔融金属的侵蚀能力；硼化锆还可用作等离子加工用电极材料等。

② 硼化钛陶瓷材料　硼化钛最主要的特点是其极高的硬度和高熔点。其熔点低于碳化物，但高于硅化物。TiB_2 可以被铝完全润湿，这是陶瓷-金属体系中目前所知的唯一可以完全润湿的体系。TiB_2 基金属陶瓷的硬度仅次于金刚石、立方氮化硼和碳化硼，高于氧化物和氮化物陶瓷材料，还具有较高的强度和断裂韧度。

硼化钛陶瓷可用来制备金属挤压模、拉丝模、喷砂嘴、密封件、切削刀具以及军用装甲构件、防弹板等结构材料等；TiB_2 陶瓷的导电以及耐熔融金属侵蚀的特性，使其可用作熔铝中的电极、铝电解槽阴极涂层材料、金属蒸发皿、发热体等。此外硼化物材料在核能应用方面作为关键的中子减速部件和防辐射部件等发挥着重要作用。

20.2 功能陶瓷

功能陶瓷是指以电、磁、声、光、热、力、化学和生物等信息的检测、转换、耦合、传输及存储等功能为主要特征的陶瓷材料。功能陶瓷的特点是品种多、产量大、应用广、功能全、技术高、更新快。它主要包括铁电、压电、介电、热释电、半导体、超导和磁性陶瓷以及生物陶瓷等材料。通过对复杂多元氧化物系统的物理、化学、组成、结构、性能和使用效能间相互关系的研究，已发现大量具有特殊功能的功能陶瓷，广泛用于各种器件与能源开发、空间技术、电子技术、传感技术、激光技术、光电子技术、红外技术、生物技术、环境科学等领域。

20.2.1 功能陶瓷分类

功能陶瓷的分类有多种方法，有按其组成分类的，也可按其性能和用途分类，表 20-1 是按功能陶瓷所具有的主要用途进行分类的。

表 20-1　功能陶瓷的分类

类　别		成 分 举 例	应　用
电功能陶瓷	绝缘陶瓷	Al_2O_3、BeO、MgO、AlN、Si_3N_4	集成电路基板、封装、高频绝缘等
	介电陶瓷	TiO_2、$CaTiO_3$、$Ba_2Ti_9O_{20}$	高频陶瓷电容器、微波器件等
	铁电陶瓷	$BaTiO_3$、$Pb(Mg_{1/3}Nb_{2/3})O_3$、$(PbLa)(Zr,Ti)O_3$	陶瓷电容器、红外传感器、薄膜存储器、电光器件等
	压电陶瓷	$Pb(Zr,Ti)O_3$、$PbTiO_3$、$LiNbO_3$、$(Bi_{1/2}Na_{1/2})O_3$	超声换能器、谐振器、滤波器、压电点火器、压电驱动器、微位移器等
		$NTC(Mn、Co、Ni、Fe、LaCrO_3、ZrO_2-Y_2O_3、SiC)$	温度传感器、温度补偿等
		$PTC(Ba-Sr-Pb)TiO_3$	温度补偿和自控加热元件等
	半导体陶瓷	$CTR(V_2O_5)$	热传感元件
		压敏电阻 ZnO	浪涌电流吸收器、噪声消除、避雷器等
		SiC 发热体	电炉、小型电热器等
		半导性 $BaTiO_3$、$SrTiO_3$	晶界层电容器
	快离子导电陶瓷	$\beta\text{-}Al_2O_3$、ZrO_2	钠硫电池固体电解质、氧传感器、燃料电池等
	高温超导陶瓷	$Y\text{-}Ba\text{-}Cu\text{-}O$、$La\text{-}Ba\text{-}Cu\text{-}O$	超导器件等

续表

类 别		成分举例	应 用
磁功能陶瓷	软磁铁氧体	Mn-Zn、 Cu-Zn、 Cu-Zn-Mg、Ni-Zn 铁氧体	记录磁头、温度传感器、电视机、收录机、通讯机、磁芯、电波吸收体
	硬磁铁氧体	$BaFe_{12}O_{19}$，$SrFe_{12}O_{19}$	铁氧体磁石
	微波铁氧体	$Y_3Fe_5O_{12}$、$LiFe_{2.5}O_4$	环行器、隔离器等微波器件
	记忆用铁氧体	Li、Mn、Ni、Mg、Zn 与铁形成的尖晶石型铁氧体	计算机磁芯等
生物及化学功能陶瓷	光功能陶瓷	透明 Al_2O_3 陶瓷	高压钠灯
		透明 MgO 陶瓷	照明或特殊灯管、红外输出窗材料
		透明 Y_2O_3-Th_2O_3 陶瓷	激光元件
		(PbLa)(Zr,Ti)O_3，透明铁电陶瓷	光存储元件、视频显示和存储系统等
	湿敏陶瓷	$MgCr_2O_4$-TiO_2、 TiO_2-V_2O_5、Fe_2O_3、ZnO-Cr_2O_3($LiZnVO_4$)	工业湿度检测、烹饪控制元件等
	气敏陶瓷	SnO_2、α-Fe_2O_3、 TiO_2、ZrO_2、CoO-MgO、ZnO、WO_3	车传感器、锅炉燃烧控制、气体泄漏报警、各类气体探测等
	载体用陶瓷	堇青石瓷、Al_2O_3 瓷、SiO_2-Al_2O_3瓷等	汽车尾气催化载体、化学工业用催化载体、酶素固定载体等
	催化用陶瓷	沸石、过渡金属氧化物	接触分解反应催化、排气净化催化等
	生物陶瓷	Al_2O_3、羟基磷灰石	人造牙齿、关节骨等

20.2.2 几种典型的功能陶瓷

（1）绝缘陶瓷 主要用于绝缘的陶瓷称绝缘瓷或电子结构瓷、装置瓷。在电气电路或电子电路中所起的作用是根据电路设计要求将导体物理隔离，以防电流在其间流动而破坏电路的正常运行。此外，绝缘陶瓷还起着导体的机械支撑、散热及电路环境保护作用。

绝缘陶瓷按化学组成来划分，主要有镁质陶瓷、氧化铝陶瓷、莫来石陶瓷、改性碳化硅陶瓷、氮化硅陶瓷、氮化铝陶瓷、硼酸锡钡陶瓷、氧化铍陶瓷等类型。

绝缘陶瓷是粉体原料经过成型和烧结而得到的多相、多晶材料。其应用如表 20-2 所示。

表 20-2 绝缘陶瓷的应用

应用领域	应 用 举 例
电力	绝缘子、绝缘管、绝缘衬套、真空开关
汽车	火花塞、陶瓷加热器
电阻器	膜电阻芯和基板、可变电阻基板 绕线电阻芯
CdS 光电池	光电池基板
调谐器	支撑绝缘柱、定片轴
电子计算机	滑动元件、磁带导杆
电路元件	电容器基板、线圈框架
整流器	可控硅整流器、封装饱和扼流圈
阴极射线管	阴极托、管子 管壳、磁控管
电子管	管座 管内绝缘物
混合集成电路	厚膜用基片、薄膜用基片、多层电路基片、管壳 玻璃封装外壳、陶瓷浸渍 分层封装外壳
半导体集成电路	Si 晶体管管座、二极管管座 功率管管座、超高频晶体管外壳 半导体保护用
封接用	金属喷渡法加工 玻璃封装
光学用	高压钠灯、紫外线透过窗口、红外线透过窗口
测温元件	热电偶保护管的绝缘管、绕线电阻、温度计骨架、厚膜和薄膜电阻、温度计基片

（2）电介质陶瓷 就陶瓷介质来说，可以分为铁电介质陶瓷、高频介质陶瓷、半导体介质陶瓷、反铁电介质陶瓷、微波介质陶瓷和独石结构介质陶瓷等。电介质陶瓷按国家标准分为三类，即Ⅰ类陶瓷介质、Ⅱ类陶瓷介质和Ⅲ类陶瓷介质。Ⅰ类陶瓷介质主要用于制造高频电路中使用的陶瓷介质电容器，其特点是高频下的介电常数约为12~900，介质损耗小，介电常数的温度系数数值范围宽；Ⅱ类陶瓷介质主要用于制造低频电路中使用的陶瓷介质电容器，其

特点是低频下的介电常数高，约 $200\sim30000$，介质损耗比 Ⅰ 类陶瓷介质大很多，介电常数随温度和电场强度的变化呈强烈的非线性，具有电滞回线和电致伸缩，经极化处理具有压电效应等；Ⅲ 类陶瓷介质也称为半导体陶瓷介质，主要用于制造汽车、电子计算机等电路中要求体积非常小的陶瓷介质电容器，其特点是该陶瓷材料的晶粒为半导体，利用该陶瓷的表面与金属电极间的接触势垒层或晶粒间的绝缘层作为介质，因而这种材料的介电常数很高，约 $7000\sim100000$ 以上，甚至可达到 $300000\sim400000$。生产中常用的铁电介质陶瓷主要用作低频陶瓷电容器，铁电陶瓷高压电容器在彩电中有重要应用，在制造小型储能电容器方面仍然有一定的发展前景。我国首创了低温烧结独石陶瓷电容器，近年来中、低温独石电容器陶瓷也有很快的发展。随着整机发展的要求，片式陶瓷电容器、片式陶瓷电感、片式陶瓷电阻等片式陶瓷元件，以及微叠层陶瓷元件的研究、开发和生产的发展都非常快。

按其用途不同，电介质陶瓷主要分为电容器陶瓷和微波介质陶瓷。电介质陶瓷的性能指标主要有体积电阻率、介电常数和介电损耗等。介电陶瓷主要用于陶瓷电容器和微波介质元件两大方面。

① 电容器介质陶瓷　电容器介质陶瓷系指主要用来制造电容器的陶瓷介质材料。由于收录机、电视机、录像机等家用电器以及通信技术、计算机技术、摄影技术等飞速发展，促使陶瓷电容器向小型、大容量方向发展。用于制造电容器的介电陶瓷，在性能上一般应达到如下要求：

a. 介电常数应尽可能高，介电常数越高，陶瓷电容器的体积就可以做得越小；

b. 在高频、高温、高压及其他恶劣环境下，陶瓷电容器性能稳定可靠；

c. 介质损耗要小，这样可以在高频电路中充分发挥作用，对于高功率陶瓷电容器，能提高无功功率；

d. 比体积电阻高于 $10^{10}\,\Omega\cdot m$，这样可保证在高温下工作；

e. 具有较高的介电强度，陶瓷电容器在高压和高功率条件下，往往由于击穿而不能工作，因此提高电容器的耐压性能，对充分发挥陶瓷的功能有重要的作用。

陶瓷电容器根据所用陶瓷材料的特性，一般可分为温度补偿（Ⅰ型）、温度稳定（Ⅱ型）、高介电常数（Ⅲ型）和半导体系（Ⅳ型）。若按制造这些陶瓷电容器的材料性质，也可分为四大类：第一类为非铁电电容器（Ⅰ型），其特点是高频损耗小，在使用的温度范围内介电常数随温度变化而呈线性变化，一般介电常数的温度系数为负值，可以补偿电路中电感或电阻的正温度系数，维持谐振频率稳定，因此又称热补偿电容器；第二类为铁电电容器（Ⅱ型），其特点是介电常数随温度变化呈非线性变化，而且介电常数很高，故又称高介电常数电容器；第三类为反铁电电容器（Ⅲ型），反铁电体具有储能密度高，储能释放充分等优点，故可用作储能电容器；第四类为半导体电容器（Ⅳ型），按其结构又可分为阻挡层半导体陶瓷电容器、还原氧化型半导体陶瓷电容器及晶界层陶瓷电容器。

② 微波介质陶瓷　微波介质陶瓷主要用于制作微波电路元件，如谐振器、耦合器、滤波器等微波器件以及微波介质基片。微波电路元件要求介电陶瓷在微波频率下具有如下性能：具有适当大小的介电常数，而且其值稳定；介质损耗小；有适当的介电常数温度系数；热膨胀系数小。

（3）压电陶瓷　压电陶瓷是一种能将电能转换为机械能，或将机械能转换为电能的功能陶瓷材料。当对压电陶瓷施加压力（拉力）时，压电陶瓷收缩（伸长）变形，则发生与应力成比例的介质极化，同时在晶体两端面将出现正负电荷，这种由"压"产生"电"的效应叫正压电效应。当对压电陶瓷施加与极化方向相同（相反）的电场时，则将产生与电场强度成比例的变形或机械应力，极化强度增大（减小），压电陶瓷沿极化方向伸长（收缩），这种由"电"产生"伸缩"的效应叫做逆压电效应。这两种正逆压电效应统称为压电效应。利用此种压电效应将铁电性陶瓷进行极化处理所获得的陶瓷就是压电陶瓷。它是具有压电效应的多晶烧结体。和压电单晶相比，压电陶瓷具有许多优点，这主要是制造方便、设备简单、成本低廉、可做成任意尺寸、可在任意方向极化、可通过调节组成在很广的范围内调节材料的性能等。

晶体是否出现压电效应由构成晶体的原子和离子的排列方式，即结晶的对称性所决定。晶体按对称性分为 32 个晶族，其中有对称中心的 11 个晶族不呈现压电效应，而无对称中心的 14 个晶族中有 20 个呈现压电效应。

属于固体无机材料的陶瓷，一般是用把必要成分的原料进行混合、成型和高温烧结的方法，由粉粒之间的固相反应和烧结过程而获得的微细晶粒不规则集合而成的多晶体。因此，烧结状态的铁电陶瓷不呈现压电效应。但是，当在铁电陶瓷上施加直流强电场进行极化处理时，则陶瓷各个晶粒的自发极化方向将平均地取向于电场方向，因而具有近似于单晶的极性，并呈现出明显的压电效应。利用此种压电效应将铁电性陶瓷进行极化处理所获得的陶瓷就是压电陶瓷。所有的压电陶瓷也都应是铁电陶瓷。

从晶体结构上看，钙钛矿型、钨青铜型、焦绿石型、含铋层结构的陶瓷材料具有压电性能，目前，最常用的压电陶瓷钛酸钡、钛酸铅、锆钛酸铅都属于钙钛矿型晶体结构。

压电陶瓷生产工艺大致与普通陶瓷工艺相似，同时具有自己的工艺特点。

压电陶瓷生产的主要工艺流程如下：配料→球磨→过滤、干燥→预烧→二次球磨→过滤、干燥→过筛→成型→排塑→烧结→精修→上电极→烧银→极化→测试。

① 压电参数 经过人工极化后的铁电陶瓷就成为具有压电性能的压电陶瓷，除压电性能外，还具有一般介质材料所具有的介电性能和弹性性能。压电陶瓷是一种各向异性的材料。因此，表征压电陶瓷性能的各项参数在不同方向上表现出不同的数值，并且需要较多的参数来描述压电陶瓷的各种性能。

a. 机械品质因数 机械品质因数的定义是：

$$Q_m = \frac{\text{谐振时振子储存的机械能}}{\text{谐振时振子每周所损耗机械能}} \times 2\pi$$

机械品质因数也是衡量压电陶瓷材料的一个重要参数。它表示在振动转换时，材料内部能量消耗的程度。机械品质因数越大，能量的损耗越小。产生损耗的原因在于内摩擦。机械品质因数可以根据等效电路计算而得：

$$Q_m = \frac{1}{c_1 \omega_s R_1} \qquad (20\text{-}1)$$

式中　R_1——等效电阻；

　　　ω_s——串联谐振频率；

　　　c_1——振子谐振时的等效电容。

当陶瓷片作径向振动时，可近似地表示为：

$$Q_m = \frac{1}{4\pi(c_0 + c_1)R_1 \Delta f} \qquad (20\text{-}2)$$

式中　c_0——振子的静态电容，F；

　　　Δf——振子的谐振频率 f_r 与反谐振频率 f_a 之差，Hz；

　　　Q_m——无量纲的物理量。

不同的压电器件对压电陶瓷材料的 Q_m 值有不同的要求，多数陶瓷滤波器要求压电陶瓷的 Q_m 值要高，而音响器件及接收型换能器则要求 Q_m 值要低。

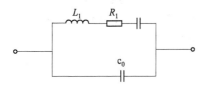

图 20-1　压电陶瓷谐振子的等效电路

b. 机电耦合系数　机电耦合系数 K 是综合反映压电材料性能的参数，它表示压电材料的机械能与电能的耦合效应。机电耦合系数可定义为：

$$K^2 = \frac{\text{电能转变为机械能}}{\text{输入电能}} \text{（逆压电效应）}$$

$$K^2 = \frac{\text{机械能转变为电能}}{\text{输入机械能}} \text{（正压电效应）}$$

机电耦合系数是压电材料进行机-电能量转换的能力反映，它与机-电效率是完全不同的两个概念。它与材料的压电常数、介电常数和弹性常数等参数有关，因此，机电耦合常数是一个比较综合性的参数。

从能量守恒定律可知，K 是一个恒小于 1 的数。压电陶瓷的耦合系数现在能达到 0.7 左右，并且能在广泛的范围内进行调整，以适应各种不同用途的需要。

压电陶瓷元件的机械能与元件的形状和振动模式有关，因此对不同的模式有不同的耦合系数。例如对薄圆片径向伸缩模式的耦合系数为 K_p（又称平面耦合系数）；薄形长片长度伸缩模式的耦合系数为 K_{31}（横向耦合系数），圆柱体轴向伸缩模式的耦合系数为 K_{33}（纵向耦合系数）；薄片厚度伸缩式的耦合系数为 K_t；方片厚度切变模式的耦合系数为 K_{15} 等。压电陶瓷的机电耦合系数见表 20-3。

表 20-3 压电陶瓷的机电耦合系数

机电耦合系数	振子形状和电极	不为 0 的应力应变成分	公 式
K_{31}	沿 x 方向长片 z 面电极	T_1,S_1,S_2,S_3	$\dfrac{d_{31}}{\sqrt{\varepsilon_{33}^T S_{11}^E}}$
K_{33}	沿 z 方向长圆棒 z 端面电极	$T_3,S_1=S_2,S_3$	$\dfrac{d_{33}}{\sqrt{\varepsilon_{33}^T S_3^E}}$
K_p	垂直于 z 方向的圆片的径向振动 z 面电极	$T_1=T_2,S_1=S_2,S_3$	$h_{31}\sqrt{\dfrac{2}{1-\sigma^E}}$
K_t	垂直于 z 方向的片的宽度振动 z 面电极	$T_1=T_2,T_3,S_2$	$h_{33}\sqrt{\dfrac{\varepsilon_{33}^E}{C_{33}^D}}=\dfrac{h_{33}-AR}{\sqrt{1-A^2}\sqrt{1-K_p^2}}$
K_{15}	垂直于 y 方向的面内的切变振动 x 面电极	T_4,S_4	$\dfrac{d_{15}}{\sqrt{\varepsilon_{11}^T S_{41}^E}}=h_{15}\sqrt{\dfrac{\varepsilon_{11}}{C_{44}^D}}$

注：表中泊松比 $\sigma^E=\dfrac{S_{12}^E}{S_{11}^E}$；$A=\dfrac{\sqrt{2}S_{12}^E}{\sqrt{S_{33}^E(S_{11}^E+S_{12}^E)}}$。

机电耦合系数是一个没有量纲的物理量。压电陶瓷的机电耦合系数的计算，公式可由压电方程导出。

c. 弹性系数　　根据压电效应，压电陶瓷在交变电场作用下，会产生交变伸长和收缩，从而形成与激励电场频率（信号频率）相一致的受迫机械振动。对于具有一定形状、大小和被覆工作电极的压电陶瓷体称为压电陶瓷振子（简称振子）。实际上，振子谐振时的形变是很小的，一般可以看作是弹性形变。反映材料在弹性形变范围内应力与应变之间关系的参数为弹性系数。

压电陶瓷材料是一个弹性体，它服从虎克定律：在弹性限度范围内，应力与应变成正比。当数值为 T 的应力（单位为 Pa）加在

压电陶瓷片上时，所产生的应变 S 为

$$S = sT \tag{20-3}$$

$$T = cS \tag{20-4}$$

式中　　s——弹性柔顺系数，m^2/N；

　　　　c——弹性刚度系数，Pa。

由于应力 T 和应变 S 都是二阶对称张量，对于三维材料都有 6 个独立分量。因此，s 和 c 各有 36 个分量，其中独立分量最多可达 14 个，对于极化后的压电陶瓷，由于对称关系使独立的弹性柔顺系数 s 和弹性刚度系数 c 各有 5 个，即：s_{11}、s_{12}、s_{13}、s_{33}、s_{44}、c_{11}、c_{12}、c_{13}、c_{33}、c_{44}。

对于压电陶瓷，因为应力作用下的弹性变形会引起电效应，而电效应在不同的边界条件下，对应变又会有不同的影响，就有不同的弹性柔顺系数和弹性刚度系数。电场（E）为恒定，即外电路中的电阻很小时，相当于短路的情况，此时测得的弹性柔顺系数称为短路弹性柔顺系数，以 s^E 表示；若电位移（D）为恒定，即外电路的电阻很大时，相当于开路的情况，称为开路弹性柔顺系数，以 s^D 表示。因此，共有 10 个弹性柔顺系数，即：s_{11}^E、s_{12}^E、s_{13}^E、s_{33}^E、s_{44}^E、s_{11}^D、s_{12}^D、s_{13}^D、s_{33}^D、s_{44}^D。

同样，弹性刚度系数也有 10 个，即：

c_{11}^E、c_{12}^E、c_{13}^E、c_{33}^E、c_{44}^E、c_{11}^D、c_{12}^D、c_{13}^D、c_{33}^D、c_{44}^D。

d. 压电常数和压电方程　压电常数是压电陶瓷重要的特性参数，它是压电介质把机械能（或电能）转换为电能（或机械能）的比例常数，反映了应力或应变和电场或电位移之间的联系，直接反映了材料机电性能的耦合关系和压电效应的强弱。常见的四种压电常数：d_{ij}、g_{ij}、e_{ij}、h_{ij}（$i=1, 2, 3$；$j=1, 2, 3 \cdots 6$）。第一个角标（i）表示电学参量的方向（即电场或电位移的方向），第二个角标（j）表示力学量（应力或应变）的方向。压电常数的完整矩阵应有 18 个独立参量，对于四方钙钛矿结构的压电陶瓷只有 3 个独立分量，以 d_{ij} 为例，即 d_{31}、d_{33}、d_{15}。

压电应变常数 d_{ij}：

$$d = \left(\frac{\partial S}{\partial E}\right)_T \text{ 或 } d = \left(\frac{\partial D}{\partial T}\right)_E \tag{20-5}$$

压电电压常数 g_{ij} :

$$g = \left(-\frac{\partial E}{\partial T}\right)_D \text{ 或 } g = \left(\frac{\partial S}{\partial D}\right)_T \tag{20-6}$$

由于习惯上将张应力及伸长应变定为正，压应力及压缩应变定为负，电场强度与介质极化强度同向为正，反向为负，所以 D 为恒值时，ΔT 与 ΔE 符号相反，故式(20-6)中带有负号。

如前所述的道理，对四方钙钛矿压电陶瓷，g_{ij} 有 3 个独立分量 g_{31}、g_{33} 和 g_{15}。

压电应力常数 e_{ij}

$$e = \left(-\frac{\partial T}{\partial E}\right)_S \text{ 或 } e = \left(\frac{\partial D}{\partial S}\right)_E \tag{20-7}$$

同样 e_{ij} 有 3 个独立分量 e_{31}、e_{33} 和 e_{15}。

压电劲度常数 h_{ij}

$$h = \left(-\frac{\partial T}{\partial D}\right)_S \text{ 或 } h = \left(-\frac{\partial E}{\partial S}\right)_D \tag{20-8}$$

同理，h_{ij} 有 3 个独立分量：h_{31}、h_{33} 和 h_{15}。

由此可见，由于选择不同的自变量，可得到 d、g、e、h 四组压电常数。由于陶瓷的各向异性，使压电陶瓷的压电常数在不同方向有不同数值，即有：

$$\left.\begin{array}{l} d_{31} = d_{32}、d_{33}，d_{15} = d_{17} \\ g_{31} = g_{32}、g_{33}，g_{15} = g_{17} \\ e_{31} = e_{32}、e_{33}，e_{15} = e_{17} \\ h_{31} = h_{32}、h_{33}，h_{15} = h_{17} \end{array}\right\} \tag{20-9}$$

这四组压电常数并不是彼此独立的，有了其中一组，即可求得其他三组。

压电常数直接建立了力学参量和电学参量之间的联系；同时对建立压电方程有着重要的应用。

压电方程是反映压电陶瓷力学参量与电学参量之间关系的方程式，根据自变量的选取可有四组压电方程。

第一组压电方程：取应力（T）和电场（E）为自变量，边界

条件是机械自由和电学短路，所得的方程组为

$$
\left.
\begin{array}{l}
S_i = S_{ij}^E T_j + d_{ni} E_n \\
D_m = d_{mj} T_j + \varepsilon_{mn}^T E_n
\end{array}
\right\}
\tag{20-10}
$$

第二组压电方程：取应变（S）和电场（E）为自变量，边界条件为机械受夹和电学短路，所得的方程为

$$
\left.
\begin{array}{l}
T_j = C_{ij}^E S_i - e_{nj} E_n \\
D_m = e_{mi} S_i + \varepsilon_{mn}^S E_n
\end{array}
\right\}
\tag{20-11}
$$

第三组压电方程：取应力（T）和电位移（D）为自变量，边界条件是机械自由和电学开路，所得的方程为

$$
\left.
\begin{array}{l}
S_i = S_{ij}^D T_j + g_{ni} D_m \\
E_n = -g_{nj} T_j + \beta_{mn}^T D_m
\end{array}
\right\}
\tag{20-12}
$$

第四组压电方程：取应变（S）和电位移（D）为自变量，边界条件是机械受夹和电学开路，所得的方程为

$$
\left.
\begin{array}{l}
T_j = C_{ij}^D - h_{mj} D_m \\
E_n = -h_{mi} S_i + \beta_{mn}^S D_m
\end{array}
\right\}
\tag{20-13}
$$

上述四组方程式中 i、$j=1$，$2 \cdots 6$；m、$n=1$，2，3；

β_{mn}^T——自由介质隔离率，m/F；

β_{mn}^S——夹持介质隔离率，m/F。

② 钛酸钡压电陶瓷 $BaTiO_3$（钛酸钡）是在研究具有高介电常数钛酸盐陶瓷的过程中偶然发现的。这是最早发现的有压电性的陶瓷材料。$BaTiO_3$ 具有钙钛矿型晶体结构，在室温下它是属于四方晶系的铁电性压电晶体。钛酸钡陶瓷通常是把 $BaTiO_3$ 和 TiO_2 按等量摩尔分数混合后成形，并于 1350℃ 左右烧结 2～3h 制成的。烧成后在 $BaTiO_3$ 陶瓷上被覆银电极，在居里点附近的温度下开始加 2000V/mm 的直流电场，用在电场中冷却的方式进行极化处理。极化处理后，剩余极化仍比较稳定地存在，呈现出相当大的压电性。

由于 $BaTiO_3$ 陶瓷制造方法简便，最初被用于朗之万型压电振子，并于 1951 年把它装在鱼群探测器上进行实用化试验获得成功。但是，这种陶瓷在特性方面还没有完全满足要求。它的压电性虽然

比水晶好，但比酒石酸钠差，压电性的温度和时间变化虽然比酒石酸钠小，但又远远大于水晶等，因此，后来又进行了改性。

$BaTiO_3$ 陶瓷压电性的温度和时间变化大是因为其居里点（约120℃）和第二相变点（约0℃）都在室温附近。如在第二相变点温度下晶体结构在正交-四方晶系之间变化，自发极化方向从[011]变为[001]，此时介电、压电、弹性性质都将发生急剧变化，造成不稳定。因此，在相变点温度，介电常数和机电耦合系数出现极大值，而频率常数（谐振频率×元件长度）出现极小值。这种 $BaTiO_3$ 陶瓷的相变点可利用同一类元素置换原组成元素来调节改善，因而改良了温度和时间变化特性的 $BaTiO_3$ 陶瓷得以开发并付诸实用。

③ 钛酸铅压电陶瓷 $PbTiO_3$ 于1936年已人工合成，但由于它在居里点490℃以下的结晶各向异性大，烧结后的晶粒容易在晶界处分离，得不到致密的、机械强度高的陶瓷，同时由于矫顽场大，极化困难，所以长期以来没能获得实用。人们对抑制 $PbTiO_3$ 陶瓷晶粒生长和对增加晶界结合强度效果较显著的添加物（如 $Bi_{2/3}TiO_3$、$PbZn_{1/3}Nb_{2/3}O_3$、$BiZn_{1/2}O_3$、$Bi_{2/3}Zn_{1/3}$、$Nb_{2/3}O_3$、Li_2CO_3、NiO、Fe_2O_3、Gd_2O_3 等）进行了研究，并通过在 $PbTiO_3$ 中同时添加 $La_{2/3}TiO_3$ 和 MnO_2 研制成密度高、机械强度大、可进行高温电场极化处理的具有高电阻率的陶瓷。这种陶瓷在200℃下加6000V/mm的电场保持10min便很容易极化。由于这种陶瓷介电常数小，耦合系数的各向异性大，所以容易抑制副共振的影响，而且由于具有各种压电特性的温度和时间变化小等特征，作为甚高频段（VHF）用陶瓷谐振子正获得广泛应用。

④ 锆钛酸铅压电陶瓷 锆钛酸铅 $[Pb(Zr_xTi_{1-x})O_3]$（PZT）是一种具有多种应用功能的钙钛矿型 ABO_3 结构铁电材料，是由铁电相 $PbTiO_3$（$T_c=490℃$）和反铁电相 $PbZrO_3$（$T_c=230℃$）组成的固溶体。$PbZrO_3$-$PbTiO_3$ 系固溶体（PZT）相图中（图20-2），在 x 约为0.52～0.53附近存在一个铁电四方相（FT）和菱形相（FR）的交界区，就是我们通常称之为的准同型相界（MPB）。准同型相界的右边（富钛一边）为四方晶相，左边（富锆一边）为

三方晶相。实际上，准同型相界有一定的宽度范围，在此范围内，两相共存，数量关系遵从"杠杆定理"。在 PZT 的 MPB 上具有高的压电和介电特性，具有高的居里温度，因此受到国内外相关研究者的广泛重视，使之成为迄今为止，应用最广的压电陶瓷材料。

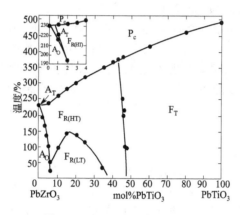

图 20-2　PbTiO$_3$-PbZrO$_3$ 相图

[A$_0$：反铁电斜方相，A$_T$：反铁电四方相，F$_{R(HT)}$：铁电菱形相（高温），
F$_{R(LT)}$：铁电菱形相（低温），F$_T$：铁电四方相，P$_c$：顺电立方相]

　　锆钛酸铅压电陶瓷的压电性能大约是 BaTiO$_3$ 的两倍多，特别是在 $-55\sim200℃$ 范围内无晶相转变，在 Zr/Ti 比为 56/44（摩尔比）时，其小应力范围内的压电常数特别大。20 世纪 70 年代后期，以锆钛酸铅固溶体为基的压电陶瓷几乎垄断了整个压电陶瓷领域。但是，由于组成中含有很多的 Pb，所以在烧结温度范围内，PbO 的一部分挥发，致使烧结困难，并且相界附近组成的特性在很大程度上取决于 Ti/Zr 比。同时，由于在相界附近的压电性能受 Ti 和 Zr 的配比影响较大，故较难保证性能的重复性，因此必须对锆钛酸铅压电陶瓷进行改性处理，以便获得理想的电学性能。添加物或置换物的种类和数量不同，该系统压电陶瓷的压电性能可大幅度地变化。特别是适当元素取代 A 位的 Pb 或 B 位的 Zr、Ti 时，将会对 PZT 压电陶瓷的性能产生显著影响。

　　研究表明，对锆钛酸铅压电陶瓷的掺杂改性可以分为三种：一种是受主掺杂，一种是施主掺杂，第三种是等价掺杂。掺杂改性对锆钛酸铅压电陶瓷的性能影响见表20-4。

表 20-4 掺杂改性对锆钛酸铅压电陶瓷的性能影响

掺 杂 类 型	锆钛酸铅压电陶瓷的性能变化
施主杂质（如 La^{3+}、Nd^{3+}、Sb^{3+}；Nb^{5+}、Ta^{5+}、Sb^{5+} 等）	电容率升高、机电耦合因数增大、机械品质因数降低、老化率减小
受主掺杂（如 K^+、Na^+；Fe^{3+}、Al^{3+} 等）	电容率降低、频率常量升高、机械品质因数高、老化率增大
等价掺杂（如 Ca^{2+}、Sr^{2+}、Ba^{2+}、Mg^{2+} 等）	电容率增加、频率常量降低、机械品质因数高、居里温度变小、老化率增大

⑤ 三元系压电陶瓷 一般说来，三元系的第三组分是与 $PbTiO_3$-$PbZrO_3$ 能够形成完全固溶的化合物。下面介绍几种典型的三元系压电陶瓷。

a. $PbTiO_3$-$PbZrO_3$-$Pb(Mg_{1/3}Nb_{2/3})O_3$（PCM） 此三元系压电陶瓷的典型配方为 $Pb(Mg_{1/3}Nb_{2/3})_{0.375}Ti_{0.375}Zr_{0.25}O_3$，其机电耦合系数 K_p 约为 0.50，介质损耗约为 2%，相对介电常数为 1500，机械品质因数约为 73。如在该体系中添加少量其他改性剂，则可获得更理想的性能指标。如添加 0.5% 的 NiO，K_p 从 0.5 提高到 0.64，添加 $0.5MnO_2$，则 Q_m 从 73 提高到 1640。本系统配方已广泛应用于拾音器、微音器、滤波器、变压器、超声延迟线及引燃引爆等方面。

b. $PbTiO_3$-$PbZrO_3$-$Pb(Zn_{1/3}Nb_{2/3})O_3$ 此系统的特点是致密度高，绝缘性能良好，压电性能好。$0.3Pb(Zn_{1/3}Nb_{2/3})O_3$-$0.35PbTiO_3$-$0.35PbZrO_3+0.03\% MnO_2$，$K_p$ 值可达 0.80，但 Q_m 值低。加 MnO_2 改性后可以提高 Q_m 值，并且可以得到温度稳定性较高的瓷料。例如，$0.25Pb(Zn_{1/3}Nb_{2/3})O_3$-$0.45PbTiO_3$-$0.30PbZrO_3+1.2\% MnCO_3$，$Q_m$ 约为 3500～4000。主要用作陶瓷滤波器及机械滤波器的换能器。

c. $PbTiO_3$-$PbZrO_3$-$Pb(Sb_{1/3}Nb_{2/3})O_3$ 铌锑酸铅系压电陶瓷，主要特点是 K_p 值高，稳定性好。但不加改性添加剂时 Q_m 较低，属于软性材料。配方 $0.02Pb(Zn_{1/3}Nb_{2/3})O_3$-$0.47PbTiO_3$-$0.51PbZrO_3$

的 K_p 值为 0.81，但 Q_m 只有 85。如果在此基础上加入 0.30% 的 MnO_2，K_p 值为 0.69，Q_m 提高到 1660。

d. $PbTiO_3$-$PbZrO_3$- $Pb(Cd_{1/2}W_{1/2})O_3$　此系统最大的特点是频率稳定性、温度稳定性及时间稳定性都很好。例如 f_r 在极化后 10h 测量对比 10000 小时测量值，只变化 0.007%。另外，加入适当改性添加剂可使 K_p 值和 Q_m 值都进一步提高。配发 $0.15Pb$ $(Cd_{1/2}W_{1/2})O_3$-$0.45PbTiO_3$-$0.40PbZrO_3$ + 2.0% Sb_2O_3 的 K_p = 0.70，Q_m = 918，ε = 1381。 -40~$+80℃$ 范围内最大频率相对漂移为 0.047%。频率在极化后 10000h 的变化率为 0.029%。可用作宽带滤波器振子。

⑥ 无铅压电陶瓷　目前使用的压电陶瓷，广泛采用的仍是以 PZT 基含铅陶瓷，其中氧化铅约占原料总质量的 70% 左右。他们在制备、使用及废弃后处理过程中都会给环境造成损害，是一种环境负荷很大的材料。开发无铅压电陶瓷是一项紧迫的战略性课题。目前各国研究报道的非铅系压电陶瓷体系主要有：钛酸铋钠基、铌酸盐基、钨青铜结构和铋层状结构无铅压电陶瓷等。

a. 钛酸铋钠基无铅压电陶瓷　1960 年，Smolenskiii 等首次合成钛酸铋钠 $Na_{0.5}Bi_{0.5}TiO_3$，以下简称 NBT。NBT 具有较复杂的相变序列。NBT 在室温下是三方铁电相（$a = 0.3886nm$，$\alpha = 89.6°$）；在约 230℃，经历弥散相变（DPT），转变为反铁电相；在 320℃ 转变为四方顺电相；520℃ 以上，NBT 为立方相。NBT 陶瓷具有弛豫铁电体的特征，具有相对较大的剩余极化强度（$0.37C/m^2$）和很高的矫顽场（$7.3kV/mm$）。上述特征使 NBT 成为无铅压电陶瓷候选材料体系之一。通过引入钛酸钡（$BaTiO_3$）组元，Takenaka 等降低 NBT 过高的矫顽场，避免了因 NBT 铁电相较高的电导率导致的极化困难，获得了具有相当压电活性的材料。但是 $BaTiO_3$ 的引入也导致铁电与反铁电相变温度的降低，限制了材料的使用温区。

b. 铌酸盐基无铅压电陶瓷　铌酸盐系无铅压电陶瓷包括碱金属铌酸盐和钨青铜结构铌酸盐陶瓷。在发现 $BaTiO_3$ 陶瓷压电性后，美国学者又合成了 $KNbO_3$、$LiNbO_3$、$NaNbO_3$ 等 $ANbO_3$ 型化合物，这类化合物晶体压电性较大，作为电光材料受到重视。1959 年，美国学者研究了 $NaNbO_3$-$KNbO_3$ 陶瓷的压电性。此后又相继研究了热压 $NaNbO_3$-$KNbO_3$ 陶瓷以及 $NaNbO_3$-$LiNbO_3$、$NaNbO_3$-$KNbO_3$ 体系，并以 Ta、Sb 等部分置换取代 B 位的 Nb，使碱金属铌酸盐陶瓷向多元化方向发展。相比于 PZT 等铅基压电陶瓷，碱金属铌酸盐陶瓷具有下列特征：介电常数低，压电性高；频率常数大，利于高频应用；密度小。钨青铜化合物是仅次于（类）钙钛矿型化合物的第二大类铁电体，其特征是存在 $[BO_6]$ 式氧八面体，B 为 Nb^{5+}、Ta^{5+} 等。一般来说，钨青铜化合物的自发极化较大、居里温度较高、介电常数较低。近年来，钨青铜结构铌酸盐陶瓷作为重要的无铅压电陶瓷体系而受到重视。

c. 钨青铜结构无铅压电陶瓷　氧八面体铁电体中有一部分是以钨青铜结构存在的，由于此类晶体结构类似四角钨青铜 K_xWO_3 和 Na_xWO_3 得名。这一结构的基本特征是存在着 $[BO_6]$ 式氧八面体，其中 B 以 Nb^{5+}、Ta^{5+} 为主。这些氧八面体以顶角相连构成骨架，从而堆积成钨青铜结构。铌酸盐钨青铜结构化合物陶瓷在成分和构造上的差别对它的铁电性能有重要影响。近年来，钨青铜结构陶瓷作为压电陶瓷无铅化研究对象之一颇受关注。主要的钨青铜结构无铅压电陶瓷体系有：$(Sr_xBa_{1-x})Nb_2O_6$ 基无铅压电陶瓷；$(A_xSr_{1-x})NaNb_5O_{15}$ 基无铅压电陶瓷（A＝Ba、Ca、Mg 等）；$Ba_2AgNb_5O_{15}$ 基无铅压电陶瓷。

d. 铋层状结构无铅压电陶瓷　主要的铋层状结构无铅压电陶瓷材料所涉及的体系主要分为四类：$Bi_4Ti_3O_{12}$ 基无铅压电陶瓷；$Bi_4Ti_4O_{15}$ 基无铅压电陶瓷；$SrBi_2Nb_2O_9$ 基无铅压电陶瓷；复合 Bi 层状结构无铅压电陶瓷。

研究表明，不同的制备工艺对铋层状结构无铅压电陶瓷性能有极大影响。按传统陶瓷制作工艺制得的铋层状压电陶瓷，其压电活性低。如传统陶瓷工艺制得的 $Bi_4Ti_3O_{12}$（BTO）基陶瓷电导率高，致密性低，烧结温度高，难以极化。常采用热处理技术，利用高温下晶粒内位错的运动和晶界的滑移使陶瓷晶粒定向排列，提高压电活性。热锻是通常采用的热处理技术之一。通过热锻工艺所制得铋层状结构压电陶瓷相对密度高，烧结温度低，压电性能较优。

⑦ 压电复合材料 压电复合材料是 20 世纪 70 年代发展起来的一类功能复合材料，它是将压电陶瓷和压电聚合物按一定的连通方式、一定的体积或质量比例和一定的空间几何分布复合而成，其结果能够成倍地提高复合材料的某些压电性能，并具有原成分所没有的优良特性。压电复合材料一般是由钛酸铅（PT）、锆钛酸铅（PZT）等压电陶瓷和聚合物基体按照一定的体积比或质量比、一定的空间几何分布、一定的连接方式复合而成。众所周知，传统压电陶瓷密度高，声阻抗大，性脆，不易加工和制成复杂形状。压电聚合物如聚偏二氟乙烯（PVDF），具有柔性好、密度低、阻抗低以及易加工等优点，但是其压电常数较低，有较强的各向异性和极化困难等不足，从而使得其使用上有局限性。而压电复合材料则克服了二者的缺点，具有较强压电性能、韧性好、密度和介电常数低、易制成大面积薄片、加工简单、易控等优点。

⑧ 压电陶瓷应用 近年来，随着宇航、电子、计算机、激光、微声和能源等新技术的发展，对各类材料器件提出了更高的性能要求，压电陶瓷作为一种新型功能材料，在日常生活中，作为压电元件广泛应用于传感器、气体点火器、报警器、音响设备、超声清洗、医疗诊断及通信等装置中。它的重要应用大致分为压电振子和压电换能器两大类。前者主要利用振子本身的谐振特性，要求压电、介电、弹性等性能稳定，机械品质因数高。后者主要是将一种能量形式转换成另一种能量形式，要求机电耦合系数和品质因数高。压电陶瓷的主要应用领域如表 20-5 所示。

展望压电陶瓷的未来，随着压电效应新应用的发展，满足所要求的各种新特性组合的压电陶瓷今后将不断发展。这是应用范围广的各种材料的必然趋势。在材料组成方面，在从单一组分向二种组分，进而向三至四种组分压电复合材料发展，那些具有特色的材料将会得到应用。又如，像作为高频压电陶瓷而发展的（Na，Li）NbO_3 压电陶瓷那样，要发展不含 Pb 元的压电陶瓷，这是在生态学时代潮流中所热切希望的材料。可以认为，这是压电陶瓷材料发展的一种趋势。但是，要用这种材料代换过去的 Pb 系材料，还必

表 20-5　压电陶瓷材料应用范围举例

应用领域		主要用途举例
电源	压电变压器	雷达、电视显像管、阴极射线管、盖克计数管、激光管和电子复印机等高压电源和压电点火装置
信号源	标准信号源	振荡器、压电音叉、压电音片等用作精密仪器中的时间和频率标准信号源
信号转换	电声换能器	拾声器、送话器、受话器、扬声器、蜂鸣器等声频范围的电声器件。
	超声换能器	超声切割、焊接、清洗、搅拌、乳化及超声显示等频率高于 20kHz 的超声器件
发射与接收	超声换能器	探测地质构造、油井固实程度、无损探伤和测厚、催化反应、超声衍射、疾病诊断等各种工业用的超声器件
	水声换能器	水下导航定位、通信和探测的声纳、超声测探、鱼群探测和传声器等
信号处理	滤波器	通信广播中所用各种分立滤波器和复合滤波器,如彩电中频滤波器;雷达、自控和计算机系统所用带通滤波器、脉冲滤波器等。
	放大器	声表面波信号放大器以及振荡器、混频器、衰减器、隔离器等
	表面波导	声表面波传输线
传感与计测	加速度计、压力计	工业和航空技术上测定振动体或飞行器工作状态的加速度计、自动控制开关、污染检测用振动计以及流速计、流量计和液面计等
	角速度计	测量物体角速度及控制飞行器航向的压电陀螺
	红外探测器	监视领空、检测大气污染浓度、非接触式测温及热成像、热电探测、跟踪器等
	位移发生器	激光稳频补偿元件、显微加工设备及光角度、光程长的控制器
存储显示	调制	用于电光和声光调制的光阀、光闸、光变频器和光偏转器、声开关等
	存储	光信息存储器、光记忆器
	显示	铁电显示器、声光显示器、组页器等
其他	非线性元件	压电继电器等

须使其压电性能比现有水平有较大的提高才行。另一方面,在陶瓷制造性能方面的研究预期也会有稳步的发展,可以认为在不远的将来必将取得成果,这是因为,近年来随着应用范围的扩大和工作频

率的提高，必须研制性能更高和能经受更严酷使用条件的材料。由于陶瓷受到所采用的烧结制造方法的限制，晶界和气孔的存在或晶粒形状和晶轴方向的不规则性是不可避免的。但是可以认为，如果不断进行努力，尽量克服在均质性上不如单晶的这些缺点，那么满足上述要求的材料是完全有可能制造出来的。

在应用方面展望未来，如果考虑压电效应具有作为电能和机械能之间非常有效的换能器的功能这一点，那么可以说其发展前途是无量的。最近，在应用方面的新发展有生物医学的超声波诊断装置，非破坏检测仪器，体波 VIF 滤波器，压电式录像磁盘摄像器等。从这些例子可知，采用高性能的压电陶瓷就可以比较容易地构成高转换效率的器件。因此，今后作为电子学和力学相结合元件，其应用将会不断扩大。

（4）磁性陶瓷　磁性陶瓷一般主要是指铁氧体陶瓷，其分子式有多种，如 MFe_2O_4、$M_3FeO_{12} \cdot MFeO_3$、$MFe_{12}O_{19}$ 等，M 代表一价或二价金属离子，主要有 Mg、Zn、Mn、Ba、Li 或三价稀土金属 Y、Sm 等。铁氧体属半导体由于金属和合金材料的电阻率低，损耗较大，无法适用于高频，而陶瓷质磁性材料电阻率较高，涡流损失小，介质损耗低，所以广泛用于高频和微波领域，可以从商用频率到毫米波范围内以多种形态得到应用。铁氧体的缺点是饱和磁化强度低，居里温度不高，不适于在高温时低频大功率条件下工作。

铁氧体陶瓷是以氧化铁和其他铁族式稀土族氧化物为主要成分的复合氧化物，按晶体结构可以把它分成三大类：尖晶石型（MFe_2O_4）、石榴石型（$R_3Fe_5O_{12}$）、磁铅石型（$MFe_{12}O_{19}$），其中 M 为铁族元素，R 为稀土元素。按铁氧体的性质及用途又可分为软磁、硬磁、族磁、矩磁、压磁、磁泡、磁光及热敏等铁氧体。按其结晶状态又可分为单晶和多晶体铁氧体，按其外观形态又可分为粉末、薄膜和体材等。

① 软磁铁氧体　软磁铁氧体材料是指在较弱磁场下，容易被磁化也容易被退磁的一种铁氧体材料。其典型代表是锰锌铁氧体（$Mn-ZnFe_2O_4$），其次是锂锌铁氧体和镍铜锌铁氧体等。软磁铁氧

体主要用于各种电感线圈的磁芯、天线磁芯、变压器磁芯、滤波器磁芯、录音机和录像机磁头、电视机偏转磁轭、磁放大器等，因此又称软磁铁氧体为磁芯材料。由于软磁铁氧体易于磁化和退磁，作为对交变磁场响应良好的电子部件，广泛应用。由于大屏幕电视及精确显示电视的普及，加上办公自动化设备中开关电源的应用，使磁性材料市场日益扩大。

② 硬磁铁氧体材料　硬磁铁氧体又称永磁铁氧体，是相对软磁铁氧体而言的。其矫顽力 H_c 大，是一种磁化后不易退磁，能长期保留磁性的铁氧体，一般可作为恒稳磁场源。硬磁铁氧体的主要性能要求与软磁铁氧体相反。首先要求 H_c 大，剩磁 B_r 大，较高的最大磁能积 $(BH)_{max}$，这样才能保证保存更多的磁能，磁化后既不易退磁，又能长久保持磁性。此外，还要求对温度和时间的稳定性好，又能抗干扰等。硬磁铁氧体主要用于磁路系统中作永磁材料，以产生稳恒磁场，如用作扬声器、助听器、录音磁头等各种电声器件及各种电子仪表控制器件，以及微型电机的磁芯等。

③ 旋瓷铁氧体材料　旋磁铁氧体又称微波铁氧体，是一种在高频磁场作用下，平面偏振的电磁波在铁氧体中按一定方向传播过程中，偏振面会不断绕传播方向旋转的一种铁氧体材料。偏振面因反射而引起的旋转称为克尔效应；因透射而引起的旋转称为法拉第效应。旋磁铁氧体在 $108 \sim 1011Hz$ 的微波领域里，旋磁铁氧体广泛用于制造雷达、通信、电视、测量、人造卫星、导弹系统等所需微波器件。

④ 矩磁铁氧体材料　矩磁铁氧体是指具有矩形磁滞回线、矫顽力较小的铁氧体。从应用观点看，对于矩磁铁氧体材料的要求是：高的剩磁比 B_r/B_m，特别情况下还求高的 $B_{-1/2m}/B_m$；矫顽力 H_c 小；开关系数 S_w 小；信噪比 V_s/V_n 高；损耗 $tg\delta$ 低；对温度、振动和时间稳定性好。常温下的矩磁铁氧体材料有 Mn-Mg 系，Mn-Zn 系、Cu-Mn 系，Cd-Mn 系等，在 $-65 \sim 125℃$ 温度范围内的宽温矩磁材料有 Li-Mn、Li-Ni、Li-Cu、Li-Zn 和 Ni-Mn、Ni-Zn、Ni-Cd 等，它们大多为尖晶石结构，使用较多的是镁锰铁氧体（Mg- $MnFe_2O_4$）和锂锰铁氧体（Li- $MnFe_2O_4$）等。矩磁

铁氧体主要用于电子计算机及自动控制与远程控制设备中，作为记忆元件（存储器）、逻辑元件、开关元件、磁放大器的磁光存储器和磁声存储器。矩磁材料在磁存储器中主要用于制作环形磁芯，至今仍是内存储器中的主要材料，而且随着计算机向大容量和高速化发展，矩磁铁氧体磁芯也向小型化发展，现已能制造出 15.17×10^{-7} cm 的磁芯。

⑤ 磁泡铁氧体材料　所谓磁泡，就是铁氧体中的圆形磁畴。某些强磁材料在一定的外加磁场作用下，其反磁化畴变为圆柱形的磁畴，如果从畴的轴线方向看去，这些圆柱畴在材料表面好像浮着的一群圆泡，故称为磁泡（见图 20-3）。由于磁泡受控于外加磁场，在特定的位置上出现或消失，而这两种状态正好和计算机中二进制的"1"和"0"相对应，因此可用于计算机的存储器。

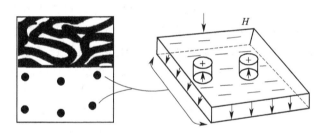

图 20-3　磁泡示意图

注：在厚度约 0.5nm 的正铁氧体（TbFeO$_3$）单晶薄片上，

垂直于薄片面加 3 978.9（A·m^{-1}）磁场后所观察到，泡径约 0.03nm

⑥ 磁致伸缩铁氧体材料　磁致伸缩材料是利用铁磁物质的磁致伸缩特性，将电能转换为机械能，或将机械能转换为电能的一类磁性材料。这类材料一般分为两大类：镍及镍铁合金、铁氧体材料。磁致伸缩铁氧体材料主要用于各种超声器件，如超声探伤器、超声钻头、超声焊接器等；水声器件，如声纳、回声探测仪等；还被用于机械滤波器、混频器、压力传感器以及超声延迟线等。

⑦ 巨磁阻材料　材料的电阻随着外加磁场的变化而变化的效应称为磁阻效应。许多金属以及复合氧化物都具有磁阻效应。一般材料的磁电阻随磁场的变化率很小，通常小于1%，而某些材料具

有异常大的磁电阻，甚至高达百分之几十，这种材料称为巨磁阻材料。

对于巨磁阻材料，导致磁阻变化因素的微小波动即可使材料的电阻值发生很大的变化，因此可以探测微弱的信息。巨磁阻材料已经在多方面得到了应用，如用来制作位移传感器和角度传感器，应用于数控机床、汽车测速、非接触开关、旋转编码器等。利用加不同磁场时磁电阻不同的效应可制作随机存储器，在电源中断时保留信息。利用巨磁电阻材料的灵敏度高的特性，可制作超微磁场传感器和纳米巨磁电阻器。

(5) 敏感陶瓷　敏感陶瓷材料是指当作用于这些材料制造元件上的某一外界条件，如温度、压力、湿度、气氛、电场、磁场、光及射线等改变时，能引起该材料某种物理性能的变化，从而能从这些元件上准确迅速地获得某种有用的信号。这类材料大多是半导体陶瓷，按其相应的特性，可把这些材料分为热敏、压敏、湿敏、气敏、电敏和光敏等敏感陶瓷。此外，还有具有压电效应的压力、位置、速度、声波敏感陶瓷；具有铁氧体性质的磁敏陶瓷和具有多种敏感特性的多功能敏感陶瓷等。这些敏感陶瓷已广泛应用于工业检测、控制仪器、交通运输系统、汽车、机器人、防止公害、防灾、公安及家用电器等领域。

敏感陶瓷的分类及主要应用可见表 20-6。

表 20-6　传感器陶瓷

应用	输出	效应		材料(形态)	备注
温度传感器	电阻变化	载流子浓度随温度的变化	(负温度系数)	NiO、FeO、CoO、MnO、CaO、Al_2O_3、SiC (晶体、厚膜、薄膜)	温度计，测辐射热计
			(正温度系数)	半导体 $BaTiO_3$(烧结体)	过热保护传感器
		半导体-金属相变		VO_2，V_2O_3	温度继电器
	磁化强度变化	铁氧体磁性-顺磁性		Mn-Zn 系铁氧体	温度继电器
	电动势	氧浓差电池		稳定氧化锆	高温耐腐蚀性温度计

续表

应用	输出	效应	材料(形态)	备注
位置速度 传感器	反射波的 波形变化	压电效应	PZT;锆钛酸铅	鱼探仪,探伤 仪,血流计
光传感器	电动势	热释电效应	$LiNbO_3$、$LiTaO_3$、 PZT、$SrTiO_3$	检测红外线
	可见光	反斯托克斯(Stokes) 定律	LaF_3(Yb,Er)	检测红外线
		倍频效应	压电体 $Ba_2NaNb_5O_{15}$ (BNN)$LiNbO_3$	
		荧光	ZnS(Cu,Al),Y_2O_2S (Eu)	彩色电视阴 极射线显像管
			ZnS(Cu,Al)	X射线监测器
		热萤光	CaF_2	热荧光光线 测量仪
气体传感 器	电阻变化	可燃性气体接触燃烧 反应热	Pt 催化剂/氧化铝/ Pt 丝	可燃性气体 浓度计,警报器
		氧化物半导体吸附、脱 附气体引起的电荷转移	SnO_2、In_2O_3、ZnO、 WO_3、γ-Fe_2O_3、NiO、 CoO,Cr_2O_3、TiO_2LiNiO_3、 (La,Sr)CoO_3、(Ba, Ln)TiO_3 等	气体警报器
		气体热传导放热引起 的热敏电阻的温度变化	热敏电阻	高浓度气体 传感器
		氧化物半导体的化学 计量的变化	TiO_2,CoO-MgO	汽车排气气 体传感器
	电动势	高温固体电解质氧浓 差电池	稳定氧化锆(ZrO_2- CaO,ZrO_2-MgO,ZrO_2- Y_2O_3,ZrO_2-La_2O_3 等) 氧化钍(ThO_2,ThO_2- Y_2O_3)	排气气体传 感器(Lambda 传感器) 钢液、钢液中 溶解氧分析仪 CO、缺氧不完 全燃烧传感器
	电量	库仑滴定	稳定氧化锆	磷燃烧氧传 感器

续表

应用	输出	效应	材料(形态)	备注
湿度传感器	电阻	吸湿离子导电	$LiCl, P_2O_5, ZnO\text{-}LiO$	湿度计
		氧化物半导体	TiO_2, $NiFe_2O_4$, $MgCr_2O_4 + TiO_2$, ZnO, Ni 铁氧体 Fe_2O_4 胶体	湿度计
	介电常数	吸湿引起介电常数变化	Al_2O_7	湿度计
离子传感器	电动势	固体电解质	AgX, LaF_3, Ag_2S, 玻璃薄膜, CdS, AgI	离子浓差电池
	电阻	栅极吸附效应金属氧化物半导体场效应晶体管	Si(栅极材料 H[①] 用:Si_3N_4/SiO_2,S^- 用:Ag_2S,X^-,AgX,PbO)	离子敏感性场效应晶体管(Ion selective Field Effect Transistor, ISFET)

① 又称为电量滴定。

① 热敏陶瓷 热敏陶瓷是一类电阻率随温度发生明显变化的材料。可用于制作温度传感器,温度测量,线路温度补偿和稳频等。一般按温度系数可分为电阻随温度升高而增大的正温度系数(PTC)、电阻随温度升高而减小的负温度系数(NTC)和电阻在特定温度范围内急剧变化的临界温度系数(CTR)等热敏陶瓷,其电阻率随温度变化的曲线见图 20-4。

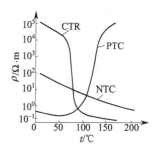

图 20-4 热敏陶瓷电阻的电阻率随温度的变化

a. PTC 热敏电阻陶瓷 PTC 热敏电阻陶瓷主要是掺杂 $BaTiO_3$ 系陶瓷,$BaTiO_3$ 是铁电体陶瓷,作为高质量电容器及压电陶瓷已被广泛应用。

PTC 陶瓷属于多晶铁电半导体。当开始在陶瓷体上施加工作电压时,温度低于 T_{min},陶瓷体电阻率随着温度的上升而下降,电流则增大,呈现负温度系数特性,服从 $e^{\Delta E/2KT}$ 规律,ΔE 值约

在 $0.1 \sim 0.2 eV$ 范围。由于 ρ_{min} 很低,故有一大的冲击电流,使陶瓷体温度迅速上升。当温度高于 T_{min} 以后,由于铁电相变(铁电相与顺电相转变)及晶界效应,陶瓷体呈正温度系数特征,在居里温度(相变温度)T_c 附近的一个很窄的温区内,随温度的升高(降低),其电阻率急剧升高(降低),约变化几个数量级($10^3 \sim 10^7$),电阻率在某一温度附近达到最大值,这个区域便称为 PTC 区域。其后电阻率又随 $e^{\Delta E/2KT}$ 的负温度系数特征变化,这时的 ΔE 约在 $0.8 \sim 1.5 eV$ 范围。

T_c 可通过掺杂而升高或降低,这是 PTC 热敏电阻陶瓷的主要特点之一,例如对以 $(Ba_{1-x}Pb_x)TiO_3$ 为基的 PTC 陶瓷,增加 Pb 含量,可提高 T_c;相反,掺入 Sr 或 Sn,可使 T_c 下降。因此,可根据实际需要来调整 T_c 值。

这里所说的电阻温度系数是指零功率电阻值的温度系数,温度为 T 时的电阻温度系数定义为

$$\alpha_T = \frac{1}{R_\rho} \cdot \frac{dR_\rho}{dT} \tag{20-14}$$

对 PTC,由图 20-5 的 ρ-T 曲线可知,当曲线在某一温区发生突变时,ρ-T 曲线近似线性变化。若温度从 $T_1 \rightarrow T_2$,则相应的电阻值由 $R_1 \rightarrow R_2$,因此,式(20-1)可表示为

$$\alpha_T = \frac{2.303}{T_2 - T_1} \lg \frac{R_2}{R_1} \tag{20-15}$$

当 PTC 陶瓷作为温度传感器使用时,要求具有较高的电阻温度系数。早期 PTC 材料的 α_T 值约为 $10\%/℃$,只有在比较窄的温度范围内,α_T 值可达 $20\% \sim 30\%/℃$。近年来,在 $40℃$ 的温度范围内,α_T 值可达 $30\%/℃$;在 $20℃$ 温度范围内,α_T 值可达 $40\% \sim 50\%/℃$。但是,α_T 值与居里温度有关,一般,当 T_c 为 $120℃$ 时,α_T 值最高;当 T_c 值为 $50℃$ 时,要使 α_T 值为 $20\%/℃$ 或更高是很困难的。同样,当 $T_c > 120℃$ 时,要使 α_T 值为 $20\%/℃$ 也是很困难的。当 T_c 为 $300℃$ 时,α_T 值只能达到 $10\%/℃$ 左右。

目前,PTC 热敏电阻器有两大系列,一类是采用 $BaTiO_3$ 为基材料制作的 PTC 热敏电阻器,从理论和工艺上研究得比较成熟;

另一类是氧化钒（V_2O_3）基材料，是 20 世纪 80 年代出现的一种新型大功率 PTC 热敏陶瓷电阻器。

$BaTiO_3$ 系 PTC 热敏电阻，具有优良的 PTC 效应，在 T_c 温度时电阻率跃变（ρ_{max}/ρ_{min}）达 $10^3 \sim 10^7$，电阻温度系数 $\alpha_T \geqslant 20\%/℃$，因此是十分理想的测温和控温元件，得到广泛的应用。

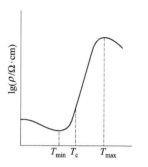

图 20-5　PTC 陶瓷的电阻率 ρ 与温度 T 关系

$BaTiO_3$ 陶瓷在室温下是绝缘体，室温电阻率为 $10^{10}\,\Omega \cdot cm$ 以上，如在纯度为 99.99% 的 $BaTiO_3$ 中添加 0.1% ～ 0.3%（摩尔分数）的微量稀土元素 Y、La、Sm、Ce 等，用一般陶瓷工艺烧成，就得室温电阻率为 $10^3 \sim 10^5\,\Omega \cdot cm$ 的半导体陶瓷，用 La^{3+} 等取代 Ba^{2+} 就多余一个正电荷，部分 Ti^{4+} 就俘获一个电子 e^- 成 Ti^{3+}：

$$Ba^{2+}\,Ti^{4+}\,O_3^{2-} + x La \longrightarrow Ba_{1-x}^{2+}\,La_x^{3+}\,Ti_{1-x}^{4+}\,(Ti^{4+} + e^-)_x\,O_3^{2-}$$

Ti 捕获电子处于亚稳态，易激发，当陶瓷受电场作用时，该电子就参与导电，就像半导体施主提供电子参与电传导一样，呈 n 型，称电子补偿，其电中性方程 $N_D^* = n$ 为施主浓度。导电电子浓度等于进入 Ba^{2+} 位置的 La^{3+} 的浓度。另一种补偿是金属离子缺位来补偿过剩电子，称缺位补偿，其电中性方程则为 $N_D^* = 2[2V_{Ba}'']$。施主全部为双电离钡缺位所补偿，材料呈绝缘性，介于以上二者，部分施主被钡缺位补偿，部分施主为电子所补偿，其电中性方程 $N_D^* = 2[2V_{Ba}''] + n$。

在 $BaTiO_3$ 中用 Nb^{5+} 取代 Ti^{4+}，也可使 $BaTiO_3$ 变成具有室温高电导率的 n 型热敏电阻。用 $BaCO_3$、TiO_2、Nb_2O_5、SnO_2、SiO_2、$Mn(NO_3)_2$ 为原料；$BaCO_3$ 和 TiO_2 在烧结时形成 $BaTiO_3$ 主晶相；Nb_2O_5 应为光谱纯，称量非常准确，在烧结时进入 Ti 晶格位置，造成施主中心，提高电导率；SnO_2 使居里点向负温方向移动；SiO_2 形成晶间玻璃相，容纳有害杂质，促进半导体化，抑制晶体长大；$Mn(NO_3)_2$ 以水溶液加入，Mn^{3+} 在晶粒边界能生成更多的受主型表面态，可提高电阻温度系数。

制备 $BaTiO_3$ 时要求原料纯度高，如有微量过渡金属元素，就不能获得半导性。采用高纯 $BaCl_2$ 和 $TiCl_4$ 混合液与草酸（$H_2C_2O_4$）反应，共沉淀出草酸钡钛，加热到 650℃ 左右可得高纯 $BaTiO_3$。

PTC 陶瓷在温度低于居里点时为良半导体，高于居里点时电阻率急剧提高 3～8 个数量级。不同用途要求 PTC 工作温度也不同，采用掺杂改性，改变居里点。$BaTiO_3$ 中部分 Ti 用 Sr、Sn 等掺杂转换可使居里点向低温移动，而部分 Ba 用 Pb 等掺杂转换则使居里点向高温方向移动，实验室工作可使居里点控制在 $-100～420℃$，在生产上控制在 $-30～300℃$，室温电阻率达 $10～10^2\,\Omega\cdot cm$，便于使用。

海旺（Heywang）对 $BaTiO_3$ 陶瓷的 PTC 效应导电机理作出解释。在此基础上发展成 Jonker 理论和 Daniels 理论。

图 20-6 是海旺模型，低于费米能级 E_F 的受主型表面态，N_s

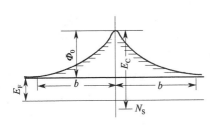
是表面电荷密度，将俘获导带中的电子。E_C 是导带底，形成负的表面电荷。表面层缺乏电子形成未被补偿的电离施主正空间电荷，产生由内到外的电场，形成表面势垒层，Φ_0是势垒高度。如表面势垒很高，则势垒中的载流子浓度极低，空间电荷几乎等于全部离

图 20-6　两相邻晶体颗粒表面势垒的能带

子的施主电荷，就所谓耗尽层。b 为其厚度。Φ_0 与 N_s^2 成正比，而同介电常数 e 成反比，在居里温度以下 ε 高达 10000，Φ_0 很低。在居里温度以下 ε 下降，Φ_0 随之升高，致使电阻率增加。在居里点以下产生自发极化，N_s 被极化强度的垂直分量所补偿，即铁电补偿，使有效 N_s 大幅度下降，Φ_0 随之下降。在居里点以上自发极化消失，有效 N_s 增多，Φ_0 增高，电阻率急剧提高，产生 PTC 效应。

钡缺位模型是在海旺表面态模型基础上发展的。认为施主掺杂 $BaTiO_3$ 中的施主电子被双电离的钡缺位所补偿，$N_D^* \approx 2\left[V_{Ba}''\right]$；钡缺位优先发生在晶粒表面，晶粒体内的施主未完全被钡缺位所补偿，只有在高温下钡缺位才逐渐向体内扩散；有限扩散层是弱 n 型电导层，在晶粒内属混合补偿，即 $N_D^* \approx 2\left[V_{Ba}''\right] + n$，亦为 n 型电导型，在晶粒边界上形成势垒。在海旺模型中晶粒边上的二维表面电荷，在钡缺位模型中被扩展为扩散层中空间分布的负电荷层。用空间电荷铁电极化的补偿来解释 PTC 效应。钡缺位模型可解释较多的现象。

氧化钒系 PTC 陶瓷是以 V_2O_3 为主要成分，掺入少量的 Cr_2O_3 烧结而成的 $(V_{1-x}Cr_x)_2O_3$ 系固溶体。$(V_{1-x}Cr_x)_2O_3$ 系 PTC 热敏电阻陶瓷最显著的优点是其常温电阻率极小，$\rho_{20} = (1 \sim 3) \times 10^{-3} \Omega \cdot cm$，并且由于其 PTC 效应是材料本身在特定温度下发生的金属-绝缘体（M-I）相变，属于体效应，所以不存在电压效应及频率效应，鉴于 $(V_{1-x}Cr_x)_2O_3$ 系 PTC 热敏陶瓷具有上述优良性能，因此，它可应用于大电流领域的过流保护。而 $BaTiO_3$ 系热敏陶瓷的常温电阻率较高（$\rho_{20} \geqslant 3\Omega \cdot cm$），这就极大地限制了 $BaTiO_3$ 系陶瓷在大电流领域的应用。

将 $BaTiO_3$ 系和 V_2O_3 系 PTC 陶瓷的主要特性进行比较，列于表 20-7 中。

表 20-7 $BaTiO_3$ 系和 V_2O_3 系热敏电阻的 PTC 特性

性能	$BaTiO_3$	V_2O_3
室温电阻率 $\rho_{20}/\Omega \cdot cm$	$3 \sim 10000$	$(1 \sim 3) \times 10^{-3}$
无负载电阻增加比	$10^3 \sim 10^7$	$5 \sim 400$
最大负载电阻增加比	~ 150	$5 \sim 30$
转变温度/℃	$-30 \sim +320$	$-20 \sim +150$
温度系数/($\% \cdot ℃^{-1}$)	~ 20	~ 4
最大额定电流密度/($A \cdot mm^{-2}$)	0.01	~ 1
最大电流密度/($A \cdot mm^{-2}$)	—	~ 400
电压/频率相关	有/有	无/无

　　PTC 热敏电阻具有许多有实用价值的特性：电阻率-温度、电流-电压、电流-时间、等温发热（环境温度、所加电压、放热条件在一定范围内变化时，保持一定温度不变）变阻、收缩振荡、发热，尤其是其他元件不具备的等温发热和特殊起动（加压时电流随时间减小）更吸引人。应用大致可分三个方面：对温度敏感（如马达的过热保护、液面深度探测、温度控制和报警、非破坏性保险丝、晶体管过热保护、温度电流控制器等）；延迟（如彩色电视机自动消磁、马达起动器、延迟开关等）；加热器（如等温发热件、空调加热器等）。还可用作无触点开关、电路中的限流元件、时间继电器、温度补偿元件等。$BaTiO_3$ 陶瓷 PTC 热敏电阻在家用电器领域用量最大，其主要应用列于表 20-8。

表 20-8　PTC 热敏电阻在家用电器中的应用

出现时间/年	家用电器中的应用实例	应用元件
1964	电子脚炉、电子拖鞋、电子长筒靴	恒温发热体
1966	彩色电视自消磁器、微风机的启动装置、室内暖炉的温度检测装置	限流器
1968	液面计	温度传感器
1970	广口保温瓷、保温电饭锅	恒温发热体
1971	电子驱蚊器	恒温发热体
1972	电子煮水器、电子干燥器、电子按摩器、电子温灸、屏风式双暖器、保温饭盒、带暖锅烹调桌	发热体
1973	室内取暖板式加热器、自动开关式电饭锅	恒温发热体
1974	电香炉、电子温酒器	发热体
1975	温风用发热体、空调机辅助加热器、温风暖房机、被服干燥机、食具干燥机、服装干燥机、电热牛奶器、头发吹干器、烫发器	发热体
1976	洗发液加热器、电热酵母发酵器、电暖脚器、电热熨斗、电热烤炉、房间空调器、烫发夹、电热卷发器	发热体
1977	加湿器、吸入器、美容器、电子被炉、鞋类干燥器	发热体
1978	石油温风暖炉、电子消毒器、电热式吸入器、热风板式暖房机、电热褥子、内衣干燥器、地毯取暖器、饮料加热器	高居里点发热体
1980	UTR 气缸盖防止凝结	发热体

b. NTC 热敏电阻陶瓷　NTC 热敏电阻陶瓷是指随温度升高而其电阻率按指数关系减小的一类陶瓷材料。利用晶体本身性质的 NTC 热敏陶瓷电阻生产最早、最成熟，使用范围也最广。最常见的是由金属氧化物陶瓷制成，如锰、钴、铁、镍、铜等两三种氧化物混合烧结而成，负温度系数的温度-电阻特性可用下式表示

$$R = R_0 \exp B \left(\frac{1}{T} - \frac{1}{T_0} \right) \tag{20-16}$$

式中，R、R_0 分别为在 T 和 T_0（K）时的电阻；B 为热敏电阻常数，也称材料常数。由上式得到电阻温度系数

$$\alpha_T = \frac{1}{R} \frac{dR}{dT} = -\frac{B}{T^2} \tag{20-17}$$

热敏电阻常数 B 可以表征和比较陶瓷材料的温度特性，B 值越大，热敏电阻的电阻对于温度的变化率越大。一般常用的热敏电阻陶瓷的 $B = 2000 \sim 6000K$，高温型热敏电阻陶瓷的 B 值约为 $10000 \sim 15000K$。

上式表示，NTC 热敏电阻的温度系数 α_T 在工作温度范围内并不是常数，是随温度的升高而迅速减小。B 值越大，则在同样温度下的 α_T 也越大，即制成的传感器的灵敏度越高。因此，温度系数只表示 NTC 热敏电阻陶瓷在某个特定温度下的热敏性。

对热敏电阻材料的要求如下：高温物理、化学、电气特性稳定，尤其电阻对高温直流负荷随时间变化小；在使用湿度范围内无相变；B 值可根据需要进行调整；陶瓷烧结体与电极的膨胀系数接近。

根据应用范围，通常将 NTC 热敏电阻陶瓷分为三大类：低温型、中温型及高温型陶瓷。各种典型 NTC 热敏电阻陶瓷的主要成分及应用范围列于表 20-9 中。

表 20-9　各种典型 NTC 热敏电阻陶瓷的主要成分及应用

种　类	主要成分	晶系	用　途
低温型 NTC 热敏电阻陶瓷 （4.2～300K）	MnO、CuO、NiO、Fe_2O_3、CoO 等	尖晶石型	低温（包括极低温）测温、控温（遥控）

续表

种　类	主要成分	晶系	用　途
中温型 NTC 热敏电阻陶瓷	$CuO\text{-}MnO\text{-}O_2$ 系 $CoO\text{-}MnO\text{-}O_2$ 系 $NiO\text{-}MnO\text{-}O_2$ 系 $MnO\text{-}CoO\text{-}NiO\text{-}O_2$ 系 $MnO\text{-}CuO\text{-}NiO\text{-}O_2$ 系 $MnO\text{-}CoO\text{-}CuO\text{-}O_2$ 系 $MnO\text{-}CoO\text{-}NiO\text{-}Fe_2O_3$ 系	尖晶石型	各种取暖设备 家用电器制品 工业上温度检测
高温型 NTC 热敏电阻陶瓷 （～1000℃）	$ZrO,CaO,Y_2O_3,CeO_2,Nd_2O_3,TbO_2$	萤石型	汽车排气、喷气发动机和工业上高温设备的温度检测，触媒转化器和热反应器等的温度异常报警等
	$MgO,NiO,Al_2O_3,Cr_2O_3,Fe_2O_3$ $CoO,MnO,NiO,Al_2O_3,Cr_2O_3,CaSiO_4$ NiO,CoO,Al_2O_3	尖晶石型	
	$BaO,SrO,MgO,TiO_2,Cr_2O_3$ $NiO\text{-}TiO_2$ 系	钙钛矿型	
	Al_2,O_3,Fe_2O_3,MnO	刚玉型	
CRT 热敏陶瓷	VO_2	金红石型	控温、报警

普通 NTC 热敏电阻的最高使用温度在 300℃ 左右，随技术工艺等发展，热敏电阻的应用扩展到能解决高温领域的测温与温控上。

ZrO_2-CaO 系陶瓷在固溶 $13\%\sim15\%$ CaO 时，在室温下是电阻为 $10^{10}\Omega\cdot cm$ 以上的绝缘体，在 600℃ 时电阻值下降到 $10^8\Omega\cdot cm$，在 1000℃ 时电阻只有 $10\Omega\cdot cm$。

ZrO_2-Y_2O_3 系、ZrO_2-CaO 系萤石型结构的材料、以 Al_2O_3MgO 为主要成分的尖晶石型结构的材料等能基本上满足上述要求。表 20-10 列出了各种高温热敏陶瓷的成分与性能。

表 20-10　高温热敏电阻陶瓷特征

晶体类型	陶瓷通式	主要成分	使用温度及电阻	B 值(K)	特　点
萤石型	AO_2	ZrO_2,CaO,Y_2O_3 Nd_2O_3,ThO_2	750℃ $(0.8\sim8)\times$ $10^3\Omega\cdot cm$	5000～18000	氧离子导电，稳定 ZrO_2 无相变，特性随固溶体的稳定化成分而不同

晶体类型	陶瓷通式	主要成分	使用温度及电阻	B 值(K)	特　点
尖晶石型	AB_2O_4	Mg,NiO,Al_2O_3 Cr_2O_3,FeO_3	600℃ $10\sim10^7\Omega\cdot cm$	2000~17000	熔点高,可形成无限固溶的尖晶石组成,无相变
		CoO,MnO,NiO Al_2O_3,Cr_2O_3 $CaSiO_4$	700℃ $(0.9\sim500)\times$ $10^8\Omega\cdot cm$	2900~11000	形成以 Al_2O_3 为主成分的尖晶石,$CaSiO_4$ 作为助熔剂加入,CO,Mn,Fe 的氧化物用于调节电阻值
		NiO,CoO,Al_2O_3	1050℃ $10\sim10^6\Omega\cdot cm$	15000±500	加入第三种成分 Ca,SiO_2,Y_2O_3,MgO 稳定化,减少电阻随时间下降
钙钛矿型	ABO_3	BaO,SrO,MgO TiO_2,Cr_2O_3	500℃ $(0.1\sim9.2)\times$ $10^3\Omega\cdot cm$		在 TiO_2 中加入 Cr_2O_3 得到 NTC,碱土金属氧化物作为稳定剂
刚玉型	Al_2O_3	Al_2O_3,Fe_2O_3 MnO	600℃ $4.5\times10^3\Omega\cdot cm$	11300	加 MnO 可加大特性曲线的斜率,防止阻值变化

常温 NTC 热敏陶瓷绝大多数是尖晶石型氧化物,有些是二元($MnO\text{-}CuO\text{-}O_2$、$MnO\text{-}CoO\text{-}O_2$、$MnO\text{-}NiO\text{-}O_2$ 等)、三元(Mn-Co-Ni、Mn-Cu-Ni、Mn-Cu-Co 等)或四元等。主要是含锰,不含锰的研究得很少,主要有 Cu-Ni 系和 Cu-Co-Ni 系等。这些氧化物按一定配比混合,经成型烧结后,性能稳定,可在空气中直接使用,现各国生产的负温度系数热敏电阻器绝大部分是用这类陶瓷制成。电阻温度系数 $-6\%\sim-1\%/℃$,工作温度 $-60\sim+300℃$,广泛用于测温、控温、补偿、稳压、遥控、流量流速测量及时间延迟等。多数含有一种或一种以上的过渡金属氧化物,随着温度上升,B 值略有增加,具有 p 型半导体。

低温 NTC 热敏电阻大都也是用两种以上的过渡金属如 Mn、Ni、Cu、Fe、Co 的氧化物在低于 1300℃ 的温度下烧结而成。由于氧化物受磁场影响小，因此在低温物、低温工程中有其实用价值，主要用于液氢、液氮等液化气体的测温、液面控制及低温阀门直流磁铁线圈的补偿等。常用工作区分 4～20K、20～80K、77～330K 三挡。工作原理与常温者相同，只是低温区有一些特点，如 B 值较小，B 值低于 2000K 的材料制造较难。为降低 B 值可掺入 La、Nd 等稀土氧化物，还必须严格控制烧结气氛，市场 B 值分 60～80K、200～300K、2000K。国外用 Co-Ba-O 系陶瓷，测量温区为 4～20K。国内用同样材料研制的低温热敏，测温区域为 2.8～100K。$(N_{1-y}^{2+} C_y^{2+})(Co_{2-x}^{3+} Fe_x^{3+})O_4$ 系半导体陶瓷为尖晶石结构，当 N^{2+} 和 Co^{2+}、Co^{3+} 和 Fe^{3+} 按适当摩尔分数共存于尖晶石相时，NTC 线性度改善，且向低温扩展。当 $x=1.25$，$y=0.5$ 时线性测温区为 $-70～200℃$，若再加入适量 RuO_2，则线性测温区可扩展为 $-90～200℃$，且电气、物化、机械性能稳定、廉价。

NTC 热敏电阻的阻温特性都是非线性，即指数式。在需均匀刻度及线性特性场合，需用其他元件补偿。这样便使线路复杂化，工作温度受限制。1976 年出现 $CdO-Sb_2O_3-WO_3$ 陶瓷，在宽温区内（$-100～200℃$）阻温呈线性变化，称线性热敏材料，测量方便，使仪表数字化。

c. CRT 热敏电阻陶瓷　CRT 热敏陶瓷电阻是一种具有开关特性的负温度系数的热敏电阻。当达到临界温度时，引起半导体陶瓷金属相变。

CRT 热敏电阻主要是指以 VO_2 为基本成分的半导体陶瓷，在 68℃ 附近电阻值突变可达 3～4 个数量级，具有很大的负温度系数，故称剧变温度热敏电阻。

氧化钒陶瓷的制备方法是将 V_2O_5 和 V 或 V_2O_3 粉末混合，放入石英管中，抽真空后加热至熔点以上。另一方法是将上述粉末的混合物在可控制氧分压的气氛中烧结。VO_2 陶瓷材料在 65～75℃ 间存在着急变临界温度，其临界温度偏差可控制在 ±1℃，温度系数变化在 $-30\%～-100\%/℃$，响应速度为 10s。这可能是由

于 VO_2 在 67℃ 以上时呈规则的四方晶系的金红石结构，当温度降至 67℃ 以下时，VO_2 晶格畸变，转变为单斜结构，这种结构上的变化，使原处在金红石结构中氧八面体中心的 V^{4+} 离子的晶体场发生变化，使得 V^{4+} 离子的 3d 带产生分裂，从而导致 VO_2 由导体转变为半导体。

CRT 热敏电阻陶瓷的应用主要是利用其在特定温度附近电阻剧变的特性，用于电路的过热保护和火灾报警等方面。其次在剧变温度附近，电压峰值有很大变化，这是可以利用的温度开关特性，用以制造以火灾传感器为代表的各种温度报警装置，与其他相同功能的装置相比，由于无触点和微型化，因而具有可靠性高和反应时间快等特点。以前难以制造的在 35s 内即能开始动作的火灾传感器，由于有 CTR 热敏电阻而有可能实现。

② 压敏陶瓷　压敏陶瓷主要用于制作压敏电阻，它是对电压变化敏感的非线性电阻。压敏电阻陶瓷是指具有非线性伏-安特性、对电压变化敏感的半导体陶瓷。它在某一临界电压以下电阻值非常高，几乎没有电流，但当超过这一临界电压时，电阻将急剧变化，并且有电流通过。随着电压的少许增加，电流会很快增大。压敏电阻陶瓷的这种伏-安特性曲线如图 20-7 所示。

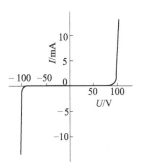

图 20-7　氧化锌压敏陶瓷的伏安特性

由图可见，压敏电阻陶瓷的 I-V 特性不是一条直线，其电阻值在一定电流范围内是可变的。因此，压敏电阻又称非线性电阻，用这种陶瓷制作的器件叫非线性电阻器。一般压敏电阻的 I-V 特性可以用下列公式近似表示

$$I = \left(\frac{V}{C}\right)^{\alpha} \qquad (20\text{-}18)$$

式中　I——压敏电阻电流，A；

　　　V——施加电压，V；

　C、α——常数。

由式（20-18）可得

$$\ln I = \alpha \ln V - \alpha \ln C \qquad (20\text{-}19)$$

将上式两边微分，有

$$\frac{\mathrm{d}I}{I} = \alpha \frac{\mathrm{d}V}{V} \qquad (20\text{-}20)$$

即

$$\alpha = \frac{\mathrm{d}I}{I} \bigg/ \frac{\mathrm{d}V}{V} \qquad (20\text{-}21)$$

式中，α 为非线性指数。当 $\alpha = 1$ 时是欧姆器件；当 $\alpha \to \infty$ 时是非线性最强的变阻器。α_{ZnO} 为 $25 \sim 50$ 或更高。C 值在一定电流范围内为一常数，当 $\alpha = 1$ 时 C 值同欧姆电阻值 R 对应。C 值大的压敏电阻，一定电流下所对应的电压值也高，有时称 C 值为非线性电阻值。通常把流过 $1\mathrm{mA/cm}^2$ 电流时电流通路上每毫米长度上的电压降定义为该压敏电阻材料的 C 值，也称 C 值为材料常数。C_{ZnO} 在 $20 \sim 300\mathrm{V/mm}$ 间，通过改变成分和制造工艺来调整，以适应不同工作电压的需要。α 和 C 值是确定击穿区 I-V 特性的参数。

压敏电阻的电参数还有漏电流、电压温度系数和通流容量。习惯上把压敏电阻正常工作时流过的电流称漏电流，为使电阻器可靠，漏电流要尽量小，控制在 $50 \sim 100\mu A$。电压温度系数是温度每变化 $1℃$ 时，零功率条件下测得压敏电压的相对变化率，控制在 $-10^{-3} \sim 10^{-4}/℃$。通流容量指满足 V_{tma} 下降要求的压敏电阻所能承受的最大冲击电流。

压敏陶瓷电阻器的种类很多，有 ZnO 压敏电阻、SiC 敏电阻、$BaSiO_3$ 压敏电阻、釉-ZnO 压敏电阻、Si 和 Se 压敏电阻等，它们的性能列于表 20-11 中。

表 20-11 各种压敏电阻的特性

种 类	SiC	ZnO	$BaTiO_3$	釉-ZnO	Se 系	Si 系	齐纳二极管
材料	SiC 烧结体	ZnO 烧结体	$BaTiO_3$ 烧结体	ZnO 厚膜	Se 薄膜	Si 单晶	Si 单晶
特性	晶界的非欧姆特性	晶界的非欧姆特性	晶界的非欧姆特性	晶界的非欧姆特性	晶界的非欧姆特性	PN 结	PN 结
电压-电流特性	对称	对称	非对称	对称	对称	非对称	非对称

续表

种 类	SiC	ZnO	BaTiO₃	釉-ZnO	Se 系	Si 系	齐纳二极管
压敏电压 （1mA 时）	5～1000	22～9000	1～3	5～150	50～1000	0.6～0.8	2～300
非线性系数 α	3～7	20～100	10～20	3～40	3～7	15～20	6～150
浪涌耐量	大	大	小	中	中	小	小
用途	灭火花 过电压 保护避雷 器	灭火花 过电压保 护避雷器 电压稳 定化	灭火花	灭火花 过电压 保护	过电 压保护	电压 标准	电压标准 电压稳定化

a. ZnO 压敏电阻陶瓷　ZnO 压敏电阻陶瓷，是压敏陶瓷中性能最优的一种材料，具有高非线性，大电流和高能量承受能力。ZnO 是极性半导体，具有纤锌矿型结构，其生产方法是在 ZnO 中加入 Bi、Mn、Co、Ba、Pb、Sb、Cr 等氧化物，工艺流程如图 20-8 所示。

图 20-8　压敏电阻陶瓷的生产工艺流程图

氧化锌压敏电阻器是利用 ZnO 的弱电场高电阻和达到一定电场时电流急剧上升的特性，广泛用于弱电场和强电场领域。典型成分：ZnO，Sb_2O_3、Bi_2O_3、CoO、MnO 和 Cr_2O_3 各为 0.5%（摩尔分数）。以上氧化物粉末经球磨混合、喷雾干燥、压制成所需形状，在 1000～1400℃ 下烧结。然后上银电极、钎焊引线，封装在聚合物中。显微组织由导电的 ZnO 粒组成，平均尺寸 d 约为 10μm，完全被富集添加阳离子的偏析层所包围。偏析层厚度约为几微米，阻挡层厚约 100nm。在 ZnO-BiO₃ 系中，实际存在三个相：ZnO 晶粒、晶界相和第三相颗粒。ZnO 晶粒是主相，由于 ZnO 晶粒间的晶界相太薄，只有在三个 ZnO 晶粒交接处，晶界相才清晰可见。第三相颗粒具有尖晶石结构，大致分子式为 $Zn_7S_2O_{12}$。阻挡层厚度约为 100nm，每阻挡层的宏观击穿电压 $U_g \approx 2 \sim 3V/$阻挡层，成分和工艺对 U_g 影响不大，整个器件宏观击穿电压

$$U_B = nV_g = DU_d/d$$

式中，n 为电极间 ZnO 的晶粒数目。通过改变两电极间的 ZnO 晶粒数目 n（器件厚度 D 固定）或改变器件厚度 D（ZnO 晶粒数目 n 固定）来调节 V_B。如果 ZnO 晶粒不均匀，电流就会只通过晶粒数目 n 小的部分而造成破坏。当外加电压达到击穿电压时，高场强（$E > 10^5$ kV/m）界面中的电子穿透势垒层，引起电流急剧上升，其通流容量由 ZnO 的晶粒电阻率所决定。

近来发展了以 Pr_6O_{11} 为主要添加剂 ZnO 压敏陶瓷。ZnO 粉末和少量 Pr_6O_{11}、Co_3O_4、Cr_2O_3 和 K_2CO_3 等混合，喷雾干燥，模压成型，在高于 1100℃ 下烧结。电极在烧结圆片相对的两面。$ZnO-Pr_6O_{11}$ 的显微组织只有两相，不存在第三相绝缘颗粒，主晶相为 ZnO 晶粒。晶界相主要由镨的氧化物组成，晶界相为六方晶系的 Pr_2O_3，是在烧结时通过反应形成：$Pr_6O_{11} \longrightarrow Pr_2O_3 + O_2$，晶界相形成三维空间网络结构。在 $ZnO-Bi_2O_3$ 系中，第三相 $Zn_7Sb_2O_{12}$ 是绝缘颗粒，不起导电作用。因此 $ZnO-P_2O_3$ 电流通过的活动性晶界有效截面积增大了，单位厚度击穿电压为 150V/mm，非线性指数大于 50。已用于几百千伏电站的电流放电器，其优点为能量吸收容量高，在大电流时非线性好、响应时间快、寿命长。一个大电站避雷器含有几百个体积大于 $100cm^3$ 的 ZnO 变阻器圆片。ZnO 变阻器在弱电领域应用很广泛，如防录音、录像机微型马达电噪声，彩电显像管放电吸收，防半导体元件静电，小型继电器接点保护，汽车发电机异常输出功率电压吸收，电子线路上抑制尖峰电压和电火花、稳压等。

b. SiC 系压敏电阻陶瓷　SiC 也是一种压敏陶瓷材料。把 SiC 粉碎，加少量石墨控制电阻值，再加入黏结剂、成型，并在 900～

1200℃烧结。采用真空镀膜或合金的方法，将 Sn、Ni、Cu 等敷在 SiC 上作为电极。SiC 压敏电阻，是应用 SiC 颗粒接触的电压非线性特性的压敏电阻，其非线性指数 α 值约为 3～7，压敏电阻 V_c 值可达 10V 以上。SiC 压敏电阻的电压非线性，可以认为是由组成电阻元件的 SiC 颗粒本身的表面氧化膜产生的接触电阻所引起的，元件的厚度不同可改变 V_c 的大小。

由于 SiC 压敏电阻的热稳定性好，能耐较高电压，因此首先应用于电话交换机继电器接点的消弧，近来又作为电子电路的稳压和异电压控制元件得到广泛应用。

③ 气敏陶瓷　随着现代科学技术的发展，人们所使用和接触的气体越来越多，因此，要求对这些气体的成分进行有效的分析、检测，尤其是易燃、易爆、有毒气体，不仅与人们的生命财产有关，而且还直接影响到人类的生存环境，所以必须有效地对这些气体进行监测和报警，避免火灾爆炸及大气污染等情况的发生，各种气体传感器因此应运而生。半导体气敏陶瓷传感器由于具有灵敏度高、性能稳定、结构简单、体积小、价格低、使用方便等特点，成为迅速发展新技术所必需的陶瓷材料。

气敏陶瓷可分为半导体式和固体电解质式两大类，半导体气敏陶瓷一般又分为表面效应和体效应两种类型。按制造方法和结构形式可分为烧结型、厚膜型及薄膜型。但通常气敏陶瓷是按照使用材料的成分划分为 SnO_2、ZnO、Fe_2O_3、ErO_2 等系列。表 20-12 列出了常用气敏陶瓷的使用范围和工作条件。

表 20-12　各种气敏陶瓷的使用范围和工作条件

半导体材料	添加物质	可探测气体	使用温度/℃
SnO_2	PdO、Pd	CO、C_3H_3、乙醇	200～300
SnO_2+SnCl_2	Pt、Pd、过渡金属	CH_4、C_3H_3、CO	200～300
SnO_2	$PdCl_2$、$SbCl_3$	$CH_4 \cdot C_3H_8$、CO	200～300
SnO_2	$PdO+MgO$	还原性气体	150
SnO_2	Sb_2O_3、MnO_2、TiO_2、TiO_2	CO、煤气、乙醇	250～300
SnO_2	V_2O_5、Cu	乙醇、苯等	250～400

续表

半导体材料	添加物质	可探测气体	使用温度/℃
SnO_2	稀土类金属	乙醇系可燃气体	—
SnO_2	Sb_2O_3、Bi_2O_3	还原性气体	500～800
SnO_2	过渡金属	还原性气体	250～300
SnO_2	瓷土、Bi_2O_3、WO_3	碳化氢系还原性气体	200～300
ZnO	—	还原性和氧化性气体	—
ZnO	Pt、Pd	可燃性气体	—
ZnO	V_2O_5、Ag_2O	乙醇,苯	250～400
Fe_2O_3	—	丙烷	—
WO_3、MoO、CrO	Pt、Ir、Rh、Pd	还原性气体	600～900
$(LnM)BO_3$	—	乙醇,CO,NO_x	270～390

a. 气敏陶瓷的性能　半导体表面吸附气体分子时，半导体的电导率将随半导体类型和气体分子种类的不同而变化。吸附气体一般分物理吸附和化学吸附两大类。前者吸附热低，可以是多分子层吸附，无选择性；后者吸附热高，只能是单分子吸附，有选择性。两种吸附不能截然分开，可能同时发生。

被吸附的气体一般也可分两类。若气体传感器材料的功函数比被吸附气体分子的电子亲和力小时，则被吸附气体分子就会从材料表面夺取电子而以阴离子形式吸附。具有阴离子吸附性质的气体称为氧化性（或电子受容性）气体，如 O_2、NO_x 等。若材料的功函数大于被吸附气体的离子化能量，被吸附气体将把电子给予材料而以阳离子形式吸附。具有阳离子吸附性质的气体称为还原性（或电子供出性）气体，如 H_2、CO、乙醇等。

氧化性气体吸附于 n 型半导体或还原性气体吸附于 p 型半导体气敏材料，都会使载流子数目减少，电导率降低；相反，还原性气体吸附于 n 型半导体或氧化性气体吸附于 p 型半导体气敏材料，会使载流子数目增加，电导率增大。

气敏半导体陶瓷传感器由于要在较高温度下长期暴露在氧化性或还原性气氛中，因此要求半导体陶瓷元件必须具有物理和化学稳定性。除此之外，还必须具有下列特性。

ⓐ 气体选择性　对于气敏元件来说，气体的选择性比可靠性更为重要。若元件的气体选择性能不佳或在使用过程中逐渐变劣，都会给气体测试、控制或报警带来很大的困难。

提高气敏元件的气体选择性可采用下述几种办法。只有适当组合应用这些方法，才能获得理想的效果。这些方法是：在材料中掺杂金属氧化物或其他添加物；控制调节烧结温度；改变气敏元件的工作温度；采用屏蔽技术。

ⓑ 初始稳定，气敏响应和复原特性

初始稳定　元件的通电加热一方面用来灼烧元件表面的油垢或污物，另一方面可起到加速被测气体的吸、脱过程的作用。通电加热的温度通常为 $200\sim400\,^\circ\text{C}$。在这一过程中，元件的电阻首先是急剧下降，约 $2\sim10\text{min}$ 后达到稳定输出状态，称这一状态为初始稳定状态，达到初始稳定状态以后才可以用于气体的正常检测。

气敏响应　达到初始稳定状态的元件，迅速移入被测气体中，其电阻值减小（或增加）的速度称为元件的气敏响应速度特性。一般用响应时间来表示响应速度，即通过被测气体之后至元件电阻值稳定所需要的时间。

复原　测试完毕，把元件置于普通大气环境中，其阻值复原到保存状态数值的速度称为复原特性。可以用恢复时间来表示复原特性。

气敏元件的响应时间和恢复时间越小越好，这样接触被测气体时能立即给出信号，脱离气体时又能立即复原。

ⓒ 灵敏度及长期稳定性　反映元件对被测气体敏感程度的特性称为该元件的灵敏度。气敏半导体材料接触被测气体时，其电阻发生变化，电阻变化量越大，气敏材料的灵敏度就越高。假设气敏材料在未接触被测气体时的电阻为 R_0，而接触被测气体时的电阻为 R_1，则该材料此时的灵敏度为 $S=R_1/R_0$。

灵敏程度反映气敏元件对被测气体的反应能力，灵敏度越高，可检测气体的下限浓度就越低。气敏半导体陶瓷元件的稳定性包括两个方面，一是性能随时间的变化，二是气敏元件的性能对环境条件的忍耐能力。

环境条件如环境温度与湿度等会严重影响气敏元件的性能，因此，要求气敏元件的性能随环境条件的变化越小越好。

元件的长期稳定性直接关系到元件的使用寿命，改善稳定性的方法主要是通过加入添加剂和调节烧结温度，以控制材料的烧结程度。

b. 典型的气敏陶瓷

ⓐ SnO_2 系气敏陶瓷　　SnO_2 系气敏陶瓷是最常用的气敏半导体陶瓷，是以 SnO_2 为基材，加入催化剂、黏结剂等，按照常规的陶瓷工艺方法制成。SnO_2 系气敏陶瓷制作的气敏元件有如下特点：灵敏度高，出现最高灵敏度的温度较低，约在 300℃（见图20-9），元件阻值变化与气体浓度成指数关系，在低浓度范围，这种变化十分明显，因此适用于检测微量低浓度气体；对气体的检测是可逆的，而且吸附、解吸时间短；气体检测不需复杂设备，待测气体可通过气敏元件电阻值的变化直

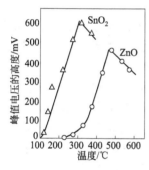

图 20-9　检测灵敏度与温度的关系

接转化为信号，且阻值变化大，可用简单电路实现自动测量；物理化学稳定性好，耐腐蚀，寿命长；结构简单，成本低，可靠性高，耐振动和抗冲击性能好。

图 20-10 和图 20-11 分别示出烧结体型 SnO_2 气敏元件和薄膜型 SnO_2 气敏元件的结构。

图 20-10 中的 SnO_2 气敏元件，由 SnO_2 烧结体、内电极和兼做电极的加热线圈组成。利用 SnO_2 烧结体吸附还原气体时电阻减少的特性，来检测还原气体，已广泛应用于家用石油液化气的漏气报警、生产用探测报警器和自动排风扇等。SnO_2 系气敏元件对酒精和 CO 特别敏感，广泛用于 CO 报警和工作环境的空气监测等。

真空沉积的 SnO_2 薄膜气敏元件，可检测出气体、蒸汽中的 CO 和乙醇。这种气敏元件的制备，是在铁氧体基底上，真空沉积

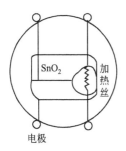

图 20-10 烧结体型 SnO_2 气敏元件

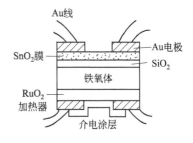

图 20-11 薄膜型气敏元件的结构

一层 SiO_2，再在 SiO_2 层上真空沉积 SnO_2 薄膜，并在 SnO_2 中掺 Pd，使之具有敏感性，如图 20-11 所示。

已进入实用化的 SnO_2 系气敏元件对于可燃性气体，例如 H_2、CO、甲烷、丙烷、乙醇、酮或芳香族气体等，具有同样程度的灵敏度，因而 SnO_2 气敏元件对不同气体的选择性就较差，如图 20-12 所示。

SnO_2 厚膜是以 SnO_2 为基体，加 $Mg(NO_3)_2$ 和 ThO_2 后再加 $PdCl_2$ 触媒，在 800℃煅烧 1h，球磨粉碎成粉末，加硅胶黏结剂，然后分散在有

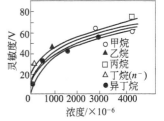

图 20-12 SnO_2 系元件
对各种气体的灵敏度
（电源电压：100VAC，
负荷电阻：4kΩ）

机溶剂中制成可印刷厚膜的糊状物，最后印刷在 Al_2O_3 底座上，同 Pt 电极一起在 400~800℃下烧成。以 Pt 黑和 Pd 黑作触媒体的 SnO_2 厚膜传感器，有选择地检测出氢和乙醇，而 CO 不产生可识别信号。Qyabu 等人认为是因贵金属触媒作用使 H_2 分解，从而改变 SnO_2 半导体性，提高 SnO_2 对氧化-还原条件的敏感性。但 AsH_3 同 SnO_2 厚膜表面接触时，分解出的 H^+ 和 AsH 与 SnO_2 的表面发生氧化反应形成氢氧基或氧空位，由于形成氢氧基的质子传导机制而提高 SnO_2 的电导性，空位也提高 SnO_2 的电导性，故 SnO_2 薄膜传感器检测出 0.6×10^{-6} 的微量物质存在，避免了使用贵金属。

ⓑ ZnO 系气敏陶瓷　ZnO 系气敏陶瓷最突出的优点是气体选择性强，它与 SnO₂ 元件一样，利用贵金属催化剂提高其灵敏度，其工作温度较高，ZnO(Pt) 系元件及 ZnO(Pd) 系元件的灵敏度分别见图 20-13 和图 20-14。

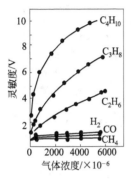

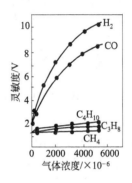

图 20-13　ZnO(Pt) 系元件的灵敏度　　图 20-14　ZnO(Pd) 系元件的灵敏度

ZnO 中 Zn/O＞1 时则 Zn 呈过度状态，显示 p 型半导体性；当 Zn/O 比增大或表面吸附对电子亲和性较强的物质时，传导电子数就减少，电阻加大；反之，当同 H₂ 或碳氢化合物等还原性气体接触时，则吸附的氧数量减少，电阻降低。ZnO 电导率受环境影响而改变的现象早在 1950 年已发现。ZnO 单独使用灵敏度和选择性不够高，以 Ga₂O₃、Sb₂O₃ 和 Cr₂O₃ 等掺杂并添加活性催化剂可提高对气体的选择性。加 Pt 化合物对烷烃很敏感，在浓度为（0～10⁴）×10⁻⁶ 时电阻发生线性变化，而对 H₂ 及 CO 灵敏度则很低。添加 Pd 以后，情况正好相反。ZnO 系陶瓷气敏传感器不仅对可燃气体有敏感效应，而且对非可燃气体氟里昂等也有检测能力。用 V₂O₅-MoO₃-Al₂O₃ 作催化剂可检测 F-12（Cl₂F₂）及 F-15（CHClF₂）等气体。在硅半导体上沉积多孔压电 ZnO 薄膜，ZnO 层吸附的气体渗透入孔隙中将影响表面声波信号的谐振频率，被测有机分子的相对大小同其渗透入 ZnO 中的时间有关，根据吸附速度和数量可测定混合气体中单个气体的成分。

图 20-15 是 ZnO 气敏元件的结构示意图。与 SnO₂ 系气敏元件所不同的是，ZnO 元件制成双层结构，将气敏元件与催化剂分离，

并借更换催化剂的方法来提高元件的气体选择性。

ⓒ Fe_2O_3 系气敏陶瓷

Fe_2O_3 系气敏陶瓷，不需要添加贵金属催化剂就可制成灵敏度高、稳定性好、具有一定选择性，且在高温下稳定性好的元件。

常见的铁的氧化物有三种基本形式：FeO、Fe_2O_3 和 Fe_3O_4，其

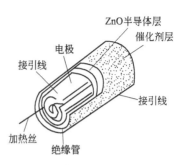

图 20-15　ZnO 气敏元件构造

中 Fe_2O_3 有两种陶瓷制品：$\alpha\text{-}Fe_2O_3$ 和 $\gamma\text{-}Fe_2O_3$ 均被发现具有气敏特性。$\alpha\text{-}Fe_2O_3$ 具有刚玉型晶体结构，$\gamma\text{-}Fe_2O_3$ 和 Fe_3O_4 都属尖晶石结构。在 $300\sim400\,℃$，当 $\gamma\text{-}Fe_2O_3$ 与还原性气体接触时，部分八面体中的 Fe^{3+} 被还原成 Fe^{2+}，并形成固溶体，当还原程度高时，变成 Fe_3O_4。在 $300\,℃$ 以上，超微粒子 $\alpha\text{-}Fe_2O_3$ 与还原性气体接触时，也被还原为 Fe_3O_4。由于 Fe_3O_4 的比电阻较 $\alpha\text{-}Fe_2O_3$ 和 $\gamma\text{-}Fe_2O_3$ 低得多，因此，可通过测定氧化铁气敏材料的电阻变化来检测还原性气体。相反，Fe_3O_4 在一定温度下同氧化性气体接触时，可相继氧化为 $\gamma\text{-}Fe_2O_3$ 和 $\alpha\text{-}Fe_2O_3$，也可通过氧化铁电阻的变化来检测氧化性气体。三种氧化铁之间的转化关系示于图 20-16 中。

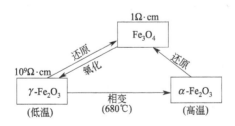

图 20-16　氧化铁的还原、氧化和相变过程

在制备氧化铁系陶瓷气敏元件时，浆料可直接在金属丝和电极上成型并烧结成体形元件，也可把浆料布在刚玉或玻璃基底上形成厚膜或薄膜元件。

典型材料是多孔的以 $\alpha\text{-}Fe_2O_3$ 为主要成分的陶瓷。它是由超

微小晶粒集合而成的多晶体和部分非晶态氧化物半导体组成。α-Fe_2O_3 烧结而成的陶瓷体并不具备气敏性，而用共沉淀法制成的 α-Fe_2O_3（SO_4^{2-}、Sn）烧结体才有显著气敏性，在添加了少量四价金属离子如 Sn^{4+}、Zr^{4+}、Ti^{4+} 等离子后更增强了气敏性。α-Fe_2O_3 陶瓷气敏传感器对 CO、H_2、CH_4 等气体敏感。

通过掺杂和细化晶粒等途径来改善其气敏特性，也有可能变成多功能敏感陶瓷（气敏、湿敏和热敏），如 γ-Fe_2O_3 添加 1％ La_2O_3 可提高稳定性；α-Fe_2O_3 添加 20％ SnO_2 可提高灵敏度。晶粒尺寸为 $0.01\sim0.2\mu m$ 的 α-Fe_2O_3 烧结体对碳氢化物有极高的灵敏度，已用于可燃气体报警器、防火装置等。按比例称取 $Fe(NO_3)_3$、$La(NO_3)_3$、$Sr(NO_3)_2$、$(NH_4)_2CO_3$，用蒸馏水溶解，在一定温度下混合沉淀、焙烧分解成 Fe_2O_3、La_2O_3、SrO，经研磨在 $900\sim1300℃$ 下烧结成 $La_{0.5}Sr_{0.5}FeO_3$，具 ABO_3 型钙钛矿结构，呈 p 型导电，这是金属离子缺位或低价离子替代而产生负电中心，使束缚的空穴被激发所致。对乙醇敏感，除对汽油稍有反应外，对 CO、CH_4、H_2、C_4H_{10} 等可燃性气体几乎不反应。可通过增加掺杂及增加材料表面孔隙来改善。

除了我们上面介绍的几种典型气敏陶瓷外，还有对氧气敏感的 ZrO_2 陶瓷，主要用于对氧气的检测，钙钛矿型稀土族过渡金属复合氧化物系，对乙醇有很高的灵敏度；氧化钒（V_2O_5）中掺入 Ag 后对 NO_2 很敏感，可以检测氧化氮一类气体，此外还有 p 型半导体的氧化镍系和氧化钴系等。气敏陶瓷的研究还在不断深入，正向多功能和集成化方向发展。

④ 湿敏陶瓷　湿敏陶瓷能将湿度信号转变为电信号，湿敏器件广泛被用于湿度指示、记录、预报、控制和自动化。如在纤维、食品、粮食、制药、弹药、造纸、建筑、医疗、气象、电子等工业中对过程控制和空调设备中检测和控制湿度。湿度传感器对陶瓷的要求是：可靠性高、一致性好、响应速度快、灵敏度高、抗老化、寿命长、抗其他气体侵袭和污染，在尘埃烟雾中保持性能稳定和检测精度。

湿敏陶瓷材料可分为金属氧化物系和半导体陶瓷两类。湿敏器件一般是电阻型，即由电阻率的改变来完成功能转换。其电阻率 $\rho = 1 \sim 10^2 \, \Omega \cdot m$，其导电形式一般认为是电子导电和质子导电，或者两者共存。不论导电形式如何，湿敏陶瓷根据其湿敏特性可分为当湿度增加时，电阻率减小的负特性湿敏陶瓷和电阻率增加的正特性湿敏陶瓷两种，如图 20-17 和图 20-18 所示。

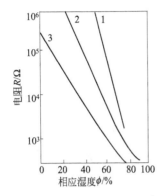

图 20-17　几种负特性湿敏半导体瓷
　　　　1—ZnO-LiO-V_2O_3 系；
　　　　2—SiO_2—Na_2O—V_2O_3 系；
　　　　3—TiO_2—MgO · Cr_2O_2 系

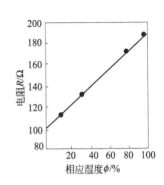

图 20-18　Fe_3O_4 半导瓷的
正湿敏特性

按工艺过程可将湿敏半导体陶瓷分为瓷粉膜型、烧结型和厚膜型。

a. 湿敏陶瓷的技术参数及湿敏特性　湿度有两种表示方法，即绝对湿度和相对湿度，一般常用相对湿度表示。相对湿度为某一待测蒸汽压与相同温度下的饱和蒸汽压之比值百分数；用％表示。

湿敏元件的技术参数是衡量其性能的主要指标，下面列出一些主要参数。

湿度量程　在规定的环境条件下，湿敏元件能够正常地测量的测湿范围称为湿度量程。测湿量程越宽，湿敏元件的使用价值越高。

灵敏度　湿敏元件的灵敏度可用元件的输出量变化与输入量变化之比来表示。对于湿敏电阻器来说，常以相对湿度变化 1％时电阻值变化的百分率表示，其单位为%/%。

响应时间 响应时间标志湿敏元件在湿敏变化时反应速率的快慢，一般以在相应的起始湿度和终止湿度这一变化区间内，63% RH 的相对湿度变化所需时间作为响应时间。一般说来，吸湿的响应时间较脱湿的响应时间要短些。

分辨率 指湿敏元件测湿时的分辨能力，以相对湿度表示，其单位为（%）。

温度系数 表示温度每变化 1℃时，湿敏元件的阻值变化相当于多少%的变化，其单位为%/℃。

b. 典型的湿敏半导体陶瓷

ⓐ 高温烧结型湿敏陶瓷 这类陶瓷是在较高温度范围（900～1400℃）烧结的典型多孔陶瓷，孔隙率高达 30%～40%，具有良好的透湿性能。表 20-13 列出常用的高温烧结型湿敏陶瓷性能。

表 20-13 湿敏陶瓷材料及其特性

化学式	晶 型	烧结温度/℃	电阻率(50% RH)/Ω·m	湿敏度 /%·(%)$^{-1}$	湿度温度系数 /%℃$^{-1}$
$FeSb_2O_6$	三细屑岩型	1000	$7.3×10^4$	5.6	—
$CoTiO_3$	钛铁矿型	1100	$3.6×10^4$	7.2	—
$MnTiO_3$	钛铁矿型	1200	$1.3×10^3$	7.7	—
$BaNiO_3$	钙钛矿型	1000	$1.3×10^5$	8.0	—
$MgCr_2O_4$	尖晶石型	1300	$2.5×10^3$	9.2	0.13
$ZnCr_2O_4$	尖晶石型	1400	$208×10^4$	14.5	0.25
$NiWO_4$	钨锰矿型	900	$5.7×10^4$	13.6	0.26
$MnWO_4$	钨锰矿型	900	$6.2×10^3$	14.5	0.29
$Ca_{10}(PO_4)_6(OH)_2$	磷灰石型	1100	$1.1×10^4$ (元件电阻 Ω)	—	—

$MgCr_2O_4$-TiO_2 系陶瓷 $MgCr_2O_4$-TiO_2 系陶瓷是以 MgO、Cr_2O_3、TiO_2 粉末为原料（纯度均为 99.9%，碱金属杂质低于 0.001%），经纯水湿磨混合、干燥、压制成型，在空气中于 1200～1450℃下烧结 6h 而制得，其孔隙率 25%～35% 的多孔陶瓷。TiO_2

含量低于 30% 时陶瓷呈 p 型半导性。加 Ti^{4+} 能和 Mg^{2+} 一起溶于尖晶石结构的八面体空隙中，Cr^{3+} 则进入四面体空隙。当 TiO_2 含量大于 40% 时，由 TiO_2 的氧空位，陶瓷呈 n 型半导性。湿度-电阻特性见图 20-19。RH 由 0% 到 100% 时电阻急剧下降。导电性因吸附水而增高，其导电机制为离子导电。多孔陶瓷晶粒接触颈部表明的 Cr^{3+} 和吸附水反应形成 OH^-，

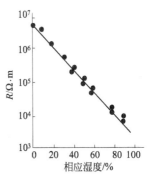

图 20-19 　$MgCr_2O_4\text{-}TiO_{15}9\%$ 湿度-电阻特性（直流，20℃）

$Cr^{3+} \rightarrow OH^- \longrightarrow Cr^{4+} + O^{2-} + H^+$ 时就提供可活动的质子 H^+。当相对湿度增大时，吸附水由晶粒颈部扩散至晶粒平表面和凸面，形成多层氢氧基。质子 H^+ 可和水分子形成 H_3O^+，当存在大量吸附时，H_3O^+ 会水解，使质子传输过程处于支配地位。金属氧化物陶瓷表面存在不饱和键，易吸附水，$MgCr_2O_4\text{-}TiO_2$ 陶瓷还具有：表面形成水分子很易在压力降低或温度稍高于室温时脱附，故具有很高湿度活性，湿度响应快（约 12s），对温度、时间、湿度和电负荷的稳定性高，已用于微波炉的程序控制等。根据微波炉蒸汽排口处传感器相对湿度反馈信息，调节烹调参数。还可制成对气体、湿度、温度都敏感的多功能传感器。

羟基磷灰石湿敏陶瓷　湿敏陶瓷元件存在的主要问题是电阻高，抗老化性能差，需要短时间内进行高温热净化。羟基磷灰石湿敏陶瓷的研究成功，有效地克服了这些问题。$Ca_{10}(PO_4)_6(OH)_2$ 系陶瓷主晶相为六方晶系结构，是生物陶瓷如人造骨、人造齿的主要成分。在全湿区，元件的阻值可有 3 个数量级的变化。响应时间为 15s（94%→54%）。在湿敏稳定性实验中，湿度漂移约 ±3%，正常老化方法半年内漂移不超过 ±3%，因此可以在较长时间内不用热净化而能保持良好的性能。

羟基磷灰石具有优良的抗老化性能，其原因之一是羟基磷灰石的溶解度极小，Ca^{2+} 的溶解度只有 0.012mg/L，这样就可避免当

元件表面形成冷凝水时，阳离子溶解于表面水中而流失造成的元件老化。另一方面，当烧结温度高于 1140℃ 时，羟基磷灰石开始分解，同时产生大量 β-$Ca_3(PO_4)_2$，失去羟基，羟基磷灰石表面不再大量化学吸附水分子中的羟基，从而避免了亚稳态的羟基吸附所造成的元件老化。

在羟基磷灰石中分别掺入施主和受主杂质，可制成 n 型和 p 型半导体陶瓷，其电阻率均随着湿度的增加而急剧下降。

ⓑ 低温烧结型湿敏陶瓷　这一类湿敏陶瓷的特点是烧结温度较低（一般低于 900℃），烧结时固相反应不完全，烧结后收缩率很小。其典型材料有 Si-Na_2O-V_2O_5 系和 ZnO-Li_2O-V_2O_5 系两类。

Si-Na_2O-V_2O_5 系湿敏陶瓷　Si-Na_2O-V_2O_5 系湿敏陶瓷的主晶相是具有半导性的硅粉。实际上，大量游离的硅粉在烧结时由 Na_2O 和 V_2O_5 助熔并黏结在一起，并不发生固、液相反应，烧结时 Na_2O、V_2O_5 和部分 Si 在硅粉粒表面形成低共熔物，黏结成机械强度不高的多孔湿敏陶瓷。其阻值为 $10^2 \sim 10^7 \, \Omega$，且随相对湿度以指数规律变化，测量范围为 25% ~ 100%。

Si-Na-V 系湿敏陶瓷的感湿机理是由于 Na_2O 和 V_2O_5 吸附水分，使吸湿后硅粉粒间的电阻值显著降低。

Si-Na-V 系湿敏元件的优点是温度稳定性较好，可在 100℃ 下工作，阻值范围可调，工作寿命长。缺点是响应速度慢，有明显湿滞现象，只能用于湿度变化不剧烈的场合。

ZnO-Li_2O-V_2O_5 系湿敏陶瓷　ZnO-Li_2O-V_2O_5 系湿敏陶瓷的主晶相为 ZnO 半导体，Li_2O 和 V_2O_5 作为助熔剂。由于烧结温度较高（800 ~ 900℃），坯体中发生显著的化学反应，烧结程度和机械强度均有较大提高。在感湿过程中，水分子主要是表面附着，即使在晶粒间界上水分也不易渗入，因此水分的作用主要是使表层电阻下降而不是改变晶粒间的接触电阻或粒界电阻，使响应速度加快，且易达到表层吸湿和脱湿平衡，其响应时间均在 3 ~ 4min 左右，湿滞现象大大减少，精度较高，可控制在 ±2% 以下。由于感湿过程中主要是表层电阻变化，故其阻值变化范围不大，有利于扩大湿度量程，其湿量范围可达 20% ~ 98% 左右。

ZnO-Cr_2O_3 系陶瓷　以 $ZnCr_2O_4$ 尖晶石为主晶相，含少量 Li_2O 等碱金属化合物。其电阻随相对湿度增加，按指数函数下降。表面活性化后可稳定连续测湿度，不需加热清洗。元件可在低于 5×10^{-4} W 的小功率下工作，尺寸为 $\phi 8 \times 0.2$mm。加 Li_2O 和 V_2O_5 烧结成的陶瓷已用于空调和干燥装置的自动控制系统。主成分还是 $ZnCr_2O_4$ 尖晶石，尚有少量 $LiZnVO_4$ 尖晶石和 ZnO，它们大部分以玻璃相偏析在 $ZnCr_2O_4$ 晶粒的晶界面上。水汽通过气孔进入晶界区域，使陶瓷阻值发生明显变化。RH＝30％时电阻为 280kΩ，RH＝90％时电阻下降到 4.2kΩ，具有高灵敏度。以 Zn-Cr_2O_4 为主，表面镀 Au、Ru 电极，具有特异多孔结构和 p 型半导性，性能较优，为国产半导体陶瓷湿敏元件。

ZnO-Cr_2O_3-Fe_2O_3 系半导体陶瓷　由 ZnO 和 $ZnCr_2O_4$ 两主晶相组成，晶粒直径 1～3μm，孔隙度 30％左右。水分子通过微孔进入内部，引起晶粒边界势垒发生变化，导致陶瓷宏观电子电导变化。湿感效果以 ZnO 晶粒间的同质晶界效应为主，ZnO 由于金属离子过剩而形成 n 型半导体。晶界的 Zn^{2+} 悬挂键从晶粒内部吸引电子而使晶界带负电，造成很高的界面势垒，阻滞电子迁移，导致电阻升高。强极性水分子中的电子强烈靠近氧原子，当陶瓷晶界上吸附水分子后，Zn^{2+} 的悬挂键部分被氧原子所饱和，使界面势垒下降，导致陶瓷电导增大。在 150℃ 以下陶瓷电阻温度系数 α_T 很小（＜0.3％）。当温度高于 150℃ 后，α_T 猛增，温度高于 450℃ 时电阻降低。这有利于元件的热清洗和自动控制。在不同温度下陶瓷电阻对数随相对湿度的增大而直线下降。具有阻值低、响应快、重复性好、线性度好、抗污染能力强等优点，用于湿度控制及检测元件。

除了上面所介绍的常用湿敏半导体陶瓷外，还有钨锰矿结构氧化物 $MeWO_4$（Me 为 Mn、Ni、Zn、Mg、Co 或 Fe）。$MnWO_4$、$NiWO_4$ 可在 900℃ 以下不用无机黏结剂烧结成多孔陶瓷，不会损害和它黏附的金属电极，是制备厚膜湿敏元件的理想材料。厚膜是先在高铝瓷基片的一面印刷并烧敷高温净化用的加热电极。在基片另一面印刷并烧敷底层电极，接着印刷感湿浆料，干燥后再印上表层电极，然后将感湿浆料和表层电极烧敷在基片和底层电极上。基片面积约 $5mm^2$，感湿膜厚 $50\mu m$，陶瓷晶粒 $1\sim 2\mu m$，孔径约 $0.5\mu m$。

ZnO-$Ni_{0.97}Li_{0.03}O$ 陶瓷：研究发现在 $Ni_{0.97}Li_{0.03}O$ 和高密度烧结 ZnO 界面上具有最佳湿敏传导性，此吸附水则发生在 ZnO 和 NiO 间 p-n 界面，依靠 p-n 异质结促进氢氧基化学吸附而不依靠陶瓷毛细管。

对于湿敏陶瓷的感湿机理，目前尚缺乏一种能适合任何情况的理论来加以解释。较常见的理论解释是粒界势垒论和质子导电论，前者适合于低湿情况（$< 40\% RH$），后者适合于高湿情况（$> 40\% RH$）。离子电子或质子-电子综合导电机理是假定吸湿后多孔陶瓷由固定晶粒和吸附水（也称准液态水）两相组成，分别具有晶粒电阻和吸附水电阻，是准液态水导电和晶粒导电的综合导电，可解释较多现象。

ⓒ 湿敏半导体陶瓷的应用　湿敏陶瓷的应用日益广泛，而应用对材料提出了各种要求，主要有：稳定性、一致性、互换性要好。工业要求长期稳定性不超过 $\pm 2\% RH$，家电要求在 $5\% \sim 10\% RH$；精度高，使用湿区宽，灵敏度适当，在 $10\% \sim 95\% RH$ 湿区内，要求阻值变化在 3 个数量级。低湿时阻值尽可能低，使用湿区越宽越好；响应快，湿滞小，能满足动态测量的要求；湿度系数小，尽量不用温度补偿线路；可用于高温、低温及室外恶劣环境；多功能化。湿敏陶瓷材料最多的是用作湿度传感器件，有着十分广泛的应用前景，主要用途可见表 20-14。

表 20-14　陶瓷传感器的应用领域及应用

行 业	应用领域	使用温湿度范围		备 注
		温度/℃	湿度/%RH	
家电	空调机	50～40	40～70	控制空气状态
	干燥机	80	0～40	干燥衣物
	电炊灶	5～100	2～100	食品防热、控制烹调
	VIR	$-5\sim 60$	60～100	防止结露
汽车	车窗去雾	$-20\sim 80$	50～100	防止结露

续表

| 行　业 | 应用领域 | 使用温湿度范围 | | 备　注 |
		温度/℃	湿度/%RH	
医疗	治疗器	10～30	80～100	呼吸器系统
	保育器	10～30	50～80	空气状态调节
工业	纤维	10～30	50～100	制丝
	干燥机	50～100	0～50	窑业及木材干燥
	粉体水分	5～100	0～50	窑业原料
	食品干燥	50～100	0～50	
	电器制造	5～40	0～50	磁头、LSI、IC
农、林、畜牧业	房屋空调	5～40	0～100	空气状态调节
	茶田防冻	－10～60	50～100	防止结露
	肉鸡饲养	20～25	40～70	保健
计测	恒温恒湿槽	－5～100	0～100	精密测量
	无线电探测器	－50～40	0～100	气象台高精度测定
	湿度计	－5～100	0～100	控制记录装置
其他	土壤水分			植物培育、泥土崩坍

⑤ 其他敏感陶瓷简介　敏感陶瓷除我们在前面所介绍的热敏、压敏、气敏和湿敏陶瓷外，作为新兴技术材料，还有磁敏、光敏、离子敏和多功能复合敏感陶瓷等。磁敏陶瓷是指能将磁性物理量转变为电信号的陶瓷材料，可利用于磁阻效应制成多种器件在科研和工业生产中用来检测磁场、电流角度、转速、相位等。光敏半导体陶瓷受光照射后，由于陶瓷电特性不同及光子能量的差异，产生不同光电效应，具有光电导、光生伏特和光电发射效应等。利用光敏陶瓷可以制成光电二极管、太阳能电池等，是未来将大力发展的清洁能源材料。离子敏陶瓷是指能将溶液或生物体内离子活度转变为电信号的陶瓷，用它制成的离子敏半导体传感器是化学传感器的一种，是迅速发展应用的一种新的电化学测试探头。在实际应用中，往往要求一个敏感元件能检测两个或更多个环境参数而又互不干扰，因此，有必要发展多功能敏感陶瓷的传感器，制备出具有多种敏感功能的传感器，使敏感陶瓷器件多元化集成化，更好地与计算机技术配合使用，迅速处理大量的信息，更好地完成所要求的检测功能，相信未来敏感陶瓷的技术将会更加日臻

完善。

（6）生物陶瓷　生物陶瓷是一类具有特殊生理行为要求的陶瓷材料，是生物医用材料的重要组成部分。在人体组织的缺损修复及重建已丧失的生理功能方面起着重要的作用。作为生物材料的生物陶瓷必须具备下面的性能要求：生物相容性，必须对生物体无毒性、无致癌作用、无变态反应、无刺激、无过敏性反应，同时，它又不会被生化作用所破坏。力学相容性，要具有足够的强度、不发生破裂、弹性形变应当和被替换的组织相匹配。生物亲和性，当植入生物体后，可以和生物组织很好地结合。抗血栓性，生物陶瓷作为植入材料与人体血液相接触，要求植入物不会对血液细胞造成破坏，不会形成血栓。物理、化学性质稳定性，具有很好的物理、化学稳定性，在体内长期稳定，不分解、不变性。灭菌性植入材料必须能以无菌状态生存下来，不会因环境条件如湿热、辐射等作用而改变其功能，使接触的宿主组织受到感染。

生物医学陶瓷可分为以下几类：生物惰性陶瓷，包括 Al_2O_3 陶瓷和各种碳制品；生物活性陶瓷，它又分为几种，表面活性生物陶瓷，包括羟基磷灰石（HA）陶瓷，表面活性玻璃（SAG），表面活性玻璃陶瓷（SAGC）；生物吸收性陶瓷，可在生物机体内被分解吸收并被生物组织置换，包括硫酸钙，磷酸三钠和钙磷酸盐陶瓷；生物复合材料，包括陶瓷在金属上的涂层、SAGC-有机玻璃（PMMA）、SAG-金属纤维、HA-自生骨头、HA-聚乳酸（PLA）等，常见生物陶瓷材料的抗弯强度见表 20-15。

表 20-15　各种生物陶瓷及其抗弯强度

类别	抗弯强度/MPa	类别	抗弯强度/MPa
生物惰性陶瓷		表面呈现生物活性陶瓷	
氧化铝单晶	1300.0	磷酸钙系玻璃	100.0~150.0
氧化铝多晶	380.0	羟基磷灰石	113.0~196.0
玻璃碳	155.0	人的新鲜湿润骨(致密骨)	177.0
热解碳	520.0		

① 生物惰性陶瓷　生物惰性陶瓷主要是指化学性能稳定、生物相溶性好的陶瓷材料，它的特点是结构比较稳定，分子中的化学

键力较强，具有较高的机械强度、耐磨性及化学稳定性，长期处于生理环境中也不易发生化学变化，即使发生轻微的化学或力学降解作用，降解物的浓度也是相当低的，而且在邻近组织处它们也容易被人体天然而有规律的机理所控制。生物惰性陶瓷材料主要有：氧化铝陶瓷、单晶陶瓷、氧化锆陶瓷、玻璃陶瓷等。

a. Al_2O_3 生物陶瓷　生物陶瓷用 Al_2O_3 陶瓷要求原料的纯度比较严格，一般选用 99.9% 以上的高纯 Al_2O_3 原料，它是利用硫酸铝铵在 $900\sim1000℃$ 分解制成，反应如下：

$$Al_2(NH_4)_2(SO_4)_4 \cdot 24H_2O \longrightarrow 2AlNH_4(SO_4)_2 \cdot H_2O + 22H_2O \uparrow$$
$$2AlNH_4(SO_4)_2 \cdot H_2O \longrightarrow Al_2(SO_4)_3 + 2NH_3 \uparrow + SO_3 \uparrow + 3H_2O \uparrow$$
$$Al_2(SO_4)_3 \longrightarrow Al_2O_3 + 3SO_3 \uparrow$$

为了促使致密化，加入适当的添加剂与硫酸铝铵共同加热分解，添加剂分为两大类：一类是能生成液相，降低烧成温度，促进烧结的添加剂如 MgO、CaO、BaO；另一类是能与 Al_2O_3 生成固溶体的添加剂，如 TiO_2、Cr_2O_3 等，添加剂的加入量较少，要适当地控制，以利烧结成致密透明的 Al_2O_3 陶瓷。Al_2O_3 陶瓷具有相当优异的生物相容性，在生理环境中十分稳定，有严格的国际标准对其各种性能提出较高的要求，氧化铝生物陶瓷大多需对其尺寸、光洁度、外观形状等进行精加工，以达到在临床使用的要求。在性能上，要求 Al_2O_3 生物陶瓷机械强度高，材质尽可能轻，具有一定的多孔性，如孔径为 $50\sim200\mu m$，耐磨耐腐蚀性好，热膨胀系数小，亲水性和相容性好等。

目前，Al_2O_3 生物陶瓷的主要临床应用是作为外科矫形手术的承重假体，如人工骨、人工关节，另外，人工腕、踝、趾等处也可应用。

b. 玻璃陶瓷　玻璃陶瓷也称微晶玻璃或微晶陶瓷，其种类很多，有些也可作为生物材料进行应用。

表 20-16　常用玻璃陶瓷分类

基础玻璃系列	基础玻璃成分	主　晶　相	主要特征
硅酸盐玻璃	$Na_2O\text{-}CaO\text{-}MgO\text{-}SiO_2$	氟锰闪矿	易熔融
	$Li_2O\text{-}MnO\text{-}Fe_2O_3\text{-}SiO_2$	$MnFe_2O_4$	强磁性
	$F\text{-}K_2O\text{-}MgF\text{-}MgO\text{-}SiO_2$	$KMg_{2.5}Si_4O_{10}F_2$	易机械加工

续表

基础玻璃系列	基础玻璃成分	主 晶 相	主 要 特 征
铝硅酸盐玻璃	Li_2O-Al_2O_3-SiO_2 Li_2O-MgO-Al_2O_3-SiO_2 Na_2O-BaO-Al_2O_3-SiO_2 BaO-Al_2O_3-SiO_2-TiO_2 CaO-Al_2O_3-SiO_2(矿渣)	β-石英 β-锂辉石 霞石＋钡长石 钡长石、金红石 CaO-SiO_2(-硅灰石)、钙长石	低膨胀、耐热冲击、耐腐蚀 低膨胀、高强度 高膨胀、涂层后获高强度 耐热、低膨胀、高强度 耐腐蚀、耐磨损
硼酸盐、硼硅酸盐玻璃	B_2O_3-BaO-Fe_2O_3 ZnO-SiO_2-B_2O_3 PbO-ZnO-B_2O_3-SiO_2	$BaO \cdot 6Fe_2O_3$ ZnO-SiO_2(硅锌矿) β-$2PbO \cdot B_2O_3$ α-$2PbO \cdot B_2O_3$	强磁性 耐腐蚀、低膨胀 高膨胀
磷酸盐玻璃	CaO-Al_2O_3-P_2O_5	焦磷酸钙	生物相容性好

　　不同类型的玻璃陶瓷具有差异，但通常都具有机械强度高、热性能好、耐磨性好、耐酸碱性较强的特点，其结构特点是由结晶相和玻璃相组成的，前者含量一般为 $50\%\sim90\%$，而玻璃相含量一般为 $5\%\sim50\%$，结晶的性能决定了玻璃陶瓷本身的优异性。

　　玻璃陶瓷的生产工艺方法与普通玻璃熔制工艺相同。其基本的工艺过程大致如下：配料制备→配料熔融→成型→加工→晶化热处理→再加工。

　　玻璃陶瓷生产过程的关键在晶化热处理阶段：第一阶段为成核阶段，第二阶段为晶核生长阶段，这两个阶段有密切的联系。在第一阶段必须充分成核，在第二阶段控制晶核的成长。

　　玻璃陶瓷的析晶过程由三个因素决定。第一个因素为晶核形成速率；第二个因素为晶体生长速率；第三个因素为玻璃的黏度。为了促进成核，一般要加入成核剂。一种成核剂为贵金属如金、银、铂等离子，但价格较贵；另一种是普通的成核剂，有 TiO、ZrO_2、P_2O_5、V_2O_5、Cr_2O_3、MoO_3、氧化物、氟化物、硫化物等。当然对生物陶瓷的成核剂选择要慎重，应考虑是否有毒性。

　　在各类玻璃陶瓷中，研究人员对 SiO_2-Na_2O-CaO-P_2O_5 系统玻璃陶瓷、Li_2O-Al_2O_3-SiO_2 系统玻璃陶瓷、SiO_2-Al_2O_3-MgO-TiO_2-CaF 系统玻璃陶瓷等进行了生物临床应用，发现它们具有良

好的生物相容性，没有异物反应。

此外，生物硬组织代用材料还有碳质材料、二氧化钛陶瓷、二氧化锆陶瓷材料等多种。除上述介绍的惰性生物陶瓷外，近年来，利用沉积工艺可获得低温和超低温各向同性碳，它具有的良好生物相容性，不会引起血栓，用作制造人工心脏瓣膜。还有利用碳纤维取代受伤的韧带，这方面的技术也日益成熟。

② 生物活性陶瓷　生物活性陶瓷包括表面生物活性陶瓷和生物吸收性陶瓷（又叫生物降解陶瓷）。表面生物活性陶瓷通常含有羟基，还可做成多孔性，生物组织可长入并同其表面发生牢固的键合；生物吸收性陶瓷（又叫生物降解陶瓷）的特点是能被生物体部分吸收或者全部吸收，可诱发新生骨的生长。

生物活性陶瓷有生物活性玻璃（磷酸钙系）、羟基磷灰石陶瓷、磷酸三钙陶瓷等几种。

a. 生物活性玻璃　生物活性玻璃指的是含有 CaO 和 P_2O_5 的玻璃和含有 CaO 及 P_2O_5 的微晶玻璃，有 $Na_2O\text{-}CaO\text{-}SiO_2\text{-}P_2O_5$ 系列和 $MgO\text{-}CaO\text{-}SiO_2\text{-}P_2O_5$ 系列等，具有良好的生物相容性。一般是在 $CaO\text{-}P_2O_5$ 系中加入适量的 Na_2O、K_2O、MgO、SiO_2、CaF_2 等附加组分在一起熔制而得的玻璃体系，在铂金坩埚内，加热到 145℃制成，为了提高湿度进行晶化，将玻璃进一步粉碎，加入结合剂或加水 10%，再经高温（大于 1000℃）进行较长时间的晶化。

$Na_2O\text{-}CaO\text{-}SiO_2$ 系统生物活性玻璃已经过多年研究，该系统的玻璃具有良好的生物相容性。在这一系统的组成三角形中，按照不同相容性的玻璃组成范围可划分成几个区域，如图所示。

图 20-20 中各区域以不同组成的材料植入豚鼠胫骨中经 30 天后检查结果而定，各区组成表面情况如下。

A 区：形成玻璃，经 30 天

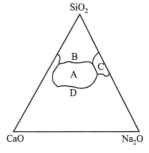

图 20-20　$Na_2O\text{-}CaO\text{-}SiO_2$ 系统材料在鼠骨中表现的相容性和活性

或不到 30 天即可结合。

B 区：形成玻璃，不能结合或反应太慢。

C 区：形成玻璃，活性太大，植入物溶解入生物机体液内被完全吸收，不能结合。

D 区：不形成玻璃，不能结合。

A 区中所有成分的共同特点是，当植入生物组织时，能够在表面形成具有生物活性的磷灰石骨矿物层。成分越接近 A 区中心，其形成磷灰石层的速度越快，以致能够同软组织和骨结合。

生物活性玻璃作为人工骨材料，对生物无害，相容性好，能与自然骨骼牢固地结合，长期植入人体组织无害且性能稳定。

b. 羟基磷灰石陶瓷　羟基磷灰石的分子式为 $Ca_{10}(PO_4)_6(OH)_2$，简称 HA，其化学组成和结构与骨骼、牙齿相似，它们的物理性能列于表 20-17。羟基磷灰石陶瓷的抗弯强度与致密骨相近，约为 100MPa，但抗压强度，前者要大得多，而断裂韧性后者比前者大。

表 20-17　HA 陶瓷与骨、牙齿的物理性能

材料	密度 /$g \cdot cm^{-3}$	抗弯强度 /MPa	抗压强度 /MPa	弹性模量 /GPa	断裂韧性 /$MPa \cdot m^{\frac{1}{2}}$	热胀系数 /$10^{-6} \cdot C^{-1}$
致密骨	2.28	88~114	89~164	15.8	2.2~4.6	—
牙齿	—	—	295	18.2	—	11.4
HA 陶瓷	3.13	103~113	462~509	81.4	0.69~0.96	11~14

羟基磷灰石陶瓷的制法可分为干法和湿法制备，下面介绍的是其几种常用的制备方法。

固相反应法　这种方法与普通陶瓷的制造方法基本相同。根据配方将原料磨细混合，在高温下进行合成。

$$6CaHPO_4 \cdot 2H_2O + 4CaCO_3 \xrightarrow{1000 \sim 1300℃} Ca_{10}(PO_4)_6(OH)_2 + 4CO_2 + 4H_2O$$

表 20-18 列出了固相反应法制备羟基磷灰石粉体的几组配方。

水热反应法　将 $CaHPO_4$ 与 $CaCO_3$ 按 6：4 的摩尔比进行配料，然后进行 17h 湿法球磨。将球磨好的浆料倒入容器中，加入足够的蒸馏水，在 80~100℃恒温情况下进行搅拌，反应完毕后，放置沉淀得到白色的羟基磷灰石沉淀物。其反应如下：

$$6CaHPO_4 + 4CaCO_3 = Ca_{10}(PO_4)_6(OH)_2 + 4CO_2 + 2H_2O$$

表 20-18 羟基磷灰石陶瓷的常用配方

序　号	Ca：P	组成/%（质量分数）			
		$CaHPO_4 \cdot 2H_2O$	$CaCO_3$	$Ca(OH)_2$	CaF_2
1	1.67	77.60		22.40	0.86
2	1.67	71.97	28.03		
3	1.67	77.60		22.40	
4	1.67	74.70	10.70	16.60	

沉淀反应法　此法用 $Ca(NO_3)_2$ 与 $(NH_4)_2HOP_4$ 进行反应，得到白色的羟基磷灰石沉淀。其反应如下：

$$10Ca(NO_3)_2 + 6(NH_4)_2HPO_4 + 8NH_3 \cdot H_2O + H_2O =\!=$$
$$Ca_{10}(PO_4)_6(OH)_2 + 20NH_4NO_3 + 7H_2O$$

此外，还有其他方法可制成羟基磷灰石。羟基磷灰石还可以与其他材料形成复合羟基磷灰石陶瓷，使性能得到进一步改善。

c. 磷酸三钙陶瓷　磷酸三钙生物陶瓷是一种能够修复和代替创伤、病变引起或先天性缺乏的物质。将其植入生物体后，它可与相邻的组织很好地兼容，生物组织可以在磷酸三钙的植入体内增殖和生长，慢慢地被生物的再生骨质所代替并被降解，因而广泛用于医疗上填补骨缺损的部位，以及充当换骨的优良材料。

根据原料的不同，磷酸三钙的制备可以采用干法和湿法两种不同的方法。

干法制备　干法是由磷酸氢钙直接分解生成磷酸三钙。其反应式如下：

$$2CaHPO_4 \cdot 2H_2O \xrightarrow{800\sim1000℃} \beta\text{-}Ca_2P_2O_7 + 3H_2O$$

$$\beta\text{-}Ca_2P_2O_7 + CaCO_3 \xrightarrow{1000\sim1100℃} \beta\text{-}Ca_3(PO_4)_2 + CO_2 \uparrow$$

湿法制备　一种方法是：

$$3Ca(OH)_2 + 2H_3PO_4 =\!= \beta\text{-}Ca_3(PO_4)_2 + 6H_2O$$

在反应中保持 pH=6～7。

另一种方法是：

$$3Ca(OH)_2 + 2(NH_4)_2HPO_4 + 2NH_3 \cdot H_2O =\!=$$
$$\beta\text{-}Ca_3(PO_4)_2 + 6NH_4NO_3 + 2H_2O$$

此反应要保持 Ca/P≈1.5～1.67，当小于 1.5 时，生成物中

含有较多的磷酸氢铵；当大于 1.67 时，生成物中含有较多的
$Ca(NO_3)_2$。

磷酸三钙材料用于生物陶瓷，多制成多孔性材料，而且烧结温度不超过 1000℃，这样有利于磷酸三钙的降解。

制取多孔性的磷酸三钙降解材料，常用下面的方法：在粉料中加入成孔剂，如石蜡、萘及其它有机物。压制成型后，经烧制而得到多孔性材料。利用发泡剂成型，经烧制而获得多孔性材料。用注浆成型法制取，此法要严格控制石膏模型的含水量，以及干燥速度。

磷酸三钙陶瓷通常有两种结晶形态，即 α 型和 β 型。生物工程上多采用 β 型磷酸三钙，它与生物体有良好的相容性，故易被生物体所吸收，且能诱发新骨质的生长，属于一种生物降解陶瓷。

③ 生物复合材料　羟基磷灰石（HA）是人体骨中无机质的主要成分，它具有良好的生物相容性和生物活性，被认为是一种最具潜力的人体种植体替代材料。但脆性大大限制了羟基磷灰石的应用范围，使其只能用作不承载部位的骨替换。为了解决这个问题，各种羟基磷灰石复合材料得到了人们的重视。其中涂层材料被认为是最有前景的复合材料之一，因为它综合了金属良好的机械性能及 HA 良好的生物相容性和生物活性。在诸多涂层材料中，钛及钛合金表面等离子喷涂 HA 研究最为广泛，并且已在临床中得到应用。但由于 HA 的膨胀系数与 Ti 相差很大，加之在等离子喷涂的过程中冷却速度较大，使得 HA 涂层中存在大量裂纹，最终导致涂层在植入人体内后发生剥落和降解。此外，由于等离子喷涂时温度较高，涂层中的 HA 在结构上与人骨已有很大差异。生物活性玻璃（BG）具有与羟基磷灰石相媲美的生物活性，而且具有熔点低、膨胀系数可调等优点，因此综合 HA 和 BG 的优点成为开发生物材料的又一思路，BG 的加入不仅有助于 HA 的烧结，而且可以加快骨愈合。鉴于以上原因，可以运用高温熔烧法在工业纯钛表面制备出 HA/BG 复合涂层。

实验所用 HA 粉购自四川大学材料科学技术研究所，密度为 $3.15g/cm^3$，平均粒径为 $22.8\mu m$。BG 粉成分的选择主要考虑其生

物相容性与生物活性，还有膨胀系数等因素，其成分为（质量分数）：SiO_2 48%、Na_2O 10%、CaO 13.0%、P_2O_5 9.2%、B_2O_3 9.7%、CaF_2 0.98%、MgO 4.87%、TiO_2 4.25%。将原料按比例混合均匀后放入刚玉坩埚中，在硅钼棒炉中于 1300℃下熔制 2 h 后取出水淬，最后在玛瑙球磨机上球磨 3h，得到平均粒径为 29.2μm 的玻璃粉末。所用基底材料为工业纯钛（TA3），钛试样加工成 3mm×10mm×25mm 的薄片，将其 10mm×25mm 表面用 400# 金相砂纸磨平，经化学脱脂法清洗后于 80～90℃干燥。将不同 HA 含量的 HA/BG 复合粉末加入适量蒸馏水制成浆料，再将浆料涂于试样的 10 mm×25 mm 表面上，然后将其放入 100℃烘干箱中烘干，最后进行高温烧结便制成了生物复合材料。

（7）导体陶瓷

① 半导体陶瓷的导电特性　物质根据其导电性的大小分为导体、半导体和绝缘体，在室温时如果按材料的电阻率大小一般如下划分：

导体　$\rho < 10^{-2} \Omega \cdot cm$

半导体　$10^{-2} \Omega \cdot cm < \rho < 10^9 \Omega \cdot cm$

绝缘体　$\rho > 10^9 \Omega \cdot cm$

绝缘体又称为电介质。大多数陶瓷是绝缘体，少数是导体，也有一部分是半导体。

由于半导体陶瓷有独特的电学性能，同时还具有优良的机械性能、热性能和良好的化学稳定性，因而已成为当代科学技术中不可缺少的重要材料。

由于陶瓷材料的结合键为离子键和共分键，它的导电载流子随电场强度的温度的变化而改变。在低温弱电场作用下，主要是弱联系填隙离子参加导电；随电场强度增加，联系强的基本离子也可能参加导电，高温时呈现电子导电。按其载流子性质不同，陶瓷材料的电导又分为电子电导和离子电导。

根据电能带理论，电子电导的电导率取决于导带和满带中电子和空穴的浓度和迁移率，电子和空穴的浓度与温度的关系为

$$n = N \exp(-\Delta E / 2KT) \tag{20-22}$$

式中　N——摩尔分子晶体中满带中的电子总数；

　　　ΔE——电子跃迁激活能；

　　　K——玻尔兹曼常数；

　　　T——绝对温度。

电子的电导率为

$$y = nZe^2t/m \tag{20-23}$$

式中　m——电子质量；

　　　Z——每个质点的电荷；

　　　e——电子电荷，等于 $1.6 \times 10^{-19}℃$；

　　　t——两次碰撞之间电子的平均时间。

温度升高对电子电导率的影响表现在两个方面：其一使载流子浓度增大；其二使载流子迁移率减小。由于电子电导主要取决于载流子浓度，故总的表现是电导率随温度升高而增大。

由于单位体积内填隙离子或空位数目为

$$n = N\exp(-W/KT) \tag{20-24}$$

式中　W——离子离解的活化能。

所以离子电导的电导率为

$$y = nZ^2e^2D/KT \tag{20-25}$$

式中，$D = A\exp(-E/KT)$ 为离子或空位扩散系数；E 为离子或空位迁移活化能。

式(20-25)表明离子电导的电导率不仅取决于离子离解活化能，还取决于离子迁移活化能。

金属材料的导电机制为自由电子电导，温度升高增加晶格的热振动，增大电子的散射几率，降低电子的迁移率，使电导率减小。对于陶瓷材料，温度升高，一方面使离子的扩散系数增大；另一方面有更多电子被激发到导带上。虽然晶格热振动的加剧能导致电子迁移率的降低，但由于前面两个因素在半导体陶瓷中占支配地位，所以总的趋势是电导率随温度升高而增大。某些陶瓷与金属的电导率（K）随温度的变化见图 20-21。

又由于陶瓷的电导率是由横穿晶界的电导率 S_{across} 和沿晶界的电导率 S_{along} 之和。因而控制晶粒整体电阻率和偏析于晶界的杂质种类及界面上原子价补偿效应，就能控制总体的电导率，获得所需要的半导体陶瓷材料。如利用 CdSn 型半导体陶瓷中过剩的 Cu 离子的晶界扩散，在晶界区形成 p 型半导体层（$C_{uz-x}S$）。

② 半导体掺杂陶瓷及其应用 1985 年才出现的一类新的半导体型非线性光学材料——半导体微晶掺杂玻璃，具有大的非线性（$n_2 = 10^{-14} m^2/W$）、几十皮秒的快速响

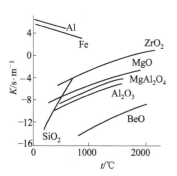

图 20-21　陶瓷材料电导率随温度的变化

应时间、室温下操作以及成本低等优点，使其在全光学开关、简并四波混频、光学双稳和光学相位共轭等光学信息处理和光计算中有着潜在用途。

半导体掺杂陶瓷举例：基础玻璃成分（质量分数）：SiO_2（40%～60%）；B_2O_3（0～10%）；Al_2O_3（0～2%）；P_2O_5（0～3%）；TiO_2（1%～10%）；F（0～2%）；$Na_2O + K_2O$（10%～30%）；ZnO（10%～30%）。引入掺杂如 CdO、$CdCO_3$、CdS、S、Se 等。采用弱还原气氛熔制。该类陶瓷光谱特性重复性差，其原因是玻璃熔制过程中掺质组分挥发严重。F. C. West 和 Oram 等认为掺质引入原料的量是实际能够保留下来的量的 10 倍。影响挥发的因素很多，如玻璃组成、熔制温度、掺质组分的比例、氧化还原剂的引入、制备手段等。作者认为如采取密封熔制、低温熔制或覆盖分步加料等，可有效控制挥发。随 Se 含量增加，带隙能减少，光谱吸收带边缘向长波方向移动；随 Cd 含量增加，带隙能增加，吸收带边缘向短波方向移动；而 S 含量增加到一定量后，会使玻璃呈棕色调；Zn 含量越过一定量时难于显晶。玻璃经成型、粗退火后于 430～650℃，6～17h 显晶。微晶尺寸不仅决定于掺杂物比例，同时是显晶温度和时间的函数。温度升高或时间增加均使微晶尺寸变大；而微晶越小，其带隙能越大。微晶平均直径在 2～8nm。其吸收边缘呈台阶形，归因陶瓷的量子限效应，与非量子限玻璃相

比，吸收难于饱和，大的饱和表明陶瓷中杂质中心数目大，杂质中心提供了第三能级，即增加光量子容量。

$BaTiO_8$、$ZnTiO_3$ 半导体陶瓷在几十电子伏特能量的电子冲击下，就使其表面放射出二次电子，具有高的二次电子发射系数、高电阻率，容易获得正或零电阻温度系数、耐气候污染、耐电子烧蚀、耐热，满足二次电子倍增管对材料的要求，并具有结构简单、对磁场不敏感、高增量、背景噪声低等优点。先采用挤压法成型为圆细管，然后在 $1300\sim1450℃$ 下烧结，最后在两端加上电极而成，已广泛用于微量电子和离子的测量，软 X 射线和紫外线测量，核裂变、地震探测，宇宙线计数等。

③ 陶瓷半导体元件 陶瓷半导体元件是一种新型"电-火"转换元件，它以陶瓷材料为基体，掺以适当比例的半导体材料，如 TiO_2、SiO_2、Cu_2O、Fe_2O_3 等金属氧化物，制成两种形式：一种是经过先制坯，按照规定工艺烧结成团块式半导体；另一种则是在陶瓷基体上涂上半导体材料釉膜烧结而成的涂层式半导体。

陶瓷半导体是一种异向性元件，在宏观上不具有像晶体二极管那样的单向导电性。但是由于它内部材料的异向性，使各部位的导电性极不均匀。

只要给陶瓷半导体的两端施加一定的电压，电流就流过，但在其截面上的电流分布是极不均匀的。往往在呈现电阻极小的区域，电流密度很快上升，该区域就很快被加热。由于材料本身具有负温度系数，这个区域的电阻值随着发热而减小，使流过的电流继续增长，更加发热。当电流密度达到 $10^{-3}\sim10^{-2}A/mm^2$ 时，导致电子产生"雪崩"式热游离，使温度迅速上升，沿半导体表面形成火花放电。陶瓷半导体的伏安特性曲线如图 20-22 所示。利用这一特性可以制成陶瓷半导体电嘴。

陶瓷半导体电嘴具有如下特点：放电电压低，在 130V 以上就能表面放电；放电火花能量大，放电电压波形见图 20-23(a)，放电电流波形见图 20-23(b)；不受周围介质、温度等影响，在水中、冰里均能正常发火，可在 $-55℃$ 环境中冷起动，也能在 $800℃$ 环境中正常工作；有很快的"自静"作用，即油污和积碳经表面强烈的

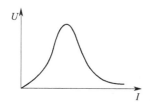

图 20-22 陶瓷半导体的
伏安特性

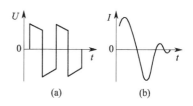

图 20-23 陶瓷半导体放电的
电压、电流波形

放电作用而被清洗；可用于各种燃油的直接点火；安全可靠、寿命长。

利用陶瓷半导体电嘴可制成低压高效能点火器。最先用于航空发动机的点火系统，现已广泛用于电力锅炉点火、石油管道加热站、纺织印染行业中的煤气加热设备等方面。

除了我们上面介绍的以外，半导体陶瓷还主要包括热敏电阻（NTC、PTC）、变阻器瓷、半导体电容器等。NTC 主要用于通信及线路中温度补偿及测温。近年来需要适用于 SMT 的超小型器件，要求改进阻值及温度系数的精度，工作温区也扩大，并应有良好可靠性。高精度片型（Chip）及球型热敏电阻，甚为需要，尤其在医疗中应用广泛。

PTC 用于温度检测、温度补偿，它的控流功能，用于自控发热、彩电消磁、过流防止等。低阻 PTC 材料用于办公自动化设备及汽车。高温（300℃）PTC 需求也有增长，但必须解决使用老化问题。PTC-双金属组合器件，可用于定温控温及时间延迟等，使用广泛，PTC 在中小功率自控加热应用方面有广阔天地，等待开发。

变阻器由于电子设备小型化及布置更紧凑，生成噪声的倾向增大，需要新的旁路电容器，有好的温度稳定性及吸声性能。这使得同时具有变阻器功能的 $SrTiO_3$ 半导电容器的应用逐渐普遍，用于保护半导线路，吸收浪涌及噪声。

上述 PTC、NTC 及变阻器，近年来需求增长较快，可能长时间内仍将继续增长，主要用在办公自动化、汽车、通信、家庭自动化设备中。

（8）磁性陶瓷　磁性陶瓷分为含铁的铁氧体陶瓷和不含铁的磁性陶瓷。铁氧体和铁粉芯永久磁铁是磁性瓷的代表。铁氧体是作为高频用磁性材料而制备的金属氧化物烧结磁性体，可分为硬磁铁氧体和软磁铁氧体两种，前者不易磁化也不易消磁，主要用于磁铁及磁存储元件；软磁容易磁化及去磁，磁场方向可以变化，可用于对交变磁场响应的电子部件。磁性陶瓷一般主要是指铁氧体，其分子式为多种，有 $MoFe_2O_3$、MFe_2O_4、$M_3FeO_{12} \cdot MFeO_3$、$MFe_{12}O_{19}$ 等，M 代表一价或二价金属离子，主要有 Mg、Zn、Mn、Ba、Li 或三价稀土金属 Y、Sm 等。铁氧体属半导体，由于金属和合金材料的电阻率低，损耗较大，无法适用于高频，而陶瓷质磁性材料电阻率较高，涡流损失小，介质损耗低，所以广泛用于高频和微波领域，可以从商用频率到毫米波范围内以多种形态得到应用。金属磁性材料的应用频率不超过 $10 \sim 100kHz$。铁氧体的缺点是饱和磁化强度低，居里温度不高，不适于在高温式低频大功率条件下工作。尽管如此，由于不同种类的铁氧体具有不同的特殊磁学性能，它们在现代无线电电子学、自动控制、微波技术、电子计算机、信息储存、激光调制等方面都得到广泛的应用。

① 磁性陶瓷的磁学基本性能

a. 固体的磁性　固体的磁性在宏观上是以物质的磁化率 X 来描写的。对于处于外磁强度为 H 中的磁介质，其磁化强度 M 为：

$$M = XH$$

磁化率为　　　　　$X = M/H = \mu_0 M/B_0$

式中　μ_0——真空的磁导率，$\mu_0 = 4\pi \times 10^{-7} H/m$；

　　　B_0——磁场在真空中的磁感应强度，$B_0 = \mu_0 H$。

由上式得知材料中磁感应强度为：

$$B = \mu_0(H+M) = \mu_0(1+X)H = \mu B_0$$

式中　μ——磁导率，$\mu = 1+X$。

按照磁化率 X 的数值，固体的磁性可分成下面几类：

逆磁体　这类固体的磁化率是数值很小的负数，它几乎不随温度变化。X 的典型数值约 -10^{-5}。

顺磁体 其磁化率是数值较小的正数，它随温度 T 成反比关系，$X = \mu_0 C / T$，称为居里定律，式中 C 是常数。

铁磁体 其磁化率是特别大的正数，在某个临界温度 T_C 以下，即使没有外磁场，材料中也会出现自发磁化的磁化强度；在高于 T_C 的温度，它变成顺磁体，其磁化率服从居里-外斯定律：

$$X = \mu_0 C / (T - T_C) \qquad (20\text{-}26)$$

T_C 称为居里温度或居里点。

亚铁磁体 这类材料在温度低于居里点 T_C 时像铁磁体，但其磁化率不如铁磁体那么大，它的自发磁化强度也没有铁磁体的大；在高于居里点的温度时，它的特性逐渐变得像顺磁体。

反铁磁体 其磁化率是小的正数。

反铁磁性和亚铁磁性的物理本质是相同的，即原子间的相互作用使相邻自旋磁矩成反向平行。当反向平行的磁矩恰好相抵消时为反铁磁性，部分抵消而存在合磁矩时为亚铁磁性，所以，反铁磁性是亚铁磁性的特殊情况。亚铁磁性和反铁磁性，均要在一定温度以下原子间的磁相互作用胜过热运动的影响时才能出现，对于这个温度，亚铁磁体仍叫居里温度（T_C），而反铁磁体叫奈耳温度（T_N）。在这个临界温度以上，亚铁磁体和反铁磁体同样转为顺磁体，但亚铁磁体的磁化率 X 和温度 T 的关系比较复杂，不满足简单的居里-外斯定律，反铁磁体则在高于奈耳温度以上（$T > T_N$），磁化率随温度的变化仍可写成居里-外斯定律的形式

$$X = \mu_0 C / (T + T_N) \qquad (20\text{-}27)$$

式（20-26）与式（20-27）的差别在于式（20-27）分母中 T_N 前有（＋）号，这说明反铁磁体的磁化率有一个极大值。

图 20-24 表示在居里点或奈耳点以下时铁磁性、反铁磁性及亚铁磁性的自旋排列。

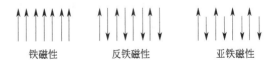

铁磁性　　　反铁磁性　　　亚铁磁性

图 20-24　铁磁性、反铁磁性及亚铁磁性的自旋排列

b. 磁滞回线　表征磁性陶瓷材料各种主要特性的是图 20-25 中所示的磁滞回线。

图 20-25 中横轴表示测量磁场、H（外加磁场），纵轴表示磁感应强度 B。磁介质处于外磁场 H 中，当外磁场按照 $0 \to H_m \to 0 \to -H_c \to -H_m \to 0 \to H_c \to H_m$ 方向变化时，磁感应强度 B 则按 $0 \to B_m \to B_r \to 0 \to -B_m \to -B_r \to 0 \to B_m$ 顺序变化。这里，把 H_c 称为矫顽力（矫顽场），H_m 称为最大磁场，B_r 称为剩余磁感应强度，B_m 称为最大磁感应强度（或叫饱和磁感应强度）。

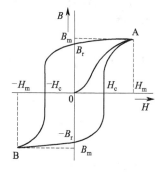 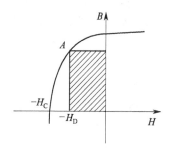

图 20-25　磁滞回线　　　　图 20-26　B-H 曲线与 $(BH)_{max}$ 关系

c. 磁导率 μ　磁导率是表征磁介质磁化性能的一个物理量。铁磁体的磁导率很大，且随外磁场的强度而变化；顺磁体和抗磁体的磁导率不随外磁场而变，前者略大于 1，后者略小于 1。

对铁磁体而言，从实用角度出发，希望磁导率越大越好。尤其现今，为适应数字化趋势，磁导率的大小已成为鉴别磁性材料性能是否优良的主要指标。

由磁化过程知道，畴壁移动和畴内磁化方向旋转越容易，磁导率 μ 值就越大。要获得高 μ 值的磁性材料，必须满足下列三个条件：不论在哪个晶向上磁化，磁能的变化都不大（磁晶各向异性小）；磁化方向改变时产生的晶格畸变小（磁致伸缩小）；材质均匀，没有杂质（没有气孔、异相），没有残余应力。如以上三个条件均能满足，磁导率 μ 就会很高，矫顽力 H_C 就会很小。金属材料在高频下，涡流损失大，μ 值难以提高，而铁氧体磁性陶瓷的 μ 值很高，即使在高频下也能获得很高的 μ 值。若能找到使磁晶各向异性常数 K_1 和磁致伸缩系数 λ_S 同时变小的合适的化学组成，就可提高 μ 值。目前，铁氧体可以获得的最高 μ 值大约为 40000，但实际应用的工业产品，其 $\mu = 15000$。

d. 最大磁能积 $(BH)_{max}$ 图 20-26 的磁化曲线可以来说明最大磁能积的意义。把该图第 II 象限的磁化曲线相应于 A 点下的 (BH) 乘积（即图中划斜线的矩形面积）称为磁能积，退磁曲线上某点下的 (BH) 乘积的最大值与该磁体单位体积内储存的磁能的最大值成正比，因此用 $(BH)_{max}$ 表示最大磁能积。$(BH)_{max}$ 随铁氧体种类而不同。

② 磁性陶瓷的分类 铁氧体陶瓷是以氧化铁和其他铁族式稀土族氧化物为主要成分的复合氧化物，按晶体结构可以把它分成三大类：尖晶石型（MFe_2O_4）、石榴石型（$R_3Fe_5O_{12}$）、磁铅石型（$MFe_{12}O_{19}$），其中 M 为铁族元素，R 为稀土元素。按铁氧体的性质及用途又可分为软磁、硬磁、族磁、矩磁、压磁、磁泡、磁光及热敏等铁氧。按其结晶状态又可分为单晶和多晶体铁氧体，按其外观形态又可分为粉末、薄膜和体材等。常见铁氧体的分类及其性质见表 20-19。

表 20-19 常见铁氧体的分类及其性质

组 成	类别	晶系	典型分子式	饱和磁化率/T	居里点/℃	磁 性
$MnFe_2O_4$	尖	立		0.52	300	铁氧体磁性
$FeFe_2O_4$	晶	方	$M^{2+}Fe^{3+}O_4$	0.60	585	铁氧体磁性
$NiFe_2O_4$	石	晶		0.34	590	铁氧体磁性
$CoFe_2O_4$	型	系		0.50	520	铁氧体磁性
$CuFe_2O_4$	尖	立		0.17	455	铁氧体磁性
$MgFe_2O_4$	晶	方	$M^{2+}Fe^{3+}O_4$	0.14	440	铁氧体磁性
$ZnFe_2O_4$	石	晶		—	—	反铁磁性
$Li_{0.5}F_{2.5}O_4$	型	系		0.39	670	铁氧体磁性
$BaF_{12}O_{19}$（各向异性）	磁铅	六方	$Me^{2+}Fe^{3+}O_{19}$	0.40	450	铁氧体磁性
$BaF_{12}O_{19}$	石	晶		0.22	450	铁氧体磁性

续表

组　成 (各向同性)	类别 型	晶系 系	典型 分子式	饱和磁化率 /T	居里点 /℃	磁　性
$SrFe_{12}O_{19}$				0.40	453	铁氧体磁性
$Y_3Fe_5O_{19}$	石榴石型	纺晶系	$Me_3^{3+}Fe_5^{3r}O_{12}$	0.17	287	铁氧体磁性
$Gd_3Fe_5O_{12}$				—	291	铁氧体磁性
$YFeO_3$	钙钛矿型		$Me^{3+}Fe^{3+}O_3$	—	375	寄生铁磁性

　　常用的多晶铁氧体生产最后都要通过烧结达到致密化，因此要求获得微细、均匀，具有一定烧结活性的铁氧体粉末。铁氧体粉料的制备方法有氧化物法、盐类热分解法、共沉淀法和喷雾干燥法等。成型可采用干压成型、磁场成型、热压铸成型、冲压成型、浇铸成型、等静压和挤压成型等方法。烧结可分在空气中，气氛或热压中进行。性能良好的多晶取向铁氧体采用磁场取向成型和热压法制造，常用生产工艺如图 20-27 所示。

　　此外，还可以用溅射法、化学气相沉积法及液相外延法等技术生产铁氧体的单晶薄膜。而铁氧体的多晶薄膜多采用电弧等离子体喷涂法、射频溅射法、气相法、喷雾热分解法、涂覆或化学附着后烧成法及金属真空蒸发高温氧化方法来进行制备。

　　③ 磁性陶瓷材料及其应用

　　a. 软磁铁氧体　　软磁铁氧体是目前各种铁氧体中品种最多应用最广泛的一种磁性材料，其通式为 $M^{2+}O \cdot Fe_2O_3$，特点是起始磁导率 μ_0 高，这样对于相同电感量要求的线圈的体积可以缩小。对它的要求是磁导率的温度系数 α_μ 要小，以适应温度的变化；矫顽力 H_c 要小、以便在弱磁场下容易磁化，也容易退磁而失去磁性。此外，它们的比损耗因素 $tg\delta/\mu_0$ 要小、电阻率大，这样材料的损耗就小，适用于高频下使用。比较常用的软磁铁氧体有尖晶石型的 MnZn 铁氧体，LiZn 铁氧体及磁铅石型的甚高频铁氧体。主要性能如表 20-20 所示。

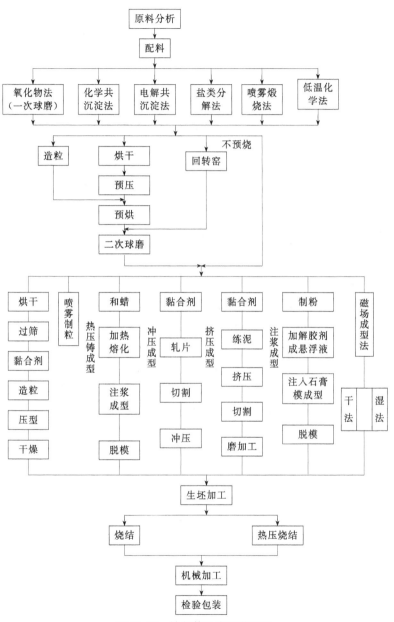

图 20-27 铁氧体生产工艺流程

表 20-20 软磁铁氧体的磁学特性参数

铁氧体	起始磁导率 μ /(H·m^{-1})	tgδ/μ /(×10^{-6})	磁导率温度系数 /(×10^{-6})	适用频率 /MHz	居里温度 /℃	电阻率 ρ /Ω·m
Mn-Zn 铁氧体	400~6000	<10~15(100kHz)	1000~4000	0.3~1.5	120~180	5~10
Ni-Zn 铁氧体	10~2000	<100(1MHz) 300~500(40MHz)	100~2000	1~300	100~400	10^3~10^5
Mg-Zn 铁氧体	50~500	—	—	1~25	100~300	2×10^2~8×10^3
Li-Zn 铁氧体	20~120	3500~5000(50MHz)	—	10~100	100~500	
甚高频铁氧体	10~50	—	—	100~1000	300~600	10^2~10^8

软磁铁氧体主要用于各种电感线圈的磁芯、天线磁芯、变压器磁芯、滤波器磁芯、录音机和录像机磁头、电视机偏转磁轭、磁放大器等，因此又称软磁铁氧体为磁芯材料。由于软磁铁氧体易于磁化和退磁，作为对交变磁场响应良好的电子部件，广泛应用。由于大屏幕电视及精确显示电视的普及，加上办公自动化设备中开关电源的应用，使磁性材料市场日益扩大。

通常在音频、中频及高频范围用尖晶石型铁氧体，如 Mn-Zn 铁氧体、Ni-Zn 铁氧体和 Li-Zn 铁氧体等；在超高频范围（大于 10^8 Hz）用磁铅石型铁氧体，如 Co-Zn 铁氧体。图 20-28 表示在既考虑初始磁导率 μ_0，又同时考虑频率情况下，一些主要软磁铁氧

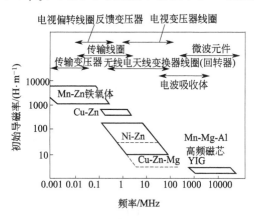

图 20-28 主要铁氧体的性质和用途

体的大致应用范围。

b. **硬磁铁氧体**　硬磁铁氧体又称永磁铁氧体，其矫顽力 H_C 大，是一种磁化后不易退磁，能长期保留磁性的铁氧体，一般可作为恒稳磁场源。

硬磁铁氧体的主要性能要求与软磁铁氧体相反。首先要求 H_C 大，剩磁 B_r 大，较高的最大磁能积 $(BH)_{max}$，这样才能保证保存更多的磁能，磁化后既不易退磁，又能长久保持磁性。此外，还要求对温度和时间的稳定性好，又能抗干扰等。作为永磁材料，上面三个参数越大越好，一般情况是 B_r：$0.3 \sim 0.5T$ $[1T \approx 10^4$ $(G)]$，H_C：$0.1 \sim 0.4T$，$(BH)_{max}$：$8000 \sim 4000 J/m^3$。

硬磁铁氧体的化学式为 $MO\text{-}6Fe_2O_3$（$M = Ba^{2+}$、Sr^{2+}），具有六方晶系磁性亚铅酸盐型结构。例如钡铁氧体可表示为 $BaO \cdot 6Fe_2O_3$，但实际材料中，当 $BaO : Fe_2O_3 = 1 : (5.5 \sim 5.9)$ 时能得到最好的磁性能，其主要性能如表 20-21 所示。

表 20-21　硬磁铁氧体产品的典型性能及用途

类　别	序号	特　点	磁　性　能			主要用途举例
			剩磁 B_r /T	矫顽力 H_C /(kA·m^{-1})	最大磁能积 $(BH)_{max}$ /(kJ·m^{-3})	
钡铁氧体	1	各向同性	$0.21 \sim 0.22$	$127 \sim 131$	$7.2 \sim 7.6$	儿童玩具、微型电机
	2	各向异性，高 H_C	$0.36 \sim 0.37$	$223 \sim 239$	$23.9 \sim 25.5$	电子灶、磁控管电机（大转矩）起重磁铁、磁软水器
	3	各向异性，高 B_r	$0.40 \sim 0.43$	$135 \sim 175$	$27.9 \sim 31.8$	扬声器、磁性吸盘、拾音器、汽车电机、微电机
锶铁氧体	4	各向异性，高 H_C	$0.35 \sim 0.40$	$239 \sim 263$	$23.9 \sim 27.9$	汽车电机、磁悬浮装置磁控管
	5	各向异性，高 B_r	$0.41 \sim 0.45$	$151 \sim 159$	$30.2 \sim 35.8$	磁选机、耳机、拾音器、大型扬声器
	6	干压磁场成型	$0.33 \sim 0.37$	$215 \sim 255$	$19.9 \sim 25.5$	小型扬声器、汽车电机
橡胶硬磁铁氧体	7	压制	0.14	80	3.2	门锁磁铁、磁性卡片、儿童玩具、磁性密封
		挤压	0.21	135	6.4	

永磁铁氧体的性能除与配方有关外，还与制备工艺密切相关。因此在生产硬磁铁氧体的工艺过程中，延长球磨时间，并适当提高烧成温度（1100～1200℃）（过高烧成温度反使晶粒由于重结晶而长大），这样就可有效地提高矫顽力。另外，采用磁致晶粒取向法，也可得到性能优良的硬磁材料。磁性亚铅酸盐型六方晶系，其 C 轴是易磁化轴，若在其粉末上附加磁场，则各微粒就沿其 C 轴的磁场方向整齐排列。把经高温合成和球磨过的粉末，在磁场下模压成型，烧结后可得到各晶粒沿 C 轴的磁场方向排列整齐的烧结物。除去磁场后，各晶粒的磁矩仍保留在这个方向上。这种各向异性硬磁铁氧体的磁能积要比各向同性的大 4 倍。

硬磁铁氧体主要用于磁路系统中作永磁材料，以产生稳恒磁场，如用作扬声器、助听器、录音磁头等各种电声器件及各种电子仪表控制器件，以及微型电机的磁芯等。

c. 旋磁铁氧体　旋磁铁氧体又称微波铁氧体，是一种在高频磁场作用下，平面偏振的电磁波在铁氧体中按一定方向传播过程中，偏振面会不断绕传播方向旋转的一种铁氧体材料。偏振面因反射而引起的旋转称为克尔效应；因透射而引起的旋转称为法拉第效应。旋转铁氧体主要是用于制作微波器件。

由于金属磁性材料的电阻小，在高频下的涡流损失大，加之趋肤效应，磁场不能达到内部，而铁氧体的电阻高，可在几万兆赫的高频下应用，因此，在微波范围几乎都采用铁氧体。旋磁铁氧体主要用作微波器件，故又称为微波铁氧体。铁氧体在微波波段中具有许多特殊性质和效应，目前，主要利用铁氧体如下三方面特性制作微波器件。铁磁共振吸收现象：用于工作在铁磁共振点的器件，例如共振式隔离器。旋磁特性：用于各种工作在弱磁场的器件，例如法拉第旋转器、环行器、相移器。高功率非线性效应：用作非线性器件，例如倍频器、振荡器、参量放大器、混频器等。

法拉第旋转效应有反倒易性，当传播方向与磁场方向一致时偏振面右旋，相反时则左旋。利用这种旋转方向正好相反的特性，不仅可制回相器、环行器等非倒易性器件及调制器、调谐器等微波倒易性器件，还可用作大型电子计算机的外存储器——磁光存储器。

因为通过控制这两种不同取向对偏振状态的不同作用，即可作为二进制的"1"和"0"，从而达到信息的"读"、"写"功能。利用铁氧体这种磁光材料制作的存储器具有很高的存储密度（10^7 位/cm^2），比一般的磁鼓、磁盘存储器要高 $10^2 \sim 10^3$ 倍。

在上述微波器件中所使用的铁氧体材料中，目前大多是石榴石型旋磁铁氧体，其中又以钇铁石榴石铁氧体（简称 YIG）最重要。石榴石型旋磁铁氧体的分子式可表示为 $3M_2^{3+}0.5Fe_2O$，M^{3+} 代表 Y、Sm、Eu、Gd 等稀土元素。其中最重要的是钇石榴石铁氧体，简称 YIG，在微波 3cm 波段作为低功率器件材料，性能优异。在更高频段，例如 6×10^4 MHz 时，采用磁铅石型旋磁铁氧体，它是在钡、锶及铅铁氧体的基础上发展起来的。当用铝代替部分铁时，铁氧体的内场提高，适用于更高的频段。

因此，在 $10^8 \sim 10^{11}$ Hz 的微波领域里，旋磁铁氧体广泛用于制造雷达、通信、电视、测量、人造卫星、导弹系统等所需微波器件。

d. 矩磁铁氧体　矩磁铁氧体是指具有矩形磁滞回线、矫顽力较小的铁氧体。矩磁铁氧体主要用于电子计算机及自动控制与远程控制设备中，作为记忆元件（存储器）、逻辑元件、开关元件、磁放大器的磁光存储器和磁声存储器。矩磁材料在磁存储器中主要用于制作环形磁芯，至今仍是内存储器中的主要材料，而且随着计算机向大容量和高速化发展，矩磁铁氧体磁芯也向小型化发展，现已能制出 15.17×10^{-7} cm 的磁芯。

矩磁铁氧体磁芯的存储原理如图 20-29 所示。

其工作原理是这样的：利用矩形磁滞回线上与磁芯感应强度 B_m 大小相近的两种剩磁状态 $+B_r$ 和 $-B_r$，分别代表二进制计算机的"1"和"0"。当输进 $+I_m$ 电流

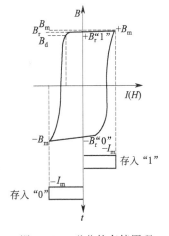

图 20-29　磁芯的存储原理

脉冲信号时，相当于磁芯受到 $+H_m$ 的激励而被磁化至 $+B_m$，脉冲过后，磁芯仍保留 $+B_r$ 状态，表示存入信号"1"。反之，当通过 $-I_m$ 电流脉冲后，则保留 $-B_r$ 状态，表示存入信号"0"。在读出信息时可通入 $-I_m$ 脉冲，如果原存为信号"0"，则磁感应的变化由 $-B_r \rightarrow -B_m$，变化很小，感应电压也很小（称为杂音电压 V_n），近乎没有信号电压输出，这表示读出"0"。而当原存为信号"1"时，则磁感应由 $+B_r \rightarrow -B_m$，变化很大，感应电压也很大，有明显的信号电压输出（称为信号电压 V_s），表示读出"1"。这样，根据感应电压的大小，就可判断磁芯原来处于 $+B_r$ 或 $-B_r$ 的剩磁状态。利用这种性质就可以使磁芯作为记忆元件，可判别磁芯所存储的信息。

常温下的矩磁铁氧体材料有 Mn-Mg 系，Mn-Zn 系 Cu-Mn 系，Cd-Mn 系等，在 $-65 \sim 125℃$ 温度范围内的宽温矩磁材料有 Li-Mn、Li-Ni、Li-Cu、Li-Zn 和 Ni-Mn、Ni-Zn、Ni-Cd 等，它们大多为尖晶石结构，使用较多的是 Mn-Mg 系和 Li 系，主要性能见表 20-22。

表 20-22　几种铁氧体矩磁材料的磁性

铁氧体系统	B_r/B_m	$B_{-\frac{1}{2}m}/B_m$	$H_c/(A \cdot m^{-1})$	$S_w/10^{-5}(C \cdot m^{-1})$
Mg-Mn	0.90～0.96	0.83～0.95	52～200	6.4
Mg-Mn-Zn	＞0.90	—	32～200	1.6～2.4
Mg-Mn-Zn-Cu	0.95	0.83	59	—
Mg-Mn-Ca-Cr	—	—	223	4.0
Cu-Mn	0.93	0.76	53	6.4
Mg-Ni	0.94	0.84	—	17.5
Mg-Ni-Mn	0.95	0.83	—	—
Li-Ni	—	0.78	—	8.0
Co-Mg-Ni	—	0.85～0.95	—	20.7

e. 磁泡材料　磁泡材料是一种新型磁存储材料，应用广泛。磁泡因用于计算机存储，因而引起人们的广泛注意与重视。所谓磁

泡，就是铁氧体中的圆形磁畴。磁性晶体一般由许多小磁畴组成，在每个磁畴内部，原子中的电子自旋由于交换作用排列成平行状态，因而磁畴表现为自发磁化。磁畴之间由一定厚度的畴壁彼此相隔。由于各原子磁矩是逐渐由一个方向转到另一方向的，因此在畴壁上蓄有交换能以及由晶体的磁各向异性加在一起的畴壁能。垂直于晶体的易磁化轴切出薄片，当它的单轴磁各向异性强度大于表面磁化引起的退磁场强度的自发磁化时，在退磁状态下出现弯曲的条状磁畴。这时磁畴的磁化方向只能取向上或向下任一种方向。垂直于薄片施加向下的磁场，逐渐增加磁场强度，有利于磁化向下的磁畴扩张，于是磁化向上的磁畴逐渐缩小，并且在磁场增加到一定程度时，磁化向上的磁畴便缩成圆柱状。这时，力图使磁畴半身扩大的静磁能与迫使磁畴缩小的磁场能及磁畴能的和，正好处于平衡状态，所以形成为圆柱状的磁畴。如再继续加强向下方向的磁场强度，圆柱状的磁畴就会进一步缩小以至消失。正是这种圆柱状磁畴的形状以及在外加磁场控制下具有自由移动的特征，所以被称为磁泡（从垂直于膜面的方向看上去就像是气泡，见图 20-30）。由于磁泡受控于外加磁场，在特定的位置上出现或消失，而这两种状态正好和计算机中二进制的"1"和"0"相对应，因此可用于计算机的存储器。

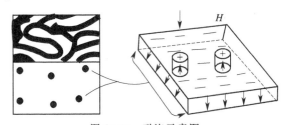

图 20-30 磁泡示意图

注：在厚度约 0.5nm 的正铁氧体（$TbFeO_3$）

单晶薄片上，垂直于薄片面加 3978.9（$A \cdot m^{-1}$）

磁场后所观察到的，泡径约 0.03nm

磁泡材料必须具备如下性能：饱和磁化强度 M_s 适当地小；具体各向异性 K_u 大，$2K_u/M_s = H_k \geqslant 4\pi M_s$；矫顽力 H_c 小；泡径小，泡径以特征长度 l 的 8～10 倍为宜；畴壁的迁移速度快，即迁移率 μ 大；容易制备大面积膜；缺陷少，温度稳定性良好。

对磁泡材料，要求缺陷尽量少，透明度尽量高，磁泡的迁移速度要快，材料的化学稳定性和机械性能要好。从目前已取得的研究成果看，正铁氧体 $RFeO_3$（R 是稀土元素）和石榴石型铁氧体是最合适的磁泡材料，而石榴石更优，其磁泡直径小，迁移率高，是已实用化的磁泡材料。它是以无磁性的钆镓石榴石（$Gd_3Ga_5O_{12}$）作衬底，以外延法生长能产生磁泡的含稀土石榴石薄膜。

由于磁泡的大小只有数微米，所以单位面积存储（记忆）的信息量非常大，鉴于此，作为记忆信息元件，人们自然寄希望于磁泡材料。磁泡存储器具有容量大、体积小、功耗小、可靠性高等优点。例如，一个存储容量为 1.5×10^6 位的存储器体积只有 $16.4 cm^3$，消耗功率只有 5～10W，而目前相同容量的存储器却要消耗功率 1000W。

f. 压磁铁氧体　压磁性是指应力引起磁性的改变或磁场引起的应变。狭义的压磁性是指已磁化的强磁体中一切可逆的与叠加的磁场近似成线性关系的磁弹性现象，即线性磁致伸缩效应。具有磁致伸缩效应的铁氧体称为压磁铁氧体。

压磁铁氧体的几个主要参数。

线性磁致伸缩系数 λ_s：$\lambda_s = \mathrm{d}l/l$。

压磁耦合系数 K（一般常用剩磁状态下的 K_r 表示）：$K_r^2 = \dfrac{\text{能转换成机械能的磁能}}{\text{材料中总磁能}}$。

灵敏度常数 d：$d = \left(\dfrac{\partial \lambda}{\partial H}\right)_\mathrm{T} = \left(\dfrac{\partial B}{\partial T}\right)_\mathrm{H}$，对超声接收器，$\left(\dfrac{\partial B}{\partial T}\right)_\mathrm{H}$ 便是接收灵敏度的量度。

压磁铁氧体主要用于超声工程方面作为超声发声器、接收器、探伤器、焊接机等；在水声器件方面作为声纳、回声探测仪等；在电信器件中作滤波器、稳频器、振荡器等；在计算机中作各类存储器。

此外，压磁铁氧体还可用作敏感元件。利用感温铁氧体的热磁效应制成的热敏元件，已广泛用于自动电饭锅、汽车用热敏器件。

压磁铁氧体材料目前应用的都是含 Ni 的铁氧体系统，最主要的是 Ni-Zn 铁氧体；其他还有 Ni-Cu，Ni-Cu-Zn 和 Ni-Mg 铁氧体系统。

在制造压磁铁氧体时，必须力求提高密度，在工艺上可采用提高烧成温度，加大成型压力及高温预烧后再加工等方法。

g. 磁记录材料　随着现代科学技术的发展，磁记录已广泛应用于社会生活的各个方面。主要的磁记录介质有磁带、硬磁盘、软磁盘、磁卡片及磁鼓等。从构成上看有磁粉涂布型磁材料和连续薄膜型磁材料两大类。对磁粉和磁性薄膜等磁记录材料一般有如下的要求：剩余磁感压强度 B_r 高；矫顽力 H_c 适当地高；磁滞回线接近矩形，H_c 附近的磁导率 dB/dH 尽量高；磁致伸缩小，不产生明显的加压退磁效应；基本磁特性（B_r、H_c 等）的温度系数小，不产生明显的加热退磁效应；磁层均匀，厚度适宜，记录密度越高，磁层越薄。

常用磁粉和常用连续薄膜型磁记录材料的性能如表 20-23、表 20-24 所示。

表 20-23　常用磁粉的主要磁性能

特性 ＼ 磁粉	γ-Fe_2O_3	Co-FeO_x (1.33< x<1.5)	CrO_2	米粒状 Co-FeO_x	Ba 铁氧体微粉
粒子尺寸/μm					
长轴	0.2～0.5	0.2～0.5	0.2～0.5	0.1～0.3	0.05～0.5
短轴	0.03～0.07	0.03～0.07	0.03～0.07	0.03～0.06	0.01～0.05
矫顽力 H_c/kA·m^{-1}	23.9～31.8	31.8～79.6	35.8～63.7	47.7～95.5	47.7～159
比饱和磁化强度 σ_s /emu·g^{-1}	70～75	70～75	70～78	70～75	45～55
矩形比 B_r/B_m	0.80～0.86	0.80～0.86	0.86～0.90	0.65～0.85	0.50～0.70
比表面积/m^2·g^{-1}	15～30	15～40	20～40	10～30	20～40
晶体结构	立方	立方	正方	正方	六角

表 20-24　已使用或即将使用的几种磁记忆材料的磁性能

介质类型	制备方法		材　料	矫顽力 H_C /kA·m^{-1}	饱和磁化强度 M_s /kA·m^{-1}
薄膜介质	干法	蒸镀	Co-Ni	7.96~87.5	600
		溅射	γ-Fe$_2$O$_3$(掺 Co)	39.8~119.4	200
	湿法	电镀	Co-P	47.7~119.4	800
		化学镀	Co-Ni-P		
涂布介质 (Be 铁氧体)	玻璃晶化法		BaFe$_{12-2x}$-CoxTi$_x$O$_{19}$	79.6~318.3	380

　　磁粉涂布层磁记录材料主要有下面三种：γ-Fe$_2$O$_3$ 磁粉。目前在录音磁带、计算机磁带、软磁盘和硬磁盘的制备中，主要是用 γ-Fe$_2$O$_3$ 磁粉。制备针状 γ-Fe$_2$O$_3$ 的过程为：制备细小针状 α-FeOOH 晶体；在上述晶种上生长所需尺寸的针状 α-FeOOH；α-FeOOH 脱水，生成 α-Fe$_2$O$_3$；将 α-Fe$_2$O$_3$ 还原为 Fe$_2$O$_3$ 磁粉。将 Fe$_2$O$_3$ 氧化为 γ-Fe$_2$O$_3$。包钴的 γ-Fe$_2$O$_3$ 磁粉。α-Fe$_2$O$_3$ 磁粉掺入 Co 后，矫顽力明显增大，但由于加热退磁及应力退磁效应显著，尚未得到实用，而采用在 γ-Fe$_2$O$_3$ 粒子上包敷一层氧化钴的方法，可制备矫顽力高达 143.2kA/m 的磁粉（Co 的包敷量为 9.6%，质量分数）。不论是 γ-Fe$_2$O$_3$ 磁粉，还是包钴的 γ-Fe$_2$O$_3$ 磁粉，均需用针状 α-FeOOH 粒子为起始原料。Cr$_2$O$_3$ 磁粉的矫顽力来源于形状各向异性，所以矫顽力与粒子的形状、大小及分布关系极为密切。为了改变粒子间的磁相互作用，以利提高 H_C，需添加 Sb$_2$O$_3$ 和 Fe$_2$O$_3$。此外，垂直磁记录用的片状钡铁氧体微粉也是一种性能很好的涂布型磁记录材料。

　　连续薄膜型磁记录材料的制备可采用干法或湿法。溅射法，真空蒸镀法和离子喷镀法属前者，为物理方法。含有少量 Co 的 γ-Fe$_2$O$_3$ 粉末是最近研制出的高磁能积磁粉。它通常采用溅射法制备。溅射 γ-Fe$_2$O$_3$ 薄膜有以下优点：用添加 Co 的方法容易控制薄膜矫顽力；同基板黏着力强；不怕氧化，稳定性好；薄膜厚度和磁性的均匀性好；采用阳极化的高纯度铝合金基板，平直度和粗糙度均很高，容易减小磁头的浮动高度，提高磁记录密度。

溅射法制备 Co-γ-Fe$_2$O$_3$ 薄膜，可采用不同的靶材，如 Fe、α-Fe$_2$O$_3$ 及 Fe$_3$O$_4$、通常用纯 Fe 为靶材，方法如下。

方法 I：α-Fe $\xrightarrow[\text{(Ar+O}_2\text{)}]{\text{溅射}}$ α-Fe$_2$O$_3$ $\xrightarrow{\text{还原}}$ Fe$_3$O$_4$ $\xrightarrow{\text{氧化}}$ γ-Fe$_2$O$_3$

方法 II：α-Fe $\xrightarrow[\text{(Ar+O}_2\text{)}]{\text{溅射}}$ Fe$_3$O$_4$ $\xrightarrow{\text{氧化}}$ Fe$_2$O$_3$

第㉑章 人 工 晶 体

人工晶体是一种重要的功能材料，它能实现光、电、声、磁、热、力等不同能量形式的交互作用和转换，在现代科学技术中应用十分广泛。人工晶体在品种、质量、数量方面已远远超过了天然晶体。工程用人工晶体主要包括：激光晶体、闪烁晶体、光学晶体、声光晶体、磁光晶体、单晶光纤、宝石晶体、压电晶体、金刚石超硬晶体、半导体晶体和纳米人工晶体等。

人工晶体也是近代晶体学的重要分支学科，是材料科学的重要组成部分及其研究探索的前沿领域，属于新材料范畴。人工晶体研究包括晶体结构、晶体生长、晶体性能及其表征、晶体材料应用等方面。晶体生长研究是人工晶体研究的基础。本世纪以来，晶体生长研究有了很大的进步。它已从一种纯工艺性研究逐步发展形成晶体制备技术研究和晶体生长理论研究两个主要方向，两者相互渗透、相互促进。晶体制备技术研究为晶体生长理论研究提供了丰富的研究对象；而晶体生长理论研究又力图从本质上揭示晶体生长的基本规律，进而指导晶体制备技术研究。

21.1 晶体生长理论

近几十年来，随着基础学科（如物理学、化学）和制备技术的不断进步，晶体生长理论研究无论是研究手段、研究对象还是研究层次，都得到了很快的发展，已经成为一门独立的分支学科。它从最初的晶体结构和生长形态研究、经典的热力学分析发展到在原子分子层次上研究生长界面和附加区域熔体结构，质、热输运和界面反应问题，形成了许多理论模型。当然，由于晶体生长技术和方法的多样性和生长过程的复杂性，目前晶体生长理论研究与晶体生长实践仍有相当的距离，人们对晶体生长过程的理解有待于进一步的深化。可以预言，未来晶体生长理论研究必将有更大的发展。

晶体生长理论研究的目的只能是通过对晶体生长过程的深入理解，实现对晶体制备技术研究的指导和预言，晶体生长理论研究的对象是晶体生长这一复杂的客观过程，研究内容相当庞杂，可以把晶体生长理论研究的基本科学问题归纳为如下两个方面。

① 晶体结构、晶体缺陷、晶体生长形态、晶体生长条件四者之间的关系　晶体生长理论研究本质上就是完整理解不同晶体其内部结构、缺陷、生长条件和晶体形态四者之间的关系，就可以在制备实验中预测具有特定晶体结构的晶体在不同生长条件下的生长形态，通过改变生长条件来控制晶体内部缺陷的生成，改善和提高晶体的质量和性能。

② 晶体生长界面动力学问题　上述四者之间的关系研究只是对晶体生长过程的一种定性的描述，为了对此过程作更为精确的（甚至定量或半定量）的描述，必须在原子分子层次上对生长界面的结构、界面附近熔体（溶液）结构、界面的热、质输运和界面反应进行研究，这就是晶体生长界面动力学研究的主要内容。

21.1.1　晶体生长的基本过程

从宏观角度看：晶体生长过程是晶体-环境相（蒸气、溶液，熔体）界面向环境相中不断推移的过程，也就是由包含组成晶体单元的母相从低秩序相向高度有序晶相的转变。从微观角度来看，晶体生长过程可以看作一个"基元"过程，所谓"基元"是指结晶过程中最基本的结构单元，从广义上说，"基元"可以是原子、分子，也可以是具有一定几何构型的原子（分子）聚集体。所谓的"基元"过程包括以下主要步骤。

（1）基元的形成　在一定的生长条件下，环境相中物质相互作用，动态地形成不同结构形式的基元，这些基元不停地运动并相互转化，随时产生或消失。

（2）基元在生长界面的吸附　由于对流、热力学无规则运动或原子间吸引力，基元运动到界面上并被吸附。

（3）基元在界面的运动　基元由于热力学的驱动，在界面上迁移运动。

（4）基元在界面上结晶或脱附　在界面上依附的基元，经过一定的运动，可能在界面某一适当的位置结晶并长入固相，或者脱附而重新回到环境相中。

晶体内部结构、环境相状态及生长条件都将直接影响晶体生长的"基元"过程．环境相及生长条件的影响集中体现于基元的形成过程之中，而不同结构的生长基元在不同晶面族上的吸附、运动、结晶或脱附过程主要与晶体内部结构相关联。不同结构的晶体具有不同的生长形态。对于同一晶体，不同的生长条件可能产生不同结构的生长基元，最终形成不同形态的晶体。同种晶体可能有多种结构的物相，即同质异相体。这也是由于生长条件不同，"基元"过程不同而导致的结果。晶体内部缺陷的形成又与"基元"过程受到干扰有关。因此，建立"基元"过程这一概念，就可在介观或者微观层面上描述晶体内部结构、缺陷、生长条件和生长形态四者之间的关系。可以认为，一个晶体生长理论如果很好地阐明"基元"过程，就能合理解释晶体内部结构、缺陷、生长条件及生长形态四者之间的关系。

21.1.2 晶体生长理论简介

（1）晶体平衡形态理论　晶体具有特定的生长习性，即晶体生长外形表现为一定几何形状的凸多面体，为了解释这些现象，晶体生长理论研究者从晶体内部结构和热力学分析出发，先后提出了 Bravais 法则、Gibbs-Wulff 晶体生长定律、Frank 运动学理论。

（2）Bravais 法则　早在 1866 年，A. Bravais 首先从晶体的面网密度出发，提出了晶体的最终外形应为面网密度最大的晶面所包围，晶面的法线方向生长速率反比于面间距，生长速率快的晶面族在晶体最终形态中消失。该法则只给出了晶体内部结构与生长形态之间的关系，完全忽略了生长条件对生长形态的作用。

（3）Gibbs-Wulff 晶体生长定律　1878 年，Gibbs 从热力学出发，讨论了生长过程中晶体与周围介质的平衡条件，提出了晶体生长最小表面能原理，即晶体在恒温和等容的条件下，如果晶体的总表面能最小，则相应的形态为晶体的平衡形态，当晶体趋向于平衡态时，它将调整自己的形态，使其总表面自由能最小；反之，就不会形成平衡形态，由此可知某一晶面族的线性生长速率与该晶面族比表面自由能有关，这一关系称为 Gibbs-Wulff 晶体生长定律。

$$\frac{\sigma_1}{r_1}=\frac{\sigma_2}{r_2}=\cdots=\frac{\sigma_i}{r_i}=\text{constant}$$

式中，r_i 为自具有平衡形态的晶体中心引向第 i 个晶面的距离，σ_i 为第 i 个晶面的比表面自由能。Wulff 进一步提出了利用界面能极图求出晶体平衡形态的方法。Gibbs-Wulff 晶体生长定律把周围介质看成是均匀一致的，各个晶面的表面自由能取决于晶体内部结构（面网密度），面网密度大的晶面，表面自由能小；生长速度慢，在晶体最终形态中显露。这实质上与 Bravais 法则是完全一致的。

（4）Frank 运动学理论　Frank 在应用运动学理论描述晶体生长或溶解过程中不同时刻的晶体外形时，提出了两条基本定律，即所谓的运动学第一定律和运动学第二定律。

运动学第一定律指出：若晶面法向生长速率只是某倾角 θ 的函数，则对给定倾角 θ 的晶面，在生长或溶解过程中具有直线轨迹。运动学第二定律的主要内容是：作晶面法线方向生长速率倒数的极图，则倾角为 θ 的晶面生长轨迹平行于该方向极图的法线方向。该定律给出了晶体生长形态具体求解方法。虽然 Frank 运动学理论能够通过定量计算给出晶体的生长形态。但有一个重要的假设，即某一生长系统中驱动力场是均匀的。这实质上忽视了环境相和生长条件对晶体生长形态的作用。另一方面，应用 Frank 运动学定律，通过计算得出晶体的生长形态，必须首先得到法向生长速率与晶面取向的关系，这实际上是十分困难的，从而大大限制了理论的实际应用。

上述几种晶体平衡形态理论，实质上都是从晶体内部结构出发，应用晶体学、热力学的基本原理，导出晶体理想（平衡）生长形态，得到了若干实验结果的证实。它们共同的局限性是：基本不考虑外部因素（环境相）和生长条件变化对晶体生长的影响，无法解释晶体生长形态的多样性。

（5）界面生长理论　德国科学家 Lane 发现了 X 射线在晶体中的衍射现象，使得人们有了认识晶体微观结构的重要手段。基于对晶体结构的认识，研究者们提出各种关于生长界面的微观结构模型，并从界面微观结构出发，推导出界面动力学规律，这些理论可称为界面生长理论。

(6) 界面结构模型及生长动力学　所谓界面是指在热力学系统中两相共存的分界面。晶体生长过程可看作是生长界面不断推移的过程。研究界面微观结构，对于认识晶体生长过程是十分关键的，界面结构模型有 4 种。

① 完整光滑突变界面模型　模型认为晶体是理想完整的，并且界面在原子层次上没有凹凸不平的现象，固相与流体相之间是突变的，这显然是一种非常简化的理想界面，与实际晶体生长情况往往有很大差距。

② 非完整光滑突变界面模型　模型认为晶体是理想不完整的，其中必然存在一定数量的位错。如果一个纯螺型位错和光滑的奇异面相交，在晶面上就会产生一个永不消失的台阶源，在生长过程中，台阶将逐渐变成螺旋状，使晶面不断向前推移。

③ 粗糙突变界面模型　模型认为晶体生长的界面为单原子层，且单原子层中所包含的全部晶相与流体相原子都位于晶格位置上，并遵循统计规律分布。

④ 弥散界面模型　模型认为界面由多层原子构成，在平衡状态下，可根据界面相变熵大小推算界面宽度，并可根据非平衡状态下界面自由能变化，由界面相变熵及相变驱动力确定界面结构类型。

(7) PBC 理论　在晶体平衡形态理论计算中，必须用到晶体表面自由能数据。实际上，对于实际晶体，这些数据往往难以获得，使得定性判断晶体生长形态都很困难，有鉴于此，Hartman P. 和 Perdok N.G. 提出了用附着能来代替表面自由能。所谓附着能是指在结晶过程中一个结构基元结合到晶体表面上时所释放的键能。成键所需的时间随键能的增大而减小，因而晶面的法向生长速度将随晶面附着能的增大而增大，进而提出了一种定性判断晶面生长速率的方法。晶体中存在着由一系列强键不间断地连贯成的键链，并呈周期性重复，称为周期键链（Periodic Bond Chain，

PBC），PBC 的方向由 PBC 矢量来表征，根据相对于 PBC 矢量的方位，可判断晶体中可能出现的晶面类型。

PBC 理论仍然没有把环境相和生长条件对晶体生长形态的影响统一到理论中去，Hartman 在现代 PBC 理论中特别指出，当 PBC 理论预言与观察不相符时，应考虑外部因素的影响，这些外部因素包括温度、压力、溶液过饱和度、非晶物质（如溶剂、杂质），正是由于没有考虑环境相及生长条件等外部因素的影响，PBC 理论无法从本质上揭示晶体生长外部条件影响晶体生长形态的内在机理，此外，PBC 理论无法解释极性晶体的生长习性。

综上所述，迄今为止，几乎所有的晶体生长理论或模型都没有完整地给出晶体结构、缺陷、生长形态与生长条件四者之间的关系，因此与晶体制备技术研究有较大的距离，在实际应用中存在很大的局限性，具体表现如下：对于环境相结构效应的忽视。现有的经典界面理论模型在计算界面自由能的变化时，只考虑了固体原子的晶格结构，而把环境相看成一种连续均匀的介质，忽视了其结构效应，同时也不考虑环境相中可能形成的一定线度和一定几何构型的基元对晶体生长的影响；对于生长条件变化的忽视。现有的理论或模型不能够自然地包含生长条件的变化，而生长条件的变化又体现在环境相结构和基元线度及结构的变化上；用平衡态热力学和统计物理学解释非平衡态的晶体生长过程，晶体生长过程本身是一个非平衡态过程，但目前的大多数理论或模型都以平衡态热力学和统计物理学作为基础，这是不合适的。对于复杂（二元及多元）晶体生长体系研究尚属起步。对于如 NaCl 等二元晶体生长机理的认识，目前仅处于单元体系的简单推广上，即把正负离子分别当作单元体系处理。对于多元晶体生长体系一般也作如此处理，这显然不符合真实的生长过程；因此也不能正确解释多元晶体的生长形态与生长条件的关系。

21.2 晶体生长技术

人工晶体的合成（生长）既是一门技艺，又是一门科学。由于晶体需要从不同状态和不同条件下生成，加上应用对人工晶体的要求十分苛刻，因而造成了人工合成晶体方法和技术的多样性以及生长条件和设备的复杂性。晶体生长技术在合成晶体中有极重要的地位。由于晶体可以从气相、液相和固相中生长，不同的晶体又有不同的生长方法和生长条件，加上应用对人工晶体的要求有时十分苛刻，如尺寸从直径在毫米以下的单晶纤维到直径为50cm、重达数百千克的大单晶，这样就造成了合成晶体生长方法和技术的多样性以及生长条件和设备的复杂性。晶体生长技术互相渗透，不断改进和发展，一种晶体选择何种技术生长，取决于晶体的物化性质和应用要求。有的晶体只能用特定的生长技术生长；有的晶体则可采用不同的方法生长，选择的一般原则为：①有利于提高晶体的完整性，严格控制晶体中的杂质和缺陷；②有利于提高晶体的利用率，降低成本，因此，大尺寸的晶体始终是晶体生长工作者追求的重要目标；③有利于晶体的加工和器件化；④有利于晶体生长的重复性和产业化，例如计算机控制晶体生长过程等。

21.2.1 溶液法生长晶体

（1）溶液法生长晶体的特点　这种方法的基本原理是将原料（溶质）溶解在溶剂中；采取适当的措施造成溶液的过饱和状态，使晶体在其中生长。溶液法具有以下优点：①晶体可在远低于其熔点的温度下生长，有许多晶体不到熔点就分解或发生不希望有的晶型转变，有的在熔化时有很高的蒸汽压，溶液使这些晶体可以在较低的温度下生长，从而避免了上述问题；此外，所用加热器和培育容器也较易选择；②容易生成大块的、均匀性良好的晶体，晶型较为完整；③在多数情况下，可直接观察晶体生长过程，这为研究晶体生长形态与晶体生长动力学提供了方便条件。

当然，溶液法也存在着如下的主要缺点：①组分多，影响晶体生长因素比较复杂；②生长速度慢，周期长（一般需要数十天乃至一年以上）；③溶液法生长晶体对控温精度要求较高。

（2）从溶液中生长晶体的方法　从溶液中生长晶体过程的最关键因素是控制溶液的过饱和度，使溶液达到过饱和状态，在晶体生长过程中维持其过饱和度的途径有：据溶解度曲线，改变温度；采取各种方式（如蒸发、电解）移去溶剂，改变溶液成分；通过化学反应来控制过饱和度（由于化学反应速度和晶体生长速度差别很大，做到这一点是很困难的，需要采取一些特殊的方式，如通过凝胶扩散使反应缓慢进行等）；用亚稳相来控制过饱和度，即利用某些物质的稳定相和亚稳相的溶解度差别，控制一定的温度，使亚稳相不断溶解，稳定相不断生长。

根据晶体的溶解度与温度系数，从溶液中生长晶体的具体方法有下述几种。

① 降温法　降温法是从溶液中培养晶体的一种最常用的方法。其基本原理是利用物质较大的正溶解度温度系数，在晶体生长过程中逐渐降低温度，使析出的溶质不断在晶体上生长。降温法生长晶体的关键问题是必须严格控制温度，并按一定程序降温。研究表明，微小的温度波动就足以在生长的晶体中造成某些不均匀区域。为提高晶体生长的完整性，要求控温精度尽可能高（目前已达±0.001℃），此外还需造成适合晶体生长的其他条件。图 21-1 为一种典型的降温法生长晶体的装置。

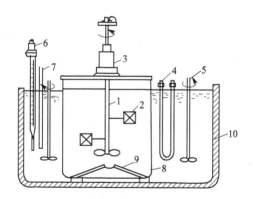

图 21-1　水浴育晶装置

1—掣晶杆；2—晶体；3—转动密封装置；4—浸没式加热器；5—搅拌器；6—控制器（接触温度计）；7—温度计；8—育晶器；9—有孔隔板；10—水槽

降温法生长晶体的操作技术要点如下：配制适量溶液，测定溶液的饱和点与 pH 值；将溶液过热处理 2～3h，以便提高溶液的稳定性；预热晶种，在装槽下种时使晶种微溶；根据溶解度曲线，按照降温程序降温，逐步使晶种恢复几何外形，然后使晶体正常生长。当晶体生长达到一定温度时，抽出溶液，再缓慢地将温度降至室温。取出晶体，放进干燥器中保存。

为使溶液温度均匀，并使生长中的各个晶面在过饱和溶液中能得到均匀的溶质供应，要求晶体对溶液做相对运动。这种运动可采取多种形式，如晃动法（晶体固定不动，摇晃整个育晶器）、转晶法（晶体在溶液中作自转，公转或行星式转动）等，其中以晶体在溶液中自转或公转最为常用。为了克服这种方式所造成的某些晶面迎液而动和使另一些晶面总是背向液流的缺点，转动需要定时换向，即用以下程序进行控制：正转→停转→反转→停转→正转。

② **蒸发法** 蒸发法生长晶体的基本原理是将溶剂不断蒸发移去，以保持溶液的过饱和状态，从而使晶体不断生长，这种方法比较适合于溶解度较大而其温度系数很小或是具有负温度系数的物质，蒸发法用控制蒸发量的多少来维持溶液的过饱和度。

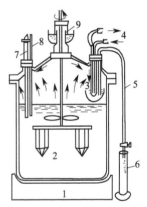

图 21-2 蒸发法育晶装置
1—底部加热器；2—晶体；3—冷凝器；4—冷却水；5—虹吸管；6—量筒；7—接触控制器；8—温度计；9—水封

蒸发法生长晶体的装置和降温法的装置十分类似，所不同的是在降温法中，育晶器中蒸发产生的冷凝水全部回流，而蒸发法则是部分回流。降温法通过控制降温速度来控制过饱和度，而蒸发法则是通过控制回流比（蒸发量）来控制过饱和度的。

蒸发法生长晶体的装置有许多类型。图 21-2 示出的是比较简单的一种：在严格密封的育晶器上方设置冷凝器（可通水冷却），溶剂自溶液表面不断蒸发。水蒸气在冷凝器上凝结，并积聚在其下方的小杯内，再用虹吸管按控制量移出育晶器外。在晶体生长过程中，取水速度应小于冷凝速度，使大部分冷凝水（包括器壁上的）回流到液面上去，否则液面上易产生自发结晶。这种装置比较适合于在较高的生长温度（＞60℃）下使用。

21.2.2 凝胶法生长晶体

（1）凝胶法生长晶体的特点 凝胶法生长晶体就是以凝胶作为扩散和支持介质使晶体生长。凝胶法晶体生长具有下述的一些特点。

① 晶体是在柔软而多孔的凝胶骨架中生长，有自由发育的适宜条件。

② 晶体是在静止环境中靠扩散生长，没有对流与湍流的影响，有利于生长完整性好的晶体。

③ 所用的育晶装置简便，化学试剂用量较少，生长的晶体品种较多，适用性广。

④ 凝胶虽有抑制成核的作用，能减少非均匀成核的概率，但还很难保证在凝胶中仅有少数几个晶核成长，因此在一般情况下，生长线度为厘米级以上的晶体，除针状晶体外，难度较大。

（2）凝胶法晶体生长的类型 根据凝胶法晶体生长过程中的物理化学变化的性质，大致可将凝胶法晶体生长分为下述几种类型：复分解化学反应法；络合分解法；氧化还原反应法；溶解度降低法。

下面以复分解化学反应法为例说明凝胶法晶体的生长过程。复分解化学反应法是凝胶法晶体生长的基础，适用性很广，能够生长的晶体品种甚多。诸如：酒石酸盐、柠檬酸盐、硫酸盐、碳酸盐、钨酸盐、钼酸盐、铬酸盐、重铬酸盐、磷酸盐、碘酸盐、草酸盐、稀土双硫酸盐、碘化物、氯化物、硫化物、沸石类晶体等。

适当地选择两种可溶性盐作为离子源，然后通过两种离子的双扩散和复分解化学反应，可导致凝胶中难溶盐晶体成核与生长。例如凝胶中生长钨酸钙（$CaWO_4$）晶体所发生的化学复分解反应为 $Ca(NO_3)_2 + Na_2WO_4 \Longrightarrow CaWO_4 + 2NaNO_3$，通常所采用的育晶装置如图 21-3 所示。

21.2.3 助熔剂法

助熔剂法又称为高温溶液法，和其他方法相比具有如下优点：首先是这种方法适用性很强，对某种材料，只要能找到一种适当的

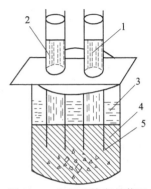

图 21-3　烧杯双管育晶装置

1—$Ca(NO_3)_2$ 溶液；2—Na_2WO_4

溶液；3—蒸馏水 ；4—凝胶；

5—$CaWO_4$ 晶体

助熔剂或助熔剂组合，就能用此法将这种材料的单晶生长出来，而几乎对于所有的材料，都能找到一些相应的助熔剂或助熔剂组合。这对于研究开发工作特别有利；第二是许多难熔化合物和在熔点极易挥发或由于在高温时变价或有相变的材料，以及非同成分熔融化合物，都不可能直接从其熔体中生长或不可能生长出完整的优质单晶，而助熔剂法由于生长温度低，对这些材料的单晶生长显示出独特的能力。

有时一些本来能用熔体法生长的晶体或层状材料，为了提高品质也改用助熔剂法来进行生长。尤其是一些在技术上很重要的（如砷化镓晶体）材料，其块晶是用熔体法生长的，但用得最多的器件却是从金属作助熔剂的溶液中生长出来的层状材料。在较低温度下生长的层状晶体的点缺陷浓度和位错密度都较低，化学计量和掺杂均匀性较好，因而在结晶学上比熔体法生长的晶体更为优良。

该法的主要缺点是晶体生长是在一不纯的体系中进行的，而不纯物主要为助熔剂本身，因而要想避免生长晶体中不出现溶剂包裹体，生长必须在比熔体生长慢得多的速度下进行，致使生长速率极为缓慢。

助熔剂晶体生长的基本技术包括缓冷法、溶剂蒸发法、温差法等。

（1）缓冷法　晶体从加助熔剂的溶液中生长时，采用缓慢冷却溶液来获得生长所必须的过饱和度是最为简便的方法。由于这种方法所使用的设备简单、价廉，因而应用最为广泛。加热炉可采用康太丝绕制发热体自行制作，也可到市场购买现成的硅碳棒炉或硅钼棒炉，这应根据出发物质（原料）的熔点而定。温度控制要有良好的可靠性和稳定性。如要生长完整性好的优质单晶，控制精度也必须有较高的要求，至少应在 1℃ 以内。坩埚可用高温陶瓷或难熔贵金属制作。前者如氧化铝坩埚，后者如通常使用的铂坩埚。采用何种材料制作，要根据体系的物化特性而定，原则是坩埚材料的熔点必须比出发物质的熔点高很多，第二是坩埚不应与体系物质起反应。

将配制好的出发物质装入坩埚中，一般不要装得太满，以不超过坩埚体积的 3/4 为好。为防止在高温下溶剂蒸发，可将坩埚密封或加盖。装好料后立即将它放入炉内升温，应使坩埚底部温度比顶部低几度至十几度，以使得溶质有优先在底部成核的倾向。首先应将炉温升至熔点以上十几度至 100℃，并保温几个小时到一天左右，让料充分反应、均化。保温时间应视助熔剂溶解能力和挥发特性而定。然后，为节省时间，迅速降温至熔点（饱和温度），最好是成核温度。由于成核温度既不易测量，又很不稳定，其值常常与材料的纯度等因素有关。因此，成核温度应估计得偏高一些，然后，再行缓慢降温，降温速率一般在 $0.1\sim5℃/h$。在其他结晶相出现的温度之前，或在溶解度的温度系数 dsc/d T$\sim$0 温度附近即应结束晶体生长。

（2）溶剂蒸发法 借助溶剂蒸发也可使溶液形成过饱和状态，达到析出晶体的目的。生长设备更为简单，不需程序降温，当然也就不需控温仪器。但使用的助熔剂必须具有足够高的挥发性，比如 PbF_2、BiF_3 等。挥发量依助熔剂性质、生长温度和坩埚盖开孔大小不同而不同。蒸发法的主要优点是生长可在恒温下进行，晶体成分较均匀，同时也避免了在冷却过程中出现的其它物相的干扰。此外，在降温过程中有些晶体还会发生结构相变或形成变价的化合物单晶，如 Cr_2O_3 在 1000℃ 以下变为 CrO_3，这样就不能用通常的缓冷法生长，但若用恒温蒸发法就较为合适。生长率的调节主要是靠改变蒸发孔径，从而改变平均蒸发率来实现。这种方法的主要缺点是晶体一般生成在表面，质量往往不好。若采用相对密度比晶体比重小的助熔剂，并加适当搅拌时，情况可能会得到改善。

（3）温差法 该法是依靠温度梯度从高温向低温区输运溶质的生长方法。通常使用的一种是在整个溶液中建立一个温度梯度，即在原料区和局部过冷区（冷杆接触点）或晶体（籽晶）生长区之间维持一温差。这样，处于饱和状态的溶质就可由通常的对流从高温区输运到低温区，原来在高温区饱和的溶液在低温区就变成过饱和溶液了，过剩的溶质就会在籽晶上沉析出来，或在低温区自发成核进行生长。这种方法由于是在恒温下进行的，生长的晶体均匀性较好。它最适于生长固溶体晶体。通常使用黏滞性较低的试剂作助熔剂，有时为了达到综合效果往往采用混合溶剂，如像 BaO/B_2O_3。

（4）助熔剂反应法　这种方法是通过溶质和助熔剂系统的化学反应（常常同时还要加些其它条件）产生并维持一定的过饱和度，使晶体成核并生长。

21.2.4　熔体中生长晶体

从熔体中生长晶体是制备大单晶和特定形状的单晶最常用的和最重要的一种方法，电子学、光学等现代技术应用中所需的单晶材料，大部分是用熔体生长方法制备的。熔体生长通常具有生长快、晶体的纯度和完整性高等优点，目前熔体生长的工艺和技术已发展到相当成熟的程度，对生产过程的了解也日益深入。大直径、高品质的硅单晶、Nd：YAG 和 Ti：Al_2O_3 激光单晶，以及各种光学用晶体和外延用基底材料（如 MgO，$SrTiO_3$，Al_2O_3，$LaAlO_3$ 等）的商品化，这些都是上述成就的实例。

（1）熔体生长过程的特点　通常，当一个结晶固体的温度高于熔点时，固体就熔化为熔体；当熔体的温度低于凝固点时，熔体就凝固成固体（往往是多晶）。因此，熔体生长过程只涉及固-液相变过程，这是熔体在受控制的条件下的定向凝固过程。在该过程中，原子（或分子）随机堆积的阵列直接转变为有序阵列，这种从无对称性结构到有对称性结构的转变不是一个整体效应，而是通过固-液界面的移动而逐渐完成的。

熔体生长的目的是为了得到高质量的单晶体，为此，首先要在熔体中形成一个单晶核（引入籽晶，或自发成核），然后，在晶核和熔体的交界面上不断进行原子或分子的重新排列而形成单晶体。只有当晶核附近熔体的温度低于凝固点时，晶核才能继续发展。因此，生长着的界面必须处于过冷状态，然而，为了避免出现新的晶核和避免生长界面的不稳定性（这种不稳定性将会导致晶体的结构无序和化学无序），过冷区必须集中于界面附近狭小的范围之内，而熔体的其余部分则处于过热状态。在这种情况下，结晶过程中释放出来的潜热不可能通过熔体而导走，而必须通过生长着的晶体导走。通常，使生长着的晶体处于较冷的环境之中，由晶体的传导和表面辐射导走热量。随着界面向熔体发展，界面附近的过冷度将逐渐趋近于零，为了保持一定的过冷度，生长界面必须向着低温方向不断离开凝固点等温面，只有这样，生长过程才能继续进行下去。另一方面，熔体的温度通常远高于室温，为了使熔体保持适当的温度，必须由加热器不断供应热量。上述的热传输过程在生长系统中建立起一定的温度场（或者说形成一系列等温面），并决定了固-液界面的形状。因此，在熔体生长过程中，热量的传输问题将起着支配的作用。此外，对于那些掺质的或非同成分熔化的化合物，在界面上会出现溶质分凝问题。分凝问题由界面附近溶质的浓度所支配，而后者则取决于熔体中溶质的扩散和对流传输过程。因此，溶质的传输问题也是熔体生长过程中的一个重要问题。

从熔体生长晶体的方法有很多，如提拉法、坩埚移动法、泡生法、热交换法、冷坩埚法、水平区熔法、浮区法、基坐法、焰熔法等，这里我们以提拉法为例说明晶体的生长过程，有关晶体生长的详细内容请读者参阅有关专著。

（2）提拉法简介　也称为丘克拉斯基（Gockraski）技术，是熔体种晶体生长最常用的方法之一，很多重要的实用晶体是用这种方法制备的。晶体生长前，待生长的材料在坩埚中熔化，然后将籽晶浸到熔体中，缓慢向上提拉，同时旋转籽晶，即可逐渐生长单晶。其中，旋转籽晶的目的是为了获得热对称性。为了生长高质量的晶体，提拉和旋转的速率要平稳，熔体的温度要精确控制。晶体的直径取决于熔体的温度和拉速，减小功率和降低拉速，晶体的直径增加。图 21-4 是提拉法示意图。

提拉法技术操作要点如下。

① 晶体要同成分地熔化而不分解，熔体要适当经过热处理。结晶物质不得与周围环境气氛起反应。

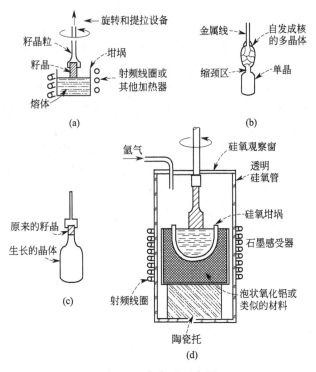

图 21-4　提拉法示意图

② 籽晶预热，然后将旋转着的籽晶引入熔体，微熔，再缓慢地提拉。

③ 降低坩埚温度，不断提拉，使籽晶直径变大（即放肩阶段）。当坩埚温度达到恒定时，晶体直径不变（等径生长阶段）。要建立起满足提拉速度与生长体系的温度梯度及合理的组合条件。

④ 当晶体已经生长达到所需要的长度后，升高坩埚温度使晶体直径减小，直到晶体与熔体拉脱为止，或者将晶体提出，脱离熔体界面。

⑤ 晶体退火。

21.2.5　水热法晶体生长

水热法，又称热液法。晶体的水热生长是一种在高温、高压下过饱和溶液中进行结晶的方法。该方法还可以生长刚玉、方解石、磷酸铝、磷酸钛氧钾以及一系列硅酸盐、钨酸盐晶体。由于水热法晶体生长主要是利用釜内上下部分的溶液之间存在着温度差，使釜内溶液产生强烈对流，从而将高温区的饱和溶液带到放有籽晶的低温区，形成过饱和溶液。水热法是人工晶体生长技术中比较重要的一种方法，是利用高温、高压水溶液使得通常难溶或者不溶的物质溶解和重结晶。水热法晶体生长可以使晶体在非受限的条件下充分生长，可以生长出形态各异、结晶完好的晶体而受到广泛的应用。因此，水热法可用于生长各种大的人工晶体，制备超细、无团聚或少团聚、结晶完好的微晶。

(1) 水热法晶体生长的一般步骤　根据经典的晶体生长理论，水热条件下晶体生长包括以下步骤：

① 营养料在水热介质里溶解，以离子、分子团的形式进入溶液（溶解阶段）；

② 由于体系中存在十分有效的热对流及溶解区和生长之间的浓度差，这些离子、分子或离子团被输运到生长区（输运阶段）；

③ 离子、分子或离子团在生长界面上的吸附、分解与脱附；

④ 吸附物质在界面上的运动；

⑤ 结晶。

其中③，④，⑤统称为结晶阶段。

(2) 水热法的基本特点　一般水热生长过程的主要特点如下：

① 过程是在压力与气氛可以控制的封闭系统中进行的；

② 生长温度比之熔态和熔盐等方法低得多；

③ 生长区基本上处在恒温和等浓度状态，且温梯很小；

④ 属于稀薄相生长，溶液黏度很低。

因此，它的优越性是适于生长熔点很高、具有包晶反应或非同成分熔化而在常温常压下又不溶于各种溶剂或溶解后即分解、且不能再结晶的晶体材料，也适用于生长那些熔化前后会分解、熔体蒸汽压较大、凝固后在高温下易升华或只能得到非晶态和具有多型性相变以及在特殊气氛中才能稳定的晶体；同时，生长出来的晶体热应力小、宏微观缺陷少、均匀性与纯度也较高。当然，这种方法也具有一定的局限性。例如，许多物质在高温高压条件下有关物理化学性质的实验资料不足，水热生长缺乏具体而可靠的科学依据与指导；对主要装置高压容器的耐温耐压及抗腐蚀性能要求非常严格；生长过程很难实时观察，因而某些参量不能随时根据需要来进行调整；晶体生长受边界层内溶质与溶剂扩散传质的限制而使生长率较小，生长周期很长。

（3）水热法晶体生长设备 高压釜是水热法生长晶体的关键设备，晶体生长的效果与它有直接的关系。一般生产中所用的高压釜主要是由釜体、密封系统、升温和温控系统、测温测压设备以及防爆装置组成。另外，根据反应需要，有的釜体内还加有挡板，从而使生长区与溶解区之间形成一个明显的温度梯度差。由于高压釜长期（一个较长生长周期要数月之久）在高温高压下（温度从 150～1100℃，压力从几十个大气压到 10000 大气压）工作，并同酸碱等腐蚀介质接触，这就要求制作高压釜的材料既要耐腐蚀，又要有较

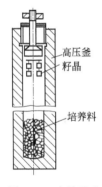

好的高温机械性能。所以釜体多由高强度、低蠕变钢材料制成，如不锈钢或镍铬钛耐热合金等，而且要有足够的壁厚以承受内压。这种钢材料对于晶体生长所使用的溶液最好是惰性的，或者采取保护措施（如加内衬）。高压釜的最关键部分是密封，目前所使用的密封结构主要有法兰盘式、内螺纹式、卡箍式等结构。除此之外，釜体上的防爆装置是作为防止压力过高的安全防护措施。在设备方面，微波、电场也已开始用于高压釜，图 21-5 为水热法生长晶体装置。

图 21-5 水热法生长晶体装置

（4）水热法操作技术

① 装釜 将结晶培养料放在高压釜较热的底部（溶解区），而籽晶悬挂在温度较低的高压釜的上部（生长区），釜内填充一定装满度的溶剂介质。

② 晶体生长 由于釜内上下部分的溶液之间存在着一定的温度差，所以釜内溶液产生强烈的对流，从而将高温区的饱和溶液带到籽晶区后，便形成过饱和溶液，致使籽晶生长。溶液过饱和度大

小取决于溶解区与籽晶生长的温度差以及结晶物质的溶解度的温度系数等因素，而釜内过饱和溶液浓度的分布主要是取决于对流强烈的程度。通过冷却析出部分溶质的溶液又流向下部，变成不饱和溶液而又溶解培养料，如此循环往复，使晶体不断地继续生长。

③ 拆釜　当晶体长成后，缓慢地将温度降低至室温，拆开高压釜，然后将晶体取出。

（5）水热法单晶的制备技术及实例

① 水热沉淀法　水热沉淀的典型例子是 TiO_2 纳米晶粒制备。水热沉淀法制备 TiO_2 粉体是在高温、高压下一次完成，无需后期的晶化处理，所制得的粉体粒度分布窄，团聚程度低，成分纯净，而且制备过程污染小。具体方法是采用可溶性 $Ti(SiO_4)_2$ 作为前驱物，尿素为沉淀剂，将溶液加入到高压釜中，填充度为 80%，在温度 $40\sim200℃$，压力为 $23\sim5.2MPa$ 的水热条件下保温 $2\sim6h$，制得了结晶完好，颗粒完整，平均晶粒尺寸为十几纳米的锐钛矿型 TiO_2，副产物为易除去的 NH_3、CO_2 及可溶性氨盐，经水洗除去。

水热盐溶液卸压技术是指通过卸压，引起反应环境的迅速改变，从而导致晶体的大量成核。例如 ZnO 纳米晶粒，即是通过一定浓度 $Zn(CH_3COO)_2$ 溶液以及由 $Zn(CH_3COO)_2$ 和氨水制备的 $Zn(OH)_2$ 胶体为前驱体，一定浓度的 $NaNO_2$ 为添加剂，反应温度在 $150\sim250℃$，填充度 70%，通过卸压制得 $10\sim15nm$ 粒度的 ZnO 晶粒。

② 水热晶化法　水热晶化指采用无定形前驱物经水热反应后，形成结晶完好的晶粒。例如：用 $ZrOCl_2$ 水溶液中加沉淀剂（氨水、尿素等）得到的 $Zn(OH)_2$ 胶体为前驱体，水热法制备 ZrO_2 晶粒，以及使用 $Zn(OH)_2$ 胶体为前驱体在 200℃ 保温 8h 制得 ZrO_2 晶粒，都属于水热晶化，所制晶粒粒度仅为 10nm。

③ 水热醇热法　采用有机溶剂代替水作为溶媒，用类似的水热合成原理制备无机化合物是近年来发展起来的一种新的合成纳米晶粒的方法，即所谓的有机溶剂醇热法。利用有机溶剂替代水后，有机溶剂既是传递压力的介质，又可起到矿化剂的作用，这样既扩

大了水热技术的应用范围，而在溶剂近临界状态下，可以实现一些在常规状态下无法实现的反应，并且可能生成具有新的亚稳态结构的材料。如利用新配制的 $Al(OH)_3$ 胶体为前驱物，以 KBr 和碳数大于 4 的二醇为溶剂，温度为 300℃，得到 α-Al_2O_3 晶粒。同时，研究表明，不同的有机溶剂，生成的晶体大小与形态各异。除了上面的几种方法外，目前还有水热氧化、水热阳极氧化、水热分解等多种纳米粒子水热制备方法。

（6）纳米单晶水热制备　纳米单晶由于其特殊的光学、光电等物理特性，在电子、光电子领域具有广阔的应用前景。目前，制备纳米材料的方法很多，仅湿化学方法就有沉淀法、溶胶-凝胶法、喷雾热解法、水热法等，其中，水热法是生产结晶完整的纳米单晶的一种常用方法。它为各种前驱物的反应和结晶提供了一个在常压条件下无法得到的特殊的物理、化学环境，纳米晶的形成经历了一个溶解-结晶过程，相对于其他制备方法，水热法制备的纳米晶体具有晶粒发育完整、粒度小、且分布均匀、颗粒团聚较轻、可使用较便宜的原料、易得到合适的化学计量物和晶形等优点。而且，晶粒物相、线度和形貌可通过控制水热反应条件（反应温度、反应时间、前驱体形式等）来控制；尤其是水热法可制备结晶完好的纳米晶而无需高温煅烧处理，避免了煅烧过程中造成的粉体硬团聚、缺陷形成和杂质引入，因此，所制得的粉体具有较高的活性。如采用水热法制备的 ZrO_2 纳米粉体颗粒呈球状或短柱状，粒径约为 15nm。烧结实验表明：粉体在 1350～1400℃温度下烧结，密度即可达到理论密度的 98.5%。经研究表明，粉体的晶粒粒度与粉体形成时的成核速度有关，成核速度越快，由此制得的粉体的晶粒粒度就越小，这是因为水热法制备粉体是在物料恒定的条件下进行的，对溶液体系，如果采取一定的措施，加快成核速度，即在相对较短的时间内形成相对较多的晶核，由于在成核过程中溶质大量消耗，在生长过程所提供的溶质相对减少，则可以使产物的晶粒粒度减少。因此，要想制得纳米粉体必须增大粉体形成时的成核速度。对溶液体系，在不改变其他水热反应条件下，如果在一相当短的时间内使反应物浓度有极大的增加，就可大大加快成核速率，从而达到减小产物晶粒粒度的目的。

21.2.6 气相生长

气相生长是利用蒸汽压较大的材料，在适当条件下使其蒸气凝结成为晶体的一种方法。这种方法适宜于生长薄膜、晶须和板状晶体。气相生长可分为单组分体系和多组分体系生长两种。

单组分气相生长要求气相要具备足够高的蒸气压，利用在高温区汽化升华、在低温区凝结生长的原理进行生长。

利用单组分气相生长所生长出来的晶体，其中有工业价值的晶体是：碳化硅（SiC）、硫化镉（CdS）、硫化锌（ZnS）等晶体，所生长的晶体大都为针状、片状的单晶体。

多组分气相生长一般地多用于外延薄膜生长，外延生长是指一种晶体浮生在另一种晶体上，浮生晶体与衬底晶体存在着结构相似的晶体学低指数面，晶体是在结构匹配的界面上生长的，称为配向浮生。外延生长可分为同质外延与异质外延两种。单晶硅片在被还原分解的硅化物蒸气中生长，称为同质外延；钆镓石榴石（GCG）等作衬底在被还原分解的硅化物蒸气中生长，称为异质外延。由于气相外延生长的温度远低于所生长材料的熔点，因此有利于获得高纯材料。

（1）气相生长技术

① 物理输运技术　在物理输运过程中，欲生长的化合物在局部高温下蒸发，沿着温度梯度或压力梯度往下输运，淀积在温度较低的衬底或籽晶上，这种技术以生长薄膜为主，其方法主要为升华法和溅射法。

a. 升华法　把欲升华的材料置于加热线圈或坩埚中，当其受热后升华，蒸气应在处于低温的衬底表面上淀积。用升华法生长晶体必须具有足够的蒸气压，这就使升华法有较大的局限性。升华法中加热丝或坩埚材料可能对淀积产生污染，用升华法可生长 CdS、ZnS 和 SiC 等单晶体。

b. 溅射法　这种方法主要用于生长定形和多晶薄膜。控制适当也可生长单晶薄膜。溅射法中源物质的蒸发是采用电场蒸发而不是热蒸发，所以生长温度比升华低。

② 化学输运技术

a. 化学输运 借助适当气体介质与欲生长之物（源物质）发生反应而生成一种气态化合物，这种气态化合物在淀积区发生逆向反应，使源物质重新淀积出来，这个过程称为化学输运。上述气体介质叫输运剂。

b. 化学蒸气淀积 这种类型的生长过程是通过两种或多种气态反应物在一热衬底上相互反应来完成的。它主要有三种反应类型：化合物热解；卤化物还原；在两种或更多挥发性物质之间直接进行化学反应，生成所需的淀积物。

化学输运生长技术除了广泛用于化合物半导体单晶的研制外，主要发展方向是探索一些特殊化合物单晶，如稀土化合物、放射性元素化合物、复合氧化物和多元化合物等。

（2）生长装置

① 闭管法 闭管法是把大量的反应剂（或源物质）和适宜的衬底分别放在反应管的两端，管内抽空后充入一定量的输运剂，然后熔封。将此管置于双温区炉内，使反应管形成一定的温度梯度，物料从封管的一端输运到另一端并沉积下来。

封管法的优点如下：

a. 可以降低空气或气氛的偶然污染；

b. 不必连续抽气也可以保持真空；

c. 可以将高蒸气压物质限制在管内充分反应而不外逸，原料转化率高。

封管法的缺点是材料生长速率慢，不适于进行大批量生产，反应管只能使用一次，提高了成本。

② 开管法 开管法的工艺特点是能连续地供气及排气，物料的输运一般是靠外加不参加反应的中性气体来实现的。该装置主要由双温区开启式电阻炉及控温设备，石英反应器、载气净化及反应气导入系统等三大部分组成。开管系统中反应总是处于非平衡状态，有利于淀积物。这方法生长的淀积均匀，也利于薄层淀积。开管法优点是试样容易放进和取出，同一装置可反复多次使用；淀积工艺条件易于控制，结果易于重现。

开管法的反应有三种形式：水平式、立式、管式。据反应要求，反应区又可分为单温区、双温区、多温区几种，并可附加各种不同的供气系统。反应器的加热方式，最常见的是电阻加热和高频感应加热，也可用辐射加热。

③ **热丝法** 该装置通常用一根可加热的热丝或带作为沉积区，在热丝的表面上发生沉积反应。例如生产多晶硅时，就用电加热纯硅棒做"热丝"，按一定比例通入混合的高纯度三氯氢硅，在热硅棒表面发生还原反应，淀积出多晶硅。

（3）**生长过程** 各类薄膜的化学气相沉积（CVD）研究表明，衬底表面的气相外延生长是一个十分复杂的表面热力学反应过程，整个生长大体可分为下列步骤：

① 参与反应的混合气体被输运到沉积区；

② 反应剂分子由主气流从气相扩散到衬底表面；

③ 反应剂分子被吸附在衬底表面上；

④ 吸附物分子之间或吸附分子与气体分子间发生化学反应，生成需沉积的原子和反应副产物，沉积原子沿衬底表面迁移并结合入晶体点阵；

⑤ 反应副产物分子从衬底表面解吸；

⑥ 副产物分子由衬底表面外扩散到主气流中，然后排出沉积区。

在整个生长过程中有两个重要步骤是至关重要的。在高温区，沉积速率对温度很不敏感，这时生长速率实质上是由反应剂分子从气相扩散到衬底表面的扩散速率所决定，此称之为质量输运控制；而在低温区，沉积速率与温度之间呈指数依赖关系，亦即在这个区域内是表面化学反应的快慢决定着膜层生长速率，此称为表面反应控制过程。

第㉒章　新型碳材料

碳材料（Carbon materials）是指纯碳材料或以碳为主要组成的复合材料。自然界存在的天然碳材料主要有金刚石、石墨及煤炭。天然石墨是最有价值的天然碳材料，但其存在形态为粉体，限制了其使用范围。天然石墨主要用作涂料、填料及一些人工人工碳材料的原料，经过深加工，也可作为电池、密封等功能材料使用。天然碳材料不能满足繁多的使用要求，因此，工程应用的碳材料绝大多数是人工碳材料。

人工碳材料中应用最广、历史最长的是以炼钢电极为典型产品的碳素工业制品和以电机、电刷为典型产品的电碳工业制品。二者的制备工艺基本相同，即以焦炭、煅烧无烟煤、天然石墨等为骨料，配以焦油、沥青等黏结剂成型，经过碳化、石墨化制成的块状碳材料，这类碳材料也称传统碳材料，基本为石墨型结构。

随着科学技术的进步、使用要求的提高，出现了许多不同于传统的制备技术。如通过有机物纺丝、碳化制备的碳纤维及进一步石墨化得到的石墨纤维；用物理或化学气相沉积制备的各种碳膜；用石墨层间化合物技术处理得到的氟化石墨、柔性石墨及正在大力研究开发的富勒烯、碳纳米管等。通常把这些不同于传统工艺制备的碳材料称为新型碳材料。相对于经典碳材料来说，20世纪中期之后开发出的以碳为主要组分的各种碳材料新品种差不多都可归之为新型碳材料之列。因此，很难给新型碳材料予以明确的定义。日本的大谷杉郎教授曾主张新型碳材料可归结为下述三类：强度在100MPa以上，模量在10GPa以上，不必进一步后加工的碳成型物；以碳为主要构成要素，与树脂、金属、陶瓷以及碳本身组成的各种复合材料；利用碳结构的特征，由碳或碳化物形成的各种功能材料。然而较普遍的看法是：从产品角度看，新型碳材料可看作是以碳为主要元素组分，且能尽量发挥基于碳的不同键合方式及结晶结构特性的碳材料，它们能大幅度改良或消除经典碳材料的缺陷，能开发过去完全没有的新功能或者能明显提高其某一特性的碳材料。

22.1 富勒烯

22.1.1 C_{60} 的发现

C_{60} 又称巴基球、足球烯、足球碳簇，为纪念美国建筑师 Buckminster fullerene，也称为富勒烯。

天文学家从星际物质的吸收和发射光谱上发现了 C_{60} 分子的某些特征谱带，说明 C_{60} 是存在于太空中的星际分子。有人认为 C_{60} 在宇宙中普遍存在，而且可能是一种最古老的分子。甚至在出现生命之前，C_{60} 就起到催化作用，因而产生了宇宙中各种有机分子。他们的根据是，某些星体、彗星和星际空间的确有大量的碳元素存在。C_{60} 可能是在 100 亿～200 亿年前从红巨星的炽热中产生。C_{60} 的发现将有助于人类认识宇宙物质的形成过程。一门新的化学将从 C_{60} 系列物质中产生，它开辟了碳素化学和有机化学的新纪元。在 C_{60} 发现以前，人们知道碳元素只有两种单质，金刚石和石墨。但是，1985 年发现了碳元素单质家庭中的第三位成员，即以碳-60（C_{60}）为代表的全碳分子系列物质。C_{60} 及全碳分子的出现不仅在理论上意义非凡，而且有极其广泛的应用前景，被人们称之为"梦幻般的分子，奇妙的新材料"，因此它们出现的时间虽然还不长，但对其的研究已成为化学、凝聚态物理学、材料科学等领域研究的最新热门。

早在 1970 年，日本化学家 Osawa 就曾预言过 C_{60} 的分子结构，并于 1971 年在与 Yoshida 合写的专著中较详细地讨论了 C_{60} 可能的结构。随后，Bochvar 和 Galpern 发表了有关这种结构的第一个 Huchel 能量计算，Davidson 则用群论讨论了这种结构的虎克尔能级。1985 年以前的很多工作表明，C_{60} 这种结构的存在是可能的。这些早期研究为 C_{60} 的发现作出了贡献。

1984 年英国萨塞克斯大学的教授与美国休斯敦的莱斯大学 Smalley 等五位同事重复一年前罗尔芬的实验：用 530nm 波长的短

脉冲高功率激光照射石墨，然后他们收集形成的一些碳单质微团，通过质谱仪细致地检测各种微团的质量，结果发现，其中含 60 个碳原子的微团讯号最强，含 70 个碳原子的微团次之，大约只有前者的 1/10，此外还有少量其他原子数的微团。通过理论分析，他们提出大胆的假设，认为形成了含有 60 个或 70 个原子的全碳分子。

1985 年，Smalley 及其研究小组通过对实验成果进行多方面的分析后，提出了两个问题：为什么这些原子束所含原子数都是偶数？为什么 C_{60} 的丰度比其他原子束大这么多？

有一个解释是这些原子束具有"三明治式"的结构，即在平面层状结构的石墨的层间夹有大量碳原子。根据这个推测，这种原子束应边缘开放，可无限伸延，但为什么偏偏 C_{60} 正好 60 个碳原子聚合在一起？

克鲁托等人大胆提出了著名的碳球假设，C_{60} 可能不是原子束，而是形状近似足球的分子，它具有曲面结构，头尾相接而成一个圆球状物。Smalley 回想起美国建筑工程师 Buckmister Fuller 设计的圆拱顶照片，都是由五边形和六边形组成。当晚，Heach 和他的妻子用胶水和牙签试制 C_{60} 的分子结构模型，经多次实验，均无结果。

与此同时，Smalley 也一直在用计算机模拟 C_{60} 分子的结构模型，几小时过去了，一无所获，失望之余，他转而着手用纸剪出一个个边长为一英寸的正六边形，并试图将它们黏合成球形，可还是不行。他取过一瓶啤酒正想喝，猛然想起 Kroto 曾为他的小孩造过一个有 30 个顶点的拱顶，其中兼有正五边形和正六边形。于是 Smalley 剪了一个边长为一英寸的五边形，然后围绕着它排上五边形和六边形，并用透明纸粘接起来，不断扩展，最终该纸模型成了一个球，甚至掉到地上都可以反弹起来，而其顶点数恰好是那个奇妙的数字：60。这个球形含有 12 个正五边形和 20 个正六边形。每个顶点代表一个碳原子，而且每个碳原子都处于一个五边形和 2 个六边形的结点上。此时，Smalley 想，这个模型如此精巧，几何家一定熟悉。他立即打通莱斯大学数学系的 Veech，得到的回答是："我可以告诉你，你发现的是个足球。"第二天，Smalley 开始为这

一划时代的新物质 C_{60} 命名；有人提议叫 Soccerene 或 Ballene，最后决定叫 Buckminster Fullerene，简称 Fullerene，即我们译为的富勒烯，俗称巴基球，以纪念美国建筑师 Buckminster Fullerene 设计的圆拱。

1985 年 11 月 14 日，Kroto，Smalley 等人在 Nature 杂志上发表文章，正式宣布了 C_{60} 的发现。

在此之后，用物理分析方法也证实了 Kroto、Smalley 等人提出的 C_{60} 的 32 面体球状结构的设想，并证实了 C_{70} 是由 25 个正六边形与 12 个正五边形卷成的橄榄球状闭合体。随着研究的深入，全碳分子系列新的成员不断地被挖掘出来。斯麦利报道在质谱实验发现了最小的全碳分子 C_{28}。原子数超过 70 的大全碳分子种类更多。美国加利福利亚大学的研究者在充氦容器中，用激光照射 C_{60}，可以生成新的由 70～400 个碳原子组成的闭合形的全碳分子，只要改变反应条件，就可影响生成的分子大小。这些系列的全碳分子吸收了金刚石晶体之长，它们奇迹般地随分子内原子数不同而呈各种美丽的颜色，如 C_{60} 为红色，C_{70} 为橙色，C_{84} 为金黄色等，全碳分子都可以看作是由石墨的不同大小的片断卷成的多面体分子，因此人们把全碳分子家族命名为 Fullerene。

22.1.2 富勒烯的结构

C_{60} 是一种呈截面正 20 面体的几何球形芳香分子，具有 60 个顶角和 32 个多边形面（12 个正五边形，20 个正六边形），直径约为 0.7nm。在 C_{60} 中碳原子价都是饱和的，以 2 个单键和一个双键彼此相连，整个分子具有芳香性。C_{60} 分子对称性很高，仅次于球对称。通过每个顶点存在 5 次对称轴，每个顶点为 2 个正六边形＋1 个正五边形的聚合点。两者的内角分别为 120°和 108°。除了 C_{60} 外，还有 C_{70}、C_{84}、……、C_{540} 等。图 22-1 为 C_{60} 的分子结构。

C_{60} 晶体为面心立方结构，晶体常数为 1.42nm。C_{60} 之间主要是范德瓦尔斯结合，晶体不完整性明显，存在层错和因 C_{60} 的非球对称而引起的取向无序。相邻 C_{60} 的

图 22-1　C_{60} 分子结构

中心距为 0.984nm，相邻六角环平面间距为 0.327nm，最近原子间距为 0.336nm。

C_{60} 分子中的所有碳原子都分布在表面上，而球的中心是空的。C-C 之间的连接是由相同的单键和双键组成，所以整个球形分子形成一个三维大 II 键，具有较高的反应活性。这种成键与平面分子不同，但键结构可简单地表示为每个碳原子和周围的 3 个碳原子形成了两个单键和一个双键。组成五边形的边为单键，键长为 0.1455nm，六边形与五边形所共有的边也为单键，而六边形所共有的边为双键，键长为 0.1391nm。由这些笼形分子所组成的晶体结构因纯度不同而有所变化。

22.1.3 富勒烯的制备、分离及提纯

自 1985 年 Kroto 等发现 C_{60}，尤其是 1990 年制备出克量级的 C_{60} 以来，C_{60} 以其独特的结构和性质，在物理、化学，材料与生命科学等领域越来越显示出其巨大的应用潜力和重要的研究价值。但是由于技术和成本过高的原因，富勒烯的制备、分离与提纯技术的发展极其缓慢，大大限制了生产规模及研究深度和广度。下面对富勒烯的制备、分离及提纯技术做以介绍。

（1）富勒烯烟灰的制备

① 激光蒸发石墨法 在激光超声束装置上用大功率脉冲激光轰击石墨表面，使产生的碳原子碎片在一定压力的氦气流携带下进入杯形集结区，经气相热碰撞形成含富勒烯的混合物。此法产生的富勒烯含量甚微，只能用原位 MS 检测。

② 电弧放电法 1990 年首次使用电弧放电方法制备出产率为 1％的烟灰，这无疑是一个重大突破，从此，C_{60} 化学反应研究才迅速展开。R. Taylor 等通过控制放电条件，得到产率为 8％天左右的烟灰；而 Haufler 使用石墨蒸发装置，在电流 100～200A，氦气氛中放电，获得产率为 10％的烟灰；Parker 等则在 20A 电流下放电，获得迄今为止富勒烯含量高达 44％的烟灰。C_{60} 制造工厂所采用的制备装置示意图如图 22-2 所示。

碳弧释放出能聚合成层片的碳原子。呈惰性的氦气使层片在电弧附近保持较长时间，从而使它们自行封闭形成富勒烯。

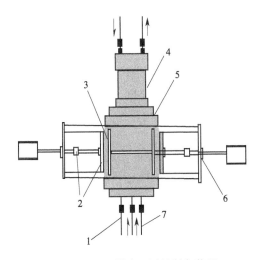

图 22-2　C_{60} 制造工厂的制备装置

1—缓冲气体入口；2—绝缘体；3—石墨棒；4—水冷却铜烟囱；

5—簧加压平衡轮；6—螺纹棒送入机构；7—冷却水流供应通路

③ 苯火焰燃烧法　1991 年 Howard 燃烧用氩气稀释过的苯、氧混合物，得到了 C_{60} 和 C_{70}。富勒烯产率随燃烧条件的不同在 0.003～0.09 之间变化，C_{60} 和 C_{70} 比值约为 0.26～0.57（蒸发石墨得到的比值为 0.02～0.18）。燃烧 1kg 苯可以得到 3g C_{60}/C_{70} 混合物。该法适用于大量工业生产富勒烯，且可通过控制燃烧条件制备出不同种类的富勒烯。

④ 高频加热蒸发石墨法　1992 年 Peter 和 Jansen 等利用高频炉在 2700℃、150kPa 氦气氛中加热石墨，得到产率为 8%～12% 的烟灰，为制备 C_{60} 提供了一种较好的方法。

（2）富勒烯的分离与提纯

① 升华法　在一定的真空度下，升温至 500℃可使 C_{60}/C_{70} 比从 7：1 上升到 12：1。在质谱中，控制适当的升华温度可获得含量大于 99% 的 C_{60} 蒸气。但由于升华条件难以控制，获得的 C_{60} 纯度低。

② 高效液相色谱法　该方法可得到较纯的富勒烯，但是由于

仪器比较昂贵，分离量较小，目前很少采用这种方法分离大量的 C_{60}。若分离高碳富勒烯则可采用此法。

③ 重结晶法 1992 年 N. Coustel 等用索氏提取器从烟灰中提取富勒烯时发现析出的沉淀中含有比例较高的 C_{60}，纯度可达 98%，若继续重结晶则可获得纯度大于 99.5% C_{60}，该法也是大量分离 C_{60} 的一种有效方法。

④ 柱色层法

a. 中性氧化铝柱色层分离法 用正己烷/甲苯混合溶剂作淋洗剂，可得到一定量的 C_{60}，纯度大于 99.95%，经二次上柱还可分离得少量纯 C_{70}（纯度 99%）。该方法的主要缺点是 C_{60} 在正己烷中的溶解度很小，致使淋洗过程冗长且效率低、成本高，不适用于 C_{60} 的大量制备。

b. 以活性炭与硅胶混合物为固定相的加压柱色层方法 1992 年美国南加州大学的 Walter A. Scrivens 等提出用活性炭/硅胶作固定相的加压柱色层法，使快速，大量地提纯成为可能。

c. 快速减压抽滤柱色层法 1993 年 5 月 Lyle Isaacs 等提出了更为简洁而快速的分离提纯方法。该法分离量大，速度快，成本低，但仍然未脱离以活性炭，硅胶混合物为固定相的分离体系。

⑤ 化学络合分离提纯法 该方法是将富勒烯提取物溶于 CS_2 中，加入 $AlCl_3$，则 C_{70} 及其他高级富勒烯优先强烈而快速地与 $AlCl_3$ 反应生成络合物从 CS_2 中沉析出来，从而达到分离的目的。

22.1.4 富勒烯的应用

据美国物理学家组织网报道，英国利物浦大学和杜伦大学的研究人员发现，通过施加一定的压力，改变 C_{60} 的晶体结构，不同 C_{60} 晶体结构下的 Cs_3C_{60} 能够从磁绝缘体转变为超导体，而其超导转化温度也从 38K 转化为 35K。研究人员表示，新发现将有助于降低诸如磁共振成像扫描仪及其他依赖超导体的能源存储应用的成本。

研究人员在《自然》杂志上撰文指出，他们使用英国卢瑟福·阿普尔顿实验室的散裂中子源（ISIS）和同步辐射光源（Diamond）及位于法国的欧洲同步辐射设施成功证明，金属原子铯

（Cs）和 C_{60} 组成的新物质 Cs_3C_{60} 本身并不导电，但其在受到挤压时会变成高温超导体。施加在该物体上的压力会使得 C_{60} 收缩，由体心立方结构转变为面心立方晶体结构，同时，克服了电子之间的排斥力，使得电子能够"成双结对"、毫无阻力地通过物质。

该研究是英国工程与自然科学研究理事会资助的一个研究项目的一部分，旨在调查可使用什么方法制造出在更高温度下工作的超导体，在减少成本的同时让这些物质处于最适宜的温度，应用范围更广。

研究人员表示，C_{60} 与碱金属作用能形成 A_xC_{60}（A 代表钾、铷、铯等），它们都是超导体。基于碳的超导物质的优势在于，不同的碳结构具有不同的特征，因此，制造出的物质具有不同的功能和属性。碳基超导物质结构的灵活性让科学家可更好地理清高温超导产生的内在机制，了解如何制造更高温度的超导体，碳基高温超导物质或将成为未来的主流。

利物浦大学的无机化学教授马修·罗塞斯基称，这是人们首次证明，控制一个高温超导体中的分子的排列方式可控制其属性，比如 C_{60} 就可以做到这一点。

英国杜伦大学化学系教授科斯马斯·普拉斯德斯表示，新研究对高温超导领域的发展非常重要，因为它让人们看到了超导性在何时突破绝缘状态"破土而出"，而不用考虑原子的具体结构如何，这是以前的任何物质都无法做到的。

22.2 碳纳米管

碳纳米管（Carbon Nanotubes，CNTs）于 1991 年由 NEC（日本电气）筑波研究所的饭岛澄男（SumioIijima）首次发现。碳纳米管是被拉长的 C_{60}，在纳米材料中最富代表性，1997 年，单壁碳纳米管的研究成果与克隆羊和火星探路者一起被列为当年十大科学成就之一。十几年来碳纳米管的研究和制备一直是国际纳米技术和新材料领域的研究热点，碳纳米管涵盖了地球上大多数物质的性质，甚至相对立的两种性质，从高硬度到高韧性、从全吸光到全透光、从绝热到良导热、从绝缘体、半导体到高导体和高临界温度的超导体等。正是由于碳纳米管材料具有这些奇异的特性，决定着它在微电子和光电子领域具有广阔的应用前景。

22.2.1 碳纳米管的结构及生长机理

碳纳米管是单层或多层石墨片围绕中心轴按一定的螺旋角卷曲而成的无缝纳米级管。就是将以六边形为基本结构单元的石墨平面卷曲成碳管。如图 22-3(a) 所示，如果卷曲的轴的取向不同，所得的碳管的结构就不相同，完全由图中的矢量 C_h 的取向决定。C_h 称为手性矢量。a_1，a_2 是石墨的结构矢量，C_h 的取向可由 C_h 与 a_1 的夹角 θ 来表示。卷曲使 A 与 A′ 重叠，由此构成的平面与管轴垂直。当 $\theta=0$，碳的六边形的一对顶角水平地围绕管轴排布，称作锯齿结构如图 22-3(b) 所示。$\theta=30°$，碳的六边形的一对边水平地围绕管轴排布，称作扶手椅结构，如图 22-3(c) 所示。而当 θ 在 $0\sim30°$ 时，称为手性结构，如图 22-3(d) 所示。管的封口处为富勒烯结构，因此应包括五元碳环。

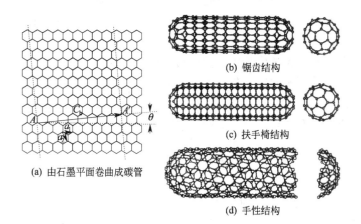

(a) 由石墨平面卷曲成碳管

(b) 锯齿结构

(c) 扶手椅结构

(d) 手性结构

图 22-3　碳管结构

每层纳米管是一个由碳原子通过 sp^2 杂化与周围 3 个碳原子完全键合后所构成的六边形平面组成的圆柱面。其平面六角晶胞边长为 2.46Å，最短的碳碳键长 1.42Å。根据制备方法和条件的不同，碳纳米管存在多壁碳纳米管（MWNTs）和单壁碳纳米管

（SWNTs）两种形式。MWNTs 的层间接近 ABAB……堆垛，其层数从 2～50 不等，层间距为 0.34±0.01nm，与石墨层间距（034nm）相当。MWNTs 的典型直径和长度分别为 2～30nm 和 0.1～50μm，SWNTs 典型的直径和长度分别为 0.75～3nm 和 1～50μm。与 MWNTs 比，SWNTs 是由单层圆柱形石墨层构成，其直径的分布范围小，缺陷少，具有更高的均匀一致性。无论是 MWNTs 还是 SWNTs 都具有很大的长径比，一般为 100～1000，最大可达到 1000～10000，可以认为是一维分子。碳纳米管有直形、弯曲、螺旋等不同外形。在 MWNTs 中不同石墨层的螺旋角各不相同。由 Euler 定理可知，在碳纳米管的弯曲处，一定要有成对出现的五元环和七元环才能使碳纳米管在弯曲处保持光滑连续。而封闭的两端半球形或多面体的圆拱形是由五元环参与形成的。但是实际制备的碳纳米管或多或少存在这样那样缺陷，主要缺陷有 3 种类型：拓扑学缺陷、重新杂化缺陷和非完全键合缺陷。目前，碳纳米管的生长机理还不十分清楚，在提出的几种模型中，"开口生长模型"解释了多壁碳纳米管内层管壁的生长机理。基本观点认为碳纳米管的生长始于原子在催化剂颗粒的表面析出，重排呈管状。此后当周围的碳原子通过碰撞等方式与碳管"开口"端的碳原子结合成键时，碳管逐渐生长，而当开口端封闭时，碳管结束生长。这种模型可分别解释电弧放电法制备碳纳米管的生长机理。在电弧放电法制备碳纳米管的方法中，被溅射的碳原子反冲回样品，在样品表面形成碳纳米管。即被溅射的碳原子组成团簇，4 个或 4 个以下的碳原子一般为链排列，5 个或 5 个以上的碳原子可形成 5 元环或 6 元环。这些团簇已具备有发展成为碳纳米管的可能，因而可以认为它们是碳纳米管的基元，通过其中边缘的延伸成为碳纳米管，这种方式恰恰是开口生长的模式。

由于入射粒子在时间和空间位置具有不连续性和局域性，同时，在碳纳米管增厚和生长过程中，溅射粒子径迹范围的限制，因而入射粒子引起碳原子只能在已形成的碳管局部的原子层增长，随后的碳原子按原来的外层形貌分层生长，从而形成碳纳米管的结构。但是，在石墨电弧放电形成的碳粒子流中，有两种不同的碳粒子流，一种是在阴极表面蒸发的碳原子，它们的速度分别是各向同性的，主要用于碳纳米管增厚生长；另一种是在放电区形成的碳原子流，它们的速度分别是定向的，主要用于碳纳米管长度的增长。但由于外界条件的不稳定，使得被反冲回样品的碳原子径迹发生变化，从而在碳纳米管局部形成缺陷结构，即在一个小的"核心"增厚生长过程中，可能会由于入射离子不连续供应而停止生长。虽然在合适的时候由于有轰击离子达到提供碳流，但是由于条件发生变化，使得碳离子流与前面的不同，因而"核心"不会按原来的方式继续增厚生长，只能重新成核。

关于催化裂解法，Inanov 等和 Rodriguez 等借鉴 Baker 等的研究结果，对机理进行了详细研究和表述。他们认为金属粒子存在着不同取向的晶面。只有那些晶格常数合适的晶面对碳氢化合物的吸附分解具有活性。生成碳纳米管的关键步骤是碳氢化合物在金属的活性晶面上吸附并分解，生成碳原子簇（Carbonspecies）。这些碳原子簇溶解在（液体）金属中并从活性晶面通过金属粒子体相扩散至对应的另一端晶面，在对应的另一端晶面上沉积并形成碳纳米管或碳纤维。所以碳氢化合物催化分解法制备的碳纤维或碳纳米管一端向空中伸展，另一端则连结在催化剂颗粒上，在这一连串过程中，扩散是速控步，这可从碳原子簇的扩散活化能等于碳纤维和碳纳米管的生成活化能得到证实。关于扩散推动力的来源，目前还没有定论，存在 4 种说法：①浓度梯度说，认为吸附、分解生成的碳原子簇在具有活性晶面上的浓度大于对应的另一端晶面上的浓度，从而推动碳原子簇从（液体）金属的一面向另一晶面的扩散；②温度梯度说，从热力学上来看，在具有活性的晶面上进行的碳氢化合物的吸附、分解是放热过程，而碳原子簇在对应的另一端晶面上沉积是吸热过程，温差的存在推动了碳原子簇的扩散；③浓度梯度和温度梯度共同作用说，Yang 和 Chen 根据理论计算结果，认为浓度梯度说和温度梯度说不是相互排斥的，扩散推动力是二者共同作用的结果；④生成碳化物说，在气相和金属晶面之间的界面上生成了金属碳化物相，该物相的存在推动了碳原子簇扩散的进行。

22.2.2　制备方法

（1）直流电弧法　将 6mm 石墨棒作阴极，8mm 石墨棒作阳极（外径大可加大冷却速度，减少熔合物），密封，抽气至 2.7Pa，充入氦气作为反应的碳等离子气体的压制气体。经过反复三次抽真空，活化处理，即将两电极接触放电以除去残氧，然后进行电弧反应。再拉开，以保持电弧稳定，这时电极间距大约为几毫米。由于在反应过程中阳极不断损耗，所以要不断调整阳极以保持间距稳定。在阳极不断损耗的同时，阴极上便形成了碳管沉积。此法制得的碳纳米管层数多，杂质浓度较高，缺陷也较高，产量较低。

（2）脉冲激光蒸发法　利用脉冲激光等能量蒸发含有金属催化剂的石墨靶获得碳纳米管的方法称为脉冲激光蒸发法。此法将物质的原子或原子基团激发出靶面，在高真空中这些原子或原子基团将直接沉积在极板上而形成薄膜；在惰性气体中这些原子或原子基团碰撞而形成微小粒子。通常单层碳纳米管激光合成中，载体气体一般为氩气。改进激光法是在使用绿光的同时再加入一束红色激光。

（3）等离子体法　Hatta 等用等离子体喷射分解沉积法，将苯蒸气通过等离子体分解后产生的碳原子簇沉积于水冷铜板上，得到长度可达 $200\mu m$ 的 CNTs。在该法中 MWNTs 的生长按外延生长模式进行，其生长速率为 $0.1nm \cdot ms^{-1}$，此方法设备复杂，造价昂贵，推广使用存在困难。

（4）复合电极电弧催化法　复合电极电弧催化法是在电弧法的基础上发展起来的，刚开始主要是为了解决 SWNTs 的制备问题，因为传统的方法只能制备 MWNTs。为此，Iijima 等尝试实验制备 SWNTs 并成功地制备出了直径分布在 $0.75 \sim 1.6nm$，最长达 700nm 的 SWNTs。其基本方法与电弧法相同，只是将直径为 20mm 的阴极碳棒的中心钻一个小洞，洞中填塞金属铁的粉末，真空室中所用的气体为 $V_{Ar} : V_{CH_3OH} = 80 : 20$ 的混合气体。在电弧放电所形成的高温条件下，同时产生碳和铁的蒸气相，蒸气相的铁作为均相催化剂，催化吸附在铁上由石墨棒形成的气相碳，可能也包括甲醇分解生成的活性炭，并生成 SWNTs，然后与烟灰一起沉积在其孔壁上。

（5）激光蒸发气相催化沉积法　Bandow 等在氩气流中用双脉冲激光蒸发含有 Fe/Ni（或 Co/Ni）的碳靶方法制备出了直径分布在 0.81～1.51nm 的 SWNTs，并研究了 SWNT 的直径与其生长温度之间的关系，发现随着生长温度（850～1050℃）升高 SWNTs 直径增大。

Thess 等在 1200℃ 条件下，用激光蒸发石墨、镍、钴的混合物后再沉积的方法制备出高纯度、无缺陷的 SWNT。产物中 SWNTs 含量高达 70% ～ 90%，没有发现 MWNTs，基本不需要纯化就可用于一般研究。但其设备复杂，能耗大，投资成本高。

（6）增强等离子热流体化学蒸气分解沉积法　Ren 等通过等频磁控管喷镀法将金属镍涂敷在玻璃上，厚度为 40nm，以乙炔气体做碳源，同时以 NH_3 做催化剂，在 666℃ 条件下，通过等离子热流体化学蒸气沉积法制备出了在镀有镍层的玻璃上排列完整的由多根 CNTs 组成的管束，CNTs 管束的直径和长度分别为 20～40nm 和 0.1～50μm。

（7）电化学法　石墨坩埚中加入 LiCl，中间插入石墨棒为阴极，坩埚为阳极。通 30A 电流约 1min。加水溶去 LiCl。而后加入甲苯并搅拌。残余物集中在甲苯中为碳管及纳米碳颗粒。

（8）水热法　水热法是一种在密闭容器内完成的湿化学方法，其温度研究范围在水的沸点和临界点（374℃）之间，但通常使用的是 130～250℃ 之间。相应的水蒸气压是 0.3～4MPa，水热法可制备包括金属氧化物和复合氧化物在内的 60 多种粉末。所得粉末的粒度范围通常为 0.1 微米至几微米，有的可为几十纳米，且一般具有结晶好、团聚少、纯度高、粒度分布窄以及多数情况下形貌可控等特点。此方法被认为是环境污染少、成本较低、易于商业化的一种具有较强竞争力的方法。

（9）沸腾床催化裂解法　在沸腾床催化裂解反应器中，原料气体以一定流速通过气体分布板，将气体分布板上活化了的催化剂"吹成""沸腾"状态。催化剂颗粒一直处于运动之中，催化剂颗粒之间的距离要比固定床中催化剂颗粒之间的距离大得多。催化剂表面上易生长出直的碳纳米管，又因催化剂颗粒之间的相互碰撞，碳纳米管容易从催化剂表面脱出，同时沸腾床中催化剂的量可以大量增加。原料气体仍能与催化剂表面充分接触，保证了催化剂的高利用率。

尽管沸腾床催化裂解法在碳纳米管的批量制备上有了较大的突破，但与碳纳米管现有制备方法一样，只能间歇操作，不利于低成本、大批量制备碳纳米管。连续制备碳纳米管是通过如下过程实现的：在封闭的移动床催化裂解反应器中，经过还原处理的纳米级催化剂通过喷嘴连续均匀地洒在移动床上，移动床以一定的速度移动。催化剂在恒温区的停留时间可通过控制移动床的运动速度加以调节。原料气的流动方向可与床层的运动方向一致，也可相反。原料气在催化剂表面裂解生成碳纳米管。当催化剂在移动床上停留时间达到设定值时，催化剂连同在催化剂上生成的碳纳米管从移动床上脱出进入收集器，反应尾气通过排气口排出。采用移动床催化裂解反应器可实现设计尺寸碳纳米管的连续制造，可望大幅度降低生产成本，为碳纳米管的工业应用提供保证。

（10）热解聚合物法　通过热解某种聚合物或聚乙烯、有机金属化合物，也得到了碳纳米管。通过把柠檬酸和甘醇聚酯化作用得到的聚合物在 $400℃$ 空气气氛下热处理 8h，然后冷却到室温，得到了碳纳米管。热处理温度是形成碳纳米管的关键因素，聚合物的分解可能产生碳悬空键并导致碳的重组从而形成碳纳米管。在 $420\sim450℃$ 下用金属 Ni 作为催化剂，在 H_2 气氛下热解粒状的聚乙烯，合成了碳纳米管。

（11）火焰法　人们通过燃烧低压碳氢气体得到了宏观量的富勒烯之后，同时发现了碳纳米管及其他纳米结构。Richer 等人在乙炔、氧气、氩气等混合气燃烧后的炭黑里也发现了纳米级的球状、管状物。

（12）离子（电子束）辐射法　俄罗斯的 Chemozatonskii 等通过电子束蒸发覆在 Si 基体上的石墨，合成了直径为 $10\sim20nm$ 的向同一方向排列的碳纳米管。在硅或玻璃基片用电子束蒸发掩膜法制成催化剂列阵图案，$700℃$ 下通入乙烯，生成 $100\mu m$ 以上厚的碳管列阵。

（13）超临界流体技术　Motiei 等报道了采用超临界 CO_2 与金属镁反应制备 CNTs，其具体方法是将一定量的超临界 CO_2 和金属镁置于封闭的反应器中，在 1000℃ 下加热 3h，得到的产物主要有 CNTs、富勒烯及氧化镁。普遍的观点认为 CNTs 的生长需用过渡金属作催化剂，而超临界 CO_2 化学反应法则打破了这一观点。

（14）水中电弧法　将两石墨电极插在装有去离子水的器皿中，通过电弧放电在两电极间产生等离子体，从而在阴极沉积出 CNTs。如果在水中加入无机盐类，则可以得到填充有金属的两端封闭的 CNTs。该方法的反应温度低、能耗较小。

（15）气相反应法　Ago 等采用反胶束技术制备了含有 CoMo 纳米微粒的胶体溶液，用注射器将胶体溶液注入炉中，发生气相反应得到 SWNTs。其中 CoMo 纳米微粒作催化剂，溶剂作碳源。该方法的优点在于可以阻止催化剂纳米微粒聚集，从而有利形成 SWNTs，并且反应时间较短，一般只有几秒钟。

22.2.3　碳纳米管的性能及应用

（1）碳纳米管的性质　在目前的纳米结构产物中，单壁碳纳米管是人工制备的、理想的、分子级的一维纳米材料。碳纳米管中电子的波函数在管的轴向有一定的不变性，而在径向，电子只被约束在单原子层上运动，同时保持了圆周上的圆对称性或螺旋对称性，在沿圆周方向上电子的波长是量子化的，因此碳纳米管电子能带出现了分裂的子带。由于碳纳米管具有介观尺度，故表现出了与块体材料明显不同的物理性质。

① 力学性质　碳纳米管的相对密度仅为钢的 1/6，而且强度却为钢的 100 倍。它的杨氏模量较高，近年来的理论和实验研究结果表明，单壁碳纳米管的杨氏模量可达到 1TPa，与金刚石相当。有人用分子动力学性质模拟了碳纳米管在高拉伸应变速度下的断裂过程，并认为它可以承受很大的拉伸应变。由于碳纳米管具有极高的比强度、比模量，故被认为是一种理想的先进复合材料的增强体。同时，在垂直于碳纳米管的管轴方向具有极好的韧性，它被认为是未来的"超级纤维"，因此碳纳米管有可能成为一种纳米操作工具。

② 电学性质　碳纳米管具有独特的电学性质，这是由于电子的量子限域所致，电子有效的运动只能在单层石墨片中沿碳纳米管的轴向方向，径向运动受到限制，因此它们的波矢是沿轴向的。由于碳纳米管的尖端具有纳米尺度的曲率，是极佳的发射电极。碳纳米管在代替钼针做发射电极时，只有较低的发射电压和较高的发射电流密度。因为碳纳米管在物理性质上具有明显的量子特点，故可能成为下一代微电子和光电子器件的基本单元。

③ 磁学性质　近年来，对碳纳米管的研究发现，平行于管的轴向加一磁场时，具有金属导电性的碳纳米管表现出 Aharonov-Bohm 效应（简称 A-B 效应），也就是说，在这种情况下通过碳纳米管的磁通量是量子化的。金属筒外加一平行于轴向的磁场时，金属筒的电阻作为筒内的磁通量的函数将表现出周期性振荡行为。可以预计，碳纳米管也将取代薄金属圆筒，并在电子器件小型化和高速化的进程中发挥重要的作用。

④ 光学性质　碳纳米管拉曼散射谱的结果表明主要由（9，9）和（10，10）单壁碳纳米管构成的束具有许多拉曼活性模，其中频率在 $1580cm^{-1}$ 附近的大量振动模与碳纳米管的直径无关，而频率在 $168cm^{-1}$ 左右的强振动模与直径密切相关。

⑤ 吸附特性　碳纳米管具有高比表面积，特别是以离散状态存在的开口单壁碳纳米管，极限表面积可达 $2630m^2/g$（1g 单石墨片层的比表面积），接近于超级活性炭。但目前制备的碳纳米管的比表面积仅为 $15\sim400m^2/g$，远小于理论预测值，甚至比常规多孔炭的比表面积（$700\sim1500m^2/g$）低得多。单壁碳纳米管的比表面积主要由其内、外管壁表面组成。表面积小于理论预测值的原因是：单壁碳纳米管往往成束存在，形成微观聚集体，使一部分由管外壁形成的表面位于管束之中，而氮吸附质不能进入管束之中，因此由氮吸附法测得的表面积低于离散存在的单壁碳纳米管。单壁碳纳米管普遍具有较低的开口率，使相当一部分内管壁表面成为封闭的表面，造成实测表面积值的降低。不同方法制备的单壁碳纳米管的生长机理不同，开口率也不同，使其表面积差别很大。单壁碳纳米管的纯度也是影响比表面积的重要因素，掺杂在其中的密度较大

的催化剂颗粒大大降低了比表面积的测量值。

对于氦电弧法制得的多壁碳纳米管,外表面是主要的氮吸附位。其吸附等温线在低压部分显示Ⅰ型等温线特征,在中高压范围内显示Ⅱ型吸附等温线特征。碳纳米管是纳米级的超级吸管,浸润碳表面、发生毛细作用是液体进入碳纳米空腔的基础。对于碳纳米管来说,发生毛细凝聚的物质的表面张力应该低于 $100\sim200\mathrm{mN/m}$。可填充物质主要有以下几种低表面张力物质:水、乙醇、酸、低表面张力的氧化物(PbO、V_2O_5 等)和一些低熔点物质(硫、铯、铷和硒等)。填充物质的表面张力越小,越容易进入碳纳米管中空管腔,同时,毛细作用与碳纳米管的内径也有一定关系,表面张力小的钒盐、钴盐和铅盐甚至可以在 $1\sim2\mathrm{nm}$ 的内腔中发生毛细作用,而表面张力稍大的硝酸银只有在内径大于 $4\mathrm{nm}$ 的内腔中才能发生毛细作用。高表面张力的熔融金属在一般情况下不能进入碳纳米管的内腔,只有在氧化性气氛下才能够进入内腔。

(2)碳纳米管的表面处理技术研究 CNTs 属于晶态碳,其管壁与石墨的结构一样。但通常制备的 CNTs 表面含有不少非晶碳,从而降低了 CNTs 的导电性,降低了有效表面,甚至使 CNTs 相互粘连成团,丧失了纳米结构的特性,从而影响了 CNTs 的应用。对催化裂解法制备的 CNTs 进行高温高压下的石墨化处理,使其表面非晶态碳转变为晶态碳,达到提高 CNTs 的晶化程度目的。一方面,在 2200℃,$4\times10^5\mathrm{Pa}$ 下对催化裂解法生产的 CNTs 进行处理,使得 CNTs 表面非晶碳明显减少。另一方面,浓硫酸与浓硝酸具有强氧化性,可以氧化碳而生成二氧化碳,对非晶态碳的氧化能力更强。因此混合酸可以有选择的去除 CNTs 表面的非晶碳,打断管体,增强 CNTs 的分散性,改善孔分布,使得 CNTs 的晶态程度明显提高。将上述两种方法相结合,先对 CNTs 进行酸煮,而后进行高温石墨化处理,可以使 CNTs 表面的非晶碳基本被去除。采用丙烯催化裂解法制备的 CNTs,用氢氟酸和硝酸浸泡除去催化剂粒子和杂质,并采用球磨的方法将团块状碳纳米管适当分散后,即获得实验用的碳纳米管原始 CNTs。将 CNTs 粉体 10g 放置于 500mL 球形瓶,量取 100mL 浓 H_2SO_4、浓 HNO_3 混合液(体

积比 H_2SO_4：$HNO_3=3$：1）倒入球形烧瓶内，上插通循环水的冷凝管，于电热套内加热，在通冷却水的条件下使酸液沸腾回流，持续 0.5h。而后用铺垫隔孔膜的陶瓷漏斗在抽真空的条件下进行冲洗（蒸馏水）过滤至 pH 值为中性，放置于烘箱中于 100℃ 下烘干。采用 HIGH MULTI5000 多功能烧结炉，在惰性气体保护下于 2200℃ 和 4×10^5 Pa 下进行 4h 处理，便可以除去 CNTs 表面的非晶碳。

（3）碳纳米管的应用研究 经过各国科学家 20 余年的研究，对碳纳米管的物理、化学、导电性能、热学性能、电子学等方面有了较深刻的了解，在基础研究和应用领域都取得了重要进展。其高强度（大约是钢的 100 倍而质量只有钢的 1/6）特性使它可作为超细高强度纤维，也可作为其他纤维、金属、陶瓷等的增强材料。碳纳米管被认为是复合材料强化项的终极形式，在复合材料的制造领域中有十分广阔的应用前景。其独特的导电性（约 1/3 数量的单层碳纳米管可看成这种一维金属；另一类为半导体，2/3 数量的碳纳米管则可看成一维半导体）使碳纳米管可用于大规模集成电路、超导线材，也可用于电池电极和半导体器件。若能将药物储存在碳纳米管中，并通过一定的机制来激发药剂的释放，则可控药剂释放有可能变为现实。同时，碳纳米管是很好的贮氢材料，可用作氢燃料汽车的燃料"贮存箱"。

① 吸波材料 碳纳米管用作高温吸波材料是其应用的一个新领域。碳纳米管具有特殊的螺旋结构和手征性，具备特殊的电磁效应，这也是碳纳米管吸收微波的重要机理。碳纳米管特殊的电磁效应，表现出较强的宽带吸收性能，而且具有相对密度小、高温抗氧化、介电性能可调、稳定性好等优点，是一种理想的微波吸收剂，可用于隐形材料、电磁屏蔽材料和暗室吸波材料。碳纳米管复合材料具有耐高温、质轻、宽频和高效吸收等特性，是极好的吸波和屏蔽材料。由于碳纳米管特殊的管状结构、较高的介电常数，并且可植入磁性粒子，呈现出较好的高频宽带吸收特性，在 2～18GHz 范围内有很好的介电损耗，比传统的铁氧体、碳纤维和石墨吸波性能优越。碳纳米管对红外和电磁波有隐身作用的主要原因有两点：一

方面由于纳米微粒尺寸远小于红外及雷达波波长，因此纳米微粒材料对这种波的透过率比常规材料要强得多，这就大大减少波的反射率，使得红外探测器和雷达接收到的反射信号变得很微弱，从而达到隐身的作用；另一方面，纳米微粒材料的比表面积比常规粗粉大 3~4 个数量级，对红外光和电磁波的吸收率也比常规材料大得多，这就使得红外探测器及雷达得到的反射信号强度大大降低，因此很难发现被探测目标，起到了隐身作用。

② 碳纳米管作为电极材料的研究

a. 锂离子电池负极材料　碳纳米管的层间距为 0.34nm，略大于石墨的层间距 0.335nm，这有利于 Li^+ 的嵌入与迁出，它特殊的圆筒状构型不仅可使 Li^+ 从外壁和内壁两方面嵌入，又可防止因溶剂化 Li^+ 嵌入引起的石墨层剥离而造成负极材料的损坏。碳纳米管掺杂石墨时可提高石墨负极的导电性，消除极化。实验表明，用碳纳米管作为添加剂或单独用作锂离子电池的负极材料均可显著提高负极材料的嵌 Li^+ 容量和稳定性。碳纳米管比表面积大，结晶度高，导电性好，微孔大小可通过合成工艺加以控制，因而有可能成为一种理想的电极材料。在锂离子电池中加入碳纳米管，也可有效提高电池的储氢能力，从而大大提高锂离子电池的性能。根据实验，多壁碳纳米管锂电池放电能力达到 385mA·h/g，单壁管则高达 640mA·h/g，而石墨的理论放电极限为 372mA·h/g。

b. 电双层电容电极材料　电双层电容也是一种能量存储装置。除容量较小（一般为二次镍镉电池的 1%）外，电双层电容的其他综合性能比二次电池要好得多，如可大电流充放电，几乎没有充放电过电压，循环寿命可达上万次，工作温度范围宽等。电双层电容在声频-视频设备、调谐器、电话机和传真机等通讯设备及各种家用电器中得到了广泛应用。作为电双层电容电极材料，要求材料结晶度高，导电性好，比表面积大，微孔大小集中在一定的范围内。而目前一般用多孔碳作电极材料，不但微孔分布宽（对存储能量有贡献的孔不到 30%），而且结晶度低，导电性差，导致容量小。没有合适的材料是限制电双层电容在更广阔范围内使用的一个重要原因。碳纳米管比表面积大，结晶度高，导电性好，微孔大小可通过合成工艺加以控制，因而有可能成为一种理想的电极材料。美国 Hyperin 催化国际有限公司报道，以催化裂解法制备的碳纳米管（管外径约 8nm）为电极材料，以 38% H_2SO_4（质量分数）为电解液，可获得大于 113F/g 的电容量，比目前多孔碳电容量高出 2 倍多。我们以外径 30nm 的碳纳米管为电极材料，以 PVDF 为黏结剂，以 1MN $(C_2H_5)4BF_4/PC$ 为电解液构成电双层电容，测得碳纳米管电极电容量为 89F/g。目前以碳纳米管为电极材料的电双层电容，其重量比功率已超过 8kW/kg，使其有可能作为电动汽车的启动电源使用。

③ 贮氢材料　碳纳米管经过处理后具有优异的贮氢性能，理论上单壁碳纳米管的贮氢能力在 10% 以上，目前中国科学家制备的碳纳米管贮氢材料的贮氢能力达到 4% 以上，至少是稀土的 2 倍。根据实验结果推测，室温常压下，约 2/3 的氢能从这些可被多次利用的纳米材料中释放。贮存和凝聚大量的氢气可做成燃料电池驱动汽车。

④ 场发射管（平板显示器）　在硅片上镀上催化剂，在特定条件下使碳纳米管在硅片上垂直生长，形成阵列式结构，用于制造超高清晰度平板显示器，清晰度可达数万线。同时也可使碳纳米管在镍、玻璃、钛、铬、石墨、钨等材料上形成阵列式结构，制造各种用途的场发射管。

⑤ 信息存储　由于碳纳米管作为信息写入及读出探头，其信息写入及读出点可达 1.3nm（当存储信号的斑点为 10nm 时，其存储密度大，比目前市场上的商品高 4 个数量级），从而实现信息的超高密度存储，该技术将会给信息存储技术带来革命性变革。

⑥ 催化剂载体　纳米材料比表面积大，表面原子比率大（约占总原子数的 50%），使体系的电子结构和晶体结构明显改变，表现出特殊的电子效应和表面效应。如气体通过碳纳米管的扩散速度为通过常规催化剂颗粒的上千倍，担载催化剂后极大提高催化剂的活性和选择性。碳纳米管作为纳米材料家族的新成员，其特殊的结构和表面特性、优异的贮氢能力和金属及半导体导电性，使其在加氢、脱氢和择型催化等反应中具有很大的应用潜力。碳纳米管一旦

在催化上获得应用，可望极大提高反应的活性和选择性，产生巨大的经济效益。

⑦ 质子交换膜（PEM）燃料电池碳纳米管　燃料电池是最具发展潜力的新型汽车动力源，这种燃料电池通过消耗氢产生电力，排出的废气为水蒸气，因此没有污染。它与锂离子电池及镍氢动力电池相比有巨大的优越性。配有锂离子电池及镍氢动力电池的汽车目前充电一次行驶路程大约 200～300km，而配有碳纳米管燃料电池的电动汽车行驶路程不受限制，只要能够提供足够氢燃料。可以用碳纳米管贮氢材料贮氢后供应氢，也可通过分解汽油和其他碳氢化合物或直接从空气中获取氢给燃料电池提供氢源。此外，碳纳米管还可用于制造催化剂和吸附剂、纳米装置（纳米机器人）、原子探针、超大规模集成电路散热衬托材料、计算机芯片导热板、一维导线、纳米同轴电缆、分子晶体管、电子开关、传感器、美容材料、防弹背心、抗震建筑等。

⑧ 医学应用　碳纳米管以其极高的稳定性、良好的生物相容性成为生物纳米材料中的佼佼者，在医学领域的应用前景也很令人期待。碳纳米管管道合成是有机合成、生物化学和制药化学的重点研究领域。碳纳米管可在养料、药品供给系统与细胞之间形成圆筒形的渠道，输送肽、蛋白质等物质。碳纳米管能促进骨组织的修复生长，促进神经再生，减少神经组织瘢痕产生。碳纳米管声学传感器可以用作"纳米听诊器"，给医生提供更快更准确的诊断工具。此外，由碳纳米管制成的微型纳米钳，有望成为科学家和医生装配纳米机械和进行微型手术的新工具。碳纳米管用于极微细毛细血管的医治或代替破损的毛细血管，可修复受损的毛细血管。碳纳米管具有优良的伸缩性，在较低电压下可产生较大的机械拉伸，而且随外加电压的变化长度会发生规律性的伸展收缩，利用这种特性，制成人造肌肉纤维，不仅可用于人类肌纤维的移植和修复，还有望将来作为未来机器人的运动构件。

⑨ 碳纳米管复合材料　碳纳米管全部由碳原子组成，缺陷少、密度低，具有很高的轴向强度和刚度，其性能优于通用级碳纤维，被看作是理想的复合材料增强相。利用碳纳米管具有极好的导电特

性、电致发光和长径比值达 10^4 等性能，可制备导电聚合物复合材料。碳纳米管复合材料广泛应用于汽车（刹车片、保险杠）、航空、航天、船舶、文体用品（钓鱼杆、高尔夫球杆、网球拍）、土木建筑（水泥复合材料、轻量材）、机械（弹簧、螺旋杆等）等方面。此外，添加碳纳米管可提高聚合物的导电性。将碳纳米管均匀地扩散到塑料中，可获得强度更高并具有导电性能的塑料，可用于静电喷涂和静电消除材料，目前高档汽车的塑料零件由于采用了这种材料，可用普通塑料取代原用的工程塑料，简化制造工艺，降低了成本，并获得形状更复杂、强度更高、表面更美观的塑料零部件，是静电喷涂塑料（聚酯）的发展方向。

根据碳纳米管的优异的电学性能和纳米级的尺寸，可以将其应用于聚合物纤维的抗静电领域。涤纶等合成纤维虽有许多优良性能，但它们的共同缺点是静电性强，使用中易吸尘、缠绕、电击，这会给精密电子仪器、计算机带来故障，也会给纺织加工带来困难。在以往开发制造的抗静电纤维中，主要的抗静电机理是在纤维中加入导电粉末（如炭黑或金属粉末），制成导电纤维再与普通合成纤维混纺。该法纺丝加工困难，纤维力学性能也受到很大影响。依据"海岛"型内部结构极化放电的抗静电机理，将抗静电剂载体与有机纤维共混纺丝制取的具有海岛型结构的纤维，不但具有持久的抗静电性，且可纺性好。将碳纳米管与有机抗静电剂混合制成母粒，与丙纶共混纺丝制取具有海岛型结构的纤维，其抗静电效果良好。经过空气活化和酸处理的碳纳米管，由于分散性的提高和官能团的引入，其抗静电性能进一步提高。而对碳纳米管进行化学镀金属银，则大幅度地提高了碳纳米管的导电性，在提高纤维的抗静电能力上达到最佳效果。

⑩ 其他方面的应用前景 从结构上看，碳纳米管具备作为理想的电容器电极材料的所有性能，即结晶度高、导电性好、比表面积大、微孔集中在一定范围内，可用于制备双层超级电容器。碳纳米管的层间距略大于石墨的层间距，充放电容量大于石墨，而且筒状结构在多次充放电循环后不会塌缩，循环性好，可用于锂离子充电电池电极材料。碳纳米管独特的大比表面积、纳米孔隙结构，具

有显著的吸附性能，使其可用作贮氢材料。最新的研究表明，碳纳米管已经被研究人员制成碳纳米管显微容器、纳米齿轮、微型天线等，美国《发现》月刊报道利用碳纳米管制作的"太空梯"将升向太空。碳纳米管独特的管状结构可为一维金属纳米材料的制备提供物理处理和化学反应限制的平台，是一种很好的模板。可利用碳纳米管的吸附性和尺寸效应，作高难度的微区、放射性清洁及同位素分离。碳纳米管具有纳米级的内径，类似石墨的碳六元环网和大量未成键的电子，可选择吸附和活化一些较惰性的分子（如 NO、CO_2 等），用作催化剂载体。碳纳米管具有一些与贵金属类似的催化功能，可望在一大批贵金属催化反应上得到应用，这将在石化和化工产业界带来不可估量的革新和效益。

目前，国际上对碳纳米管的研究方兴未艾，发现了很多的科学现象，对它的物理、化学、热学和电子学等方面都有了较深刻的理解，在基础研究和应用领域都取得了重要进展。碳纳米管应用技术的发展将广泛冲击产业各界，在众多应用领域里的研究已在全球范围内广泛展开，例如化妆品、医药品、消费电器、卫生、建筑、通信、安全以及空间探索等领域。当前对碳纳米管的研究仍处于基础性阶段，离大规模应用还有待时日，但是随着研究的不断深入，其应用正在加速朝商业化的方向迈进，它在带来深刻技术变革的同时，还给人类社会带来巨大的财富。

22.3 人工金刚石及金刚石薄膜

金刚石就是我们常说的钻石，是目前自然界中最硬的矿物。在钻石晶体中，碳原子按四面体成键方式互相连接，组成无限的三维骨架，是典型的原子晶体。每个碳原子都以 sp3 杂化轨道与另外 4 个碳原子形成共价键，构成正四面体。由于钻石中的 C-C 键很强，所以所有的价电子都参与了共价键的形成，没有自由电子，所以钻石不仅硬度大，熔点极高，而且不导电。莫氏硬度 10，显微硬度 $10000 \sim 10100 kg/mm^2$，它的绝对硬度是石英的 1150 倍，刚玉的 150 倍，碳化硅的 $2 \sim 3$ 倍，硬质合金的 6 倍。金刚石硬度具有方向性，八面体晶面硬度大于菱形十二面体晶面硬度，菱形十二面体晶面硬度大于六面体晶面硬度。

金刚石名称来源于希腊文"Adamas"，意为坚硬无敌。金刚石是一种稀有、贵重的非金属矿产，在国民经济中具有重要的作用。金刚石按用途分为两类：质优粒大可用作装饰品的称宝石级金刚石，质差粒细用于工业的称工业用金刚石。金刚石按所含微量元素可分为Ⅰ型金刚石和Ⅱ型金刚石两个类型。Ⅰ型金刚石多为常见的普通金刚石。Ⅱ型金刚石比较罕见，仅占金刚石总量的1%～2%。Ⅱ型金刚石因常具有良好的导热性、解理性和半导体性等，多用于空间技术和尖端工业。

22.3.1 金刚石的合成方法及应用

（1）金刚石的人工合成方法　人工合成金刚石的主要方法是高温高压合成法。高温高压合成法分为直接转化法和间接转化法两种。

直接转化法是在高温、高压下，将石墨直接转化为金刚石的方法。直接转化法的合成机理是：在高温高压下，石墨晶体沿 c 轴方向被压缩，使得层间距变小，某一层上的碳原子与另一层上的碳原子沿 c 轴方向发生交互错位，其结果是相邻层的碳原子在层间发生键合，生成共价键，使碳原子排列方式由石墨晶体结构转化为金刚石结构。

这样的转化过程可用直接静压法和爆炸法来完成。其工艺原理可从碳的相图（图 22-4）中得知。由图可见金刚石和石墨处于平衡态时的高温和高压线。在金刚石和石墨的平衡线上方金刚石是稳态的；平衡线下方，石墨是稳态的。

净压法是使石墨在 100GPa 数量级的压强作用下进行瞬时的脉冲加热而合成金刚石的方法，所合成的金刚石一般为 50nm 左右的微晶，而爆炸法是利用火药等爆炸产生的高压作用于石墨，

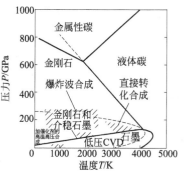

图 22-4　碳的相图

使石墨绝热压缩产生高温，与爆炸产生的冲击压力共同作用来合成金刚石的方法。所获得的金刚石与静压法相比，为粒度更细的金刚石粉。这种成本相对低的方法采用包含有惰性气体的气垫去阻止爆炸中形成的金刚石晶体在空气中高速飞散，从而避免了因与空气摩擦而转变为石墨的可能性。

间接法则是采用溶剂金属催化剂。把金属或合金作为催化剂，使金刚石的转化温度和压强降低，增加合成的可能性，减小合成的难度。该方法的合成机理是：催化剂金属（或合金）向石墨层间扩散，形成金属（或合金）-石墨复合体。金属（或合金）与碳原子以共价键的形式结合，切断 π 键。为此石墨层面折扭弯曲，生成sp3 杂化轨道。该过程的初始石墨若是菱面体晶比较有利，六方石墨在外力作用下也容易变成菱面体石墨。金刚石的长大在金属-碳的共晶温度和石墨与金刚石的平衡线之间的区域内进行。

根据实验和理论分析，石墨转化为金刚石，在无金属（或合金）参与的情况下，需要 13×10^4 标准大气压和 1700℃ 以上的高温，而在金属（或合金）的作用下，压力和温度则降低（压力为10～40000 标准大气压，温度在 1200℃ 左右，或更低），其压力、温度与选用的金属（或合金）有关。不同的催化剂对于促进石墨向金刚石的转变效果是各不相同的。

（2）金刚石的应用 由于金刚石具有一系列可贵的物理化学性质，成为现代工业和科学技术中的一种重要材料，广泛应用于地质勘探、矿产开采、冶金、机械、电气、电子、玻璃、陶瓷、精密仪表、国防和空间技术等行业。在工业上，它主要作为工具材料（如制造车刀、钻头等），用于切割和加工各种硬质合金及玻璃、陶器、半导体、宝石之类的非金属硬脆材料，大大提高了生产率和加工质量，又减少了材料消耗和成本。此外，Ⅱa 和 Ⅱb 型金刚石由于有特别好的导热性和半导体性能，可作为电子技术中的重要材料。

金刚石有特殊的弹性，它的弹性模量 $(1.2 \times 10^{12} \text{Pa})$ 在所有物质中最高，所以金刚石是制作表面压力传感器的理想材料。由此又可以计算出金刚石的体积压缩系数为 $(0.16 \sim 0.18) \times 10^{-6} \text{cm}^2 \cdot \text{kg}^{-1}$，在所有物质中最小，传播声速最大，因此可用于高频声学波的高保真传输。

金刚石与硅具有相似的晶体结构和相似的电子构型，因此可以通过掺杂用作半导体材料。金刚石优异的电学性能表现在金刚石具有宽禁带、高的电子和空穴迁移率，即使在高温下，电子从价带到导带的跃迁概率也很小。通过掺杂金刚石具有半导体性质，可用于制作高温半导体器件。由于其电子和空穴迁移率很高，使制作的电路具有很高的运行速度。此外，由于电辐射引起的载流子不易积累从而不影响器件的性能，是制造可靠性、抗辐射半导体器件的理想材料。

金刚石优异的热学性能表现在它的热导率是所有物质中最高的（300K 时约 $20W \cdot cm^{-1} \cdot K^{-1}$），并且热膨胀系数小，更接近于制作电子器件的 Si 等材料的热膨胀系数，采用金刚石薄膜制作的器件的热性能有明显改善。

金刚石的透光性能优良，尤其在红外波段的光学透明性，使其成为制作高密度、防腐耐磨红外光学窗口的理想材料。

金刚石除以上几种用途之外，还可以用于制造仪表测头，电子器件的散热片、玻璃刀、雕刻笔、金刚石唱针、轴承、喷嘴、透镜、压头等。另外，粉末状的金刚石还可用于宝石级的金刚石或金刚石车刀、修正笔等工具的抛光；金属金相试样的抛光；红宝石、蓝宝石轴承的整形、钻孔、通孔、研磨抛光等工艺；留声机唱针的整形和抛光；淬硬钢量具的研磨抛光及细抛光等。

22.3.2 金刚石薄膜的合成方法及应用

（1）金刚石薄膜的人工合成方法 金刚石有着极优异的物理化学性能，但天然金刚石的数量稀少、价格昂贵、尺寸有限，而高温高压合成的金刚石大都是粉末状，合成大颗粒的金刚石造价又太高，使其应用受到很大的限制。相比之下，低温低压合成金刚石薄膜的制造成本低，可以大面积化、曲面化，而且其密度可按需要从不足 $1\mu m$ 直至数毫米灵活控制，而且制备出的金刚石薄膜的物理性质和天然金刚石的基本相同或接近，化学性质完全相同，使金刚石的应用领域大大扩展。

金刚石薄膜具有的广阔的应用前景，引起了人们极大的兴趣和重视。近年来，许多国家对金刚石薄膜的制备和应用开发进行了大量投资，努力探索低压气相沉积金刚石膜的规律，开拓其应用领域，并在这方面取得了可喜的进展。低压气相合成金刚石膜可分为低压化学气相沉积（CVD）和物理气相沉积（PVD）两种类型，这两种合成方法的核心都是用化学的或物理的方法在低压下将碳源物质（如 CH_4）离解，从而获得大量的含碳基团或离子，再在一定的环境条件下将碳沉积在特定的材料表面形成金刚石膜。目前发展最快也最有前途的当属低压化学气相沉积，下面就重点介绍低压化学气相沉积（CVD）法。

化学气相沉积法制备金刚石薄膜主要有热分解化学气相沉积法和非平衡化学气相沉积法等，其中非平衡化学气相沉积法又包括热丝 CVD 法、电子冲击 CVD 法、等离子体 CVD 法、燃烧火焰法、激光辅助 CVD 法，下面对几种常用方法作一些简要的介绍。

① 热丝 CVD 法　在放置在反应器中的基板几毫米之上设置一根加热到 2000℃ 左右的热丝，导入反应气体（用 H_2 将 CH_4 稀释到 0.5%～1%）使之接触热丝，甲烷和氢气分解、活化后到达基板而在基板上生成金刚石膜，此时基板温度约为 800℃。实验表明，基片温度和甲烷的浓度是薄膜生长最为重要的参数，它们对金刚石薄膜的结构、晶形、膜的质量和生长速率影响非常大。该法的特点是装置结构简单、操作方便、容易沉积出质量较好的金刚石膜。

② 电子冲击 CVD 法　在用热丝 CVD 法沉积金刚石薄膜过程中，用热电子轰击基片表面，加速金刚石在基片上沉积。甲烷和氢气的混合气体在热反应和热电子轰击的双重作用下发生分解，生成碳氢活性基团，加速了金刚石的形核和生长。这种方法生长出的金刚石薄膜的性质与天然金刚石基本相同且晶形完整，不足之处是金刚石薄膜中易夹杂无定形碳、石墨和氢，需要调整参数加以解决。

③ 等离子体 CVD 法　等离子体 CVD 包括直流等离子体、高频等离子体和微波等离子体 3 种。其原理是把 CH_4 和 H_2 混合气体等离子化，分解成 C、H、C_xH_y 等活性基团，形成等离子体，等离子体中依靠电子的适当浓度保持电中性。因此，电子的能量高

于离子或中性粒子，有各种状态的游离基产生，促使碳与基片接触，从而沉积出金刚石薄膜。

④ 燃烧火焰法 其原理是在碳氢化合物气体中预混部分氧气，再进行扩散燃烧，只要预混氧气适量，就能形成由焰心、内焰（还原焰）、外焰（氧化焰）构成的本生火焰。基板设置在内焰中，并保持一定温度，内焰中形成的部分碳及含碳的游离基团就可以在基板上生长出金刚石。特点是：能在大气开放条件下合成金刚石薄膜，金刚石生长速率快（$100 \sim 180 \mu m/h$），有利于在大面积及复杂形面上成膜，并且设备简单。

⑤ 激光辅助 CVD 法 利用激光作辅助源，通过激光束促进原料气的分解、激发，同时有适当高能量的电子作用于基体表面。基体表面温度较高，生长初期成核密度高，膜的生长速率可达 $3600 \mu m/h$。但在设备长时间工作的稳定性，制备高质量、大面积金刚石薄膜方面还存在一定的问题。

(2) 金刚石薄膜的应用 与金刚石一样，金刚石薄膜在热学、光学、声学、电学及物理特性方面有非常优秀的性质，但是由于它厚度很薄，在应用上又与块状金刚石有很多不同的方面。

① 机械方面的应用 金刚石膜可以用来作切削工具和耐磨部件的涂层。按其厚度可分为金刚石厚膜涂层工具和金刚石薄膜涂层工具。前者采用金刚石自支撑厚膜（$0.3 \sim 1mm$）为原料，后者则在工具衬底上直接沉积金刚石薄膜（厚度 $< 30 \mu m$）。另外它的弹性模量很高，可作表面压力传感器的材料。

② 光学方面的应用 可制作宽频段、抗热冲击性、抗辐射性的大功率激光窗口，军事武器中的弹头和制导系统中的光学部件，以及高密度、耐磨、抗腐蚀的红外光窗口、X 射线探测器窗口和 X 射线光刻掩膜等。

③ 声学方面的应用 全晶金刚石振动膜可用于制作扬声器，可以降低功率，提高音质。另外，它还用于制作高功率、大功率半波换能器和声学反射镜等。

④ 热学方面的应用 金刚石薄膜可在硅、锗等多种材料上沉积，制作成高导热、高绝缘的热沉膜层，解决高集成度、大功率集

成电路的散热问题。

⑤ 半导体方面的应用 金刚石薄膜的晶体结构同硅、锗的相同，可用于制造半导体器件，实际上，Ⅱb型天然金刚石本身就具有p型半导体的性质。

⑥ 其他应用 除上述应用外，金刚石薄膜还可用于制作发光元件和传感器等。

22.4 碳/碳复合材料

碳/碳复合材料（简称C/C复合材料）是以碳纤维增强碳基体的复合材料，具有其他复合材料的优点。

该材料源于一次意外的发现。1958年美国CHANCE VOUGHT航空公司的研究人员在测定碳/酚醛复合材料中碳纤维含量时，由于实验过程中操作失误，酚醛基体没有被氧化，却被热解成了碳基体，这种意外得到的复合材料具有特殊的结构与性能。因此，在复合材料家族中又增加了一个新成员——C/C复合材料。

C/C复合材料技术在最初十年间发展很慢。到20世纪60年代末期，才开始发展成为工程材料中新的一员，自70年代，在美国和欧洲得到很大发展，推出了碳纤维多向编织技术、高压液相浸渍工艺及化学气相渗积法（CVI），有效地得到高密度的C/C复合材料，为其制造、批量生产和应用开辟了广阔的前景。80年代以来，C/C复合材料的研究极为活跃，苏联、日本等国也都进入这一先进领域，在提高性能、快速致密化工艺研究及扩大应用等方面取得很大进展，C/C复合材料已成为21世纪的关键新材料之一。

C/C复合材料不仅具有其他复合材料的优点，同时又有很多独到特点。①其整个体系均由碳元素构成，由于碳原子彼此间具有极强的亲合力，使C/C复合材料无论在低温或高温下，都有很好的稳定性。同时，碳材料高熔点的本质属性，赋予了该材料优异的耐热性，可以经受住2000℃左右的高温，是目前在惰性气氛中高温力学性能最好的材料。更重要的是这种材料随着温度的升高其强度不降低，甚至比室温时还高，这是其他结构材料所无法比拟的。②密度小（小于$2.0g/cm^2$），仅为镍基高温合金的1/4，陶瓷材料的 1/2。③抗烧蚀性能良好，烧蚀均匀，可以承受高于 3000℃ 的高温，运用于短时间烧蚀的环境中，如航天工业使用的火箭发动机喷管、喉衬等，具有无与伦比的优越性。④耐摩擦磨损性能优异，其摩擦系数小、性能稳定，是各种耐磨和摩擦部件的最佳候选材料。鉴于这些特点，C/C 复合材料在航空、航天、核能及许多民用工业领域受到极大关注，近十几年来得以迅速发展和广泛应用。

22.4.1 碳/碳复合材料制备技术

C/C 复合材料的制备技术分为两个步骤：预制体准备和预制体致密化，前面一个步骤是制备碳纤维预制体，后面一个步骤是在预制体的孔隙内填充基体碳从而制得 C/C 复合材料。可以用作 C/C 复合材料预制体的材料主要有：单向碳纤维束、两向碳布、各种碳毡、各种碳纤维编织体等材料。将基体碳填充到预制体孔隙内的方法主要有两种：液相浸渍碳化法和化学气相渗积（CVI）法。

（1）液相浸渍碳化法

液相浸渍碳化工艺是制造石墨材料的传统工艺，目前已成为制造 C/C 复合材料的一种主要工艺。液相浸渍碳化法的工艺流程如图 22-5 所示，主要靠多次浸渍、碳化和石墨化来达到预定密度。按基体前驱体种类的不同可分为树脂浸渍碳化工艺和沥青浸渍炭化工艺，按浸渍压力可分为常压工艺（0.1MPa）、高压工艺（一般为几十兆帕）和超高压工艺（100MPa 以上）。

图 22-5 液相浸渍工艺流程图

工业上制备树脂基 C/C 复合材料大量使用的是热固性树脂，如酚醛树脂、环氧树脂、呋喃树脂、糠酮树脂、炔类树脂、聚酰亚胺等。大多数热固性树脂在较低温度下聚合形成高度交联、热固性、不熔的玻璃态固体，碳化后形成的树脂碳很难石墨化。但在高温高压作用下，树脂碳也会出现应力石墨化现象。

树脂浸渍碳化法的工艺流程是：将预制体放入浸渍罐中，在真空状态下用树脂浸没预制体，再充气加压使树脂浸透预制体，然后在氮气或氩气保护下进行碳化。在碳化过程中，树脂热解，形成炭残留物，发生重量损失和尺寸变化，同时在样品中将留下孔隙。这样，需要再进行重复的树脂浸渍和碳化，以减少孔隙，达到致密的目的。

沥青浸渍碳化工艺的过程可用图 22-6 来表示。其中，真空压力浸渍和碳化是最关键的两个步骤，在浸渍的过程中，抽真空和施加压力都是为了使预制体更加充分地浸渍沥青。

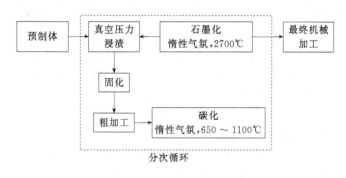

图 22-6 沥青基 C/C 复合材料制备工艺简图

（2）化学气相渗积法（CVI） 化学气相渗积工艺（CVI）是化学气相沉积（CVD）的一种特殊形式，其本质是气-固表面多相化学反应。CVI 中预制体是多孔低密度材料，沉积主要发生于其内部纤维表面；而 CVD 是在衬底材料的外表面上直接沉积涂层。C/C 复合材料的 CVI 工艺是将具有特定形状的碳纤维预制体置于沉积炉中，气态的碳氢化合物通过扩散、流动等方式进入预制体内部，在一定温度下发生热解反应，生成热解碳并以涂层的形式沉积于纤维丝表面；随着沉积的持续进行，纤维表面的热解碳涂层越来越厚，纤维间的空隙越来越小，最终各涂层相互重叠，成为材料内的连续相，即碳基体。

CVI 致密化工艺的优点是工艺简单、基体性能好、增密的程度便于精确控制，所制备的碳/碳复合材料综合性能要好于液相浸渍法，通过改变 CVI 工艺参数，还可以得到不同结构、不同性能的 C/C 复合材料，且可与其他致密化工艺一起使用。缺点是制备周期太长，生产效率较低。

目前已发展了多种 C/C 复合材料 CVI 致密化工艺。最为传统，也是目前应用最为广泛的是等温 CVI 工艺（ICVI），它具有设备简单、适用面广等优点，且对复杂形状制件可处理性强，并可实现多制品同时渗积。但 ICVI 工艺存在气体扩散传输与预制体渗积性方面的限制，为保证制件的密度均匀性，只能通过低温、低气体浓度来增进渗积作用，导致致密化周期很长（500～600h 甚至上千小时），制件成本较高。

为提高气态前驱体的传输效率、增大基体的沉积速率、缩短 C/C 复合材料的致密化周期、提高制件密度的均匀性，多年来，各国研究人员对 ICVI 工艺进行了多方面改进。从控制气体传输模式与预制体温度特征两方面出发，主要发展了四种 CVI 工艺：等温压力梯度 CVI、热梯度 CVI、脉冲 CVI 及强制流动热梯度 CVI（FCVI）。

22.4.2 碳/碳复合材料的应用

（1）C/C 复合材料作为高速制动材料的应用　C/C 复合材料最大的应用市场是飞机刹车片。1976 午，英国 Dunlop 航空公司的 C/C 复合材料飞机刹车片首次在 CONCORD（协和号）超音速飞机上试飞成功，随后 C/C 刹车盘逐渐用于高速军用飞机和大型民用客机的刹车片，"B-1" 轰炸机采用 C/C 刹车片后，质量由 1406kg 降至 725kg，减轻质量达 681kg。经过 20 世纪 70～80 年代孕育成长，到 90 年代已比较成熟，形成一定规模市场，飞机刹车市场每年近 8 亿美元。碳刹车在 2000 年之前只占 25%，而到 2000 年就达到 50%，而且增长速度越来越快。用碳刹车代替钢刹车已是大势所趋。

（2）C/C 复合材料作为航空发动机高温结构件的应用　将 C/C 复合材料作为高温长时间使用的结构材料方面，尤其是用于航空发动机的热端部件是 C/C 复合材料研究的焦点之一。随着推重比增加，涡轮前进口温度不断提高，当航空发动机推重比达到 15～20 时，其热端工作温度高达 2000℃，要求材料的比强度比目前高五倍，在如此苛刻的条件下，除 C/C 材料外其他材料都已无能为力。此外，一旦采用 C/C 复合材料，由于其比重低，可以使发动机本身的重量大大降低，自然可以提高推重比，而且由于减少了冷却空气消耗，进而会使发动机效率得以提高。因此世界各发达国家研究新一代高推重比航空发动机无一不是把 C/C 复合材料作为高温关键材料来考虑的。可以说哪个国家能够完全解决 C/C 复合材料的问题，哪个国家就享有了发展高性能发动机的主动权。

（3）C/C 复合材料作为返回式航天飞行器热结构材料的应用　C/C 复合材料可用作航天飞机的高温耐烧蚀材料和高温结构材料，如当航天飞机重返（再入）大气层时，机头温度高达 1463℃，机翼前缘温度也高达上千度，这些苛刻的耐热部位都采用了 C/C 复合材料，如美国的航天飞机、国家空天飞机（NASP）等机翼前缘和机头锥都采用了 C/C 复合材料；日本 HOPE 航天飞机、法国海尔梅斯（Hemes）航天飞机、俄罗斯暴风雪号航天飞机、德国桑格尔（Sanger）空天飞机、俄罗斯图-2000 空天飞机的机翼和机头锥也采用了 C/C 复合材料。

我国在这方面也开展了一些探索研究，2003 年西北工业大学已成功制备出航天飞行器用 C/C 复合材料头锥和机翼前缘。

（4）C/C 复合材料作为生物材料的应用　碳材料具有优异的生物相容性，已广泛地用于制备心脏瓣膜等人工植入体，也可以用来修复人体的腱和韧带。但由于传统碳材料的强度一般，且较脆，限制了它在生物医用材料领域的进一步应用。C/C 复合材料的增强相和基体相都由碳构成，一方面继承了碳材料固有的生物相容性，另一方面又具有纤维增强复合材料的高强度与高韧性特点。它的出现解决了传统碳材料的强度与韧性问题，是一种极有潜力的新型生物医用材料，在人体骨修复与骨替代材料方面具有较好的应用前景。

22.5　新型碳材料的发展趋势

碳元素是自然界中存在的与人类最密切相关、最重要的元素之一，它具有多样的电子轨道特性（sp、sp2、sp3 杂化），再加之sp2 的异向性而导致晶体的各向异性和其排列的各向异性，因此以碳元素为唯一构成元素的碳材料具有各式各样的性质，并且新碳素相和新型碳材料还不断被发现和人工制得。事实上，没有任何元素能像碳这样作为单一元素可形成如此之多的结构与性质完全不同的物质。可以说碳材料几乎包括了地球上所有物质所具有的性质，如最硬-最软；绝缘体-半导体-良导体；绝热-良导热；全吸光-全透光等。随着科学技术的进步，人们发现碳似乎蕴藏着无限的开发可能性。碳材料在人类发展史上有着和还将有着十分重要的位置。该材料的发展历史大致经历过木炭时代（史前 1712），石炭时代（1713～1866），碳制品的摇篮时代（1867～1895），碳制品的工业化时代（1896～1945），碳制品发展时代（1946～1970）。1960～1990 年碳材料迈入了新型碳制品的发展时代，其中 1960～1980 年主要用有机物碳化方法制备碳材料，以碳纤维、热解石墨的发明为代表；1980 年以后则主要以合成的手法制备新型碳材料，以气相合成金刚石薄膜为代表。纳米碳材料的发展时代始于 1990 年，以富勒烯族、纳米碳管的合成为代表。

自 1989 年著名科学杂志《Science》设置每年的"明星分子"以来，碳的两种同素异构体"金刚石"和"C_{60}"相继于 1990 年和 1991 年连续两年获此殊荣，1996 年诺贝尔化学奖又授予发现 C_{60} 的三位科学家，这些事实充分反映了碳元素科学的飞速进展。但是由于碳元素和碳材料具有形式和性质的多样性，从而决定了碳和碳材料仍有许多不为人们所知晓的未开发部分，若再考虑与其他元素或化合物等的复合和相互作用，可望获得更大的发展。我们有必要相信，在未来相当长的一段时间内，碳的新相和聚合物碳同素异构体的设计、制造和研究将是物理化学领域中最中心的课题，而与之相应的新型碳材料的研究与开发会具有无穷的生命力。

22.5.1 国外新型碳材料发展趋势

新材料的研究开发包括四方面的内容：①崭新材料的创制；②已知材料的新功能、新性质的发现；③已知材料的功能、性能的改善；④新材料创制和评价技术的开发。新型碳材料的研究开发就是很好的一个例证。近年来，在①方面先后划时代地发明了低温气相生长金刚石、C_{60} 和纳米碳管；在②方面发现了石墨的插层性质，使锂离子充电电池得以实用化和飞速发展；在③方面提高和改进了石墨电极的性能，使之能在超高电流下工作，使电炉炼钢技术出现新的突破；在④方面也有许多新的进展，如超高温超高压技术用于碳素新相的探索等。

美、日等发达国家一直对碳材料的研究十分重视。由于碳材料突出的特性，美国将碳材料定为战略材料之一，充分利用其巨大的国防费用和航天费用，进行积极的研究与开发。欧盟也将新型碳材料的研究作为其新材料计划的重要项目之一。日本最近二十多年来在国际上率先在低温气相生长金刚石和纳米碳管等方面取得了突破性进展。为了进一步加强这方面的研究与开发，最近十几年日本政府先后实施了三个大型研究项目，即以"碳素系高功能材料技术研究会"为主导的"高功能碳素系材料的研究"项目，重点研究金刚石薄膜等作为电子材料和零磨损、无油润滑材料等；以日本学振会117委员会为主导的"碳材料中功能性微米和纳米空间的创制"项目；以日本研究碳材料的各著名大学的教授组成的项目组为主导的"碳合金（Carbon-alloy）的创制"研究项目。三个研究项目的总经费高达 20 亿日元以上（合人民币约 1.5 亿元）。加上 20 世纪 90 年代初已实施的关于富勒烯和纳米碳管的研究项目，其研究内容几乎包括了碳材料研究的各个领域，并在上述新材料的四个方面均有体现。这些事实充分说明了新型碳材料研究是一个热点领域及新型碳材料的重要性。

从国际碳素会议的专题设置和论文分布情况看，碳纤维及其复合材料、碳/碳复合材料、吸附和表面科学、活性炭材料、富勒烯族、电池材料和插层化合物等领域是当今最热点的研究方向。

22.5.2 国内碳材料研究与发展概况

我国碳材料研究与生产起步于解放初期。在前苏联的援助下，首先建设了以生产炼钢用石墨电极为主的吉林碳素厂和以生产电工用碳制品为主的哈尔滨电碳厂。六十余年来，我国碳素工业从无到有，有了长足的发展。但是我国碳材料工业和先进国家相比，无论在规模、质量、工艺装备、管理、科研、应用开发等方面都存在很大差距。具体表现在品种少、档次低、工艺装备落后、产品更新缓慢等。我国碳材料的科研水平从整体上来说落后于美国、前苏联、日本和欧盟。在某些重要领域我国紧随着美、日等发达国家之后，差距并不十分明显，如热解石墨、结构功能型碳/碳复合材料、活性碳纤维、柔性石墨等。我国从事碳材料研究的科研机构主要有中科院金属所、中科院山西煤化所、中科院物理所、湖南大学、清华大学、北京大学、武汉大学、中国科技大学、西北工业大学、北京化工大学、天津大学、哈尔滨工业大学、航天总公司西安非金属材料工艺研究所、北京材料工艺研究所、温州大学等。主要研究领域涉及当今碳材料研究与开发所有的热点领域，如碳纳米管、碳纤维、活性炭材料、微孔碳、金刚石膜、富勒烯族、柔性石墨、插层化合物、C/C复合材料、生物碳材料、核石墨等。总之，近年来我国新型碳材料的研究、开发和生产有了长足的进展。

22.5.3 低碳经济时代新型碳材料的发展机遇

低碳经济是以低能耗、低污染、低排放为基础的经济模式，是人类社会继农业文明、工业文明之后的又一次重大进步。低碳经济实质是能源高效利用、清洁能源开发、追求绿色 GDP 的问题，核心是能源技术和减排技术创新、产业结构和制度创新以及人类生存发展观念的根本性转变。新型碳材料在新时期的发展前景十分广阔。

（1）碳纤维不仅具有碳材料的固有本征特性，又兼备纺织纤维的柔软可加工性，与传统的玻璃纤维（GF）相比，杨氏模量是其3倍多，而且在有机溶剂、酸、碱中不溶不胀，耐蚀性都比较好。经验证明，大型风力发电机的风扇叶片最好材质是碳纤维复合材料，到 2020 年全球的电力消耗量中，风电的份额将达到 10% 左右，风扇叶片使用的碳纤维将大幅度增加，风电应用将推动大丝束（17K）碳纤维产量的增长。大型客机等航天航空器材以及汽车工业中碳纤维的使用比例也在不断提升，新型超大型客机——空中客车 A380 和波音 787，均大量使用环氧树脂浸渍碳纤维或碳纤维增强塑料作为主要的结构材料，碳纤维复合材料约占 A380 飞机 35t 结构材料中的 20% 以上，包括机身机翼、机尾组件以及压舱壁。波音 787 中结构材料有近 50% 需要使用碳纤维复合材料和玻璃纤维增强塑料，包括主机翼和机身。全球碳纤维市场正以平均每年两位数的速度快速增长，预计 2012 年全球碳纤维需求量将达到 6×10^4 t/年，预测到 2018 年需求量将达到 10×10^4 t，全球碳纤维的供给与需求将出现较长期的紧张局面。中国大型客机正在研发中，也会带动中国碳纤维工业的发展。

（2）在太阳能电池方面，在世界太阳能发电市场的强力拉动下，中国太阳能电池产业持续快速增长。截至 2007 年底，从事太阳能电池生产的企业达到 50 余家。自 2002 年以后，中国太阳能电池进入了快速发展阶段并以超常速度迅速崛起，2007 年我国太阳能电池产量为 1 088MWP（其中非晶硅电池为 28.3MWP），比上年增长 148.1%，产量超过日本（920MWP）和欧洲（1062.8MWP），成为世界第一大太阳能电池生产国。在光伏组件方面，据不完全统计，截至 2007 年底，我国光伏组件生产企业共计 200 余家，产量达到 1717MWP，比上年增长 138%，我国光伏组件产量位居世界第一。太阳能电池离不开单晶硅和多晶硅，生产单晶硅或多晶硅的原料是工业硅，而冶炼工业硅的电炉离不开碳电极，碳电极的需用量将随之上升。此外，拉制单晶硅的单晶炉需要大量的高纯石墨组件。

（3）发展核电是替代能源的重要措施之一，高温气冷堆新近的发展已引起广泛的关注。高温气冷堆具有安全性好、发电效率高、小容量模块化建造等特点，正好适应了全球正在兴起的电力系统发展趋势对发电厂的要求。高温气冷堆用氦气作冷却剂，石墨做慢化材料，采用包覆颗粒燃料和全陶瓷的堆芯结构材料。华能山东石岛湾核电厂高温气冷堆核电站示范工程，是在由清华大学自主设计、建造和运营的 1 万千瓦高温气冷实验堆的技术基础上建设的。具有自主知识产权的 20 万千瓦高温气冷堆核电站示范工程，一期工程规划建设一台 20 万千瓦高温气冷堆核电机组，于 2009 年 9 月开工建设，2013 年 11 月投产发电。国家有关部门作出了在山东威海建设 20 个高温气冷堆模块的规划，总装机容量为 400 万千瓦，大约投资人民币 400 亿元。一期工程投资 25 亿元，建设第一个模块，装机容量 20 万千瓦。按照一个模块需要 1400t 核石墨，每吨核石墨进口价 20 万元人民币计算，每个模块在购买核石墨的费用为

2.8 亿元人民币。中国有生产核石墨的经验，只要解决大型等静压机等关键设备和相关技术问题，中国自产大型各向同性核石墨指日可待。

（4）由于废钢量积累的增加，废钢回炉炼钢比经由矿石开始生产钢铁可节约大量能源，世界生产粗钢中电炉炼钢的比例已经超过三分之一，中国还不足 20%，因此电炉炼钢在中国炼钢工业中的比例将不断上升，大功率的现代化电弧炼钢炉需要大量大规格高功率及超高功率石墨电极。预测 2010～2012 年中国用于电炉炼钢的石墨电极将增加到 30 万～35 万吨，其中 30%～40% 为超高功率石墨电极；其他方面使用的石墨电极约为炼钢用石墨电极总量的 20% 左右，大约年需要 7 万吨；出口方面，2010～2012 年每年出口石墨电极可能上升到 20 万～22 万吨左右，内需加出口、中国石墨电极年需要量将达到 55 万吨左右。

从以上 4 种产品的发展预测，经过短时期的调整之后，中国以石墨电极、碳电极、核石墨、碳纤维为主导产品的碳素制品工业在"十二五"及"十三五"期间将以较高的速度发展。

第23章 发 光 材 料

23.1 发光材料定义及分类

23.1.1 发光材料定义

物质的发光可由多种外界作用引起，如电磁辐射作用、电场或电流的作用、化学反应、生物过程等。物质发光过程有激励、能量传输和发光三个过程。激励方式主要有电子束激发、光激发和电场激发。物质内部以某种方式吸收能量，将其转化成光辐射（非平衡辐射）的过程称为发光。在实际应用中，将受外界激发而发光的固体称为发光材料（Iuminescent Materials）。在发光材料中除了合适的基质（主体）外，还有选择地掺入微量杂质（激活剂），这些微量杂质一般都充当发光中心。也有的是被用来改变发光体的导电类型的。

23.1.2 发光材料分类

发光材料的种类繁多，自然界中的很多物质都或多或少的可以发光。

发光材料涉及了无机和有机功能材料，所以可以将发光材料分为无机固体发光材料和有机发光材料等。但应用中的绝大多数发光材料是无机化合物，且是固体材料。

发光材料的主要组分是稀土金属的化合物和半导体材料。高纯稀土氧化物 Y_2O_3、Eu_2O_3、Gd_2O_3、La_2O_3、Tb_4O_7 等制成的各种荧光体，广泛应用于彩色电视机、航空显示器、X 射线增感屏以及用于制作超短余辉材料、各种灯用荧光粉等。

半导体发光材料有 ZnS、CdS、ZnSe 和 GaP、$GaAs_{1-x}P_x$、GaAlAs、GaN 等。主要用于制造各种大中型数字符号、图案显示器、数字显示钟、X 射线图像增强屏和长寿命各种发光二极管、数码管等。

发光材料的发光方式是多种多样的,根据不同的发光原因,可以将发光材料分为光致发光材料、电致发光材料、化学发光材料等,见表 23-1。

表 23-1 发光材料分类

发 光 种 类	激 发 方 式	发 光 材 料 分 类
光致发光	光的照射	灯用材料:日光灯,节能灯,黑光灯,高压汞灯,低压汞灯,LED 转换组合白光
		长余辉材料:放射性永久发光,超长余辉,长余辉
		紫外发光材料:长波 365nm 发光,短波 254nm 发光,真空紫外发光,量子点发光
		红外线发光材料:上转换发光,红外释光,热释发光,多光子材料
		荧光染料\颜料:稀土荧光,有机荧光
电致发光	气体放电或固体受电场作用	高场发光:直流粉末 DCEL,交流粉末 ACEL,薄膜发光,厚膜发光,有机发光
		低场发光:发光二极管(LED),有机发光(OEL-OLED),硅基发光,半导体激光
阴极射线发光	高能电子束的轰击	彩色电视发光材料,黑白电视发光材料,像素管材料,低压荧光材料,超短余辉材料
放射线发光	核辐射的照射	α 射线发光材料,β 射线发光材料,γ 射线发光材料,氚放射发光材料,闪烁晶体材料
X 射线发光	X 射线的照射	X 存储发光材料,X 增感发光材料,CT 扫描发光材料
摩擦发光	机械压力	单晶发光,微晶发光
化学发光	化学反应	有机化合物发光(荧光染料),液体发光,有机稀土发光
生物发光	生物过程	酶发光,有机发光
反射发光	(几何光学)	光学镀膜反射材料,玻璃微珠反射材料

23.2 发光机理

23.2.1 光致发光材料发光机理

光致发光材料是指在一定波长的光照射下,材料分子中基态电子(主要是 p 电子和 f、d 电子)被激发到高能态,电子从高能态回到激发态时，多余的能量以光的形式散发出来，达到发光的目的。这种发光材料称为荧光材料，大部分的稀土发光材料均以这种方式发光，原因是稀土元素基本都具有 f 电子，并且 f 电子的跃迁方式多样，因此稀土元素是一个丰富的发光材料宝库。

23.2.2 电致发光材料发光机理

电致发光是在直流或交流电场的作用下，依靠电流和电场的激发使材料发光的现象，也称场致发光。电致发光的机理有本征式和注入式两种。本征式场致发光是用交变电场激励物质，使之产生正空穴和电子。当电场反向时，那些因碰撞离化而被激发的电子，又与空穴复合而发光。注入式场致发光是指 n 型半导体和 p 型半导体接触时，在界面上形成 p-n 结。由于电子和空穴的扩散作用，在 p-n 结接触面的两侧形成空间电荷区，形成一个势垒，阻碍电子和空穴的扩散。n 区电子要到达 p 区，必须越过势垒；反之亦然。当对 p-n 结施加电压时会使势垒降低。这样能量较大的电子和空穴分别进入 p 区和 n 区，分别同 p 区的空穴和 n 区的电子复合。同时以光的形式辐射出多余的能量。

23.2.3 化学发光材料发光机理

化学发光是指把化学反应释放的能量直接转变成光。也就是通过化学反应释放的能量使物质达到激发态后，进而再通过辐射失活回到基态并同时发光。化学发光的量子效率较低，通常不超过 20%。常见的化学发光物质就是含有邻二氧杂环丁烷、邻二氧杂环丁酮或其他过氧桥环结构的化合物。

23.2.4 等离子体发光材料发光机理

等离子体是含有足够数量的带电粒子，有较大的电导率，其运动主要受电磁力支配的物质状态。当气体的电子得到足够的能量之后，可完全脱离原子，产生的高速电子又会撞击中性粒子使之电离。相反的过程则是两种带电粒子的复合，在复合过程中以光的形式释放能量。等离子体发光材料主要是稀有气体，基本是以氖气为基质，另外掺一些其他气体，如氦和氩。

23.3 主要发光材料及其合成

在无机固体材料中，主要是禁带宽度比较大的绝缘体，其次是半导体。半导体材料中主要是 II-VI 族及 III-V 族化合物。II-VI 族化合物，如 ZnS、ZnO、（Cd，Zn）S、Zn（S，Se）以及（Cd，Zn）（S，Se）等都用得较多。它们在紫外光、电子束、电场、X 射线或者带电粒子激发下都是很好的发光材料。III-V 族化合物，如 GaAlP、GaAlAs、GaP 等，则主要用于发光二极管。其余的发光材料都是绝缘体。这包括用于闪烁体的碱卤化合物，用于电子束管的氧化物、氟化物、钨酸盐、硫氧化物、硅酸盐、磷酸盐及卤磷酸盐、硼酸盐、砷酸盐、铝酸盐等。

23.3.1 稀土发光材料

稀土元素因独特的 4f 电子层结构而拥有优异的发光性能，因此稀土材料的应用格外引人注目。

（1）阴极射线（CRT）稀土发光材料 阴极射线（CRT）稀土发光材料的组成、性质及用途如表 23-2 所示：

表 23-2 阴极射线稀土发光材料

组 分	发 光 色	余 辉	用 途
$Y_2O_2S : Eu^{3+}$	红	M	彩电,终端显示
$Y_2O_2S : Eu^{3+}$	红	M	投影电视
$Y_3(Al,Ga)_5O_{12} : Tb^{3+}$	绿	M	投影电视
$Y_2SiO_5 : Tb^{3+}$	绿	M	投影电视
$I_nBO_3 : Tb^{3+}$	绿	M	终端显示
$I_nBO_3 : Eu^{3+}$	红	M	终端显示
$Y_2SiO_5 : Ce^{3+}$	415nm	S	束电子引示管（Beam index tube）
$Y_3Al_3Ga_2O_{12} : Ce^{3+}$	520nm	S	束电子引示管（Beam index tube）
$YAlO_3 : Ce^{3+}$	370nm	S	束电子引示管（Beam index tube）
$Y_3Al_5O_{12} : Ce^{3+}$	535nm	S	飞点扫描管

（2）真空荧光显示（VFD）稀土发光材料 VFD 用稀土发光材料较少，效率也不高，如 $SnO_2 : Eu^{3+}$，$Y_2O_2S : Eu^{3+}$，很少使用。

（3）场发射显示（FED）稀土发光材料 FED 是有可能与

PDP 和 LCD 相竞争的平板显示，它的画面质量和分辨率优于 CRT，响应速度（寻址时间）非常快，而功耗仅是 LCD 的 1/3，其应用前景令人关注。FED 稀土发光材料如表 23-3 所示。

表 23-3　FED 稀土发光材料

组　　成	颜色	发光效率	组　　成	颜色	发光效率
$SrTiO_3 : Pr$	红	0.4	$SrGa_2S_4 : Eu$	绿	4.0
$Y_2O_3 : Eu$	红	0.7	$ZnS : Cu, Al$	绿	2.6
$Y_2O_2S : Eu$	红	0.57	$Y_2SiO_5 : Ce$	蓝	0.4
$Y_3(Al, Ga)_5O_{12} : Tb$	绿	0.7	$SrGa_2S_4 : Ce$	蓝	1.5
$Y_2SiO_5 : Tb$	绿	1.1	$ZnS : Ag, Cl$	蓝	0.75

（4）灯用稀土发光材料　使用稀土三基色荧光粉的节能灯照明效率高，显色性好，是欧美、日和我国大力推广的绿色照明。灯用稀土发光材料如表 23-4 所示。

表 23-4　灯用稀土发光材料

组　　成	颜色	用　途	组　　成	颜色	用　　途
$Y_2O_3 : Eu$	红	节能灯	$BaMgAl_{10}O_{17} : Eu, Mn$	蓝绿	节能灯
$Y(V, P)O_4 : Eu$	红	高压汞灯	$BaMgAl_{10}O_{17} : Eu$	蓝	节能灯
$MgAl_{11}O_{19} : Ce, Tb$	绿	节能灯	$Sr_5(PO_4)_3Cl : Eu$	蓝	节能灯
$LaPO_4 : Ce, Tb$	绿	节能灯	$Sr_3(PO_4)_2 : Eu$	蓝	复印灯
$GdMgB_5O_{10} : Ce, Tb$	绿	节能灯			

（5）等离子显示（PDP）稀土发光材料　PDP 是大屏幕（≥42 英寸）平板显示、挂壁式彩电的首选，并适用于高清晰度数字电视（HDTV），表 23-5 列出了 PDP 稀土发光材料。

表 23-5　PDP 稀土发光材料

组　　成	颜色	相对发光效率	组　　成	颜色	相对发光效率
$Y_2O_3 : Eu$	红	0.67	$LaPO_4 : Ce, Tb$	绿	1.1
$(Y, Gd)BO_3 : Eu$	红	1.2	$Y_2SiO_3 : Ce$	蓝	1.1
$Zn_2SiO_4 : Mn$	绿	1.0	$BaMgAl_{10}O_{17} : Eu$	蓝	1.6
$YBO_3 : Tb$	绿	1.1			

（6）X 射线和电离辐射稀土发光材料　发绿光的 $Gd_2O_2S :$

Tb、La_2O_2S：Tb，发蓝光的 $BaFCl$：Eu、Y_2O_2S：Tb、$LaOBr$：Tb、$YTaO_4$：Nb、$YTaO_4$：Tm 都是优异的 X 射线增感屏材料，其增感速度、发光强度和分辨特性都超过 $CaWO_4$ 屏，如 Y_2O_2S：Tb 屏的增感速度是 $CaWO_4$ 屏的 3～4 倍。发光陶瓷（陶瓷闪烁体）$(Y,Gd)_2O_3$：Eu^{3+}、Gd_2O_3S：(Pr^{3+},Ce^{3+},F) 和 $Gd_3Ga_5O_{12}$：Cr^{3+} 用于 X 射线 CT（Computed Tomography）医疗中，其性能优于 $GdWO_4$ 闪烁体。Gd_2SiO_5：Ce^{3+}，$LuSiO_5$：Ce^{3+} 晶体闪烁体用于 PET（Positron Emission Tomography）正电子发射摄影术，核物理实验，油井记录仪等。LaF_3：Ce 闪烁体可用于现代医学图像显示技术。其他如 LiI：Eu，CaI_2：Eu，CaF_2：Eu，BaF_2：Ce，KBr：Eu 等闪烁体在现代物理实验中都有应用。

热释发光 TL（Thermo Luminescence）材料 $CaSO_4$：Dy，$CaSO_4$：Tm，CaF_2：Dy，Mg_2SiO_4：Tb 和 $K_2Ca_2(SO_4)_3$ 是电离辐射热释发光稀土材料，可用于核辐射剂量的测量。

（7）电致发光（EL）稀土材料　发光材料在电场作用下发光称为电致发光。电致发光有高电场发光和低电场发光，常称的 EL 发光是高电场发光，而 LED 发光则是低电场发光。EL 材料可做成全固体平板显示器。稀土掺杂的 ZnS，CaS 和 SrS 薄膜电致发光器件在平面显示中崭露头角，如表 23-6 所示。

表 23-6　EL 荧光体的性质

荧光材料	颜色	亮度/(cd/m^2)	效率/(1m/W)
ZnS：Mn	橙	300	3～6
CaS：Eu	红	12	0.2
ZnS：Mn/filter	红	65	0.8
ZnS：Tb	绿	100	0.6～1.3
SrS：Ce	蓝绿	100	0.8～1.6
$SrGa_2S_4$：Ce	蓝色	5	0.02
SrS：Ce^+	白色	470	1.5
ZnS：Mn			
Ga_2O_3：Eu	红色	850	

（8）发光二极管（LED）用稀土材料　发白光的 LED 因无汞污染而是纯粹的绿色照明光源。目前，有二种方法可得到白光

LED，一种是用兰光 LED（$In_x Ga_{1-x} N$）激发 YAG：Ce 发出 555nm 的黄绿色光，蓝和黄绿混色成白光，光效达 45lm/W，显色指数 85。另一种是 370nm 紫外 LED 加上红、绿、蓝三基色荧光粉，红粉是 $Y_2 O_2 S$：Eu，绿粉是 ZnS：Cu，Al；而蓝粉则是（Sr，Ca，Ba，Mg）$_5$（PO_4）$_3$Cl：Eu，其光效达到 100lm/W，显色指数 83。

（9）稀土类长余辉荧光粉　稀土类长余辉荧光粉 $SrAl_2 O_4$：Eu，Dy(525nm) 和 $Sr_4 Al_{14} O_{25}$：Eu，Dy(490nm) 比硫化锌长余辉荧光粉的性能要优越得多。余辉时间前者是后者的 5～10 倍，大于 10h，前者的余辉强度和化学稳定性也比硫化锌要好得多，因余辉时间大于 10h，而无需使用放射性元素，其安全性更好。稀土长余辉荧光粉现已得到广泛的应用。另外还有 ZnS：Cu，SrCaS：Eu。

（10）光子裁剪稀土荧光粉　绝大多数的光子发光材料（灯用荧光粉，长余辉荧光粉，农用光转换荧光粉，PDP 荧光粉等）量子效率都小于 1。长期来，人们期望能提高量子效率，将吸收的光子"裁剪"成二个或二个以上所需要波长的光子，使量子效率大于 1，或者，将不需要的发射光子"裁剪"成所需要的光子。经过多年的研究，可以利用串级多光子发射效应，无辐射效应，无辐射能量传递和交叉弛豫正在逐步实现这种愿望。

$LiGdF_4$：Eu^{3+} 红色荧光粉，真空紫外线激发下的量子效率高达 195%，是紫外线激发下量子效率的 2 倍。

$LiGdF_4$：Er，Tb 绿色荧光粉 VUV 激发下量子效率达到 130%。

$Y_2 O_2 S$：Tb，Dy 绿色荧光粉，利用无辐射能量传递中的交叉弛豫效应（$Tb^{3+} \rightarrow Dy^{3+}$），使 Tb^{3+} 的 $^5 D_3 \rightarrow {}^7 F_j$ 能级跃迁发射的蓝色光子被剪裁，而使 Tb^{3+} 的 $^5 D_4$ 能级的光子数增殖，$^5 D_4 \rightarrow {}^7 F_j$ 跃迁（绿色）的概率大大提高。

23.3.2　蓄光型无机发光材料

蓄光型发光材料是一类吸收了激发光能并储存起来，光激发停止后，再把储存的能量以光的形式慢慢释放出来，并可持续几个甚至十几个小时的发光材料。这种吸收光-发光-储存-再发光并可无限重复的过程，和蓄电池的充电-放电-再充电-再放电的反复重复是相似的，所以长余辉发光材料也称为长余辉发光材料。

（1）硫化物系列蓄光型发光材料 硫化物系列发光材料主要包括硫化锌、硫化锌镉、硫化锶、硫化钡、硫化钙等。硫化锌材料的研究最多、应用最广泛。

① ZnS：X 发光材料 用作 ZnS 发光材料的激活剂有 Cu、Ag、Au、Mn 及稀土元素等。这些激活剂在 ZnS 中形成的发光中心可分两大类：一类是属于分立中心的发光，如以 Mn 和稀土元素为激活剂的 ZnS。另一类是 Cu、Ag、Au、Cl、Br、I 或 Al、Ga、In 为共激活剂的 ZnS，如 ZnS：Cu，Cl 和 ZnS：Cu，Al 等属于复合发光。

在 ZnS 材料的制备中，研究得最多的是粉末的制备，粉末主要应用于制备靶材和高效荧光粉等方面。随着粉末粒度的减小，ZnS 的发光性能和力学性能均有明显的提高。特别是当粒径达到纳米尺寸后，由于纳米微粒具有量子尺寸效应、表面效应和宏观量子隧道效应等，纳米粉表现出许多特有的性质和功能，如优良的光电催化活性、吸收波长与荧光发射向更高的能级移动（蓝移）。有研究表明纳米粒子的发光中心与块状材料的发光中心明显不同，发光性质也存在差异。如高温烧结的经过掺杂的 ZnS：Mn 的激发光谱和发射光谱峰值分别为 343nm 和 580nm，而采用化学法制得的 ZnS：Mn 纳米粉则分别为 338nm 和 596nm。

ZnS：Mn 粉末制备方法主要有：元素直接反应法、均匀沉淀法、水热合成法、微乳法和溶胶-凝胶法。

元素直接反应法作为一种早期的制备技术因其反应能耗高、产物粒径较大、杂质含量较高等缺点，目前在研究应用方面基本被淘汰。

采用沉淀法制备超细粉末研究的较多。它具有设备要求低，工艺简单，掺杂金属离子简便、均匀等优点。因此，采用共沉淀法制备掺杂改性的 ZnS 粉末是一种极具发展潜力的制备技术。

菅文平等人以巯基丙酸（MPA）为稳定剂，利用微波辐射加热方法制备了水溶性的 ZnS：Cu 纳米晶。将 0.1mol/L 的 Zn(CH₃COO)₂ 溶液和 0.1mol/L 的 Cu(CH₃COO)₂ 溶液，加水稀释混合均匀，再加入 8mmol MPA，通氮气除氧 20min，用 4mol/L NaOH 溶液调节溶液 pH 至 8.5，剧烈搅拌下缓慢滴加 0.1mol/L Na₂S，继续通 N₂ 气 15min，然后升温回流 2h，即得到 Cu 掺杂的 ZnS：Cu 纳米晶。将得到的溶液加入到微波密封消解罐中，通过调节微波辐射时间和压力，得到能够发射不同颜色荧光的 ZnS：Cu 纳米晶溶胶。向得到的溶液中加入适量乙醇沉淀，离心分离，清洗后真空干燥得到 ZnS：Cu 纳米晶的粉末样品。经 ICP 测试，铜的掺杂效率达到 90% 以上。通过改变微波条件，可以在 460～572nm 之间实现对 ZnS：Cu 纳米晶发射峰位的连续调控，其发光颜色可以从蓝色变化到橘黄色。

新梅等采用水热法制备了 ZnS：Cu，Al 纳米荧光粉，颗粒尺寸为 15nm 左右、分散性好、球形立方相结构。制备过程中将 0.38mol/L 的 ZnCl₂、0.0027mol/L 的 CuCl₂ 和 0.004mol/L 的 AlCl₃ 水溶液混合，混合溶液中 Cu/Zn 摩尔比为 3×10^{-4}，Cu/Al 摩尔比为 0.5。将此混合溶液在磁力搅拌器搅拌下滴加到 0.4mol/L 的 (NH₄)₂S 水溶液中，溶液中 S/Zn 的摩尔比为 3。用盐酸调节混合溶液的 pH 值为 4.0，产生的 ZnS 白色沉淀物经离心、用蒸馏水清洗后放入高压釜中，于 200℃ 恒温加热后离心、清洗放入电热恒温干燥箱中于 60℃ 干燥，将干燥后的粉末置于通氩气的石英管中，在马弗炉中于 800℃ 恒温退火 1h，取出样品于室温下冷却。

近年来，利用反胶束或 W/O 微乳法（即在油相中加入水形成油包水型乳状液）。制备超细粒子的研究已有大量的报道。在该反应体系中，利用表面活性剂使反应物在有机相中形成反相胶束的微液滴，以此为反应场，进行各种特定的反应，可以制得均匀细小的纳米级微粒。黄宵滨等以甲苯作油相，用等摩尔比混合乙酸锌和硫代乙酰胺（TAA）水溶液作水相，在乳化剂作用下超声乳化 10min，然后在 60℃ 下加热 1h，得到 ZnS 粒子，粒径大多在 20nm 以下，且粒子呈球形。有研究表明，用微波加热能得到尺寸更为均匀的 ZnS 球形的颗粒。该方法的特点在于利用反相胶束的微反应场进行反应，在制备纳米级粒子方面有其独特的优势。但反应不易控制，且作为一种新型的制备技术，还有诸如微反应场的反应机理及反应动力学等许多方面的问题有待进一步研究。

天津大学药物科学与技术学院张韵慧等人利用微乳液法制备出 ZnS：Cu 纳米微粒，透射电子显微镜（TEM）和动态光散射（DLS）测试结果表明，所得微粒粒径为 $2\sim8nm$，XRD 结果表明，ZnS：Cu 纳米微粒为立方晶型结构，与体材料 ZnS 的晶型结构一致；在紫外吸收光谱中，ZnS：Cu 纳米微粒吸收峰蓝移发射光谱表明 ZnS：Cu 纳米微粒产生一个位于 482nm 的绿色发射带。

溶胶-凝胶法可以制备 ZnS 粉末，Stanic Vesna 等用叔丁醇锌 $(Zn[(CH_3)_3CO]_2)$ 溶于甲苯中作为前驱体，在室温下通入 H_2S，得到淡黄色的半透明凝胶，加热干燥制备出 ZnS 超细粉末。而 Saenger D. U. 等则用溶胶-凝胶法制得均匀的 ZnS 粉末，其平均粒度尺寸大小约为 3nm。

浸渍法制备薄膜是一种简单有效的方法，用之来制备 ZnS 薄膜也有人研究。李振钢等用该方法制备了掺杂 Mn^{2+} 的 ZnS 薄膜，先把含 $ZnCl_2$ 和 $MnCl_2$ 的溶液加入聚氧化乙烯，混合后均匀涂于玻璃片上，干燥后放入六甲基二硅硫和环己烷的混合液中，硫化锌掺锰的纳米晶就开始在薄膜中形成。最后得到晶粒尺寸约为 $3\sim4nm$，尺寸均匀、呈球形的纳米 ZnS 晶。但该方法只能制得小尺寸的薄膜，且热处理后有残余碳杂质存在，纯度不高。

真空蒸发技术具有设备简单、宜于操作、成本低廉等特点。将经清洗烘干的玻璃衬底放入蒸发室内，把高纯 ZnS 粉末放入蒸发钼舟中，将蒸发室抽真空至 $10^{-3}Pa$ 进行蒸发，即可得到均匀透明的高阻 ZnS 薄膜。经过适当热处理后的薄膜具有立方晶系闪锌矿结构，平均晶粒尺寸约为 $0.2\mu m$，且在可见光范围内有较高的透过率。电子束蒸发法在制膜方面应用的较多，用来制备 ZnS 薄膜也早有研究。Robert 等采用该方法在高真空下用电子束轰击 ZnS 靶材，使 ZnS 在高温高能下气化，然后沉积在钼片上，沉积速率控制在 $10\mathring{A}/s$，经过与无定形含氟聚合物交叉沉积，最后形成多层薄膜涂层。生成的硫化锌薄膜均匀性好、透光率高，且能耗较低，但形成的晶粒较粗。柳兆洪等用射频磁控溅射技术，在氩气气氛中于玻璃、抛光硅片、钽片等衬底上沉积硫化锌薄膜。所用靶材为 $ZnS：Cu$ 和 ErF_3 粉末冷压而成。结果表明，随溅射功率增大，结晶颗粒越细，膜越致密，其表面形貌也比电子束所制薄膜要好且功率较高时，ZnS 晶粒具有六方纤锌矿结构。但靶材中所固有的杂质同时也会带入薄膜中，其纯度取决于原始靶材质量。

$ZnS：Cu$ 和 $ZnS：Cu$，Co 蓄光型发光材料是由基质 ZnS、激活剂 Cu 和 Co、助熔剂氯化物和硫黄按一定比例混合，经高温烧结而成。

$ZnS：Eu^{2+}$ 也具有蓄光性能。激活剂以 $Eu(NO_3)_3$ 溶液形式加入。助熔剂可选用 $NaCl$ 或 Li_2CO_3。在弱还原气氛下，经 $1100\sim1200℃$，$1\sim2h$ 烧结成 $ZnS：Eu^{2+}$。

② 碱土金属硫化物材料的制备　近年来，随着激光和光存储技术的发展，在碱土金属硫化物基质材料中掺入稀土元素的电子俘获材料越来越引起人们的广泛重视。这类材料用紫外光（或蓝光）激发后，一部分光能以陷阱俘获电子的方式存储起来，当用红外光激励该材料时，发出红光或绿光，发光的强度随着时间的变化逐渐减弱。这类材料具有优良的光存储和红外上转换的特性，不仅在红外探测、红外上转换成像等方面具有广泛的应用，而且随着激光技术的发展它的应用研究已经扩展到辐射计量测量、光信息处理和光存储等许多新兴技术领域。

制备碱土金属硫化物发光材料的原料由碱土金属碳酸盐，硫黄，主激活剂 Bi、Eu，第二激活剂 Cu 或 Pb，助熔剂，还原剂等组成。主激活剂 Bi 及第二激活剂 Cu，均以 Bi 盐、Cu 盐的乙醇溶液形式加入，Bi 的加入量为 $1\times10^{-4}\%$，Cu 的加入量为 $1\times10^{-3}\%$。助熔剂可选用 Li_2CO_3 相 K_2CO_3 的混合物，加入量为 5% 左右。炉料中还要加一定量的含碳物质（如淀粉或葡萄糖）作还原剂。

制造方法对发光性能有重大影响，例如 $CaS：Ce^{3+}$ 的发射峰采用助熔剂法比气流法蓝移 $600cm^{-1}$、激发光谱及发光强度-温度曲线也不相同。原子量越大越易形成多硫化物，换言之，原子量小的元素硫化反应速率较慢,据报道,制造 SrS 和 BaS 最好采用硫酸盐还原法。增加 H_2S 的浓度能够抑制 $CaSO_4$ 和 CaO 杂质相的形成,以 $S+H_2S$ 替代纯 H_2S 气体,以降低成本。$S-H_2S$ 是最为经济有效的反应气氛。

高温固相法包括碳还原法和硫化助熔法,过程简单,工艺成熟。碱土金属硫化物材料的烧结温度比 ZnS 要低,SrS∶Bi,Cu 为 $900\sim950℃$,(SrCa)S∶Bi,Pb 为 850℃。烧结后的发光材料是坚实的海绵状硬块,如选用 CaF_2 作助熔剂,烧结后的产物更硬,但材料已形成多晶体。和坩埚壁接触的材料表面可能不发光或发光颜色及亮度都和内层不同,这是由坩埚壁杂质污染所引起的。被污染的部分应在紫外灯下挑选除掉。烧结后的发光材料要进行粉碎处理,对烧结块做机械碾磨或一个方向挤压,都会使材料的发光亮度有较大降低。经粉碎、筛选的材料需进行第二次低温(如 450℃)短时灼烧,灼烧时加一定比例的硫黄,可使二次烧结后的材料重新达到初始发光亮度的水平。

将稀土离子源物质、$CaSO_4$ 及 C 粉按化学计量比称取,进行球磨、高温灼烧得到疏松的粉末。其主要反应为:$CaSO_4+C\rightarrow CaS+CO\uparrow+CO_2\uparrow$。通过对反应吉布斯自由能的研究发现,当温度高于 730℃时,C 倾向于生成 CO,可以提供反应所需的还原气氛。此种碳粉直接掺杂还原的制备方法称为碳还原法,此法优于碳粉气氛还原方法。

何志毅等在研究 (CaSr)S∶Eu,Sm 是光激励发光和电子俘获机理时,通过高温固相法在石英管中进行反应来制备材料。基质原材料为 $SrCO_3$ 和 $CaCO_3$(光谱纯),按一定比例称取并掺入 Eu_2O_3(4N)和 SmF_3(4N),Eu 和 Sm 的掺杂浓度均为 0.2%(摩尔分数)。研磨混合均匀后在 S 蒸气的气氛中和 1100℃下灼烧 2h,得到红色粉末样品,然后将粉末压片,在 S 气氛中和 1000℃下回炉退火 0.5h 后取出。

张琳等研究 Mn^{2+} 掺杂对碱土金属硫化物材料的影响时,将 Eu_2O_3(99.99%),$MnCO_3$,$CaCO_3$ 和 $SrCO_3$ 按适当比例称取并研磨混合均匀[Eu,Mn 的掺杂浓度为 0.2%(摩尔分数)],在

1080℃硫气氛中灼烧 2h，制得样品。采用硫化助熔剂法制备了 SrS：Eu，Mn 和 CaS：Eu，Mn 荧光粉。

制备发光材料的基质材料碱土金属硫化物的方法很多，一般是在还原性气氛下高温煅烧相应的碱土金属盐，例如碳还原、氢/硫还原、H_2S 还原、CS_2 还原等，但这些气-固反应存在反应效率低、制备的发光材料严重偏离化学计量比等缺点，造成材料晶化程度低、化学稳定性差、发光效率低。范文慧等采用优化的硫化助熔剂法，主要原料采用 $CaSO_4$、$CaCO_3$ 等，激活剂采用卤化物、氧化物、硫酸盐或硝酸盐以及起助熔剂作用的 LiF、Na_2CO_3、S 等。通过引入敏化剂，增强了发光材料的发光亮度。将按一定化学计量比称量的原料经充分研磨混匀后，装进石墨舟送入管式电炉中在 700～1200℃煅烧 6～10h，煅烧过程在高纯氢气气氛中进行，氢气作为还原剂参与反应，还可以避免反应生成物在高温下氧化。这种方法制备的发光材料晶化程度高、化学稳定性好，基质材料合成与稀土元素掺杂一次完成，具有工艺简单、周期短、重复性好等优点，而且反应在密闭的石英管系统中进行，安全可靠，不污染环境。

黄丽清等在进行电子俘获材料 CaS：Eu，Sm 红外上转换光衰减特性的研究时，将高纯度的 CaS（99.99％）、$EuCl_3$（99.95％）、$SmCl_3$（99.5％）和助熔剂按一定比例精确称量配料，通过球磨过程使配料均匀混合，将均匀混合的配料在一定的保护气氛中，于 700～1200℃的高温下灼烧 3～6h 即可制得电子俘获材料 CaS：Eu，Sm 粉末样品，将粉末样品经洗粉、烘粉、研磨过筛后均匀涂敷在石英玻璃基片上即得到测试所用的薄膜样品。

除以上传统制法以及常见新合成方法外，N. Sawada 报道了制备稀土掺杂碱土金属硫化物的醇盐法和共沉淀法，这两种方法较为少见。醇盐法是指向 $Ca(OC_2H_5)_2$ 的乙醇悬浮液中滴加 $Re(NO_3)_3$，通入 H_2S 形成胶状物后经热处理得到产物。共沉淀法是指向通有 N_2 的 Na_2S 溶液中滴加 $CaCl_2$、$ReCl_3$ 溶液，加入适量四氢呋喃得到沉淀产物。对产物发光性能测试表明共沉淀法优于醇盐法。

碱土金属硫化物和稀土掺杂碱土金属硫化物发光材料的主要缺点是化学稳定性差、易潮解，曾极大地限制了它们的实际应用。近年来，人们提出了利用材料包膜、改进制备工艺等手段来克服这些缺点。在碱土金属硫化物中，CaS 的耐水性相对好些。以 CaS 为基质的蓄光型发光材料的研究开发也比较多，如 CaS：Bi，Tm 和 CaS：Eu，Tm 等。它们的制备工艺除烧结温度升高（$1100 \sim 1200℃$）和烧结气氛有所不同外，其余的工艺基本相同。

戴国瑞等首次提出利用旋涂乳胶热分解 SiO_2 包膜技术，即采用半导体平面工艺中的匀胶技术，有机乳胶热分解 SiO_2，对粉体进行包膜，提高了 SrS：Eu，Er 的稳定性。除常见的 SiO_2 包膜外，还可以用 TiO_2、ZnO、Al_2O_3 等氧化物包膜。曾有人用 H_2S 溶解 NH_4 在硫化钙上形成一层致密的氟化钙薄膜；还有人采用双层异质薄膜对碱土金属硫化物进行改性。廉世勋等利用有机高分子直接沉积在荧光粉表面的方法，在 CaS：Cu^+，Eu^{2+} 的颗粒表面形成均匀的硅树脂薄膜。硅树脂难以产生由紫外线引起的自由基反应和氧化反应，具有突出的耐候性，且分子中甲基的排列使粉体具有憎水性，其 Si-O-Si 骨架使其具有优良的热稳定性，有效提高了碱土金属硫化物的化学稳定性。孙家跃等发现以硫酸钙为原料较以碳酸钙为原料制备的 ETM 具有更高的化学稳定性。

③ Y_2O_2S：Eu，Ln 发光材料的制备　优异的蓄光型红色发光材料很少，目前已实用的 CaS：Eu 或 CaS：Eu，Tm 红色材料的余辉时间只有 45min，其化学性质极不稳定，且易分解，满足不了实用需要，而红色本身作为一种喜庆、吉祥的象征，深得国人的喜爱，人们希望开发余辉时间更长的红色发光材料。

1997 年肖志国曾在专利中给出了对 MS：Eu^{3+} 红色蓄光型发光材料进行改进所取得的结果，以稀土代替碱土金属，余辉有很大提高，这是以 Y_2O_2：Eu 为基质的红色蓄光型发光材料的最早报道。Y_2O_2：Eu，Ln 是近年来开发出的一种余辉时间可达 300min 的新型红色材料，其制备工艺和碱土金属硫化物相近。

Eu^{3+} 激活的 Y_2O_2S 是彩色电视用红色发光材料，亮度虽高，但余辉很短。少量 Ln 作为杂质中心加入晶体后，在晶体中形成了陷阱能级，而表现出良好的长余辉特性。

Y_2O_2S：Eu，Ln 材料的激发光谱由位于 260nm 和 330nm 的两个宽带组成，紫外光可有效地激发材料发光。发光光谱为 Eu^{3+} 的 f—f 跃迁引起的 4 组发光谱线，主谱线在 625nm，呈鲜艳的红色发光。

在 D_{65} 荧光灯的 1000lx 光照射 5min 后，Y_2O_2S：Eu，Ln 和传统的 CaS：Eu，Tm 的余辉亮度及余辉时间对比测试结果表明，新材料在激发停止 10min 后的余辉亮度 CaS：Eu，Tm 高 30 倍以上，余辉时间则可延长到 5h 以上，也远比 CaS：Eu，Tm 长。

Y_2O_2S：Eu，Ln 的应用特性也比硫化物系列材料优异。Y_2O_2S：Eu，Ln 在空气中经 700℃ 热处理 30min 后相对亮度才开始下降，这表明材料的温度特性优良。在水、5% 盐酸水溶液、5% NaOH 水溶液以及甲醇溶液中分别浸泡 Y_2O_2S：Eu，Ln 材料，即使材料在溶液中大部分溶解，余辉亮度也能大致维持。表明材料的耐水性、耐化学药品性也很好。对 Y_2O_2S：Eu，Ln 进行光老化加速试验，照射剂量相当于几年的太阳光，材料才有光老化。

作为第一代蓄光型发光材料的硫化物系列的工业化生产及其制品的应用是从 20 世纪初开始的。主要用于隐蔽照明和安全标识等。二次世界大战期间，苏联已广泛用在敌机空袭进行灯火管制期、通往防空洞的指示路标、重要单位和设备的指示照明（如发电厂厂房内通道、发电机组操纵部件及仪表的指示照明等）。20 世纪 60～70 年代，越南战争期间，也曾用 ZnS 蓄光材料制作的夜光涂料，涂覆在山区公路弯道的山体上，白天吸光、晚上发光，引导运输车能在夜晚安全通行。在当时的环境下，都起到了特定的作用、做出了特殊的贡献。这类材料及相关制品，能够对一些发光标识提供最低的亮度水平，以保证在室内和地下建筑中遇到灾害或突然切断电源的情况下，识别方向，便于人员疏散和逃离，其应用还是有实际意义的。但这类材料在衰减的前几分钟内，发光亮度急剧下降，有效持续发光时间不能满足实际应用的需求。为此，长时间来，人们通过多次努力，试图来改进、提高材料的余辉特性，但均未获得有实际意义的结果，也使其应用未能获得突破性进展，在一定程度上也淡化了蓄光型发光材料的地位和作用。

（2）铝酸盐体系蓄光型发光材料 通过对 Eu^{2+} 在不同结构中光谱特性的研究，得到的共同认识是 Eu^{2+} 在碱土铝酸盐中主要表现为 4f—5d 的跃迁，因 5d 电子处于没有屏蔽的外层裸露状态，因而受基质晶格的影响很大。对于碱土铝酸盐体系，虽然同属于鳞石英结构，但其晶体结构和晶胞参数存在明显差别，$MgAl_2O_4$：Eu^{2+}，Re^{3+} 属于立方晶系，$CaAl_2O_4$：Eu^{2+}，Re^{3+} 和 $SrAl_2O_4$：Eu^{2+}，Re^{3+} 属于单斜晶系，$BaAl_2O_4$：Eu^{2+}，Re^{3+} 属于六角晶系，这使得 Eu^{2+} 的发光和长余辉特性各不相同。显然，这些研究都在不同程度上对稀土离子激活的碱土铝酸盐体系的余辉行为给予了解释和推测，但目前一个完整、具有普遍指导意义的理论还尚未形成。通过添加附加激活离子和寻求最佳的发光基质结构延长余辉时间和提高发光亮度成了当今研究的热点。

目前铝酸盐体系达到实用化程度的蓄光型发光材料有人们较熟悉的发蓝紫光的 $CaAl_2O_4$：Eu，Nd，发蓝绿光的 $Sr_4Al_{14}O_{25}$：Eu，Dy 及发黄绿光的 $SrAl_2O_4$：Eu，Dy，它们都有优异的长余辉发光性能。并很快在人们生活、工艺品、防灾、消防、军事等方面得到广泛使用，目前市场最急需的是发光亮度高、余辉时间长的红色夜光粉，然而目前发光亮度及余辉最好的 Y_2O_2S：Eu，Mg，Ti，其发光时间也只有 5h，而且价格高达 800 元/kg，生产时产生 H_2S 气体，严重污染环境。这是目前国内外夜光粉企业需要克服的技术难题。20 世纪 90 年代开发的以碱土铝酸盐为基质的稀土长余辉发光材料，在稀土长余辉发光材料的发展历史上具有里程碑的意义。

铝酸盐体系蓄光发光材料在潮湿空气环境或紫外线照射条件下很稳定不易发生分解变黑，对人体无害、无毒。在阳光或人工光源短时间照射 10min 后，移开光源，在黑暗中能发射 520nm 的绿色荧光，其发光强度和余辉时间是传统硫化物发光材料的数倍以上，其余辉长达 10h 以上，具有无放射性、耐热性、抗氧化性、化学稳定性好和制备工艺简单、生产成本低等优点。

铝酸盐体系蓄光型发光材料的突出特点是余辉性能超群、化学稳定性好、光稳定性好。缺点是遇水不稳定、发光颜色不丰富。

① 材料的组成和制备 目前，铝酸盐体系蓄光型发光材料的研发集中在多种稀土离子激活的 $CaO\text{-}Al_2O_3$ 体系和 $SrO\text{-}Al_2O_3$ 体系，激活剂为 Eu_2O_3、Dy_2O_3、Nd_2O_3 等稀土氧化物，助熔剂为 B_2O_3。铝酸盐体系材料已由最初 $MeAl_2O_4$：Eu^{2+} 发展为：$SrAl_2O_4$：Eu^{2+}、Dy^{3+}、$Sr_4Al_{14}O_{25}$：Eu^{2+}，Dy^{3+}、$SrAl_2O_4$：Eu^{2+}，Nd^{3+}、$CaAl_2O_4$：Eu^{2+}，Nd^{3+}、$CaAl_2O_4$：Eu^{2+}，Tm^{3+}，La^{3+}、$CaAl_2O_4$：Eu^{2+}，Dy^{3+}、$BaAl_2O_4$：Eu^{2+}，Dy^{3+}、$MgAl_2O_4$：Eu^{2+}，Dy^{3+} 等系列。$Eu_2O_3\text{-}Al_2O_3$ 系统可以形成一种稳定的化合物 $Eu_2O_3 \cdot Al_2O_3$。$Dy_2O_3\text{-}Al_2O_3$ 系统则有 3 种稳定的化合物：$2Dy_2O_3 \cdot Al_2O_3$、$Dy_2O_3 \cdot Al_2O_3$、$3Dy_2O_3 \cdot 5Al_2O_3$。作为助熔剂的 B_2O_3，由于加入量不可能太多，在 $B_2O_3\text{-}Al_2O_3$ 系统最多形成 $2B_2O_3 \cdot 9Al_2O_3$，B_2O_3 的加入大大降低烧结温度。而 $CaO\text{-}Al_2O_3$ 体系和 $SrO\text{-}Al_2O_3$ 体系则可形成多种化合物，原料配比和烧结温度的不同都可能形成不同的化合物。林元华等研究认为，只要控制一定的 Al_2O_3/SrO 摩尔比和烧结温度，即可合成多种 $x\,SrO\text{-}y\,Al_2O_3$ 相，从而获得发光颜色从紫色到绿色的多种发光材料。

a. 基质组分的配比 $MeAl_2O_4$：Eu^{2+}，Dy^{3+} 中，碱土金属阳离子及激活剂离子同铝酸根中铝的物质的量的比为 $1/2=0.5$，$Sr_4Al_{14}O_{25}$：Eu^{2+}，Dy^{3+} 的这一比值为 $4/14=0.286$。实际配制炉料应考虑要小于上述比值，例如制备 $CaAl_2O_4$：Eu^{2+}，Tm^{3+}，La^{3+} 材料的报道中提出 Al_2O_3：$CaCO_3$ 的物质的量的比为 1.52：1，Eu^{2+} 的加入量为 0.5%（摩尔分数，下同），Tm^{3+} 为 0.4%，La^{3+} 为 0.45% 时，材料的发光亮度及余辉时间最好。上述配料中 $Me(Ca，Eu，Tm，La)$ 同 Al 的物质的量的比仅为 0.338，明显小于理论值 0.5。这表明制备铝酸盐材料的炉料中 Me/Al 的物质的量的比值应小于理论值。$MeAl_2O_4$：Eu^{2+} 的发光可归于电荷迁移，稍微过量的铝可使 $MeAl_2O_4$：Eu^{2+} 磷光体在紫外和阴极射线激发下有更强的发光，余辉也更强。铝的过量使 Sr^{2+} 空位，从而形成空陷阱晶格缺陷，加强发光。

b. 激活剂的浓度、种类 合成稀土荧光材料的原料要求较高，纯度一般在 99.99% 以上。激活剂、助熔剂、添加剂的纯度和配比对蓄光型材料的发光性能均会产生很大的影响。目前研究和报道能产生长余辉现象的激活离子主要为 Eu^{2+}，此外 Ce^{3+}、Tb^{3+}、Pr^{3+}、Mn^{2+} 等离子也存在长余辉现象。

Eu^{2+} 在碱土铝酸盐体系中主要表现为 d-f 宽带跃迁发射，因而发射波长随基质组成和结构的变化而变化，发射波长主要集中在蓝绿光波段，由于 Eu^{2+} 在紫外到可见区较宽的波段内具有较强的吸收能力，所以 Eu^{2+} 激活的材料在太阳光、日光灯或白炽灯等光源的激发下就可产生由蓝到绿的长余辉发光。

相对其他 3 价稀土离子，Ce^{3+}、Tb^{3+} 和 Pr^{3+} 离子的 5d-4f 跃迁能量较低，而且这 3 种离子容易形成 +4 价氧化态。它们的余辉发光需 254nm、365nm 紫外光或飞秒激光进行激发。用 254nm 或 365nm 紫外光激发，一般余辉时间较短，大约 1~2h。如用飞秒激光诱导激发，其余辉甚至可达 10h 以上。

Mn^{2+} 是迄今在氧化物体系中具有余辉现象的唯一过渡金属离子，在基质中一般表现为绿色发射，也可观察到红色发射，或者可同时观察到绿色或红色发射。Uheda 等人报道在 $ZnGa_2O_4$ 基质中 Mn^{2+} 产生 503.6nm 的长余辉发光，这是由于基质中存在的 Zn^{2+} 离子空位所致。

当激活剂离子为 Eu^{2+} 时，需要添加所谓的辅助激活剂（Auxiliary Activator），辅助激活剂即敏化剂，在基质中本身不发光或存在微弱的发光，但可以对 Eu^{2+} 的发光强度特别是余辉寿命产生极重要的影响。20 世纪 90 年代在氧化物体系中由于 Dy^{3+} 的引入而出现特长的余辉发光材料。现在发现的一些有效的辅助激活剂主要是 Dy^{3+}、Nd^{3+}、Ho^{3+}、Er^{3+}、Pr^{3+}、Y^{3+} 和 La^{3+} 等稀土离子和 Mg^{2+}、Zn^{2+} 等非稀土离子。这些辅助激活剂在基质中成为捕获电子或空穴的陷阱能级，电子和空穴的捕获、迁移及复合对材料的长余辉发光产生至关重要的作用。

一般而言，作为产生长余辉发光的激活剂离子主要是那些具有相对较低的 5d-4f 跃迁能量或具有很高的电荷迁移带能量的稀土和非稀土离子，如：Eu^{2+}、Tm^{2+}、Yb^{3+}、Ce^{3+}、Pr^{3+}、Mn^{2+}等，对于低价态激活离子一般需要添加辅助激活剂，辅助激活剂一般是那些能转换较稳定的＋4价氧化态的离子，如：Dy^{3+}、Pr^{3+}、Nd^{3+}等；或具有较复杂的能级结构的离子，如：Ho^{3+}、Er^{3+}等；或虽然没有能级跃迁或具有较合适的离子半径和电荷的离子，如：Y^{3+}、La^{3+}、Mg^{2+}、Zn^{2+}等；同时还要求基质中存在的陷阱深度要合适，以及具有合适的禁带宽度。

蓄光型发光材料通常都是通过主激活剂 Eu^{2+}，辅助激活剂 Re^{3+} 的加入量和材料的发光亮度、余辉时间的对应关系所得出的实验结果，来确定 Eu^{2+} 及 Re^{3+} 的最佳范围。

$SrAl_2O_4$：Eu^{2+}，Dy^{3+} 中，Eu^{2+} 的最佳浓度为 1%（摩尔分数，下同），Dy^{3+} 为 2%。

$SrAl_2O_4$：Eu^{2+}，Nd^{3+} 中，Eu^{2+}，Nd^{3+} 的最佳浓度均为 1%。

$CaAl_2O_4$：Eu^{2+}，Tm^{3+}，La^{3+} 中，Eu^{2+} 的最佳浓度为 0.5%，Tm^{3+} 为 0.4%，La^{3+} 为 0.45%。

$Sr_4Al_{14}O_{25}$：Eu^{2+}，Dy^{3+} 中，Eu^{2+} 的最使浓度范围为 $2\%\sim3\%$。Eu^{2+} 的浓度对发光亮度、余辉时间、发光光谱、发光材料体色等方面都有一定影响，Eu^{2+} 的最佳加入量应综合分析后来确定。

c. 助熔剂的影响　助熔剂是在发光体形成过程中起着帮助熔化和溶媒作用的物质，使激活剂容易进入基质，并促进基质形成微小晶体，常用的助熔剂材料有卤化物、碱金属和碱土金属的盐类。助熔剂的作用主要是降低基质形成晶体的烧结温度和促使激活剂进入晶格形成发光中心及陷阱中心。助溶剂的种类及其纯度都对发光性能有直接的影响。在铝酸盐蓄光型发光材料中，多选用硼酸（或 B_2O_3）作助熔剂，加入量在 10% 以内。

不选用硼酸作助熔剂的 $SrAl_2O_4$：Eu^{2+} 可具有很高的发光亮度，但余辉时间很短。选用硼酸作助熔剂制备的 $SrAl_2O_4$：Eu^{2+} 初始亮度很高，激发停止后的余辉亮度低于 $SrAl_2O_4$：Eu^{2+}，Dy^{3+}，而余辉时间却相近。这说明硼酸的加入还起着延长余辉的特殊作用。

材料的长余辉和晶体中存在着陷阱中心直接相关，硼酸所起的特殊作用显然和 Dy 的加入形成陷阱能级而引起的长余辉不同。很可能是硼酸在基质晶体形成的过程中造成了结构缺陷,这些结构缺陷可能形成陷阱能级,从而使 $SrAl_2O_4$:Eu^{2+} 也具有长余辉特性。

② 合成方法

a. 高温固相法 高温固相反应法是制备铝酸盐蓄光材料应用最早和最多的方法,至今,高温固相合成法仍是制备铝酸盐体系蓄光型发光材料的最重要途径。该法通过掺杂、引入共激活剂等手段来提高荧光体的发光强度和余辉时间。

合成发光材料时将 $SrCO_3$ 粉体、Eu_2O_3 和 Dy_2O_3 粉体,以及助熔剂充分预混,再加入 Al_2O_3 粉体混合均匀,经 1300℃ 还原烧成 1h,使 Eu^{3+} 变为 Eu^{2+}。或是将 Al_2O_3 粉体、Eu_2O_3 和 Dy_2O_3 以及助熔剂充分混合,再加入 $SrCO_3$ 粉体混合均匀,在还原气氛中 1300℃ 以上烧成。铝酸盐烧成温度高,最高温度可达 1600℃ 以上,烧成后物料经粉碎并过筛,即得到相应粒度、余辉时间不同的 $SrAl_2O_4$:Eu^{2+},Dy^{3+} 或 $Sr_4Al_{14}O_{25}$:Eu^{2+},Dy^{3+} 的发光粉体。

铝酸盐体系蓄光型发光材料需根据发光制品工艺对颗粒度的要求来确定烧结温度,以控制材料的颗粒粒径大小。如 1300℃ 下 3h 的烧结工艺,可使材料的平均粒径控制在 $15\mu m$ 左右。烧结温度高,基质结晶性好,颗粒粒径大。从提高发光亮度的观点来看,粒径愈大,发光亮度愈高,对于余辉时间也是这样。但用于制作某些发光制品时,粗颗粒必须球磨、分选,使平均粒径下降到 $15\mu m$ 左右,这又会大大降低材料的发光亮度。

发光材料可在弱还原气氛中 1300℃ 以上温度、3～5h 一次烧成。也可采用二次烧结方式,第一次在 1300℃ 以上的空气中烧结若干小时,形成有 Eu^{3+} 进入晶格位置的铝酸盐,第二次在低于1300℃ 的弱还原气氛中烧结几个小时,使铝酸盐中的 Eu^{3+} 还原成Eu^{2+},制成铝酸盐蓄光型发光材料。

可通过以下几种方法获得弱还原气氛:不加任何还原剂,在 N_2 中直接灼烧,使部分 Eu^{3+} 还原为 Eu^{2+};在一定比例的 N_2+H_2(8:2 或 9:1)的混合气流中灼烧还原;在适当流量的

$N_2 + NH_3$ 混合气流中，NH_3 进入高温区可分解为 N_2 和 H_2，新生的 H_2 还原效果好，且廉价安全，工业上多采用此法；在活性炭粉存在下进行还原（工业上亦有采用此法）；在一定比例的 $N_2 + Ar_2$ 气流中灼烧还原。

采用高温固相法所得 Eu^{2+} 激活铝酸锶蓄光材料，发射光从蓝到绿，峰值在 520nm 左右，初始亮度高，余辉时间长，文献报道，所得样品在暗室中放置 50h 后有清晰可见发光。

闫武钊采用 Li_2CO_3（AR）、$Al(OH)_3$（AR）、$MnCO_3$（CR）为原料，按 Mn^{4+} 掺杂（相对于 Al^{3+}）的原子数分数为 1％配比，混合研磨后，于 1350℃氧气气氛下（Mn^{2+} 充分氧化成 Mn^{4+}）烧结 8h，冷却到室温，成品 Li_5AlO_4 是玻璃状，其他都是粉末。高温固相法合成的 Mn^{4+} 掺杂的新型铝酸盐红色长余辉材料中 $LiAl_5O_8$：Mn^{4+}，Li_5AlO_4：Mn^{4+} 两种材料有红色余辉。Mn^{4+} 的发光是个宽带谱，材料在紫外区有强的吸收，发射谱范围可达 620～770nm，峰值在 675nm。

王育华等采用高温固相法合成了系列单相 $Ca_{(1-x-y)}Al_2O_4$：Eu^{2+}_x，Nd^{3+}_y（$0 \leqslant x \leqslant 0.045$，$0 \leqslant y \leqslant 0.0037$）粉末样品。具体方法是将原料 $CaCO_3$（99％）、Al_2O_3（分析纯）、Eu_2O_3（分析纯）和 Nd_2O_3（分析纯）按下面反应方程式的化学计量比准确称量，用玛瑙研钵研磨后，在 1400℃还原气氛（5％H_2、95％N_2）下保温 3h，然后将所得样品研碎，即得白色 $CaAl_2O_4$：Eu^{2+}，Nd^{3+} 发光粉，反应方程式如下：

$$(1-x-y)CaCO_3 + 2Al_2O_3 + \frac{x}{2}Eu_2O_3 + \frac{y}{2}Nd_2O_3 \longrightarrow$$

$$CaAl_2O_4 : Eu^{2+}, Nd^{3+} + CO_2 \uparrow$$

通过对 Eu^{2+}、Nd^{3+} 掺杂量与样品发光性能之间关系的研究发现，Eu^{2+}、Nd^{3+} 最佳掺杂量分别为 $x = 0.00125$ 和 $y = 0.0025$，并且 Nd^{3+} 对改善蓝色长余辉材料 $CaAl_2O_4$：Eu^{2+} 的余辉性能具有重要的作用。在最佳掺杂条件下，样品的余辉时间可达 1000min，初始亮度大于 1200mcd/m^2，60min 后发光粉的亮度仍然在 10mcd/m 以上。

根据高温固相法合成设备分类，目前国内主要有低氢还原、高氢还原、燃气炉三种工艺。比较上述窑炉工艺合成夜光粉性能发现，采用低氢还原合成的夜光粉具有初始发光亮度高、吸光快、粉体外观鲜艳等优点，然而低氢还原生产需要 5% H_2 气氛，其余部分为 N_2，所以生产时需要通过制氮机来获得 N_2，因此设备一次性投资较高；其次，低氢还原需要硅钼棒作为加热元件，硅钼棒耐瞬间大电流性能差，加热元件容易断，特别是近年来有色金属大幅涨价，生产维护成本较高；因此，采用该工艺生产的夜光粉成本较高。

燃气窑工艺的优点是成本低、升温快，一次进料 300~500kg，两天出炉，可根据销售订单随时开炉，操作方便。缺点是炉内温度分布不均匀，炉壁、炉膛产品发光亮度差异大。此外，因气体不完全燃烧，产品中容易引入黑点。因此不适合在高档标牌、发光膜产品中应用。

目前，NH_3 分解裂解 N_2-H_2 保护气氛的连续式隧道窑合成稀土夜光粉工艺，具有控温精确、炉内温度分布均匀、不污染产品、产品一致性好等优点，生产成本介于低氢还原与燃气炉之间。因此，该工艺已成为国内夜光粉的主要合成技术。

b. 化学沉淀法 沉淀法是指在包含一种或多种阳离子的可溶性盐溶液中，选择合适的沉淀剂（如 OH^-，$C_2O_4^{2-}$，CO_3^{2-} 等）或在一定的温度下使溶液发生水解后，形成的不溶性氢氧化物、水合氧化物或盐类从溶液中析出，经洗涤、热分解或脱水得到所需氧化物粉料的方法。共沉淀法可分为单相共沉淀法和混合物共沉淀法。

袁曦明等用共沉淀法制备长余辉发光材料 $Sr_4Al_{14}O_{25}$：Eu^{2+}，Dr^{3+}。研究结果表明铝元素的加入形式不同，得到前驱体的组成不一样，对最终产物的发光性能有明显的影响，以 $Al(OH)_3$ 较好；加草酸作沉淀剂时，pH 应控制 4 左右。

李晓云等首次用共沉淀法制备出发射绿色荧光材料 $SrAl_2O_4$：Eu^{2+}。实验结果表明，当 pH 值在 8~9 时有利于 Al^{3+}、Sr^{2+} 和

Eu^{3+} 的完全沉淀；在 900～1300℃的合成温度范围内，虽然都能合成 $SrAl_2O_4$：Eu^{2+} 荧光粉，但荧光粉的亮度随着合成温度的升高而增强，其原因可能是因为随着合成温度的升高 Eu 进入 $SrAl_2O_4$ 晶格的量增加。

袁赵欣等利用共沉淀法成功地制备出 $Sr_4Al_{14}O_{25}$：Eu^{2+}，Dr^{3+}，并研究了加入 H_3BO_3 对粉体的相组成、晶体结构、发光性能与长余辉特性的影响。实验结果表明加入的 H_3BO_3 大部分不进入晶格。

张勤勇等在实验中将 Eu_2O_3、Dy_2O_3 分别用浓硝酸溶解配成一定浓度的 $Eu(NO_3)_3$ 和 $Dy(NO_3)_3$ 溶液。将 $Al(NO_3)_3 \cdot 9H_2O$ 和 $Sr(NO_3)_2$ 直接配制成一定浓度的水溶液，再将 $Eu(NO_3)_3$ 和 $Dy(NO_3)_3$ 溶液倒入 $Al(NO_3)_3 \cdot 9H_2O$ 和 $Sr(NO_3)_2$ 的混合溶液中充分搅拌混合。其中 Eu^{2+} 在 $SrAl_2O_4$：Eu^{2+}，Dy^{3+} 中的掺杂量在 1％～2％（摩尔比），Eu 与 Dy 摩尔比为 1：1。向此混合液中缓慢滴入饱和的草酸溶液，使 Sr^{2+} 完全沉淀，再向其中加入适量氨水，边滴边搅拌，控制溶液的 pH 值在 8～9 的范围内，使 Al^{3+}、Eu^{3+}、Dy^{3+} 完全沉淀，再向溶液中加入少许 $(NH_4)_2CO_3$ 饱和溶液，将沉淀静置 24h，抽滤，在一定的温度下烘干，制得前驱体。向前驱体中加入一定量的 H_3BO_3，球磨后在 850℃ 空气中进行预烧，将预烧后的粉料在还原气氛（90％N_2＋10％H_2）中于 1100℃温度下烧结，保温 2h 得到 $SrAl_2O_4$：Eu^{2+}，Dy^{3+} 样品。实验中所用的 $Al(NO_3)_3 \cdot 9H_2O$、$Sr(NO_3)_2$、$(NH_4)_2CO_3$、$H_2C_2O_4$、H_3BO_3、HNO_3、$NH_3 \cdot H_2O$ 均为分析纯，Eu_2O_3、Dy_2O_3 为光谱纯。

共沉淀法与高温固相法相比，优点是通过沉淀条件的控制可以使不同金属离子尽可能同时生成沉淀，保证了复合粉料组分的均匀性、活性和粒度且质量稳定成本较低；缺点是对原料的纯度要求较高，合成路线相对较长，周期长，极易引入杂质。

c. 水热合成法　水热合成法利用在高压下绝大多数反应物部分溶于水的特点而使反应在液相或气相中进行。印度的 T. R. N. Kutty 等将 Eu^{3+} 的 $Al_2O_3 \cdot xH_2O$（$2 \leqslant x \leqslant 10$）凝胶与

$SrCO_3$ 分解制得的 SrO 粉体与充分混合，该混合浆液同含游离 CO_2 的蒸馏水一起，装入高压釜中，在 $240\sim250℃$ 维持 $6\sim8h$，将反应析出的沉淀洗涤、干燥后在 $850\sim1150℃$ 于 N_2+H_2 流中处理，得到磷光体产品，主要相结构通式为 $Sr_nAl_2O_{3+n}$，Eu^{2+}（$n=1$）的一系列荧光材料。

该法制得的 $SrAl_2O_4$：Eu^{2+} 荧光体的发射光谱与高温固相法制品基本一致，发绿光时量子效率可达 $0.62\sim0.75$，颗粒较细，在 $0.2\sim0.3\mu m$。

该法的优点是合成温度低，条件温和，产物缺陷不明显，体系稳定。水热法容易生成副产物，改变了发光性能，所得产物的发光强度较弱，有待改善，因而此法目前只适合实验研究。

d. 燃烧合成法　针对高温固相反应法制备的蓄光材料粒子较粗及粉碎后晶型遭受破坏而使发光亮度大幅下降的缺点，人们使用了燃烧法合成铝酸盐蓄光材料。1990 年印度的 J. J. Kingsley 等将 Eu_2O_3、共激活剂、$SrCO_3$、Al_2O_3 按化学计量配成溶液并混合，再加入适量硼酸和尿素，待溶解后迅速移入预热至 $500\sim700℃$ 的炉中。溶液沸腾、起泡，逸出大量气体，进而燃烧（火焰温度可达 $1600℃\pm20℃$），几十秒后，即得泡沫状 $SrAl_2O_4$ 材料。

近来，国内已开展燃烧法合成 $SrAl_2O_4$：Eu^{2+}，Dy^{3+} 的研究，取得不少成效。受 Kingsley 启发，研究人员将此法用于长余辉材料的制备，成绩显著。1997 年，王惠琴采用燃烧法，选用 $Sr(NO_3)_2$、$Al(NO_3)_3\cdot9H_2O$ 和 Eu_2O_3，按化学组分比称量混合，并加入少量水和适量尿素，在 $900℃$ 下快速合成产物，时间 $3\sim5min$，经过 N_2+H_2 气氛于 $1150℃$ 二次还原，得到发光材料。

1998 年，苏锵等于 $600℃$ 下快速燃烧一次合成绿色发光材料 $Ce_{0.67}Tb_{0.33}MgAl_{12}O_{20}$；1999 年陈仲林等也采用此法一次合成了 $SrAl_2O_4$：Eu^{2+}，Dy^{3+}，整个过程 $3\sim5min$，产物为白色疏松体。

梁敏等通过沉淀-燃烧法合成了 $SrAl_2O_4$：Eu^{2+}，Dy^{3+} 长余辉材料，即先用沉淀剂将溶液中的金属离子沉淀出来，形成一种沉淀混合液，然后直接将混合液置于燃烧反应炉中，在一定温度下点火进行燃烧反应，整个反应 $3\sim5min$ 完成。$SrAl_2O_4$：Eu^{2+}，Dy^{3+}

长余辉材料的发射光谱为宽带谱，峰值分别为 368nm、518nm。这种方法能耗低、反应迅速、工艺简单，且合成的粉体疏松多孔，发光亮度高达 $18700mcd/m^2$，余辉时间长，在黑暗中放置 9 天仍可见明显的发光现象。

燃烧法的优点是所需炉温较低，产品纯度高，合成的磷光体不结团，容易粉碎，磨细以后发光亮度下降不大。燃烧法与高温固相反应法相比，具有省时和节能等优点，是一种很有应用前途的发光材料制备方法。其缺点是在制备过程中伴有大量的氨等气体逸出，这些气体会对环境产生污染。此外，所制备材料的发光亮度比高温固相反应法产物的发光亮度要小。燃烧合成法中原料配比对产物晶相种类及结构的影响尚需进一步确定，产品性能有待提高。但因其不需球磨，快速、节能、操作简单而具吸引力，仍是学者研究的努力方向。

e. 微波法　微波法是近 10 年迅速发展的一种新合成方法。该法是将配好并混合均匀的炉料装入坩埚，置于微波炉加热一定时间，冷却后即可得到成品。微波法的特点是快速、省时、耗能少，仅需 20～30min，操作简便，试验设备简单，周期短，结果重现性好；产品疏松、粒度小，分布均匀；发光性能不低于常规方法。微波法有较好应用价值，缺少适合工业化大生产的微波窑炉是阻碍其发展的最大障碍。

f. 溶胶-凝胶法　该方法可在较低温度下合成产品，且产品均匀度好，粒径小，是一种有效的软化学合成法。用此法已成功地合成了铝酸盐蓄光材料。具体合成过程为：采用的母体材料是含有铝的有机化合物溶液，配以 Sr、Eu、Dy 的硝酸盐，再加入适量 H_3BO_3、水和催化剂，在溶液中静化 48h 以上，形成凝胶，经干燥、灼烧除去有机物后，再经 N_2+H_2 弱还原气氛或活性炭烧结还原得到蓄光型发光材料。

溶胶-凝胶法制备的发光材料可通过烧结温度很好地控制产品的颗粒度和颜色，对发光性能有一定的影响，此方法使材料的发光带窄化，提高发光效率。

袁曦明等利用溶胶-凝胶法制成 $SrAl_2O_4：Eu^{2+}$，Dy^{3+} 体系长余辉发光材料，选用柠檬酸合成前驱体柠檬酸盐，确定煅烧温度为1200～1250℃，比一般高温固相法煅烧温度降低了200℃，制备的铝酸锶（$SrAl_2O_4$：Eu^{2+}，$SrAl_2O_4$：Eu^{2+}，Dy^{3+}）体系长余辉体发光材料与高温固相法制备的产物相比，发射光谱出现明显"蓝移"现象，但随着烧结温度增加，发射光谱出现了小范围"红移"现象。可见溶胶-凝胶法和高温固相反应法相比较，由于前驱体达到原子级水平的均匀混合，获得纯相产品且产品均匀性好，粒径小，使溶胶-凝胶法成为一种新的合成发光材料的方法，越来越受到人们的关注。Yiqing Lu 等提出一种新的溶胶-凝胶法制备出$SrAl_2O_4$：Eu^{2+}，Dy^{3+}，产品晶粒更小，可以达到纳米级。溶胶-凝胶法的关键是减缓水或水-氢氧络合物的水解速率，制备出即使pH 值增大条件下也稳定的前驱液。袁曦明等人指出，影响发光体材料性能的因素有：有机酸螯合剂与水的用量、pH 值、反应温度和凝胶的干燥情况。

（3）硅酸盐体系蓄光型发光材料　铝酸盐体系蓄光型发光材料存在耐水性稍差、发光色较单一、对原材料纯度要求高、生产成本高等缺点，因此，人们开发应用了以硅酸盐为基质的发光材料，这类材料有良好的化学稳定性和热稳定性，而且二氧化硅原料价廉、易得，烧结温度相对铝酸盐体系低100℃以上，与陶瓷玻璃等的相容性好于其他长余辉材料，因而具有广阔的应用前景。已开发的硅酸盐荧光粉主要用于飞点扫描用的绿粉，也用于大屏幕彩色投影电视使用的绿粉。硅酸盐体系荧光材料已经发展成为一类应用范围广的、重要的光致发光材料和阴极射线发光材料。

① 主要体系种类

a. Mn 掺杂的 Zn_2SiO_4 蓄光型发光材料　Mn 掺杂的 Zn_2SiO_4是一种高效绿色荧光体，因其色纯度高，化学稳定性好，亮度高，被广泛应用于阴极射线管、荧光灯等。Zn_2SiO_4：Mn 从 20 世纪30 年代就被实际应用，在真空 UV 辐射、短波 UV 光子和电子束激发下，发射纯度很高的强绿光，发射峰位于 525nm 处。Zn_2SiO_4可以通过改变掺杂离子，而发出其他颜色的光，比如掺 Eu^{3+} 可发出红光，掺 Eu^{2+} 和 Ce^{3+} 可发蓝光，掺 Tb^{3+} 也可以发绿光。

1975 年日本首先开发了硅酸盐长余辉材料 Zn_2SiO_4：Mn，As，其余辉时间为 30min。硅酸盐体系长余辉材料发光颜色多样，其中铈、镝激活的焦硅酸盐蓝色发光材料性能优于铈、钕激活的铝酸盐蓝色发光材料。在所有锰激活的硅酸盐发光材料中，均是短余辉，Mn^{2+} 的含量明显影响其余辉时间，降低 Mn^{2+} 含量能延长余辉时间。加入微量 As 后，发光余辉最高可达 30min。As 含量虽小，但对人体有害，所以至今仍未见到这一材料的应用报道。

传统方法制备 Zn_2SiO_4：Mn 中固相合成是制备该晶体的主要方法，反应过程经过粉碎、研磨、球磨、高温烧结，周期时间长，很难控制掺杂金属离子的分布和颗粒的形貌，为了克服固相合成的缺点，大量新的制备方法被用来制备 Zn_2SiO_4：Mn，包括溶胶-凝胶法、聚合体先驱物法以及水热合成法。

Zn_2SiO_4：Mn，As 的制备和 Zn_2SiO_4：Mn 制备工艺相同，只是在配料中加入了少量砷化合物。原料为 ZnO、SiO_2、$MnCO_3$ 和 As_2O_3，按一定比例称量混合后，在 1100~1200℃下经数小时烧结后，就得到 Zn_2SiO_4：Mn，As 长余辉材料。如果一次烧结不充分，发光亮度较低，可进行第二次烧结，不仅使发光亮度达到最大值，而且可以改进稳定性。

b. 含镁硅酸盐蓄光型发光材料 作为发光材料的三元硅酸盐体系的研究主要集中在焦硅酸盐和含镁正硅酸盐，许多高效发光材料是 Eu^{2+} 激活的碱土硅酸盐，三元硅酸盐体系的化合物更是种类繁多。将 $MO\text{-}ZnO\text{-}SiO_2$（M＝Ca，Sr，Ba）和 $MO\text{-}MgO\text{-}SiO_2$（M＝Ca，Sr，Ba）体系对应比较可知，Mg 较 Zn 更容易与碱土金属形成硅酸盐化合物，除焦硅酸盐和含镁正硅酸盐外，其他三元硅酸盐体系的化合物主要用途不是长余辉方面。钙镁硅酸盐是长余辉材料中一类常见而且重要的基质材料。

$M_2MgSi_2O_7$：Eu^{2+}，Dy^{3+} 和 $M_3MgSi_2O_8$：Eu^{2+}，Dy^{3+} 蓄光型发光材料主要特点有：化学稳定性好，耐水性强；扩展了材料发光颜色范围；在陶瓷行业等领域的蓄光型发光制品要优于铝酸盐体系。

1992 年，肖志国等人成功研制出数种耐水性好、紫外辐照性稳定、发光色多样、余辉亮度较高、余辉时间较长的硅酸盐体系蓄光型发光材料，其主要化学成分表示为：aMO·bNO·cSiO$_2$·dR：Eu$_x$，Ln$_y$，其中 M、N 为碱土元素；R 为 B$_2$O$_3$、P$_2$O$_5$ 等助熔剂，Ln 为稀土或过渡元素；a，b，c，d，x，y 为摩尔系数，其中：$0.6 \leqslant a \leqslant 6$，$0 \leqslant b \leqslant 5$，$1 \leqslant c \leqslant 9$，$0 \leqslant d \leqslant 0.7$，$0.00001 \leqslant x \leqslant 0.2$，$0 \leqslant y \leqslant 0.3$。该材料在 500nm 以下短波光激发下，发出 420～650nm 的发射光谱，峰值为 450～580nm，发射光谱峰值在 470～540nm 之间可连续变化，呈现蓝、蓝绿、绿、绿黄或黄颜色长余辉发光。目前研究较多的发光基体有 Sr$_2$MgSi$_2$O$_7$、CaMgSi$_2$O$_6$、Ca$_2$MgSi$_2$O$_7$、Ca$_3$MgSi$_2$O$_8$、Ba$_2$MgSi$_2$O$_7$ 等，激活剂有 Eu、Dy 和 Nd 等。

20 世纪 90 年代以来，宽激发带发光材料越来越受到人们的关注。硅酸盐为基质的发光材料激发光谱半高宽超过 100nm，并具有良好的化学稳定性和热稳定性，应用范围大大拓展。而且高纯二氧化硅原料价廉、易得，灼烧温度比铝酸盐体系低 100℃以上。2008 年夏威等报道了 M$_2$MgSi$_2$O$_7$：Eu，Dy(M＝Ca，Sr) 宽激发带发光材料，最长余辉发光时间可达 20h，发光颜色覆盖从（469nm 的）蓝色光区到（535nm）的黄色光区。采用高温固相法合成了系列新的宽激发带发光材料 M$_2$MgSi$_2$O$_7$：Eu，Dy（M＝Ca，Sr）。特别是 Eu，Dy 共掺杂的 Sr$_2$MgSi$_2$O$_7$ 长余辉发光材料，余辉时间达 5h 以上；Eu^{2+}，Ln 共激活的镁黄长石结构的焦硅酸盐化合物余辉时间可达 10h 以上。

夏威等在合成材料时按化学计量比 $2(\text{Sr}_x\text{Ca}_{1-x})$ O·MgO·2SiO$_2$：Eu，Dy（$x=1$，简称 SB；$x=0.5$，简称 SBG；$x=0$，简称 SY）准确称取碳酸锶、碳酸钙、二氧化硅、氧化镁等原料，添加 5%（质量分数）的 H$_3$BO$_3$ 做助熔剂，采用固相反应法合成该硅酸盐发光材料 M$_2$MgSi$_2$O$_7$：Eu，Dy(M＝Ca，Sr)，反应在流速为 0.9m^3·h^{-1} 的 10%H$_2$＋90%N$_2$ 混合气流中进行，灼烧温度为 1210～1280℃，保温 2h，产物研细后过 325 目筛得到 M$_2$MgSi$_2$O$_7$：Eu，Dy(M＝Ca，Sr) 宽激发带发光材料。

2008 年陈永虎等利用高温固相反应法制备了一系列 Dy^{3+} 掺杂

的钙镁硅酸盐 $Ca_xMgSi_2O_{5+x}$：Dy^{3+}（$x = 1$，2，3），并在低压汞灯辐照后获得了来自 Dy^{3+} 的白色长余辉发射。

周永强等对硅酸盐长余辉发光材料做了较系统的研究。以 $SrCO_3$，$CaCO_3$，$4MgCO_3 \cdot Mg(OH)_2 \cdot 5H_2O$，$SiO_2$ 等为原料，用高温固相烧结法合成了发光性能良好的 $Sr_{2-x}Ca_xMgSi_2O_7$：Eu^{2+}，Dy^{3+} 长余辉发光材料，借助于 X 射线衍射和荧光光谱等研究手段对其进行了分析和表征，探讨了 Ca^{2+} 取代 Sr^{2+} 和稀土离子的掺入量及固相反应温度、时间对其发光性能的影响。结果表明：$Sr_{2-x}Ca_xMgSi_2O_7$：Eu^{2+}，Dy^{3+} 长余辉发光材料的较佳烧成温度为 1250～1300℃，烧成时间为 3h 左右；其物相单一，只含有与四方晶系的 $Sr_2MgSi_2O_7$ 晶相相同的固溶体 $Sr_{2-x}Ca_xMgSi_2O_7$ 相；紫外光和日光均可使其激发发光，随着钙取代锶量的增大，其发射峰逐渐向长波方向移动，发光颜色由蓝绿色变成黄色，但其发光性能变差。钙的取代量为 0.5mol 以下样品的发光性能良好，余辉时间可达 13h 以上。

② 硅酸盐体系长余辉材料的制备方法　硅酸盐体系长余辉材料原来主要采用高温固相烧结法制备。这种方法原料混合不均、烧结温度高、能耗大、需球磨才能制成粉体、粉磨愈细、发光强度愈低、粉体粒径大、分布宽。随着长余辉材料开发利用的不断深化和其新用途的开拓，普通的粉状产品已不能满足要求，科技含量和附加值高的超细级、纳米级发光粉需求在不断地增加，愈来愈受到重视。溶胶-凝胶法是一种能在较低的温度下制备超细级、纳米级发光粉体的方法，这种方法具有反应物均匀度高，反应过程易于控制，合成温度低，产物纯度高，粉体颗粒细等优点。周永强，刘海涛等以正硅酸乙酯、硝酸盐等为原料，采用溶胶-凝胶法制备出 $Ca_2MgSi_2O_7$：Eu^{2+}，Dy^{3+} 长余辉发光粉。

以 $Ca_{2-x}MgSi_2O_7$：xEu^{2+}，$2xDy^{3+}$（$x = 0.005$、0.01、0.03）为各种原料用量的计算基准。在实验中，控制不同的加水量（加水量用水与正硅酸乙酯的摩尔比 R 表示）R 值、pH 值以及水解温度进行多次实验，确定前驱体的最佳制备条件，制备出凝胶前驱体。然后，控制不同的烧成温度和时间，合成出 $Ca_2MgSi_2O_7$：

Eu^{2+}，Dy^{3+} 粉体。具体制备过程为：准确量取正硅酸乙酯，加入无水乙醇溶剂中制成均匀溶液。再准确称取 Eu_2O_3 和 Dy_2O_3，用适量浓硝酸溶解，加入硝酸钙、硝酸镁、硝酸锶、硼酸及一定体积的去离子水制成均匀溶液。将两种溶液缓慢混合，调节 pH 值，制成均匀透明的溶胶，溶胶在 50℃ 恒温水浴中形成湿凝胶，湿凝胶置于干燥箱中在 110℃ 干燥 24h 左右得到干凝胶。将干凝胶研磨 2h 后装入刚玉坩埚中，然后，在放入装有碳粉的大坩埚中，并放进箱式电阻炉内，于设定温度进行烧结制得 $Ca_2MgSi_2O_7$：Eu^{2+}，Dy^{3+} 长余辉发光粉。

23.3.3 上转换无机发光材料

大部分发光材料遵循斯托克斯定律，即发射光谱位于比激发谱低的能量区，也就是说，发射光谱中最大强度对应的波长相对于激发光谱中最大强度对应的波长而言向长波方向移动，这种现象称为下转换。光致发光材料中，先吸收长波然后辐射出短波的材料称为上转换材料，其特点是所吸收的光子能量低于发射的光子能量，这种现象违背 Stokes 定律，因此又被称为反 Stokes 定律发光材料。

上转换发光过程是指材料吸收较低能量光子发出较高能量光子的过程，上转换材料能够在红外辐射激发下发射出可见光，甚至紫外光，上转换材料所具有的这一特殊性质使其在红外光的显示材料如夜视系统材料、红外量子计数器、发光二极管以及光纤通讯技术、纤维放大器、显示技术与防伪等诸多领域具有广泛的应用前景，自 20 世纪 70 年代以来就引起了研究人员的极大关注。

上转换材料主要是掺稀土元素的固体化合物，利用稀土元素的亚稳态能级特性，可以吸收多个低能量的长波辐射，经多光子加和后发出高能的短波辐射，从而可使人眼看不见的红外光变为可见光。上转换发光的产生机制主要有能量传递上转换、激发态吸收上转换和光子雪崩上转换。上转换材料通常包括激活剂、敏化剂和基质。目前高效的上转换材料研究较多的是以 Yb^{3+} 为敏化剂、以 Er^{3+} 为激活剂。

(1) 含氟化合物材料体系　金属氟化物具有低声子能量和宽波

长范围的光学透过性，因此可以作为上转换材料的有效基质。其中稀土离子掺杂的金属氟化物被广泛应用于激光器、光通信、显示器等领域。

利用稀土离子在氟化物中的上转换特性，可以获得许多可在室温下工作的上转换材料或激光器。氟化物基质材料具有以下优点：氟化物玻璃从紫外到红外（$0.3 \sim 7 \mu m$）都是透明的；作为激活剂的稀土离子能很容易地掺杂到氟化物玻璃基质中去；与石英玻璃相比，氟化物玻璃具有更低的声子能量（约 $500 cm^{-1}$）。

氟化物上转换材料从化合物组成来分析大体有以下类型。$Ce_2GeF_6：2\% Re^{4+}$ 晶体材料，以溶液化学法制得，具有高分辨吸收，近红外激发源 $11000 cm^{-1}$，$17000 cm^{-1}$ 处产生有效的可见上转换发光；Nd^{3+}：氟砷酸盐玻璃，激发源 802nm 和 874nm，上转换成蓝光和红光，目前此体系中稀土掺杂的上转换行为研究得较少；Er^{3+}：氟氧化物玻璃（Al_2O_3，CdF_2，PbF_2，YF_3：Er^{3+}），激发源 975nm，上转换发光 545，660 及 800nm。另外 Nb^{3+}：$Pb_5M_3F_{19}$，其中 M 为 Al，Ti，V，Cr，Fe，Ga；Pr^{3+}：K_2YF_5；Tm^{3+}：ZBLAN 玻璃等均是较好的上转换材料。在氟化物玻璃掺杂的稀土离子当中，Er^{3+} 是一种较有效的上转换离子。Er^{3+} 掺杂的氟化铟、氟锆酸盐、氟磷酸盐玻璃都显示了较好的绿光上转换特性，Er^{3+} 掺杂的硫系玻璃最近也有报道。AlF_3 基玻璃是一种在化学稳定性、机械强度等方面优于 ZBLAN 的氟化物玻璃系统。在氟铝（AYF）、氟锆铝（AZF）玻璃系统中高掺杂（ErF_3 的掺杂摩尔比大于 3%）的上转换性能也有相应的报道。稀土掺杂氟化物晶体、玻璃材料等具有高的发光效率被人们所广泛研究和应用，但具有制备复杂、成本高环境条件要求严、难以集成等缺点。稀土掺杂氟化物薄膜克服了以上块状材料的不足，如在 CaF_2（111）的基片上形成掺 Er^{3+} 的 LaF_3 薄膜，能将 800nm 的光上转换至 538nm 处发出高强度的光。此外，氟化物薄膜还可方便地做成上转换波导器件等。

（2）**卤化物材料体系** 主要是掺杂稀土离子的重金属卤化物，其较低的振动能进一步降低了多声子弛豫过程的影响，增强了交叉弛豫过程，提高了上转换效率。因此，此类化合物在上转换激光及磷光体材料的应用中具有相当的潜力。对于 $Cs_3Re_2X_9$ 类化合物（Re 为稀土离子，X 为 Cl，Br，I），Er^{3+}：$Cs_3Lu_2Br_9$ 将激发波长 980nm 上转换至 500nm 的可见蓝绿光；Yb^{3+}：$Cs_3Re_2X_9$ 能将 1500nm 上转换至可见区域。目前，趋向于与硫化物联合使用，如 Pr^{3+}：GGSX 玻璃（GeS_2-Ga_2S_3-CsX）。

（3）氧化物材料体系 氧化物上转换材料虽然声子能量较高，但制备工艺简单，环境条件要求较低，其上转换材料组成有如下类型。

溶胶-凝胶法制得的 Er^{3+}，Yb^{3+} 共掺杂的多组分硅酸玻璃材料，可将 973nm 近红外光上转换成橘黄色光。Er^{3+} 因其能够有效的被 800nm 和 980nm 红外光激发，在紫外到近红外很宽的波段范围内具有丰富的发射能级，Er^{3+} 在上转换发光材料中普遍的充当发光中心，作为上转换发光的激活离子已经在玻璃、单晶等多种材料体系中实现了高效率的上转换发光。基质的选择取决于声子能量。声子能量是晶格振动能，当声子能量同激发或发射频率相近时，晶格会吸收能量使发光效率下降，因此做基质的材料必须具有较低的声子能量，才能使发射光不被减弱。Y_2O_3 具有良好的化学和光化学稳定性、高的熔点、易于实现稀土离子掺杂等优点，早已做为发光基质材料而广泛应用于荧光粉、电致发光器件、X 射线激发发光材料等领域。Y_2O_3 还具有较低的声子能量，约为 $430\sim500\text{cm}^{-1}$。因此，Y_2O_3：Er^{3+} 是一种高效的上转换发光材料。Y_2O_3：Er^{3+} 纳米粒子的制备及上转换发光性质研究已有报道。溶胶-凝胶法得到的掺 Tm^{3+} 硅酸盐玻璃能将红光转换成蓝光。Pr^{3+}：GeO_2-PbO-Nb_2O_5 玻璃，能将 2500nm 以下的近红外光进行上转换。$Nd_2(WO_4)_3$ 晶体，在室温下可将 808nm 激光上转换成 457nm 及 657nm 处发光。Er^{3+}：YVO_4 单晶，室温下将 808nm 激光上转换为 550nm。Sm^{3+}：$Y_3Al_5O_{12}$ 晶体，在室温下能将 $925\sim950\text{nm}$ 激发光上转换至可见区域。以 TeO_2 为玻璃形成体氧化物，加入调整剂及掺杂 Er^{3+}，可将近红外光转为可见光。另外 Ho^{3+}/Er^{3+}：$LiTaO_3$/$LiNbO_3$ 等上转换材料也有研究报道。

(4) 含硫化合物材料体系　此类材料与氟化物材料一样具有较低的声子能量，但制备时须在密封条件下进行，不能有氧和水的进入。Pr^{3+}/Yb^{3+}-Ga_2O_3：La_2S_3 玻璃，在室温下能将 1064nm 激发光上转换至 480～680nm 区域，Pr^{3+} 是上转换离子，Yb^{3+} 是敏化剂。磷光体材料 CaS：Eu，Sm 和 CaS：Ce，Sm，均在室温下能将 1064nm 激发光上转换至可见光区域，且转换效率较高，分别为 76％和 52％。另外，还有稀土掺杂的磷酸盐非晶材料体系、氟硼酸盐玻璃材料体系及碲酸盐玻璃体系等。

第❷❹章 无机抗菌材料

24.1 无机抗菌材料定义及其分类

24.1.1 无机抗菌材料的发展概况

人类是在与细菌的斗争中不断成长壮大的,从古到今,人们从未停止过寻找最有效的方法,来战胜各种危害我们生存的细菌与病毒。古埃及人很早就知道用银器来盛装食品,可以让牛奶保持的更久而不发生腐败。今天抗菌材料被世界各国公认为是跨世纪的健康环保材料,国际上对抗菌材料的大规模研发始于20世纪80年代,其中以日本最具有代表性,他们在抗菌材料的研究和应用方面走在世界的前列,无机抗菌剂的开发和应用在国际上居领先地位。

世界上最早研究的抗菌材料是应用在纤维织物上的,由有机锡、有机酸、酚等化学物质合成的有机抗菌材料,目前,随科学技术的进步,各种新型抗菌材料不断出现,包括无机系列、金属元素系列、氧化物、天然物和多种化合物类型的抗菌剂,已经广泛应用于衣、食、住等方面以控制有害细菌及微生物。自20世纪80年代后期出现了光催化氧化抗菌防臭技术后,将纳米技术和抗菌技术结合起来开发的纳米抗菌材料,与传统材料相比,其在电学、磁学、光学、热学、力学、化学和医学等方面拥有更优越的性能,陆续有多种抗菌材料产品如纳米 TiO_2、ZnO 等应用于纤维制品、木材、涂料、塑料、薄膜、金属、食品、化妆品、电话、计算机、文具、玩具等与人们日常生活密切接触的领域。

我国抗菌材料的研究起步较晚,在20世纪90年代后期,才逐步开始进行这方面的工作,近几年我国抗菌材料的研究开发和应用推广发展较快,企业和科研机构密切合作,在无机抗菌剂、复合抗菌剂及纳米抗菌材料的应用开发和产业化方面,都有了快速的发展。如抗菌陶瓷、抗菌塑料、抗菌纤维、抗菌冰箱等已经相继制定了一系列的行业标准及国家标准，并已运用到了实际生产和生活中，我国纳米材料技术的新发展，为抗菌材料行业的可持续发展提供了有利的条件。

24.1.2 无机抗菌材料的定义

（1）抗菌材料和抗菌剂 能够杀灭或抑制微生物生长繁殖及其活性的材料称为抗菌材料（Antibacterial Materials 或称 Antimicrobial Material）。在自然界中，有些材料本身有杀菌和抑菌的功能，这样的材料也就具有了抗菌性能，如一些无机金属化合物、有机合成化合物、天然矿物和天然产物。抗菌材料是具有杀菌、抑菌性能的新型功能材料，抗菌材料中的核心成分是抗菌剂，抗菌剂（Antibacterial Agent）是一些细菌、霉菌等微生物高度敏感的化学成分，将极少量的抗菌剂添加到其他普通材料中即可产生有抗菌功能的抗菌物质，可制成抗菌材料。通常在普通材料中添加或复合一种或几种特定的抗菌成分制得抗菌材料，如抗菌塑料、抗菌合成纤维、抗菌陶瓷等，抗菌剂也称为抗菌外加剂。抗菌剂可分为天然类、有机类和无机类，同时具有抗菌、净化空气和有益于健康的功能材料定义为健康环保功能材料，又称保健型抗菌材料，应用行业十分广泛。

（2）不同种类抗菌剂的特性

① 天然生物抗菌剂来源于自然界，人们通过提取、纯化获得，资源极其丰富，例如：壳聚糖、天然萃取物等。但因耐热性差和加工困难等问题，因此天然抗菌剂应用范围较窄，不能实现大规模市场化。

② 有机抗菌剂包括多种传统抗菌杀菌剂，以有机酸类、酚类、季铵盐类、苯并咪唑类等有机物为主要的抗菌成分，有机抗菌剂种类繁多，根据其用途通常可用作杀菌剂、防腐剂、防霉剂，有机抗菌剂杀菌力强、来源丰富，短期杀菌效果好，但存在毒性安全性较差、会产生微生物耐药性、耐热性较差、寿命短、易分解、难降解等特点受到限制，人们逐渐将研究方向转向了无机抗菌剂。

③ 无机抗菌剂一般含有银、锌、铜等金属离子成分和无机载体，如沸石、磷酸盐、羟基磷灰石、可溶性玻璃等，主要是利用银、铜、锌等金属本身所具有的抗菌能力，通过物理吸附或离子交换等方法，将银、铜、锌等金属（或其离子）固定于沸石、硅胶等多孔材料的表面或孔道内，然后将其加入到制品中获得具有抗菌性

的材料,通过缓释作用以提高抗菌长效性,具有耐热性好、抗菌谱广、有效抗菌期长、毒性低、不产生耐药性等优点,主要应用于纺织、塑料、涂料及陶瓷等方面。这些抗菌剂各有特色,各有其自己适合的应用领域,但是应用最为广泛的是银系无机抗菌剂。银离子的抗菌力很强,但其化学性质活泼,易转变为棕色的氧化银或还原成黑色的单质银,即出现变色。另外,大量使用银也会使抗菌材料的成本增高。因此,各种具有无毒、抗菌功效持久的无机抗菌材料不断被研发出来。

24.1.3 无机抗菌剂的分类

抗菌材料中有有机抗菌材料、无机抗菌材料和天然抗菌材料之分,天然抗菌材料的应用范围有限,有机抗菌材料的特点是抗菌效果起作用快,但持续时间较短,通常对环境和人体有伤害,并要求在较低的温度下使用(低于300℃),无机抗菌剂能克服有机抗菌剂缺点,耐高温,并可延长抗菌活性持续的时间。在一般生活环境中、在适宜细菌繁殖的条件下使用的抗菌材料,不单只是要强调起效快,而是要求抗菌作用是长效的,在人身安全方面要求也是重要的指标。

使用不同抗菌剂的抗菌材料发展很快,在适宜细菌繁殖的条件下,使用抗菌剂可以抑制细菌的生长发育。抗菌剂分为天然抗菌剂、有机抗菌剂和无机抗菌剂三大类。抗菌材料因种类不同而各有利弊,就环保和对人体健康来说,无机系列抗菌剂具有无污染、安全等优点,所以无机抗菌剂及其应用的研究、开发已成为抗菌领域的研究热点,同时也是无机功能材料研究的热点之一,抗菌剂特性比较见表24-1。

表 24-1 抗菌剂特性比较

抗菌剂	抗菌能力	抗菌范围	持久性	耐热性	耐药性	气味颜色	污染性	成本价格	安全性
有机系列	优	较好	较好	较好	较好	较好	较强	低	差
无机系列	较好	优	优	优	优	优	小	较低	优
天然系列	较好	优	差	差	差	较好	小	较高	优

作为无机抗菌材料的主要有金属系无机抗菌材料、氧化物及氧化物天然物系、氧化物光催化系等,其分类方法有很多种,无机抗菌材料分类见表24-2。

表 24-2　无机抗菌剂分类

抗菌剂类型	实　例
氧化物光催化材料	TiO_2、ZnO 等无机氧化物
含金属离子材料(含 Ag^+、Zn^{2+}、Cu^{2+} 负载到无机载体上)	磷酸锆、磷酸钙、沸石、黏土、SiO_2、活性炭、可溶性玻璃硅铝酸镁、羟基磷灰石等
金属氧化物	AgO、CuO、ZnO、MgO、CaO

　　还可以将无机抗菌材料按原料划分为抗菌金属、金属氧化物(Ag、Hg、Pb、Cu、Ni、Zn、Ti、Cd 之类的金属及其离子化合物)以及过碳酸钠盐、ClO_2 等非金属氧化物;按相态可分为气相(如 Cl_2)、液相(如 H_2O_2、$HClO$ 等)和固相 3 大类;如按组分可分为氯制剂和非氯制剂两大类。氯制剂包括 Cl_2、$HClO$、ClO_2、$HClO_3$ 及其钠盐等;非氯制剂主要有过氧化物、金属氧化物、环氧化物等。也可按抗菌作用的途径划分为离子溶出型及接触型无机抗菌材料。无机抗菌材料也可按所含主要金属分为:银系列、铜系列、锌系列、钙系列、钛系列、硅系列、硫系列、稀土系列等,无机抗菌剂和消毒剂的特性与用途见表 24-3。

表 24-3　无机抗菌剂与消毒剂的特性常用抗菌用途

名　称		用于纤维	用于皮革	木材防腐	涂料	纸和塑料	食品工业	食品保存	用于药品	用于农业	用于环境	消毒水	主要成分	毒性 LD_{50} /(mg/kg)	刺激性
无机抗菌剂	铜系			√						√			Cu	300	急性中毒
	锌系				√					√			Zn	2200	
	硫系									√			S	>1000	
	钙系	√			√					√			CaO	140	刺眼
	硅系	√	√		√	√						√	Si^{4+}	—	
	银系	√				√							Ag^+	>2000	
	稀土系	√		√	√	√	√	√	√	√	√	√	Ce^{3+}	—	
无机消毒剂	臭氧										√	√	O_3	0.04ppm	刺激眼
	氯化物					√	√	√				√	Cl	2500	
	碘化物					√							I	400	
	过氧化物					√	√					√	H_2O_2	1518	刺激眼
	硼酸						√					√	B	30~500	皮肤发疹

24.2 无机抗菌材料的抗菌机理

无机抗菌剂主要有两大类：一类是以无机化合物中含有抗菌性离子，如银、铜、锌等金属离子，此类抗菌剂根据其载体为沸石、磷酸复盐、硅胶、膨润土、可溶性玻璃等，引入抗菌离子的方法有离子交换法、熔融法和吸附法等。另一类是以 TiO_2 为代表的光催化类抗菌剂，此类抗菌剂的耐热性较一般无机抗菌剂高。但必须有紫外线照射、氧气或水的存在才能起到杀菌作用。无机抗菌剂现已经成为抗菌剂研究的主流产品，但由于一些具有抗菌能力的金属离子同时也具有较大的毒性，成本也较高，所以目前广泛采用的抗菌离子以银、锌两种最为常见，与铜相比，其对人体的毒性大小为：$Zn^{2+} > Cu^{2+} > Ag^+$；对病菌的致死能力为：$Ag^+ > Cu^{2+} > Zn^{2+}$。常用金属离子杀灭、抑制病原体的活性按下列顺序递减：$Ag^+ > Hg^{2+} > Cu^{2+} > Cd^{2+} > Cr^{3+} > Ni^{2+} > Pd^{2+} > Co^{4+} > Zn^{2+} > Fe^{3+}$。

24.2.1 无机抗菌材料抗菌机理

抗菌的目的是有效抑制微生物的生长繁殖，不一定要求立刻将全部的有害菌在短时间内杀死、杀光。抗菌剂能释放出对细菌、霉菌等微生物高度敏感的化学成分，它能通过物理作用或化学反应杀死附着在材料表面的微生物，达到抑制细菌生长的目的。一般无机抗菌剂根据抗菌剂类型的不同，主要有两种抗菌机理。

① 金属离子的溶出机理　在抗菌剂使用过程中，逐渐溶出的金属离子，与微生物体内蛋白质、核酸中存在的巯基（—SH）、氨基（—NH_2）等含硫、氨的官能团发生反应，破坏了细胞膜或细胞原生质中酶的活性，从而具有了抗菌能力。

② 氧化型抗菌机理　抗菌剂在水或空气中自行分解出自由电子（e^-）和空穴（h^+），由空穴激活空气中的氧产生活性氧和羟基自由基（·OH），其与微生物体内多种有机物发生氧化反应，破坏细菌结构，从而达到抗菌效果。

在日常生活中使用的其他无机消毒剂中，一般其成分中均含氯和过氧化氢，它们也能起到杀菌和消毒的作用。这两种物质都易分解，有一定的刺激性，不能长时间在光照下保存。

过氧化物的漂白机理：过氧化氢为无色溶液，不好贮运，可在应用时用过碳酸盐来制取。过碳酸钠是白色松散流动性颗粒，无味无毒，在冷水中溶解性好，去污力强，性质温和，溶于水后放出氧而起漂白、洗涤、杀菌作用，其强漂白与杀菌作用机理如下：

$$2Na_2CO_3 + 3H_2O_2 \longrightarrow 2[Na_2CO_3 \cdot H_2O] + H_2O + 3[O]$$

$$或\ 2Na_2CO_3 + 3H_2O_2 == [2Na_2CO_3 \cdot 3H_2O_2]$$

$$H_2O_2 == H_2O + [O]$$

在催化剂的作用下，过碳酸钠分解释放出活性氧变为氧气：

$$2[O] \longrightarrow O_2$$

含氯强氧化物的氧化分解机理：含氯的消毒剂常用于净化水，因氯气的活性和毒性都较强，一般可用以 ClO_2 代替，固态稳定性的 ClO_2 是可以在一定条件下缓慢释放出 ClO_2 的固体制品。它是一种高效多功能的杀菌消毒剂，稳定性 ClO_2 是将 ClO_2 稳定在惰性稳定剂溶液或某些固态物质中，形成含有一定有效浓度 ClO_2 的产品。液态稳定性 ClO_2 是无色或略带淡黄色、无味、无毒、无腐蚀性、不易燃烧、不易分解的水溶液，在使用前加入酸以后可被激活，产生出游离的 ClO_2；这种物质已被世界卫生组织列为 IA 级高效安全杀菌消毒剂，有些国家也称之为第四代杀菌消毒剂。ClO_2 的杀菌机理就是利用其自身的强氧化性，其杀菌反应为：

$$2ClO_2 + H_2O \longrightarrow HClO_2 + HClO_3$$

ClO_2 之所以备受人们青睐，是因为它是一种不产生致癌物的广谱环保型杀菌消毒剂，具有杀菌能力强、对人体及动物没有危害以及对环境不造成二次污染等优点。

24.2.2 抗菌与微生物

细菌在适宜的温度、水分和营养等环境条件下是以几何指数不断递增的，这些细菌和病毒生存在空气、水与固体材料表面上，快速繁殖的结果，几小时内繁殖速度就可高达 1 亿倍。人们每天无时无刻不在接触细菌，如呼吸的空气、流通中的纸币，都存在着大量的细菌，而且不可能随时对其进行消毒处理。有些物品虽然通过化学或物理消毒技术能够达到消毒的目的，但它们的作用可能是暂时的，在消毒后的物体表面很容易形成新的污染，因此特别需要选择各种不同用途的抗菌剂。在日常生活中，健康人群对细菌和病毒是有抵抗力的，但是，小孩、病人、老人、疲惫的人相对免疫力低，对各种病毒、细菌的抵抗能力较弱，因此感染各种疾病的机会增大。各种消毒和杀菌都应以预防为着眼点，以促进健康为目的来不断的实施。所以，我们有理由相信，针对各行业的抗菌制品将随着人们生活水平的提高和健康意识的增强而备受青睐，大力开发各种抗菌制品，将是今后促进健康发展的必然趋势。因此，要解决人们接触的所有部位，即空气、水、衣物、家具、生活用品、建筑材料表面等的细菌污染问题，采用各种抗菌剂的措施来减少接触细菌和病毒的机会，是十分必要的。

抗菌就是采用化学或物理方法杀灭细菌或妨碍细菌生长繁殖及其活性的过程，抗菌一般包括灭菌、杀菌、消毒、抑菌、防霉、防腐等相关过程，抗菌剂对细菌微生物的生长起到生物抑制剂作用，进一步细化出抗菌剂、防霉剂、防藻剂等功能。

（1）微生物及其分类　微生物（Microorganism Microbe）是一切肉眼看不见或看不清的微小生物的总称。它们都是一些个体微小（一般小于0.1mm）、构造简单的低等生物，绝大多数的微生物对人类和动植物是无害的，甚至是有益和必需的，如乳酸菌。自然界有许多物质循环就是靠微生物的代谢完成的。空气中氮气也依靠固氮菌等作用才能被植物吸收利用。但是也有小部分的微生物可以引起人类和动植物的病害，这些能导致人类或动植物疾病的微生物成为病原微生物，如造成非典流行的 SARS 病毒。微生物的分类与特性见表 24-4。

表 24-4　微生物分类及特点

特　点	大　小	观察方式	对应微生物种类
个体微小	微米级	光学显微镜下可见	细胞
	纳米级	电子显微镜下可见	细胞器、病毒
构造简单	单细胞 简单多细胞 非细胞		分子生物
进化地位低	原核类		细菌(真菌、古生菌)放线菌、蓝细菌、支原体、立克次体体、衣原体等
	真核类		真菌(酵母菌、霉菌)显微藻类
	非细胞类		病毒、亚病毒(类病毒、拟病毒、朊病毒)

以生活环境中的细菌为对象能抑菌和杀菌的功能材料，对抗菌作用来说，要求不是短期效应，而是有长期效果的功能材料，以满足生活环境在微生物学上的卫生要求，目前，对于公共卫生来说，应用最多，最有效、能长期抗菌的材料就是抗菌材料。

（2）与抗菌有关的基本概念

灭菌（Sterilization）既杀菌过程，指杀灭或清除传播媒介上一切微生物的处理过程。通过杀菌可在规定的温度、时间条件下，经细菌灭杀后使之达到商业无菌的过程。

消毒（Disinfection）杀灭或清除传播媒介上病原微生物，使其达到无害化的处理。抑菌（Bacteriostasis）采用化学或物理方法抑制细菌或妨碍细菌生长繁殖及其活性的过程。防霉（Antifungal）杀灭霉菌或妨碍霉菌生长繁殖及其活性的过程。

防腐（Antimicrobial）采取一定措施防止物品性能因微生物的破坏而下降的过程和技术。抗病毒（Antivirus）杀灭病毒或妨碍病毒生长繁殖及其活性的过程。

抗菌的过程也包括了防腐防霉等消灭各种有害微生物的过程，细菌和病毒同属于微生物，在自然界中微生物有多种存在形式，在这些微生物中，有对人类有益的细菌，也有对人类有害的细菌，如酵母菌是对人类有益的，赤痢菌是对人类有害的微生物。有害于生命或健康的化合物称为毒素（Poison），有害微生物会代谢产生出许多毒素，微生物放出的毒素为天然的毒素（Toxin）。对健康人来说，身体和皮肤的免疫力可防止毒素入侵，但抵抗能力弱时，必须采用不同的方法消灭细菌并借助抗菌材料的抗菌性以减少毒素对人和环境的破坏，抵抗病菌的侵袭。

（3）常见抑菌的方法　微生物一般是在材料表面开始生长的，在空气、土壤和水中都有多种微生物存在，所有使用的材料都不可避免地会接触到微生物，当这些微生物接触到材料的表面后，它们在适宜的条件下就可能沉积在其界面上，通过黏附使微生物和材料表面的相互作用，逐渐在材料表面形成一层黏糊的霉菌菌膜，进而细菌和微生物会在材料表面不断生长。

为了抑制细菌等微生物的生长繁殖及产生的危害作用，需要首先控制好那些微生物生长所需的水分、pH值、氧气、营养、温度、压力等的自然条件，同时考虑消毒剂或抗菌材料的表面状况，防止微生物在上面进行沉积、黏附和生长。我们在日常生活中常采用的抑菌方法有：冷冻或加热；干燥；调节渗透压（盐、糖等腌制品）；限止氧气供应（真空）；加酸或加碱控制pH值；微波加热、紫外线消毒和高压静电杀菌等。这些方法的使用，都不能代替抗菌材料的应用，新型抗菌材料具有不使用能源、不消耗药品、功能长效、使用方便等优点，与传统方式相结合，在防菌灭菌方面可以起到事倍功半的效果。

24.2.3 常用无机抗菌材料及其应用

在无机抗菌剂中，最多的是含有金属离子的无机盐和络合物，无机抗菌剂是通过物理吸附、离子交换等方法将银、铜、锌等金属离子或其化合物固定在沸石、硅胶等多孔材料的表面，作为载体的物质一般是硅酸盐系、磷酸盐系、氧化物系和其他如活性炭、络合物等。抗菌剂的有效成分为Ag^+ Cu^{2+} Zn^{2+}等金属离子和钛系具有光催化作用的TiO_2等抗菌剂。

（1）银系无机抗菌剂　金属离子抗菌剂中目前研究最多的是含银离子抗菌剂，原因是金属银的杀菌能力最强，而且由于Hg、Cd、Pd和Cr等金属的毒性较大，实际上用作杀菌剂的金属主要为Ag、Cu和Zn。美国科学家纽曼的研究表明，银离子有破坏细菌、病毒的呼吸功能和分裂细胞的功能。银的优良抗菌特性使其具有成为抗菌材料的潜力。将银负载到其他材料上，形成的载银材料通过银离子的缓释作用，使材料具备了优异、长效抗菌性能。这种载银无机抗菌剂是通过离子交换和物理吸附等作用，将银离子沉淀到无机材料的表面层间结构或介孔材料中，制成无机抗菌剂使其具有杀菌作用的。常见的载体有沸石、膨润土、蒙脱石、硅胶、羟基磷灰石、可溶性玻璃和磷酸盐等介孔材料。有文献表明，载银-沸石抗菌剂的抗菌能力随载银量的增加而提高的。Hosono等人曾经研究过以多孔磷酸盐微晶玻璃（LTAP）为载体的载银灭菌材料，结果表明，该多孔磷酸盐微晶玻璃载体中的银离子是由离子交换引入的，且载体的气孔率、比表面积、密度等均会影响银离子的交换。纳米银粒具有较好的催化活性和热交换性，近年来的研究表明，纳米银具有优异抗菌活性。

① 银的抗菌机理　银的抗菌活性早就被发现并有多种应用。因为它对人体细胞毒性大大低于细菌，最广泛的应用是预防治疗烧伤和水消毒。根据已有的实验结果，人们提出了以下 4 种银的杀菌机制：静电吸附杀菌、金属溶出杀菌、光催化杀菌、复合作用杀菌。目前关于银离子的抗菌机理的研究并没有定论，主要有以下两种机理。

接触反应假说：银离子与细菌接触反应，造成细菌固有成分被破坏或产生功能障碍从而导致细菌死亡。当微量银离子到达微生物细胞膜时，因细胞膜带有负电荷，银离子能依靠库仑引力牢固吸附在细胞膜上，而且银离子还能进一步穿透细胞膜进入细菌内，并与细菌中的巯基反应，使细菌的蛋白质凝固，破坏细菌的细胞合成酶的活性，使细胞丧失分裂增殖能力而死亡。此外，银离子也能破坏微生物电子传输系统、物质传输系统。当菌体失去活性后，银离子又会从菌体中游离出来，重复进行杀菌活动，因此其抗菌效果持久。其原理本质就是银离子与细胞中各种蛋白质结合，使其失去活性，破坏其生命活动所需的必要条件，从而杀死细胞，银离子可以游离出来，重复这个抗菌过程。抗菌剂与细菌蛋白质反应方程式如下：

$$蛋白质\text{-}SH + Ag^+ \longrightarrow 蛋白质\text{-}SAg + H^+$$
$$(核酸、蛋白质)—NH_2 + Ag^+ \longrightarrow (核酸、蛋白质)—NHAg + H^+$$

催化反应假说：在光的作用下，银离子能起到催化活性中心的作用，激活水和空气中的氧，产生羟基自由基（·OH）及活性氧离子（O^{2-}）；而活性氧离子（O^{2-}）具有很强的氧化能力，能在短时间内破坏细菌的增殖能力，致使细胞死亡，从而达到抗菌的目的。其银离子的光催化过程如下：

$$Ag^+ + H_2O \longrightarrow Ag + H^+ + \cdot OH$$
$$Ag_n \longrightarrow Ag^+ + Ag_{n-1} + e$$

$$e + O_2 \longrightarrow O_2^-$$

从银离子抗菌机理可以看出，由于银离子是对细菌的基体直接起作用，因而银离子具有高效性、持久性和抗菌广谱的特点。

② 银系抗菌材料的抗菌特性　银系无机抗菌剂缓释银离子可以分为两种情况。一类为依附于某种载体之上，使用过程中银离子从载体上解吸出来；另一类为本身化合物中含有银，在使用过程中接触到水等介质，通过溶解作用释放出银离子。由于银离子的抗菌效果受光和热的影响较大，长期使用过程中银离子容易被还原而降低抗菌效果，因此人们一般都选用能使银离子缓释的载体来制备载银抗菌剂，根据载体的不同，银系抗菌材料的作用形式又有所不同。

a. 沸石类　沸石也叫分子筛，是天然或人工合成的多孔网状结晶型硅铝酸钠盐或钙盐。其化学组成的通式为 $MX_{II} \cdot Al_2O_3 \cdot ySiO_2 \cdot zH_2O$，其中 M 代表 Na^+、Ca^{2+} 等金属离子。沸石具有三维空间骨架结构，骨架是由硅氧四面体和铝氧四面体通过共享氧原子连接而成，由于骨架中的铝氧四面体电价不平衡，为达到静电平衡，结构中必须结合 Na^+、Ca^{2+} 等阳离子，它们可以与 Ag^+ 等进行交换结合到沸石的结构中制得抗菌剂。Ag^+ 的交换量可通过调节含 Ag^+ 在水溶液或熔盐中的浓度、pH 值等参数来控制。常用作抗菌剂载体的 A 型沸石可由铝酸钠、硅酸钠溶液在 90～100℃ 下水热合成或由高岭土类矿物经燃烧、碱溶后结晶生成，制备沸石抗菌剂时，将沸石浸渍于高浓度的含银离子的水溶液中，一般选择交换温度为常温至 80℃，$AgNO_3$ 溶液浓度为 0.2mol/L，与沸石摩尔比约为 0.1～0.2，银离子的引入量一般都较大（2.5% 左右），在作为抗菌剂使用的过程中，这些 Ag^+ 从基体中缓释出来从而达到抗菌效果。目前日本已经生产出比较成熟的沸石抗菌剂产品。

b. 膨润土类　膨润土为典型的层状黏土矿物，其层间的阳离子易被交换，因而具有很大的离子交换容量。膨润土的主要成分为蒙脱石，晶体的结构为：二层硅氧四面体片间夹一层铝（镁）氧（氢氧）八面体片构成的 2∶1 型含结晶水的硅酸盐矿物单元结构。层厚度为 1nm 左右。其通式为 $Na_x(H_2O)_4[Al_2(Al_xSi_{4x}O_{10})$

$(OH)_2$]，层间存在大量的可交换的 Na^+、Ca^{2+}，抗菌剂是由 Ag^+ 通过交换层间的阳离子而制得，使用过程中通过缓慢释放 Ag^+ 而具有抗菌作用。基于蒙脱石的纳米层状结构及可离子交换的特性，人们通过对微米或亚微米级的蒙脱石微粉进行离子交换，从而获得在纳米尺度上金属与非金属复合的载银纳米复合抗菌材料，达到了良好的抗菌效果。但是由于蒙脱石层间的银离子结合力较弱，银离子容易从基体中游离出来并被还原，使抗菌效果不能持久，并且在使用初期，有时会因为银离子的浓度过大而具有毒性，并且抗菌剂容易变色而影响抗菌制品的外观。

c. 磷酸盐类　作为抗菌材料载体的磷酸盐材料主要是指一些具有降解性的磷酸钙类物质，包括磷酸三钙、羟基磷灰石、磷酸四钙及它们的混合物，以磷酸钙为载体的抗菌材料的研究很活跃。磷酸钙是一种亲生物性的生物陶瓷材料，同时也是一种安全性很高的抗菌载体材料。制备时通常是将磷酸钙与银离子化合物混合后于 1000℃ 以上进行高温烧结，再经粉碎、研磨后便可，其有效抗菌成分 Ag^+ 是通过载体材料的解析过程进入介质溶液的。此外还有两类含钛锆的、具有 Nasicon 型晶体结构的磷酸盐。如磷酸钛盐，其分子式为 $MTi_2(PO_4)_3$，其中 M 为锂或钠，其晶体为层状结构，具有很强的离子电导率，因而具有很强的离子交换能力并对银离子具有很强的选择性，通过离子交换可以制得载银量很大的 $Ag-Li-Ti_2(PO_4)_3$ 抗菌剂，简称 Ag-LTP 晶体，与 $AgNO_3$ 溶液进行离子交换后银离子的含量可达到 3% 左右，银在其晶体结构中具有良好的稳定性，能以很慢的速度缓释，抗菌持久性好。

d. 硅胶类　硅酸盐种类很多作为载体一般是采用硅铝酸盐或硅胶，硅胶有较大的比表面积，化学组成为 $SiO_2 \cdot xH_2O$，属于无定形结构，其基本结构单元为 Si—O 四面体，由 Si—O 四面体相互堆积形成硅胶的骨架。与 NaOH、偏铝酸盐（$NaAlO_2$ 等）混合溶液进行处理后，可在硅胶表面形成薄层的 A 型沸石或无定型的铝硅酸盐的结构，然后用离子交换法置换 Ag^+ 等离子成为抗菌剂，在水溶液和潮湿的空气中硅胶能缓慢地释放出 Ag^+ 以达到抗菌的目的。

e. 溶解性玻璃抗菌剂　作为抗菌材料载体的玻璃通常是选用化学稳定性不高、并能溶于水的磷酸盐或硼酸盐系统玻璃。但是以硼酸盐玻璃为载体的灭菌材料由于在溶出具有灭菌能力的金属离子的同时，也可能溶出硼离子，而目前对硼离子的毒性尚无定论，这就限制了这类抗菌材料的应用范围。磷酸盐玻璃的主要成分是磷，它是对人体和环境都无害的富营养物质。在磷酸盐玻璃中引入一些灭菌性能很强的银、铜等金属离子可以制备长期、高效、缓释的新型抗菌材料。近几年欧美等国及日本已成功地进行了这类抗菌材料的商品化生产并取得了较好效益。以硼酸盐、硼硅酸盐或磷酸盐玻璃为基质，添加适量银盐、铜盐或锌盐，并添加必要的氧化还原剂，制成含 CuO 30%～50%，含 Ag_2O 3%～5% 的可溶性玻璃，金属氧化物可保持离子状态，将其制成粉末即可得到可溶性玻璃抗菌剂。可溶性玻璃抗菌性呈层状晶体结构，结构稳定，具有较好的缓释 Ag^+ 功能，抗菌持久性好。

SiO_2/Al_2O_3 凝胶可形成微球，其比表面积大，Ag^+ 主要被吸附在凝胶微球的孔洞中，在凝胶微球中能长期保持离子状态，在水溶液和潮湿的空气中凝胶能缓慢地释放出 Ag^+ 以达到抗菌的目的。

f. 氨基酸银类　通常是白色粉末，没有明显的熔点，250℃时开始分解，具有最低的使用浓度；氨基酸银对人体是安全的，对环境无污染。

g. 蒙脱石类　蒙脱石是一类层状硅酸盐无机物，其化学通式 $Na_x(H_2O)_4[Al_2(Al_xSi_{4-x}O_{10})(OH)_2]$，晶体结构为铝氧八面体层与硅氧四面体层交替排列结构，其中八面体层被夹在 2 层四面体层之间，由于其四面体层中部分 Si^{4+} 被 Al^{3+} 代替，八面体层中部分 Al^{3+} 被 Mg^{2+}、Fe^{2+} 等取代而带负电荷，从而使层间需用阳离子补偿正电荷的不足，所以在蒙脱石层间常有 Na^+、K^+、Ca^{2+}、H^+ 等离子存在，这些离子可与其他带正电荷的离子(如 Ag^+、Cu^{2+}、Zn^{2+}) 进行离子交换，得到对细菌和霉菌都有效的抗菌剂。

h. 银-活性碳纤维类　活性炭为常用的吸附剂，有吸味作用，可除去水中的氯离子，载银活性碳和活性碳纤维抗菌剂常用于水的净化处理。含银活性碳纤维的制备最早见于日本 Oya 的工作。将硝酸银用有机溶剂溶解后与酚醛树脂或沥青共混熔融纺丝；然后高温碳化活化，制得含银活性碳纤维。国内有人发明了采用硝酸银浸渍活性碳纤维，然后在真空条件下高温加热分解的方法，在活性碳纤维表面沉积银，制得含银活性碳纤维。这两种方法中前者由于溶剂的存在降低了沥青或酚醛树脂纺丝的强度，且由于后期溶剂的逸出留下小孔而降低了纤维的拉伸强度，同时银的存在也抑制了纤维的活化，使所得活性碳纤维的比表面积较低。后一种方法需要经过真空分解显然增加了工艺的复杂性。有报道称已经有研究人员成功的利用活性碳纤维的氧化还原特性，并适当调整溶液的电化学性质，在常温下通过活性碳纤维的氧化还原反应及其吸附作用制得含银的活性碳纤维。

③ 银系无机抗菌剂的应用实例

a. 抗菌陶瓷 厨房、卫生间等场所一般比较潮湿，易污染并滋生细菌，因此迫切需要抗菌自洁的墙面材料及卫生洁具，这使得抗菌陶瓷得到迅速发展。抗菌陶瓷一般是将抗菌剂加入陶瓷釉料中，经过釉烧制得抗菌釉层生产抗菌瓷砖及卫生洁具；陶瓷的烧结温度非常高，一般在 $11000 \sim 13000^{\circ}\text{C}$ 左右，故应添加高温下稳定的无机系抗菌剂。也有采用溶胶-凝胶等技术，给传统陶瓷表面涂上一层含 Ag^+ 或 Ca^{2+} 等抗菌性薄膜，使其具备了抗菌自洁功能。

大连轻工业学院用磷酸三钙吸附 Ag^+ 制成抗菌剂，并将其加入到釉料中制成抗菌陶瓷，研究中发现银离子的吸附量与磷酸钙的粒度有关，而且添加氟化物可增强抗菌剂的耐热性，从而提高釉烧温度。

b. 抗菌玻璃 普通玻璃的化学持久性不强，当某些溶媒（特别是水）存在时很可能造成玻璃的溶解。抗菌玻璃却有保持金属以离子状态稳定存在的特性，如引入铁、钴、铜等多种离子化的过渡金属离子于玻璃中，严格控制其价态可以得到各式各样的颜色玻璃。因此，引入银、铜和锌等具有抗菌防霉性能的离子化金属而制得抗菌玻璃，当有水存在时会缓慢放出而发挥其抗菌机能。有些玻璃被制备出抗菌自洁功能，不仅能实现玻璃表面的自清洁，同时也能有效清除室内的臭味、烟味和人体的异味，防止玻璃在贮存运输和使用过程中发霉。其原理是利用目前成熟的镀膜技术在玻璃表面覆盖一层 TiO_2 薄膜，TiO_2 在阳光特别是紫外线的照射下能将空气中的氧激活成活性氧，杀死大多数病菌和病毒，同时也能把许多有害物质以及油污等有机污染物缓慢分解，从而实现对空气的消毒和玻璃表面的自清洁。

c. 水处理剂　可溶性玻璃抗菌剂作为水处理剂可以直接应用到水溶液中，通过玻璃（一般制成球状）溶解后 Ag^+ 在水中的扩散来达到抗菌的目的，可用于生活、工业用水处理。

d. 纤维塑料制品　抗菌纤维主要用于制造医疗卫生及日用卫生纺织品，近年来也用于工业部门作过滤材料、包装材料和医药卫生材料等。抗菌纤维加工的方法分为两种：填充型和后加工型。填充型是将抗菌剂与各种合成纤维共混纺丝成纤维，如可在聚酯纤维中混入少量银系抗菌剂。由于抗菌剂被混入纤维内部因而这种方法得到的抗菌纤维的耐洗涤性好，抗菌效果持续时间长。后加工型是在纤维后加工染整过程中将抗菌剂通过化合键或氢键结合在纤维表面，而纤维内部没有抗菌剂，所以这种抗菌纤维只在短时间体现出抗菌性，耐洗涤性较差。

北京赛物瑞科科技发展有限公司和中国纺织科学研究院共同开发了纳米层状银系无机抗菌纤维，以超细银离子磷酸盐结晶粉末为无机填料，先与聚酯熔体混合制成抗菌母粒，再在纺丝时加入一定比例的抗菌母粒，生产出永久性的聚酯抗菌纤维。该纤维及织物具有抗菌剂不溶出、加入量少、相融性好、分散均匀、不改变纤维颜色等特点，抗菌织物还具有耐洗涤、耐光照、耐高温、悬垂性好、形态稳定等优势，抗菌织物的可染性、可纺性及纤维的物理机械性能均达到国际先进水平。

在厨房用具、卫生间设施、垃圾箱、家用电器的外壳、壁纸、食品包装袋等有各种各样的塑料制品，它们也非常容易感染细菌，无机抗菌剂由于耐热性好，可与热塑性、热固性的塑料混炼制成塑料制品。因此，除了氧化钛类外，最多的是银系抗菌剂和有机系抗菌剂，大多数银系抗菌剂几乎都可应用于塑料。用于塑料制品的抗菌剂，与抗菌纤维一样，塑料制品的抗菌加工也有填充型和后加工型两种，所得产品的优缺点也是类似的。目前广泛应用于抗菌家电产品（冰箱、冰柜、净水器、吸尘器、空气加热器、空气过滤器、洗衣机内胆、餐具干燥机、电话机、计算机等）、日用品（厨房用品、个人卫生用品）、塑料包装用品等，新型材料的抗菌的长效性与制品的使用寿命同步。

e. 涂料　在居住环境中使用抗菌涂料，可以在生活中增加抵抗感染和杀灭细菌的能力。当抗菌涂料粉刷在居住环境时，涂层中的抗菌剂因接触到潮湿的空气或与水直接相接触释放出 Ag^+ 从而达到抗菌的效果。要使涂层中的抗菌剂发挥作用，又要使层表面的抗菌剂对涂料的色泽、牢固度等没有太大的影响，要求涂料能有效分解黏附到其表面的细菌，而其他有机油类物质、染料颜色污染物、残留物经清洗或雨水冲刷可便利地除去，因而抗菌剂在涂层表面的均匀分散程度也直接影响着抗菌效果的优劣。

(2) 氧化物光催化类抗菌材料的抗菌机理　光催化类抗菌剂大都属于宽禁带的 n 型半导体氧化物，如 TiO_2、ZnO、ZnS、SiO_2 等。在氧化物型抗菌剂中，TiO_2 以其活性高、热稳定性好、抗菌时间长、价格低及对人无害等特点，成为最受关注的一种光催化型抗菌剂。目前在光催化抗菌材料的研究工作中所使用的光催化剂大多为锐钛矿型的 TiO_2 晶体材料。锐钛矿型的 TiO_2 的禁带宽度为 3.2eV，相当于波长为 387.5nm 的光子能量。半导体的能带结构通常是由一个充满电子的低能价带（Valenceband，VB）和一个空的高能导带（Conductionband，CB）构成。价带和导带之间存在禁带。当能量大于或等于半导体带隙能的光波辐射此半导体时，处于价带的电子（e^-）就会被激发到导带上，价带生成空穴（h^+），从而在半导体表面产生了具有高度活性的空穴电子对。光催化类抗菌剂中大多数易发生化学或光化学腐蚀。光催化类抗菌材料包括以下 2 类主要抗菌机理。

① TiO_2 的抗菌机理　TiO_2 纳米粒子不仅具有很高的光催化活性，而且还具有很强的光触媒氧化分解能力，成为最有应用潜力的一种光催化抗菌剂。所谓光触媒就是通过吸收光而处于高能状态，并以此能量与某些物质发生化学反应的材料，其代表性的材料

为纳米 TiO_2。TiO_2 的禁带宽度为 3.2eV（锐钛型），在波长小于（387.5nm）或等于 400nm 的光照下，价带电子被激发到导带形成带负电的高活性电子 e^-，同时在价带上产生带正电的空穴 h^+。在电场作用下，电子与空穴分离，迁移到粒子表面的不同位置。分布在表面的空穴 h^+ 可以将吸附在 TiO_2 表面的 OH^- 和 H_2O 分子氧化成·OH。·OH 的氧化能力是水体中存在的氧化剂中最强的，能氧化大部分有机污染物及部分无机污染物，将其最终降解为 CO_2、H_2O 等无害物质，而且·OH 对反应物几乎无选择性，因而在光催化氧化中起着决定性的作用。

② ZnO 抗菌机理　纳米表面效应，纳米 ZnO 是新型抗菌剂，具有耐热性高、安全性好、持续性好、价格便宜、使用方便等优点，在杀菌除臭、预防疾病、美化环境方面日益受到人们的重视。其抗菌原理是由于超微细 ZnO 粒度小、比表面积大，随着颗粒细度的增加，颗粒的表面原子数增多，表面原子数与颗粒的总原子数之比也增大，其表面能也随之迅速增加，于是便产生了"表面效应"。利用纳米 ZnO 具有的奇特"表面效应"，它在有水和空气的条件下，在阳光下尤其是在紫外线的照射下，能够自行分解出自由移动的带负电的电子（e^-）和带正电的空穴（h^+），并发生以下化学反应：

$$H_2O + h^+ \longrightarrow \cdot OH + H^+$$
$$O_2 + e^- \longrightarrow O_2^-$$

生成的空穴可以激活空气中的 O_2，生成原子氧和·OH，它们有较强的化学活性，特别是原子氧能与多种有机物氧化反应，同时能与细菌内的有机物反应，从而在短时间内杀死细菌。

③ 光催化抗菌材料的应用　在光照下，TiO_2 还具有分解病原细菌和霉素的作用。西北大学对纳米 ZnO 的定量杀菌实验发现，当纳米 ZnO 在菌液中的浓度达到 1% 时，在 5min 内对金黄色葡萄球菌的杀菌率为 98.86%，对大肠杆菌的杀菌率为 99.93%。此外，ZnO 的存在可提高抗菌剂的抗真菌活性。日本有人在研究粉末形状、结晶度及表面积对体系抗菌性能的影响时发现，ZnO 对大肠杆菌、金黄色葡萄球菌有很高的抗菌活性，随 ZnO 粉末浓度的增

加，粒子尺寸的减小，比表面积的增加，可增加对大肠杆菌的抗菌活性。他们对 ZnO、MgO 等固溶体的研究发现随体系中 ZnO 含量的增加，其抗菌性能降低，这可能与粉体表面活性电位的降低有关。东京大学的藤岛昭教授等人的研究表明，在玻璃上涂一薄层 TiO_2，光照射 3h 达到了杀灭大肠杆菌的效果，光照射 4h 毒素的含量控制在 5% 以下。经实验证明，TiO_2 对绿脓杆菌、大肠杆菌、金黄色葡萄球菌、沙门氏菌、牙枝菌和曲霉等具有很强的杀菌能力。此后，TiO_2 用于制品的杀菌除臭逐渐发展起来。如日本制作新开发了具有抗菌作用的新型荧光灯，并于 1997 年商品化。这种灯寿命长，节省能量，应用前景广阔。该灯表面涂布了光催化杀菌剂 TiO_2，能分解灯表面的油渍、空气中的菌类、异臭等，清扫时省力，且具有防止灯光发暗的功效，其价格不高于目前市场同类产品的 30%，是目前荧光灯器的替代品。日本专利报导，通过将抗菌力强的镁、除臭效果好的硅石和能发出促进动植物生长的 4~14μm 电磁波的陶土制成抗菌剂，根据用途不同也可加入适量 TiO_2，然后与其他材料混合或复合制成陶瓷溶液，再将其浸涂到陶瓷器、塑料及玻璃品的表面，制得具有抗菌除臭保健功能的陶瓷、塑料、玻璃等日用品及装饰品。

24.3 纳米抗菌金属材料

24.3.1 概述

纳米材料是指直径在 1~100nm 的材料。Ag、Ni、Cu 等纳米金属粉，其粒度均为 1~100nm。纳米材料经过近 20 年的研究，世界各国学者分别在纳米材料的制备及加工技术、结构表征、结构性能关系、稳定性、力学及电磁性能、化学性能、实用性等方面的研究取得了显著进展，研究范围不断拓宽，抗菌材料的所有领域，都有纳米级的材料存在。

纳米抗菌材料不仅具有纳米材料的基本性能，如表面效应、小尺寸效应、量子尺寸效应和宏观隧道效应等，而且也兼具有抗菌材料的功能，如安全、高效、广谱、释性好、不易产生抗药性和耐热性等。随着物质粒径的减小，比表面积大大增加，庞大的比表面和较少的微粒数，使键与键之间价态失配，出现许多活性中心，从而使纳米材料具有极强的吸附能力，使得纳米粒子对促使物质腐败的氧原子、氧自由基以及其他异味的烃类分子等均具有很强的抓俘能力，因此纳米抗菌材料具有更好的防腐抗菌功能。

我国开展纳米金属材料的科学研究始于 20 世纪 80 年代末，经过近十年的努力，大致完成了材料创新、性能开发阶段，现在正进入完善工艺和全面应用阶段。已经做出了一批高水平、有国际影响的研究工作，整体水平和实力紧随美国、日本、德国等主要西方国家之后，受到国际学术界的高度重视。一些研究成果已达到世界水平，如中国科学院沈阳金属研究所发明的激光制备纳米粉的专利技术等。我国已经装备了一批较先进的设备，并建成多条纳米金属材料生产线，其中金属纳米材料的生产能力达到了 3~5 吨/年，从品种上已能生产 Fe、Ni、Zn、Ag、Al 和 Co 等金属纳米粉。华东理工大学材料工程学院已经推出了自主研制的纳米抗菌剂 FUMAT 系列产品，该产品以银为主要抗菌组分，江苏泰兴纳米材料厂也开发了磷酸盐复合银系无机抗菌剂，其商品名为 HN-300。

纳米金属粉研究目前存在的问题如下：对合成金属纳米粉末的过程机理还缺乏深入的研究；对控制微粒的形状、分布、粒度、性能和纳米微粒的收集、存放等技术的研究还很不够；对纳米粉末的制备技术和设备缺乏工程研究；很多东西尚处在实验阶段，能够进行工业化生产的设备很少；如何更好地提高微粒的产率、产量并降低成本，进行规模化生产，目前研究得很少；同时纳米材料实用化技术的研究不够系统和深入，对纳米材料的性能测试和表征手段急需改进。金属纳米晶块体材料是一种具有纳米量级晶粒尺寸的三维纳米晶材料，其界面要求清洁致密，无微小孔隙，晶粒尺寸细小、均匀，因此对生产工艺要求很高。现在的制备方法很难生产出大块的纳米晶材料，晶粒在纳米级排列时有取向的随机性，在压合过程中会产生大量的微孔隙，所以如何获得清洁、无孔隙、大尺寸的块体纳米材料，仍然是制备方面的一个难题。

24.3.2 纳米尺寸效应

纳米微粒尺寸小、表面积大，位于表面的原子占相当大的比例，纳米粒子粒径的减小，最终会引起其表面原子活性的增大。Cu、Ni、Ag 等金属粉粒径由 100nm 减少到 10nm 时，比表面可增加 10 倍，比表面能和抗菌功能也增加 10 倍（或抗菌剂的使用量减少 10 倍）；如粒径减少 100 倍时，抗菌性能提高约 100 倍或可减少抗菌剂的使用量约 100 倍。但是，其产品的成本也提高很多，另外纳米金属在保存和使用方法上也有极大的不便。

24.3.3　纳米金属粉末的制备

纳米金属粉末的制备方法基本上可以分为物理法和化学法两种。

（1）物理法　主要包括蒸发冷凝法、金属蒸气合成法、溅射法、真空蒸发法、物理粉碎法和机械合金化法等。

① 蒸发冷凝法　蒸发冷凝法又称为物理气相沉积法（Physics Vapor Deposition），其原理是在高纯度惰性气体（Ar、He）下对蒸发物质进行真空加热蒸发，利用与气体的冲突而冷却和凝结，于是生成金属纳米颗粒。这种方法的特点是纯度高、结晶组织好、粒度可控，但技术设备要求高。现在采用蒸发冷凝法制备的纳米粉末已达几十种，其中包括 Al、Mg、Zn、Sn、Cr、Fe、Co、Ni、Ca、Ag、Cu、Mo、Pd、Ta、Ti 和 V 等。

蒸发冷凝法目前根据加热源的不同又派生出激光束加热蒸发法、高频感应加热法、热等离子体喷射加热法、电子束照射加热法和电阻加热法等。

高频感应加热法是以高频线圈为热源，使坩埚内的物质在低压（1～10kPa）的 He 和 Ne 等惰性气体中蒸发，蒸发后的金属原子与惰性气体原子相碰撞，冷却凝聚成颗粒。其特点是微粒粒度较高，粒度分布较窄，但成本较高，难以获得高熔点的金属。

热等离子体喷射加热法是用等离子体将金属等的粉末熔融、蒸发和冷凝以获得纳米微粒。其特点是微粒纯度较高，粒度均匀，是制备金属系列和合金系列纳米微粒的最有效的方法，同时为高熔点金属纳米微粒的制备开辟了前景，但离子枪寿命短、功率小、热效率低。目前新开发出的电弧气化法和混合等离子体法有望克服以上缺点。

激光束加热蒸发法是以激光为快速加热源，使气相反应物分子内部很快地吸收和传递能量，在瞬间完成气相反应的成核、长大和终止。其特点是可获得粒径小（小于 50nm）且粒度均匀的纳米微粒，但电能消耗较大，投资大，可以实现规模化生产。

电子束照射加热法是利用高能电子束照射母材，成功地获得了表面非常洁净的纳米微粒，母材一般选用该金属的氧化物，如用电子束照射 Al_2O_3 后，表层的 Al—O 键被高能电子"切断"，蒸发的 Al 原子通过瞬间冷凝、成核、长大，形成 Al 的纳米微粒。目前该方法获得的纳米微粒限于单一纳米金属微粒。

② 金属蒸气合成法　在真空下加热金属，所蒸发的金属原子与有机溶剂一起蒸镀在基板上，基板的温度低于有机溶剂的凝固点，从而获得纳米金属颗粒。

③ 溅射法　利用溅射现象代替蒸发，可制备高熔点的纳米金属粉，溅射法也可用于制备金属薄膜。溅射法包括多种制备技术，但主要分为辉光溅射法和离子束溅射法两大类。目前已制备出多种薄膜和纳米粒子，如 W、Mo、Ag、Cr 等。

④ 真空蒸发法　真空蒸发法与上述蒸发冷凝法的区别是蒸发后的蒸发原子是在不同的环境中凝结。在真空中凝结蒸发原子得到的纳米粉末一般分布粒度窄，且粒度均匀。

⑤ 物理粉碎法　通过机械粉碎、冲击波诱导爆炸反应等方法合成单一或复合纳米粒子。其特点是操作简单、成本较低，但易引入杂质而降低纯度，粒度不易控制，分布不均，难以获得粒径小于 100nm 的微粒。近年来随着助磨剂物理粉碎法、超声波粉碎法等方法的使用使粒径可小于 100nm，但仍存在产量较低、成本较高、粒径分布不均的缺点，有待于进一步的改进和研究。

⑥ 机械合金化法　它是利用高能球磨方法，控制适当的球磨条件以获得纳米级晶粒的纯元素、合金或复合材料。这是 1970 年美国 INCO 公司为制作镍基氧化物粒子弥散强化合金而研制成功的一种新工艺。1988 年首先报进了用机械合金化法制备晶粒小于 10nm 的 Al-Fe 合金。该方法工艺简单、制备效率高，并能制备出常规方法难以获得的高熔点金属纳米和合金纳米材料，成本较低，

不仅适用于制备纯金属纳米材料，还可以制得互不兼容体系的固溶体、纳米金属间化合物及纳米金属陶瓷复合材料等，但制备中易引入杂质，纯度不高，颗粒分布也不均匀。此外，制备纳米微粒的物理方法还有许多，例如流动液面上真空蒸镀法、混合等离子法等。

（2）化学法　化学法主要包括化学气相法、沉淀法、还原法、溶胶-凝胶法、电解法和羰基法等。

① 化学气相法　它是利用挥发性金属化合物蒸气的化学反应来合成所需的纳米金属微粒。其特点是粒径可控，产物纯度高，粒度分布均匀且窄，无黏结。其中化学气相沉积法（Chemical Vapor Deposition，CVD）是利用气体原料在气相中进行化学反应形成基本粒子。其特点是纯度高，工艺过程可控，但粒度较大，而且颗粒易团聚。目前开发出的等离子体 CVD 技术，是利用等离子体产生的超高温激发气体发生反应，同时利用等离子体高温区与周围环境形成的巨大温度梯度，通过急冷获得纳米微粒。

② 沉淀法　它是液相化学合成高纯度纳米微粒采用最广泛的方法之一。它是将沉淀物加入到金属盐溶液中进行沉淀处理，再将沉淀物加热分解。它包括均匀沉淀法和共沉淀法等。均匀沉淀法是通过控制生成沉淀剂的速度，减少晶粒凝集，制备出高纯度的纳米材料。共沉淀法是将沉淀剂加入混合后的金属盐溶液中，促使各组分均匀混合沉淀，然后加热分解以获得超微粒。采用该法时，沉淀剂的过滤、洗涤剂溶液的 pH 值、浓度、水解速度、干燥方式、热处理等均影响微粒的大小。其特点是操作简单，但易引入杂质，通常难以制备粒径小的纳米微粒。

③ 还原法　目前主要采用化学还原法。在金属盐溶液中加入 KBH_4 或 $NaBH_4$ 溶液，成功地制备了纳米级的 Fe-Co-B 和 Fe-B 晶态合金粉末。如果采用联氨作为还原剂，可以制备纳米级 Pd 和 Ni 等粉末。化学还原法其方法简单，操作方便。

④ 溶胶-凝胶法　该法的基本原理是：易于水解的金属化合物（金属醇盐或无机盐）在某种溶剂中与水发生反应，经过水解与缩聚过程逐渐凝胶化，再经过干燥和烧结等后处理得到所需的材料，其基本反应有水解反应和聚合反应。它可在低温下制备纯度高、粒

径分布均匀、化学活性高的单、多组分混合物，并能制备传统方法不能或难以制备的产物。

金属醇盐水解法是首先制得醇盐，然后将醇盐制成溶胶，再利用溶剂、催化剂、配合剂等将溶胶变成凝胶，凝胶干燥、热处理后得到所需的纳米微粒。由于对醇盐的水解速度、溶解性等还缺乏全面的了解及需要临时合成醇盐，目前已开始采用非醇盐法制备纳米材料，醇盐在不同 pH 值的水解剂中水解后，可获得不同粒径的纳米微粒。其特点是微粒的纯度高、粒度小、粒度分布窄。

⑤ 电解法　利用脉冲电镀沉积技术制备纳米级金属粉末具有许多优势。这种方法投资少，技术成熟，可制备多种金属与合金的纳米级粉末。目前，采用镍板为阳极，钛板为阴极，脉冲电镀电沉积制备出的镍粉，粒度为 35nm。

⑥ 羰基法　羰基法是利用金属与一氧化碳反应形成易挥发的羰基化合物，温度升高后又分解成金属和一氧化碳的性质，来制备这些金属的粉末，目前主要用于制备镍粉、钴粉和铁粉。

目前，金属纳米颗粒的制备新方法层出不穷。有将若干种方法配合使用的蒸发-冷凝技术，也有随设备更新出现的激光技术、高能射线技术等物理方法以及新发展的化学方法。但对微粒制备的基本要求是表面洁净、微粒形状、粒径以及粒度分布可控、微粒团聚倾向小、易于收集、有较好的热稳定性和产率高等。

24.3.4　载银纳米金属离子抗菌材料

纳米银是一种俗称，它是一种以磷酸锆或者氧化钛为基底，用稀土激发的缓释型银离子抗菌材料，因为银离子能破坏真菌蛋白质，通过缓释银离子的广谱抗菌作用，起到杀菌、防霉、防臭的功效。纳米银的特点是有效杀菌时间长，有的达 15 年以上，能够在表面和内部同时作用。当微量的银离子进入细菌内部时，可破坏微生物细胞的传输系统，从而杀死细菌，铜离子也有相似功能，但较弱；由于银离子的催化作用，可将水中的溶解氧变成了活性氧，从而达到抗菌作用。含纳米级银离子的溶液，载银纳米离子填料，纳米银与光触媒混合填料，可用于制备抗菌陶瓷、抗菌塑料、抗菌日用品等，其抗菌过程一般属于接触型的被动杀菌方式。

纳米银粒子作为光催化剂来说不如二氧化钛，但纳米金属抗菌材料作为一种直接抗菌抑制剂使用时效果是最好的，在生活中已经有概念上的纳米银冰箱、纳米银空调及过滤网在应用。

最常用的银离子类抗菌剂为平均粒径在 $2\mu m$ 以下的白色粉末，纳米银与一般银系无机抗菌材料一样，起主要杀菌作用的仍然是银离子，为提高协同杀菌作用，也可再添加一些铜离子、锌离子，一般所用银离子的含量为 $20\sim700mg/kg$。把含银离子的硝酸银、碘化银、磺胺嘧啶银（AgSD）的成分负载到沸石、陶瓷、活性炭等内部有孔洞的材料上后，制成含银的陶瓷粉体抗菌剂，其耐热性能较好，可达 270℃ 以上，所以可以应用在普通的塑料制品上，以增加其防菌功能，在热加工成型时，抗菌性不会被破坏。纳米银离子抗菌材料的制备方法可以为正确选择金属离子、筛选出活化纳米级载体、纳米抗菌材料的制备及表面改性和分散这三个步骤，将抗菌离子导入到纳米级载体结构中，主要采用本体加入法和后期添加法来进行，为了使制备出的纳米抗菌材料有优异的抗菌、力学和耐老化等性能，要求控制好产品的粒度，要细小均匀，分散性兼容性优良。纳米银离子抗菌材料的制备见表 24-5。

表 24-5 纳米银离子抗菌材料的制备

方法分类	制备方式	适用对象
本体加入法	抗菌离子为原料直接合成出纳米级载体	可溶性玻璃抗菌材料
后期添加法	离子交换法（Ag$^+$ 交换其它阳离子）	载银羟基磷灰石抗菌材料
		浸渍交换法、树脂交换法
	络合-被覆法	溶胶-凝胶法

24.3.5 液态金属抗菌剂

在生活中我们有时使用的抗菌剂是以液体消毒液形式喷施的，对于水及空气环境中的某些抗菌问题，还有大量使用的洗涤液、喷雾液等，在无法使用固体粉状的金属抗菌剂的条件下，就要研究液态的金属抗菌剂产品。大气是一个充满多种物质的分散系，有微粒状的尘埃、飞沫、水蒸气等，同时也有许多微生物附着在这些分散的物质表面上，需要喷洒液体形式的抗菌剂，使细菌与病毒与空气中的尘埃一起沉降下来。空气分子可以在离子存在时被催化作用形成正、负气体离子然后吸附周围的中性分子或尘埃粒子,不断长大形成水滴后降落。是否能沉降与这些尘埃、烟雾、小水滴组成的粒子团的大小有关,当它们大小小于 $1\mu m$ 时为永久性的大气尘在空气中飘浮,大于 $1\mu m$ 时为沉降性大气尘,这就要求我们向空气中喷洒的消毒液等抗菌剂中所含有的抗菌成分粒子粒径也要足够小,小于 $1\mu m$ 时在空气中停留的时间才长,不易发生沉降,其抗菌杀菌作用才能有效发挥出来,因此,可采用纳米级的液态金属抗菌剂。国内一些抗菌剂的生产厂家将金属银纳米化,添加特定的悬浮剂制成含银的抗菌液,喷洒到空气中后,金属抗菌离子能有效地破坏微生物的电子传递系统和物质传递系统,因而在短时间内能起到杀菌和净化空气的作用。液态金属离子抗菌剂中的金属离子与固体粉状相比有较强的还原电位,反应活性大,使用时用量小、易于浓缩、贮运和加工。制备液态金属抗菌剂一般是利用 $1nm$ 以上的分子筛或用孔径为 $0.5nm$ 的沸石和孔径为 $5\sim7nm$、粒为 $1\sim5mm$ 的硅胶为载体,将水溶解性的金属盐(硝酸银等银盐、铜、锌等)按一定浓度比例制成离子交换溶液,有离子交换法,在反应釜内交换 $2\sim4h$ 后,用清水冲洗 2 次,在 $70℃$ 左右烘干成抗菌原液颗粒,然后再取 $1\sim10g$ 加少量水配成原液,原液中加 10L 乙醇等其他溶剂,经搅拌后放置 $30min\sim4h$ 后,析出的清液为液态抗菌剂。

24.3.6 纳米抗菌金属材料的应用实例

纳米技术是本世纪最引人注目的科技之一。普通材料制成纳米量级后,它的物理、化学性能发生了反常的变化。纳米材料有自洁功能、防垢、防附着、韧性好、保温性好、耐高温、耐摩擦、耐冲击优异性能。

(1)纳米技术成功应用于滚筒洗衣机 在适宜的环境下,细菌会迅速滋生,尤其在洗衣机内部,每次洗衣后留下的剩水,极易成为细菌滋生的温床,如果不及时清洁,就会对下一次洗衣造成污染。由于用户无法自行拆卸洗衣机,对其内部进行清洁,因此如何保持洗衣机内部清洁的问题便成为长期困扰洗衣机行业的难题。科研人员将抗菌材料加入其中,有效抑制细菌滋生,随时清洁洗衣机外桶，长时间使用，也能保持"净水"的洗涤状态。实现了新技术的突破，开创了洗衣机领域纳米抗菌新时代，推出了能自我清洁的纳米洗衣机。

（2）表面涂层材料 纳米铝、铜、镍有高活化表面，在无氧条件下可以在低于粉体熔点的温度实施涂层，此技术可用于微电子器件的生产。

（3）高效催化剂 铜及其合金纳米粉体用作催化剂，效率高、选择性好，可以作为二氧化碳和氢合成甲醇等反应过程中的催化剂。通常的金属催化剂如铁、铜、镍、钯、铂等制成纳米微粒可大大改善催化效果。由于比表面巨大的高活性，纳米镍粉具有了极强的催化效果，可用于有机物氢化反应、汽车尾气处理等，粒径为30nm的镍可将有机化学加氢及脱氢的反应速度提高15倍。

（4）磁功能材料 用纳米铜粉代替贵金属粉末制备性能优越的电子浆料，可以有效地降低生产成本，由此促进微电子加工工艺的进一步优化。纳米级材料在其抗菌特性增强的同时，金属粉料原有的电磁性能也会进一步增强，纳米金属粉体对电磁波有特殊的吸收作用，可用作兼容性能好的宽频吸波材料，用铁、钴、镍及其合金粉末生产的磁流体性能优异，可广泛应用于密封减震、医疗器械、声音调节、光显示等高科技领域。如利用纳米铁粉矫顽力高、饱和磁化强度大、信噪比高和抗氧化性好的特点，作为高性能的磁记录材料时，可以很好地改善磁带和大容量软硬磁盘的磁记录性能。利用纳米铁粉的高饱和磁化强度和高磁导率的特性，可以制成导磁浆料，用于精细磁头的粘接结构。此外有报道的新型纳米抗菌材料还有：纳米复合丙纶纤维抗菌母粒、纳米复合抗菌塑料母粒、纳米复合银系抗菌粉、纳米无机抗菌剂、纳米导向剂等。

24.4 纳米抗菌无机非金属材料

无机非金属材料是指某些元素的氧化物、碳化物、氮化物、硼化物、硫系化合物（包括硫化物、硒化物和碲化物）和硅酸盐、钛酸盐、铝酸盐、磷酸盐等含氧酸盐为主要组成的无机材料。

在这些无机材料中，作为新型无机非金属材料应用较多的是各种新型工业陶瓷、光导纤维、半导体材料及纳米无机材料等。在这里重点介绍一下纳米抗菌精细陶瓷材料。新型无机非金属材料分类见表 24-6。

表 24-6 新型无机非金属材料

材 料 名 称	应 用 实 例
高频绝缘材料	氧化铝、滑石、镁橄榄石质陶瓷
压电陶瓷	电子打火器、铝钛酸铅系材料
磁性材料	阿尔法质谱仪
导体陶瓷	钠、锂、氧的离子导体、碳化硅等
半导体陶瓷	氧化锌、氧化锡、氧化钒、氧化锆等过渡金属元素的氧化物
光学材料	钇铝石榴石激光材料、石英、氧化铝等多组分的光导纤维
高温结构陶瓷	高温氧化物、碳化物、氮化物、硼化物等难熔化合物
超硬材料	人造金刚石、人造红宝石等
生物陶瓷	植入陶瓷、人造牙、人造骨、人造关节等

24.4.1 纳米抗菌精细陶瓷

陶瓷原大多指陶瓷器、玻璃、水泥和耐火砖等人们所熟悉的材料，它们是用天然无机原料经热处理后的陶瓷器制品的总称，陶瓷材料在高温下能保持坚硬、不燃、不生锈，能承受光照或加压通电，具有许多优良抗菌性能与材料的特点。相对于这种用天然无机物烧结的陶瓷，以精制的高纯天然无机抗菌物或人工合成的无机化合物为原料，采用精密控制的制造加工工艺烧结，具有远胜于以往，具有独特抗菌性能的优异特性的陶瓷，称为抗菌精细陶瓷。

精细陶瓷又称为特种陶瓷、高性能陶瓷、先进陶瓷、高技术陶瓷，是近年发展起来的在许多高新技术领域日益得到广泛应用的新型无机非金属材料。精细陶瓷大都以 Al、Si、Pb、Mg、Zr、Ti、Ba、Sr、Nb、Mn、Ca、Be、Zn、Th、Ta、W、V、Cr、Co、Y、Ce 等氧化物、氮化物、碳化物以及硼化物为原料，采用流延、轧膜、注塑、干压、静压、挤制等成型工艺，通过常规方法如热、等静压、气氛或真空烧结等各种烧结技术制备而成。

（1）纳米抗菌精细陶瓷的分类 分类方法有很多，如按照其化学组成可分为氧化物陶瓷和非氧化物陶瓷。氧化物陶瓷是用高纯的天然原料经化学方法处理后制取。在集成电路基封装等电子领域应用最多的是：Al_2O_3、ZrO_2、MgO、BeO、ThO_2、UO_2。非氧化物陶瓷是用产量少的天然原料或自然界没有的新的无机物人工合成的，其中不少能克服原有陶瓷固有的脆性，作为超越金属功能界限的新材料来进行应用，它们主要有 SiC、Si_3N_4、ZrC 和硼化物等。氧化物陶瓷的特点是烧结性能好，热强性差；非氧化物陶瓷的特点是高温强度高、抗氧化、抗菌、抗热腐蚀的性能好。如果根据材料的功能来划分，纳米抗菌精细陶瓷又可分为抗菌结构陶瓷、抗菌功能陶瓷和抗菌工具陶瓷。其中，抗菌结构陶瓷是以强度、刚度、韧性、耐磨性、硬度、疲劳强度等力学性能为特征的材料，它具有优良的抗菌与高强度、高硬度、耐磨性的力学性能和抗热冲击、抗蠕变性，同时也有好的抗氧化性能和耐腐蚀性能，可制成高温抗菌高强度陶瓷、超硬工模具陶瓷、化工陶瓷等。功能陶瓷则是以声、光、电、磁、热等物理性能为特征，如集成电路封装材料（Al_2O_3），具有热敏、气敏、湿敏、压敏、色敏等特性的敏感陶瓷，这是微电子、信息、自动控制和智能机械的基础，此外，还有生物抗菌功能陶瓷等。

（2）纳米抗菌精细陶瓷的特性　与传统陶瓷相比，纳米抗菌精细陶瓷在组织结构上的特点是：其结合键一般为强固的离子键和共价键；具有显微组织的不均匀性和复杂性。陶瓷材料要经过原料粉碎配制、成型和烧结等过程，其显微组织由晶体相、玻璃相和气相共同组成，而各种相的相对量不断变化，分布也不均匀，当陶瓷或纳米陶瓷烧结成型后，不能再用冷热加工工艺去改变其显微组织和结构。

纳米抗菌精细陶瓷是一种多晶材料，它是由晶粒和晶界所组成的烧结体，在这些烧结体的表面，存在着气孔和微小的裂隙。决定陶瓷材料性能的主要因素是其组成的显微结构，即晶粒、晶界、气孔和裂纹的组合形状，其中起决定作用的因素是晶粒和晶界，本质上就是晶粒的尺寸问题。抗菌精细陶瓷材料的性能和它的晶粒尺寸的关系极为密切，会直接影响纳米抗菌精细陶瓷的强度、硬度、韧性等，因为它们均与晶粒尺寸成一定的指数关系，当晶粒尺寸减少到一定程度时，某些性能将会发生突变。

纳米抗菌精细陶瓷的优越性主要表现在下面几个方面。

① 超塑性　普通陶瓷材料在 1000℃ 以上，应变速率小于 $10^{-4}s^{-1}$ 时才表现出一定的塑性，而纳米陶瓷晶体 TiO_2 金红石在低温下具有类似于金属的超塑性。

② 高强度性　在保持原来常规陶瓷的断裂韧性的同时强度会大大提高。

③ 高速低温烧结性　纳米陶瓷可以降低烧结温度达几百度，会使得烧结速率得以提高。如 10nm 的陶瓷粒子比 $10\mu m$ 的烧结速率提高 12 个数量级。

24.4.2 纳米抗菌精细陶瓷的制备方法

纳米抗菌精细陶瓷材料的性能主要是由材料的化学组分和显微组织结构所决定的，当化学组分确定后，需要采用合适的工艺来控制显微组织内部粒子的大小和均匀度。其制图流程大体如下：主要成分原料＋掺杂成分→混合→预烧合成→粉碎→造粒→成型→烧结→冷加工→成品。

在这个制备流程中，最重要的工序是原料粉体的制备，纳米陶瓷对原料粉体的要求很高，作为理想的粉体材料，必须具备性质均一、形状规则、粒径均匀且达到纳米粒径的要求、不团聚结块、纯度高，易于控制晶相等条件。

目前无机抗菌材料的三种主要类型是：①金属离子型，②氧化物催化型，③复合型。它们均是将无机抗菌剂负载到一些比表面积大、多孔、分散性好的无机材料表面上，制成具有抗菌性的固体材料，而这种固体材料可以用纳米精细陶瓷来承担。

针对第①种类型，是在陶瓷釉面中含有杀菌功能的金属离子，如在釉面中加入 Ag_2O 的成分，采用超洁技术制成的精细陶瓷，使得釉面与水接触后可析出银离子，利用银离子能进入细菌体内破坏细菌的生长。对于第②种类型，在陶瓷产品的制备中，可加入纳米氧化钛形成含光催化剂的釉面层，氧化钛在光照条件下有很好的亲水性，容易与水结合形成亲水膜，防止污垢黏附到釉面表面，以起到抑制细菌生长的作用。第③种类型所采用的无机复合抗菌剂较以往单一抗菌剂有其自身的优点，有很好的耐高温特性，可以将其加在釉料配方中，通过烧结，一次成型，制成相对工艺要求简单的抗菌陶瓷。其釉面中所含有的抗菌剂，能把水氧化成强氧化能力的活性自由基和负氧离子，与细菌的细胞发生作用，灭菌效果良好。复合型无机抗菌剂是未来抗菌材料发展的方向。如用金和银等的复合陶瓷比单个金属离子的抗菌精细陶瓷效果要好，复合应用后杀菌效果可大大增强；而将银、铜等金属抗菌离子与 TiO_2 相复合形成的抗菌陶瓷，可提高 TiO_2 在无光组件下的抗菌能力。所以，如将几种抗菌剂在金属离子间、金属离子与光催化抗菌组分、金属离子与稀土元素等进行复合后制成纳米级精细陶瓷，可以进一步发挥出各种抗菌剂的优异抗菌性能。我国纳米级陶瓷的生产目前已经具有一定的规模，如已经投产年产 3000t 的纳米氧化锌生产线，并已在石家庄建成国内最大的非氧化物纳米陶瓷粉末生产基地，主要用等离子法制备纳米 SiC 和纳米 Si_3N_4 粉末，主要应用以电子工业用陶瓷为主。

24.5　金属氧化物抗菌材料

24.5.1　概述

在古代就有把牡蛎、海贝壳等焚烧成粉料用于抗菌的应用实例，日本学者在 1994 年申请了碱金属、AgO、CuO、ZnO 等金属氧化物抗菌剂和抗菌陶瓷釉的专利，可以在高温中使用，热稳定性好、寿命长是金属氧化物抗菌剂的特点。MgO、CaO 和 ZnO 等氧化物具有抗菌性能是由活性氧引起的。研究人员做了 MgO、CaO 及 ZnO 对遗传物质 DNA 的损伤变异性实验，在能产生变异和致癌的物质苯并蒽（Benzopyrene）中加入浓度为 5mg/mL 时，变异菌数能降低到 1/2。MgO、CaO 和 ZnO 对抗变异和抗癌会有一定的作用，而 Mg 对治疗高血压和心脑血管系统疾病、Zn 对生殖系统的保健等都是有利的，由此可见金属氧化物不仅具有抗菌性，也有一定的保健功能，是身体中不可缺的成分。因此 CaO、ZnO 及 MgO 等氧化物抗菌材料在医疗、食品饮食行业、家庭、厨房等多方面的抗菌功能都具有重要意义。

作为一种有效的金属氧化物的抗菌材料，对其性能，应用范围，使用技术等都要有一定的要求，通常抗菌材料要具备下面的功能：

（1）有广泛的抗菌能力，可杀灭和抑制各种细菌、霉菌、酵母菌、藻类及病毒；

（2）抗菌时效长，抗菌材料中的有效成分，不会快速溶出、挥发，并有一定的缓释功能；

（3）安全可靠，即使长期使用对人畜也是安全无害的；

（4）生产和使用时，不应对水源，空气等环境造成污染，不生成有害物质，具有耐酸碱和耐化学等稳定性；

（5）无异味无颜色，加入抗菌剂后不影响产品原有的透明度，不破坏原产品的物理性能，能在各种条件下使用，经光长期照射不分解；使用简单、方便，用途广泛，用量少、成本低。

24.5.2　金属氧化物 CaO 与 ZnO 的抗菌机理

氧化物抗菌材料本身的抗菌机理与其所负载上的金属离子的抗菌机理是不同的，在其机理研究方面有以下几种说法。

（1）CaO 的抗菌机理　CaO 的抗菌机理主要是利用它的强碱性，其 pH 值大于 12，这种条件下不利于细菌的生长。同时在 CaO 的粉末胶体中有活性氧自由基，活性氧自由基会进一步破坏细菌的生长。在 CaO 表面层还可形成有抗菌作用的 OH^- 表面层。

（2）ZnO 的抗菌机理　在 ZnO 粉末胶体中存在着 H_2O_2，有些情况下用 ZnO 为杀菌剂处理细菌，所产生的杀伤效果与用 H_2O_2 处理后对细菌的损伤是大致相同的，因此 ZnO 的抗菌机理本质是在其表面产生的 H_2O_2 的强氧化作用。

24.5.3　钙系列无机抗菌剂及其特点

钙系列无机抗菌剂的主要成分是钙氧化合物，其有效成分是锌、铜等抗菌金属离子，将钙氧化物和抗菌金属离子通过固溶法，可制成全新的抗菌材料。由于它耐高温，性能稳定，对人畜及环境安全，抗菌效果好，因此适应领域广阔。因为钙原料成本低，加工工艺不复杂等优点，是一项很有开发前景的无机抗菌剂。

这种无机抗菌剂的特点是碱性材料，能中和酸性物质或卤化物，有使之失活的能力，所以它可以随意在这类原料中使用，一般不会产生化学反应而破坏该产品的物理稳定性。同时抗菌剂能在各种光照条件下，长期保持不变色，保证抗菌产品的性能和质量。此外，它还具有耐高温特点，通过高温烧结，进行粉碎加工，再进行加工后的抗菌剂，能做到抗菌效果未变。这表明经高温加工后，抗菌剂的理化结构保持完好，其中的抗菌金属离子并没发生氧化、失活现象。钙系列无机抗菌材料非常适合用作陶瓷、搪瓷等高温加工制品使用的抗菌剂，这是它独有的特点。另外它还具有速效抗菌的特点，因为钙系氧化物的微溶特性，带动了抗菌金属离子能较快地溶出，可以快速起到杀抑致病菌的作用。钙的性质稳定，不会和含硫化合物发生化学反应，故还可用于含硫化剂的天然橡胶中。

24.5.4 钙系列抗菌剂的抗菌原理

钙系抗菌剂是以无机氧化物做官能团结合体或吸附体，其功能是与抗菌金属离子结合后形成络合物，将其添加到高分子材料中即可制成抗菌制品。这类无机抗菌剂的灭菌原理是结合在其内部的抗菌金属离子，通过缓慢地、微量地溶出，和其他接触型抗菌剂一样，击穿微生物细胞膜，和细菌内部起代谢功能的氨基酸等发生化学反应，促使细胞的代谢功能紊乱，直至细胞死亡，以实现灭菌的目的。

24.5.5 钙系列无机抗菌剂的制造工艺

选择钙等氢氧化物作为抗菌金属离子的结合体，如氢氧化钠、氢氧化钙、氢氧化镁等，这些物质本身就是一种固体碱，对水有微溶特性。当它与抗菌金属离子结合后，使金属离子也能在一定程度上更容易被释放出来。另一方面，由于该结合体具有的微溶特性，会使结合的抗菌金属离子能较快速溶出，使该抗菌剂具备了速效特征。

通常可选择锌、铜等抗菌金属离子作为钙等氢氧化物的结合体。具有抗菌功能的金属盐种类有很多，如：金、银、铜、铅、锌、锡、铬、镉、镍等。之所以主要选择锌、铜这两种金属盐为抗菌剂成分，是因为它们与结合体结合后具有广谱的抗菌能力，它对细菌、霉菌、酵母菌以及藻类都具有优异的杀抑功效。

抗菌剂常用的加工方法是固溶法。当将锌、铜二者化合时，抗菌金属离子便分散在固体碱的晶格中,而且能防止抗菌金属离子晶格化,同时,保持金属离子的活性。在固溶过程中,只要抗菌金属的浓度保持在抗菌剂总量的 $0.001\%\sim0.2\%$,就可确保结合体(固体碱)的结构完整。这样可以保证抗菌金属离子能稳定在结构内,不被氧化、失效,以利于抗菌金属离子长期、稳定地向外释放。通常,将抗菌剂加工制成 $1.2\mu m$ 左右的超细粉状颗粒,再分别按 2% 左右添加到各种原料中,采用传统的工艺、设备,便可制成具有抗菌功能的全新产品。如将 ZnO 对 CaO 的摩尔含量为 $1.0\%\sim20\%$,将其混合后,在 1400℃热处理后,用干法球磨机粉磨 3h 后得到粒径为 $0.5\mu m$ 的 ZnO-CaO 固溶体粉体。

24.5.6　钙系列抗菌剂的应用

钙系列抗菌剂在应用条件等许多方面,都要比银系列抗菌剂和光触媒型抗菌剂容易得多,因为钙系列抗菌剂具有的诸多特点,使得它可以在更广泛的领域中得到应用,目前这种抗菌剂已在很多材料中使用,均达到了良好的抗菌效果。钙系列抗菌剂在不同材料中使用的方式也不同。

(1)在内墙涂料、水泥和丙纶长丝中添加钙系列抗菌剂时,应采用 $100\sim300℃$ 的温度先对抗菌剂加热除水,以便于抗菌剂在原料中的分散。

(2)在洗衣粉中添加抗菌剂时可在喷雾造粒前,也可在喷雾造粒之后使用。

(3)在陶瓷瓷釉中直接使用钙系列抗菌剂时,由于抗菌剂相对密度和瓷釉相对密度的差异等原因,会使抗菌剂在釉液中、涂釉后的干燥期间、烧结全程,会逐渐沉降在瓷釉底部,表层上的抗菌成分分布不均,有的部位很少甚至没有抗菌剂,会使制品的抗菌效果极差,可将抗菌剂制成釉液,均匀地涂在釉面,避免抗菌剂沉降。

第㉕章 催化材料

25.1 催化材料定义及分类

25.1.1 催化材料概述

催化科学涉及表面科学、有机金属化学、固体化学、材料化学、生物和仿生化学、反应工程和化学动力学等多个学科，作为催化材料的物质，也叫催化剂，它能够加速反应的速率而不改变该反应的标准 Gibbs 自由焓变化。人们利用催化剂，可以显著地提高化学反应的速率，这种作用称为催化作用，这些涉及催化材料的反应即为催化反应。按催化剂的不同种类，可以将催化反应划分为多相催化、均相催化、相转移催化、生物酶催化、电化学催化和光化学催化等。催化剂主要有三种类型，它们分别是：均相催化剂、多相催化剂和生物酶催化剂。催化剂在现代化学工业中占有极其重要的地位，现在几乎有超半数以上的化工产品，在生产过程中都要采用不同的催化剂。随着科学技术的不断发展，有些原有的工业催化剂会因不适应新工艺的要求逐步被淘汰。20 世纪 90 年代后，随着石油化工、精细化工的发展，对环保要求日趋严格，这也对新型催化剂材料提出了更高的需求，化学工业上迫切需要开发更廉价的催化材料以取代贵金属催化剂的应用，同时要改进催化剂的腐蚀性和有毒性，提高催化剂强度和选择性等。随着表面科学和催化剂测试新技术的发展，特别是催化剂原位表征技术的进展，为在催化研究领域中新型工业催化剂的研发提供了良好的条件。在工业催化剂的开发过程中，新型基础材料，尤其是多功能催化材料的探究，始终是催化化学中的热门课题，受到世界各国科研工作者和催化学者的重视。近年来，在主催化剂活性组分与结构的研究和设计、催化剂载体的研究：包括新型载体材料的开发，载体表面处理改性和精密调制、催化剂制备工艺的改进和新制备方法等各方面，都有了一定的探索和突破。伴随着物理化学和无机合成化学研究的发展，国内外现在已开发出一批有发展前景的新型催化剂材料，使催化剂向高功能化、多功能化、精密化的发展方向上又迈进了一大步。

25. 1. 2　催化材料的种类和研究发展

催化剂可以提高化学反应速度，一般情况下催化剂是有选择性的，它只能加速某一种化学反应，或者某一类化学反应，而不能被用来加速所有的化学反应。如甲酸发生分解反应，当采用固体 Al_2O_3 作为催化剂时，发生的是脱水反应；如果改为采用固体 ZnO 作催化剂，则发生的是脱氢反应。这种现象说明，不同性质的催化剂只能各自加速特定类型的化学反应过程，使化学反应主要向某一方向进行。可作为催化剂的物质有很多，在催化反应过程中，人们往往加入催化剂以外的另一物质，以增强主催化剂的催化作用，这种物质叫做助催化剂。例如，在合成氨的铁催化剂里加入少量的铝和钾的氧化物作为助催化剂，可以大大提高催化剂的催化作用。因此，这些千变万化的催化剂，很难用一个简单的分类标准去对其进行准确的划分。

在新型催化材料的开发过程中，主要研究的下面几方面，首要关注的是组成催化剂的材料特性也就是主催化剂活性物质构造、不同的催化剂载体以及相应的催化剂的制备方法。如果从这几方面入手，按表 25-1 所示，已经有许多多功能化、精密化的新型催化材料被开发出来。

（1）常规催化体系的应用和改进　早期在石油化工产品生产加工和其他方面，大多使用金属催化裂解的方法，在生活中人们通常将金、银、铂、铑、钯、锇、钌这 7 种金属元素叫做贵金属，在这些元素中除了金以外，其它这些较为稀有的金属元素都广泛地被用作催化剂，每年消耗量惊人。据统计，1992 年仅用在汽车排气处理催化剂上的铂的消耗量，就达到了铂金属当年产量的 38%。因此开发替代贵金属的催化材料是当今催化研究中的重要课题，目前已取得了明显的进展。如用廉价的 Mo_2C 材料，其烃类异构化的催化性能远优于 Pt/Al_2O_3，有人用氧化铬和氧化铜的混合物作为汽车尾气净化催化剂，来取代钯-铂-铑系贵金属。

表 25-1 新型催化剂的研发分类

催化研究对象	催化研究方式	催化剂形式
主催化剂活性物质构造	崭新状态	层间化合物 超微粒子 金属氧化物薄膜
	元素新化合	无定型合金 金属缔合物
	开拓不常用元素应用	铌化合物 稀土元素
	反应中间物控制	择形分子筛催化剂 杂多酸 疏水性强酸多孔体
	组分复合	多元复合金属氧化物 固体超强酸 固体超强碱
催化剂载体	新载体材料	黏土矿物及分层间化合物 氟四硅云母 金属磷酸盐(包括磷酸铝磷酸锆磷灰石) 固体碱
	载体精密调试	Al_2O_3 PH 摆动法 Alkoxide 法
	载体表面处理改性	赋予载体催化功能 调整孔结构及孔分布 调节酸碱性 外形几何尺寸
催化剂制备方法	有机金属络合物固载法 CVD 法 Alkoxide 法 Al_2O_3(PH 摆动法)	

以稀土元素为主体的一系列工业催化剂从 20 世纪 60 年代起就开始应用在石油化工上,这些催化剂以稀土元素铈、镧及其混合稀土为主。在原有催化剂加入稀土元素后,其活性、耐热性和耐毒性能均有所改进。近期稀土元素在化肥催化剂上的应用发展很快,在甲烷化催化剂、烃类蒸汽转化催化剂、轻油转化催化剂、中变催化剂、宽变催化剂、氨合成催化剂、氨氧化制硝酸等工业催化剂添加了稀土元素。稀土元素在化肥催化剂中,主要是用作助催化剂和载

体等次要组分。

传统的催化剂可通过改变其组分配比、加入添加剂后加以改进，以提高其催化能力，如：采用在常规催化剂体系中调整添加剂的成分和含量；按化工工艺需要改变常规催化剂体系中活性组分的比例的方法。在传统熔铁氨合成催化剂中加入 Co 元素后，可以在较低的温度和压力下使用；在国产的铁系催化剂中加入了 Cu 组分后，在一定程度上消除了低水碳比情况下的副反应问题；在硫酸生产所用的钒催化剂中，加 Cs 元素后提高了催化剂的低温活性。以过渡金属铌为主的铌基材料催化剂对选择性氧化反应、碳氢化合物转换脱氢、CO 加氢合成燃料和化学品、水合/脱水反应、光化学反应等都是很有效的。英国 BP 公司 20 世纪 90 年代开发的石墨碳载体 Ru 氨合成催化剂，是一种脱离了常规的铁催化体系. 不仅活性好、耐毒性强，而且大大降低了反应温度和压力，与常规氨生产所使用的熔铁催化剂比降低了成本，在节能方面也有了很大的提高。

（2）崭新状态的催化物质　　通过不同的加工方式，改变催化剂外部形态进而改变其内部结构，如制成超微细粒子的纳米催化材料、层间化合物催化剂、金属氧化物薄膜催化剂等，可以很好地改善和提高各项催化性能指标。

① 超细粒子　　超细粒子指尺寸在 $1\sim100$nm 范围内的颗粒。超细金属粒子负载型催化剂由于具有巨大的比表面积和表面能，活性点多，在磁性、催化性、光吸收性、热阻和熔点等方面与常规催化材料相比有特殊的功能，因此是一种高效催化剂，其催化活性和选择性大大高于传统的催化剂，可延长使用寿命。例如用 Rh 超细粒子作光解水制氢的催化剂，产率可比常规催化剂提高 $2\sim3$ 个数量级。

超微粒子的制备方法很多。从分子、原子、离子出发，有气相、液相、固相 3 种方式。金属超微粒子主要采用在低压惰性气体中蒸发法和气相化学反应方法。气相化学反应法是以各种金属氯化物为原料，如 $FeCl_2$、$CoCl_2$、$NiCl_2$、WCl_3、$MoCl_5$、$CrCl_3$ 等，以 H_2 作还原剂，在气相中进行还原反应，气相反应生成的微粒用醇类回收。

② 膜催化材料 随着半导体元件和新材料开发的薄膜制作技术的发展，利用氧化物薄膜调制的负载金属氧化物催化剂的研究开始活跃起来，现有的催化剂薄膜化后能获得高催化性能，能产生基体氧化物与覆盖膜的复合效果与修饰效果，可利用薄膜的结构特点和电子特征产生新的催化特性。

膜催化技术是将催化材料制成膜反应器或将催化剂置于膜及反应器中操作，即集催化反应与膜分离过程为一体。反应物可选择性地穿透膜面，离开反应区域，打破化学反应在热力学上的平衡，或严格地控制某一反应物参加反应的量和状态，从而达到高的选择性获得高纯度产品，同时还可省略反应后的分离加工过程。膜催化剂可制成管状、中空管状、薄板状等，制膜材质可以采用无机膜、金属膜、合金膜、陶瓷膜、玻璃膜、氧化物膜、有机膜、高分子（生物）膜、复合膜等。主要研究的反应有涉及氢（或氧）传递的膜催化反应，而氢传递的膜催化研究较氧传递更为广泛。钯金属膜及其合金膜常用于催化加氢、脱氢，而金属银膜和 ZrO_2 型陶瓷膜及复合氧化物膜常用作传递氧的膜催化材料。例如，有人用 Pd 膜作催化反应器，在 727℃、2MPa、H_2O/CH_4 比为 2∶1 的条件下，使甲烷制氢的转化率从使用传统催化剂时的 43.7% 提高到 94%。在 Pd/MPG（微孔玻璃管）的直管型钯膜反应器内，装 Fe_2O_3-Cr_2O_3 催化剂（Girdler G-3 型），在 400℃、H_2O/CO 比为 1∶1，CO 的供气速度为 25mL/min，吹扫气 Ar 气流量为 400mol/min 时，CO 的转化率明显高于一般的平衡转化率，可在 90% 以上。另有人在多孔玻璃膜上覆盖一层硫化铜作催化剂，在膜的一侧进行硫化氢的分解反应，生成的氢透过膜后在另一侧富集。在 800℃、H_2S 进口压力为 0.38MPa 时可获 14%（体积比）的氢。而固定床反应器中颗粒状硫化铜催化剂在相同反应条件下只能获得 3.5%（体积比）的氢。将用溶胶-凝胶法制备的 ZrO-CuO/Al_2O_3 膜催化剂，用在甲烷选择性氧化制甲醇上，对甲醇的总选择性可达 95% 以上。在 Pd-B 薄膜上反应，环戊二烯加氢选择性为 96.7%，在 Pd-P 催化剂上，环戊二烯加氢选择性几乎 100％。Pd-B 膜上，Pd 与 B 的相互作用，发生了电子从 B 向 Pd 的转移；在 P 原子含量为 15％以上的 Pd-P 膜上，Pd 贡献电子给 P。

③ 金属间化合物　金属间化合物不同于金属固溶体，它是由两种以上的金属按一定比例组合而成的一种合金，有一定的熔点，在熔点以下保持其固定的结构。一些金属间化合物在温和条件下能吸附氢，这种氢有高度的流动性。当环境中的氢压力降低时极容易释放出来。金属间化合物的这种吸氢特性表明它有使氢分子活化的性能，因此成为近来颇为引人瞩目的与氢有关反应的催化剂材料。有人做过测试，在同等条件下，多数金属间化合物的催化活性高于工业用双助铁氨合成催化剂的催化活性，但金属间化合物也存在比表面积小，难于工业化等缺点。

④ 无定型合金（非晶态合金）　无定形合金作为催化材料的研究还处于起步期，其催化性能主要表现在加氢活性上。通常金属和合金都呈结晶状态，但在特殊条件下，某些金属或合金呈现出类似于普通玻璃的非晶态结构，称之为无定形合金，又称为金属玻璃。无定形合金没有通常晶态合金结构中所存在的晶界、位错和偏析等缺陷。其原子排列呈所谓的短程有序、长程无序状态。这就使无定型合金有既均匀又充满缺陷的微观结构，有一系列与晶态合金不同的物理特性。如较高的电阻率、半导及超导特性，较高的抗腐蚀性能。其表面自由能往往比晶态合金高，因此它可能对反应分子具有强的活化能力和较高的活性中心密度。因此无定形合金催化剂具有较高的比活性和不同的选择性。其粒子直径一般介于胶体金属和超微粒子之间（$1 \sim 15 \mu m$ 之间）。

（3）分子筛及分子筛催化剂　分子筛是一类具有均匀微孔结构的材料，是结晶态的硅酸盐或硅铝酸盐，分合成和天然物，其化学组成式通常表示为：$M_x O \cdot AlO_3 \cdot YSiO_2 \cdot ZH_2O$（M：K、Na、Ca、Mg），其中，孔径小于 2 纳米的微孔分子筛材料有：A 型沸石、Y 型沸石和 ZSM-5 等。分子筛催化剂在石油化工烃类加工中广为应用。由于其规整结构有独特的择形选择性能，在吸收气体或液体分子、进行催化反应和离子交换等三方面，都具有较高的选择性，加之分子筛的多样性和稳定性使其在催化领域中的应用日益广泛。20 世纪 80 年代，联合碳化物公司开发了非硅、铝骨架磷酸铝系列分子筛为第三代分子筛，为合成分子筛开辟了一条新途径。分子筛可通过离子交换、脱铝或担载金属以及利用同晶交换等技术引入不同性质的骨架元素以调节其孔径、表面性质及赋予新的催化功能，分子筛催化功能化常称为修饰作用。

① 择形分子筛催化剂　择形催化性能是沸石类催化材料与众不同的重要特性。人们早期在实验室合成出了 A 型、X 型分子筛后，开始时只是作为吸附剂材料使用。分子筛的晶体内部有着狭窄、均匀的空腔和通道，反应分子可以进去与晶体内部各点接触，并且晶体内部各点是规整的、排列有序的；而以前的催化作用是在一种固体物质的表面上进行，把分子筛作催化剂，将催化作用从以前的一般固体物质上的"表面催化"进入"晶体内部催化"。同时催化活性中心分布在这些晶体内部的空腔和通道中，那么只有那些分子直径比分子筛的临界直径小的反应物分子，才能进入空腔和通道中进行反应，并且只有那些能够从空腔和通道中逸出的分子，才能以最终产品的形式出现。所以采用分子筛材料作为催化剂，就可以从以前按分子的化学类别进行催化反应，进入按分子的形状进行催化反应，这就是"择形催化"。后来人们发现有机正离子作为模板剂可用于分子筛的合成，美国 Mobil 公司合成出了 ZSM-5 分子筛，其具有独特的孔道结构，对许多有机催化反应都表现出择形催化作用。沸石分子筛的择形催化性能是基于构型扩散的择形催化原理，可分为：反应物择形、产物择形、约束过渡状态择形和扩散限制择形。ZSM-5 分子筛具有独特的晶体结构，骨架含有两种交叉的孔道系统，其大小介于细孔分子筛（如 A 型分子筛，毛沸石，镁钙沸石等）和粗孔分子筛（如八面沸石，丝光沸石等）之间，成为用途广泛的高效催化裂化催化剂。工业上应用的著名工艺有：Mobil 中馏分油脱蜡工艺（MDDW）；Mobil 润滑油脱蜡工艺（MLDW）；催化重整工艺；汽油的选择重整和 M-重整工艺；由轻质烃类合成芳烃的 Cyclar 工艺（LPG-BTX）；Mobil-Badger 合成乙苯工艺；甲苯歧化工艺（MTDP）；二甲苯异构化工艺（MVPI）；甲醇制汽油工

艺（MTG）以及对甲乙苯合成工艺（PET）；我国开发并工业化生产的对二乙苯合成工艺等。使用沸石择形催化剂的工业过程示例见表 25-2。

ZSM-5 分子筛其良好的择形催化性能、高耐热性、高耐酸性及长寿命等特点，现已在石油加工、芳烃加工、代用燃料和合成气转化等领域获得了广泛的工业应用。择形催化在含蜡原油和油页岩的改质、煤液化的供氯溶剂的脱蜡、天然气转化为液态烃和从生物体制取液体燃料等方面的应用开拓了新的机遇。

目前沸石催化材料的科研工作重点致力于分子筛的化学修饰改性以获得高功能化择形沸石催化剂的开发研究，主要以下面 4 种方式进行。

沸石酸碱性的调节　通常采用无机酸脱铝、金属离子交换的方法来调节表面的酸碱性。最近研究的热点是用 $SiCl_4$ 蒸气进行沸石脱铝，同时改变沸石表面酸性的课题。

导入各种元素或化合物　可以采用离子交换、导入晶格、负载和复合等方法把除 Si、Al 以外的元素导入沸石晶格以缩小微孔内径，提高择形催化性能，但酸性质也同时发生变化。用 B、Ga、Ge、Ti、P、Fe 等元素置换沸石骨架中的 Al、Si，可以得到多种杂原子分子筛。这些杂原子分子筛、改性杂原子分子筛和复合杂原子分子筛的开发，对合成液态燃料，用于甲醇转化生产 $C_2 \sim C_4$ 低级烯烃或轻质芳烃和汽油，有很高的选择性。如 Cr-Si-ZSM-5 沸石催化剂，对合成气转化反应的液体烃类产物的选择性可高达 70% 左右，而气态烃含量较低。以 $AlCl_3$ 蒸气向沸石结晶骨架内导入铝而提高择形性能的方法开始引人注目。

衰减沸石结晶外表面影响　可以采用增大结晶粒径、降低外表面积比率，提高整体形状选择性或喹啉等选择性地毒化外表面的方法，采用 $SiCl_4$ 选择性地使外表面脱铝后制备的 HZSM-5 沸石，对 1,2,4-三甲苯与甲醇的烷基化反应具有较高择形性能，其芳烃产物中主要是 1,2,4,5-四甲苯为主，可占四甲苯总量的 95%。

采用 $Si(OCH_3)_4$ 的化学气相沉积法（CVD），精密控制微孔入口径的方法　产品能分辨出如异辛烷与 3-甲基庚烷之间的小到

0.07nm 分子直径的大小的差异，既不改变微孔内部的酸性质，又能抑制甚至消除反应物在外表面的催化反应活性，显示出高度的择形性。

表 25-2　使用沸石择形催化剂的工业过程示例

过程名称	过程特点	催化剂	择形催化类型
选择重整	石蜡选择性裂解以提高辛烷值及液体石油气产率	Ni/H-毛沸石	反应物
M 重整	石蜡烃混合物的裂解芳烃烷基化，提高汽油辛烷值	HZSM-5	反应物
脱蜡（MDDW）/（MLDW）	正构及单甲基石蜡烷烃的裂解以降低馏分油，燃料油和润滑油的凝固点	HZSM-5 或 Pt/H-丝光沸石	反应物

② 介孔分子筛　介孔分子筛材料也是当前的研究热点之一，介孔分子筛在结构上所具有的最大特点是：有孔径分布均匀的规则孔道、大比表面积和孔体积，但其孔壁一般是无定形的，导致介孔分子筛的稳定性受到一定影响，而且酸性也不如晶型骨架沸石分子筛强。也正是无定形的孔壁减小了对骨架原子的限制，使得非硅系介孔分子筛能够被合成出来。介孔分子筛的孔径大，在其空腔里可固定大体积的活性组分，减少反应物的扩散限制，故适用于催化大分子原料的反应。金属取代的介孔材料如 Ti-MCM-41 或 Ti-HMS 分子筛，可用于催化选择性氧化或聚烯烃裂解等酸催化反应。

介孔分子筛内部的粒子属于长程有序，并具有均匀的孔道结构，孔道大小可在 1.5～10nm 范围调变，比表面积超过 $700m^2/g$。介孔分子筛的出现为具有大分子参与的催化过程或需要较大孔径和比表面积催化剂提供了一个重要选择。

介孔分子筛 MCM-41 的生成机理即液晶模板机理（LCT）：无机物种与表面活性剂发生相互作用，然后在表面活性剂自组装作用下（形成液晶相）使无机物种和表面活性剂进一步有序化，最后形成 MCM-41 介孔分子筛物相。无机物与表面活性剂在形成液晶相之前即可协同生成三维有序结构。多聚的硅酸盐阴离子与表面活性剂阳离子发生相互作用时，在界面区域的硅酸根聚合改变了无机层的电荷密度，使表面活性剂的疏水长链之间相互接近，而无机物和有机表面活性剂之间的电荷匹配控制整体的排列方式。随着反应的进行，无机层的电荷密度将发生变化，整个无机和有机组成固相也随之改变，最终的物相由反应进行的程度来决定，这个机理具有一定普遍性。

决定介孔相的因素很多，如反应物组成、反应温度和时间、表面活性剂的分子堆积参数等。无机与有机物种的相互作用是合成介孔分子筛的关键。相互作用主要有以下几种形式：S^+I^-作用，如在碱性溶液中，氧化硅物种是低聚的硅酸根阴离子I^-，使用表面活性剂阳离子S^+能使I^-有序化，形成介孔材料；S^-I^+作用，阳离子聚合的无机离子与阴离子表面活性剂相互作用；$S^+X^-I^+/S^-X^+I^-$作用，带同种电荷的无机离子和表面活性剂离子通过同时与带相反电荷的X作用来实现相互作用，一般发生在强酸性介质的合成中；$S+I^-$作用，用中性的表面活性剂来合成各种氧化物形式的介孔材料等。介孔分子筛的组成特点及表征方法分别列于表25-3和表25-4中。

表 25-3　介孔分子筛的组成特性

分类	组成体系	特点
硅系介孔分子筛	全硅 硅铝 杂原子（Ti、Zr、V、Cr、Mo、W、Mn 等）	杂原子一般具备氧化-还原能力 为氧化-还原催化反应中心
非硅系介孔分子筛	WO_3、Fe_2O_3、PbO、ZrO_2、Al_2O_3、TiO_2、$AlPO_4$	主要缺点是稳定性差

全硅介孔分子筛存在大量的硅羟基，显示弱酸性；铝的引入可以带来中等强度的酸中心；同时还可以在介孔分子筛中实现磺酸基的功能化；碱金属交换的 Na-MCM-41 和 Cs-MCM-41 可以作为碱催化剂；碱金属氧化物负载在 MCM-41 上可以提供更多的碱金属中心；也可以在介孔分子筛中进行有机胺的功能化。杂原子

介孔分子筛通常是作为氧化-还原催化剂来应用的，介孔分子筛具有高比表面和功能化的基团，是非常好的催化剂载体，不仅可以负载各种金属和金属氧化物，而且是均相催化剂固载化的合适载体。

表 25-4 介孔分子筛的表征技术

测试方法分类	测试与表征内容
多晶 X-射线衍射	晶相的指认、晶体属性的分析
电镜	探测介孔分子筛的形貌、晶体和孔径结构、晶体对称性等还可分析微区化学组成（EDX）
固体核磁共振	鉴定介孔分子筛的骨架和非骨架元素微环境和配位状况,研究介孔分子筛生长机理
BET	分析介孔分子筛的孔径、孔体积、比表面、孔道结构等
振动光谱	介孔分子筛的骨架结构和集团信息
碱性气体吸附的红外光谱和 TPD	分析介孔分子筛的酸中心类型、强度和含量
热分析技术	研究表面活性剂的分解、相转移和骨架结构的稳定性

（4）杂多化合物催化剂 杂多化合物是一类含有氧桥的多核配合物，由杂多阳离子和含有氢离子、金属离子及其它无机、有机阴离子的平衡离子、结晶水所组成。具有软构造的杂多酸催化剂，与一般的固体酸催化剂不同，极性分子可以扩散到多个阴离子之间而被吸收到体相内，不仅是表面质子，而且体相全体质子都参与反应，其表面层结构和体相结构差别很小，具有所谓准液相特性。不仅在表面上、而且可同时在体相内进行催化反应。因此往往在低温下就显示出高催化活性和独特的选择性。因此，杂多酸可做酸催化剂又可做氧化催化剂或两者兼而有之，是一种所谓的双功能催化剂。有关杂多酸及其盐类的催化反应和负载型杂多酸、盐的催化反应应用方面的研究已有很长的历史，杂多化合物是一种高效无污染、无腐蚀的多功能催化剂，具有广泛的应用前景。杂多化合物在丙烯、丁烯、异丁烯直接水合合成醇类，甲基丙烯醛或异丁酸氧化为甲基丙烯酸等反应中的应用已实现了工业化。杂多酸不仅同时具

有多元酸的多电子还原能力，其酸性和氧化还原性还可通过变更组成元素在很大的范围内系统地调变。利用杂多酸的酸特性和氧化能力，对于在低温下脱水、水合、醚化、醇化、甲醇转化为烃类等酸催化反应，醛、酸、酮、腈类的氧化脱氢、不饱和物脂类氧化等催化氧化反应，也是十分有效的催化剂。

近年对杂多酸新催化功能的应用研究比较多的是杂多酸与 H_2O_2 氧化剂促进的有机合成反应，如由磷钨酸制备的杂多酸盐类催化剂，采用 H_2O_2 促进剂后，可对烯烃、烯丙基醇、α、β-不饱和羧酸等的环氧化反应，二醇类的选择氧化脱氢反应，连二醇和烯烃的 C═C 双键氧化断裂生成羧酸的反应等，显示出高催化活性与特殊的选择性，开拓了杂多化合物新的催化功能，十分引人注目。如 1-辛烯环氧化为 1,2-环氧辛烷的转化率为 79%，选择性达 96%。新合成的杂多金属氧盐络合物，被发现用于甲醇转化为烃类反应比母酸具有更高的活性和选择性，其主产物为不饱和烃类。杂多化合物在催化方面应用的发展，越来越受到人们的重视。

（5）**层柱状化合物** 某些层状黏土在强极性分子的作用下具有可膨胀性，用大的有机或无机阴离子像柱子一样将此类层状黏土撑开并牢固联接，形成规整的大孔结构称为层柱结构，层柱状化合物又称交联黏土。目前的应用研究集中在酯化反应、催化裂化反应、甲醇合成、烃类反应、甲苯歧化反应等，对交联黏土的催化功能还有待进一步作深入的研究。

（6）**多元系复合金属氧化物催化剂** 随着催化剂技术的新进展，由活性高、选择性好、催化寿命长的新工艺替代了一批老工艺，其中有一部分就是将催化剂构成组分复合化，生产出新功能的催化材料。用于多相氧化反应的多元系复合金属氧化物催化剂的系统研究表明，氧化物催化剂的复合效果及其催化作用更为突出，如应用在以低级烯烃为原料合成不饱和羧酸和腈类的工业催化剂产品。例如 Mo-Bi 系多元催化剂的结构如下：Mo-Bi-M^{11}-M^{111}-M^1-X-Y-O。$M^{11}=Co^{2+}$，Ni^{2+}，Mn^{2+}，Mg^{2+}……；$M^{111}=Fe^{3+}$，Cr^{3+}，Al^{3+} 特别是 Fe^{3+}；$M^1=K^+$，Na^+，Cs^+；X=Sb，Nb，Te，V，W，Ta，As；Y=B，P 等。

基本骨架是前面四元组分，通过 ^{18}O 示踪法、XPS 表面组成分析手段，清楚地阐明了催化剂表层的作用，对烯丙基氧化反应，由于晶格氧的体相扩散，表面晶格氧与表面活性氧完全现均一状态参与氧化-还原反应。决定产物选择性的主催化剂组分是催化剂粒子表 Mo-Bi-O，而 M^{11}、M^{111} 的铝酸盐起着类似载体的作用，加快了晶格氧离子在体相内扩散，向活性中心供氧的速度。金属氧化物显著的复合效果表现在提高了有机物的选择性和转化率，如丙烷选择性氧化生成丙烯醛和氨氧化生成丙烯腈的反应。

普通钙钛矿的晶体结构为立方体，其催化作用主要包括该结构中钛等混合价态、特殊价态的稳定性和氧离子的移动性、细分散贵金属的稳定性。结构上与普通钙钛矿（$CaTiO_3$）相类似的多元复合氧化物 ABO_3、AB_2O_3 或 A_2BO_3 型催化剂，主要用于电催化反应、汽车尾气处理用的氧化-还原反应，也用于加氢、SO_2 还原、废气净化、氨氧化制硝酸及甲烷氧化物偶联等反应中。

（7）固体碱催化剂 由于固体催化剂可以避免可溶性催化剂带来的问题，固体碱性催化剂具有液体碱或有机金属化合物碱性催化剂所无可比拟的优越性，具有易于使产物和反应物分离以及对环境友好等诸多特点，与大量研究和应用的固体酸性催化剂相比，有关固体碱性催化剂的工业应用和研究要少些，然而固体碱性催化剂对许多重要的工业反应特别是在精细化工领域有着广阔的应用前景。近年随着对固体酸、碱表面的酸碱性质测定技术的发展和表面碱中心结构、定位与碱性、催化性能之间相互关联以及酸、碱双功能催化作用的深入研究，为固体催化剂在新的有机合成反应上的应用开拓方面迈出了一大步。固体碱用作催化剂的载体，负载上各种金属后，或作为催化剂的组分，可发挥双功能催化剂的作用，用于特定的反应中可得到很好的效果。最近开发的 Fe、Cr、Mn、Co 等金属负载于 MgO 上的固体碱催化剂，可以用甲醇作为乙酰化剂，进行了酮、腈等乙酰基化系列新合成反应，用以合成碳链增长的 α，β-不饱和化合物。应用实例有：从丙酮合成甲基乙烯基酮。用丙酸甲酯合成甲基丙烯酸甲醋酯、乙腈合成丙烯腈、丙烯腈合成甲基丙烯腈等反应。

有关多相酸-碱双功能催化作用的研究表明：即使在催化剂表面是酸性中心起主要催化作用的众多反应中，碱中心的协同作用有时会呈现出意外的活性。如在 MgO 表面用四甲氧基硅烷化后得到的 SiO_2/MgO 酸-碱双功能催化剂，对三乙胺分解为乙腈的反应比高酸性硅铝催化剂和高碱性的 MgO 具有显著的催化活性，可高出 $6 \sim 8$ 倍。二元金属氧化物的固体碱，如 Al_2O_3-MgO、HgO-TiO_2、TiO_2-ZrO_2、Al_2O_3-ZnO、Fe_2O_3-MgO、ZrO_2-SnO_2，具有相当的碱特性及酸特性。最近报道称 Fe_2O_3-HgO 有利于丙酮与甲醇的乙酰化反应，MgO-ZrO_2、MgO-TiO_2 对羰基化合物和醇类之间的氢转移反应均具有高的活性和选择性。由于固体碱性催化剂大部分是属于负载型的，因此可按照催化剂载体的不同进行分类。

① 非分子筛类固体碱性催化剂材料　常用的非分子筛类固体碱催化剂分类见表 25-5。

表 25-5　非分子筛类固体碱性催化剂类型

种类	类型
单组分金属碱金属氧化物	碱土金属氧化物
	氧化物稀土氧化物
	ThO_2，ZrO_2 TiO_2
负载碱金属离子型	碱金属离子负载氧化铝
	碱金属离子负载氧化硅
	碱金属负载碱土金属氧化物
	碱金属和碱金属氢氧化物负载氧化铝
黏土矿物	金属和碱金属氢氧化物负载氧化铝
	水滑石
	温石棉
	海泡石
非金属氧化物负载型	KF，KNO_3，KNH_2，$RbNH_2$
	$NaNH_2$ 等负载氧化铝

② 微孔分子筛类碱性催化剂材料　除了非分子筛类固体碱催化剂外，还大量使用的碱性催化材料有分子筛类的固体碱催化剂，微孔分子筛类碱性催化剂材料的分类及性能见表 25-6。

表 25-6 常见微孔分子筛类碱性催化剂的分类及性能

碱性分子筛类型	附载或交换的碱性物质	特性
骨架阳离子取代型微孔碱性分子筛	Al、Ga、Ge	碱性弱,应用于有机合成
离子交换型微孔碱性分子筛	由 H^+ 与碱金属离子(如 K、Rb、Cs、Na、Li)或碱土金属离子(Ca 和 Mg 等)通过离子交换而形成	可在空气中直接活化使用,工艺简单,成本低、不需要在惰性气氛下高温活化
负载碱性客体型微孔碱性分子筛	碱金属溶液浸渍 NaN 溶液浸渍再分解离子交换后 Na、Yb 或 Eu 液氨溶液浸渍、碱金属蒸气沉积	可形成碱金属或碱金属化合物团簇,碱性较强,对水和空气过分敏感,对使用条件有限
骨架阴离子取代型微孔碱性分子筛	氮原子取代分子筛骨架上的氧原子后形成	氮氧化磷酸铝、氮氧化磷酸锆、氮氧化钒酸铝等,高催化活性

25.1.3 催化剂载体的改进

通过载体材料的改进来研发新型催化材料主要有如下方面研究。

(1) 新型载体材料的应用

① 常规载体的更新 传统的催化剂载体有硅胶、Al_2O_3、分子筛等,如在生产硫酸中所用的钒催化剂,以硅胶为载体,也可改用铝的氧化物和 TiO_2 为载体。如锆的氧化物是近期比较看好的甲醇合成用催化剂的载体材料。

② 混合载体的应用 混合载体可以调节原载体和活性金属组分之间的较强的相互作用,以改进其比表面、孔容和平均孔半径等物理性能,并控制杂质的含量。将 TiO_2-Al_2O_3 混合载体用于改进 TiO_2-ZrO_2、$α$-Al_2O_3 载镍甲烷化 J106 催化剂,提高了该催化剂的活性。

③ 金属载体的应用 金属作载体强度好,由于能增加催化剂的外表面,故活性也高。此种载体还能使催化剂表面反应层中的活性物质浓度增加,因此能提高活性物质利用率,这对那

些用稀贵金属元素作活性物质的催化剂有其现实意义。此外以金属作载体的催化剂由于导热效率高，特别适宜于强吸热或放热的体系。

④ 无机纤维 采用无机纤维作为催化剂载体被用于特定的催化反应过程中。无机纤维载体主要有以下几种：玻璃载体，常用作汽车废气净化催化剂载体；碳纤维，用作脱氢催化剂载体；氧化铝纤维载体，用于裂解汽油加氢及微量氧的脱除等反应；硅铝纤维，用作甲烷化载体有良好活性。这些无机纤维载体具有高强度、耐高温等特性，比粒状催化剂有更小的体积与外表面积比。因此对扩散控制的反应，纤维载体催化剂的效能就明显高于粒状载体催化剂。当然不同纤维用不同方法处理改性后的表面特性也不同。

(2) 载体形状的优化 对于在生产中所使用固定床催化剂的工艺来说，载体颗粒形状和尺寸的优化也是催化研究的主要内容。

① 整体块状载体的应用 整体式载体具有连续、单一的结构，上面会有许多小的平行通道。通道可以是环形、六角形、方形、三角形或其他形状。最常用的通道是六角形的组合通道，常称为蜂窝状整体块状载体。整体式载体与传统粒状载体催化剂相比，主要在传热、传质和压力降等性质上有所不同。在床层长度和气流速度相同时，前者的压力降比粒状的低 2~3 个数量级。

② 异形载体的应用 在工业生产所用的催化剂中，也开发出了一些异形催化剂。如圆柱内、外齿轮形，内、外沟槽柱体等多种多样的形状的催化剂。目前最新款式为多孔球型，它既具有球状催化剂易于装填的特点，又有不易架件、几何表面大、易于加工的优点。很多化工厂所用催化剂就是多孔球型催化剂，有的由于生产模具的限制，而挤压出特异的形状，这些特异型的催化剂所提供的比表面积越高，增强了抗毒能力，相对催化作用增强，如甲烷化催化剂近几年出现了拉西环形和球形。

③ 复合载体的应用 利用 SiO_2、Al_2O_3 骨架载体强度高、表面大的优点，涂载 TiO_2、La_2O、ZnO，使它们在骨架载体上有最

大程度的分散，以克服其低强度、比表面小的缺点，使制得的最终载体的总表面及其他性能远高于原有的载体。

④ 催化剂制备的新工艺 对同一化学反应而言，相同催化剂母体采用不同方法制备，其催化剂的活性、选择性和稳定性差异很大。例如在 CO 中变催化剂本体中含硫问题用传统方法制备时长期得不到解决，但改用硝酸共沉淀法后轻易解决了这一难题。近期有人试图用中和制备法来制备 CO 低变催化剂，以克服酸法 Na^+ 洗涤难、氨法流程长的缺点。总之，近年来随着固定表面化学理论的发展，产生了许多新的生产工艺。如金属蒸气法、超临界干燥法、真空冷冻干燥法、电化学控制沉积法、贵金属光助沉积法、低压惰性气体蒸发法、液相化学析出法、高温气胶分解法、气相化学反应法、金属有机络合物的化学气相沉积法等。

25.1.4 新催化材料简介

随着科学技术的进步和化学工业的发展，更多有应用前景的催化材料不断被研制出来，如铌酸、钙钛矿型复合氧化物、负载型双金属催化剂、高温多孔质无机材料、固定化多磷酸、固定化路易斯酸、固相化催化剂和生物催化剂等新型催化材料。在这些催化剂中，有些产物的性能和催化机理还尚处在探索中。除了上面所介绍的催化材料外，还有些新催化材料已经应用到了实际工作中，下面重点介绍几种新催化材料。

（1）金属碳化物及氮化物催化 金属原子的粒子可组成面心立方（fcc）、六方紧密堆积结构（hcp）、简单六方结构（hex）的晶格结构，碳原子和氮原子位于金属原子晶格的间隙位置。这种结构的化合物称为间充化合物。金属碳化物或氮化物结构由其几何因素及电子因素决定。

① 几何因素 非金属原子与金属原子的球半径比小于 0.59 时，就会形成简单的 fcc、hcp、hex 晶体结构；

② 电子因素原理 一种金属或合金的结构与其 s-p 电子数有关，定性的，随 s-p 电子增加，晶体结构会由表 bcc 转变为 hcp 再转变为 fcc：如 Mo(bcc)→Mo_2C(hcp)→Mo_2N(fcc)。

金属碳化物和氮化物的催化性能与其结构相关，金属碳化物和氮化物中 C 和 N 间隙原子使金属原子间的距离增加，晶格扩张，从而导致过渡金属的 d 能带收缩，费米能级态密度增加，使碳化物和氮化物表面性质和吸附性能同 Ⅷ 族贵金属类似。催化作用表现在：

a. 具有很高的己烯加氢、己烷氢解、环己烷脱氢催化性能；

b. 对 FT 合成反应生成 $C_2 \sim C_4$ 有较高的选择性以及较强的抗中毒能力；

c. 对 CO 氧化、NH_3 的合成、NO 还原、新戊醇脱水也有良好的催化性能；

d. 加氢脱氮（HDN）和加氢脱硫（HDS）也有很高的活性。

（2）不对称（手性）合成催化剂 所谓手性，即一个分子可以有两个主体异构形式，而这两个主体异构形式如同左手和右手的关系，像一件物品照镜子一样，实物和影像之间的关系，即是一种相互对映的关系。具有手性主体异构形式的化合物称为对映异构体。对映异构体一般在物理性质和化学性质上具有高度的相同性，唯一的区别是可使偏振光分别向左或向右偏移。如在自然界中存在的糖为 D 构型、氨基酸为 L 构型、蛋白质和 DNA 的螺旋构象都是右旋的，近年来研究发现，有些手性异构体如作为药物的手性药物的两个对映体，有着不完全相同甚至截然相反的生理活性及药理作用，所以，需要特殊的催化剂来定向合成我们在医药或其他方面所需的那一种结构类型的手性异构产物。在有机化学中，可分别用不同的符号来标注手性异构体。如：

右旋对映异构体：d、+、D、S；左旋对映异构体：l、−、L、R

传统的手性对映异构体的制备方法是利用生物技术、酶技术或者化学分析方法由天然物质得到；加入催化材料后，采用不同的不对称催化进行合成，如酶催化剂、金属配合物和生物碱等不对称合成催化剂，可以很好的定向合成出所需的对映异构体来。

① 手性配体修饰的金属手性合成催化剂 在金属配合物催化剂中所采用的金属，大多为过渡金属，在表 25-7 中列出一些不对称合成的金属催化剂所适用的反应类型。

表 25-7 一些不对称金属配合物催化剂所使用的金属及其适用的催化合成反应

反应类型	金 属											
	Ni	Cu	Co	Rh	Pd	Pt	Ir	Ru	Mo	Ti	Fe	V
C=O 氧化反应		△	△	△	△			△				
C=N 氧化反应	√	√	√	√			△	△				
C=C 氢硅化反应				△								
C=O 氢硅化反应				△	△	△						
C=N 氢硅化反应				△								
环丙烷化反应		△	△									
聚合反应									△	△		
环氧化反应							△			△		△
异构化反应							△					
胺基化反应				△								

注：△为均相反应，√为非均相反应。

② 金属配合物催化剂中的配体 过渡金属可催化的各类产物有：手性瞵化物、手性胺类、手性醇类、手性酰胺类、手性亚砜、手性冠醚等。如下面的手性有机物：

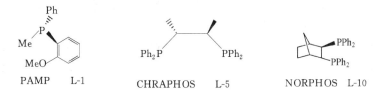

PAMP L-1   CHRAPHOS L-5   NORPHOS L-10

③ 手性配合物的固载化 作为这些催化剂载体的物质通常为不溶的高聚物、硅胶和分子筛等物质。如：将配体同 Rh 或 Ni 的配合物固载到硅胶或者 USY 分子筛的硅醇基上，可对 N-酰基脱氧苯基丙氨酸衍生物的加氢反应有一定催化活性：

Rh 基配体：

（3）低温反应催化剂　很多催化化学反应都是高温高压的条件下进行的，如铁催化下的合成氨反应，如何选择更有效的催化剂，让化学反应在常温或在较低的温度下进行，就可以节省大量的能源消耗。采用高效的低温催化剂，使催化反应温度降低，是降低能耗的有效途径，在许多有机合成反应中，都已经有低温反应催化剂参与其中。

① CO 低温氧化　CO 为有害气体，也是汽车尾气的成分之一，可以利用特定的催化剂使其在较低温度下被氧化 CO_2。常用的低温催化剂有：

贵金属催化剂，$Pt\text{-}CoO_x/Al_2O_3$、$Pd\text{-}Ce/Al_2O_3$、Au/MO_x；

非贵金属催化剂，混合氧化物和复合氧化物；

分子筛催化剂，Pdn/Y 分子筛、Au/MCM-41、Cu/TS。

② 饱和烷烃的低温催化转化

a. 低温液相活化甲烷　甲烷分子中的 C—H 键可在均相催化剂存在的条件下异裂，可以用来制备甲醇和甲醛。如甲烷在 393K 和 6atm（1atm＝101.325kPa）下以 H_2PtCl_6/Na_2PtCl_4 为催化剂，可以得到甲醇和氯甲烷。

b. 饱和烷烃的低温氢解　可应用 Zr、Ti 或 Hf 的金属有机配合物在 423K 进行新戊烷、异丁烷和丙烷选择性催化氢解。

③ 低温合成碳酸二甲酯（DMC）所用 CaO 催化剂　用酯交换法制备 DMC 的常规催化剂一般是碱金属盐类及其氢氧化物，聚合物负载的三苯基磷催化剂、碱性分子筛和水化石类固体碱催化剂，但这些催化剂的反应温度都很高。研究发现，用经过高温煅烧后的碳酸钙制得的氧化钙为催化剂，对碳酸丙烯酯和甲醇的酯交换反应生成碳酸二甲酯时的反应，具有优异的催化性能。

④ 甲烷低温燃烧催化剂　以 Co_3O_4 为载体的 $Au\text{-}Pt/Co_3O_4$ 催化剂，可有效地在较低温度下促进甲烷的燃烧，采用其为催化剂后，有可能使以天然气为动力的发动机装置，拓展出一个更广阔的应用空间，有效增加天然气的利用效率，为新能源汽车的发展提供一个可行的研究方向。Co_3O_4 担载 Au、Pd、Pt 催化剂对甲烷的催

化燃烧活性比较见表 25-8。

表 25-8 Co_3O_4 担载 Au、Pd、Pt 催化剂对甲烷的催化燃烧活性比较

序号	催化剂	Au 含量/%	Pt 或 Pd 含量/%	BET 比表面积/(m^2/g)	催化活性/℃		
					T_{50}	T_{90}	T_{100}
1	Co_3O_4	—	—	57.1	325	376	420
2	Au/Co_3O_4	0.18	—	55.3	317	370	420
3	Au/Co_3O_4	1.19	—	52.2	314	369	418
4	Pt/Co_3O_4	—	0.21	64.5	312	358	400
5	Pt/Co_3O_4	—	1.96	72.6	308	348	385
6	Pd/Co_3O_4	—	0.19	62.3	307	350	392
7	Pd/Co_3O_4	—	1.92	66.2	304	338	376
8	$Au-Pt/Co_3O_4$	0.38	0.23	59.2	305	340	379
9	$Au-Pt/Co_3O_4$	1.90	0.19	59.8	303	338	368
10	$Au-Pt/Co_3O_4$	1.92	1.63	61.0	295	332	360
11	$Au-Pt/Co_3O_4$	4.76	1.67	64.1	296	336	364
12	$Au-Pd/Co_3O_4$	1.90	1.48	48.5	317	363	388
13	Pd/Al_2O_3	—	1.58	139.8	338	367	387

25.2 汽车尾气催化材料及应用

大量文献资料表明，在空气的各种污染源中，汽车尾气是大气污染的主要来源，在汽车排放废气中含有 NO_x、HC、CO 及碳烟微粒等污染物，形成空气污染，尤其是在一定的气象条件下，受强烈的紫外线照射后，会产生一种复杂的光化学反应，生成一种新的二次污染物——光化学烟雾。随着世界经济的发展，汽车的数量也在迅速增加，尤其是在我国，汽车数量的增加造成汽车排放的大气污染物总量迅速地增加。随着近年来我国汽车拥有量的飞速发展，各地区空气中污染物的含量出现了较大的提高，尤其在一些大城市还先后出现了光化学烟雾，由于汽车尾气的排放造成的大气污染，给人类带来了很多痛苦，使人们发生咽喉痛、咳嗽、哮喘、支气管炎、红眼病、肺气肿、癌症等多种疾病，甚至死亡，同时对植物也造成不同程度的破坏作用。

在汽车尾气中所排放的污染物主要有三个部分，它们分别来自汽车的曲轴箱混合气、燃油蒸发气系统和发动机气缸的废气排放，

其中发动机气缸废气排放占 65%，汽车所排放尾气的成分是约有 100 多种化合物、非常复杂的混合物，主要有一氧化碳（CO）、碳氢化合物（HC）、氮氧化合物（NO_x）、硫化物（SO_x）、颗粒物（铅化合物、炭黑、油雾等）、二氧化碳（CO_2）、甲醛（HCHO）、丙烯醛（CH_2CHCHO）等。目前，世界各国对汽车排放控制的最主要的污染物为：CO、HC 和 NO_x。光化学烟雾就是由于汽车尾气中的 HC 和 NO_x 在阳光的作用下，产生光化学反应所造成的。在城市中，汽车排放的 CO、NO_x 对大气污染的分担率分别占到了 85% 和 40% 左右。

25.2.1 汽车尾气治理现状

为了消除这一严重的社会公害，一些主要汽车生产消费国家相继制定了严格的限制汽车尾气安全法规，随着环境问题的日益严峻，各国汽车排放标准日益严格。当前，美国和日本的排放标准都较严格，代表着世界先进水平。在欧洲，1992 年实行了欧 I 标准，1996 年实行了欧 II 标准，2000 年实行了欧 III 标准，2005 年实行了欧 IV 标准。我国 2001 年实施的标准相当与欧 I 标准，2007 年实施的相当于欧 III 标准，2010 年实施的国 IV 标准相当于欧 IV 标准。

从目前技术上讲，控制汽车污染的手段大多集中在改善汽车发动机的性能，使用低/无污染汽车燃料、改变汽车发动机工作方式（如使用电动汽车）、引入各种尾气催化剂等方面。

（1）汽车尾气催化剂研究概况　作为控制汽车污染的主要手段之一的净化催化剂受到了普遍的重视。与尾气限制标准一样，美国率先将催化剂应用于汽车工业上，其技术也处于世界领先水平。日本、德国等西方国家紧随其后。在我国 20 世纪 70 年代初，为出口的红旗轿车安装了氧化型催化剂，到 1990 年亚运会期间北京曾在出租车上装载了稀土氧化型催化剂。1999 年开始采用三效催化净化器，比美、日晚约二十年，比欧洲晚十多年。随汽车工业的发展，尾气净化催化技术也日益提高，早期的催化净化器多为氧化型，可有效地控制 CO、NO_x 的排放量，但随着大气中氮氧化物含量的不断增加，人们要求同时净化尾气中的 CO、HC 和 NO_x，更严格的排放法规的出现要求催化剂不仅能氧化 CO 和 HC，同时也能还原 NO_x。早期曾使用还原型催化剂与氧化型催化剂串联，补给二次空气的方法，首先还原 NO_x，再在富氧环境下氧化 HC 和 CO，但是还原阶段容易生成氨气，氧化阶段会发生氨气被氧化成 NNO_x 等副反应，不能达到满意的效果，很快被三效催化剂（TWC）所代替。氧气传感器的出现推动了三效催化剂的发展和推广使用，氧气传感器可随时测定排气中氧的浓度，产生一个随空燃比而变化的电讯号输入电子控制装置推动执行元件，控制燃烧，使催化剂可以在理论空燃比条件下发挥三效作用，之后三元催化净化器开始使用。三效催化剂也称作三元催化净化器的工作原理是在一定的空燃比和排气温度条件下，排气中残余的氧和有害物质 CO、HC 和 NO_x 等，在催化剂表面进行氧化还原反应，使有害物质转化为 CO_2、H_2O 和 N_2，以减少对环境的污染，从而探索出了一条控制汽车排放的有效途径。和许多工业固体催化剂相类似，汽车尾气催化剂也由载体、活性组分和助剂三部分组成。

（2）常用催化净化器 催化净化器装置就是利用催化材料贵金属（Pt、Pd、Ru）的催化作用，使得汽车排出的气体进一步反应，生成对环境无污染的产物，而催化剂本身不发生永久性的化学变化，从而达到降低排放物对大气污染的一种装置。根据催化净化装置的使用目的不同，转化器可分为以下几种方式运行。

① 氧化型催化转化器 这种装置是促使氧化反应进行的，因此是在过量的氧气环境下工作的。当发动机排出的气体通过该装置时，由于催化剂的作用，在较低温度下将未燃烧的碳氢化合物（HC）和一氧化碳（CO）氧化生成对环境无污染的水蒸气和二氧化碳。这种装置不能对氮氧化物（NO_x）进行净化，过量的氧是通过二次空气喷射或供给稀混合气（混合比 $\lambda > 1$）中得到氧化所需要的剩氧，有时为了净化 NO_x，常在其后再加装废气再循环系统。

② 还原型催化转化器 与氧化型催化转化器相反，还原型催化转化器只对氮氧化物（NO_x）起净化作用，该装置需过量的还原剂，如 CO 和 HC。采用这种装置的汽车发动机应在浓混合气（混合比 $\lambda < 1$）供给情况下运行。

③ 双床催化转化器 这种装置是由两个连续接通的催化器组成，排出的气体先流经还原型催化转化器，再经过氧化型催化转化器，在两者之间有二次空气吹入，这样使得进入氧化型催化转化器的排气中氧气的含量增加。由于排放气体是先经过还原型催化转化器，所以这种发动机必须在浓混合气（λ＜1）供给情况下运行，使得燃油消耗率很高。另外，在缺氧的条件下，排气中也往往含有游离的氢，它与存在的一氧化氮会反应产生氨和水，随后加入的空气中含有一部分氨，这些氨被氧化后又生成氨氧化合物，因此，这种催化装置对 NO_x 的净化效果不是很好，在欧洲汽车厂中已停止使用。

④ 三元催化转化器 三元催化转化器能同时将汽车发动机排出的三种有害气体加以净化，是目前最有效的净化排放气体的方法。只有在排气成分保持在理论混合比 λ＝1 附近才能同时降低 CO、HC 和 NO_x 的浓度，因此，必须保证汽车发动机在一般条件下所排出的气体成分都在理想的范围内，为此在该系统引入闭环控制系统，来监控排气成分的变化。采用三元催化转化器后，排气中的三种有害污染物都可以得到不同程度的降低。

现已面市的汽车排气催化净化器所采用催化材料主要有：稀土金属氧化物催化净化器，稀土与贵金属形成的复合氧化物催化净化器和稀土、过渡金属与贵金属三者形成的复合氧化物催化净化器三大类型，其效果见表 25-9。

25.2.2 汽车尾气催化剂载体

(1) 简介 汽车尾气催化剂一般由三部分组成：高比表面的载体，催化活性组分和调整催化剂耐热性能和催化活性的添加物。催化活性组分通常为贵金属、稀土及其他非贵金属氧化物。汽车尾气催化剂多为负载型催化剂，载体是催化剂的一个重要组成部分，催化活性组分要担载在高比表面的载体上，才能很好地发挥作用，因此载体的选择对催化剂的活性有很大影响。通常对催化剂载体的要求和作用是：提供有效表面和合适的孔结构；使催化剂获得一定的机械强度；提高催化剂的热稳定性能；能与活性组分作用形成新的化合物；节省活性组分用量，这对贵金属催化剂尤为重要。

由于汽车运行的情况复杂，这对催化剂载体提出了更高的要求，催化剂载体应具有热稳定性高、机械强度高、比表面积大、热容小及一定的形状和适宜的物理性能。早期以活性氧化铝，硅氧化镁，硅藻土为原料制得的颗粒状载体，表面积大，使用方便，但压力降和热容大，耐热性差，强度低，易破碎，20世纪80年代逐渐被蜂窝陶瓷载体所取代。早期的催化剂载体最多的是采用三氧化二铝颗粒，其活性成分为 $\gamma\text{-Al}_2\text{O}_3$，由于颗粒载体的催化剂具有堆密度大、床层阻力大、易粉化等缺点，不适用于汽车尾气的处理，且处理的气体量越大，这种影响就越大，从而限制了这种催化剂的使用。汽车尾气催化剂载体用氧化铝的适宜形态为过渡相的 $\gamma\text{-Al}_2\text{O}_3$ 氧化铝。当用氧化铝制备汽车尾气催化剂载体时，焙烧温度应等于或高于汽车使用的温度条件，但不宜超过 1100℃，当温度高于 1100℃ 时，氧化铝会发生相转变，由 $\gamma\text{-Al}_2\text{O}_3$ 变为 $\alpha\text{-Al}_2\text{O}_3$，超过该温度之后，其比表面积会急骤下降，从而会影响其使用性能。采用合理的添加剂可以改善氧化铝的比表面及热稳定性，选用适当的复合添加剂后，不但吸水率和比表面积有所增加，而且热稳定性较好。

表 25-9 催化净化器分类应用效果

类型	形状	功能	转化率/%			消声状况	物理性状
			CO	HC	NO_x		
稀土金属氧化物催化净化器	颗粒	净化	≤50	<50	<10	不确定	粉化、变黑、排气阻力增大
	陶瓷蜂窝	净化消声	≤50	<50	<10	不确定	破碎、排气阻力增大
稀土贵金属复合氧化物催化净化器	颗粒	净化	≤50	<50	<30	不确定	粉化、阻力增大、变黑
	陶瓷蜂窝	净化消声	≤50	<50	<30	不确定	破碎、阻力增大、变黑
稀土过渡金属贵金属复合氧化物催化净化器	颗粒	净化	≤50	<50	<30	不确定	粉化阻力增大、变黑
	陶瓷蜂窝	净化消声	≤50	<50	<30	不确定	破碎、阻力增大、变黑

陶瓷蜂窝载体也叫作整体载体，由许多薄壁平行小通道构成整

体，气流阻力小、几何表面大、无磨损，如堇青石载体具有很低的热膨胀系数，有突出的抗热冲击性。改进后的蜂窝状整装催化剂由于具有纵向连续不受阻挡的通道，因而排气阻力小，在后来的研究中被广泛用于汽车尾气的净化。三元催化转化器的催化剂的载体大致可分两类：一是球状、片状或柱状氧化铝；二是整体式载体。目前最常用的整装催化剂载体为陶瓷类，用烧结法生产。康宁玻璃公司开发一种以挤压方式生产的堇青石（$2MgO \cdot 2Al_2O_3 \cdot 5SiO_2$）蜂窝陶瓷载体，其耐热冲击性能良好。这种陶瓷载体是目前广泛采用的汽车排气催化剂载体，整体式催化剂载体有壁薄、质轻、开孔率高、活性组分负载后不因温度的变化而粉化或脱落、气流阻力小的特点，通常在陶瓷载体上涂覆一层大比表面积的物质，如活性氧化铝。金属载体是整体式载体的另外一种，目前国外汽车催化剂中出现了较多金属载体，其结构主要也是蜂窝柱体。金属载体的使用对降低汽车排气阻力十分有利，明显改善了动力性能，提高了尾气净化效率，同时延长了净化器的使用寿命。到目前为止，Ni-Cr、Fe-Cr-Al、Fe-Mo-W 等合金是可作为汽车尾气净化器的金属材料。将不锈钢箔压成波纹状而制成的整体型合金载体，相比陶瓷蜂窝载体有更高的热稳定性，一些公司把合金载体专用于紧凑耦合催化剂。

（2）氧化铝涂层 活性涂层附着于载体的表面，它的作用是提供大的比表面积来附着贵金属或其催化成分。高比表面的载体涂层（也叫第二载体），堇青石载体的比表面都很低，一般只有 $1m^2/g$ 左右，因此须涂敷一层高比表面的氧化铝涂层（也叫第二载体），对涂层的基本要求是：对载体附着性能好且附着均匀，比表面积大，高温稳定性好。氧化铝涂层浆液的物性、pH、粒子大小、固含量及黏度都会影响涂层的性质，间接影响催化活性。涂层材料通常采用 γ-Al_2O_3，它具有很强的吸附能力和大的比表面积。汽车工作状态下排气温度高，要求 Al_2O_3 涂层有较高的耐热性，但在高温条件下（大于 1000℃）Al_2O_3 不稳定，会转变为比表面积很小（小于 $10m^2/g$）的 α-Al_2O_3，从而使催化剂的活性下降。因此通常加入 CeO_2、ZrO_2、La_2O_3、BaO、CaO、SrO 等稀土元素或碱土元素氧化物作为助剂，抑制相变。改变稳定剂的加入量，可以得到最佳的热稳定效果。

除了 Al_2O_3 可作为第二载体外，人们还对其他高比表面的载体材料进行了研究。如 TiO_2 和 CeO_2 为载体的贵金属催化剂也都有很高的比表面积，表现出良好的催化性能。以 CeO_2-ZrO_2 固溶体为载体的 Pt、Rh 催化剂，加入 ZrO_2 后，提高了 Ce^{4+} 的还原能力，催化剂表面吸附的 NO 更容易分解，为此开发出了相应的 CeO_2-ZrO_2 为载体的贵金属催化剂。

25.2.3 汽车尾气催化剂的活性组分

按活性组分的组成来分，汽车尾气催化剂主要可分为全贵金属型、过渡金属型、稀土型和混合型，长期以来普遍采用的是贵金属催化剂。

（1）贵金属型　贵金属以 Rh、Pt、Pd 最为常用。Rh 能促进 NO_x 还原，使 NO_x 选择性地还原为 N_2，而且对 CO 有不亚于 Pt、Pd 的氧化能力，Rh 的优点还表现为较好的抗硫中毒能力；Pt 和 Pd 对 CO、HC 的氧化有很高的活性，Pd 对不饱和碳氢化合物的活性比 Pt 好，对于饱和烃类效果稍差，而且抗硫、铅中毒能力差，易高温烧结，与铅形成合金。在汽车尾气三效催化剂中，通常其中一种或多种不同的贵金属之间、贵金属与催化剂载体涂层之间存在相互作用，有时是相互协同促进的作用，有时则是有负面的作用，这与催化剂的制作方法也有很大关系。

早期的控制排放是针对 CO 和烃类化合物的，贵金属铂、铑、钯因为具有良好的催化氧化性能而被广泛研究和应用。到 20 世纪 70 年代末，随着对 NO_x 的排放实行控制，贵金属催化剂又因其优异的三效催化性能，受到越来越多的重视。早期三效催化器的氧化还原反应是分段进行的，即双床式催化器。前段使用还原型催化剂，后段使用氧化型催化剂，中间补空气。这种设置虽可使氧化与还原反应分别在有利于自身的气氛中进行。但其结构过于复杂，操作麻烦，且 NO_x 还原后又可能被重新氧化，所以它仅是一种过渡形态。到 20 世纪 80 年代初，由于计算机处理技术的成熟，对燃油与空气的组成可进行快速地检测与校正，新一代的 Pt-Ph-Pd 三效催化剂因铂、铑、钯之间起积极的协调作用，性能有了明显的改善。由于钯比铂、铑资源更丰富，且价格更便宜，耐热性好，因此有利于降低成本，提高催化剂的寿命。因此，单钯催化剂便成为尾气催化剂发展的一个重要方向。但这种催化剂对涂层要求较高，且需要十分严格的操作条件，故还未在汽车上广泛应用。用 Pt、Pd 等贵金属为活性组分制成的催化剂不仅有合适的烃类吸附位，而且还有大量的氧吸附位，随表面反应的进行，能快速地发生氧活化和烃吸附，而由过渡元素等非贵金属组成的催化剂则通过晶格氧传递达到氧化有机物的目的。气相中的氧不能及时得到补充，需较高的温度才能加速氧的循环，因此，一般非贵金属催化剂的起燃温度要比贵金属的起燃温度高得多。

(2) 非贵金属类 由于贵金属价格昂贵，人们一直在研究用非贵金属化合物来取代或部分取代催化剂中的贵金属，以降低催化剂的制造成本。某些非贵金属化合物在一定条件下对汽车排气中的 CO、HC 和 NO_x 的氧化还原反应也有催化作用。添加非贵金属氧化物可以减少贵金属用量，改变催化剂的电子结构和表面性质，提高催化剂活性和稳定性。

常见的添加剂之一是稀土氧化物。稀土元素在化学性质上呈现强碱性，表现出特殊的氧化还原性。稀土元素离子半径大，可以形成具有特殊结构的复合氧化物，起到助催化作用，不同的稀土金属氧化物添加剂和添加量对催化剂的作用不同。研究证明，大多数稀土金属氧化物都能提高贵金属催化剂的活性。

CeO_2 是应用最广的稀土氧化物添加剂，其作用表现在以下几个方面：稳定活性氧化铝涂层；对贵金属具有助催化作用，提高贵金属的表面分散度；促进水汽转移反应（$H_2O+CO=CO_2+H_2$），水汽转移反应能够促进 NO 的还原，在水蒸气存在下提高 NO 的转化率；由于其出色的氧存储能力可在富燃条件下释放氧，贫燃条件下吸收氧，起到扩大空燃比窗口的作用，提高催化剂在不同情况下的活性；提高催化剂的抗中毒能力及提高催化剂载体的机械强度，能够起到稳定晶型结构和阻止体积收缩的双重作用。如在 Al_2O_3 担载的新鲜的 Pd，Pt 贵金属催化剂中增加 CeO_2 的量，Pt

的表面分散性下降，而 Pd 的表面分散性与 CeO_2 的负载量无关。

非贵金属活性组分还包括以过渡元素氧化物及其尖晶石、钙钛矿结构复合氧化物为活性组分。但由于单组分氧化物耐热性能差、活性低、起燃温度高，在使用上受到限制，一般采用多组分的配方和适当的制备技术。过渡金属催化剂已被广泛运用在工业上，但在排气净化装置中，由于汽车情况复杂，其应用与推广受到了一定的限制。

近年来，钙钛矿型催化剂及相关氧化物被认为是有巨大潜力的三效催化剂，以代替传统的 Pt/Rh/Pd 催化剂。钙钛矿型氧化物具有较低的价格和灵活多变的组成，其催化性能在一定程度上可以进行调节，因而受到人们的关注。用这类化合物作为三效催化剂来取代传统的 Pt/Rh 基催化剂具有一定的优越性。由于其组成和结构的灵活多变性，钙钛矿型化合物被看成是固态化学、物理学、催化作用等基础领域的样板材料。一是由于它具有多种优异的物理化学性质与催化性能；二是由于它非化学计量，催化组分可变性。

钙钛矿结构能在很高温度下维持晶格结构无变化，钙钛矿结构氧化物分子式为 ABO_3，如 $CaTiO_3$，A 位通常为 La 系元素和 K、Rb、Sr、Pb 等半径为 $0.9 \sim 1.65Å$ 的金属离子；B 位是过渡金属如 Ni、Co、Mn、Cr、Cu、Fe、Ti 等。可通过选择合适替代物来控制金属离子的价态。由稀土元素、过渡金属和碱土金属组成的钙钛矿结构的复合氧化物，经过适当的金属离子置换 A、B 位的金属离子，可能设计出高性能的催化剂，如 $LaCoO_3$ 对 CO 与 NO 的反应都有较好的催化作用。稀土离子半径越小，越利于氧吸附，催化活性与氧吸附量的变化一致，少量贵金属取代后，可以大大地提高钙钛矿结构的催化能力。虽然对非贵金属汽车尾气转化催化剂进行了大量的研究，但迄今为止，完全不用贵金属制备的催化剂其技术性能指标，特别是催化活性与贵金属型催化剂相比尚有较大差距。

（3）催化剂失活　催化剂的性能与运行条件密切相关，造成催化剂失活的主要原因有两个，高温失活和催化剂中毒。高温下，载体晶型改变，载体与活性金属间发生相互作用，造成晶格塌陷，金属分散度下降，活性点减少，活性降低，这类变化与粒径有关，通常不可逆转。提高耐热性的方法有：降低涂层表面积损失；降低活性组分与载体的相互作用；添加高温稳定的便宜金属成分提高催化剂耐热性。

汽车燃油系统、排气系统、润滑油等处的有害物质会随尾气一起排出进入催化转化器，会使催化剂中毒。各种毒物的毒性一般顺序为：$P>Pb>Zn>Ca>S$，这些化学成分对贵金属催化剂都有致命的毒害作用。这类污染可以通过化学或物理方法去除，P在催化剂表面形成玻璃态化合物，引起活性点阻滞，有人提出在燃油中添加Ca化合物，使Ca与P形成粉末状的磷酸盐被气流带走。鉴于大部分毒物都溶解于酸，可用酸洗法去除毒物，使催化剂恢复活性，但强酸会腐蚀载体，可用乙酸作再生催化剂。

25.2.4 汽车尾气催化剂的助剂

助剂是一些自身没有催化作用或活性较低的添加物，它的加入能大大提高催化剂的活性、选择性或使用寿命。在汽车排出有害尾气的条件下，为提高催化剂的稳定性常常需要加入助剂，一些助剂能直接促进催化剂的性质，另一些助剂可以起到稳定其他助剂的作用。

在汽车尾气催化剂中添加稀土元素对催化性能有较大的提高。向催化剂中添加稀土、碱土及过渡元素等物质后，这些物质在TWC中起到促进剂、活化剂、分散剂、稳定剂以及作为ABO_3型复合氧化物的催化剂组分等作用。

铈(Ce)是汽车尾气催化材料中最主要的助剂之一，在利用Ce的储放氧功能大幅提高催化剂的催化性能。Ce的加入有利于提高Pt的吸附氧的能力、降低起燃温度等。它的主要作用如下。

① 结构上它是储放氧能力和分散表面活性组分，可增强储氧能力并因此拓宽了三效催化剂的催化窗口；从化学反应上与钯产生了协同效应，提高了钯的催化活性。

② 提高了贵金属催化剂的热稳定性。

③ 延缓了$\gamma\text{-}Al_2O_3$向$\alpha\text{-}Al_2O_3$高温相变。

④ 通过与贵金属相互作用，改善三效催化剂的性能。

镧(La)是另外一种较为常用的汽车尾气催化助剂，主要以

La_2O_3 形式存在，它的作用表现为：提高 Pd 催化剂还原的活性和选择性；促进 CO、HC 与水蒸气的反应；增加 NO_x 的化学吸附量；在 HC 存在的条件下，加 La 后的 Pd 催化剂表现了更好的催化活性，证实了 La 有减弱 HC 的吸附、提高 NO_x 的吸附、促进 NO_x 还原的作用。其他助剂还有钐（Sm）、锆（Zr）、钛（Ti）和一些碱土金属氧化物（BaO、CaO、SrO 等）。

在 $Pd/\gamma\text{-}Al_2O_3$ 催化剂中添加 Sm_2O_3 后提高了催化剂的冷启动性能和热稳定性，使催化剂对 CO 的氧化活性有明显提高，转化温度降低，可使 Pd 用量减少 20%；ZrO_2、TiO_2 和碱土金属氧化物等都是防止 Al_2O_3 热退化的常用助剂；另外 Ba 可使 Pd 催化剂，趋向于拥有和 Rh 对 NO_x 一样的还原活性，Mo 可以稳定 Pt 的分散度等，引入 MgO 能提高 Pd/Al_2O_3 的催化活性。La、Zr、Mo 等作为助剂在尾气催化剂中的作用也被广泛地研究。

25.2.5　汽车尾气转化器反应机理

汽车三元催化转化器中发生的是在催化剂表面催化层上的非均相反应，主要有：氧化反应、还原反应、蒸汽重整反应和水煤气变换反应。由于实际应用于汽车的催化剂组分和涂层多变，运行情况复杂及催化剂的老化，催化反应机理十分复杂。

汽车尾气的催化净化也经历了一个从简单到不断完善的发展过程：由最初的含镍、铜、钴、铁等低价金属催化剂开始到含贵金属成分的高效催化剂；再由两效能到三效能的乃至更高效的新型尾气吸收转化装置。

（1）通过限制 HC 和 CO 的催化氧化和废气再循环满足排放限度；其反应方程式如下：

$$2CO + O_2 \longrightarrow 2CO_2$$
$$4H_mC_n + (m+4n)O_2 \longrightarrow 2H_2O + 4nCO_2$$

（2）控制 NO_x 排放，将其催化还原为 N_2 后，其反应方程式如下：

$$(8n+2m)NO + 4H_mC_n \longrightarrow (4n+m)N_2 + 2MH_2O + 4nCO_2$$

（3）将使用的还原型催化剂与氧化型催化剂串联，用补给二次空气的方法，首先还原 NO_x，再在富氧环境下氧化 HC 和 CO，但这个过程中还原阶段容易产生氨气，氧化阶段氨气被氧化成 NO_x 等副反应，不能达到满意的效果，如反应方程式如下：

$$2NO+2CO \longrightarrow N_2+CO_2$$

$$4NH_3+5O_2 \longrightarrow 4NO+6H_2O$$

不同催化反应的机理是不同的，Volta 等研究球形 Pt 催化剂上 CO 和 C_3H_6 的氧化动力学，结果表明：反应机理为吸附的 CO 和 C_3H_6 分子与吸附的 O_2 分子的表面反应。Hera 的研究表明：Ce 的储放氧功能，是基于其具有 +3、+4 两种化合价态。还有文献表明 Ce 的储氧能力与其含量及分散状况有关，而储存的氧的反应能力也是温度和氧化还原条件的函数。

25.2.6 三效催化剂的制备

通常是在高比表面的载体上负载上活性组分，催化剂的制备方法及工艺条件影响活性结构、比表面积、孔径大小及孔结构、粒子大小、分散状态，从而影响催化剂性能。常用的活性组分负载方法大致可分为浸渍法（Impregnation）、溶胶-凝胶法（Sol-Sel）和共沉淀法（Co-Precipitation）等。

（1）浸渍法较为常用，这种方法是将载体置于含有活性组分的溶液中浸泡，由于毛细管作用力使液体被吸到载体的多孔结构中，易于操作。

（2）溶胶-凝胶法是在溶胶中加入活性组分和助剂，凝聚灼烧而制得；这种方法可促进离子定向吸附，降低晶体相结构形成温度，制得的催化剂均匀稳定、抗烧结能力强，是三种方法中相对催化效果最好的制备方法。

（3）共沉淀法是在含金属盐类的溶液中加入沉淀剂，生成水合金属氧化物或碳酸盐的结晶或凝胶；进一步分离、洗涤、干燥而成。值得说明的是，催化剂的制作方法很大程度上影响催化剂的性能，世界各大催化剂公司对自己的制作工艺往往是保密的。

目前，又出现一种新的喷涂技术，是将制好的浆液喷到载体表面，此法制得的催化剂涂层更均匀，制备速度更快。

稀土储氧材料作为机动车尾气净化三效催化剂的关键材料已成功地得到应用。其组成已由单一组分发展到复杂的多组分，第一代储氧材料的组成为 CeO_2，在高于 850℃ 老化后其比表面积急剧下降从而失去储氧性能。目前的第三代储氧材料组成是在第一代储氧材料组成基础上添加 ZrO_2 和其他氧化物而形成，其主要特点是经 900～1000℃ 老化后仍然能够保持较高的比表面和储氧量。在 CeO_2 中引入 ZrO_2 形成固溶体 $Ce_{1-x}Zr_xO_2$ 能提高 CeO_2 的储氧性能和热稳定性能，ZrO_2 引入的越多，其热稳定性越高。但 ZrO_2 过高，储氧材料的储氧性能会有所下降。因此，近年来如何提高具有高热稳定性的低铈高锆型储氧材料的储氧性能的研究引起了人们的关注。Chang Yunfeng 等研究发现，MnO_x 是比 CeO_2 稳定的氧化物材料，而且具有更高的储氧能力、更快的氧吸收速度以及更高的氧化还原率，把 MnO_x 加入到传统的三效催化剂中，可以增加对 NO_x 的还原及对 CO 和碳氢化合物的氧化性能。周永强等以分析纯硝酸锰 $Mn(NO_3)_2$、硝酸亚铈 $Ce(NO_3)_3$、硝酸氧锆 $ZrO(NO_3)_2 \cdot 5H_2O$ 以及硝酸钇 $Y(NO_3)_3 \cdot 6H_2O$ 等为原料，用溶胶-凝胶法制备了低铈型 Ce-Zr-Mn 复合氧化物储氧材料，探讨了其制备工艺条件，研究了 Mn 对低铈型储氧材料性能的影响。按化学组成 $Ce_{0.35}Zr_{0.55-x}Mn_xY_{0.1}O_{1.95}$（$x=0\sim0.1$）进行配料计算，用电子天平按配比准确称量各种药品，把称量好的药品放入烧杯中在室温下加去离子水溶解，加入柠檬酸，柠檬酸的加入以柠檬酸与溶液总金属离子摩尔比 1.2：1 的比例计算，然后加热搅拌（100℃ 以下，控制 pH 在 3 以下）至形成湿凝胶。把湿凝胶放入烘箱 105℃ 下干燥 24h，将干燥后的前驱物充分研磨成粉末。粉末样品装在坩埚里放入马弗炉在 700℃ 焙烧 5h 得到新鲜样品，再将新鲜样品在 700℃ 焙烧 5h 得到老化样品。采用共沉淀法制备了低铈型 Ce-Zr-Sn 复合氧化物纳米储氧材料，借助于 X 射线衍射、储氧量、比表面积等研究手段对其进行了分析和表征。结果表明：低铈型 $Ce_{0.35}Zr_{0.55-x}Sn_xLa_{0.1}O_{1.95}$（$x=0\sim0.12$）复合氧化物纳米储氧材料具有高的比表面积和储氧量，且物相单一，只含有稳定的立方结构的固溶体晶相。少量 Sn 的掺入有利于低铈型铈锆固溶体储氧材料热稳定性能和低温储氧性能的提高。当 Sn 含量（摩尔分数）为 0.06 时，样品的低温储氧量和比表面积最高，抗老化性能最佳，经 1000℃ 高温老化 5h 后储氧量和比表面积仍可达 $298.1\mu mol/g$ 和 $48.95 m^2/g$。

25.3 光催化材料及其应用

光催化材料是指在光作用下可以诱发光氧化-还原反应的一类半导体材料。

当今的世界正面临能源危机和环境污染的严峻挑战。开发新能源，特别是使用清洁能源代替传统能源，降低对资源的消耗量，保护环境改善城市空气质量已成为全社会可持续发展的重大课题。光催化材料能利用太阳能将水转化为氢能，降解环境中的有机污染物，具有成本低、高效、不产生二次污染、环境友好等优点，因而成为未来高新技术的新希望。在此背景下，人们对开发可见光响应型光催化材料表现出了浓厚的兴趣。

未来的新能源发展方向是：水能、风能、太阳能、氢能和生物能。太阳能不仅清洁干净，而且供应充足，每天照在地面上的太阳能是全球每天所需能源的一万倍以上。直接利用太阳能来解决能源的枯竭和地球环境污染等问题是其中一个最好、最直接、最有效的方法。模仿自然界植物光合作用原理，开发出人工合成技术的核心就是开发高效的太阳光响应型半导体光催化剂。目前国内外光催化剂的研究多数停留在二氧化钛及相关修饰方面开展的，尽管这些工作卓有成效，但是在规模化利用太阳能方面还远远不够，因此找寻高效太阳光响应型半导体作为新型光催化剂成为当前此领域最重要的课题。

25.3.1 光催化材料的基本原理

对于光催化原理，目前人们普遍采用半导体能带理论来解释：当入射光能量等于或高于半导体材料的禁带宽度时，半导体材料的价带电子受激发跃迁至导带，同时在价带上产生相应的空穴，形成电子空穴对；光生电子、空穴在内部电场作用下分离并迁移到材料表面，进而在表面处发生氧化-还原反应。无论是光催化分解水还是光催化环境净化，二者均需要半导体具有合适的导价带位置以保证光激发的电子-空穴具有匹配的还原-氧化能力，从而发生光催化反应。半导体在光激发下，电子从价带跃迁到导带位置，在导带形成光生电子，在价带形成光生空穴，利用光生电子-空穴对的还原氧化性能，可以降低周围环境中的有机污染以及光解水制备 H_2 和 O_2。

半导体粒子的能带结构，一般由填满电子的低能价带（Valence Band，VB）和空的高能导带（Conduction Band，CB）构成，价带和导带之间存在禁带。当用能量等于或大于禁带宽度（也称带隙，E_g）的光照射半导体时，价带上的电子（e^-）被激发跃迁至导带，在价带上产生相应的空穴（h^+），它们在电场作用下分离并迁移到粒子表面。光生空穴有强的得电子能力，具有强氧化性，可将其表面吸附的 OH^- 和 H_2O 分子氧化成 $\cdot OH$ 自由基，而 $\cdot OH$ 自由基在整个光催化反应中起着决定性作用。它可夺取半导体颗粒表面被吸附物质或溶剂中的电子，使原本不吸收光的物质被活化氧化，电子受体通过接受表面的电子而被还原。光催化机理可用下式说明：

$$\text{半导体光催化剂} + H_2O \longrightarrow e^- + h^+$$
$$h^+ + H_2O \longrightarrow \cdot OH + H^+$$
$$h^+ + OH^- \longrightarrow \cdot OH$$
$$O_2 + e^- \longrightarrow \cdot O_2^-, \cdot O_2^- + H^+ \longrightarrow HO_2 \cdot$$
$$2HO_2 \cdot \longrightarrow O_2 + H_2O_2$$
$$H_2O_2 + O_2^- \longrightarrow \cdot OH + OH^- + O_2$$

羟基自由基是光催化反应的一种主要活性物质，对光催化起决定作用，吸附于催化剂表面的氧及水合悬浮液中的 OH^-、H_2O 等均可产生该物质。氧化作用既可以通过表面键合羟基的间接氧化，即粒子表面捕获的空穴氧化，又可在粒子内部或颗粒表面经价带空穴直接氧化，或同时起作用，具体情况有所不同，表面吸附分子氧的存在会影响光催化速率和量子产率。长期以来，人们通过对金属氧化物、硫化物的深入研究，找到了一些具有光催化性能的半导体材料，如 TiO_2、ZnO、WO_3、SnO_2、ZrO_2、Fe_2O_3、CdS、ZnS，钙钛矿结构的 $SrTiO_3$、尖晶石结构的 $ZnFe_2O_4$ 等。

25.3.2　高效光催化剂条件

高效光催化剂必须满足以下几个条件：

（1）半导体适当的导带和价带位置，在净化污染物应用中价带电位必须有足够的氧化性能，在光电水应用中，电位必须满足产 H_2 和产 O_2 的要求。

（2）有高效的电子-空穴分离能力，降低它们的复合概率。

（3）可见光响应特性：低于 420nm 左右的紫外光能量大概只占太阳光能的 4%，如何利用可见光乃至红外光能量，是决定光催化材料能否得以大规模实际应用的先决条件。如常规锐钛型 TiO_2 只能在紫外光响应，虽然通过掺杂改性，其吸收边得以红移，但效果还不够理想。因此，开发可见光响应的高效光催化材料是该领域的研究热点，只是现在的研究状态还不尽如人意。TiO_2 具有众多的优点，但作为一种好的光催化材料还存在一些缺陷，主要表现在：带隙较宽（3.2eV），只能被波长较短（小于 387.5nm）的紫外光激发，在可见光范围没有响应，对太阳光利用率低（约 3%～5%）；光生电子与空穴的复合率高，光量子效率很低。为此，人们对 TiO_2 进行改性，通过在 TiO_2 中掺杂少量金属元素、非金属元素等方法以弥补其对光吸收存在的不足，在一般情况下共掺杂比单一元素掺杂的光催化性能更高。

25.3.3 光催化材料体系的分类

光催化材料体系主要可以分为氧化物、硫化物、氮化物和氮氧化物、磷化物以及聚合物，此外还有其他新型光催化材料。

（1）氧化物 在现有光催化材料里，多元氧化物催化材料占了绝大多数。可大致归结为含 Ti、In，含 Ag、Bi 以及 Ta、Nb 基等，其中多元氧化物最典型的主要是 TiO_2 及其改性材料。目前，绝大部分光催化氧化物主要集中在元素周期表中的 d 区，研究比较多的是含 Ti，Nb，Ta 的氧化物或复合氧化物。其他的含 W，Cr，Fe，Co，Ni，Zr 等金属氧化物也有报道。有关 d 区过渡族金属元素氧化物开发的新体系光催化潜力不大，日本研究人员，已经把研究重点放在 p 区元素氧化物上，如含有 Ga，Ge，Sb，In，Sn，Bi 元素的氧化物。如有人做了 ABO_2 型含 Ag 光催化材料的研究，以能带调控的思想成功发展了 $AgMO_2$（M＝In，Ga，Al）系列光催化材料，并研究了其在可见光下降解有机物的活性。

（2）**硫化物** 硫化物作为一类光催化材料，具有合适的带隙、良好的光催化分解水产氢活性、较小的禁带宽度。这一类催化材料较氧化物而言大多光稳定性差，在光辐照下容易发生光腐蚀，因而限制了这一类光催化材料的应用，主要有 ZnS，CdS 等。

有研究发现在 CdS 表面担载少量的 MoS，可以较好地克服光腐蚀问题，且进一步的研究表明硫化物颗粒之间所形成的界面十分平滑，从而有利于载流子传输-分离。最近，他们以 Pt 和 PbS 共担载的 CdS 分解 Na_2S 水溶液产氢，在 420nm 单波长光辐照下获得了 93% 的量子产率。工业 H_2S 的转化利用一直是一个热点问题，H_2S 的处理涉及两个关键步骤：一是 H_2S 的迅速捕获，二是无毒害化处理。用 NaOH 溶液可以迅速将 H_2S 收集并转化为 Na_2S 溶液，此溶液与光催化材料构成的光催化体系可以实现高效产氢，这一研究成果具有重要的工业应用价值。

（3）**氮化物和氮氧化物** 氮化物和氮氧化物均有较低的带系宽度，研究的体系，有 Ta/N，Nb/N 等。在氮氧化物体系中，由于 N 与 O 杂化所形成的 2p 轨道能级要高于 O 的 2p 轨道能级，因而氮氧化物的价带电势比对应的氧化物的价带电势要高，从而缩小了禁带宽度，促使其对可见光具有吸收。早期有报道 Ta 的氮氧化物（TaON，Ta_3N_5）的光催化性能。这一类化合物在光催化氧化水为分子氧方面表现出较高的活性，其中 TaON 在 420nm 单波长光辐照下最高量子效率可达 34%。后续又发展了一系列的氮氧化物，如 $LaTiO_2N$，$MTaO_2N$(M：Ca，Sr，Ba) 等。氮氧化物光催化材料一般具有合适的导价带位置，因而在光催化分解水制氢和环境净化方面均具有应用价值。

（4）**磷化物** 研究人员对磷化物体系光催化材料的制备、尺寸控制到光学性质做了大量的研究工作，目前的研究工作主要集中在 Ⅰ-Ⅶ族，Ⅱ-Ⅵ族半导体，而有关Ⅲ-Ⅴ族半导体，特别是磷化物纳米材料的制备要困难地多，磷化合物同Ⅱ-Ⅵ族化合物相比有较强的共价性，制备过程所需温度高，而且常常使用易燃、易爆的金属有机化合物和剧毒的 PH_3，AsH_3 等，制备条件苛刻，要求无水、无氧且产物易被氧化，研究工作不好开展。但是磷化物半导体具有较小的载流子和较大的介电常数，因而具有较大的激子 Bohr 半径，从而显示出更强的量子限域效应，更有利于半导体光学、力学、磁学等性质的研究。所以磷化物半导体纳米材料的制备、尺寸控制及光学性质的研究具有非常重要的科学意义和应用前景。

（5）聚合物　2008 年，有人研究报道了类石墨结构的氮化碳（g-C_3N_4）具有在可见光下分解水产氢或产氧活性，值得指出的是，这是首个发现的非金属半导体光催化材料。与目前所有催化材料不同的是，该材料具有简单的晶体结构，其导带、价带分别是由 C 的 2p 和 N 的 2p 轨道构成。他们又利用金属元素对 g-C_3N_4 进行了功能化修饰，研究表明，金属修饰可以改变 g-C_3N_4 的电子结构，其中 Fe 修饰的 g-C_3N_4 表现出了良好的光催化降解苯的性能。这一类材料因晶体结构简单，故对其进行研究有助于对光催化现象的认知。

25.3.4　光催化材料的晶体结构特征

（1）层次结构

① 半导体微粒柱撑于石墨及天然或人工合成的层状硅酸盐。

② 层状单元金属氧化物半导体，如 V_2O_5，MoO_3，WO_3 等。

③ 钛酸，铌酸，钛铌酸及其合成的碱土金属离子可交换层状结构和半导体微粒柱撑于层间的结构。

④ 含 Bi 层状结构材料。

⑤ 钙钛矿层（A_2BnO_3）夹在（Bi_2O_2）层之间，典型的有：Bi_2WO_6、Bi_2WO、Bi_3TiNbO_9。

⑥ 层状单酸盐 $RbLnTa_2O_7$（Ln＝La，Pr，Nd，Sm）。

（2）通道结构　比较典型的为 Bi_4O_9、$A_2Ti_6O_{13}$（A＝K，Na，Li，等），这类结构往往比层状结构材料具有更为优异的光催化性能。研究认为，其性能主要归咎于金属-氧多面体中的非对称性，产生了偶极距，从而有利于电子与空穴的分离。

（3）管状结构　在钛酸盐中研究较多。

（4）单晶和多晶一维材料　由水热合成、熔盐法可制备一维材料；液相合成中的软化学制备介空结构的多晶一维材料。对于该种形貌的材料，没有迹象表明其光催化性能得以提高。

（5）其他形状复杂的晶体或粉末颗粒 最典型的是 ZnO 材料，根据合成方法不同，其形貌也相当丰富。

25.3.5 传统光催化材料性能的改进

为了提高太阳能的利用率，关于如何提高光催化材料的性能成为研究的热点，针对半导体光催化特性，可采用不同方法对光催化材料进行改性，降低光生电子-空穴的复合概率，从而有利于对可见光的吸收，提高太阳能的利用率。就目前来看，主要有以下几种途径。

（1）过渡金属掺杂和非金属掺杂改性 元素掺杂可以通过轨道杂化有效地改变半导体的导价带位置。半导体光催化材料掺杂改性主要三种方式进行：调控导带位的阴离子掺杂、调控价带位的阳离子掺杂以及共掺杂过渡金属。金属离子掺杂是利用物理或化学方法，将金属离子引入到 TiO_2 晶格结构内部，从而在其晶格中引入新电荷、形成缺陷或改变晶格类型、影响光生电子和空穴的运动状况、调整其分布状态或者改变 TiO_2 的能带结构，最终导致 TiO_2 的光催化活性发生改变。合理的金属离子掺杂可使 TiO_2 光吸收能力提高、TiO_2 表面对目标反应物的吸收增加、电子和空穴复合率降低，从而提高 TiO_2 的光催化性能。过渡金属元素存在多种化合价，掺杂后形成的杂质能级可以成为光生电子-空穴的捕获陷阱，延长电子与空穴的复合时间，使介面电荷传输快，即光催化剂的活性增强，从而提高了其对可见光的吸收。不同的金属离子对 TiO_2 光催化活性的影响不同，具有全满或半充满电子构型的过渡金属离子 Fe^{3+}，Mo^{5+}，Re^{5+}，Ru^{3+}，V^{4+}，Rh^{3+} 能够提高光催化活性，其中 Fe^{3+} 的效果最好。Fe^{3+} 的掺杂可以在半导体 TiO_2 晶格中引入缺陷位置，影响电子空穴对复合，成为电子或空穴的陷阱而延长其寿命。Fe^{3+} 不仅能够捕获电子，还能够捕获空穴且捕获的载流子容易释放减少了电子-空穴的复合。相反，具有完整电子层构型的金属离子如 Li^+，Al^{3+}，Mg^+，Zn^{2+}，Ga^{3+}，Nb^{5+}，Sn^{4+} 对催化性影响甚微。过渡金属离子的掺杂是研究较多的方法，但是，单一的金属掺杂只能提高其光催化的效率，不能将其带宽有效地拓展到可见光区。

TiO$_2$ 具有较宽的能带间隙，只能在紫外光区域才能产生光生电子-空穴对，对可见光几乎没有响应，在 TiO$_2$ 中掺杂 N、S、C、P 卤族元素等能够改变 TiO$_2$ 的能带结构，降低其对紫外光催化活性，而获得较好的可见光催化活性。普遍认为非金属掺杂的可见光响应机理，是通过非金属掺杂后，由于氧的 2p 轨道和非金属中能级与其能量接近的 p 轨道杂化后，价带宽化上移，禁带宽度相应减小，从而吸收可见光，产生光生载流子而发生氧化还原反应。非金属掺杂 TiO$_2$ 的一些主要特征：多数为黄色的纳米粒子；禁带宽度普遍减小，并且波长在 400~500nm 时有较强的光响应；烧结温度主要集中在 400~600℃；非金属掺杂后使光催化材料 TiO$_2$ 对可见光有了响应，拓宽了其响应区域，能够更加有效地利用可见光。但单一非金属不能较好地提高光催化的效率。对于掺杂，具有如下效应存在：

① 电价效应　不同价离子的掺杂产生离子缺陷，可以成为载流子的捕获陷阱，使光生电子-空穴对有效分离，延长其寿命，并提高导电能力。

② 离子尺寸效应　离子尺寸的不同将使晶体结构发生一定的畸变，晶体不对称性增加，提高了光生电子-空穴分离效果。

③ 掺杂能级　掺杂元素电负性大小的不同，带隙中形成掺杂能级，可实现价带电子的分级跃迁，光响应红移。

（2）复合半导体　不同种类半导体之间的能带结构不同，复合后，如光生电子从 A 粉末表面输出，而空穴从 B 表面导出，也即电子和空穴得到有效分离，同时把半导体对光谱响应范围扩展至可见光波段，从而比单个半导体具有更高的催化活性。

复合半导体光催化材料目前主要有两大类：固溶体和异质结。利用两种半导体形成固溶体，其性质随各个组分在固溶体中所占百分比而变化，可以实现对半导体带隙的连续可调，因而固溶体半导体光催化材料近年来得到了广泛发展。固溶体光催化材料按照能带调控可以归为三类：导带连续调控、价带连续调控以及双带同时调控。早期发展固溶体光催化材料较为典型的是 ZnS 的固溶改性。ZnS 带隙为 3.5eV，在引入 Cu 元素形成固溶体后，使其具有可见光光催化性能，实现 $Zn_{1-x}Cu_xS$ 在可见光照射下从 $Na_2S_2O_3$ 水溶液中产生氢。

异质结利用内建电场使得载流子传输具有定向性，因而有效地分离电子-空穴，降低复合。利用窄带隙半导体与宽带隙半导体形成异质结可以有效地拓宽光响应范围。人们围绕 TiO_2 光催化材料制备了一系列的异质结光催化材料。其中较为典型的是 CdS/TiO_2 异质结，这一类光催化材料的高活性仍主要来自紫外光的驱动。

（3）表面负载　光催化纳米材料的负载方式有悬浮体系和固定膜体系等，将半导体纳米粒子固定在不同的载体上，如多孔玻璃、硅胶、分子筛等，制备出分子或团簇尺寸的光催化剂。

（4）表面光敏化　光敏化是指将具有可见光响应的有机染料如 $Ru(bpy)_3^{2+}$ 以物理或者化学吸附方式与半导体氧化物相互作用，建立电性耦合有效地进行电荷转移，形成有机-半导体复合型光催化材料。光敏化的物理机制为：敏化剂在光作用下呈激发态并将电子注入到半导体的导带参与光催化反应。有效的光敏化必须满足两个条件，即敏化剂在半导体表面的吸附和敏化剂激发态的电位与半导体导带位的匹配以实现电子的有效转移。利用特殊有机物吸附在光催化剂的表面，在可见光激发下，有机物吸收光子被激发，处于激发态的有机物分子将电子从有机物转移到半导体粉末的导带上。如：曙红敏化的 Ti 掺杂沸石分子筛，在可见光下分解水产氢量子效率可达 12%。但是，一般来说处于激发态的有机物敏化剂的稳定性差，光催化效率低，敏化剂受光激发注入半导体导带的电子容易发生复合。因此，这种方法理论上是可行的，实用性方面的研究还需要进一步提高。

（5）贵金属沉积　贵金属主要有 Pt，Au，Pd，Rh，Ni，Cu，Ag 等。研究表明，贵金属以团簇形态沉积在半导体表面，光激发后，光生电子从半导体的导带迁移到金属内面被捕获，因而抑制了电子-空穴的复合。

（6）外场耦合　外场包括热场、电场、磁场、微波场、超声波场。目前，研究较多的是电场效应，其他场的研究也不少见，效果一般，更多的是从工艺层次来说明效果，上升到理论的东西不多。

25.3.6 存在的问题及未来发展方向

目前高效光催化材料开发尚存在以下主要问题。

（1）由于对光催化机理的认识尚不够深入，使得新型光催化材料的开发缺少理论指导，具有盲目性。

（2）光催化作用体系属于非匀相催化体系，涉及多相表面、界面的作用行为，然而，目前对光催化体系的界面问题还未引起足够的重视。

（3）由光合成过程可知，其光生电子分离是通过多步传导实现的，其光生电子一经分离即不可能再次复合。在半导体材料光催化体系内实现光生电子-空穴的有效分离是提高光量子效率的必经途径。

光催化可以将低密度的太阳光能转化为高密度的化学能、电能，同时可以直接利用低密度的太阳能降解和矿化水及空气中的各种污染物，所以光催化在环境净化利用新能源开发方面具有巨大的潜力。利用光催化可以实现通过热反应得不到的化学反应，通过光强、光波长可控制反应速度和选择性，这一方法可在室温下充分利用太阳光，具有低成本、无污染的优点，对于从根本上解决环境污染和能源短缺问题具有不可估量的意义。

第26章 隐身材料

隐身技术是指黏附在军事武器（如导弹、飞机等）和装备上的表面涂层，能几乎俘获并吸收电子对抗中敌方所发射的各种电磁波信号，使其难以被雷达和红外等探测手段所发现的一种高新技术，涂层材料即隐身材料，也称为吸波材料。目前，对隐身材料的基本要求是：材料的化学稳定性应有较宽的温度范围；足够宽的工作频带中，要求材料与空气有良好的匹配，使空气与材料界面间的总反射很小，这就要求材料有较好的频率特性；材料的面密度小、质量轻；有高的力学性能及良好的环境适应性和理化性能，即要求材料具有高的黏结强度、良好的抗老化特性，能适应一定温度和不同环境变化。任何隐身材料都只能使用于特定的频率，由于现代战争已形成海上、地面、空中以及太空立体作战体系，使用的电磁频率覆盖了声频、微波、红外以及远红外范围。民用上，隐身材料在消除电磁辐射对人体的危害、微波暗室以及提高电子产品的抗电磁干扰能力等方面发挥了重要作用。

26.1 吸收剂

任何隐身材料都需要添加对电磁波具有吸收作用的吸收剂，而且吸收剂往往对材料的隐身效果具有决定性作用，因此吸收剂是微波吸收材料的核心技术之一。

26.1.1 电损耗型吸收剂

（1）石墨和乙炔炭黑　石墨在很早以前就被用来填充在飞机蒙皮的夹层中，吸收雷达波，美国在石墨-树脂复合材料的研究方面取得了很大进展，用纳米石墨作吸收剂制成的石墨-热塑性复合材料和石墨环氧树脂复合材料，称为"超黑粉"纳米吸波材料，不仅对雷达波的吸收率大于99%，而且在低温下仍保持很好的韧性。

乙炔炭黑属于介电型吸收剂，其一次颗粒粒径为纳米级，可以与其他材料复合，以调节材料的电磁参数，达到吸波效果。

（2）碳纤维　碳纤维具有良好的力学性能和高温抗氧化性能，可在 $1000\sim1200℃$ 下长期工作，作为金属基、陶瓷基和树脂基复合材料的增强纤维已得到广泛的研究和应用。最近几年，SiCf 在用作结构吸波材料的吸收剂方面受到了较多的重视。

26.1.2　铁氧体吸收剂

铁氧体吸收剂的电阻率较高（$10^8\sim10^{12}\Omega\cdot cm$），可避免金属导体在高频下存在的屈服效应，电磁波能有效进入，对微波具有良好的衰减作用，可以直接用作吸收剂使用，而且可以与其他磁损耗介质混合使用来调整电磁参数、展宽吸收频带，因此在隐身技术和电磁波屏蔽领域获得了广泛的应用。对于铁氧体吸收剂，近年来人们较为系统地研究了多种尖晶石型和磁铅石型铁氧体吸波材料，对于它们的微波磁导率和微波磁共振等电磁特性及材料的结构类型、化学组分和制备工艺等方面的认识已取得较大的进展。

下面以 W 型六角铁氧体 $Ba(Zn_{1-x}Co_x)_2Fe_{16}O_{27}$ 来说明吸收剂的合成工艺。

（1）固相法　将原材料碳酸钡、碳酸锌、碳酸钴和氧化铁等，采用湿法球磨方式混合均匀，然后进行干燥和煅烧，然后经过粉碎即得到所制备的铁氧体粉体。

（2）凝胶固相反应法　在原料通过湿法球磨混合均匀后，控制料浆凝胶化。凝胶化使用的有机单体为丙烯酰胺，交联剂为亚甲基双丙烯酰胺，引发剂为过硫酸铵水溶液。采用这种工艺煅烧后制备的产物具有较好的性能。

（3）化学共沉淀法　把 Ba、Zn、Co 和 Fe 的水溶性盐配成混合溶液，向其中加入 NaOH 或 KOH 等沉淀剂得到粉体前躯体沉淀物，经水洗干燥后将沉淀物煅烧形成多组元复合粉体。

26.1.3　磁性金属粒子吸收剂

（1）磁性金属微粉吸收剂制备工艺

① 物理法

a. 物理气相沉积法　又称蒸发冷凝法，它是利用真空蒸发、激光加热蒸发、电子束照射、溅射等方法使原料气化或形成等离子体,然后在介质中急剧冷凝。这种方法制得的纳米微粒纯度高,结晶组织好,且有利于粒度的控制,但是技术设备要求相对较高。根据加热源的不同有惰性气体冷凝法、热等离子体法和溅射法等。

b. 高能球磨法　高能球磨法是一个无外部热能供给的高能球磨过程,也是一个由大晶粒变为小晶粒的过程。其原理是把金属粉末在高能球磨机中长时间运转,并在冷态下反复挤压和破碎,使之成为弥散分布的超细粒子。其工艺简单,制备效率高,且成本低。但制备中易引入杂质,纯度不高,颗粒粒径分布也较宽。该法是目前制备超细金属微粒的主要物理方法之一。

② 化学法

a. 化学还原法　化学还原法是利用一定的还原剂将金属铁盐或其氧化物等还原制得金属粉体,主要有固相还原法、液相还原法和气相还原法,其中液相还原法应用较多。

液相还原法是在液相体系中采用强还原剂如 $NaBH_4$、KBH_4、N_2H_4 或有机还原剂等对金属离子进行还原制得超细铁粉。如用有机金属还原剂 $V(C_5H_5)_2$ 将 $FeCl_2$ 还原,可以制得平均粒径为 18nm 的 α-Fe 粉。气相还原法是在热管炉中蒸发还原粉末,以 H_2 和 NH_3 作为还原剂还原气相反应物的制备铁粉的工艺,气相还原法能得到均匀、高纯、球形单相的超细 α-Fe 粉。

b. 微乳液法　微乳液法是利用金属盐和一定的沉淀剂形成微乳液,在其水核微区内控制胶粒成核生长,热处理后得到纳米微粒。如在 AOT/庚烷/水体系中,用 $NaBH_4$ 还原 $FeCl_2$ 可以制备出纳米铁微粒。用十二烷基苯磺酸钠/异戊醇/正庚烷/水作反应体系,以 $NaBH_4$ 作还原剂还原 $FeCl_2$ 也可制得平均粒径为 120nm 的球形、均匀的包裹型纳米铁微粒,密度为 $3g/cm^3$。

c. 热解羰基化合物法　目前制备金属微粉吸收剂较多的采用这种方法,主要有羰基铁粉或羰基合金粉等。

(2) 羰基铁粉制备工艺

① 氮气热分解法　利用被加热的氮气使羰基铁蒸气在热环境中发生分解,随后迅速降低颗粒表面的能量,即可制备出较为理想

的超细羰基铁粉。

制备中先输送高纯氮气，并对其预热。羰基铁蒸气在混合器中被氮气稀释，然后在分解炉的上方与已经预热的氮气相遇，即发生分解反应，分解反应产生的粉末继续进入分解炉的中下部，通过调整炉温，对已成核的粉末铁进行热处理和冷处理，使其获得理想的粉末形貌和粒度，通过分离器将不同粒径的粉末分离并收集，即可得到超细羰基铁粉。收集的粉末需要进行钝化处理，如在含 0.1% 氧的气氛下过筛，使其表面形成极薄的氧化膜，随后再进行冷化处理，使其表面能再度减小。

② 光敏剂引发分解法　激光束被发射到反应室内，直接照射高纯的 $Fe(CO)_5$，$Fe(CO)_5$ 极易挥发成气体，通过加入的光敏剂引发 $Fe(CO)_5$ 的分解，$Fe(CO)_5$ 在反应室中发生分解，并聚集成核、长大，最终生成链球状粉体，然后通过特定收集装置收集得到 α-Fe 粉体。过程中需要控制的参数主要有激光功率、$Fe(CO)_5$ 流量、光敏剂加入量以及载气（通常为 Ar）流量等。这种方法制备的粉体粒度在 $10\sim50nm$，形貌呈球链状。

26.1.4　磁性金属晶须吸收剂

在新型轻质宽带隐身材料中，多晶铁纤维研究和应用前景较好，是实现"薄、轻、宽、强"隐身涂层的理想吸收剂之一。

多晶铁纤维的制备工艺主要有拉拔法、切削法、熔抽法和羰基热分解法。前三种属于物理方法，适合制备直径 $4\mu m$ 以上的金属纤维。羰基热分解法制备铁纤维时，随着分解条件的变化，可使纤维直径在 $3\sim20\mu m$ 内变化。

26.1.5　纳米吸收剂

纳米吸收剂主要有纳米金属与合金吸收剂、多层纳米膜复合吸收剂、纳米陶瓷吸收剂等几种类型。

纳米金属与合金用作吸收剂主要是采取多相复合的方式，以 Fe、Co、Ni 等纳米金属与纳米合金粉体为主，其吸波性能优于单相纳米金属粉体，反射率低于 $-10dB$ 的带宽可达 $3.2GHz$，谐振频率点的反射率均低于 $-20dB$，其吸波性能的主要影响因素是复合体中各组元的比例、粒径、合金粉的显微结构，这方面研究前文已有叙述。国外对 Fe、Co、Ni 等纳米金属及合金吸收剂进行了广泛的研究，法国有报导研制了钴镍纳米材料与绝缘层构成的复合结构，这种由多层薄膜叠合而成的吸波剂在 $0.1 \sim 8GHz$ 范围内，μ'、μ'' 均大于 6，与胶黏剂复合制备的涂层在 $50MHz \sim 10GHz$ 内具有良好的吸波性能。国内有研究者用液相法合成出铁基纳米针形粉，并研究了影响其电磁参数的诸多因素，通过调整成分，在 $2 \sim 18GHz$ 范围内，可以有效控制其频率特性，展宽吸收频带，同时密度较低。在此基础上，利用化学成膜技术在中空玻璃球表面生成均匀、致密的金属镀层，也制备出了轻质颗粒膜复合吸收剂，具有密度小，吸收效率高的优点，并且通过控制镀膜工艺和损耗层成分可以有效调节电导率、比饱和磁化强度进而调节其电磁参数。

介电型吸收剂中除了炭黑外，纳米陶瓷粉体是陶瓷类吸收剂的一种新类型，主要包括纳米碳化硅粉、纳米氮化硅粉、纳米 Si/C/N 及纳米 Si/C/N/O 等，其显著特点是在高温下抗氧化性较强，吸波性能稳定。纳米 Si/C/N 吸收剂的主要成分为 SiC、Si_3N_4 和自由碳，还可能存在晶格中掺杂了 N 的 SiC，这样使 SiC 中的载流子浓度明显增大，从而有效提高其吸波性能。Si/C/N/O 纳米吸收剂的主要成分为 SiC、Si_3N_4、Si_2N_2O、SiO_2 和自由碳。例如日本有报道采用二氧化碳激光法研制出 Si/C/N 及纳米 Si/C/N/O 复合吸收剂，通过改变氮化硅的含量来调节整体电阻率，这种复合结构中载流子浓度随氮原子含量的增加而明显提高，该研究认为纳米陶瓷粉体对毫米和厘米波段都有很好地吸收效果。

26.2 隐身材料

隐身材料按频谱可分为声波、雷达波、红外、可见光、激光隐身材料。按材料用途可分为隐身涂层材料和隐身结构材料。这里便着重介绍几类重要的隐身材料。

26.2.1 雷达吸波材料

雷达吸波材料（RAM）是最重要的隐身材料之一，是指能吸收、衰减入射的电磁波，并将其电磁能转换成热能而耗散掉，或使电磁波因干涉相消的一类材料。按材料成型工艺和承载能力，雷达吸波材料可分为涂敷型和结构型两种。

涂敷型雷达吸波材料由有机黏合剂基体和吸波添加剂组成，黏合剂（基料）起黏结、增强及抗环境作用，而吸波添加剂具有特定的介电参数，起着电磁损耗作用，具有普遍实用价值的是铁氧体、金属与氧化物颗粒、导电磁性纤维，按作用原理吸收剂可分为电损耗型及磁损耗型。

结构型雷达吸波材料是在先进复合材料的基础上发展起来的双功能复合材料，它具备一般复合材料质轻、比强度高、比模量高的特点，又能有效吸收、衰减或透过电磁波，具有涂敷材料无可比拟的优点，因此既能隐身又能承载和减重。结构材料可采用不同的结构形式，包括叠层结构、层片复合结构和夹层结构等，结构型吸波材料主要有碳-碳复合材料、含铁氧体的玻璃钢材料、碳纤维复合材料、碳化硅纤维复合材料/碳化硅-碳纤维复合材料、混杂纤维增强复合材料、特殊碳纤维增强的碳-热塑性树脂基复合材料、玻塑材料和陶瓷型吸波材料等，它们的特点及应用如表 26-1 所示。

表 26-1　几种典型的结构型吸波材料

结构吸波材料	特 点	缺 点	应 用	研制/生产
碳-碳复合材料	化学键极稳定，抗高温烧蚀性能好、强度高、韧性大、吸波性能优良，抑制红外辐射	抗氧化性差	适用于高温部位，如发动机进气道和喷嘴	美国威廉斯国际公司
含铁氧体的玻璃钢材料	质量轻、强度和刚度高、隐身性能良好	—	空对舰导弹（ASM-1）的尾翼、弹翼	日本
碳纤维复合材料	吸收辐射热、不反射辐射热，能同时降低雷达、红外特征	—	B-2 隐身轰炸机蒙皮、机翼前缘、机身前段、航天飞机喷嘴，导弹发射管	美国空军材料实验室；日本东丽公司
碳化硅纤维	吸波特性好，减弱发动机红外特征，耐高温、相对密度小、韧性好、强度大、电阻率高	电阻率太高，需控制	武器装备高温部件/部位	—

续表

结构吸波材料	特 点	缺 点	应 用	研制/生产
碳化硅-碳纤维复合材料	耐高温、抗氧化、力学性能与吸波性能优异	需控制其电阻率	武器装备高温部件/部位	—
陶瓷(复合)纤维	耐高温、抗氧化、吸波性能优异	—	F-117 隐身飞机尾喷管；无人驾驶隐身飞机	美国；法国 Alcole 公司
玻塑材料	较坚硬，吸收雷达波性能较好	—	飞机蒙皮和一些内部构件	美国道尔化学公司
混杂纤维增强复合材料	具有优异的综合性能和吸波性能	—	航空航天飞行器及巡航导弹等	美国
热塑性复合材料	吸波性能优异	—	巡航导弹弹体，直升机旋翼，先进战斗机机身和机翼	美国亨茨维特公司

（1）结构型雷达吸波材料 结构型雷达吸波材料是一种多功能复合材料，它既能承载作结构件，具备复合材料质轻、高强的优点，又能较好地吸收或透过电磁波，已成为当前隐身材料重要的发展方向。

国外的一些军机和导弹均采用了结构型 RAM，如 SRAM 导弹的水平安定面，A-12 机身边缘、机翼前缘和升降副翼，F-111 飞机整流罩，B-1B 和美英联合研制的鹞-Ⅱ飞机的进气道，以及日本三菱重工研制的空舰弹 ASM-1 和地舰弹 SSM-1 的弹翼等均采用了结构型 RAM。近年来，复合材料的高速发展为结构吸波材料的研制提供了保障。新型热塑性 PEEK（聚醚醚酮）、PES（聚醚砜）、PPS（聚苯硫醚）以及热固性的环氧树脂、双马来酰亚胺、聚酰亚胺、聚醚酰亚胺和异氰酸酯等都具有比较好的介电性能，由它们制成的复合材料具有较好的雷达传输和透射性。采用的纤维包括有良好介电透射性的石英纤维、电磁波透射率高的聚乙烯纤维、聚四氟乙烯纤维、陶瓷纤维以及玻纤、聚酰胺纤维。碳纤维对吸波结构具有特殊意义，近年来，国外对碳纤维做了大量改良工作，如改变碳纤维的横截面形状和大小，对碳纤维表面进行表面处理，从而改善碳纤维的电磁特性，以用于吸波结构。

美国空军研究发现将 PEEK、PEK 和 PPS 抽拉的单丝制成复丝分别与碳纤维、陶瓷纤维等按一定比例交替混杂成纱束，编织成各种织物后再与 PEEK 或 PPS 制成复合材料，具有优良的吸收雷达波性能，又兼具有重量轻、强度大、韧性好等特点。据称美国先进战术战斗机（ATF）结构的 50％ 将采用这一类结构吸波材料，材料牌号为 APC（HTX）。

国外典型的产品有用于 B-2 飞机机身和机翼蒙皮的雷达吸波结构，其使用了非圆截面（三叶形、C 形）碳纤维和蜂窝夹芯复合材料结构。在该结构中，吸波物质的密度从外向内递增，并把多层透波蒙皮作面层，多层蒙皮与蜂窝芯之间嵌入电阻片，使雷达波照射在 B-2 的机身和机翼时，首先由多层透波蒙皮导入，进入的雷达在蜂窝芯内被吸收。该吸波材料的密度为 $0.032g/cm^3$，蜂窝芯材在 $6\sim18GHz$ 时，衰减达 20dB；其它的产品如英国 Plessey 公司的"泡沫 LA-1 型"吸波结构以及在这一基础上发展的 LA-3、LA-4、LA-1 沿长度方向厚度在 $3.8\sim7.6cm$ 变化，厚 12mm 时重 $2.8kg/m^2$，用轻质聚氨酯泡沫构成，在 $4.6\sim30GHz$ 内入射波衰减大于 10dB；Plessey 公司的另一产品 K-RAM 由含磁损填料的芳酰胺纤维组成，厚 $5\sim10mm$，重 $7\sim15kg/m^2$，在 $2\sim18GHz$ 衰减大于 7dB。美国 Emerson 公司的 Eccosorb CR 和 Eccosorb MC 系列有较好的吸波性，其中 CR-114 及 CR-124 已用于 SRAM 导弹的水平安定面，重 $1.6\sim4.6kg/m^2$，耐热 180℃，弯曲强度 1050MPa，在工作频带内的衰减为 20dB 左右。日本防卫厅技术研究所与东丽株式会社研制的吸波结构，由吸波层（由碳纤维或硅化硅纤维与树脂复合而成）、匹配层（由氧化锆、氧化铝、氮化硅或其它陶瓷制成）、反射层（由金属、薄膜或碳纤维织物制成）构成，厚 2mm，样品在 $7\sim17GHz$ 内反射衰减大于 10dB。

在结构吸波材料领域，西方国家中以美国和日本的技术最为先进，尤其在复合材料、碳纤维、陶瓷纤维等研究领域，日本显示出强大的技术实力。英国的 Plesey 公司也是该领域的主要研究机构。

（2）涂敷型雷达吸波材料　涂敷型雷达吸波涂料主要包括磁损性涂料、电损性涂料。

① 磁损性涂料　磁损性涂料主要由铁氧体等磁性填料分散在介电聚合物中组成。目前国外航空器的雷达吸波涂层大都属于这一类。这种涂层在低频段内有较好的吸收性。美国 Condictron 公司的铁氧体系列涂料，厚 1mm，在 2～10GHz 内衰减达 10～12dB，耐热达 500℃；Emerson 公司的 Eccosorb Coating 268E 厚度为 1.27mm，重 4.9kg/m^2，在常用雷达频段内（1～16GHz）有良好的衰减性能（10dB）。磁损型涂料的实际重量通常为 8～16kg/m^2，因而降低重量是亟待解决的重要问题。

② 电损性涂料　电损性涂料通常以各种形式的碳、SiC 粉、金属或镀金属纤维为吸收剂，以介电聚合物为粘接剂所组成。这种涂料重量较轻（一般可低于 4kg/m^2），高频吸收好，但厚度大，难以做到薄层宽频吸收，尚未见纯电损型涂层用于飞行器的报道。20 世纪 90 年代美国 Carnegie-Mellon 大学发现了一系列非铁氧体型高效吸收剂，主要是一些视黄基席夫碱盐聚合物，其线型多烯主链上含有连接二价基的双链碳-氮结构，据称涂层可使雷达反射降低 80％，比重只有铁氧体的 1/10，有报道说这种涂层已用于 B-2 飞机。

26.2.2　红外隐身材料

红外隐身材料作为热红外隐身材料中最重要的品种，因其坚固耐用、成本低廉、制造施工方便，且不受目标几何形状限制等优点一直受到各国的重视，是近年来发展最快的热隐身材料，如美国陆军装备研究司令部、英国 BTRRLC 公司材料系统部、澳大利亚国防科技组织的材料研究室、德国 PUSH GUNTER 和瑞典巴拉居达公司均已开发了第二代产品，有些可兼容红外、毫米波和可见光。近年来美国等西方国家在探索新型颜料和粘接剂等领域做了大量工作。新一代的热隐身涂料大多采用热红外透明度。国内外目前研制的红外隐身材料主要有单一型和复合型两种。

（1）单一型红外隐身材料　导电高聚物材料重量轻、材料组成可控性好且导电率变化范围大，因此作为单一红外隐身材料使用的前景十分乐观，但其加工较困难且价格相当昂贵，除聚苯胺外尚无商品生产。E. R. Stein 等人研究发现，导电聚合物聚吡咯在 $1.0 \sim 2.0\,GHz$ 对电磁波的衰减达 26dB。中科院化学所的万梅香等人研制了导电高聚物涂层材料，当涂层厚度在 $10 \sim 15\,\mu m$ 时，一些导电高聚物在 $8 \sim 20\,\mu m$ 的范围内的红外发射率可小于 0.4。

(2) 复合型红外隐身材料 复合型红外隐身材料主要有涂料型隐身材料、多层隐身材料和夹芯材料。

① 涂料型隐身材料 涂料型红外隐身材料一般由黏合剂和填料两部分组成。填料和黏合剂是影响红外隐身性能的主要因素，目前的研究大多针对热隐身。

② 多层隐身材料 多层隐身材料中最常见的是涂敷型双层材料。一般由微波吸收底层和红外吸收面层组成。德国的 Boehne 研制了一种双层材料，底层有导电石墨、碳化硼等雷达吸收剂（75%~85%），Sb_2O_3 阻燃剂（6%~8%）和橡胶黏合剂（7%~18%）组成，面层含有在大气窗口具有低发射率的颜料。国内研制出了面层为低发射率的红外隐身材料，内层雷达隐身材料可用结构型和涂层型两种吸波材料的双层隐身材料。

③ 夹芯材料 夹芯材料一般由面板和芯层组成。面板一般为透波材料，芯层为电磁损耗材料和红外隐身材料。

26.2.3 纳米复合隐身材料

(1) 纳米复合隐身材料的隐身机理 由于纳米材料的结构尺寸在纳米数量级，物质的量子尺寸效应和表面效应等方面对材料性能有重要影响。隐身材料按其吸波机制可分为电损耗型与磁损耗型。电损耗型隐身材料包括 SiC 粉末、SiC 纤维、金属短纤维、钛酸钡陶瓷体、导电高聚物以及导电石墨粉等；磁损耗型隐身材料包括铁氧体粉、羟基铁粉、超细金属粉或纳米相材料等。下面分别以纳米金属粉体（如 Fe、Ni 等）与纳米 Si/C/N 粉体为例，具体分析磁损耗型与电损耗型纳米隐身材料的吸波机理。

金属粉体（如 Fe、Ni 等）随着颗粒尺寸的减小，特别是达到纳米级后，电导率很低，材料的比饱和磁化强度下降，但磁化率和矫顽力急剧上升。其在细化过程中，处于表面的原子数越来越多，增大了纳米材料的活性,因此在一定波段电磁波的辐射下,原子、电子运动加剧,促进磁化,使电磁能转化为热能,从而增加了材料的吸波性能。一般认为,其对电磁波能量的吸收由晶格电场热振动引起的电子散射、杂质和晶格缺陷引起的电子散射以及电子与电子之间的相互作用三种效应来决定。

纳米 Si/C/N 粉体的吸波机理与其结构密切相关。但目前对其结构的研究并没有得出确切结论,M. Suzuki 等人对激光诱导 $SiH_4 + C_2H_4 + NH_3$ 气相合成的纳米 Si/C/N 粉体所提出了 Si(C)N 固溶体结构模型。其理论认为,在纳米 Si/C/N 粉体中固溶了氮,存在 Si(N)C 固溶体,而这些判断也得到了实验的证实。固溶的氮原子在 SiC 晶格中取代碳原子的位置而形成带电缺陷。在正常的 SiC 晶格中,每个碳原子与四个相邻的硅原子以共价键连接,同样每个硅原子也与周围的四个碳原子形成共价键。当氮原子取代碳原子进入 SiC 后,由于氮只有三价,只能与三个硅原子成键,而另外的一个硅原子将剩余一个不能成键的价电子。由于原子的热运动,这个电子可以在氮原子周围的四个硅原子上运动,从一个硅原子上跳跃到另一个硅原子上。在跳跃过程中要克服一定势垒,但不能脱离这四个硅原子组成的小区域,因此,这个电子可以称为"准自由电子"。在电磁场中,此"准自由电子"在小区域内的位置随电磁场的方向而变化,导致电子位移。电子位移的驰豫是损耗电磁波能量的主要原因。带电缺陷从一个平衡位置跃迁到另一个平衡位置,相当于电矩的转向过程,在此过程中电矩因与周围粒子发生碰撞而受阻,从而运动滞后于电场,出现强烈的极化驰豫。

纳米复合隐身材料因为具有很高的对电磁波的吸收特性,已经引起了各国研究人员的极度重视,而与其相关的探索与研究工作也已经在多国展开。尽管目前工程化研究仍然不成熟,实际应用未见报道,但其已成为隐身材料重点研究方向之一,今后的发展前景一片光明。而其一旦应用于实际产品,也必将会对各国的政治、经济、军事等多方面产生巨大影响。

(2) 纳米复合隐身材料的复合技术　运用复合技术对隐身材料进行纳米尺度上的复合便可得到吸波性能大为提高的纳米复合隐

身材料。近年来，纳米复合隐身材料的制备新技术发展的很迅速，这些新的复合技术主要包括以下几种。

① 以在材料合成过程中于基体中产生弥散相且与母体有良好相容性、无重复污染为特点的原位复合技术；

② 以自放热、自洁净和高活性、亚稳结构产物为特点的自蔓延复合技术；

③ 以组分、结构及性能渐变为特点的梯度复合技术；

④ 以携带电荷基体通过交替的静电引力来形成层状高密度、纳米级均匀分散材料为特点的分子自组装技术；

⑤ 依靠分子识别现象进行有序堆积而形成超分子结构的超分子复合技术；

材料的性能与组织结构有密切关系。与其他类型的材料相比，复合材料的物相之间有更加明显并成规律化的几何排列与空间结构属性，因此复合材料具有更加广泛的结构可设计性。纳米隐身符合材料因综合了纳米材料与复合材料两者的优点而具有良好的电磁波吸收特性，已经成为目前各主要国家材料科技界人士争相研究的热点之一。

曹茂盛等对双峰响应结构型吸波复合材料进行了研究。选用常用的 191 不饱和聚酯为粘接剂，无碱无捻玻璃布和短切玻璃纤维毡进行增强，选用能够与 191 聚酯相匹配的常温固化剂过氧化甲乙酮，促进剂选用萘酸钴，脱模剂选用外脱模剂硅脂，稀释剂选用化学性能稳定的丙酮，选用的吸波剂为 DT-5、DT -50、LDT- 50 等磁类吸收剂。

YQTH 为电类吸收剂。试样共铺设 13 层，总厚度为 7.55mm，密度为 $1.57g/cm^3$。结果表明，在纤维增强复合材料中添加微米级吸波剂，可以明显提高复合材料的吸波性能。平板试样的静态拉、压、弯性能能满足次承载战斗机部件应用需要，动态力学性能指标较高。Haitao Liu 等进行了功能梯度雷达吸波材料的设计研究。根据梯度雷达吸波材料（RAMs）阻抗匹配原理，以羰基铁颗粒（CIPs）和碳纳米管（CNTs）分别作为吸波剂，聚酯纤维作为基质，采用喷涂方法制备了两种多层梯度雷达吸波材料

（RAMs）。这两种材料均具有良好的吸波性能。

26.2.4　其他隐身材料

（1）电路模拟隐身材料　该技术是在合适的基底材料上涂敷导电的薄窄条网络、十字形或更复杂的几何图形，或在复合材料内部埋入导电高分子材料形成电阻网络，实现阻抗匹配及损耗，从而实现高效电磁波吸收。这种材料能在给定的体积范围内产生高于较简单类型吸波材料的性能。但对每一种应用，都必须运用等效电路或二维周期介质论在计算机上进行特定的匹配设计，而且涉及计算比较麻烦。

（2）手征隐身材料　所谓的手征（Chiral）是指一个物体不论是通过平移或旋转都不能与其镜像重合的性质。手征吸波材料是由基体中掺杂一种或多种不同特征参数的手征媒质构成，可减少入射电磁波的反射并能吸收电磁波。与其他 RAM 相比，手征材料具有两个优势：一是调节手征参数比调节介电常数和磁导率更容易；二是手征参数的频率敏感性比介电常数和磁导率小，易于拓宽频带。国外在微观机理方面获得较大进展，并通过实验证实了旋波特性。美、法、俄等国极为重视手征材料研究，已制出小面积薄膜样品，薄膜厚度均匀，目前正尝试制造面积更大的薄膜。国内正在研究用纳米金属作催化剂通过聚合反应制备出导电螺旋手征吸收剂，这是一种集纳米、导电高聚物与螺旋手征于一体的新型轻质、宽带吸收剂，而且具有工艺性好、使用方便的优点。

（3）多晶铁纤维　多晶铁纤维是一种轻质的磁性雷达吸收剂，包括 Fe、Co、Ni 及其合金纤维，具有吸收频带宽、密度小、吸收能力高等优点，如 GAMMA 公司研制了一种多层铁纤维吸波材料，而美国 3M 公司研制了直径 $0.26\mu m$，长度 $6.5\mu m$，长径比 25 的多晶铁纤维。多晶铁纤维可用物理或化学方法制备，磁性金属纤维（如 Fe，Co，Ni 及其合金纤维）的物理制备方法有拉拔法、切削法和熔抽法。用这些方法制备微米级（$4\mu m$）以上的铁纤维技术上比较成熟，但要制备亚微米级或更细的铁纤维则十分困难。化学制备方法主要有液相沉淀法、无磁场引导化学气相热解法、模板法、磁场引导法等。用液相沉淀法制备铁纤维具有一系列优点，如原料成本低、反应条件温和、易于控制纤维的长度和直径、易于实现工业化生产等。无磁场引导化学气相热解法以羰基铁为原料，在无磁场引导下利用化学气相热解技术，在气流场混合装置中通过改变气流、蒸发温度、热解温度等条件，将气流输送到热解炉中热解、降温制备出絮状、螺旋形纳米铁纤维，直径在 $0.07\sim1.27\mu m$ 之间，由于吸波涂层不需要定向排列纤维，使复杂、繁琐的工艺过程变得简单，应用性能提高，应用成本降低。对于模板法，模板在制备过程中仅起到模具作用，铁纤维仍然要利用常规的物理法或化学反应来制备，如电化学沉积、化学镀等。

（4）智能隐身材料　这是 20 世纪 80 年代发展起来的一种多功能材料，它具有感知、信息处理、自我指令及对入射信号作出最佳响应的功能。目前主要包括：智能变色材料（如光致变色材料、电致变色材料、热敏化学伪装材料、热致变色材料等）、智能红外隐身材料和智能吸波材料等。例如，英国 Alan Barnes 研究的智能雷达吸波材料-电场感应变反射率材料，材料的反射系数会随着外界电场的变化而快速变化。英国 Tennat 和 Chambers 研究了用 PIN二极管控制主动的 FSS（频率选择表面），实现了自适应的雷达吸波结构。智能隐身材料之所以得到各国的大力重视，是因为智能材料具有如下的优点和潜在应用。

① 隐身能力强　智能隐身材料的自适应、自调整功能能够根据环境变化调整材料的相应参数，从而使其具有极强的隐身性能和隐身效果。

② 威胁预警　在航空航天器蒙皮中植入能探测射频、雷达波、激光、核辐射等多种传感器的智能蒙皮，可用于敌方威胁的监视和预警。美国 BMDO 正在为其未来的弹道导弹监视和预警卫星研究在复合材料蒙皮中植入核爆光纤传感器、X 射线光纤探测器、激光传感器、射频天线、辐射场效应管等多种传感器的智能蒙皮，其可安装在天基防御系统空间平台的表面，对威胁进行实时监视和预警。1996 年美国对这种蒙皮样板进行了部分飞行实验。

③ 健康评估和寿命预测　自诊断智能隐身材料和结构系统可

以在武器的全寿命期中实时测量结构内的应变、温度、裂纹、形变等参数，探测疲劳损伤和攻击损伤。例如用植入光纤传感器阵列或PVDF 传感器可对机翼、机架以及可重复使用航天运载器进行全寿命期的实时监测、损伤评估和寿命预测。

具有健康评估和寿命预测的功能使得智能隐身材料的寿命将大大增加。

④ 主动结构声控（ASAC） 采用智能结构可以进行主动结构声控，美国已进行这方面的研究，如采用主动声控涂层进行声信号抑制；此外还用智能材料制造抑制发动机噪声信号向外传播的发动机罩，从而提高潜艇及军舰的声隐身性；主动振动控制和声控还能提高军用车辆的性能和乘员的舒适性。

26.3 前景展望

隐身材料未来将向宽频化、复合化、低维化、智能化方向发展。

（1）宽频化 目前的反雷达探测隐身技术主要是针对厘米波雷达，覆盖的频率有限。例如，谐振型吸波材料只能吸收一种或几种频率的雷达波，介电型吸波材料和磁性吸波材料主要覆盖范围大致分别在厘米波的低端和高端。随着先进红外探测器、米波雷达、毫米波雷达等先进探测设备的相继问世，要求材料具备宽频带特性，即用同一材料对抗多波段电磁波的探测。

（2）复合化 根据目前吸波材料的发展现状，一种类型的材料很难满足日益提高的隐身技术所提出的"薄、宽、轻、强"的综合要求，因此需要将多种材料进行各种形式的复合以获得最佳效果，如铁磁性-铁氧体与铁电性材料复合，能够极大地提高吸波性能，也可采用有机-无机纳米复合技术，这种方法能够很方便地调节复合物的电磁参数以达到阻抗匹配的要求，而且可以大大减轻质量，可望成为今后吸波材料研究与发展的重点方向。

（3）低维化 为探索新的吸收机理和进一步提高吸波性能，纳米微粒、纤维、薄膜等低维材料日益受到重视。研究对象集中在磁性纳米粒子、纳米纤维、颗粒膜和多层膜，它们具有吸收频带宽、兼容性好、吸收强、密度小等特点，成为极具潜力的隐身材料发展方向。

（4）智能化 智能型材料是一种具有感知功能、信息处理功能、自我指令并对信号作出最佳响应功能的材料和结构。目前这种新兴的智能材料和结构已在航空航天领域得到了越来越广泛的应用。

第 ㉗ 章　新能源材料

　　新能源是指目前尚未被大规模利用，有待于进一步研究试验和系统开发利用的新型能源，是相对于化石能源，如石油、煤炭和天然气等能源所不同的能源。新能源主要包括太阳能、生物质能、核能（新型反应堆）、风能、地热、海洋能等一次能源和二次能源中的氢能等，其中氢能、太阳能、核能是有希望在 21 世纪得到广泛应用的能源。新能源的发展一方面靠利用新的原理（聚变核反应、光伏效应等）来发展新的能源系统，同时还必须靠新材料的开发与应用，才能使新的系统得以实现，并进一步地提高效率、降低成本。

　　新能源材料是指支撑新能源发展的、具有能量储存和转换功能的功能材料或结构功能一体化材料。新能源材料对新能源的发展发挥了重要作用，一些新能源材料的发明催生了新能源系统的诞生，一些新能源材料的应用提高了新能源系统的效率，新能源材料的使用直接影响着新能源系统的投资与运行成本。

　　（1）新材料把原来习用已久的能源变成新能源。例如从古代起，人类就使用太阳能取暖、烘干等，现在利用半导体材料才把太阳能有效地直接转变为电能。再有，过去人类利用氢气燃烧来获得高温，现在靠燃料电池中的触媒、电解质，使氢与氧反应而直接产生电能。

　　（2）一些新材料可提高贮能和能量转化效果。如贮氢合金可以改善氢的存贮条件，并使化学能转化为电能，金属氢化物镍电池、锂离子电池等都是靠电极材料的储能效果和能量转化功能而发展起来的新型二次电池。

　　（3）新材料决定着核反应堆的性能与安全性。新型反应堆需要新型的耐腐蚀、耐辐照材料。这些材料的组成与可靠性对反应堆的安全运行和环境污染起决定性作用。

（4）材料的组成、结构、制作与加工工艺决定着新能源的投资与运行成本。例如，太阳电池所用的材料决定着光电转换效率，燃料电池及蓄电池的电极材料及电解质的质量决定着电池的性能与寿命，而这些材料的制备工艺与设备又决定着能源的成本。

新能源材料的种类繁多，这里介绍几种具有重大意义且发展前景看好的新能源材料，即汽车动力电池材料、太阳能电池材料以及核能材料。

27.1　汽车动力电池材料

1881 年特鲁夫（Gustave Trouve）制造出世界上第一辆电动三轮车时，使用的是铅酸电池。目前，仍有不少混合动力汽车和纯电动汽车采用新一代铅酸电池。

电动汽车动力电池由铅酸电池、氢镍电池、燃料电池发展到锂离子电池，缩短动力电池的充电时间，增加动力电池的充电容量是充电的关键技术。进一步提高锂离子电池的性价比及其安全性，开发具有优良综合性能的正负极材料、工作温度更高的新型隔膜和加阻燃剂的电解液，提高锂离子电池安全性和降低成本是目前的研究重点。

动力电池是电动汽车的关键技术之一，近十多年来，锂离子动力电池以其电容量大、安全性佳、体积轻巧、耐高温及循环寿命长等优异性能在电动汽车生产中得到应用。近年来，锂离子电池中正负极活性材料的研究和开发利用，在国际上相当活跃，并已取得很大进展。本章只对锂离子电池的正极材料、负极材料和电解质材料进行论述。

27.1.1　锂离子电池正极材料

锂离子电池的特性和价格都与它的正极材料密切相关。锂离子电池的正极材料比容量目前仅 130mA·h/g 左右，远低于负极材料 350mA·h/g 的比容量，成为锂离子电池容量的限制因素，因此改善正极材料性能是提高锂离子电池性能的关键因素之一。目前锂离子电池正极材料绝大部分研究工作集中在第四周期 Ti、V、Mn、Fe、Co、Ni 六种可变价过渡金属元素的嵌锂化合物上。第一代正极材料为金属硫化物，如 TiS_2、MoS_2 等。第二代正极材料为锂-过渡金属复合氧化物，以 $LiCoO_2$ 为代表，包括 $LiNiO_2$、$LiMnO_2$、$LiMn_2O_4$、LiV_3O_8、$LiNixCO_{1-x}O_2$、$LiNi_{1/3}Co_{1/3}Mn_{1/3}O_2$ 及各种衍生物。第三代正极材料是以 $LiFePO_4$ 为代表的聚阴离子型化合物材料。与锂-过渡金属复合氧化物材料相比，聚阴离子型化合物正极材料普遍具有晶体结构稳定、热稳定性好、安全性能优异等突出优点，可应用于动力型和储能型锂离子电池。厦门大学施志聪等系统总结了聚阴离子型锂离子电池正极材料的研究进展。各种正极材料锂电池的性能比较见表 27-1。

表 27-1　各种正极材料锂电池的性能比较

材　　料	钴酸锂	镍钴锰	锰酸锂	磷酸铁锂
振实密度/(g/cm³)	2.8～3.0	2.0～2.3	2.2～2.4	1.0～1.4
比表面积/(m²/g)	0.4～0.6	0.2～0.4	0.4～0.8	12～20
克容量/(mA·h/g)	135～140	155～165	100～115	130～140
电压平台/V	3.6	3.5	3.7	3.2
循环性能	≥300 次	≥800 次	≥500 次	≥2000 次
过渡金属	贫乏	贫乏	丰富	非常丰富
原料成本	很高	高	低廉	低廉
环保	含钴	含镍、钴	无毒	无毒
安全性能	差	较好	良好	优秀
适用领域	小电池	小电池/小型动力电池	动力电池	动力电池/超大容量电源

20 世纪 90 年代，日本索尼公司首先研制成功电动汽车用锂电池，当时使用的是钴酸锂材料。$LiCoO_2$ 在过去较长时期内都是商用的主流正极材料，而且至今还占据一定的市场份额，但由于钴资源少、价格高、环境污染、比容量较低、$LiCoO_2$ 安全性较差，存在着易燃、易爆的缺点，因此仅用于 5 A·h 以下级电池，限制了 $LiCoO_2$ 在动力电池中的使用。

锂钴氧化物（$LiCoO_2$）属于 α-$NaFeO_2$ 型结构，具有二维层状结构，适宜锂离子的脱嵌。其理论比容量为 274mA·h/g，实际比容量为 140～155mA·h/g，平均电压 3.7V。$LiCoO_2$ 可以快速充放电，在 2.75～4.3V 范围内，锂离子在 Li_xCoO_2 中可可逆脱嵌，材料具有较好的结构稳定性和循环性能。但 $LiCoO_2$ 热稳定性较差，同时当充电电压由 4.3V 提高到 4.4V 时，$LiCoO_2$ 的晶格参数 c 由 1.44nm 急剧下降至 1.40nm，导致其电化学性能和安全性能下降。

$LiCoO_2$ 制备工艺较为简便、循环稳定性好、比容量高、循环性能好，目前 $LiCoO_2$ 的规模化生产工艺多为高温固相合成法，在推板式窑炉中连续烧结，随后再进行粉碎分级，得到最终产品。合成方法除高温固相合成法还有低温固相合成法，草酸沉淀法、溶胶-凝胶法、冷热法、有机混合法等软化学方法。

目前中信国安盟固利电源等公司研制出以锰酸锂为正极材料的 100A·h 动力锂电池，解决了钴酸锂电池的不足。富士重工与 NEC 合作开发的单体（Cell）锰系锂离子电池（即锰酸锂电池），在车载环境下的寿命高达 12 年、10 万公里，与纯电动汽车的整车寿命相当。

锰系正极材料具有资源丰富、价格便宜、无毒性等优点，是目前综合性能较好的新型正极材料，正逐步实现商业化应用。锂锰氧化物是传统正极材料的改性物，目前应用较多的是尖晶石型 $Li_xMn_2O_4$，它具有三维隧道结构，更适宜锂离子的脱嵌。锂锰氧化物原料丰富、成本低廉、无污染、耐过充性及热安全性更好，对电池的安全保护装置要求相对较低，被认为是最具有发展潜力的锂离子电池正极材料。

经过 10 多年的发展，小型锂离子电池在信息终端产品（移动电话、便携式电脑、数码摄像机）中的应用已占据垄断性地位，我国也已发展成为全球三大锂离子电池和材料的制造和出口大国之一。新能源汽车用锂离子动力电池和新能源大规模储能用锂离子电池也已日渐成熟，市场前景广阔。

另一类正极材料是具有橄榄石结构的磷酸铁锂（Lithium Iron Phosphate 简写为 LFP），因其具有较高的容量（理论比容量 170mA·h/g）、低廉的价格、在充放电状态下有良好的热稳定性和安全性、较小的吸湿性和优良的充放电循环性能等优势，特适用于动力电池，是一种理想的锂离子动力电池正极材料。采用磷酸铁锂作为锂离子电池正极材料的电池被称为磷酸铁锂电池。

目前国际上在磷酸铁锂领域的领先企业主要有 3 家,分别是美国的 A123、加拿大的 Phostech 以及美国的 Valence,掌握较为成熟的量产技术。目前三大厂商的产能约为 4000 吨/年。1997 年,磷酸锂铁材料开始引起国内关注。1998 年,国家 863 计划投资 20 亿在汕头研究磷酸锂铁。中国企业从 2001 年开始陆续启动磷酸锂铁材料开发,当前,国内的磷酸铁锂产业投资热正在兴起,其势头超过了其他任何国家。截至 2009 年,全国共有 50～60 家电芯厂商即将或已经完成生产线的购置,进行产能扩张,其中已进入工业化批量生产并向市场稳定供货的企业有 8 家左右,其余都在中试阶段,2009 年在建产能 2500t,全部达产后,产能合计为 5000t 左右,2010 年,磷酸铁锂的产能将继续出现增长。目前国内每年磷酸铁锂的需求量为 8000t 左右,2008 年实际销售不到 1000t,中商情报网分析预计到 2010 年国内磷酸铁锂的年需求量将超过 1.5 万吨。全球磷酸铁锂的供给缺口将达到 10 万吨。

正极材料产业化的实施可极大地促进我国锂离子电池产业的发展,并可获得较高的经济效益。磷酸铁锂的产业化是动力型锂离子电池发展的根本,以磷酸铁锂作为锂离子电池正极材料可提供高安全性、低成本、高温性能好、环境友好的电动汽车用动力源,大型清洁能源等。

磷酸铁锂作为正极材料从提出到应用只用了十几年时间,其间对它的研究主要集中在制备方法和改性上,因为磷酸铁锂本身具有电导率低和锂离子扩散系数小的缺陷,导致了材料的理论容量不能得到最大限度的发挥以及大电流放电性能不佳。这两个问题的解决可以采用高导电率物质进行包覆,高价位离子的掺杂以及制备出亚微米或纳米级别的颗粒等方法。最常用的改性方法是在材料表面包覆碳而形成 $LiFePO_4/C$ 型复合材料。这虽然可以有效改善材料的电子电导率和减少颗粒尺寸,提高了材料的充放电容量,但是明显降低了材料的振实密度,最终降低了材料的体积能量密度和重量能量密度。目前核壳材料的制备方法主要有:表面包覆法、逐层沉积法、水热法、模板法和乳液法等。

改性的实现依赖于其制备工艺,目前产业化的工艺主要有高温固相法、碳热法,两者都是在高温下合成,区别是前者在高温合成时采用气体保护,后者采用碳热还原无需另外通入保护气氛。另外还有溶胶-凝胶法、微波法、共沉淀法等。固相法一般后续处理温度在 $700 \sim 800 ℃$,湿法工艺的后续处理温度一般在 $400 \sim 600 ℃$,这主要是湿法中原料可以在更小的尺度上混合,制备出的颗粒一般比较小,甚至可以达到纳米级别,放电性能好,特别是无水溶胶-凝胶法制出的磷酸铁锂具有更好的性能。Jingsi Y 和 Jun John X 用无水溶胶-凝胶制备的磷酸铁锂容量接近了理论容量,放电平台接近于 3.4V。

27.1.2 锂离子电池负极材料

锂离子电池负极材料也是决定锂离子电池综合性能优劣的关键因素之一,主要包括碳材料、氧化物负极材料、金属及合金类负极材料和复合负极材料等。尽管人们对碳材料进行了掺杂改性或表面处理,但是碳材料储锂能力低是导致其实际比容量难以提高的根本原因。为了满足高能量电源的需求,研究人员不断地探索高容量、长寿命的新型锂离子电池负极材料,以代替目前低比容量的商业化碳材料。硅(Si)是目前所发现的具有最高储锂量的负极材料,其理论嵌锂容量达 $4200mA \cdot h/g$,已成为目前研究的主要负极材料之一。然而,伴随着锂离子的不断脱嵌,Si 基负极将产生巨大体积变化,引起 Si 基体的机械分裂,导致电极变形与开裂,从而逐渐崩塌、粉化失效,表现出较差的充放电循环性能。如何改善它的循环稳定性,是目前亟需解决的问题。同时,这也是所有 Si 基、金属及合金类负极材料面临的难题。

硅有晶态和无定形态两种形式,作为锂离子电池负极材料,以无定形硅的性能较好,因此可以加入非晶物(如非金属)等以得到无定形硅来制备硅负极材料。Hunjoon Jung 等用 CVD 法沉积 50nm 的无定形硅薄膜,在电压范围为 $0 \sim 3V$ 时,最大容量为 $4000mA \cdot h/g$,但 20 次循环后容量急剧下降。这可能是由于嵌脱锂导致了较大的体积膨胀,使得电极结构被破坏的缘故。目前,解决硅基负极材料循环性能差的方法是将材料纳米化或薄膜化,以减小绝对体积膨胀，从而提高材料的循环稳定性。

硅可与低活性或非活性的金属元素形成合金，如 Mg、Cr、Mn、Fe、Ni、Sn、Co、Ca、Cu 等。一般来讲，硅合金的嵌脱锂电位与硅相似，容量低于硅负极，其中合金元素的含量高低，直接影响硅合金负极的容量高低。与纯硅相比，硅合金用作负极材料在一定程度上减弱了电极材料的体积膨胀，提高了电极的循环性能。但迄今为止，尚未获得满足实用化要求的硅合金电极。

针对硅电极严重的体积膨胀效应，在制备技术上一般采用纳米化或薄膜化手段，在复合形式上，除采用合金化或其他形式的硅化物之外，就是制备硅的复合材料，综合利用各组分的优势，使硅复合材料既具高容量又具良好循环性能。碳类材料在充放电过程中体积变化小，具有良好的循环稳定性，而且其本身是离子与电子的混合导体，因此常被选作高容量负极材料的即分散载体。

27.1.3 锂离子电池电解质材料

电解质作为电池的重要组成部分，在正负极之间起着输送离子传导电流的作用，对电池的性能有着很大的影响。实用的电解质应当具有足够高的离子电导率、化学稳定性和安全性，并与电极材料保持良好的兼容性。考虑到锂离子电池的高工作电位电池电压达 $3\sim4V$，匹配的电解质应具有较宽的电化学工作窗口，选择范围锁定在非水体系。按相态来分，锂离子电池电解质可分为液体、固体和熔盐电解质三类。

（1）非水有机溶剂电解质 在锂离子电池中，电池的工作电压通常高达 $3\sim4V$，传统的水溶液体系已不再适用于电池的要求，因此必须采用非水电解质体系作为锂离子电池的电解液。

非水有机溶剂是电解液的主体部分，溶剂的许多性能参数都与电解液的性能密切相关，如溶剂的黏度、介电常数及氧化还原电位等因素对电池使用温度范围、电解质锂盐溶解度、电极电化学性能和电池安全性能等都有重要影响。优良的溶剂是实现锂离子电池低内阻、长寿命和高安全性的重要保证。

用于锂离子电池的非水有机溶剂主要有碳酸酯类、醚类和羧酸酯类等。

（2）电解质锂盐　电解质锂盐不仅是电解质中锂离子的提供者，其阴离子也是决定电解质物理和化学性能的主要因素。研究表明，溶液阻抗、表面阻抗和电荷转移阻抗都依赖于电解液的组成。锂离子电池主要使用的锂盐，如高氯酸锂（$LiClO_4$）、六氟砷酸锂（$LiAsF_6$）、四氟硼酸锂（$LiBF_4$）以及六氟磷酸锂（$LiPF_6$）等都具有较大的阴离子及低晶格能。$LiPF_6$ 是被广泛应用在锂离子电池的导电锂盐，含有 $LiPF_6$ 的电解液基本能满足锂离子电池对电解液的电导率和电化学稳定性要求。

（3）无机固体电解质　无机固体电解质是指在熔点以下具有可观离子导电性的无机固体化合物。其导电机制可简单看作是在外电场作用下，离子在晶格间隙或空位中的跃迁运动。

① LiX　所有的 LiX（X＝F、Cl、Br 和 I）类材料都具有 NaCl 型晶体结构。除 LiI 以外，都是近乎完美的离子晶体，在室温下是绝缘体。提高 LiX 固体电解质的电导率可采用掺杂同分异构阳离子如 CaI_2 以及尝试合成复盐 $LiAlCl_4$。

② Li_3N 及其同系物　层状结构的 Li_3N 是在室温下具有高电导率的锂离子导体（$1 \times 10^{-3} S \cdot cm^{-1}$）。比 LiI 的电导率高 10^4 倍，因此是一种具有多方面应用的固体电解质材料。但这种材料的一个主要缺点是分解电压过低，只有 $0.445V$。为了解决这一问题，可以对 Li_3N 进行改性。通过在 $550℃$ 氮气气氛中烧结混合物 3h 得到的三元体系的 Li_3N-LiI-LiOH（摩尔比 1∶2∶0.77）是比较好的改性材料。其电导率高达 $9.5 \times 10^{-4} S \cdot cm^{-1}$，几乎与 Li_3N 的相同，而它的分解压却高达 $1.6 \sim 1.8V$。

③ 含氧酸盐　某些含氧酸锂盐如 $LiPO_4$ 和 $LiSiO_4$ 在高温时具有很高的电导性。某些含氧酸的复盐，尤其是那些具有 γ_{II}-$LiPO_4$ 型结构的系列化合物的电导率却比 LiI-Al_2O_3 在低温甚至在室温时的电导率还要高。

27.2　太阳能电池材料

按应用可将太阳能电池分为空间用太阳能电池与地面用太阳能电池。地面用太阳能电池又分为电源用太阳能电池与消费电子产品用太阳能电池。对每种太阳能电池的技术要求不同，空间用太阳能电池要求耐辐射、转换效率高、单位电能所需的重量小；地面电源用太阳能电池要求发电成本低、转换效率高；消费电子用太阳能则要求薄而小、可靠性高等。

近年来，地球环境问题成为人们关注的焦点，人类消耗大量化石燃料对地球环境造成的破坏，极大地影响了地球生态系统的平衡。太阳能电池是利用太阳光与材料的相互作用直接产生电能的，是对环境无污染的绿色能源。

制作太阳能电池主要是以半导体材料为基础，对太阳能电池材料一般的要求是：半导体材料的禁带不能太宽；要有较高的光电转换效率；材料本身对环境不造成污染；材料便于工业化生产且材料性能稳定。

27.2.1　晶体硅太阳能电池材料

半导体硅是现代电子工业的必不可少的材料，其中又以单晶硅和多晶硅为代表。同时氧化状态的硅原料是世界上第二大的储藏物质，由于其原材料的广泛性、较高的转换效率和可靠性，被市场广泛接受。非晶硅在民用产品上也有广泛的应用（如电子手表，计算器等），但是它的稳定性和转换效率劣于结晶类半导体材料。

现在太阳能电池的主流产品是硅太阳能电池，它又分单晶硅太阳能电池、多晶硅太阳能电池（总称为晶体硅太阳能电池）和非晶硅太阳能电池。

（1）单晶硅太阳能电池材料生长技术　单晶硅太阳能电池通常由厚度为 $350\sim450\mu m$ 的高质量硅片制得，这种硅片从提拉或浇铸的硅锭上锯割而成。在硅系列太阳能电池中，单晶硅太阳能电池转换效率最高，技术也最为成熟。在实验室里最高的转换效率为 24.7%，规模生产时的效率为 15%。高性能的单晶硅太阳能电池，是建立在高质量单晶硅材料和与其相关的成熟的加工工艺基础上的。

生长单晶硅的两种最常用方法为丘克拉斯基（Czochralski）法及区熔法。

① 丘克拉斯基（Czochralski）法　将硅料在石英坩埚中加热

熔化，用籽晶与硅液面进行接触，然后开始向上提升以长出柱状的晶棒。

② 区熔法　如果需要生长极高纯度的硅单晶，其技术选择是悬浮区熔提炼。区熔生长技术的基本特点是样品的熔化部分是完全由固体部分支撑的，不需要坩埚。柱状的高纯多晶材料固定于卡盘，一个金属线圈沿多晶长度方向缓慢移动并通过柱状多晶，在金属线圈中通过高功率的射频电流，射频功率激发的电磁场将在多晶柱中引起涡流，产生焦耳热，通过调整线圈功率，可以使得多晶柱紧邻线圈的部分熔化，线圈移过后，熔料再结晶为单晶。另一种使晶柱局部熔化的方法是使用聚焦电子束。整个区熔生长装置可置于真空系统中或者有保护气氛的封闭腔室内。为确保生长沿所要求的晶向进行，也需要使用籽晶，采用与直拉单晶类似的方法，将一个很细的籽晶快速插入熔融晶柱的顶部，先拉出一个直径约 3mm，长约 10～20mm 的细颈，然后放慢拉速，降低温度放肩至较大直径。

（2）多晶硅太阳能电池材料生长技术　多晶硅太阳能电池材料的出现是为了降低晶体硅太阳能电池的成本。其优点是能直接制出方形硅锭，设备比较简单并能制出大型硅锭以形成工业化生产规模，缺点是效率比单晶硅太阳能电池低。

① 铸锭工艺　铸锭工艺主要包括定向凝固化法及浇铸法。定向凝固法是将硅料放在坩埚中熔融，然后将坩埚从热场逐渐下降或从坩埚底部通冷源，以造成一定的温度梯度，固-液界面则从坩埚底部向上移动而形成晶锭。浇铸法是将融化后的硅液从坩埚中倒入另一模具中形成晶锭，铸出的方形硅锭被切成方形硅片做太阳能电池。

② 多晶硅薄膜制备　人们从 20 世纪 70 年代中期就开始在廉价衬底上沉积多晶硅薄膜，但是由于生长的硅晶粒较小，未能制成有价值的多晶硅薄膜太阳能电池。为了获得大尺寸的多晶硅薄膜，人们一直没有停止过研究，并提出了很多制备多晶硅薄膜太阳能电池的方法，如 PECVD、LPCVD、HWCVD、快速热化学气相沉积法（RTCVD）、液相外延法（LPE）、溅射沉积法等。

日本 Kaneka 公司采用 PECVD 技术在玻璃衬底上制备出具有 p-i-n 结构、总厚度约为 $2\mu m$ 的多晶硅薄膜太阳能电池,光电转换效率达到了 12%。德国 Gall. S 等认为以玻璃为衬底制备出来的多晶硅薄膜光电池具备光电转换效率可达 15%。日本京工陶瓷公司研制出面积为 15cm×15cm 的光电池,其转换率达到了 17%。

27.2.2 非晶硅太阳能电池材料

非晶硅 (α-Si) 是近代发展起来的一种新型非晶态半导体材料。同晶体硅相比,它最基本的特征是组成原子没有长程有序性,只是在几个晶格常数范围内具有短程有序,形成一种共价无规网络结构。

在非晶硅半导体中可以实现连续的物性控制。当连续改变非晶硅中掺杂元素和掺杂量时,可连续改变电导率、禁带宽度等。

1976 年美国 RCA 实验室的 Carlson 等对非晶硅进行研制并首次报道了非晶硅薄膜太阳能电池,引起了全世界的关注。非晶硅薄膜太阳能电池是用非晶硅半导体材料在玻璃、特种塑料、陶瓷、不锈钢等衬底上制备出来的一种目前公认环保性能最好的太阳能电池。它有如下优点:质量轻且光吸收系数高,开路电压高,抗辐射性能好,耐高温,制备工艺和设备简单,能耗少,可以淀积在任何衬底上且淀积温度低、时间短,适于大批量生产。

非晶硅薄膜太阳能电池的制备方法有反溅射法、低压化学气相沉积法 (LPCVD)、等离子体增强化学气相沉积法 (PECVD) 和热丝化学气相沉积法 (HWCVD)。

27.2.3 多晶薄膜太阳能电池材料

多元化合物薄膜太阳能电池材料为无机盐,主要包括砷化镓 Ⅲ-Ⅴ族化合物、硫化镉及铜铟硒薄膜电池等。制备 CdTe 薄膜太阳能电池主要的工艺有丝网印刷烧结法、近空间升华法 (CSS)、真空蒸发法、电沉积法、溅射法等。制备 GaAs 薄膜太阳能电池的方法有晶体生长法、直接拉制法、气相生长法、液相外延法等。

硫化镉、碲化镉多晶薄膜电池的效率较非晶硅薄膜太阳能电池效率高,成本较单晶硅电池低,并且也易于大规模生产,但由于镉有剧毒，会对环境造成严重的污染，因此并不是晶体硅太阳能电池最理想的替代产品。CdTe 薄膜太阳能电池不适合于大规模的民用化生产，多用于空间领域，目前国际上已将 GaAs 太阳能电池作为航天飞行空间主电源，而且 GaAs 组件所占的比重也在逐渐增加。

砷化镓（GaAs）III-V 化合物电池的转换效率可达 28%，GaAs 化合物材料具有十分理想的光学带隙以及较高的吸收效率，抗辐照能力强，对热不敏感，适合于制造高效单结电池。但是 GaAs 材料的价格不菲，因而在很大程度上限制了 GaAs 电池的普及。

铜铟硒薄膜电池（简称 CIS）适合光电转换，不存在光致衰退问题，转换效率和多晶硅一样。具有价格低廉、性能良好和工艺简单等优点，将成为今后太阳能电池一个重要发展方向。唯一的问题是材料的来源，由于铟和硒都是比较稀有的元素，因此，这类电池的发展又必然受到限制。

据报道，日本产业技术综合研究所新开发出一种新型高效化合物型太阳能电池材料，可进行批量生产。这种材料是在 300~500℃ 的坩埚内，将铜铟硒合成材料喷涂在玻璃基板上制成的，可以在发电层内形成纯度较高的结晶，以提高太阳能的转换效率。经测试，用这种新型材料制造的太阳能电池可将 14.9% 的太阳能转变成了电能，而昭和壳牌石油、本田等公司产品的转化率仅为 10%~12%。目前广泛使用的硅结晶太阳能电池的发电效率多在 15% 左右。化合物型太阳能电池由于使用材料较少，因此可望降低成本。

27.2.4 纳米晶化学太阳能电池材料

纳米 TiO_2 晶体化学能太阳能电池是新近发展的一种电池，优点在于它廉价的成本和简单的工艺及稳定的性能。其光电效率稳定在 10% 以上，制作成本仅为硅太阳电池的 1/10~1/5，寿命能达到 20 年以上。

中国和澳大利亚科学家最近合作研制出活性面比例高达 47% 的锐钛矿氧化钛十面体单晶。这种高纯度的锐钛矿氧化钛单晶在太阳能电池等领域有着重要的应用前景。据该研究成果的技术负责人逯高清介绍，过去所制备的锐钛矿氧化钛单晶除了反应周期长、样品纯度低等缺点外，单晶的活性面比例只有 6%～10%，而此次研发的单晶活性面比例高达 47%。

27.2.5 染料敏化（色素增感）型太阳能电池材料

染料敏化型太阳能电池是最近被开发出来的一种崭新的太阳能电池。1991 年，瑞士的 Grätzel 教授等在 Nature 上首次报道了光电转化效率为 7.1% 的染料敏化太阳能电池（Dye Sensitized Solar Cell，简称 DSSC）。他们首次将纳米晶多孔 TiO_2 介孔薄膜电极应用在染料敏化太阳能电池电极的研究中。无掺杂的纳米晶多孔 TiO_2 介孔薄膜结构是由海绵式的多孔网络连接而成，使它的总比表面积相对其几何面积大约增加 1000～2000 倍，因此可以吸附更多的染料分子从而更加有效地吸收太阳光。2001 年 Grätzel 教授等人又成功合成了黑染料（Blackdye），其光电转换效率达到 10.4%。目前染料敏化太阳能电池的最高功率转换效率已达到 11.9%。由于染料敏化太阳能电池制作工艺简单，成本低廉，使人们看到了染料敏化太阳能电池广阔的应用前景。

染料敏化太阳能电池分为三类：液体电解质电池、准固态电解质电池和固态电解质电池。

液体电解质分为有机溶剂电解质和无溶剂离子液体电解质。

有机溶剂电解质对纳米半导体多孔薄膜的渗透性好，氧化-还原电对在有机溶剂中扩散速度快，并且具有较高的稳定性和可逆性，DSSC 功率转化效率的最高记录都是在基于有机溶剂电解质的太阳能电池中获得的。常见的有机溶剂电解质有：乙腈（ACN）、戊腈（VN）、甲氧基丙腈（MPN）、碳酸乙烯酯（EC）及碳酸丙烯酯（PC）等。虽然有机溶剂电解质电池具有高的功率转化效率，但是有机溶剂的沸点一般比较低，容易挥发，导致太阳能电池的长期光热稳定性受到影响，缩短了太阳能电池的使用寿命，而且有机溶剂具有一定的毒性以及液体电解质的密封工艺较为复杂，导致这种电池的大规模应用受到了限制。

离子液体电解质是熔点低于 100℃ 的熔盐，它由有机阳离子和无机或有机阴离子构成。离子液体电解质蒸气压低，不易挥发，液态温度范围宽，有良好的物理和化学稳定性且电化学稳定性高，可应用于电化学反应介质或电池溶剂等。因此离子液体电解质可制备出长期光热稳定的染料敏化太阳能电池。

准固态电解质是在液体电解质中加入有机小分子胶凝剂或有机高分子化合物，使它们之间形成凝胶网络结构从而使液体电解质固化，得到准固态电解质。常用于胶凝液体电解质的有机高分子化合物有聚氧乙烯醚（PEO）、聚丙烯腈（PAN）和环氧乙烷的共聚物等。2002 年，中科院长春应用化学研究所王鹏等人提出了以"先溶剂塑化、再脱溶剂"的概念来制备以 PMII 离子液体和有机氟高分子为元件的柔性固态凝胶电解质，并将其用于 DSSC 中得到转化效率达 5.3% 的准固态染料敏化太阳能电池。2005 年，王鹏等人以低挥发性 MPN 为溶剂电解质结合染料 Z907 制作的电池在 60℃高温持续光照 1000h 的条件下取得了很好的长期光热稳定性。

固态电解质是 DSSC 应用发展的另一个方向。近几年来对染料敏化太阳能电池中固态电解质的研究十分活跃，其中研究较多的是有机空穴传输材料和无机 p 型半导体材料。

固态电解质 DSSC 中，电解质内部的载流子为空穴的材料称为无机 p 型半导体材料。半导体材料中空穴的迁移率决定了空穴的扩散长度，从而影响了 DSSC 的光电性能。由于无机 p 型半导体空穴的迁移率相比有机空穴传输材料要高几个数量级，因此无机 p 型半导体在固体电解质 DSSC 中的应用很有优势。无机 p 型半导体材料主要包括 CuI 和 CuSCN 等。Kumara 等研究了以 CuSCN 作为空穴传输材料电解质制备的 DSSC，在太阳模拟器以 AM1.5 的光强下，光电转换效率为 1.25%。之后 Kumara 等人在 CuSCN 镀膜溶液中加入了硫氰酸三乙胺作为晶体生长抑制剂，以 $TiO_2/D149/CuSCN$ 固体电解质组成的太阳能电池获得了 3.5% 的光电转换效率。总的来说，无机 p 型半导体材料作为固态电解质应用到染料敏化太阳能电池还需要进行进一步的研究，解决电解质与纳米晶半导体薄膜的结合问题、提高电解质的稳定性以及空穴传输效率等问题。

27.3 核能材料

核能材料是指各类核能系统主要构件所用的材料，主要包括各类裂变和聚变反应堆材料。按照我国《核电中长期发展规划》确定的我国核电发展目标，到 2010 年在运行核电装机容量 1200 万千瓦，到 2020 年新建 31 座核电站。目前，在运行装机容量 4000 万千瓦，在建核电装机容量 1800 万千瓦。到 2035 年，我国核能装机容量在电力结构中的比例应达到 20%。可以预见，核能建设在近几年内将进入超高速发展阶段。为了实现国家核能战略目标，必须开发超越传统技术（如第二代核反应堆以及 21 世纪初兴建的第三代核反应堆，第三代核反应堆具有更高的效率和安全性，但本质上是对二代核反应堆概念的一种改进）的第四代核反应堆技术，以提供更高效、更经济、更安全、对天然铀利用更充分、产生更少固体废料的核能。事实上，新一代核电厂对热力学效率、建筑与运行成本、安全系数、废弃物毒性以及世界铀资源的利用效率提出了更高要求。然而，这一切都需要进行创新型的设计，使核电厂能够在更高温度、更强腐蚀性的冷却剂以及更大辐射量的环境下运作，所有这些都对反应堆堆芯材料的要求更为严苛。

世界上任一种正在研究的新概念核反应堆的成功实现，都面临着同一个问题，即高性能材料的发展。在所有情况下，材料面临的挑战均来自于核燃料产生的高温、强烈的核辐射以及冷却剂稳定性等问题，因此，核燃料、包壳、结构材料、反应堆容器以及这些材料与冷却剂的相互作用，构成了 21 世纪新概念高效核反应堆的最大挑战。

27.3.1　裂变反应堆材料

裂变反应堆材料分为堆芯结构材料和堆芯外结构材料。美国能源部以及第四代核技术国际论坛已经发布了一份题为"第四代核能系统技术路线图"的报告，该报告确定了 6 种第四代核能系统的反应堆技术概念，分别是超临界水冷反应堆（SCWR）、钠冷快堆（SFR）、铅冷快堆（ＬＦＲ）、超高温气冷快堆（ＶＨＴＲ）、气冷快堆（ＧＦＲ）以及熔盐反应堆（MSR）。表 27-2 总结了这 6 种类型反应堆的基本特点及各主要部件可能采用的材料，表中还将现有的 2 种二代轻水反应堆——压水反应堆（ＰＷＲ）和沸水反应堆（BWR）纳入了比较范围。

表 27-2 6种类型反应堆的基本特点及各主要部件可能采用的材料

系统	冷却剂	压力/MPa	$(T_{in}/T_{out})/℃$	中子能谱 最高剂量/dpa	核燃料	包壳	结构材料 堆芯内	结构材料 堆芯外
压水反应堆(PWR)	水(单相)	16	290/320	热,约80	UO_2(或MOX)	锆合金	不锈钢、Ni基合金	不锈钢、Ni基合金
沸水反应堆(BWR)	水(双相)	7	280/288	热,约7	UO_2(或MOX)	锆合金	不锈钢、Ni基合金	不锈钢、Ni基合金
超临界水冷反应堆(SCWR)	超临界水	25	290/600	热,约30 快,约70	UO_2	F-M(12Cr,9Cr等)、Fe-35Ni-25Cr-0.3Ti、Incoloy800、ODS、Inconel 690、625 和 718	与包壳材料相同,加上低膨胀不锈钢	F-M、低合金钢
超高温气冷反应堆(VHTR)	氦	7	600/1000	热<20	UO_2、UCO	SiC 或 ZrC 覆层以及石墨	石墨、PyC、SiC、ZrC 容器:F-M	Ni 基超耐热合金:Ni-25Cr-20Fe-12.5W-0.05C、Ni-23Cr-18W-0.2C、热屏障 F-M、低合金钢
气冷快堆(GFR)	氦、超临界CO_2	7	450/850	快,80	MC	陶瓷	难熔金属与合金、陶瓷、ODS、容器:F-M	Ni 基超耐热合金:Ni-25Cr-20Fe-12.5W-0.05C、Ni-23Cr-18W-0.2C、热屏障 F-M
钠冷快堆(SFR)	钠	0.1	370/550	快,200	MOX、U-Pu-Zr、MC、或 MN	F-M 或 F-M ODS	管道:F-M 栅板:316SS	铁素体、奥氏体
铅冷快堆(LFR)	铅或铅-铋	0.1	600/800	快,150	MN	高硅 F-M、ODS、陶瓷、或难熔金属	高硅 F-M、ODS	高硅奥氏体、陶瓷、或难熔金属
熔盐反应堆(MSR)	熔盐(如FLiNaK)	0.1	700/1000	热,200	盐	—	陶瓷、难熔金属、高Mo、Ni基合金(如INOR-8)、石墨	高Mo、Ni基合金(典型的如INOR-8)

注:F-M,铁素体-马氏体不锈钢(典型的如Cr质量分数为9%~12%的不锈钢);ODS,氧化物弥散强化钢;MC,混合碳化物[(U,Pu)C];MN,混合氮化物[(U,Pu)N];MOX,混合氧化物[(U,Pu)O_2]。

裂变堆核电厂材料分为堆芯结构材料和堆芯外结构材料。堆芯处于很强的核辐射环境，对材料有特殊的核性能要求，还有各种严重的辐照效应，需要特别考虑；堆芯外结构材料与通用结构材料相同，主要考虑它在使用条件下的强度和腐蚀。只是涉及核安全的构件要求更为严格。本节只对堆芯结构材料作一概述。

堆芯结构材料主要有：①燃料组件用材料，包括燃料元件（棒）芯体（燃料）材料、燃料元件（棒）包壳材料、控制棒导向管材料和燃料组件的其他部件材料；②慢化剂材料；③冷却剂材料；④控制材料，包括控制棒芯体（中子吸收体）材料、控制棒包壳材料和液体控制材料；⑤反射层材料；⑥屏蔽材料；⑦反应堆容器材料。

27.3.2 聚变反应堆材料

聚变反应堆技术难度极大，普遍认为聚变反应堆材料是聚变技术的主要难点之一。

（1）聚变核燃料 它主要是氘和氚。

（2）氚增殖材料 指含有可与中子反应而生成氚、锂的陶瓷或合金。通过锂与中子反应生成氚。这种材料主要有 Al-Li 合金、陶瓷型的 Li_2O、偏铝酸锂（$LiAlO_2$）、偏锆酸锂（Li_2ZrO_3）等，还有液态锂铅合金 [Li-Pb，17%（原子）Li]、锂铍氟化物（FLiBe）熔盐等。氚增殖材料的基本要求是，有一定的氚增殖能力，化学稳定性好，与第一壁结构和冷却剂有好的相容性，氚回收容易，残留量低。

（3）中子倍增材料 指含有能产生（n，2n）和（n，3n）核反应的核素的材料。铍（Be）、铅（Pb）、铋（Bi）和锆（Zr）产生这种核反应的截面较大。含有这些元素的化合物或合金如 $Zr-Pb_2$、PbO 和 Pb-Bi 合金等都可以作为中子倍增材料。

（4）第一壁材料 第一壁是托卡马克聚变装置包容等离子体区和真空区的部件，又称面向等离子体部件，它与外围的氚增殖区结构紧密相连。第一壁经受很强的高能中子和聚变反应生成的高能氦的轰击，辐照效应很严重。第一壁材料主要包括第一壁表面覆盖材料，可以选择与等离子体相互作用性能好的材料，如铍、石墨、碳化硅，碳/碳复合材料、碳/碳化硅纤维强化复合材料。第一壁结构材料要在高温、高中子负荷下有合适的工作寿命，目前选用的有奥氏体不锈钢（AlSI 316、PCA）、铁素体不锈钢（HT9）、钒（V）、钛（Ti）、铌（Nb）、钼（Mo）等合金。第一壁材料还包括高热流材料、低活化材料等。

除上述材料，还有电绝缘材料、超导磁体芯线、磁体支撑部件、激光窗口材料、辐射屏蔽材料、冷却剂材料等，它们都有各自特有的要求。

27.3.3 新一代结构材料

先进反应堆堆芯所用到的结构材料，面临着前所未有的来自温度、辐射剂量和压力的要求。与当前的轻水反应堆相比，先进设计的共同特征是高温，还一个特点就是裂变中子所引发的剧烈撞击位移损伤，以 dpa（Displacements Per Atom 的缩写）为单位进行量化，1dpa 的损伤程度对应为材料中全部原子的位移。通过由原子扩散引起（利用特别设计的抗辐射材料，具有大量纳米级点缺陷复合中心）的自愈合过程，绝大多数位移损伤缺陷可以得到复合，进而使累积的辐射损伤维持在较低的水平。高温、大剂量的操作环境，对结构材料的强度、蠕变、蠕变疲劳以及低温下的断裂韧度提出了更高的要求。颗粒强化是增大材料在高温下强度的方法之一，但是辐射会改变物相的稳定性，许多用于强化的金属间物相都会变得不稳定，为此，氧化物弥散强化合金成为近来人们关注的热点，如纳米级的二氧化钛、氧化钇，这些氧化物在辐射状态下更加稳定，与铁素体马氏体合金相比，高温下的强度更高。有文章指出，使用这些合金将面临制造、脆化以及与环境之间的可能有害化学作用等挑战。作为绝大多数反应堆设计的首要安全结构，压力容器也同样需要强度更高的材料。

当由中温设计转向接近 1000℃ 的高温设计时，结构材料所面临的挑战就显得非常大了。与复杂高功率能源系统中大量用到低塑性材料的工程设计一样，中子位移损伤引起的性能退化是一大挑战。在气冷反应堆的极端操作温度下，石墨和陶瓷化合物是结构材料的首选材质。

（1）聚变第一壁结构材料 第一壁是聚变堆内距等离子体最近的部件。氘-氚反应产生的 14MeV 中子、电磁辐射和带电或中性粒子直接作用在第一壁表面，造成对第一壁的能量沉积、中子辐照损伤以及等离子体与第一壁的相互作用，发生溅射和侵蚀等损伤。第一壁材料应具备一定的抗中子辐照损伤能力，与冷却介质和包层材料的相容性好，保证材料在使用期内的结构完整性。

① 铁素体和马氏体不锈钢 铁素体和马氏体钢曾被认为不适用于磁约束装置，后来的研究表明，它们的铁磁性质对等离子体的约束不会有不良的影响。近来，在小型托卡马克装置 HT2 上的试验表明，铁素体钢中的感应磁场不会干扰等离子体的放电。最先考虑的是在快堆材料发展中研究过的含 Cr8%～12%（质量分数）的钢，如 HT9 [Cr12%（质量分数）、Mo0.5%（质量分数）]。接着是改进型合金，包括 Cr8%～9%（质量分数）、Mo1%～2%（质量分数）合金及其低活化型合金、如 Cr8%～9%（质量分数），W2%（质量分数）合金。目前更倾向于研究含 Cr8%～9%（质量分数）的合金。

当铁素体和马氏体钢使用至 $20MW \cdot a/m^2$ 的总壁负荷时，将累计产生 1.5% 的 H、2200×10^{-6} 的 He、25% 的 Mn（来自 Fe 的嬗变）和 0.4% 的 Re 和 Os（来自 W），它们将对材料的性质产生影响。尤其是 H 和 He 的影响更大。H 在高温的扩散系数较高，对材料的影响不大。但在温度低于 250～300℃辐照时，对力学性质的影响则需要仔细研究。He 对低温辐照脆性和肿胀的影响同样需要更多的实验研究。

② 钒合金 钒合金以优良的高温力学性质、抗辐照肿胀性能和低中子活化特性而受到关注。对钒合金的研究也是以快堆计划的工作为基础。研究集中在成分范围为 Cr 3%～7%（质量分数）Ti 3%～5%（质量分数）的固溶强化合金上。目前最有希望的合金是 V-4Cr-4Ti。钒合金很容易吸收间隙型杂质（如 C、N、H 和 O）而严重变脆。与不锈钢相比，尚缺少钒合金的工业生产经验和性能数据。

V-4Cr-4Ti 合金在 600℃、10000h 的断裂应力是 400 MPa，比

316 不锈钢和 HT9 钢（约为 120～130 MPa）高很多。

在含液态金属的包层系统中，为了降低磁流体动力学效应引起的压降，应在钒合金表面覆镀一层绝缘膜。正在研究的镀膜工艺包括氮化铝沉积膜和氧化钙自愈合膜等。后者利用含氧的钒合金同液态 Li 中的 Ca 发生反应生成 CaO。CaO 膜从 400℃以上冷却下来出现了微裂纹，在 360℃或 500℃重新加热 10h 或 1h 后裂纹自行愈合。膜在强磁场、中子和 γ 辐射作用下应能保持完整性和绝缘性，在氚的释放和渗透阻力方面应有好的性能。

③ 碳化硅纤维增强碳化硅复合材料　碳化硅纤维增强碳化硅（SiC/SiC）复合材料具有优良的高温性质。作为聚变堆第一壁结构材料，在以 He 作冷却介质的系统中运行于 800℃左右的高温下，将极大地提高能源系统的热效率。SiC 本身是一种固有的低中子活化材料，因此，比金属型结构材料具有安全、便于维护和放射性处理等方面的优势。

SiC/SiC 复合材料在聚变堆中的应用取决于纤维材料、基体材料和界面材料的辐照稳定性。

改善 SiC/SiC 复合材料辐照性能的方向是选择辐照稳定性好的纤维，如低氧含量的 Hi-Nicalon（氧含量＜0.5％）和化学计量成分的纤维 Nicalon-S（C/Si＝1.05）。目前使用的界面材料辐照稳定性差，新的界面材料可能是多孔性的多层 SiC。聚变中子在 SiC/SiC 复合材料中产生的嬗变产物，尤其是含大量氦时对性能的影响尚待研究。

（2）热离子燃料元件材料　热离子燃料元件材料主要包括发射极材料（或称包壳材料）、接收极材料和陶瓷绝缘材料。

① 钼及其合金化钼单晶　钼和钼合金熔点较高，高温强度较好，中子吸收截面小，热膨胀系数小，电阻率低，加工和焊接容易，被广泛用于早期热离子反应堆的研究阶段。目前用的钼合金有 TZM（Mo-0.5Ti-0.1Zr）、Mo-5％Re 和 Mo-41％Re 合金。

钼单晶和合金化钼单晶的高温强度高，高温蠕变速率比多晶合金低几个数量级，抗辐照肿胀能力大大改善，热离子燃料元件寿命成倍增加。

② 钨及其合金化钨单晶 钨熔点高、高温强度和高温蠕变强度比钼高、高温蒸气压低、热导性好、裸体功函数高、能抗碱金属和碱金属蒸气的腐蚀、与 UO_2 相容性好，是理想的发射电子材料和燃料元件包壳材料。钨的最大问题是其脆性，加工制造困难，可焊性差，抗热冲击能力差。钨中加入 Mo、Re 能改善钨的脆性、高温强度和可焊性。若改进生产工艺，并提高合金纯度，减少碳、氧含量，塑性可以提高。例如 W-25％Re- 30 ％ Mo 和 W-30％Re-30％Mo，延性-脆性转变温度可以低于 −70℃。然而一般生产的 W-Re-Mo 合金，它的延性-脆性转变温度仍在 100～300℃ 范围内。

钨的热导率比铜、铼及 316 不锈钢高。高温下钨的电阻率比铂要高。钨单晶和合金化钨单晶是理想的燃料包壳材料和发射电子材料，有高的功函数、高的蠕变强度和低的延性-脆性转变温度，这对提高热电转换性能和寿命是非常重要的。

③ 陶瓷绝缘材料 热离子燃料元件的陶瓷绝缘材料分为连接发射极与接收极的电绝缘陶瓷、固定接收极与发射极的定位陶瓷、接收极三层管和五层管中的电绝缘陶瓷三种。

热离子燃料元件对电绝缘陶瓷的要求是在辐照和铯蒸气条件下电绝缘性能好、耐 100～200V 电压、辐照肿胀小、热膨胀系数与金属相匹配、保证陶瓷与金属有良好的热接触，抗热冲击能力好。定位陶瓷要求辐照肿胀小，热膨胀系数小，导热性差。接收极三层管或五层管中电绝缘陶瓷要求有高的热导率，耐压性能好，辐照肿胀小。

在几种常用陶瓷（Al_2O_3、BeO、$MgAl_2O_4$、Y_2O_3、Sc_2O_3、AlN）中，BeO 陶瓷的导热性最好，抗热冲击能力最强，绝缘电阻也较高。其次是 AlN 和高纯 Al_2O_3。AlN 的热膨胀系数最小，与 Mo、W 相匹配。Al_2O_3、BeO、$MgAl_2O_4$ 尖晶石与 Nb 的热膨胀系数接近。通常，电绝缘陶瓷采用 Al_2O_3 单晶，定位陶瓷采用 Sc_2O_3。AlN 是一种有希望用在热离子燃料元件中的新型陶瓷。

27.3.4 核动力电池材料

核动力电池也称为"放射性同位素电池"。同位素在衰变过程中不断地放出具有热能的射线，这种同位素就称作"放射性同位素"。人们通过半导体换能器将这些射线的热能转变为电能，就制成了核电池。核电池在外形上与普通干电池相似，呈圆柱形。在圆柱的中心密封有放射性同位素源，其外面是热离子转换器或热电偶式的换能器。换能器的外层为防辐射的屏蔽层，最外面一层是金属筒外壳。核电池在衰变时放出的能量大小、速度，不受外界环境中的温度、化学反应、压力、电磁场等的影响。因此，它以抗干扰性强和工作准确可靠而著称，成为电池家族中的佼佼者。

同位素在自然衰变中能放出比一般物质大得多的能量，而且衰变时间很长，如 1g 镭在衰变中放出的能量比 1g 木柴在燃烧中放出的能量大 60 多万倍，其衰变时间长达 1 万年，工作寿命长。因此，核电池的能量大，体积小，可以长时间使用。因此可选用它做起搏器能源。

与太阳能电池电源相比，核电源适应环境能力强，适用于某些军用卫星和行星探测器。由于卫星坠毁时会对大气和地球造成污染，核电源的使用受到安全上的限制。卫星用的核电源有两类：放射性同位素温差发电器和核反应堆电源。前者功率较小，为几十至几百瓦；后者功率较大，可达数千瓦至数十千瓦。以钚 238 放射性同位素作热源的同位素温差发电器，曾用于"子午仪"号导航卫星、"林肯"号试验卫星和"雨云"号卫星；前苏联在 1967～1982 年共发射了 24 颗核动力卫星，都属于海洋监视卫星。在外行星探测中，由于空间探测器远离太阳，难以利用太阳能电池发电，必须采用核电源。

核电源工作寿命长，性能可靠，能提供较大的功率。核能电池通常被应用在军事或航空航天技术上，不过通常体积较大。现在美国密苏里大学的研究小组对外宣称，外观仅有硬币大小，使用寿命可达普通电池 100 万倍的微型"核电池"已经被研发出来。据悉，他们通过利用微型和纳米级系统开发出了一种超微型电源设备，这种设备通过放射性物质的衰变，释放出带电粒子，从而获得持续电流。该研究小组称，虽然在很久之前核电池就已经应用在航天领域，但是在因为大小的限制，在地球上核电池的应用还很少。大多数核电池通过固态半导体截获带电粒子，因为粒子的能量非常高，所以半导体随着时间的推移将受到损伤，为了能让电池长期使用，核电池被制造的非常大。该团队开发出的微型"核电池"使用某种液态半导体，在带电粒子通过时并不会对半导体造成损伤，所以他们得以进一步小型化电池。此次微型核电池的成功研制，无疑推动了核动力的普及，不久的将来也许就会出现核动力笔记本、核动力台式机。目前还只是特殊领域使用这种电池。

27.3.5 核废料处理材料

未来的第四代反应堆拥有更高的效率和更高的运转温度，能够有效回收利用嬗变所产生的"次锕系核素"（镎、镅、锔），从而减少长寿命废料的数量。然而，必须处置的废物将永远存在，并且对于日益增加的全球核能利用来说，一个重要内容就是要找到可以有效固化核废料的可靠材料，或者是用于临时贮藏或者是用作深埋地底的基体。当前的国际研究计划正在研究用硼硅酸盐玻璃和经特殊设计的复杂陶瓷长期储存放射性废料的有关材料科学问题。对于现有核能系统和提议的未来第四代反应堆系统，不同潜在废料形态的强致电离辐射场、各种各样的化学活性以及废料的时间性化学变化与放射性衰变对材料科学提出了挑战，研究人员正在借助各种先进的实验和建模仿真工具寻找解决方案。总之，设想的第四代核反应堆系统拥有更高的运转温度和置换损害等级，一些新型冷却系统的潜在利用可能会引入新的化学兼容性问题，可循环燃料的利用也提出了新的化学挑战，这就要求材料性能必须有显著的提升，以达到预期的性能、经济性、可靠性。日益扩展的全球核能系统所面临的关键材料挑战主要集中在以下方面：结构和覆层材料；石墨和陶瓷应用的具体挑战；环境退化和建模的一般性问题；燃料；废料封隔材料。对于其中的一些话题，相关研究有望在数年内解决，但对于大部分来说都将需要数十年。因此，要实现裂变能的应用前景，需要在先进核能系统材料方面开展持续的研究，包括基础研究和应用研究。

参 考 文 献

[1]　江东亮, 李龙土, 欧阳世翕等. 中国材料工程大典 (第 8 卷) [M]. 北京：化学工业出版社, 2006.

[2]　江东亮, 李龙土, 欧阳世翕等. 中国材料工程大典 (第 9 卷) [M]. 北京：化学工业出版社, 2006.

[3]　益小苏, 杜善义, 张立同. 中国材料工程大典 (第 10 卷) [M]. 北京：化学工业出版社, 2006.

[4]　王占国, 陈立泉, 屠海令. 中国材料工程大典 (第 13 卷) [M]. 北京：化学工业出版社, 2006.

[5]　徐滨士, 刘世参. 中国材料工程大典 (第 17 卷) [M]. 北京：化学工业出版社, 2006.

[6]　贺蕴秋, 王德平, 徐振平. 无机材料物理化学 [M]. 北京：化学工业出版社, 2005.

[7]　樊先平, 洪樟连, 翁文剑. 无机非金属材料科学基础 [M]. 杭州：浙江大学出版社, 1996.

[8]　蒋国昌, 郑少波, 张晓兵等. 钢铁冶金及材料制备新技术 [M]. 北京：冶金工业出版社, 2006.

[9]　国家自然科学基金委员会工程与材料科学部. 无机非金属材料科学 [M]. 北京：科学出版社, 2006.

[10]　崔春翔. 材料合成与制备 [M]. 上海：华东理工大学出版社, 2010.

[11]　陈敬中. 现代晶体化学-理论与方法 [M]. 北京：高等教育出版社, 2001.

[12]　陆佩文. 无机材料科学基础 [M]. 武汉：武汉工业大学出版社, 1996.

[13]　浙江大学. 硅酸盐物理化学 [M]. 北京：中国建筑工业出版社, 1980.

[14]　叶瑞伦. 无机材料物理化学 [M]. 北京：中国建筑工业出版社, 1986.

[15]　李宗全, 陈湘明. 材料结构与性能 [M]. 杭州：浙江大学出版社, 2001.

[16]　曾人杰. 无机材料化学 [M]. 厦门：厦门大学出版社, 2001.

[17]　高瑞平. 先进陶瓷物理与化学原理及技术 [M]. 北京：科学出版社, 2001.

[18]　刘光华. 现代材料化学 [M]. 上海：上海科学技术出版社, 2000.

[19]　饶东生. 硅酸盐物理化学 [M]. 北京：冶金工业出版社, 1980.

[20]　冯端, 师昌绪, 刘治国. 材料科学导论 [M]. 北京：化学工业出版社, 2002.

[21]　姜兆华. 应用表面化学与技术 [M]. 哈尔滨：哈尔滨工业大学出版社, 2000.

[22]　郑燕青, 施尔畏, 李汉军等. 晶体生长理论研究现状与发展 [J]. 无机材料学报, 1999, 14 (3)：321-332.

[23]　张勇, 王友法, 闫玉华. 水热法在低维人工晶体生长中的应用与发展 [J]. 硅酸盐通报, 2002, 3：22-26.

[24]　刘祖武. 现代无机合成 [M]. 北京：化学工业出版社, 2001.

[25] 王湛，刘淑萍，王淑梅. 膜分离技术基础 [M]. 北京：化学工业出版社，2001.

[26] 刘家祺. 分离过程 [M]. 北京：化学工业出版社，2002.

[27] 王常珍. 冶金物理化学研究方法 [M]. 北京：冶金工业出版社，2002.

[28] 周立雪，周波. 传质与分离技术 [M]. 北京：化学工业出版社，2002.

[29] 刘茉娥. 膜分离技术 [M]. 北京：化学工业出版社，2000.

[30] 张明月，廖列文. 新型膜分离技术及其在化工行业中的应用 [J]. 广西化工，2002，31（2）：20-23.

[31] 彭英才. Ⅲ族氮化物半导体的气相外延生长及其热力学分析（1）[J]. 半导体杂志，1999，24（1）：19-24.

[32] 张延安，赫冀成. 自蔓延高温合成研究动态 [J]. 中国有色金属学报，1998（8增刊2）：272-276.

[33] 韩杰才，王华彬，杜善义. 自蔓延高温合成的理论与研究方法 [J]. 材料科学与工程，1997，15（2）：20-26.

[34] 江国健，庄汉锐，李文兰等. 自蔓延高温合成-材料制备新方法 [J]. 化学进展，1998，10（3）：327-332.

[35] 崔洪芝，李惠琪，毕勇. 自蔓延高温合成技术在表面冶金强化中的研究与应用 [J]. 机械工程材料，1996，20（4）：23-25.

[36] 李光福，韩杰才，吴忍耕. 耐高温材料的自蔓延高温合成法研究进展 [J]. 宇航材料工艺，1995（3）：1-10.

[37] 顾建忠. 自蔓延高温合成工艺及其应用 [J]. 特殊钢，1994，15（3）：6-12.

[38] 吴新建. 自蔓延高温合成（SHS）材料制备方法综述 [J]. 福建教育学院学报. 2000，（1）：54-58.

[39] 蔡杰编译. 自蔓延高温合成法在陶瓷领域的应用 [J]. 世界科学，1996（7）：36-37.

[40] 严新炎，孙国雄，张树格. 材料合成新技术-自蔓延高温合成 [J]. 材料科学与工程，1994，12（4）：11-17.

[41] 龙立煜，宋敬埔. 动高压合成技术与应用 [J]. 新技术新工艺，1996（4）：22-23.

[42] 张刚生. 生物矿物材料及仿生材料工程 [J]. 矿产与地质，2002（2）：98-102.

[43] 王一平，朱丽，李桦等. 仿生合成技术及其应用研究 [J]. 化学工业与工程，2001，18（5）：272-278.

[44] 毛传斌，李恒德，崔福斋等. 无机材料的仿生合成 [J]. 化学进展，1998，10（3）：176-254.

[45] 王文魁，景勤，刘日平等. 微重力材料科学进展 [J]. 燕山大学学报，1998，22（1）：4-12.

[46] 金蔚青，刘照华，潘志雷. 微重力条件下晶体生长的实验研究 [J]. 无机材料学报，1999，14（2）：218-222.

[47] 陈万春. 空间微重力晶体生长研究 [J]. 硅酸盐学报, 1995, 23 (4): 420-429.

[48] 徐岳生, 李养贤, 刘彩池等. 砷化镓单晶的等效微重力生长 [J]. 功能材料与器件学报, 2000, 6 (4): 309-311.

[49] 王景涛. 微重力实验环境 [J]. 物理, 1998, 27 (7): 392-398.

[50] 王德宪, 李淑静. 微重力环境下玻璃的熔化技术 [J]. 玻璃, 2001 (2): 15-17.

[51] 赵晓曦, 邓先和, 潘朝群等. 超重力技术及其在环保中的应用 [J]. 化工环保, 2002, 22 (3): 142-146.

[52] 陈建峰, 邹海魁, 刘润静等. 超重力反应沉淀法合成纳米材料及其应用 [J]. 现代化工, 2001, 21 (9): 9-12.

[53] 王玉红, 郭锴, 陈建峰等. 超重力技术及其应用 [J]. 金属矿山, 1999 (4): 25-29.

[54] 苏毅, 胡亮, 刘谋盛. 无机膜的特性、制造及应用 [J]. 化学世界, 2001, 11: 604-607.

[55] 刘阳, 曾芝芳, 陈虎等. 无机膜的研究进展及应用 [J]. 中国陶瓷工业, 2000, 7 (4): 25-30.

[56] 熊家林, 京长生, 张克立. 无机精细化学品的制备和应用 [M]. 北京: 化学工业出版社, 1999.

[57] 王世敏, 许祖勋, 傅晶. 纳米材料制备和纳米结构 [M]. 北京: 科学出版社, 2001.

[58] 王荣国, 武卫莉, 谷万里. 复合材料概论 [M]. 哈尔滨: 哈尔滨工业大学出版社, 2001.

[59] 周玉. 陶瓷材料学 [M]. 第2版. 北京: 科学出版社, 2004.

[60] 曹茂盛, 徐群, 杨郦等. 材料合成与制备方法 [M]. 哈尔滨: 哈尔滨工业大学出版社, 2001.

[61] 张联盟, 程晓敏, 陈文. 材料学 [M]. 北京: 高等教育出版社, 2005.

[62] 郭瑞松, 蔡舒, 季惠明等. 工程结构陶瓷 [M]. 天津: 天津大学出版社, 2002.

[63] 樊新民, 张骋, 蒋丹宇. 工程陶瓷及其应用 [M]. 北京: 机械工业出版社, 2006.

[64] 徐廷献等. 电子陶瓷材料 [M]. 天津: 天津大学出版社, 1993.

[65] 邱关明. 新型陶瓷 [M]. 北京: 兵器工业出版社, 1996.

[66] 宁聪琴, 周玉, 雷廷权等. 纯钛表面 HA/BG 复合生物陶瓷涂层的组织结构研究 [J]. 2000, 8 (3): 30-33.

[67] 吴庆锟等. 现代无机合成与制备化学 [M]. 北京: 化学工业出版社, 2010.

[68] 朱宏伟, 吴德海, 徐才录. 碳纳米管 [M]. 北京: 机械工业出版社, 2003.

[69] 张立德, 牟季美. 纳米材料和纳米结构 [M]. 北京: 中国石化出版社, 2001.

[70] 朱杰, 王福明, 王习东. 国外纳米材料技术进展与应用 [M]. 北京: 化学工业出版社, 2002.

[71] 王永康, 王立. 纳米材料科学与技术 [M]. 杭州: 浙江工业大学出版社, 2002.

[72] 刘吉平，郝向阳. 纳米科学与技术 [M]. 北京：科学出版社，2002.

[73] 张志焜，崔作林. 纳米技术与纳米材料 [M]. 北京：国防工业出版社，2000.

[74] 黄德欢. 纳米科技与应用 [M]. 上海：中国纺织大学出版社，2001.

[75] 王克军. 国外低温温度传感器的研制现状 [J]. 低温工程. 2002，(5)：49-54.

[76] 冯守华，徐如人. 无机合成与制备化学研究进展 [J]. 化学进展. 2000，12 (4)：445-457.

[77] 余炎译，陈敏校. 信息时代的材料学 [J]. 国外科技动态，1997，12：12-16.

[78] 杨久俊，吴科如. 材料学前沿研究现状及发展趋势 [J]. 郑州大学学报，2000，32 (3)：82-91.

[79] 李辰砂，刘海涛，邱成军等. 碳纳米管应用于聚合物抗静电纤维的研究 [J]. 高技术通讯，2002，12：39-44.

[80] 曹茂盛，刘海涛，李辰砂等. 碳纳米管的表面处理技术的研究 [J]. 中国表面工程，2002，4：32-36.

[81] 徐叙瑢，苏勉曾. 发光学与发光材料 [M]. 北京：化学工业出版社，2004.

[82] 刘志平，胡社军，黄慧民等. 发光材料特征及其制备方法 [J]. 当代化工，2008，37 (5)：540-543.

[83] 史新宇，孙元平，李剑平等. 掺杂硫化锌的制备与光学特性的研究 [J]. 硅谷，2009，(15)：5-6.

[84] 新梅，曹望和. 水热法制备 ZnS：Cu，Al 纳米 X 射线发光粉及其光谱特性 [J]. 高等学校化学学报，2010，31 (4)：644-648.

[85] 程伟青，刘迪，严拯宇等. CdS 纳米粒子的微波法制备及其光谱特性研究 [J]. 光谱学与光谱分析，2008，28 (6)：1348-1352.

[86] 慈勇，郑修麟. ZnS 的不同制备方法及性能的对比 [J]. 材料导报，1995，9 (4)：35-38.

[87] 邓意达，贺跃辉，唐建成等. ZnS 光电材料制备技术的研究进展 [J]. 材料导报，2002，16 (5)：49-51.

[88] 张韵慧，李磊. ZnS：Cu 纳米微粒的制备及其光学性能 [J]. 天津大学学报（英文版），2002，8 (3)：152-155.

[89] 菅文平，张大巍，王凌凌等. 微波辅助合成发光可调 ZnS：Cu 纳米晶 [J]. 高等学校化学学报，2006，27 (12)：2340-2343.

[90] 何志毅，王永生，孙力等. (Ca，Sr) S：Eu，Sm 的光激励发光和电子俘获机理的研究 [J]. 光电子. 激光，2003，14 (7)：729-732.

[91] 张琳，王永生，孙力等. Mn 掺杂的碱土金属硫化物红外光激励发光及光存储性能的比较 [J]. 光谱学与光谱分析，2005，25 (9)：1385-1387.

[92] 黄丽清，赵军武. 电子俘获材料 CaS：Eu，Sm 红外上转换光衰减特性的研究 [J]. 红外与毫米波学报，2002，21 (3)：225-228.

[93] 陆春华，胡洁，许仲梓等. 稀土掺杂碱土金属硫化物红外上转换材料的研究

[J]. 材料导报，2008，22（6）：6-12.

[94] 范文慧，王永昌. 一类电子俘获型红外可激发材料的制备和光学性质 [J]. 光子学报，1997，26（9）：803-807.

[95] 倪海勇，黄奇书，傅汉青等. 中国稀土蓄光材料产业现状 [J]. 稀土，2007，28（4）：99-102.

[96] 李群，滕晓明，庄卫东等. 稀土长余辉发光材料的研究现状和发展趋势 [J]. 稀土，2005，26（4）：62-67.

[97] 李家成，赵彦钊. 铝酸盐长余辉蓄光材料的研究与制备 [J]. 河北陶瓷，2000，28（2）：25-28.

[98] 李家成，周忠慎. 新型蓄光材料掺铕铝酸锶制备进展 [J]. 陶瓷工程，2000，34（1）：43-45.

[99] 闫武钊，林林，陈永虎等. Mn^{4+} 掺杂的新型铝酸盐红色长余辉材料 [J]. 发光学报，2008，29（1）：114-117.

[100] 张勤勇，蒋洪川，张永强等. H_3BO_3 添加量对 $SrAl_2O_4$：Eu^{2+}，Dy^{3+} 蓄光性能的影响 [J]. 四川师范大学学报（自然科学版），2005，28（3）：344-346.

[101] 常素玲，曹立新，高英俊等. 掺杂硼对铝酸锶体系长余辉材料制备及发光性能影响的研究进展 [J]. 有色金属，2007，59（4）：63-66.

[102] 欧得华，黄慧民，邓淑华等. 长余辉发光材料研究进展 [J]. 稀有金属快报，2005，24（6）：6-12.

[103] 梁敏，梁振华，彭桂花等. 沉淀-燃烧法合成 $SrAl_2O_4$：Eu^{2+}，Dy^{3+} 长余辉材料 [J]. 材料导报专辑，2009，23（2）：134-136.

[104] 王育华，王雷，张水合等. 蓝色长余辉材料 $CaAl_2O_4$：Eu^{2+}，Dy^{3+} 的合成及其发光性能 [J]. 高等学校化学学报，2005，26（11）：1990-1993.

[105] 王爱银. 长余辉发光材料的常规制备方法综述 [J]. 长江大学学报（自然科学版）理工卷，2010，7（1）：163-164.

[106] 胡劲，孙家林，刘建良. Eu，Dy 共掺杂 $SrAl_2O_4$ 长余辉材料制备新工艺 [J]. 发光学报，2006，27（2）：179-181.

[107] 夏威，雷明凯，罗昔贤等. 宽激发带稀土激活碱土金属硅酸盐发光材料特性研究 [J]. 光谱学与光谱分析，2008，28（1）：41-46.

[108] 陈永虎，程学瑞，戚泽明等. 白色长余辉材料 $Ca_xMgSi_2O_{5+x}$：Dy^{3+} 系列的发光性能 [J]. 发光学报，2008，29（1）：119-122.

[109] 李志华，刘倩. Zn_2SiO_4：Mn 的水热法制备 [J]. 山东师范大学学报（自然科学版），2010，25（1）：82-84.

[110] 周永强，刘海涛，吴磊等. 溶胶-凝胶法制备 $Ca_2MgSi_2O_7$：Eu^{2+}，Dy^{3+} 发光粉 [J]. 稀有金属材料与工程，2008，37（1 增刊2）：337-339.

[111] 沈凤雷. 溶胶-凝胶法制备 $Sr_2MgSi_2O_7$：Eu 发光材料及其性能研究 [J]. 稀土，2009，30（4）：92-94.

[112] 蔡进军，王忆，潘欢欢等. 溶胶-凝胶法制备绿色发光粉 Zn_2SiO_4：Mn^{2+} 及其发光性能 [J]. 发光学报，2010，31 (1)：75-77.

[113] 谢晶，万辉，张俊英等. 不同制备条件对 Zn_2SiO_4：Mn^{2+} 粉末发光性能的影响 [J]. 发光学报，2008，29 (6)：973-977.

[114] 武巧莉，张娜等. H_3BO_3 对 Zn_2SiO_4：Mn 绿色荧光粉性能的影响 [J]. 硅酸盐学报，2008，36 (11)：1660-1664.

[115] 王进贤，刘莉，董相等. Gd_2O_3：Yb^{3+}，Er^{3+} 上转换纳米纤维的制备与表征 [J]. 红外与毫米波学报，2010，29 (1)：10-14.

[116] 王殿元，郭艳艳，吴杏华等. YAG：Nd 双波长激发上转换发光特性研究 [J]. 九江学院学报，2008，(6)：4-5.

[117] 王伟华，德格吉呼，宝贵等. YF_3：Yb^{3+}，Er^{3+} 纳米簇的蓝绿色上转换发光 [J]. 内蒙古师范大学学报（自然科学汉文版），2009，38 (6)：699-701.

[118] 张俊文，谭宁会，刘应亮. 沉淀法合成纳米晶上转换发光材料 Y_2O_2S：Yb，Er [J]. 无机化学学报，2010，26 (2)：229-232.

[119] 董相廷，刘莉，王进贤等. Y_2O_3：Er^{3+} 上转换纳米纤维的制备与性质研究 [J]. 人工晶体学报，2009，38 (6)：1358-1363.

[120] 何捍卫，周科朝，熊翔. 红外-可见光的上转换材料研究进展 [J]. 中国稀土学报，2003，21 (2)：123-127.

[121] 张文征，张羽天. 载银抗菌材料研究与开发 [J]. 化工新型材料，1997 (7)：20-22.

[122] 魏大巧，唐颖蕾，刘丽等. 新型无机抗菌材料的研究进展 [J]. 材料导报，2008 (3)：11-14.

[123] 张梅，杨绪杰，陆路德，汪信. 纳米 TiO_2——一种性能优良的光催化剂 [J]. 化工新型材料，2000，28，(4)：11-13.

[124] 陆春华，倪亚茹，许仲梓等. 无机抗菌材料及其抗菌机理 [J]. 南京工业大学学报，2003，25 (1)：107-110.

[125] 童忠良. 无机抗菌新材料与技术 [M]. 北京：化学工业出版社，2006.

[126] 金宗哲. 无机抗菌材料及应用 [M]. 北京：化学工业出版社，2004.

[127] 李毕忠. 国内外抗菌材料及其应用技术的产业发展现状和面临的挑战 [J]. 中国建材科技，2001，(6)：6-8.

[128] 魏丽乔，戎文华. 纳米抗菌塑料制备工艺的研究 [J]. 工程塑料应用，2003 (5)：18-20.

[129] 卢晓东，王庆昭，吴进喜等. 新型纳米抗菌材料的研究进展 [J]. 化工文摘，2008 (4)：53-55.

[130] 吉向飞，李玉平. 抗菌剂及抗菌材料的发展和应用 [J]. 太原理工大学学报 2003 (1)：11-15.

[131] 唐晓宁，谢刚，张彬. 无机粉体抗菌材料的研究进展 [J]. 功能材料，2004

（增刊 35）：2518-2521.

[132] 梁慧锋. 纳米抗菌材料的杀菌作用 [J]. 科技创新导报，2009 (33)：99.

[133] 孙剑，乔学亮，陈建国. 无机抗菌剂的研究进展 [J]. 材料导报，2007 (5)：344-348.

[134] 王旭，陆洪彬，吕建强等. 新型无机抗菌材料的研制 [J]. 常熟理工学院学报，2008，(2)：68-71.

[135] 李一凌. 纳米抗菌材料应用研究进展 [J]. 科技创新导报，2009，93 (3)：1.

[136] 王小健，乔学亮，陈建国等. 无机抗菌剂的研究现状及发展趋势 [J]. 陶瓷学报，2003，24 (4)：239-244.

[137] 韩秀秀，何文，田修营等. 银系无机抗菌材料抗菌机理及应用 [J]. 山东轻工业学院学报，2010，24 (1)：25-27.

[138] 李毕忠. 抗菌塑料的发展和应用 [J]. 化工新型材料，2000，28 (6)：8-10.

[139] 陈庆龄. 新型催化材料的开发动向与新进展：上 [J]. 化工进展，1990 (2)：18-24.

[140] 陈庆龄. 新型催化材料的开发动向与新进展：下 [J]. 化工进展，1990 (3)：5-9.

[141] 胡瑞生，包莫日根高娃，徐娜等. 新型催化材料 Sr_2FeMoO_6 的葡萄糖溶胶-凝胶法合成及甲烷催化燃烧性能 [J]. 化工学报，2008，59 (6)：1418-1424.

[142] 孙锦宜. 催化剂材料的研究动向 [J]. 化学工业与工程技术，1996，17 (1)：47-50.

[143] 颜世博，张成亮，郑传柯. 光催化材料的发展概论 [J]. 山东陶瓷，2008，31 (5)：28-33.

[144] 马育栋. 新型纳米光催化材料的研究进展 [J]. 济宁学院学报，2008，29 (3)：18-20.

[145] 郭光美，丁士文，李景印. 可见光响应光催化材料研究进展 [J]. 河北化工，2004 (5)：6-9.

[146] 黄柏标，王泽岩，王朋等. 光催化材料微结构调控的研究 [J]. 中国材料进展，2010，(1)：25-33.

[147] 胡张雁. 新型催化剂在精细化工过程中的应用 [J]. 化学工程与装备，2010 (1)：153-154.

[148] 闫世成，罗文俊，李朝升等. 新型光催化材料探索和研究进展 [J]. 中国材料进展，2010 (1)：1-9，53.

[149] 李英实，陈宏德. 负载型汽车尾气催化剂简介 [J]. 环境科学进展，1999，7 (3)：52-61.

[150] 夏耀勤，王敬生. 汽车尾气催化剂的应用和展望 [J]. 汽车工艺与材料，2000 (1)：27-30.

[151] 邹向荣，翁端. 汽车尾气净化催化剂研究进展－催化剂材料与性能 [J]. 材料

导报，1997，11（4）：22-24.

[152] 薛淑维. 汽车尾气催化净化综述 [J]. 电器工厂设计，2000（1）：25-35.

[153] 朱保伟，陈宏德，田群. 汽车尾气催化剂的发展 [J]. 中国环保产业，2003
（7）：35-38.

[154] 张存满，吴建国，徐政. 固体碱性催化剂材料的研究进展 [J]. 材料导报，
2005，19（8）：1-4.

[155] 闫冬霞，田群，陈宏德. 全钯汽车尾气催化剂 [J]. 中国环保产业，2002
（10）：28-30.

[156] 曹茂盛，刘海涛，陈玉金等. 相转移法制备 $\gamma'-Fe_4N$ 纳米粒子的合成过程及生
长机制 [J]. 中国科学（E辑），2002. 32（6）：740-746.

[157] 曹茂盛，刘海涛，陈玉金等. 气液反应法合成包覆型纳米铁粒子 [J]. 功能材
料，2003，34（2）：146-150.

[158] 曹茂盛，刘海涛，张铁夫等. 双峰相应结构型吸波材料动/静态力学性能研究
[J]. 材料工程，2002，10：26-28.

[159] 丁跃浇，张万奎. 电动汽车动力电池及其充电技术 [J]. 湖南理工学院学报
（自然科学版），2008，21（3）：59-61.

[160] 蒋利军，张向军，刘晓鹏等. 新能源材料的研究进展 [J]. 中国材料进展，
2009，28（7～8）：50-55.

[161] 任志国，冉龙国. 磷酸铁锂电池材料研究进展 [J]. 船电技术，2009，29
（11）：31-34.

[162] 北京麦肯桥资讯有限公司. 磷酸铁锂渐成锂离子电池材料发展主流 [J]. 新材
料产业，2008，（11）：70-72.

[163] 赵灵智，汝强. 锂离子电池材料的研究现状 [J]. 广州化工，2009，37（4）：
3-4.

[164] 段文升，朱继平，郭超等. Mg 掺杂对锂离子电池材料 $Li_4Ti_5O_{12}$ 性能的影响
[J]. 合肥工业大学学报（自然科学版），2009，32（7）：996-999.

[165] 杨改，应皆荣，高剑等. 钒的聚阴离子型锂离子电池材料研究进展 [J]. 稀有
金属材料与工程，2008，37（5）：936-939.

[166] 任慢慢，周震，高学平等. 核壳结构的锂离子电池材料 [J]. 化学进展，2008，
20（5）：771-777.

[167] 孔凡太，戴松元. 染料敏化太阳电池研究进展 [J]. 化学进展，2006，18
（11）：1409-1421.

[168] 许元妹，方晓明，张正国. 纳米晶 TiO_2 在染料敏化太阳电池中的应用 [J]. 华
南理工大学学报（自然科学版），2010，38（4）：87-91.

[169] 章诗，王小平，王丽军等. 薄膜太阳能电池的研究进展 [J]. 材料导报，2010，
24（5）：126-130.

[170] 刘应亮，丁红. 长余辉发光材料研究进展 [J]. 无机化学学报，2001，17（2）：

181-186.

[171] 罗昔贤, 于晶杰, 林广旭等. 长余辉发光材料研究进展 [J]. 发光学报, 2002, 23 (5): 497-505.

[172] 孙家跃, 夏志国, 杜海燕. 稀土红色长余辉发光材料研究进展 [J]. 中国稀土学报, 2005, 23 (3): 257-264.

[173] 肖志国. 蓄光型发光材料及其制品 [M]. 北京: 化学工业出版社, 2002.

[174] 孙国忠, 赵家林, 刘海涛等. 溶胶-凝胶法制备 SiO_2 玻璃. 化工时刊, 1999, 4: 20-22.

[175] 孙凌灵. 可控合成上转换微米-纳米材料及其表征 [D]. 长春理工大学, 2009.

[176] 李林刚. 硫化物半导体纳米材料的制备及光催化性质研究 [D]. 暨南大学, 2006.

[177] 郑林林. CdS 纳米结构的制备研究 [D]. 太原理工大学, 2008.

[178] 钱留琴. CdS 及其掺杂纳米结构的制备与表征 [D]. 浙江理工大学, 2009.

[179] 张丽. 硅酸盐长余辉材料的制备及研究 [D]. 南昌大学, 2007.

[180] 高积强, 杨建锋, 王红洁. 无机非金属材料制备方法 [M]. 西安: 西安交通大学出版社, 2009.

[181] 刘韩星, 欧阳世翕. 无机材料微波固相合成方法与原理 [M]. 北京: 科学出版社, 2006.

[182] 黄健, 姜山, 万勇等. 核能材料面临的机遇和挑战 [J]. 新材料产业, 2009, 7: 57-60.

[183] 马如飞, 李铁虎, 赵廷凯等. 碳纳米管应用研究进展 [J]. 碳素技术, 2009, 28 (3): 35-39.

[184] 李圣华. 低碳经济时代碳素制品工业的发展机遇 [J]. 碳素技术, 2010, 29 (3): 51-54.

[185] 成会明. 新型碳材料的发展趋势 [J]. 材料导报, 1998, 12 (1): 5-9.

[186] 关长斌, 郭英奎, 赵玉成. 陶瓷材料导论 [M]. 哈尔滨: 哈尔滨工程大学出版社, 2005.

[187] 刘万生, 廖桂华, 王传辉等. 无机非金属材料概论 [M]. 武汉: 武汉工业大学出版社, 1996.

[188] 何贤昶. 陶瓷材料概论 [M]. 上海: 上海科学普及出版社, 2005.

[189] 曲远方. 功能陶瓷及应用 [M]. 北京: 化学工业出版社, 2003.

[190] 西北轻工业学院等. 陶瓷工艺学 [M]. 北京: 轻工业出版社, 1983.

[191] 李世普. 特种陶瓷工艺学 [M]. 武汉: 武汉工业大学出版社, 1999.

[192] 季君晖, 史维明. 抗菌材料 [M]. 北京: 化学工业出版社, 2003.

[193] 宁桂玲, 仲剑初. 高等无机合成 [M]. 上海: 华东理工大学出版社, 2007.

[194] 李建保, 李敬锋. 新能源材料及其应用技术 [M]. 北京: 清华大学出版社, 2005.

[195] 徐如人，庞文琴，霍启升. 无机合成与制备化学：上、下 [M]. 北京：高等教育出版社，2009.

[196] 施尔畏，陈之战，元如林等. 水热结晶学 [M]. 北京：科学出版社，2004.

[197] 张中太，张俊英. 无机光致发光材料及应用 [M]. 北京：化学工业出版社，2005.

[198] 孙家跃，杜海燕，胡文祥. 固体发光材料 [M]. 北京：化学工业出版社，2003.

[199] 张玉龙，唐磊. 人工晶体 [M]. 北京：化学工业出版社，2005.

[200] [英] 安德里亚·卡罗·费拉里，约翰·罗伯逊. 碳材料的拉曼光谱 [M]. 谭平恒等译. 北京：化学工业出版社，2007.

[201] 郑伟涛等. 薄膜材料与薄膜技术 [M]. 第 2 版. 北京：化学工业出版社，2008.

[202] 雷永泉，万群，石永康. 新能源材料 [M]. 天津：天津大学出版社，2000.

[203] 刘培生. 多孔材料引论 [M]. 北京：清华大学出版社，2004.

[204] 陈水. 多孔材料制备与表征 [M]. 合肥：中国科学技术大学出版社，2010.

[205] Lorna J. Gibson Michael F. Ashby. 多孔固体结构与性能 [M]. 刘培生译. 北京：清华大学出版社，2003.

[206] 刘海涛，杨郦，张树军等. 无机材料合成 [M]. 北京：化学工业出版社，2003.

[207] 李凤生，杨毅，马振叶等. 纳米功能复合材料及应用 [M]. 北京：国防工业出版社，2003.

[208] 肖志国. 蓄光型发光材料及其制品 [M]. 北京：化学工业出版社，2002.

[209] 邢丽英等. 隐身材料 [M]. 北京：化学工业出版社，2004.

[210] 李凤生，刘宏英，刘雪东等. 微纳米粉体制备与改性设备 [M]. 北京：国防工业出版社，2004.

[211] 杨华明. 无机功能材料 [M]. 北京：化学工业出版社，2007.

[212] 林海波，刘海涛，王富耻等. 溶胶-水热法合成 PZT 纳米粉体及性能研究 [J]. 北京航空航天大学学报，2007，33（7）：856-859.

[213] 张德庆，刘海涛，曹茂盛. 钕掺杂锆钛酸铅纳米粉体的溶胶-凝胶法合成研究 [J]. 功能材料，2006，37（8）：1213-1215.

[214] 李辰砂，曹茂盛，胡晓清等. 碳纳米管粉体的高温石墨化处理 [J]. 航空制造技术，2003（3）：37-39.

[215] 刘红梅，张德庆，林海波等. 溶胶-凝胶法制备纳米 PZT 粉体及结构表征 [J]. 材料工程，2006，3：52-54.

[216] Liu Haitao, Wang Xiaohui, Li Longtu. Sol-gel synthesis and characterization of finecrystalline (Bio. 5Na0. 5) TiO$_3$ powders from the poly vinyl alcohol evaporation route [J]. Journal of Physics：Conference Series，2009（188）：012058.

[217] Liu Haitao, Cao Maosheng, Zhu Jing. Design of Functionally Graded Materials towards RAM and their Microwave Reflectivity [J]. Materials Science Forum. 2003, 423-425: 427-430.

[218] Cao Maosheng, Yuan Jie, Liu Haitao, et al. A simulation of the quasi-standing wave and generalized half-wave loss of electromagnetic wave in non-ideal media [J] Materials & Design. 2003, 24 (1): 31-35.

[219] 张克从, 张乐潓. 晶体生长科学与技术 [M]. 第 2 版. 北京: 科学出版社, 1997.

[220] 刘吉平, 孙洪强. 碳纳米材料 [M]. 北京: 科学工业出版社, 2004.

[221] 臧竞存. 新型晶体材料 [M]. 北京: 化学工业出版社, 2007.

[222] 韦进全, 张先锋, 王昆林. 碳纳米管宏观体 [M]. 北京: 清华大学出版社, 2006.

[223] 贾德昌等. 电子材料 [M]. 哈尔滨: 哈尔滨工业大学出版社, 2000.

[224] 陈祖熊, 王坚. 精细陶瓷 [M]. 北京: 化学工业出版社, 2005.

[225] 朱建国, 孙小松, 李卫. 人工晶体 [M]. 北京: 国防工业出版社, 2007.

[226] 雷智, 李卫, 张静全等. 信息材料 [M]. 北京: 国防工业出版社, 2009.

[227] 李言荣, 谢孟贤, 恽正中等. 纳米电子材料与器件 [M]. 北京: 电子工业出版社, 2005.

[228] 樊新民, 张骋, 蒋丹宇. 工程陶瓷及其应用 [M]. 北京: 机械工业出版社, 2006.

[229] 张玉军, 张伟儒等. 结构陶瓷材料及其应用 [M]. 北京: 化学工业出版社, 2005.

[230] 林健. 信息材料概论 [M]. 北京: 化学工业出版社, 2007.

[231] 周永强, 刘海涛, 马剑华等. 掺杂 Sn 对低铈型复合氧化物纳米储氧材料性能的影响 [J]. 纳米科技, 2010, 7 (3): 34-37.

[232] 周永强, 于方丽, 罗宏杰等. 溶胶-凝胶法制备纳米钴蓝颜料 [J]. 硅酸盐通报, 2006, 25 (5): 31-33.

[233] 周永强, 刘海涛, 梁晓娟等. 长余辉发光玻璃陶瓷的制备及性能 [J]. 光子学报, 2008, 37 (Sup1): 188-190.

[234] 周永强, 尹德武, 张景峰等. 溶胶发泡法制备硅酸盐长余辉超细发光粉 [J]. 稀有金属材料与工程, 2010, 39 (增刊2): 504-507.

[235] 周永强, 刘海涛, 田一光等. 稀土硅酸盐长余辉发光材料的制备及性能 [J]. 稀有金属材料与工程, 2010, 39 (增刊2): 512-515.

[236] 钟家松, 向卫东, 杨昕宇等. L-胱氨酸辅助合成硫化铋纳米棒 [J]. 硅酸盐学报, 2009, 37 (11): 40-45.

[237] Zhong Jiasong, Xiang Weidong, Jin Huaidong, et al. A simple L-cystine-assisted solvothermal approach to Cu_3SbS_3 nanorods [J]. Materials Letters, 2010,

64 (13): 1499-1502.

[238] Jiasong Zhong, Jie Hu, Wen Cai, et al. Biomolecule-assisted synthesis of Ag_3SbS_3 nanorods [J]. Journal of Alloys and Compounds, 2010, 501 (1): L15-L19.

[239] Yang Xinyu, Zhong Jiasong, Liu Lijun, et al. L-Cystine-assisted growth of Sb_2S_3 nanoribbons via solvothermal route [J]. Materials Chemistry and Physics, 2009, 118 (2-3): 432-437.

[240] Liu Lijun, Xiang Weidong, Zhong Jiasong, et al. Flowerlike cubic In_2S_3 microspheres: Synthesis and characterization [J]. Journal of Alloys and Compounds, 2010, 493 (1-2): 309-313.

[241] 刘丽君, 向卫东, 钟家松等. Bi_2Se_3 纳米片的制备及表征 [J]. 硅酸盐通报, 2010, 29 (3): 524-529.

[242] Liu Haitao, Cao Maosheng, Zhou Yongqiang, et al. Hydrothermal synthesis and characterization of nanocrystalline PZT powders [J]. Rare Metal Materials and Engineering, 2008, 37 (2): 730-733.